新视野
电子电气
科技丛书

LINEAR CIRCUIT TRANSFER FUNCTIONS
AN INTRODUCTION TO
FAST ANALYTICAL TECHNIQUES

线性电路传递函数
快速分析技术

[法] 克里斯托夫·巴索　著
（Christophe P. Basso）

张东辉　常国洁　张超杰　潘兴隆　译

清华大学出版社
北　京

北京市版权局著作权合同登记号 图字：01-2018-2648

翻译自 Christophe P. Basso，LINEAR CIRCUIT TRANSFER FUNCTIONS—AN INTRODUCTION TO FAST ANALYTICAL TECHNIQUES

© 2016 John Wiley & Sons，Ltd

This edition is published by arrangement with **Blackwell Publishing Ltd**，Oxford.

Translated by **Tsinghua University Press** from the original English language version. Responsibility of the accuracy of the translation rests solely with **Tsinghua University Press** and is not the responsibility of **Blackwell Publishing Ltd.**

图书在版编目(CIP)数据

线性电路传递函数快速分析技术/(法)克里斯托夫·巴索著；张东辉等译.—北京：清华大学出版社，2020.1(2024.10 重印)

(新视野电子电气科技丛书)

书名原文：LINEAR CIRCUIT TRANSFER FUNCTIONS——AN INTRODUCTION TO FAST ANALYTICAL TECHNIQUES

ISBN 978-7-302-53204-0

Ⅰ.①线… Ⅱ.①克… ②张… Ⅲ.①线性电路—电路分析 Ⅳ.①TM131

中国版本图书馆 CIP 数据核字(2019)第 132307 号

责任编辑：王　芳
封面设计：傅瑞学
责任校对：焦丽丽
责任印制：刘海龙

出版发行：清华大学出版社
　　　　　网　　　址：https://www.tup.com.cn，https://www.wqxuetang.com
　　　　　地　　　址：北京清华大学学研大厦 A 座　　　　邮　　编：100084
　　　　　社　总　机：010-83470000　　　　　　　　　　邮　　购：010-62786544
　　　　　投稿与读者服务：010-62776969，c-service@tup.tsinghua.edu.cn
　　　　　质量反馈：010-62772015，zhiliang@tup.tsinghua.edu.cn
　　　　　课件下载：https://www.tup.com.cn，010-83470236
印　装　者：三河市龙大印装有限公司
经　　　销：全国新华书店
开　　　本：185mm×260mm　　印　　张：25.25　　　　字　　数：613 千字
版　　　次：2020 年 2 月第 1 版　　　　　　　　　　　印　　次：2024 年 10 月第 5 次印刷
定　　　价：99.00 元

产品编号：079796-01

译者序

PREFACE

第一次读费曼(Feynman)大师的论文 *There's Plenty of Room at the Bottom* 时正值大三,当时只感觉比较高深,并未体会到其中蕴含的深刻哲理。随着学习深入以及实际项目经历,逐渐体会到电路系统传递函数对工程设计的重要性。当读到巴索(Basso)老师的 *Linear Circuit Transfer Functions—An Introduction to Fast Analytical Techniques* 时,感觉找到了根源,所以翻译此书与读者一起学习,共享线性电路传递函数快速分析技术带给我们的无穷乐趣。

电路快速分析技术(Fast Analytical Circuit Techniques,FACT)由 Vatché Vorpérian 博士提出,同时他将此技术规范正式化。在此之前,Middlebrook 博士已经发表大量相关论文,并且讲授额外元件定理(Extra Element Theorem,EET),后来推广到 n 阶额外元件定理。本书核心宗旨:通过简明实例和清晰分析,将线性电路传递函数快速分析技术讲解透彻。

本书共 5 章。第 1 章对电路快速分析技术进行总体讲解,定义传递函数概念,并且利用时间常数对电路进行表征。第 2 章深入研究传递函数定义与多项式,引入低 Q 值等效,以及如何构建 2 阶和 3 阶分母或分子表达式。第 3 章利用叠加定理轻松引入额外元件定理,通过众多实例具体分析各种 1 阶传递函数的具体使用方法。第 4 章讨论二元额外元件定理,并推广到 2 阶网络。第 5 章讲解 3 阶和 4 阶电路,全部结合实例分析进行具体说明。书中大量实例通过 Mathcad 和 SPICE 软件进行解释说明(由 Mathcad 及 SPICE 软件绘制的电路图中变量未区分正斜体,与原书保持一致)。每章结尾附有 10 道习题,用于练习与巩固本章所学知识,以便将电路快速分析技术应用于实际设计。

本书中,为简单起见,在实例求解过程中采用 SPICE 单位符号:$1k = 10^3$,$1Meg = 10^6$,$1p = 10^{-12}$,$1n = 10^{-9}$,$1m = 10^{-3}$ 和 $1u = 10^{-6}$。

由于时间仓促,未能够提供全书的 PSpice 电路仿真程序,如果读者希望对书中电路进行仿真分析,欢迎加入 PSpice 仿真群(336965207)进行讨论学习。本书获国家自然科学基金(51509255)资助,在此表示感谢。

PSpice 仿真群(336965207)的李少兵、黄维笑、刘亚辉、张远征、张东东、杜建兴、陈明、曹珂杰、刘礼刚、于刚等对本书的文字翻译校对付出了辛勤的汗水,在此表示最衷心的感谢。

张东辉

2019 年 10 月

FOREWORD

无论开始作为学生，还是后来作为工程师，我一直致力于传递函数的计算研究。当设计电力电子电路和开关电源时，可以将传递函数分析技术很好地应用于无源滤波器设计中。当需要分析变换器电路的控制到输出的动态响应时，必须将有源网络进行线性化处理。求解传递函数的方法有很多种，并且在大量的教材中都有相关章节对其进行详细讲解。我从大学开始学习网络节点分析，并且最终使用状态变量进行分析。如果所有分析方法都能推导出正确结论，那么整齐划一的计算等式将为读者带来赏心悦目的感觉。矩阵对于数值快速计算非常实用，但是当试图提取某一变量的传递函数时却举步维艰。利用传递函数公式，无须进行重新计算可立即分辨极点、零点和增益，此即传递函数的重要之处。传递函数与Middlebrook博士提出的"低熵"思想一脉相承。

利用计算机仿真可以对最小相位函数进行相位和幅度特性曲线绘制，以便得到电路中隐藏的极点和零点。然而，试图通过波特图确定极点或者零点的影响因素却另当别论。幸运的是，如果传递函数正确，可以立即确定哪些元素对根产生贡献，并由此评估其对动态响应产生的影响。因为生产过程中存在寄生参数变化或者温度漂移，所以为保证电路在寿命期间保持可靠工作，必须对变化产生的影响进行抵消。当客户要求评估寄生因素变化对设计产品的影响时，例如：如果选择新的电容器或者更便宜的电感器时，产品性能是否会影响生产？在某些运行条件下是否有可能危及稳定性？利用经典分析方法肯定能够对所分析电路进行解答，但是如果方程式非常复杂或者属于高熵形式，则很难从最终表达式中提取所需信息。

基于以上原因才出现了电路快速分析技术。该技术由Vatché Vorpérian博士提出，并由他将此技术规范正式化。在他之前，Middlebrook博士已经发表大量相关论文，并且讲授额外元件定理，后来被一校友推广到n阶额外元素定理。自20世纪40年代亨德里克·波特（Hendrik Bode）以来，许多作者都提出了旨在通过各种方法简化线性电路的分析技术。他们都采用比传统方法更快的速度确定传递函数。然而不幸的是，当与大量的客户交谈时发现，虽然所有技术文件就在眼前，但是FACT很少被工程师或学生采用。当在中小型企业中分析实例，并用小信号分析讲解FACT的工作方法时，通过提问和讨论能够感受到观众的兴趣。但是，后来在与一些工程师或者学生的讨论中发现，他们承认试图获得分析技能，但是由于令人生畏的数学形式和复杂的分析实例而不得不最终放弃。解决电气分析问题时需要非常严谨，但是可以采取不同的方法和步骤，使得人们在学习该方法时更加轻松自如。以上即为本书的核心宗旨，通过简单明了的实例和清晰的分析，将问题讲解透彻。作为一名学生，我也努力将电路快速分析技术应用于实际问题。因此确定了问题所在，并且成功将其化解。以上即本书的来源。

　　本书共5章。第1章对电路快速分析技术进行总体讲解，定义传递函数概念，并且利用时间常数表征某一电路。第2章深入研究传递函数定义和多项式，引入低 Q 值等效，以及如何构建2阶和3阶分母或分子表达式。第3章利用叠加定理轻松引入额外元件定理。通过众多实例具体分析各种1阶传递函数的具体使用方法。第4章讨论二元额外元件定理，并且推广到2阶网络。书中大量实例通过 Mathcad 和 SPICE 软件进行解释说明。最后，第5章讲解3阶和4阶电路，并且全部采用实例进行具体分析说明。每章结尾附有10道习题。学习无捷径，掌握一门技术需要耐心和实践，希望读者通过每章习题对自己本章所学进行检验——纸上得来终觉浅，绝知此事要躬行。

　　本书与以前书籍的休闲写作风格一致，因为读者的评论表明该方式能够将复杂的问题更加清晰地呈现给读者。如果你喜欢读这本书，并且本书所讲分析方法也适用，请和我保持联系。与往常一样，随时将您的意见或者本书中任何错误通过邮件 cbasso@wanadoo.fr 反馈于我。与以前书籍一样，我将在个人网页（http://cbasso.pagesperso-orange.fr/Spice.htm）上列出一份勘误表。

　　谢谢大家，求解传递函数，乐趣无穷！

克里斯托夫·巴索（Christophe Basso）

2015 年 5 月

致谢

如果没有朋友们的鼎力协助，本书的完成以及出版将成为空谈。首先将我最诚挚的感谢和爱献给甜蜜的妻子安妮，当求解书中某些传递函数时她能忍受我情绪的起伏，研究方程时间已经结束，现在我们可以享受夏天漫长而温暖的夜晚！

非常幸运地与安森美半导体公司的同事和朋友分享我的工作，他们在文件审查和技术方案研发方面发挥了至关重要的作用。Stéphanie Cannenterre 对书中习题进行核对以及实际测试。她现在已经掌握该分析方法。何塞·卡皮拉博士利用驱动点阻抗法与我进行过多次传递函数求解比赛，并且让我认识到该方法的技术优点。特别感谢我的朋友 Joël Turchi，我们一起付出大量时间对分析方法以及方程式的有效性进行讨论。Merci Joël，感谢你的善良和对本书的宝贵支持！

从本书写作开始就有两人一直陪伴我。其一为来自安森美半导体公司的加拿大人 Alain Laprade，他痴迷于研究 FACT，并且热情地核查了我的所有工作。另一位来自 Innovatia 公司的 Feucht 先生为文字校对工作付出了巨大的辛劳，同时也润色了我的英文。

我要热忱地感谢以下审稿人在 2015 年夏天为本书所提供的帮助：Frank Wiedmann，安森美半导体公司的 Thierry Bordignon 和 Doug Osterhout，Tomas Gubek-dekuji，仙童公司的 Didier Balocco，根特大学 Jochen Verbrugghe 和 Bart Moeneclaey，INSA Lyon 公司的 Bruno Allard，JPL 公司的 Vatché Vorpérian，波尔多大学的 Luc Lasne 和飞思卡尔半导体公司的 Garrett Neaves。

最后，我要非常感谢 Wiley&Sons UK 的 Peter Mitchell 给我机会出版我的作品。

目录

CONTENTS

第1章

电气分析——术语和定理

　　第1章主要介绍电气专业基本定义和术语,以便高效快速地进行电气分析。通过对电路进行电气分析,可以系统地掌握表征特定电路网络之间的各种关系。无论各行各业,如果想在该领域出类拔萃,必须掌握一些专业工具。显然,定理数不胜数,并且相信每个人在学生时代都学习过很多定理。有些定理的名称看上去遥不可及,仅仅因为我们没有机会对其进行实际验证。或者对其进行了实际验证,但是非常晦涩难懂,以至于将其大部分置之一旁。此种情况经常发生在工程师的生活之中,实际案例有助于梳理课堂所学知识,将适合我们的技术保留下来。当所学知识不能解决目前难题时,正是学习新知识的好机会,以便将难题迎刃而解。本章首先对书中实例广泛使用的基本定理进行回顾。但是在讲解定义和实例之前,先来理解传递函数的概念。

1.1　传递函数概述

　　假设正在实验室测试封装在盒子中的电路,该电路有两个端子:一端用于输入,另一端用于输出。尽管盒子可能透明,但是并不知道盒子中具体为何物。此时利用函数发生器对输入端注入信号,并且使用示波器对输出波形进行观测。如果使用专业术语,表达如下:在电路输入端进行驱动,观测该激励下电路的响应。输入波形代表激励信号,由 u 表示,所产生响应由 y 表示。也可表达如下:激励变量在盒子中进行传播,产生相位变化、幅度变化或者引起失真等,然后示波器利用屏幕对其响应进行再现。

　　示波器所显示波形为时域图,其中横轴 x 为时间轴,以秒为单位;纵轴 y 为幅度轴,表示信号的幅度大小以及正或负。幅度单位由测试变量决定(伏特、安培等)。因为输入波形为瞬时信号,所以采用小写形式表示,即 t 时刻其幅度为 $u(t)$。输出信号 $y(t)$ 也采用同样的表示方法。在图 1.1 中,将低占空比的方波注入盒中,在其输出端将输出严重失真波形。

　　此响应信号表明该黑盒子中可能含有谐振元件,例如电容器和电感器,但不止于此。如果改变激励信号,响应又将如何改变呢? 透彻分析黑盒子内部电路,将会准确预测各种激励信号作用下的响应。

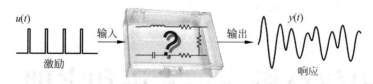

图 1.1　具有单输入和单输出信号的黑箱

线性电气电路可采用多种方法进行表征,谐波分析法即为其中之一。输入信号由正弦波代替,观测激励信号如何通过黑盒子传播并形成响应,具体如图 1.2 所示。

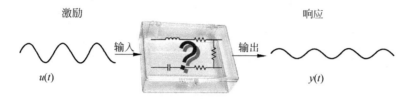

图 1.2　小信号分析时黑盒子由正弦波激励

激励电平必须限制在合理幅度之内——足够的小——以保证输出响应不失真。同时输入信号的直流偏置必须符合有源电路的物理性能限制,以避免饱和。换句话说,在分析过程中盒子内部电路不能出现过载状况,必须保持在线性工作区。如果输出信号与输入信号为同频率的正弦波曲线,对其进行交流扫描分析时仅幅度和相位发生改变,则定义该电路为线性电路。以上即为小信号分析。在拉普拉斯(Laplace)域中,通过设置 $s=\mathrm{j}\omega$,其中 $\omega=2\pi f$,以代替弧度每秒(rad/s)表示的角频率,然后对电路进行谐波分析。拉普拉斯分析仅适用于线性电路。

如果增加输入信号幅度或改变偏置工作点,则输出响应可能发生摆动或削波。此时可以深入研究盒子内部电路的大信号或非线性响应。大信号分析与小信号分析方法截然不同,能够提供电路的其他独特性能。当输入信号幅度准确后,保持电路工作在线性区,此时可在示波器屏幕上观察到幅度适中的信号,通过逐步改变输入信号频率,输出信号的幅度/相位将相应变化。在每个频率点 f,分别记录输出响应 $Y(f)$ 与输入激励 $U(f)$ 的幅度之比,其中 $Y(f)$ 与 $U(f)$ 的单位均为伏特。并且在每个频率点 f,分别存储输入与输出波形的相关相位信息。由于 U 和 Y 为复数变量,受幅度和相位影响,所以计算公式如下:

$$A_{\mathrm{v}}(s)=\frac{Y(s)}{U(s)} \tag{1.1}$$

其中,A_{v} 表示传递函数,即输出响应信号 Y 与激励信号 U 之间的数学关系。本书规定如下:激励信号 U 为传递函数的分母,响应信号 Y 为传递函数的分子。

传递函数为复数变量,由幅值和幅角进行表征,其中幅值记为 $|A_{\mathrm{v}}(f)|$,幅角记为 $\angle A_{\mathrm{v}}(f)$ 或 $\arg A_{\mathrm{v}}(f)$。$Y(f)/U(f)$ 的比值对应于频率 f 处传递函数的幅值(也称为模),而 Y 和 U 的相位差对应于频率 f 处传递函数的幅角或相位。传递函数幅度维度由变量决定,该内容将在后面章节进行讲解。由于此处两变量的单位同为伏特,所以传递函数幅度无量纲或无单位。

$|A_{\mathrm{v}}|$ 只能大于或等于零,导致幅度之间产生差别,一个幅度可以取任何值,正、负、零均可;而另一个幅度只能是零或者正值。如果 $|A_{\mathrm{v}}|=0$,则无输出信号。如果 $|A_{\mathrm{v}}|<1$,则输

出信号衰减。如果$|A_v|>1$，则输出信号增强。如果幅度只能为零或者正值，那么增益为-2时该如何表示呢？通常简单地表征为增益为2，相位滞后或超前激励信号180°。

1.1.1　输入和输出端口

为分析方便，将黑盒子中的电路网络采用双端口电路进行表示，每个端口是一对可输入或输出信号的连接点，信号可以是电压或电流。图1.3为端口原理实例，从中可以看到两个连接端口：一个为输入，另一个为输出。

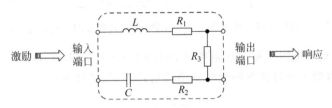

图1.3　输入端口接收激励信号、输出端口发送响应

在特殊情况下，某些端口可以同时承担输入和输出角色。假设需要测量黑盒子的输出阻抗。为实现以上测量，通常采用图1.4中的连接方式，由输出端子注入电流，同时观测该端子两端电压。该方法称为单端注入法，即激励和响应为同一端口。在该实验中，黑盒子的输入端口被短路（见附录1A）。激励变量为注入端口的电流$I_{out}(s)$，输出响应为端口两端电压$V_{out}(s)$。输出阻抗Z的传递函数为端口电压与注入电流之比，其表达式与电阻的计算公式一致：

$$Z_{out} = \frac{V_{out}(s)}{I_{out}(s)} \tag{1.2}$$

其中，激励信号I_{out}为分母，响应信号V_{out}为分子。下面对该测试方法进行深入研究。

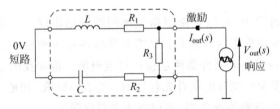

图1.4　一个端口可以同时完成输入和输出功能——此处完成输出阻抗测量

如果输入和输出连接端口固定，并且为实际的物理端口，则可以通过该端口分别进行信号注入与测量，根本无须其他任何端口。通过简单地去除一个电阻、一个电容或一个电感，可以使得某个连接端点成为一个新端。此时可将该端口作为新的输入激励或输出变量测量端口。如前所述，该新建端口也可以同时实现输入和输出端口作用。通过移除电路中的电感器，最初只具有单一输入和单一输出的黑盒子成为双输入/双输出系统。采用专业术语对双输入系统表达如下：双激励——输入1和输入2、双响应——输出1和输出2，如图1.5所示。

在此例中，被移除电感器两端的电压为输出响应，而注入电流为激励信号。当原始连接器件已被移除时，端口电压除以注入电流即为端口两端电阻。换而言之，如图1.6所示，符号"$R?$"箭头所指即为电感器端口的电阻。当"驱动"电感器时，可求得该端口的等效输出电

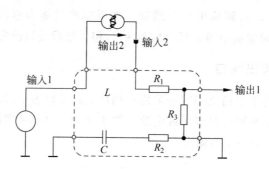

图 1.5　如果从该电路中去除某一元件,可使其连接端点成为连接端口

阻,也可表达为驱动点电阻或驱动点阻抗(Driving Point Impedance,DPI)。

电感的时间常数 τ 通过其电阻和电感值进行计算,公式如下:

$$\tau = \frac{L}{R} \tag{1.3}$$

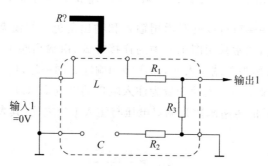

图 1.6　通过移除电感可得驱动电感的端口输出电阻。端口电阻和电感量决定
时间常数,该端口电阻为 $R_1 + R_3$

在求解电阻 R 的练习中,可以直接根据原理图推导出串联——并联电阻,而不必进行方程求解。以上求解方案称作网络检查:只需在某些条件下观察网络(比如直流分析或者当 V_{in} 设置为 0),并通过观察元器件如何连接计算电阻值。例如在图 1.6 中,当电容 C 断开时电感端口的电阻为多少? 端口电阻首先包括 R_1,然后串联 R_3 到地,并且通过短路输入源与电感左端相连接。R_2 开路不起作用,所以电感端口电阻为:

$$R = R_1 + R_3 \tag{1.4}$$

将式(1.4)代入式(1.3),整理得时间常数为:

$$\tau_1 = \frac{L}{R_1 + R_3} \tag{1.5}$$

利用电容也可进行同样练习,以便求解驱动电容的电阻 R。此时电容器的时间常数计算公式如下:

$$\tau = RC \tag{1.6}$$

假设此例中电感短路,则图 1.7 中电容端口的电阻为何值? 电容端口左端子接地,第二端子同样通过电阻 R_2 接地。因为电阻 R_1 和 R_3 两端均接地,所以不起任何作用。因此:

$$R = R_2 \tag{1.7}$$

电容的时间常数简化为：

$$\tau_2 = R_2 C \tag{1.8}$$

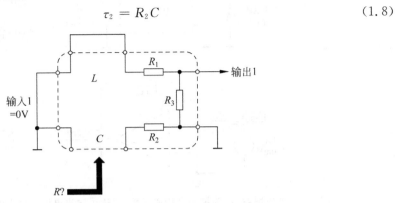

图 1.7 去掉电容器进行时间常数计算练习

电容 C 和电感 L 为两种储能元件，所以存在两种时间常数。对于每个储能元件，均有一个与之对应的时间常数。

除了电容或者电感具有端口电阻外，同样可以通过去除某个电阻以计算其驱动电阻，计算方法与上述一致。有时当电路中涉及受控源时，端口"电阻"不能直接进行计算求解。此时需要添加如图 1.5 所示的电流发生器，然后测试相关端口两端的电压值，则端口电阻值为端口电压与发生器电流之比。发生器电流定义为 I_T，端口电压定义为 V_T。

以上内容为后面将要描述的技术基础的一部分：在特定条件下，暂时从电路中的连接端移除电阻、电容或电感元件，可求得该端口的阻抗值。将复杂的无源或者有源电路分解成一系列由时间常数表征的极点和零点网络。额外元件定理（Extra Element Theorem，EET）以及后来的 n 阶元素定理（nEET）均广泛地使用了以上计算方法，但重要之处在于对先决条件进行彻底理解。附录 1A 给出了几种计算输出阻抗的方法；附录 1B 是计算输出阻抗的练习题。

1.1.2 传递函数的不同类型

根据激励源注入位置和响应测试位置的不同，可定义文献[1]中所详述的 6 种类型的传递函数。为简单起见，输入和输出端口以地为参考，但也可为差分模式。第一个传递函数为电压增益 A_v，如图 1.8 中的反相增益运算放大器电路。在下面所有实例中，运算放大器均为理想放大器（开环增益无限、带宽无限、零输出阻抗和无限输入阻抗）。利用正弦输入电压对电路进行激励，然后测试运放输出端的响应。增益 A_v 的拉普拉斯表达式为：

$$A_v(s) = \frac{V_{out}(s)}{V_{in}(s)} \tag{1.9}$$

A_v 为无量纲值，有时以[V]/[V]表示。

第二个传递函数为电流增益 A_i，由输入和输出电流计算，如图 1.9 所示。此时激励信号为输入电流 I_{in}，测试变量为输出电流 I_{out}：

$$A_i(s) = \frac{I_{out}(s)}{I_{in}(s)} \tag{1.10}$$

A_i 为无量纲值，有时以[A]/[A]表示。

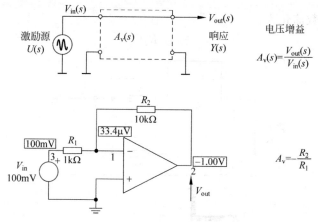

图 1.8　电压增益 A_v 为第一个传递函数,表达了输出电压与输入电压之间关系

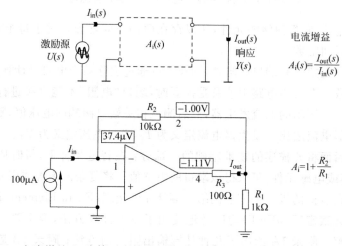

图 1.9　电流增益 A_i 为第二个传递函数,表达了输出电流与输入电流之间关系

　　第三个传递函数为传输导纳——简称跨导或互导,用 Y_t 表示。输入激励为电压源,输出测试变量为电流,测量电路如图 1.10 所示。跨导计算公式为:

$$Y_t(s) = \frac{I_{out}(s)}{V_{in}(s)} \tag{1.11}$$

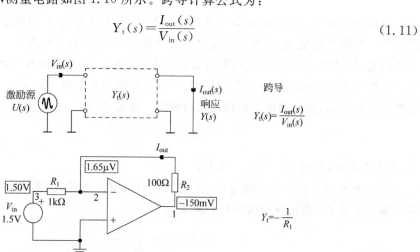

图 1.10　跨导 Y_t 表达了输出电流与输入电压之间的关系,在 V_{in} 激励下流过 R_2 的电流为 1.5mA,
　　　　　所以跨导的增益是 $-0.001\mathrm{A/V}$ 或 $-1\mathrm{mS}$

如果前面两个增益为无量纲值,则跨导的量纲由安培/伏特[A]/[V]或西门子[S]表示。同样定义第四个传递函数如下:输入激励为电流,输出响应为电压(如图1.11),两变量的比值称为传输阻抗——简称互阻或跨阻,用Z_t表示,单位为伏特/安培[V]/[A]或欧姆[Ω]:

$$Z_t(s) = \frac{V_{out}(s)}{I_{in}(s)} \tag{1.12}$$

如果需要放大光电二极管电流,通常使用跨阻放大器,在文献[2]中能够找到该电路的设计实例。

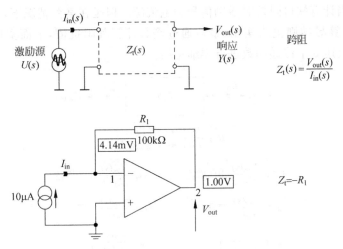

图1.11 阻抗Z_t将输出电压与输入电流相连。在运算放大器实例中,
电阻R_1产生-1000kV/A的互阻增益

上述4个传递函数中,激励和响应信号分别连接电路网络的不同部位。在电路实例中,通常将电路作为黑盒子,并定义输入和输出端口,但是传递函数可应用于电路网络的任何端口。对于其余两个传递函数,阻抗Z和导纳Y,激励和响应信号连接在相同端口。此时如何输入激励信号并且测量响应信号显得尤为重要。因为阻抗和导纳互补,所以激励和响应互换并不是问题。然而,如果严格按照传递函数的定义,激励作为分母,响应作为分子;对于驱动点阻抗函数$Z_{dp}(s)$,激励信号为电流源;而对于驱动点导纳函数$Y_{dp}(s)$,激励信号则为电压源。

第五个传递函数为端口输入阻抗$Z(s)$,其广义传递函数为:

$$Z_{dp}(s) = \frac{V_1(s)}{I_1(s)} \tag{1.13}$$

如果研究V_{in}和I_{in}或者V_{out}和I_{out},则分别在端口注入测试电流并测量端口两端电压以获得网络输入和输出阻抗。图1.12即为阻抗测量示意图,单位为欧姆[Ω]。

最后一个即第六个传递函数为导纳,即阻抗的倒数。如图1.13所示,采用电压源对端口进行激励,然后测量电压源电流。导纳的广义传递函数为:

$$Y_{dp}(s) = \frac{I_1(s)}{V_1(s)} \tag{1.14}$$

如果研究I_{in}和V_{in}或者I_{out}和V_{out},则分别测量网络端口的输入和输出导纳即可。

导纳的单位为西门子,其缩写为[S]。国际单位制中不再使用老版符号,例如mhos、℧或Ω^{-1}。

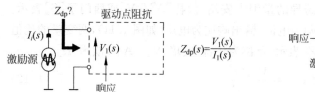

图 1.12　阻抗单位为欧姆，激励信号为电流

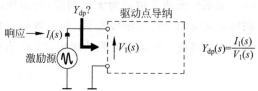

图 1.13　导纳单位为西门子，激励信号为电压

如前所述，当计算端口阻抗时激励信号为电流源。但是在某些情况下，采用电压对电路进行激励然后计算导纳则更为实用，最后通过倒数计算其阻抗值，下面实例中将应用该原理。图 1.14 对上述 6 个传递函数进行详细总结。

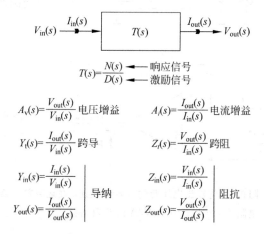

$$T(s) = \frac{N(s)}{D(s)} \xleftarrow{\text{响应信号}}{\text{激励信号}}$$

$$A_v(s) = \frac{V_{out}(s)}{V_{in}(s)} \text{ 电压增益} \qquad A_i(s) = \frac{I_{out}(s)}{I_{in}(s)} \text{ 电流增益}$$

$$Y_t(s) = \frac{I_{out}(s)}{V_{in}(s)} \text{ 跨导} \qquad Z_t(s) = \frac{V_{out}(s)}{I_{in}(s)} \text{ 跨阻}$$

$$Y_{in}(s) = \frac{I_{in}(s)}{V_{in}(s)} \left.\vphantom{\frac{I}{V}}\right| \text{导纳} \qquad Z_{in}(s) = \frac{V_{in}(s)}{I_{in}(s)} \left.\vphantom{\frac{I}{V}}\right| \text{阻抗}$$

$$Y_{out}(s) = \frac{I_{out}(s)}{V_{out}(s)} \qquad\qquad Z_{out}(s) = \frac{V_{out}(s)}{I_{out}(s)}$$

图 1.14　在 6 个不同的传递函数中，其中 4 个函数的激励与响应在不同端口，而 Z_{dp} 和 Y_{dp} 两个函数的激励与响应在同一端口

1.2　通用工具和定理

大学时代学习的定理和分析工具有些至今仍然记忆清晰，因为几乎每天都在工程设计中使用。电压和电流分配定理在工具列表中居第一位。应用该定理能够对电路进行大大简化，下面对定理进行简要介绍。在众多定理中，1883 年法国电气工程师夏尔·莱昂·戴维南（Léon Charles Thévenin）建立的戴维南定理首屈一指。与戴维南定理相匹配的是诺顿定理，该定理由美国电气工程师爱德华·劳瑞·诺顿（Edward Lowry Norton）在 1926 年根据其技术备忘录整理而得。第三定理为叠加定理，该定理为 EET 以及之后的 nEET 奠定基础。第 3 章详细讲解叠加定理和 EET 定理。

首先结合实例，应用戴维南和诺顿定理快速高效地对电路进行简化。

1.2.1　分压器

分压器定理为分析电路的最实用工具之一。该定理适用于直流或交流分析中的所有无源元件(直流或交流电压/电流),并由戴维南定理对其功能进行扩展。简化的分压器电路如图 1.15 所示。

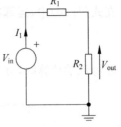

在图 1.15 中,环路电流 I_1 为输入电压 V_{in} 与总电阻 $R_1 +$ R_2 之商:

$$I_1 = \frac{V_{in}}{R_1 + R_2} \qquad (1.15)$$

电阻 R_2 两端电压为其阻值与电流 I_1 之积:

$$V_{out} = I_1 R_2 \qquad (1.16)$$

将式(1.15)带入式(1.16)得:

$$V_{out} = V_{in} \frac{R_2}{R_1 + R_2} \qquad (1.17)$$

图 1.15　电阻分压器为简化电路的重要工具

将方程式(1.17)两侧同时除以 V_{in} 即得输出电压 V_{out} 与输入电压 V_{in} 的函数关系:

$$\frac{V_{out}}{V_{in}} = \frac{R_2}{R_1 + R_2} \qquad (1.18)$$

当分析图 1.16 所示的电路网络时,可立即使用式(1.18)对其进行求解计算,而不必进行推导。在此例中,当式(1.18)中的电阻由阻抗代替时,分压公式为:

$$A_v(s) = \frac{V_{out}(s)}{V_{in}(s)} = \frac{Z_2(s)}{Z_1(s) + Z_2(s)} \qquad (1.19)$$

应当注意,式(1.18)和式(1.19)仅在 R_2 或 Z_2 无连接负载时才能使用。如果在图 1.15 和图 1.16 中其他电路分别与 R_2 或 Z_2 连接,则式(1.18)和式(1.19)将不再适用。

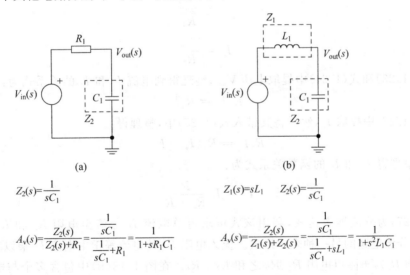

图 1.16　分压器方程适用于电容和电感等无源元件

1.2.2　分流器

接下来学习电气分析中的另一个非常有用的工具——分流器。如图 1.17(a)所示电路,试求通过电阻 R_3 的电流。

总电流 I_1 为电源端点总电阻与 V_{in} 之商:

$$I_1 = \frac{V_{\text{in}}}{R_1 + R_2 \parallel R_3} \tag{1.20}$$

在式(1.20)中,运算符号 $\parallel$ 表示电阻 R_2 与 R_3 并联:

$$R_2 \parallel R_3 = \frac{R_2 R_3}{R_2 + R_3} \tag{1.21}$$

进行数学计算时,首先进行 $R_2 \parallel R_3$ 并联计算,然后再与 R_1 进行加法计算。

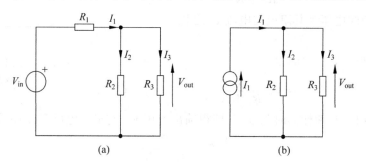

图 1.17　分流器电路

利用分流原理可将最初原理图简化为图 1.17(b)所示电路。由基尔霍夫电流定律(KCL)可得:进入某节点的电流总和与离开该节点的电流之和相等,即:

$$I_1 = I_2 + I_3 \tag{1.22}$$

电流 I_2 和 I_3 由其端子两端电压 V_{out} 定义如下:

$$I_3 = \frac{V_{\text{out}}}{R_3} \tag{1.23}$$

$$I_2 = \frac{V_{\text{out}}}{R_2} \tag{1.24}$$

从式(1.23)和式(1.24)中提取电压 V_{out},整理得到电流 I_3 和 I_2 的关系式为:

$$R_3 I_3 = R_2 I_2 \tag{1.25}$$

从式(1.22)中提取 I_2,然后将其带入式(1.25)中,整理得:

$$R_3 I_3 = R_2 (I_1 - I_3) \tag{1.26}$$

重新整理得 I_3 和 I_1 的函数关系式为:

$$I_3 = I_1 \frac{R_2}{R_2 + R_3} \tag{1.27}$$

式(1.27)为分流器表达式,利用该式可求得总电流 I_1 分流至电阻 R_2 和 R_3 的电流。图 1.18 为分流电路的另一种表示形式。流入电阻 R_2 的电流等于主电流 I_1 乘以 R_2 的"相对"电阻(即 R_3),再除以电阻 R_2、R_3 之和 $R_2 + R_3$。在图 1.18(b)中包含多个与电阻 R_3 并联的电阻。如果令 $R_{\text{eq}} = R_3 \parallel R_4 \parallel R_5$,则通过电阻 R_2 的电流为:

$$I_2 = I_1 \frac{R_{\text{eq}}}{R_{\text{eq}} + R_2} \tag{1.28}$$

分流原理同样可以应用于图 1.19 所示的具有储能元件的电路中。图 1.19 所示电路为开关变换器中的典型电磁干扰(Electro Magnetic Interference,EMI)滤波器。I_1 表示变换器的电流(高频输入电流),C_1 为前端电容,L_1 为滤波电感。如果滤波器性能十分完美,则交流电流全部流入电容 C_1,直流电流全部流入电感 L_1,从而为直流电源提供正确的开关电

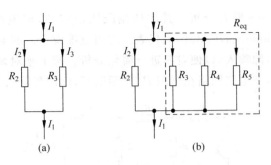

图 1.18　将分流器推广到并联电阻

流隔离。然而现实并非如此,实际需要正确计算流入电感 L_1 的电流,并检验应用该滤波器带来的电流衰减。将分流公式应用于图 1.19 所示电路,即

$$\frac{I_3(s)}{I_1(s)} = \frac{Z_2(s)}{Z_1(s) + Z_2(s)} = \frac{R_2 + \dfrac{1}{sC_1}}{R_2 + \dfrac{1}{sC_1} + R_1 + sL_1} = \frac{1 + sR_2C_1}{1 + sC_1(R_1 + R_2) + s^2 L_1 C_1} \quad (1.29)$$

通过对图 1.19 充分分析,无须对其传递函数进行推导,只要应用分流定理,即可求得分流公式。上述求解电路传递函数的方法称为观察法。

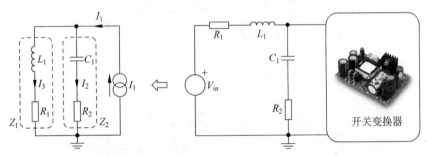

图 1.19　由无源器件构成的滤波器:试求 L_1 中电流

1.2.3　戴维南定理

任何由电阻、电容、电感、受控/独立电流/电压源构成的 2 端口线性系统都可以使用等效戴维南模型进行表示。该等效电路由复数信号源 V_{th} 及其复输出阻抗 Z_{th} 构成。当求解复杂网络的传递函数或者计算给定点的电流或电压时,即可应用戴维南定理,将复杂电路分解为简单的戴维南等效电路。戴维南定理本质为通过负载法对其 I-V 特性进行模拟。首先断开负载,模拟其等效电源,该电源受输出阻抗/电阻的影响。因此,戴维南和诺顿等效电路并不能反映它们所替代电路网络所消耗的功率。所以在评估电路中某点功率或电流时,应谨慎使用戴维南和诺顿等效电路。

首先求解图 1.20 中电路的传递函数 $V_{out}(s)/V_{in}(s)$,该电路中电容 C_1 由 5 个电阻驱动。使用戴维南定理而非基尔霍夫电压和电流定律(KCL 和 KVL)对其进行计算。为了能够更加透彻地学习戴维南定理,本例所用电路包含多个电阻,而非网络中的简单电路。应用戴维南定理的目标是将复杂电路进行简化,通过计算可立即推导出其传递函数。首要选用 KCL 和 KVL 编写网格和节点方程。通过求解方程应该能够得到正确结果,但是在书写表

达式时可能出现错误——蛮力分析。其次选用戴维南定理，即电路快速分析技术（Fast Analytical Circuit Techniques，FACT）的代表。应用戴维南定理时必须在电路网络中确定合适位置进行等效信号源输入，以便对其进行简化分析。接下来对戴维南定理进行逐步分析。如图 1.21 所示，首先电路网络在电阻 R_2 之后断开，以便与输入等效信号源隔离。

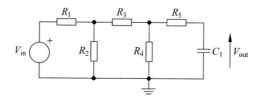

图 1.20　使用戴维南定理求解电路

当电阻 R_2 与后面电路网络都断开时，其两端电压即为戴维南电压。此时 R_2 无负载。通过分析图 1.21(a)所示电路，可将电压简单表示如下：

$$V_{th1} = V_{in} \frac{R_2}{R_1 + R_2} \tag{1.30}$$

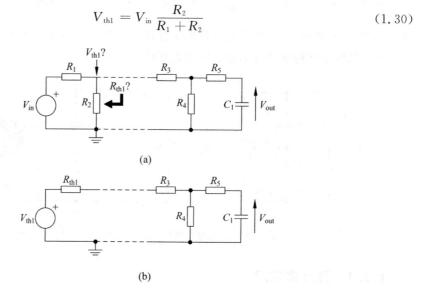

(a)

(b)

图 1.21　必须在电路中找到适当位置以确定戴维南等效信号源

如上所示已经求得该电路的戴维南表达式，但此时等效电路的输出阻抗应该如何计算？如图 1.22 所示，按照 1.4 节所述，首先将输入电压设置为 0V，此时电阻 R_2 两端电阻即为输出电阻。

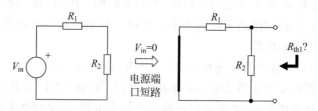

图 1.22　当电压信号源设置为 0V 时，通过输出端口 R_2 两端计算输出电阻

则所求阻抗为：

$$V_{th1} = R_1 \parallel R_2 \tag{1.31}$$

现在利用戴维南等效信号源代替与电阻 R_1 和 R_2 相连接的输入信号源。此时等效电路如图 1.23(a) 电路所示，该电路能够对 R_2 和其他元件所组成电路的 I-V 特性进行模仿。必须注意：使用戴维南（或者诺顿）定理时，如图 1.22 所示，当输出空载时消耗功率为 $-V_{in}^2/(R_1+R_2)$——而其具有等效电压 V_{th} 和等效电阻 R_{th} 的等效电路的消耗为零。所以利用戴维南定理计算电路功率或效率时将会得到错误结果。

对图 1.23(a) 在电容器之前进一步简化，可得另一电阻分压器电路。现在采用三个元件对之前的戴维南等效电路进行更新，此时分压公式仍然适用：

$$V_{th2} = V_{th1} \frac{R_4}{R_4 + R_3 + V_{th1}} = V_{in} \frac{R_2}{R_1 + R_2} \frac{R_4}{R_4 + R_3 + R_{th1}} \tag{1.32}$$

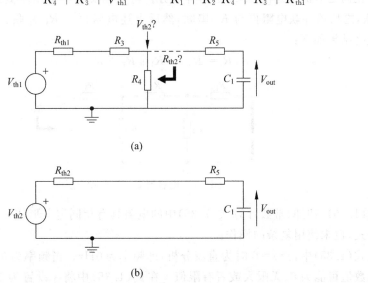

(a)

(b)

图 1.23　通过电阻 R_4 两端求解戴维南输出电阻

通过将 V_{th1} 设置为 0 并查看 R_4 端子来获得电阻，而 R_4 保持在原位（图 1.24），可以找到输出电阻

$$R_{th2} = (R_{th1} + R_3) \parallel R_4 \tag{1.33}$$

最终电路如图 1.23(b) 所示，同为一个简单的分压电路。该分压电路与图 1.16(a) 的低通滤波器具有相同传递函数，此处电阻为 R_{th2} 和 R_5 之和，则输出电压 $V_{out}(s)$ 与 $V_{th2}(s)$ 的关系式表达如下：

$$\frac{V_{out}(s)}{V_{th2}(s)} = \frac{1}{1 + s(R_{th2} + R_5)C_1} \tag{1.34}$$

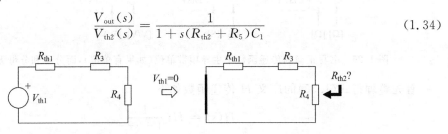

图 1.24　通过增加电阻 R_3 和 R_4 对第一个戴维南电路进行更新

式(1.34)中 V_{th2} 必须由式(1.32)代替,并且将 V_{in} 和 $R_{\text{th1/2}}$ 代入式(1.34),此时最终表达式为:

$$\frac{V_{\text{out}}(s)}{V_{\text{in}}(s)} = \frac{R_2}{R_1 + R_2} \cdot \frac{R_4}{R_4 + R_3 + R_1 \parallel R_2} \cdot \frac{1}{1 + s\left[(R_1 \parallel R_2 + R_3) \parallel R_4 + R_5\right]C_1} \tag{1.35}$$

式(1.35)非常复杂,但是其正确与否无法确定。接下来利用另一种方法进行计算。在式(1.34)中,分母包含电容 C_1 与电阻 $R_{\text{th2}} + R_5$ 的乘积,所得结果 RC 为时间常数。在图1.7中,时间常数 τ 由电阻和电容决定。接下来计算图1.20中复杂电路的时间常数。当计算输出阻抗/电阻时,激励源 V_{in} 不起作用,可以关闭。关闭电压源相当于将其短路,即 0V 电压源。目前暂时接受上述结论,稍后将会对其进行严格的理论分析。当 V_{in} 由短路块代替、电容 C_1 去除时所得电路如图1.25所示。

对化简之后的电路图1.25进行详细分析将易如反掌。从图左侧开始,首先电阻 R_1 与 R_2 并联,之后该并联电阻再与 R_3 串联,然后上述电阻再与 R_4 并联。最后总电阻与 R_5 串联。最终结果如下:

$$R = R_5 + (R_1 \parallel R_2 + R_3) \parallel R_4 \tag{1.36}$$

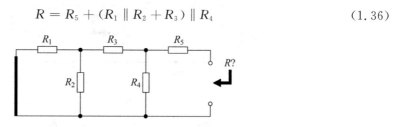

图1.25　电容器 C_1 的"驱动"电阻

式(1.36)与时间常数计算式(1.35)中的电阻具有相同定义形式。该定义未采用戴维南等效公式,也未使用复杂的操作。

在式(1.35)中,当 $s=0$ 时为直流分析,即频率为 0Hz。当频率为 0Hz 时,本书中的某些传递函数值可能为 0、无限大或者有限值。在式(1.35)中将 s 设置为 0,此时最右边项的分母为 1,方程左边保持恒定:输出为直流项,其单位与所研究的传递函数的单位一致。

上述实例中对电压增益进行计算,单位为[V]/[V],所以无单位。当对阻抗进行计算时,其单位为欧姆。书写传递函数中的直流项时通常用下标 0 表示,例如:$A(s)$ 中的 A_0、$H(s)$ 中的 H_0、$G(s)$ 中的 G_0 等。但是阻抗 $Z(s)$ 中的 R_0 表示方法与之不同,具体如图1.26所示,表明无论传递函数顺序如何均有效。

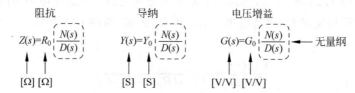

图1.26　书写正确的传递函数中主导项带单位(如果有单位),而分子和分母无单位

首先整理得式(1.35)的广义 H 传递函数如下:

$$H(s) = H_0 \frac{1}{1 + s\tau} \tag{1.37}$$

其中

$$H_0 = \frac{R_2}{R_1 + R_2} \frac{R_4}{R_4 + R_3 + R_1 \parallel R_2} \tag{1.38}$$

并且

$$\tau = (R_5 + (R_1 \parallel R_2 + R_3) \parallel R_4) C_1 \tag{1.39}$$

对电路进行直流或者 0Hz 激励时,电容电阻无穷大为开路(无电流流入),电感短路。对电路进行直流分析时,所有电容开路,所有电感短路。当利用 SPICE 电路仿真分析软件对电路进行瞬态(TRAN)或交流(AC)分析时,首先需要对电路进行直流偏置点计算。通过理论分析与计算可得:高频或者无限频率时电容短路、电感开路。当 s 无穷大时,电路网络中的所有电容短路、所有电感开路。应用上述理论将图 1.20 中的电容 C_1 删除,此时更新后的电路如图 1.27 所示。

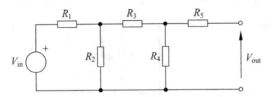

图 1.27 直流分析时,无电流流过电容 C_1,所以将其删除

在图 1.27 中无电流流过电阻 R_5,所以该电阻不起任何作用。应用两次戴维南定理,整理得到电路的直流传递函数为式(1.32),此即为式(1.38)中的 H_0。分两步对式(1.35)进行推导:首先设置 $s=0$ 求得 H_0,然后将激励源设置为 0V,并且计算电容端口的时间常数。

利用上述方法可对只涉及电阻(电容或电感分别开路或短路)电路的简单增益进行计算,接下来分析电容两端的输出电阻。当上述元件所构成电路的传递函数表达式为式(1.37)时,首先利用电路快速分析技术对其进行研究。

1.2.4 诺顿定理

由电阻、电容、电感、受控或独立电流和电压源构成的线性两端口系统都可以建立其诺顿等效模型。该等效电路由复数电流源 I_{th} 及其复数输出阻抗 Z_{th} 构成。根据实际所分析电路的具体要求,戴维南和诺顿等效电路可以互换使用。两等效电路具有相同的输出阻抗 Z_{th},所以 I_{th} 和 V_{th} 可以通过简单公式 $I_{th} = V_{th}/Z_{th}$ 进行相互关联。

在图 1.28 所示滤波器电路中,电感与 3 个电阻相互连接。r_L 表示电感等效串联电阻(ESR),即其欧姆损耗。

求解图 1.28 所示电路的传递函数,将电阻 R_2 之后电路断开,然后将输入源及电阻 R_1 和 R_2 转换为诺顿发生器,最终电路如图 1.29 所示。首先计算诺顿等效电流:V_{th}/R_{th} 或者电阻 R_2 短路时的环路电流。在图 1.28 所示电路中 $I_{th} = V_{in}/R_1$。输出阻抗 R_{th} 与前面章节中的计算公式一致,为电阻 R_1 和 R_2 的并联值。计算完成之后,诺顿等效电路如图 1.30 所示。此时输出电压可简化为:

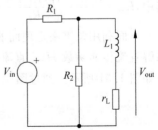

图 1.28 利用诺顿定理可快速求得传递函数

$$V_{out}(s) = I_{th}(s) Z_1(s) = \frac{V_{in}(s)}{R_1} [R_{th} \parallel r_L + sL_1] \tag{1.40}$$

对式(1.40)进行重新整理得到：

$$\frac{V_{out}(s)}{V_{in}(s)} = \frac{r_L R_2}{R_1 R_2 + r_L(R_1 + R_2)} \frac{1 + s\dfrac{L_1}{r_L}}{1 + s\dfrac{L_1(R_1 + R_2)}{R_1 R_2 + r_L(R_1 + R_2)}} \tag{1.41}$$

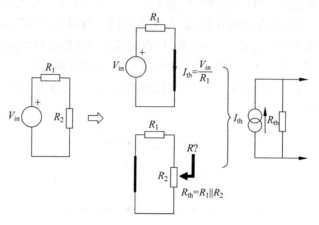

图 1.29　诺顿电流源对含有电感 L_1 的串并联电路进行供电

式(1.41)所示传递函数中包含两个时间常数,分别位于分子和分母中,按照式(1.37)格式将其整理如下：

$$H(s) = H_0 \frac{1 + s\tau_1}{1 + s\tau_2} \tag{1.42}$$

其中

$$H_0 = \frac{r_L R_2}{R_1 R_2 + r_L(R_1 + R_2)} \tag{1.43}$$

$$\tau_1 = \frac{L_1}{r_L} \tag{1.44}$$

和

$$\tau_2 = \frac{L_1}{R_{eq}} \tag{1.45}$$

其中, $R_{eq} = \dfrac{R_1 R_2 + r_L(R_1 + R_2)}{R_1 + R_2}$ 。

下面利用戴维南定理而非式(1.40)中的欧姆定律对电路进行分析。首先设置 $s=0$,并求解直流传递函数 H_0 。直流分析时电容开路、电感短路。将图 1.30 中的电感短路后的电路如图 1.31 所示。通过图 1.31 可立即求得直流增益：

$$\frac{V_{out}(0)}{I_{th}(0)} = R_{th} \parallel r_L \tag{1.46}$$

将 R_{th} 和 I_{th} 表达式带入式(1.46)中整理得：

$$H_0 = \frac{(R_1 \parallel R_2) \parallel r_L}{R_1} \tag{1.47}$$

这里不需要特别的变换。仔细观察可见,式(1.47)与式(1.43)相同。如果从图 1.28 开始,直流时将电感短路,可得 H_0 的另一种定义方式,该式与式(1.47)功能相同,但表达式不同：

$$H_0 = \frac{r_L \parallel R_2}{(r_L \parallel R_2) + R_1} \tag{1.48}$$

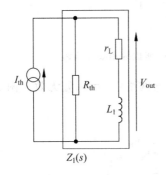

图 1.30 输出电压简化为电流与阻抗 Z_1 之积

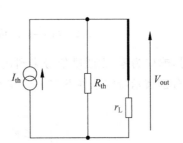

图 1.31 直流分析时电感短路，由导线代替

在式(1.47)和式(1.48)中，电阻按照有序的串并联方式排列。在式(1.43)中却并非如此，电阻之间没有明显串并联关系。当元件有序排列时，无须对其进行重新编排，即可对公式进行深入分析。例如式(1.47)中，如果 r_L 无穷大，则直流增益简化为电阻 R_1 和 R_2 的简单分压器。在式(1.48)中则更加简单，$H_0 = R_1/(R_1 + R_2)$。通过式(1.43)不能直接得到各元器件之间连接关系；如果分子和分母同时除以因子 r_L，并且设置其值为无穷大，则可对式(1.43)进行简化。如果需要得到所需公式，必须尽力对复杂公式进行重新排列。此时式(1.47)和式(1.48)与热力学低熵定律表达式相似。

系统的熵与其内部紊乱程度相匹配：为完成系统设定工作量，当其熵很低时，需要减少外部能量。如果系统公式非常规则，则无须对其增益、极点和零点位置进行分析，可立即得到其系统性能。另外对于高熵方程，各个元素无序排列，为了揭示其内在本质关系，需要耗费更多精力对其进行重新排列。通过之后的学习可知，如果 FACT 能够得到低熵表达式，则深入分析能够产生正确的结论。

此时电路直流增益为 H_0，然后重新对式(1.42)进行分析。通过与式(1.37)对比可得式(1.42)中包含两个时间常数，分别属于分子和分母中。通过第2章学习可知传递函数为增益、极点和零点的组合。此处对传递函数不做详细说明，仅告知零点在分子 N 中，而极点在分母 D 中。例如式(1.42)中，τ_1 为零点时间常数，而 τ_2 为极点时间常数。正如前面所述，时间常数由驱动电阻及其相关元件(C 或 L)构成，通过细致观察和分析可求得其具体数值。当传递函数的零点标记为 $s = s_z$ 时，分子 N 的传递函数简写为：

$$N(s_z) = 0 \tag{1.49}$$

例如，在式(1.41)中，当 $s = \frac{r_L}{L}$ 为复平面中的实数值时，分子值为 0。此时输入该驱动信号时，输出响应为 0，即：

$$\frac{V_{out}(s_z)}{V_{in}(s_z)} = \frac{N(s_z)}{D(s_z)} = \frac{0}{D(s_z)} = 0 \tag{1.50}$$

如果 $s = s_z$ 时传递函数值为 0，尽管此时存在驱动信号 V_{in}，但其响应 V_{out} 仍然为 0。所以当传递函数值为 0，即 $s = s_z$ 时无输出影响。通过图 1.32 中的简单图形对以上原理进行说明。

在图 1.33 中，变换之意为：所有储能元件由其拉普拉斯阻抗变换式代替。如果存在驱

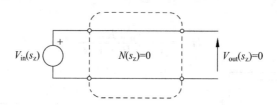

图 1.32　当 $s=s_z$ 时传递函数的分子值为 0,所以输出响应为零

动信号,响应为零,则激励信号未到达输出端,并在变换器网络中 $s=s_z$ 处无效。图 1.34(a) 和(b)分别表示特定条件下 $V_{out}=0V$ 的两种具体情形。

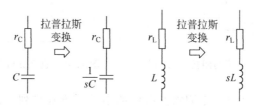

图 1.33　在变换电路中,电容和电感元件必须由其拉普拉斯阻抗表达式替代

　　当输出为零时电阻 R_1 中无电流通过,此时 $I_{out}(s_z)=0$。仔细观察图 1.34(a),当 $s=s_z$ 时串联网络开路,所以虽然存在驱动信号,但是电阻 R_1 中无电流通过。当 $s=s_z$ 时串联阻抗无穷大,使得环路电流为零,所以输出电压也为零。在图 1.34(b)中,由于变换电路短路,流经电阻 R_1 的电流全部通过短路电路流至地,所以流经电阻 R_2 的电流为零。通过分析以上输出零值条件,可以获得传递函数零点。

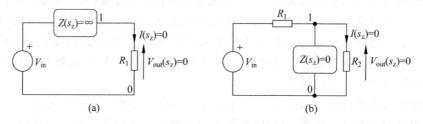

图 1.34　在变换电路中,当 $s=s_z$ 时,无穷大串联阻抗或者对地短路均能阻止驱动信号到达
　　　　　输出端,以产生相应零点: $V_{out}(s_z)=0$

　　在图 1.30 或图 1.28 中,当网络激励信号为 $s=s_z$ 时,应采用何种电路使得输出为零? 此时 R_{th} 固定并且频率不变。但是当 s 为特定值时,串联电感 L_1 和电阻 r_L 是否有可能构成短路? 串联电感 L_1 和电阻 r_L 构成网络的阻抗为:

$$Z(s) = r_L + sL_1 \tag{1.51}$$

　　令表达式的值为零,然后求解函数的根,即:

$$0 = r_L + sL_1 \tag{1.52}$$

整理得

$$s_z = -\frac{r_L}{L_1} \tag{1.53}$$

该根为复数,其幅值为:

$$\omega_z = |\ s_z\ | = \frac{r_L}{L_1} \tag{1.54}$$

在接下来的章节中将学到:

$$\tau_1 = \frac{1}{\omega_z} = \frac{L_1}{r_L} \tag{1.55}$$

如果在实验室中将电感和电阻网络串联,然后采用交流电流源对其进行激励,则网络两端电压将无法为零。其实式(1.53)所示为实零点,只有将数轴扩展到整个复平面,而非仅仅限制在虚轴 $s=j\omega$ 上才能使变换后的阻抗为零。上述分析方法非常抽象,将零值的数学定义转换到拉普拉斯域,尽管该方法缺乏物理意义,但不愧为识别零点的实用方法,并将在后面讲解空双注入(Null Double Injection,NDI)时充分使用。如果以原点(实轴与虚轴的交点)为零点,则频率为 0 Hz 时,输出为零。上述情形与如下情况类似:电容与信号回路串联或者电感与响应信号并联。另外,利用高度欠阻尼陷波滤波器的物理方法也可获得零点。随着传递函数的分子维数增加,零点对逐渐靠近虚轴,并且变成纯共轭虚数。当输入频率为 f_z 的信号对滤波器进行激励时输出将为零。

下面求解第二时间常数 τ_2,利用前面已学知识:抑制激励信号(在输出电阻定义中无作用),计算电感 L_1 的驱动电阻。如图 1.30 所示,电感端子两端的输出阻抗与电流源 I_{th} 无关,此时定义该电流源 I_{th} 为零。关闭电流源等效为将其从电路中去除,即将电流源两端开路,具体如图 1.35 所示。

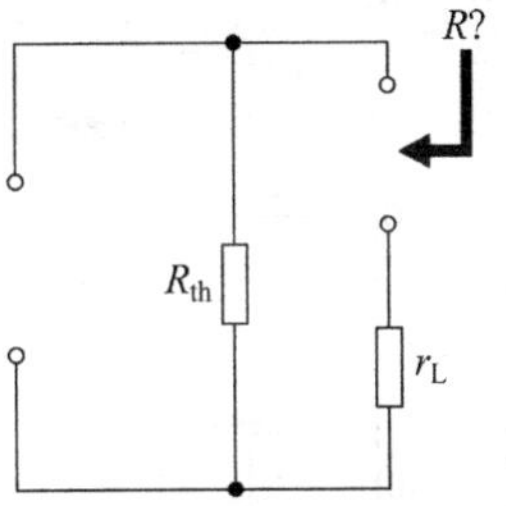

由图 1.35 可得,此时电感两端的电阻为 r_L 与 R_{th} 的串联值。采用图 1.29 中的并联电阻代替 R_{th},则:

图 1.35 当激励信号为电流源时,将其关闭与从电路中移除等效

$$R = r_L + R_{th} = r_L + (R_1 \parallel R_2) \tag{1.56}$$

因此第二时间常数为:

$$\tau_2 = \frac{L_1}{r_L + (R_1 \parallel R_2)} \tag{1.57}$$

在图 1.28 中,将输入源 V_{in} 短路(激励为 0),此时电感两端的阻抗与式(1.56)相同。

联立式(1.48)、式(1.55)和式(1.57),整理得图 1.28 的归一化传递函数如式(1.58)所示,该式为低熵表达式:

$$\frac{V_{out}(s)}{V_{in}(s)} = \frac{r_L \parallel R_2}{(r_L \parallel R_2) + R_1} \frac{1 + s\dfrac{L_1}{r_L}}{1 + s\dfrac{L_1}{(R_1 \parallel R_2) + r_L}} \tag{1.58}$$

将式(1.58)重新整理为零点和极点的易读格式:

$$\frac{V_{out}(s)}{V_{in}(s)} = H_0 \frac{1 + \dfrac{s}{\omega_{z_1}}}{1 + \omega_{p_1}} \tag{1.59}$$

其中

$$H_0 = \frac{r_L \parallel R_2}{(r_L \parallel R_2) + R_1} \tag{1.60}$$

$$\omega_{z_1} = \frac{1}{\tau_1} = \frac{r_L}{L_1} \tag{1.61}$$

$$\omega_{p_1} = \frac{1}{\tau_2} = \frac{(R_1 \parallel R_2) + r_L}{L_1} \tag{1.62}$$

为了验证计算结果,利用数学软件 Mathcad 对上述方程的交流响应进行绘制,结果如图 1.36 所示。图 1.36(a)为高熵表达式,其交流响应如图 1.36(c)和(e)所示;图 1.36(b)为快速分辨时间常数的低熵表达式;通过软件分析结果可知,两种表达式的计算值完全相同。

$$H_1(s) := \frac{r_L \cdot R_2}{R_1 \cdot R_2 + r_L(R_1 + R_2)} \cdot \frac{1 + s \cdot \frac{L_1}{r_L}}{1 + s \cdot \frac{L_1 \cdot (R_1 + R_2)}{R_1 \cdot R_2 + r_L \cdot (R_1 + R_2)}}$$

$$H_0 := \frac{r_L \parallel R_2}{(r_L \parallel R_2) + R_1} \qquad \tau_2 = \frac{L_1}{(R_1 \parallel R_2) + r_L}$$

$$\tau_1 := \frac{L_1}{r_L} \qquad H_2(s) = H_0 \frac{1 + s \cdot \tau_1}{1 + s \cdot \tau_2} \qquad H_0 = 1.994 \times 10^{-3}$$

$$\frac{r_L \cdot R_2}{R_1 \cdot R_2 + r_L \cdot (R_1 + R_2)} = 1.994 \times 10^{-3} \xrightarrow{\text{相同值}} \frac{(R_1 \parallel R_2) \parallel r_L}{R_1} = 1.994 \times 10^{-3}$$

$$\frac{R_1 \cdot R_2 + r_L \cdot (R_1 + R_2)}{(R_1 + R_2)} = 3.343\text{k}\Omega \qquad r_L + (R_1 \parallel R_2) = 3.343\text{k}\Omega \qquad r_p = \frac{1}{2\pi \cdot \tau_2} = 53.21\text{kHz}$$

$$f_z := \frac{1}{2\pi \cdot \tau_1} = 159.155\text{Hz}$$

(a) (b)

(c) (d)

(e) (f)

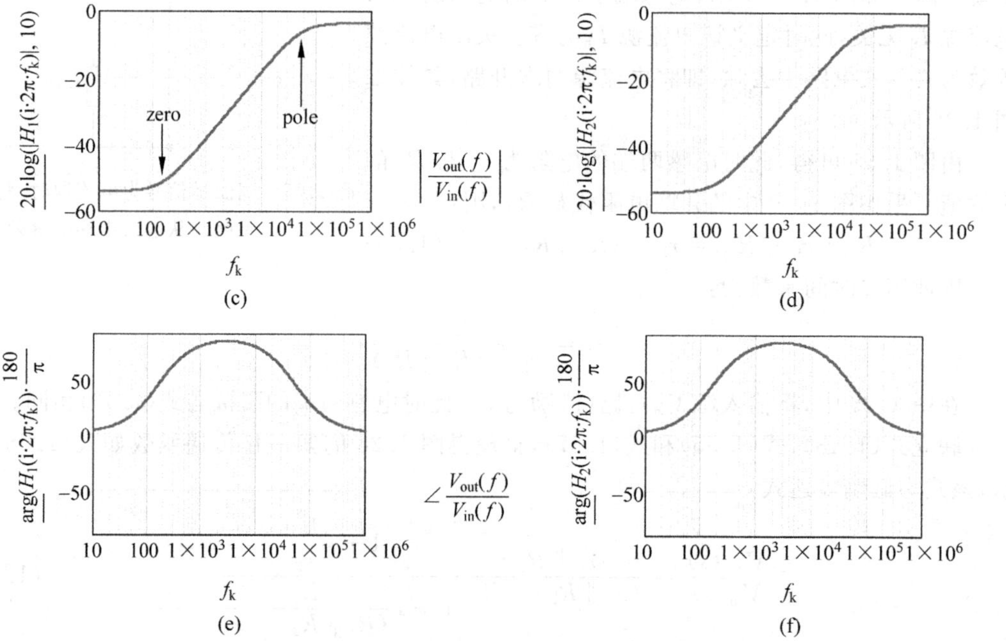

图 1.36　低熵和高熵方程的交流响应相同

1.3　本章重点

第 1 章所学主要内容如下。

(1) 传递函数为激励信号(输入)与响应信号(输出)之间的数学关系。激励和响应可以出现在不同端口,也可以出现于同一公共端口。阻抗和导纳传递函数即属于同一端口。

(2)传递函数通常由分子 N 和分母 D 组成,但也有例外。当采用分数形式书写传递函数时,零点和极点分别为传递函数分子和分母的根。

(3)具有电容和电感等储能元件的电路网络含有时间常数。时间常数表明电阻 R 对电容或电感的"驱动"能力。在某些情况下,通过从所述电路中去除所述元件,然后通过其端点对该电阻进行观察。与电容相关的时间常数公式为 $\tau=RC$,而表征电感的时间常数公式为 $\tau=L/R$。

(4)当计算得到端口的输出电阻时,可发现输入源在电阻表达式中未起作用。当计算端口输出电阻时,激励电压源关闭(设置为0V),并由短路线代替。当激励源为电流源时,其参数值必须设置为0A或者开路。

(5)电路快速分析技术主要用于快速求解上述具有时间常数和增益的电路网络的传递函数,并将其表达式清晰、有序化。如果通过表达式可以直接求得其极点、零点和增益,而无须对方程进行重新计算,则该表达式为低熵表达式。

(6)在研究复杂电路网络之前首先必须掌握以下重要电路分析技术:分压器、分流器和戴维南/诺顿定理。叠加定理为额外元件定理奠定基础,将在第2章进行重点讲解。

(7)通过应用本章所学的简单分析技巧,读者能够在不解方程的情况下直接推导出传递函数,即通过检验法推导出传递函数。当电路不太复杂时,通过检验法推导传递函数其乐无穷!

1.4　附录1A——计算输出阻抗/电阻

如前面电路所示,计算与电容和电感相关的时间常数时需要推导电阻值。因为电路网络端点的电阻或者阻抗非常重要,所以除了求解电容和电感端点的电阻外,还对单支电阻值进行参数计算。换句话说,需要求解器件连接端点的电阻值。

接下来将介绍几种求解给定网络输出阻抗或电阻的方法。为简单起见,在实例求解过程中采用 SPICE 单位符号:$1k=10^3$、$1meg=10^6$、$1p=10^{-12}$、$1n=10^{-9}$、$1m=10^{-3}$ 和 $1u=10^{-6}$。

1.4.1　输出电压除以2

首先分析用于驱动电容的两电阻分压器。将图1.7中的电容移除,包含电阻 R_1 和 R_2 的电路如图1.37(a)所示。如果负载电阻值为 R,则输出电压 V_{out} 为低于输入电压 V_{in} 的某个值。输出电压降低主要由于电路输出阻抗和负载电流分流引起。如图1.37(b)所示,如果负载电阻与电路输出电阻 R_{th} 阻值相等,则输出电压恰好为空载($I_{out}=0$)时输出电压的一半。

$$V_{in}\frac{R_2\parallel R_{th}}{R_1+R_2\parallel R_{th}}=\frac{V_{th}}{2} \tag{1.63}$$

其中 V_{th} 为戴维南电压,R_{th} 为戴维南输出电阻。

重新整理式(1.63)得:

$$V_{in} \frac{R_2 \parallel R_{th}}{R_1 + R_2 \parallel R_{th}} = \frac{V_{in}}{2} \cdot \frac{R_2}{R_1 + R_2} \tag{1.64}$$

因为式(1.64)中左右两侧的输入电压 V_{in} 不起作用,所以可以同时从两侧除去。利用式(1.64)求解输出电阻 R_{th} 为:

$$R_{th} = \frac{R_1 R_2}{R_1 + R_2} = R_1 \parallel R_2 \tag{1.65}$$

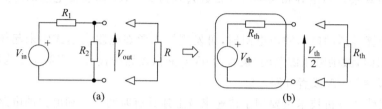

图 1.37　如果负载电阻 R 与电路输出电阻 R_{th} 相等,则输出电压除以 2

1.4.2　动态输出电阻

接下来利用注入电流 I_{out} 与输出电压 V_{out} 表达式 $V_{out} = f(I_{out})$ 计算输出电阻,该方法在图 1.4 中已经介绍。对于图 1.38 中的双电阻电路,电阻 R_2 两端电压定义如下:

$$V_{out} = V_{in} - R_1 I_1 \tag{1.66}$$

I_1 由输出电流 I_{out} 和 I_2 构成:

$$I_1 = \frac{V_{out}}{R_2} - I_{out} \tag{1.67}$$

将式(1.67)代入式(1.66)整理得:

$$V_{out} = V_{in} - R_1 \left(\frac{V_{out}}{R_2} - I_{out} \right) = V_{in} - \frac{R_1}{R_2} V_{out} + R_1 I_{out} \tag{1.68}$$

对 V_{out} 重新整理得:

$$V_{out}(I_{out}) = \frac{V_{in} + R_1 I_{out}}{1 + \frac{R_1}{R_2}} \tag{1.69}$$

对式(1.69)中 I_{out} 进行微分,整理得增量电阻或小信号输出电阻为:

$$\frac{dV_{out}(I_{out})}{dI_{out}} = \frac{R_1 R_2}{R_1 + R_2} = R_1 \parallel R_2 \tag{1.70}$$

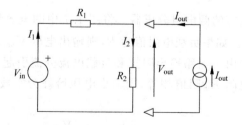

图 1.38　如果采用电流源对电阻网络加载,则输出电压将下降一定量,该量值与 I_{out} 和电路网络输出电阻成正比

增量电阻或小信号输出电阻指在规定工作点附近微小电压(dV)与微小电流(dI)变化量之比。为保持测量系统工作于线性区,实际计算时电压与电流变化量很小。所以式(1.70)也称为小信号输出电阻,激励信号 I_{out} 有意保持微小幅度,以便输出响应 V_{out} 不失真。

对于图 1.39 中的简单 ac-dc 充电器电路,利用式(1.70)对其动态输出阻抗进行分析。实际数据必须在给定工作点进行测量,例如输出电压 12V、输出电流 1A 时的输出电阻。首先测量并记录电流为 I_{out1} 时的输出电压值 V_{out1}。然后略微增加电流至 I_{out2},并记录新的输出电压 V_{out2}。此时给定工作点的输出电阻可简写为:

$$R_{out} = \frac{V_{out1}(I_{out1}) - V_{out2}(I_{out2})}{I_{out1} - I_{out2}} \tag{1.71}$$

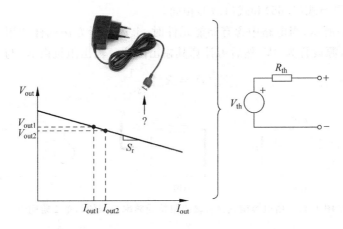

图 1.39 $I\text{-}V$ 特性曲线斜率为负值,单位为欧姆,在给定的工作点 I_{out1} 处获得

为确保电源工作在线性区,记录两输出电压的输出电流变化量必须保持尽量小,即 I_{out2} 必须尽量接近 I_{out1},例如 1A 和 1.1A。将上述思想表达为数学公式,即电流 $I_{out} = I_{out1}$ 时对输出电压进行微分:

$$\lim_{I_{out2} \to I_{out1}} \frac{V_{out}(I_{out2}) - V_{out}(I_{out1})}{I_{out2} - I_{out1}} = \frac{dV_{out}(I_{out})}{dI_{out}} \tag{1.72}$$

式(1.72)为给定输出电流下变换器小信号直流或静态输出电阻,本例中给定电流为 1A。

因为图 1.38 中电流 I_{out} 离开输出端口而非进入端口,应当注意,式(1.71)的计算结果为负值。然而,电阻 R_{th} 两端压降与输出电流成正比,为正电阻值。

1.4.3 电压源置零

图 1.37 中所有元件均为线性元件。电源 V_{in} 为输出电阻等于零的理想电压源。当对电压源 V_{in} 加载时其电压保持恒定,也可以表示为 $\frac{dV_{in}(I_{out})}{dI_{out}} = 0$,电压源对小信号输出电阻或阻抗的贡献为 0。因此,当计算含有电压源的线性电路的输出电阻(或阻抗)时,可以将电压源的参数值设置为 0V 或由短路线代替。如果采用电流源重新对阻抗进行计算,将电流参数值设置为 0A 与将其从电路断开效果相同。应当注意,当电路中含有受控源时,其值不应设置为 0。

第三种方法如图 1.40 所示,其中 V_{in} 设置为 0V 或由短路线代替。通过电阻 R_2 两端点计算输出阻抗,而 R_2 保持不变,输出阻抗计算公式如下:

$$R_{th} = R_1 \parallel R_2 \tag{1.73}$$

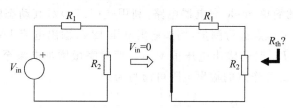

图 1.40 通过电阻 R_2 两端点计算戴维南输出阻抗

上述计算结果与式(1.65)和式(1.70)相同。

如图 1.41(a)所示,当电路中含有储能元件时,上述分析方法同样适用。如图 1.41(b)所示,首先将电压源设置为 0V,然后再计算其输出阻抗。输出阻抗由 R_1 与 C_1 并联组成:

$$Z_{th}(s) = R_1 \parallel \frac{1}{sC_1} \tag{1.74}$$

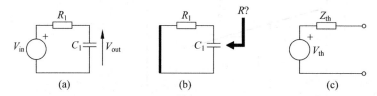

图 1.41 由电容构成并且输出阻抗受频率控制的简单 1 阶网络

图 1.41 中所示电路的戴维南等效电路如图 1.41(c)所示,其电压值为:

$$V_{th}(s) = V_{in}(s) \frac{\dfrac{1}{sC_1}}{\dfrac{1}{sC_1} + R_1} = \frac{1}{1 + sR_1C_1} \tag{1.75}$$

1.4.4 短路电流

第四种即最后一种方法为短路电流法。图 1.42 为某电路的戴维南等效电路,将其输出端口短路,则短路电流为:

$$I_{sc} = \frac{V_{th}}{R_{th}} \tag{1.76}$$

对于某个未知电路,如果已知电压 V_{th},并且能够计算或者测量其电流值 I_{sc},即可求得其戴维南等效电阻。在图 1.37 中,电阻 R_2 两端电压即为电路的戴维南等效电压,具体计算值如下:

$$V_{th} = V_{in} \frac{R_2}{R_1 + R_2} \tag{1.77}$$

如果将图 1.43 中输出端短路,则短路电流简化为:

$$I_{sc} = \frac{V_{in}}{R_1} \tag{1.78}$$

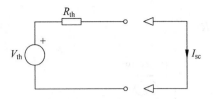
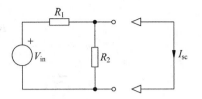

图 1.42　戴维南等效电路的短路电流为戴维南　　　　图 1.43　通过计算短路电流求戴维南输出电阻
　　　　 等效电压 V_{th} 与等效电阻 R_{th} 之商

通过应用式(1.76),可将戴维南等效电阻表达为:

$$R_{th} = \frac{V_{th}}{I_{sc}} = \frac{V_{in}\dfrac{R_2}{R_1 + R_2}}{\dfrac{V_{in}}{R_1}} = \frac{R_1 R_2}{R_1 + R_2} = R_1 \parallel R_2 \tag{1.79}$$

1.4.5　受控源

到目前为止,已经对单个独立电压源 V_{in} 的电路进行了详细分析。在图 1.44 所示电路中,受控源 R_3 与电阻并联,并且数值项 0.19 的单位为西门子。此时驱动电容 C_1 的电阻为何值?

因为受控源由节点电压 $V_{(1)}$ 控制而非输入电压源 V_{in} 控制,所以计算等效输出电阻时将独立电压源 V_{in} 设置为 0V,并保持受控源不变。如果受控源由 V_{in} 控制,则将 V_{in} 置为 0V 时受控源的作用将消失。

更新之后的电路如图 1.45 所示。为计算电容两端电阻,将测试电流源连接到电容端点上,具体如图 1.46 和图 1.47 所示。此时,激励信号为电流源,响应为测试端点两端电压。此测试方法与本章开头介绍的阻抗传递函数定义式(1.13)相同。图 1.47 中端口电阻计算式为:

$$R = \frac{V_T}{I_T} \tag{1.80}$$

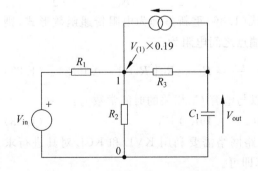
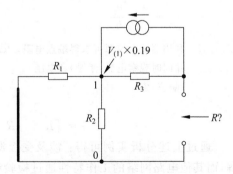

图 1.44　受控电流源的存在并未改变电路分析方法:　　　图 1.45　保留受控源,将独立电压源
　　　　 只需将独立电压源设置为 0V　　　　　　　　　　　　　 V_{in} 设置为 0V

根据图 1.46(a)可求得通过电阻 R_1 和 R_2(R_{eq})的并联电流为:

$$I_{Req} = I_3 + 0.19 \cdot V_{(1)} \tag{1.81}$$

其中

$$R_{eq} = R_1 \parallel R_2 \tag{1.82}$$

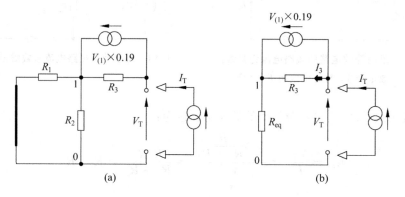

图 1.46　测试电流源与电容端点连接以计算其驱动电阻

如图 1.46(b)所示,通过电阻 R_{eq} 的电流为节点 1 的电压与电阻 R_{eq} 之商。将式(1.81)重新整理得:

$$\frac{V_{(1)}}{R_{eq}} - 0.19 \cdot V_{(1)} = I_3 \tag{1.83}$$

测试电压 V_T 为电阻 R_{eq} 两端电压即节点电压 $V_{(1)}$ 与电阻 R_3 压降之和,具体表达式为:

$$V_T = V_{(1)} + I_3 R_3 = V_{(1)} + V_{(1)} R_3 \left(\frac{1}{R_{eq}} - 0.19 \right) \tag{1.84}$$

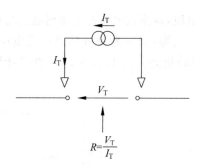

图 1.47　利用测试电流源可求得端点电阻,并同时观察电流(激励)和电压(响应)值

节点电压 $V_{(1)}$ 为电阻 R_{eq} 两端电压,并且通过其电流为测试电流 I_T,如图 1.47 所示。所以节点电压 $V_{(1)}$ 的计算公式为:

$$V_{(1)} = I_T R_{eq} \tag{1.85}$$

将式(1.85)代入式(1.84),整理得 V_T 如下:

$$V_T = I_T R_{eq} \left[1 + R_3 \left(\frac{1}{R_{eq}} - 0.19 \right) \right] \tag{1.86}$$

将式(1.86)重新整理为电阻传递函数形式,则电容两端点之间电阻为:

$$R = \frac{V_T}{I_T} = R_3 + (R_1 \parallel R_2)(1 - 0.19 R_3) \tag{1.87}$$

所以与电容 C_1 相关的时间常数为:

$$\tau = [R_3 + (R_1 \parallel R_2)(1 - 0.19 R_3)] C_1 \tag{1.88}$$

通过上述分析实例可得:涉及受控源的电路网络需要利用 KVL 和 KCL 对其进行求解,而其他电路网络的工作特性通过检验法计算即可。

1.4.6　晶体管电路

晶体管电路为另一种类型的受控源电路。图 1.48(a)为简单的晶体管放大电路,当电容 C_e 从该电路移除时计算其驱动电阻。首先 Q_1 采用晶体管小信号等效电路——混合 π

模型代替,具体如图1.48(b)所示。

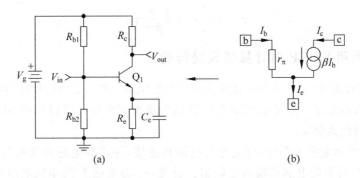

图 1.48 简单晶体管放大电路

激励信号源 V_{in} 与偏置电阻 $R_1 R_{b1}$ 和 $R_2 R_{b2}$ 相连接。为了计算电容 C_e 的端口等效电阻,必须将 V_{in} 设置为 0V,即将其短路。在图1.48电路中 V_g 为直流电压源,所以其对电路的交流贡献为 0。假设 V_g 的去耦电容无限大,所以交流分析时电阻 R_{b1} 和 R_c 的上端点接地;同时 V_g 由短路线代替。更新之后的电路如图 1.49 所示。

图 1.50 为重新整理之后的最简单小信号等效电路,从图 1.50 可以看出电阻与电容并联,因此可以暂时将电阻 R_e 从电路中移除。当上述等效电阻计算得到之后,再与 R_e 并联以求最终等效电阻。

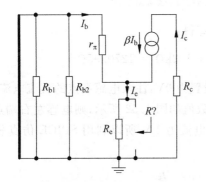

图 1.49 激励源为 0V 时的简化等效电路

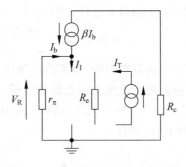

图 1.50 重新整理之后的简化电路

首先计算基极电流 I_b

$$I_b = -\frac{V_R}{r_\pi} \tag{1.89}$$

I_1 由集电极电流控制,计算公式为:

$$I_1 = (\beta + 1) I_b = -I_T \tag{1.90}$$

则电容两端电阻仅由测试电流 I_T 和电压 V_R 之比决定,计算公式为:

$$R_{int} = \frac{V_R}{I_T} = \frac{r_\pi}{\beta + 1} \tag{1.91}$$

恢复电阻 R_e 之后电容两端电阻为:

$$R = R_e \parallel \left(\frac{r_\pi}{\beta + 1} \right) \tag{1.92}$$

此时该电路的时间常数为：

$$\tau = C_e \left[R_e \parallel \left(\frac{r_\pi}{\beta + 1} \right) \right] \tag{1.93}$$

1.4.7　利用 SPICE 对计算结果进行验证

在某些复杂电路中，输出电阻可能由多级串并联电路级联而成，此时可以利用 Mathcad 等数学软件快速求得结果。但是如何确定计算结果是否正确呢？可以利用 SPICE 仿真软件对计算结果进行快速验证。

在图 1.51 所示电阻电路中，将电感与电阻相连接，并求解电感两端的等效电阻——即电压源 V_{in} 为 0V 时驱动电感的输出电阻值。首先，r_L 为电感 L 的串联电阻；然后，电感左端通过并联电阻 R_1 和 R_2 接地，并由电阻 R_3 返回电感右端，则电感 L 的左右端点等效电阻为：

$$R = r_L + R_2 \parallel R_1 + R_3 \tag{1.94}$$

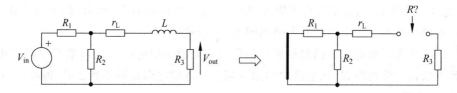

图 1.51　当电感移除之后其两端等效电阻

将图 1.52 中的参数值代入公式(1.94)，计算得：

$$R = 2.2\Omega + \frac{220\Omega \times 100}{220\Omega + 100} + 1.2\text{k}\Omega = 1270.95\Omega \tag{1.95}$$

在图 1.52 仿真电路中，将直流电压源 V_{in} 设置为 0V，注入电感端点的直流电流源 I_T 设置 1A。对电路进行直流工作点仿真分析，具体数值如图 1.52 所示，则电感左右端点的电压差为 $70.95 - (-1.2k) = 1270.95$V。因为激励电流为 1A，所以利用 SPICE 仿真软件计算所得电阻为 1270.95Ω。

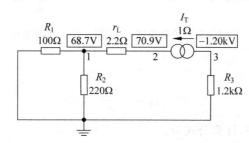

图 1.52　利用 SPICE 直流分析计算电感两端电阻值

同样可以利用仿真软件计算电路图 1.45 中电容两端电阻值，此时设置电流源 I_2 为 1A。利用图 1.53 中的元件参数值，计算电容端口的电阻值为：

$$R = 2.2\Omega + (22\Omega \parallel 60\Omega)(1 - 0.19 \times 2.2\Omega)$$
$$= 2.2\Omega + 16.0975\Omega \times 0.582 = 11.56878\Omega \tag{1.96}$$

在图 1.53 中，仿真结果四舍五入为 11.5688V。

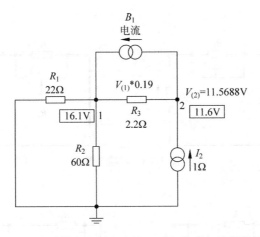

图 1.53　含有受控电流源电路的 SPICE 仿真与计算结果一致

当研究庞大而复杂的电路网络时,SPICE 仿真技术非常实用;如果电路中含有大量受控源则更为适用。通过快速运行偏置点分析,可以利用 1A 电流源对储能元件端口进行外部偏置,以便对分析中的错误和缺陷进行正确辨别。在分析电路时强烈推荐使用 SPICE 仿真技术。

1.5　附录 1B——习题

1.5.1　习题内容

本节对简单到复杂的电路图(图 1.54～图 1.53)进行收集和整理,并且需要读者自行计算其直流传递函数和储能元件驱动电阻。习题答案见 1.5.2 节。

1. 习题 1

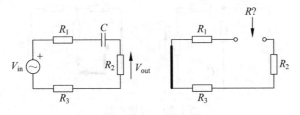

图 1.54　习题 1 图

2. 习题 2

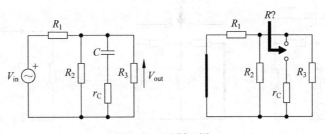

图 1.55　习题 2 图

3. 习题 3

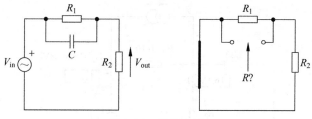

图 1.56　习题 3 图

4. 习题 4

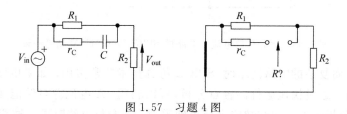

图 1.57　习题 4 图

5. 习题 5

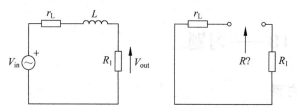

图 1.58　习题 5 图

6. 习题 6

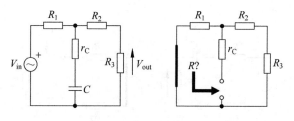

图 1.59　习题 6 图

7. 习题 7

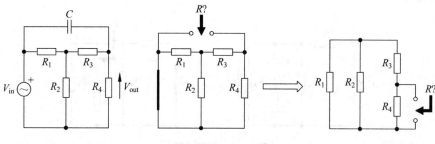

图 1.60　习题 7 图

8. 习题 8

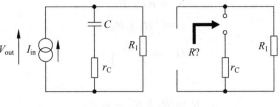

图 1.61 习题 8 图

9. 习题 9

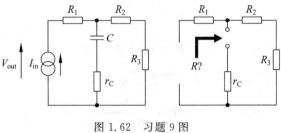

图 1.62 习题 9 图

10. 习题 10

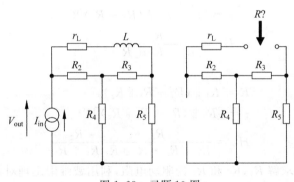

图 1.63 习题 10 图

1.5.2 习题答案

1. 习题 1

$$R = R_1 + R_2 + R_3$$
$$\tau = (R_1 + R_2 + R_3)C$$
$$H_0 = 0$$

2. 习题 2

$$R = (R_1 \parallel R_2 \parallel R_3) + r_C$$
$$\tau = [(R_1 \parallel R_2 \parallel R_3) + r_C]C$$
$$H_0 = \frac{R_2 \parallel R_3}{R_2 \parallel R_3 + R_1}$$

3. 习题 3

$$R = R_1 \parallel R_2$$
$$\tau = (R_1 \parallel R_2)C$$
$$H_0 = \frac{R_2}{R_1 + R_2}$$

4. 习题 4

$$R = R_1 \parallel R_2 + r_C$$
$$\tau = (R_1 \parallel R_2 + r_C)C$$
$$H_0 = \frac{R_2}{R_1 + R_2}$$

5. 习题 5

$$R = r_L + R_1$$
$$\tau = \frac{L}{r_L + R_1}$$
$$H_0 = \frac{R_1}{R_1 + r_L}$$

6. 习题 6

$$R = r_C + R_1 \parallel (R_2 + R_3)$$
$$\tau = [r_C + R_1 \parallel (R_2 + R_3)]C$$
$$H_0 = \frac{R_3}{R_1 + R_2 + R_3}$$

7. 习题 7

$$R = R_4 \parallel (R_3 + R_1 \parallel R_2)$$
$$\tau = [R_4 \parallel (R_3 + R_1 \parallel R_2)]C$$
$$H_0 = \frac{R_4}{R_4 + R_3 + R_1 \parallel R_2} \frac{R_2}{R_1 + R_2}$$

无法通过检验法求解 R_1、R_2 和 R_3 的驱动电阻,利用戴维南定理对其进行计算。

8. 习题 8

$$R = r_C + R_1$$
$$\tau = (r_C + R_1)C$$
$$R_0 = R_1$$

9. 习题 9

$$R = r_C + R_2 + R_3$$
$$\tau = (r_C + R_2 + R_3)C$$
$$R_0 = R_1 + R_2 + R_3$$

10. 习题 10

$$R = r_L + R_2 + (R_5 + R_4) \parallel R_3$$
$$\tau = \frac{1}{r_L + R_2 + (R_5 + R_4) \parallel R_3}$$
$$R_0 = ?$$

无法通过检验法求解 R_0,第 3 章将对其具体计算方法进行详细讲解。

参考文献

1. Vorpérian V. Fast Analytical Techniques for Electrical and Electronic Circuits[M]. London：Cambridge University Press，2002：15-17.
2. Understand and apply the transimpedance amplifier. Planet Analog blog，http://www.planetanalog.com/document.asp? doc_id＝527534&site＝planetanalog (last accessed，12/12/2015).

第2章

传 递 函 数

第 1 章已经讲解如何根据电路系统的激励与响应之间关系建立传递函数。当激励信号在电路网络中传播时，其波形将会发生放大、衰减和相位失真。以上传输特性可以利用频域表达式中的增益、极点和零点进行数学描述。如果可以利用某种软件工具快速编写传递函数，则传递函数的表达形式必须清晰明了，以便通过读取函数表达式能够正确判断其频域响应特性。此即低熵表达式原理，通过适当因式分解表达式中的极点和零点，可以直接洞察其频率响应特性。本章主要对电路系统传递函数进行研究，首先定义线性系统，然后通过时间常数对电路响应进行分析。

2.1 线性系统

如果某个电路系统既满足可加性又符合比例特性，则该系统称为线性系统。如图 2.1 所示，假设某系统封装在盒子中，当由 u_1 激励时输出响应为 y_1；然后采用不同幅值的 u_2 激励时输出响应为 y_2。如果输入信号为两激励之和，即 $u_1 + u_2$，此时测量输出信号 y，如果输出信号等于 $y_1 + y_2$，则系统满足可加性。

数学表达式如下：

$$y(u_1 + u_2) = y(u_1) + y(u_2) \qquad (2.1)$$

线性系统的第二特性为比例特性，具体如图 2.2 所示。如果在系统输入端施加激励信号 u_1 时输出信号幅度为 y_1，则输入激励变为 $k \cdot u_1$ 时输出响应也同时变为 $k \cdot y_1$。数学表达如下：

$$y(k \cdot u) = k \cdot y(u) \qquad (2.2)$$

上述两特性构成叠加原理，当对电路系统进行拉普拉斯变换或者其他等效变换（例如诺顿或戴维南定理）时，该系统必须满足叠加原理。那么，何种类型的传递函

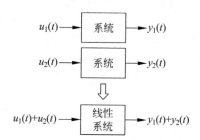

图 2.1 可加性：两个激励信号相加产生的响应与两个信号单独激励产生的响应之和相同

数满足叠加原理呢？假设某个系统的输出响应为输入电压 u 除以 2，并且具有 2V 的直流偏移量。利用 y 表征系统响应，则表达式定义如下：

$$y(u) = 0.5u + 2 \tag{2.3}$$

式 (2.3) 可表示为图 2.3 中的偏移直线。是否可以利用该函数表征线性系统的两个特性？

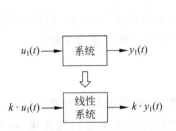

图 2.2 比例特性：如果激励信号增大为原来的 k 倍，则输出响应也变为原来的 k 倍

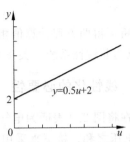

图 2.3 系统输出响应为输入电压 u 除以 2，然后与 2V 直流偏移相加

首先分析线性系统的比例特性。当式 (2.3) 中的 u 设置为 $2u$ 时，输出响应为：

$$y(2u) = u + 2 \tag{2.4}$$

此时 $2 \cdot y(u)$ 为：

$$2 \cdot y(u) = u + 4 \tag{2.5}$$

通过上面分析可知式 (2.5) 与式 (2.4) 不同，所以根据定义可以确定该系统为非线性系统。接下来利用两个不同输入电平验证其可加性。

(1) 当 $u = u_1$ 时 $y_1 = 0.5u_1 + 2$；

(2) 当 $u = u_2$ 时 $y_2 = 0.5u_2 + 2$。

如果将 y 表达为 y_1 与 y_2 之和，则 $y = 0.5(u_1 + u_2) + 4$。如果令激励信号 $u = u_1 + u_2$，则 $y = 0.5(u_1 + u_2) + 2$，与可加性原则不符。所以，图 2.3 中所示图形不表示线性系统。

2.1.1 线性时不变系统

除叠加原理之外，定义线性时不变 (Linear Time-Invariant，LTI) 系统时还需要第二特性。如果输入信号为 u 时系统输出为 y，当延迟时间 δ 时输入激励信号 u，系统输出相同 y 值，并且同样延时 δ。

具体工作原理如图 2.4 所示，在 t_1 和 t_2 两个不同时刻分别输入激励信号 u，得到相同输出 y，但是时间延时 δ。

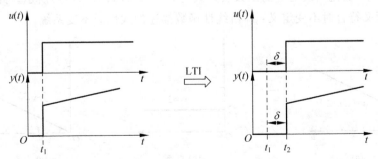

图 2.4 如果输入信号为 u 时系统输出为 y；当延迟时间为 δ 时输入激励信号 u，系统输出相同 y 值，并且同样延时 δ

那么式(2.3)是否为时不变系统呢？首先输入延时激励信号 $u(t-\delta)$ 并计算其输出信号 y：

$$y_1(t) = 0.5u(t-\delta) + 2 \tag{2.6}$$

接下来计算输入激励信号 $u(t)$ 延时 δ 时的输出响应 $y_2(t)$：

$$y_2(t-\delta) = 0.5u(t-\delta) + 2 \tag{2.7}$$

通过分析可得两方程计算值相同，因此方程(2.3)为时不变系统。但是该系统不满足叠加原理，所以为非线性系统。关于 LTI 系统的更多详细讲解可参考文献[1]。

2.1.2 线性化的必要性

如果现在将图 2.3 表征为电气系统的传递函数，则输出信号 y 为输入信号 u 的 0.5 倍与 2V 固定电压之和。接下来采用广泛使用的扰动原理对系统进行线性化（确保可使用戴维南、诺顿、叠加原理或拉普拉斯变换）。每个变量（u 和 y）通过增加一个小的交流调制信号而受到扰动。假定调制波形幅值足够小，因此所分析网络中的非线性含量（例如饱和）可以忽略不计。

交流分量由变量名称和符号"^"构成（例如 $\hat{v}_{out}$）。通常直流分量由大写字母表示，或者通过下标 0 进行标识。式(2.3)中包含两个变量 y 和 u，分别对其增加扰动：

$$y = \hat{y} + y_0 \tag{2.8}$$

$$u = \hat{u} + u_0 \tag{2.9}$$

将式(2.8)和式(2.9)代入式(2.3)整理得：

$$\hat{y} + y_0 = 0.5(\hat{u} + u_0) + 2 \tag{2.10}$$

将式(2.10)进行交流和直流项分离，整理为两个方程。保留所有直流项与交流项乘积构成的交流项，因为交流交叉项（例如 $\hat{y} \cdot \hat{u}$）为非线性项，并且对电路影响非常小，所以将其去除。此时表达式非常简单，并且能够对交流和直流分量进行清晰辨别：

交流：$\hat{y} = 0.5 \hat{u}$ 小信号或增量传递函数

直流：$y_0 = 0.5u_0 + 2$ 静态工作点或偏置点数值

直流和交流之和定义为大信号响应，也称为总变量。为了研究该系统的频率响应，只分析小信号或增量对输出 y 的影响，而静态偏置 y_0 为固定值，与频率无关。但是直流分量将用于静态工作点计算。将图 2.3 中直流和交流分量分离，重新整理为图 2.5 所示波形，此时 $u_0 = 0$。

在图 2.5 中，交流曲线对应的函数表达式为 $\hat{y} = 0.5 \hat{u}$，如图 2.5(c)所示。此时该函数既满足叠加原理又符合时不变定义：即由线性函数描述的线性时不变系统。

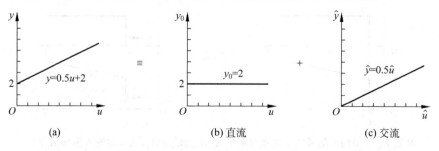

图 2.5　将非线性方程分解为直流和交流表达式，其中交流表达式为线性函数

2.2　时间常数

2.2.1　电容的时间常数

图 2.6 为简单电路网络,由电阻 R 和电容 C 两个线性器件构成。利用 KCL 和 KVL,整理得到 y 与 u 的关系式为:

$$u(t) = Ri(t) + y(t) \tag{2.11}$$

电容中流过的电流 i 取决于电容两端瞬时电压 v_C:

$$i(t) = C\frac{\mathrm{d}v\mathrm{C}(t)}{\mathrm{d}t} \tag{2.12}$$

图 2.6　简单 RC 网络

将式(2.12)代入式(2.11)整理得:

$$y(t) = u(t) - RC\frac{\mathrm{d}v\mathrm{C}(t)}{\mathrm{d}t} = u(t) - RC\frac{\mathrm{d}y(t)}{\mathrm{d}t} \tag{2.13}$$

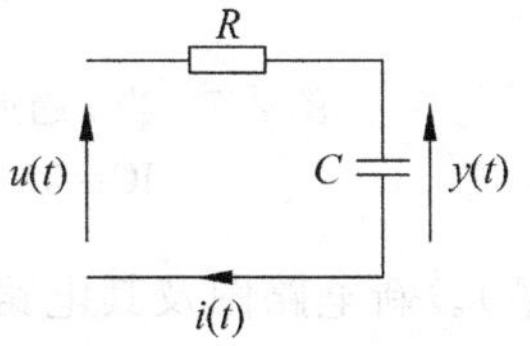

利用拉普拉斯变换求解式(2.13)中的 1 阶微分方程。在拉普拉斯变换中微分与 s 相乘、积分与 s 相除。

应用上述原理,将电容初始电压标记为 V_0,整理得拉普拉斯表达式为:

$$Y(s) = L\{y(t)\} = U(s) - RC(sY(s) - V_0) \tag{2.14}$$

通过因式分解将上述表达式重新整理为:

$$Y(s) = \frac{U(s)}{1 + sRC} + \frac{RCV_0}{1 + sRC} \tag{2.15}$$

假设输入信号为初始值 0V、脉冲峰值为 V_1 的阶跃函数。为了提取式(2.15)的时域响应,将 $U(s)$ 简单地替换为 V_1/s(峰值为 V_1 的阶跃函数的拉普拉斯变换式),然后计算拉普拉斯反变换为:

$$L_s^{-1}\{Y(s)\} = L_s^{-1}\left\{\frac{V_1}{s}\frac{1}{1 + sRC}\right\} + L_s^{-1}\left\{\frac{RCV_0}{1 + sRC}\right\} \tag{2.16}$$

应用拉普拉斯反变换表,最终结果由两项组成:

$$y(t) = V_1(1 - \mathrm{e}^{\frac{t}{\tau}}) + V_0\mathrm{e}^{-\frac{t}{\tau}} \tag{2.17}$$

在式(2.17)中时间常数为 $\tau = RC$,表达式右侧两项即为所研究简单 RC 网络的整体响应。利用数学变换,将式(2.17)重新整理为:

$$y(t) = r_\mathrm{f}(t) + r_\mathrm{n}(t) \tag{2.18}$$

其中,r_f 为受迫或稳态响应、r_n 为自然或瞬态响应,或者将其表示为零状态和零输入响应:

$$r_\mathrm{f}(t) = V_1(1 - \mathrm{e}^{-\frac{t}{\tau}}) \tag{2.19}$$

$$r_\mathrm{n}(t) = V_0\mathrm{e}^{-\frac{t}{\tau}} \tag{2.20}$$

在图 2.7 所示电路中,受迫响应 r_f 为外部激励信号 V_1 幅度为 10V 时的输出响应。当 t 无穷大时,输出电压最终值为 10V。然而,通常认为经过三倍时间常数或 3τ 延迟之后,输出值与输入激励值一致——电容完全充电。在图 2.7 所示电路中,时间常数为 1ms,所以假定电容在 3ms 后充满电。其次,受迫响应受输入激励信号控制。

另外,自然或零输入响应 r_n 只受电路初始条件 V_0 控制,而与外部激励源无关。为获得响应,通常将激励源设置为 0(将输入电压源设置为 0V;或者将电流源断开,使其电流为

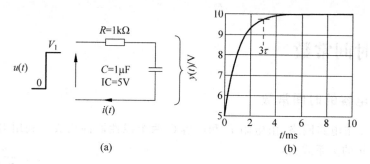

图 2.7　当 t 趋近于无穷大时,时域响应按照指数形状变化,最终达到受迫电压值;
IC＝5V 表示仿真器在 $t=0$ 时刻的电压初始值

0A)。新电路图及其电路响应如图 2.8 所示,其中图 2.8(a)为电路图,图 2.8(b)为响应。

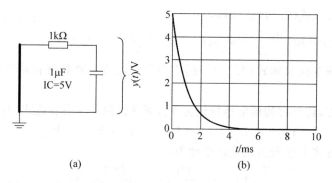

图 2.8　激励源关闭时电路网络的响应;此处激励源为电压源,
将其关闭即由短路线将其代替

在图 2.8 中,如果将电容移除并测试其两端电阻,则电阻值为 1kΩ。此时时间常数 $RC=1\mu F\times 1k\Omega=1ms$。

在式(2.15)中,如果假设 $t=0$ 时电容完全放电,即 $v_c(0)=0$,则等式简化为:

$$\frac{Y(s)}{U(s)}=\frac{1}{1+sRC}=\frac{1}{1+s\tau} \qquad (2.21)$$

当 $s=0$ 时传递函数值为 1。随着 s 增加输出值随之衰减,当 s 接近无穷大时,最终输出值衰减为 0。上述电路为低通滤波器,其极点 ω_p 为时间常数的倒数,即:

$$\omega_p=\frac{1}{\tau} \qquad (2.22)$$

利用式(2.22)中极点表达式将式(2.21)重新整理为:

$$\frac{Y(s)}{U(s)}=\frac{1}{1+sRC}=\frac{1}{1+s\tau} \qquad (2.23)$$

式(2.23)为 1 阶低通滤波器传递函数的正确表达式。

2.2.2　电感的时间常数

与分析 RC 电路网络方法相同,编写图 2.9 所示 RL 电路的节点和网格方程。应用 KCL 和 KVL 定律,可以立即得出电压 u 为电压 y 与电感 L 两端电压之和:

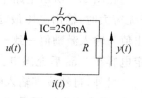

图 2.9　简单 RL 网络

$$u(t) = L \frac{\mathrm{d}i(t)}{\mathrm{d}t} + y(t) \tag{2.24}$$

将式(2.24)重新整理为：

$$y(t) = u(t) - L \frac{\mathrm{d}i(t)}{\mathrm{d}t} \tag{2.25}$$

如果电感的初始电流为I_0，通过将式(2.25)进行拉普拉斯变换求解其1阶微分方程，具体公式如下：

$$Y(s) = L\{y(t)\} = U(s) - L(sI(s) - I_0) \tag{2.26}$$

电流$I(s)$为输出电压$Y(s)$与电阻R之商，整理得：

$$Y(s) = U(s) - L\left(s \frac{Y(s)}{R} - I_0\right) \tag{2.27}$$

将式(2.27)进行重新分解和排列，简化为表征RL网络的最终拉普拉斯方程为：

$$Y(s) = \frac{U(s)}{1 + s\dfrac{L}{R}} + \frac{LI_0}{1 + s\dfrac{L}{R}} \tag{2.28}$$

如图2.10所示，假设输入阶跃信号的初始值为0V，阶跃值为10V，则RL网络的输出响应计算公式为：

$$L_s^{-1}\{Y(s)\} = L_s^{-1}\left[\frac{V_1}{s} \frac{1}{1 + s\dfrac{L}{R}}\right] + L_s^{-1}\left[\frac{LI_0}{1 + s\dfrac{L}{R}}\right] \tag{2.29}$$

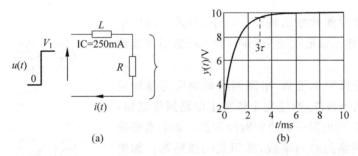

图2.10 当t无穷大时，输出电压的时域波形按照指数变化达到激励值。
IC=250mA 表示在 $t=0$ 时仿真器的初始电流值

它给出了以下时域响应：

$$y(t) = V_1(1 - \mathrm{e}^{-\frac{t}{\tau}}) + RI_0\mathrm{e}^{-\frac{t}{\tau}} \tag{2.30}$$

式(2.30)由两部分组成，一项为t接近无穷时V_1产生的受迫响应r_f，另一项为只考虑初始条件的响应r_n，分别表示为：

$$r_f(t) = V_1(1 - \mathrm{e}^{-\frac{t}{\tau}}) \tag{2.31}$$

$$r_n(t) = RI_0\mathrm{e}^{-\frac{t}{\tau}} \tag{2.32}$$

在上述表达式中时间常数定义为$\tau = \dfrac{L}{R}$。

在式(2.31)中受迫响应取决于10V激励源。自然响应取决于初始条件，即储能电感的250mA初始电流。该电流在10Ω电阻两端产生2.5V电压，当时间逐渐增加时该电压逐渐降低至 0V。为绘制响应曲线,将激励源设置为 0V,然后根据式(2.32)计算响应电压,计算结果如图 2.11 所示。

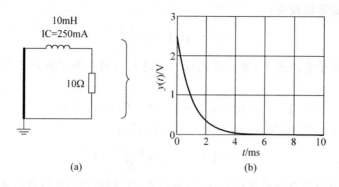

图 2.11   因为激励源关闭,所以初始响应仅由初始条件决定。
该电路中电压源设置为 0V,并由短路线代替

当输入激励源关闭时,如果将电感移除,其两端点之间电阻为 10Ω,则时间常数为:$\tau = \dfrac{10\mathrm{mH}}{10\Omega} = 1\mathrm{ms}$。

在式(2.28)中,$t = 0$ 时刻电感完全断电,即 $i_L(0) = 0$,则方程简化为:

$$\frac{Y(s)}{U(s)} = \frac{1}{1 + s\dfrac{L}{R}} = \frac{1}{1 + s\tau} \tag{2.33}$$

式(2.33)中时间常数出现在分母中,与式(2.21)中 RC 滤波器的传递函数形式完全相同,为 1 阶低通滤波器的另一种形式。

通过上面分析实例可知,电路网络的响应与激励信号无关。除了初始条件,响应完全依赖于电路网络结构,储能元件 C 和 L 与电阻一起决定时间常数。如果需要确定所研究电路网络的时间常数,必须关闭激励源。如果激励源为电压源,则将其设置为 0V 或将其两端子短路。如果激励源为电流源,则将其设置为 0A 或者开路,具体设置如图 2.12 所示。

电压源和电流源应用到所研究电路时必须按照如下规则:电压源必须与现有支路串联,电流源必须与器件或者支路并联。如图 2.12 所示,当关闭激励源时,必须将电路

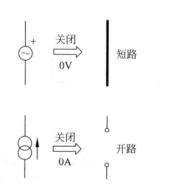

图 2.12   通过将电压源设置为 0V 或者短路将其关闭;通过将电流源设置为 0A 或者开路将其关闭

恢复至原始状态。接下来对传递函数和极点/零点进行简单介绍,然后再具体分析上述习题。

2.3   电路系统传递函数

传递函数已经成为许多教科书的研究对象,并且在文献[2]和[3]中有详细讲解。本节将对传递函数的重要注意事项进行简要回顾。然而最重要的是如何快速有效地编写和整理

拉普拉斯表达式,其高效方式为第 1 章所描述的低熵表达式:通过表达式快速确定极点/零点和增益,而无须对其进行重新整理。

无延迟 LTI 系统的传递函数可由两个多项式的比率进行定义:

$$H(s) = \frac{N(s)}{D(s)} \tag{2.34}$$

分子 $N(s)$ 包含传递函数的零点,而分母 $D(s)$ 则包含传递函数的极点。零点为方程 $N(s)=0$ 的根,而极点为特征方程 $D(s)=0$ 的根。在数学领域,函数 $f(x)$ 的零点即函数值为 0 时 x 的值;函数的极点是函数幅值无穷大时 x 的值,也称为奇点。正如第 1 章所讨论,拉普拉斯变换电路在 $s=s_z$ 处具有零点,此时输出为零,即输入激励信号对输出响应无贡献。在变换电路中,当信号回路短路或者开路时将会阻止激励信号通过,此时交流响应为 0,即:$\hat{v}_{out}=0V$ 或者 $V_{out}(s_z)=0$。在变换电路中,如果传递函数的极点为 $s=s_p$,此时分母值为 0,输出幅度无穷大。

如果传递函数的分子是由电容和电阻构成的 1 阶零点,则其表达形式为:

$$N(s) = 1 + sR_1C_1 = 1 + s\tau_1 \tag{2.35}$$

通过求解 $N(s_z)=0$ 获得零点频率,解为:

$$s_z = -\frac{1}{R_1C_1} = -\frac{1}{\tau_1} \tag{2.36}$$

有时零点可能位于原点,即 $s=0$ 电路工作与直流时输出电压为 0:

$$N(s) = s\tau_1(1 + \cdots) \tag{2.37}$$

此时根为 $s_z=0$,即根为原点。当传递函数的零点在原点时,0Hz 时电路网络的增益为 0。有时在原点处可能存在多个零点。例如式(2.37)中的 s^2 表示双零点,s^3 表示三零点,依此类推。当激励源或者输出回路与电容串联时,直流分量将被阻塞,此时原点处可能存在一个或多个零点,具体数量取决于直流阻塞模块的多少。依此类推,在直流电路中电感短路,将信号或者负载接地。

在谐波分析中,s 即为 $j\omega$,是复数虚频率。s_z 也为复数,由实部和虚部控制。在式(2.36)中,根不包含虚部,为负实数。如果零点位于 s 域的左半边,则为左半平面零点(Left Half Plane Zero,LHPZ)。如果零点为正值,即零点位于右半边,则为右半平面零点(Right Half Plane Zero,RHPZ),并且表现特性与 LHPZ 不同。通过式(2.36)计算角频率 ω_z 的值为:

$$\omega_z = \left| -\frac{1}{R_1C_1} + 0j \right| = \frac{1}{R_1C_1} \tag{2.38}$$

利用式(2.38)和式(2.36),将式(2.35)重新整理为:

$$N(s) = 1 + \frac{s}{\omega_z} \tag{2.39}$$

式(2.39)为分子的 1 阶归一化形式。图 2.13 所绘频率特性曲线的零点为 1.6kHz、极点为单位 1(无极点):

$$H(s) = \frac{N(s)}{D(s)} = 1 + \frac{s}{\omega_z} \tag{2.40}$$

图 2.13 为 LHPZ 的典型响应曲线,随着频率增加,相位逐渐接近 90°。对于 RHPZ 的典型响应曲线,幅频特性曲线与 LHPZ 相似,但是相位滞后(而非超前)90°。RHPZ 在文献

中有时被称为不稳定零点。

如图 2.13 所示,当频率到达零点 1.6kHz 时,输出响应不为零。这是否与数学定义的零点相冲突呢? 由式(2.36)可得,$N(s)=0$ 的根为负实数值。当设置 $s=\mathrm{j}\omega$ 时只考虑频率沿着虚轴变化,因为在谐波分析中 σ 被有意地设置为 0。此时,分子值将不会为零,因为式(2.36)无解。然而,在两种情况下传递函数分子可以为零,并使得输出无响应。第一种情况是利用简单 RC 微分电路中的串联电容将直流分量阻塞。零点位于原点,是虚轴和实轴的交点。当 s 为 0 时,实际输出响应为空。第二种情况采用双欠阻尼零点对。当品质因数接近无穷大(无阻尼)时,两零点成为共轭虚数,并且当 $s=s_{z1}=s_2$ 时分子为零,输出为空,该电路可由陷波滤波器进行实现。

$$R_1 := 10\mathrm{k}\Omega \quad C_1 := 10\mathrm{nF} \quad \tau := R_1 \cdot C_1 = 100\mu\mathrm{s} \quad \omega_1 := \frac{1}{\tau}$$

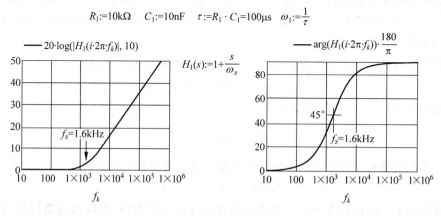

图 2.13 左半平面零点的动态响应为增益增加,相位超过零点 90°

1 阶极点与零点的书写形式相似。回顾式(2.21)和式(2.33),1 阶系统 $D(s)$ 的分母可表示为相同形式,例如简单 RC 电路网络可表示为:

$$D(s) = 1 + sR_2C_2 = 1 + s\tau_2 \tag{2.41}$$

通过 $D(s)=0$ 计算极点频率,则根的表达式为:

$$s_{\mathrm{p}} = -\frac{1}{R_2C_2} = -\frac{1}{\tau_2} \tag{2.42}$$

如式(2.43)所示,有时极点可能在原点,即直流 $s=0$,因为此时分母值为 0,所以传递函数值无限大

$$D(s) = s\tau_1(1 + \cdots) \tag{2.43}$$

式(2.43)的根为 $s_{\mathrm{p}}=0$,即坐标原点。当系统的极点为坐标原点时其准静态增益无穷大。实际测试时,该增益受运算放大器的开环增益或任何其他类型放大器的限制。有时坐标原点可能包含多个极点。如果式(2.43)中包含 s^2 则表示双极点,s^3 则表示三极点,依此类推。

式(2.42)中的负号表示分母的根位于左半平面(LHP 极点)。利用零度角频率对式(2.42)进行扩展,整理得:

$$\omega_{\mathrm{p}} = \left| -\frac{1}{R_2C_2} + 0\mathrm{j} \right| = \frac{1}{R_2C_2} \tag{2.44}$$

将式(2.41)整理为常规形式为:

$$D(s) = 1 + \frac{s}{\omega_p} \tag{2.45}$$

分子为1(无零点)、极点为1.6kHz的传递函数的频率响应曲线如图2.14所示:

$$H(s) = \frac{1}{D(s)} = \frac{1}{1 + \frac{s}{\omega_p}} \tag{2.46}$$

图2.14为左半平面极点(Left Half Plane Pole,LHPP)的典型响应曲线,随着频率增加,相位滞后逐渐达到90°。如果利用 $D(s) = 1 - \frac{s}{\omega_p}$ 绘制右半平面极点(Right Half Plane Pole,RHPP),幅频特性曲线与图2.14一致,但是最终相位将超前90°。通常情况下认为RHPP为不稳定极点。

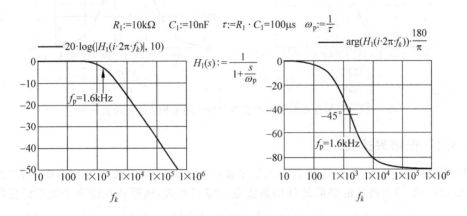

图2.14 单极点曲线动态增益减小、相位逐渐滞后90°

但是当频率 f 接近极点时,传递函数的幅度并未无穷大。同样利用零点理解方式对极点进行解释:根据式(2.42)可得,因为 $s = s_p$ 为负实数值,所以当 $s = j\omega$ 时分母不能为零。第一种 $s = j\omega$ 时分母为零情况:分母在原点处具有极点。例如由运算放大器构成的积分器在原点处具有极点。当 $s = 0$ 时放大器增益非常高,但并非无限大,主要受运算放大器开环增益影响。第二种情况为欠阻尼2阶分母:品质因数非常高,但极点为虚共轭极点,当 $s_{p1} = s_{p2}$ 时分母 $D(s)$ 为零。利用欠阻尼2阶低通滤波器可实现上述电路,电路谐振时输出电压非常高。

将零点和极点的频率响应相结合,系统传递函数变为:

$$H(s) = \frac{1 + \frac{1}{\omega_z}}{1 + \frac{1}{\omega_p}} \tag{2.47}$$

图2.15为单零点、单极点、增益为20的传递函数的幅频和相频特性曲线。频率从零增大时相位逐渐向90°方向递增,频率到达极点后相位再次下降。根据文献[4]所示,当频率为 $\sqrt{f_z f_p}$ 时相位达到峰值。该相位峰值称为相位泵浦或相位提升,代表控制系统中补偿器的典型特征值。

$$R_1 := 10\mathrm{k}\Omega \quad C_1 = 1\mathrm{nF} \quad \tau := R_1 \cdot C_1 = 10\mu\mathrm{s} \quad k := 20$$

$$\omega_\mathrm{p} := \frac{1}{\tau} \quad f_\mathrm{p} := \frac{\omega_\mathrm{p}}{2\pi} = 15.915\mathrm{kHz} \quad \omega_z := \frac{\omega_\mathrm{p}}{k} \quad f_z := \frac{\omega_z}{2\pi} = 795.775\mathrm{Hz}$$

$$H_1(s) := \frac{1+\dfrac{s}{\omega_z}}{1+\dfrac{s}{\omega_\mathrm{p}}} \quad f_\mathrm{peak} := \sqrt{f_\mathrm{p} \cdot f_z} = 3.559\mathrm{kHz} \quad \mathrm{atan}\left(\sqrt{\frac{f_\mathrm{p}}{f_z}}\right) - \mathrm{atan}\left(\sqrt{\frac{f_z}{f_\mathrm{p}}}\right) = 64.791°$$

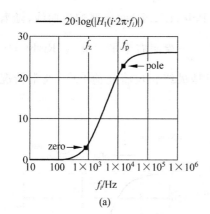
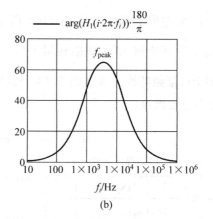

图 2.15　利用极点和零点组合频率特性展示相位峰值及其归零

2.3.1　低熵表达式

基于前面章节分析,可以通过多零点和多极点相乘将传递函数扩展到高阶。式(2.48)为 Middlebrook 博士规定的高阶传递函数极点—零点形式,该形式在论文中被广泛使用:

$$H(s) = H_0 \frac{\left(1+\dfrac{s}{\omega_{z1}}\right)\left(1+\dfrac{s}{\omega_{z2}}\right)\left(1+\dfrac{s}{\omega_{z3}}\right)\cdots}{\left(1+\dfrac{s}{\omega_{p1}}\right)\left(1+\dfrac{s}{\omega_{p2}}\right)\left(1+\dfrac{s}{\omega_{p3}}\right)}\cdots \tag{2.48}$$

在式(2.48)中,H_0 为 $s=0$ 时的直流或静态增益。然而稍后将介绍其他不同表达方式,例如主导项为 s 接近无穷大时的增益,或者甚至谐振点处的增益。为什么将传递函数表达为极点和零点的特定形式?其实出于同种目的:即低熵表达式,从中可以立即识别增益、极点和零点,并判断极点和零点数量。如果传递函数的表达式如下:

$$H(s) = -\frac{R_4 + sR_2R_4C_1}{R_3 + sR_6R_3(C_1+C_3)} \tag{2.49}$$

通过式(2.49)不能立即辨别该传递函数的静态增益、极点和零点。将分子提取因数 R_4,分母提取因数 R_3,传递函数重新整理为:

$$H(s) = -\frac{R_4(1+sR_2C_1)}{R_3[1+sR_6(C_1+C_3)]} \tag{2.50}$$

然后将 R_4/R_3 从主表达式分离,整理得:

$$H(s) = -\frac{R_4}{R_3}\frac{1+sR_2C_1}{1+sR_6(C_1+C_3)} \tag{2.51}$$

此时将传递函数整理为通用格式:

$$H(s) = H_0 \frac{1+\dfrac{s}{\omega_z}}{1+\dfrac{s}{\omega_\mathrm{p}}} \tag{2.52}$$

其中

$$H_0 = -\frac{R_4}{R_3} \tag{2.53}$$

零点为

$$\omega_z = \frac{1}{R_2 C_1} \tag{2.54}$$

极点为

$$\omega_p = \frac{1}{R_6(C_1 + C_3)} \tag{2.55}$$

编写传递函数时应当注意,主导项(由下标 0 或 ∞ 表示的低频或高频等效值)和传递函数必须具有相同量纲(单位),即表达式的其余部分必须无量纲。如果假设 $H(s)$ 为电压传递函数,则其量纲为[V]/[V],即 H_0(非 0)为无量纲单位。假设导出函数为阻抗表达式 $Z(s)$,则其量纲为[Ω],因此最终正确表达式应该为:

$$Z(s) = R_0 \frac{1 + \dfrac{s}{\omega_z}}{1 + \dfrac{s}{\omega_p}} \cdots \tag{2.56}$$

其中,R_0 为 $s=0$ 时电路网络的电阻值,量纲为欧姆;如果采用导纳 $Y(s)$ 表示,则其量纲为西门子,即[S]。

通过对电路网络深入分析,可以非常自然地得到其低熵表达式,如图 2.16 所示。

对电路进行受迫分析,计算其传递函数 V_{out}/V_{in} 时,将电阻 R_2 左端断开,其戴维南等效电路如图 2.17 所示,此时传递函数整理为:

$$\frac{V_{out}(s)}{V_{in}(s)} = \frac{R_3}{R_2 + \left(\dfrac{\dfrac{1}{sC_1} R_1}{\dfrac{1}{sC_1} + R_1} \right) + R_3} \cdot \frac{\dfrac{1}{sC_1}}{R_1 + \dfrac{1}{sC_1}} \tag{2.57}$$

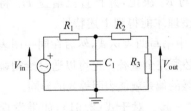

图 2.16 包含 3 个电阻和 1 个
电容的简单 1 阶电路

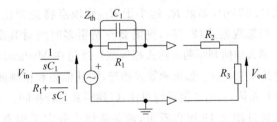

图 2.17 应用电阻分压定理计算
戴维南信号源

式(2.57)包含 s 平方项和无规律的一次项,从中很难分辨出零点和极点,整理后有:

$$\frac{V_{out}(s)}{V_{in}(s)} = \frac{R_3}{R_2 + R_3 + sC_1R_1(R_2 + R_3) + \dfrac{sR_1C_1}{R_1C_1^2 s^2 + sC_1} + \dfrac{sR_1^2C_1}{1 + sR_1C_1}} \tag{2.58}$$

利用第 1 章所学知识对图 2.16 进行分析。首先通过观察是否可以得到图 2.16 的直流传递函数"H_0?"对电路进行直流分析时,电容 C_1 可以从电路中去除(当频率为 0Hz 时电容阻抗无限大而电感由短路线代替),此时电阻 R_1、R_2、R_3 构成分压电路,则直流传递函数为:

$$H_0 = \frac{R_3}{R_1 + R_2 + R_3} \tag{2.59}$$

在 1 阶电路网络中计算与 C_1 相关的时间常数及其两端电阻值时需将激励源设置为 0。因为该电路中激励源为电压源,所以可以简单将其两端短路,具体如图 2.18 所示。

电容 C_1 两端等效电阻为:

$$R = R_1 \parallel (R_2 + R_3) \tag{2.60}$$

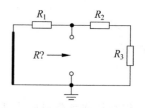

图 2.18　通过短路激励电压源计算电容两端电阻 R,从而求得时间常数值

此时该电路系统的时间常数简写为 $\tau = C_1[R_1 \parallel (R_1 + R_2)]$。

那么该电路网络是否具有零点呢?或者当激励源存在时输出响应为零?因为其他器件均为恒定值,所以除非电容短路(s 为无穷大时电容短路,但是通过观测不能判断 $s \to \infty$ 时的具体极点或者零点频率值),否则电路输出不为零。因为该传递函数与式(2.33)形式一致,并且直流增益为 H_0,所以传递函数表达式为:

$$\begin{aligned} H(s) &= H_0 \frac{1}{1 + s\tau} \\ &= \frac{R_3}{R_1 + R_2 + R_3} \frac{1}{1 + sC_1[R_1 \parallel (R_2 + R_3)]} = H_0 \frac{1}{1 + \dfrac{s}{\omega_p}} \end{aligned} \tag{2.61}$$

其中,H_0 由式(2.59)定义。通过式(2.61)可立即判断极点 ω_p 为固有时间常数的倒数:

$$\omega_p = \frac{1}{C_1[R_1 \parallel (R_2 + R_3)]} \tag{2.62}$$

式(2.61)和式(2.58)完全相同,但是通过式(2.58)不能完全理解传递函数的频率特性。单纯分析式(2.57)和式(2.58)可能会导致错误,将其重新排列并因式分解需要进一步操作。然而推导式(2.61)仅需要不到一分钟时间,并且通过表达式能够立即掌握传递函数的特性。通过传递函数能够明确串并联电路的主导器件,及频率为零或者无穷大时电路的特性变化。在式(2.62)中,如果 R_2 远小于 R_3,则极点将主要由 R_3 与 R_1 决定,并且直流增益 H_0 将增加。如果观察式(2.58),则需要花费更多时间对其重新整理才能得到上述特性。

那么如何判断两表达式相等呢?通过在 Mathcad 软件中书写两表达式,然后在同一图表中绘制其频率响应。如果两等式相等,则其幅频和相频曲线必须完全重叠。也可以通过绘制幅频和相频差值,并与 0 值进行对比,以判断其是否相同。最轻微的偏差就能表明等式的异同。

通过图 2.19 可以看出,两条曲线十分完美地重合在一起。对于式(2.61),如果发现推导 H_0 或时间常数时存在错误,则可以非常容易地对其进行修改。如果得到式(2.58)之后发现存在错误,则需要对其进行重新整理。

应用 Mathcad 进行数学计算和图形绘制时,强烈建议对所有元素标明单位。该软件能够检查公式量纲,并立即得出最终单位。采用符号"$\parallel$"定义器件并联,该符号可从"自定义字符"工具栏中找到。通过 View 子菜单查看 x 和 y 并联的含义。并联操作可以通过工具栏中的 xfy 运算符进行实现。利用该方式可以快速简单地表示器件的并联。利用下标对器件进行标识,以增加其可读性:例如 R_1 表示电阻 R1 的阻值。输入字母后按"."键即可书写其下标值。在上述分析的所有图形中，x 轴均为对数刻度。为了减少每十倍频的计算数量（与 SPICE 中的交流分析相同），计算时采用了同事 Capilla 博士开发的简单程序。该程序能够将每十倍频的计算总量沿数轴完美分布。对于标准波特图，每十倍频 100 点已经足够，但是如果精确判断其尖峰值，则每十倍频需增加到 1000 点以上才能满足。在下面代码中，计数变量中的下标 k 并非通过按键". "获得。k 为储能矩阵 f 中的某个位置，输入 k 时必须在其后单击"["键。

$R_1 := 10\text{k}\Omega \quad C_1 := 10\text{nF} \quad R_2 := 1\text{k}\Omega \quad R_3 := 150\Omega$

$\|(x,y) := \dfrac{x \cdot y}{x+y}$ 定义 "$\|$"

$H_1(s) := \dfrac{R_3}{R_2+R_3+C_1 \cdot R_1 \cdot R_2 \cdot s+C_1 \cdot R_1 \cdot R_3 \cdot s+\dfrac{C_1 \cdot R_1 \cdot s}{R_1 \cdot C_1^2 \cdot s^2+C_1 \cdot s}+\dfrac{C_1 \cdot R_1^2 \cdot s}{C_1 \cdot R_1 \cdot s+1}}$ 原始表达式

$H_0 := \dfrac{R_3}{R_1+R_2+R_3} \quad \omega_p := \dfrac{1}{C_1 \cdot [R_1 \| (R_2+R_3)]} \quad H_2(s) := H_0 \cdot \dfrac{1}{1+\dfrac{s}{\omega_p}}$ 低熵表达式

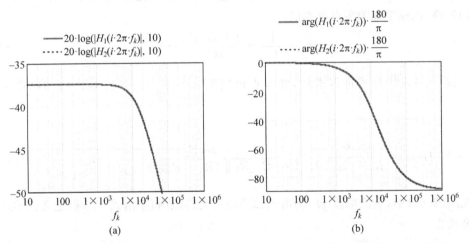

图 2.19 利用 Mathcad 或 SPICE 绘制各种表达式的特性曲线并检查该表达式的完整性

$\text{Start\_Freq} := 10^1$

$\text{Stop\_Freq} := 10^6$

$\text{Points\_per\_decade} := 1000$

$\text{Number\_of\_decades} := (\log(\text{Stop\_Freq}) - \log(\text{Start\_Freq}))$

$\text{Number\_of\_points} := \text{Number\_of\_decades} \cdot \text{Points\_per\_decade} + 1$

$k := 0 .. \text{Number\_of\_points}$

$f_k := 10\log(\text{Start\_Freq}) + k \cdot \dfrac{\text{Number\_of\_decades}}{\text{Number\_of\_points}}\text{Hz}$

应当注意，上述程序中存在内置函数，并且由 logspace 进行标识。通过开始和结束频率计算总点数。logspace 使用例程如下所示：

$\text{Number\_of\_points} := 1000$

$k := 0 .. \text{Number\_of\_points}$

$f := \text{logspace}(10, 10^6, \text{Number\_of\_points})\text{Hz}$

如果电容 C_1 与小电阻 r_C 串联,如图 2.20 所示。此时完全可以利用已经整理的式(2.61),而不用从头重新整理其传递函数。

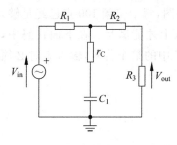

图 2.20　利用低熵方法可以轻易
解决串联阻抗习题

那么直流增益 H_0 是否受到影响呢? 答案为不,因为当频率为 0 Hz 时电容 C_1 开路,所以其串联电阻 r_C 不影响直流增益 H_0。接下来计算时间常数 τ。当没有电阻 r_C 并且电压源短路时,电容 C_1 两端电阻为串/并联结构。现在增加电阻 r_C,仅增加一个串联电阻,所以时间常数为:

$$\tau = C_1[R_1 \parallel (R_2 + R_3) + r_C] \tag{2.63}$$

极点表达式更新为:

$$\omega_p = \frac{1}{C_1[R_1 \parallel (R_2 + R_3) + r_C]} \tag{2.64}$$

除了频率无穷大时电容 C_1 短路,在其他频率处激励源总会产生输出响应。在特定角频率 s_z 时,串联电阻和电容(在变换电路中电容 C_1 的阻抗为 $1/sC_1$)短路,此频率即为零点频率值:

$$r_C + \frac{1}{sC_1} = \frac{1 + sr_C C_1}{sC_1} = 0 \tag{2.65}$$

对式(2.65)的分子进行求解,即零点角频率 $\omega_z = \dfrac{1}{r_C C_1}$。然后对式(2.61)进一步整理得:

$$H(s) = \frac{R_3}{R_1 + R_2 + R_3} \frac{1 + sr_C C_1}{1 + sC_1[R_1 \parallel (R_2 + R_3) + r_C]} = H_0 \frac{1 + \dfrac{s}{\omega_z}}{1 + \dfrac{s}{\omega_p}} \tag{2.66}$$

在式(2.66)中,直流增益 H_0 仍由式(2.59)定义,极点频率由式(2.64)定义。零点频率计算公式为:

$$\omega_z = \frac{1}{r_C C_1} \tag{2.67}$$

如果不使用快速分析技术,无法在如此短暂的时间内推导出上述两实例的传递函数。

2.3.2　高阶表达式

传递函数分母的阶数决定所研究网络的阶数。到目前为止,所研究传递函数表达式的分母阶数均为一次。因此,可以将式(2.35)或式(2.45)组合成如下形式的传递函数:

$$H(s) = \frac{a_0 + a_1 s}{b_0 + b_1 s} \tag{2.68}$$

分解因数 a_0 和 b_0 得:

$$H(s) = \frac{a_0}{b_0} \frac{1 + \dfrac{a_1}{a_0}s}{1 + \dfrac{b_1}{b_0}s} \tag{2.69}$$

线性表达式(2.68)和式(2.69)中所有系数均为实数,a_0/b_0 代表低频静态增益($s=0$),并将其标识为 H_0。将式(2.69)重新整理为:

$$H(s) = H_0 \, \frac{1 + s\dfrac{a_1}{a_0}}{1 + s\dfrac{b_1}{b_0}} \tag{2.70}$$

如前所述,如果该方程书写正确,则 H_0 和 $H(s)$ 量纲相同。如果 $H(s)$ 为电压或电流增益,则 H_0 无量纲。如果导出函数为阻抗 $Z(s)$,则直流项必定为电阻,标记为 R_0。如果主导项包含单位,则分子和分母无量纲。此时式(2.70)中的 sa_1/a_0 和 sb_1/b_0 均无量纲。由于频率 s 的量纲为 Hz,所以 a_1/a_0 或 b_1/b_0 的量纲必为 Hz^{-1} 或时间,即时间常数,如式(2.35)和(2.41)所示。对于 1 阶系统,b_1/b_0 为激励源关闭时电路的时间常数,分别为图 2.6 和图 2.9 中的 RC 或 L/R。同样地,a_1/a_0 也为时间常数,但是计算方式不同,将在后面章节进行讲解。

通过简单增加多项式的阶数将更高阶电路网络的传递函数表达为:

$$H(s) = \frac{a_0 + a_1 s + a_2 s^2 + a_3 s^3 + \cdots + a_m s^m}{b_0 + b_1 s + b_2 s^2 + b_3 s^3 + \cdots + b_n s^n} \tag{2.71}$$

式(2.71)为式(2.48)的另一种书写方式。实际上,使用 FACT 得到的高阶表达式与式(2.71)相同。此时利用式(2.71)表达式已经可以绘制该传递函数的频率响应,但与式(2.48)的格式不相符,在式(2.48)中极点和零点以清晰有序的形式排列。通过本书学习,将掌握如何对类似(2.71)的传递函数表达式进行整理,以便将其表达为低熵形式。

分母的阶数 n 决定传递函数的阶数,并且规定极点数目:如果为 3 阶网络,则包含 3 个极点(3 阶多项式包含 3 个根)。分母相同,如果分子为 2 阶形式则包含两个零点。极点和零点可以为实数、虚数或者共轭复数。如果将 a_0/b_0 进行因式分解,则传递函数的表达式改变为:

$$H(s) = H_0 \, \frac{1 + \dfrac{a_1}{a_0}s + \dfrac{a_2}{a_0}s^2 + \dfrac{a_3}{a_0}s^3 + \cdots + \dfrac{a_m}{a_0}s^m}{1 + \dfrac{b_1}{b_0}s + \dfrac{b_2}{b_0}s^2 + \dfrac{b_3}{b_0}s^3 + \cdots + \dfrac{b_n}{b_0}s^n} \tag{2.72}$$

为使比率 H_0 无量纲,则 a_1/a_0 和 b_1/b_0 的量纲必须为 Hz^{-1} 或时间,式(2.70)所示。在高阶网络中,a_1/a_0 和 b_1/b_0 为特定条件下获得的电路网络时间常数之和。如果 b_1/b_0 是激励源设置为 0 时的时间常数,则 a_1/a_0 是输出为零时的时间常数。a_2/a_0 和 b_2/b_0 与 s^2 相乘,所以其量纲为 Hz^2。因此,a_2/a_0 和 b_2/b_0 将两时间常数相乘,所形成量纲为 Time^2 或 Hz^{-2}。依此类推,a_3/a_0 和 b_3/b_0 与 s^3 相乘,所以其量纲为 Hz^3。因此,a_3/a_0 和 b_3/b_0 将 3 个时间常数相乘,所形成量纲为 Time^3 或 Hz^{-3}。按照此方法可以一直分析到第 n 个元素。对于初学者上述分析可能比较模糊,但是通过下面章节的实例学习,读者思路将越来越清晰。

2.3.3 2 阶多项式

对表达式(2.71)中的极点和零点进行识别非常困难。假定 2 阶传递函数中分母 D 的表达式如下(其中 $b_0 = 1$):

$$D(s) = 1 + b_1 s + b_2 s^2 \tag{2.73}$$

利用快速分析技术可以迅速得到式(2.73)的典型表达式。然后根据典型多项式形式确定极点位置。下面对最通用的 2 阶低通滤波器进行具体分析,其分母的特征值为品质因数 Q(或阻尼系数 ζ)和谐振频率 ω_0:

$$H(s) = \cfrac{1}{1 + \cfrac{s}{\omega_0 Q} + \left(\cfrac{s}{\omega_0}\right)^2} = \cfrac{1}{1 + 2\zeta\cfrac{s}{\omega_0} + \left(\cfrac{s}{\omega_0}\right)^2} \tag{2.74}$$

无论表达式(2.73)为传递函数的分母或者分子(双零点),首先将其重新排列为式(2.74)的分母形式。然后将式(2.73)与式(2.74)进行对比以确定特征值:

$$1 + b_1 s + b_2 s^2 = 1 + \frac{s}{\omega_0 Q} + \left(\frac{s}{\omega_0}\right)^2 \tag{2.75}$$

等量关系如下

$$b_1 = \frac{1}{\omega_0 Q} \tag{2.76}$$

$$b_2 = \frac{1}{\omega_0^2} \tag{2.77}$$

由(2.77)得:

$$\omega_0 = \frac{1}{\sqrt{b_2}} \tag{2.78}$$

将式(2.76)中的品质因数定义如下:

$$Q = \frac{\sqrt{b_2}}{b_1} \tag{2.79}$$

经过整理,2阶表达式的具体形式如图2.21所示。假如所得2阶传递函数表达式与式(2.71)形式一致,但不能确定其滤波器类型。只需利用 Mathcad 等数学软件对其频率特性曲线进行绘制,并与图2.21和图2.22中曲线进行对比。然后按照式(2.76)和式(2.77)计算方法确定 Q 和 ω_0。最后按照图2.21或图2.22中的格式重新整理表达式。

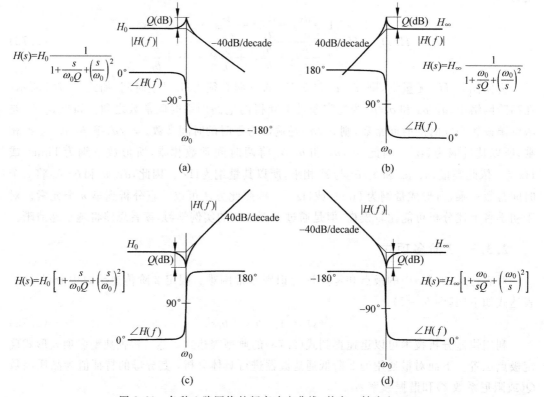

图 2.21   各种 2 阶网络的频率响应曲线,其中 x 轴为 $\log(f)$

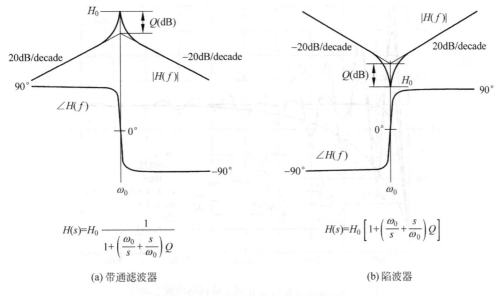

$$H(s) = H_0 \frac{1}{1 + \left(\frac{\omega_0}{s} + \frac{s}{\omega_0}\right)Q}$$

$$H(s) = H_0 \left[1 + \left(\frac{\omega_0}{s} + \frac{s}{\omega_0}\right)Q\right]$$

(a) 带通滤波器　　　　　　　　　　　　(b) 陷波器

图 2.22　2 阶网络的频率特性曲线

2.3.4　2 阶多项式的低 Q 近似

对分母表达式(2.74)进行求根,即计算其极点位置,整理得:

$$1 + \frac{s}{\omega_0 Q} + \left(\frac{s}{\omega_0}\right)^2 = 0 \tag{2.80}$$

解得:

$$s_{p1}, s_{p2} = \frac{\omega_0}{2Q}(\pm \sqrt{1 - 4Q^2} - 1) \tag{2.81}$$

根据品质因数 Q 的具体数值,2 阶多项式的根可能为实根(无虚部),共轭复根(实部和虚部)或共轭虚根(无实部)。当 Q 值小于 0.5 时,2 阶多项式的根为实根,输入阶跃信号时输出不会发生振荡。当 Q 值等于 0.5 时,2 阶多项式含有两个相等实根,输出响应非常快速并且无振荡。当 Q 值大于 0.5 时,2 阶多项式为共轭复根,输出振荡,实部代表阻尼特征(能量耗散),并且振荡最终消失。随着 Q 值增加,根的实部减小,输出振荡越来越剧烈,并且出现明显超调。当 Q 值无限大时,根的实部变为 0,并且输出将会一直保持振荡。不同 Q 值的瞬态响应如图 2.23 所示。该电路为简单的 RLC 滤波器电路,由 1V 阶跃信号进行激励,通过改变电阻 R 参数值测试其阻尼特性。

根据不同 Q 值将 s_1 和 s_2 绘制在复平面内,具体如图 2.24 所示。在图 2.24(a)中,Q 值远低于 0.5,两根分离。根 s_{p1} 接近纵轴,控制低频交流特性,而 s_{p2} 影响高频响应。在图 2.24(b)中,Q 值等于 0.5,此时两根重合:极点出现在相同频率,因为 s_{p1} 和 s_{p2} 中无虚部,所以瞬态响应无振铃。在图 2.24(c)中,当 Q 值大于 0.5 时,根变为共轭复根,此时输出响应为衰减的振荡正弦波,根的实部代表能量消耗和系统阻尼。在图 2.24(d)中,当 Q 值无穷大时,每个周期均无能量耗散,系统将永远自由振荡。应当注意,在图 2.24(a)、(b)和(c)中所有根均位于左半平面,标记为 LHP 极点:输出响应呈指数衰减——收敛。如果某个极点位于复平面右侧,成为正根(RHPP),则输出响应发散。

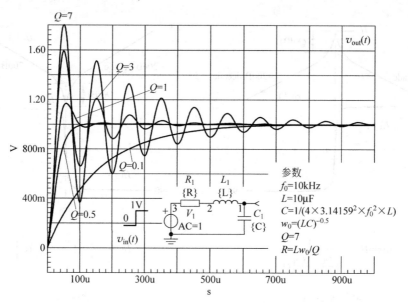

图 2.23　品质因数 Q 变化时 2 阶网络的瞬态响应

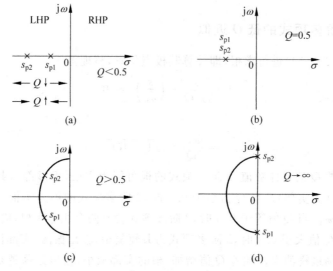

图 2.24　根位于 s 平面的左半平面（LHPP）；随着 Q 值改变根的位置也随之改变。
极点由 × 表示、零点由 ○ 表示

不同 Q 值的 RLC 频率特性曲线如图 2.25 所示。当 Q 值很高时输出响应出现峰值（如图 2.25 所示），当 Q 值为 7 时超调为 17dB。应当注意，2 阶网络幅频特性曲线在峰值点后按照 2 斜率（每十倍频程 40dB）衰减。当 Q 值很高时相频曲线下降剧烈，并且在高频处相位达到 $-180°$。随着 Q 值下降峰值开始减弱，当 Q 值低于 0.5 时峰值消失。此时相位下降速度变缓。当 Q 值非常低时，幅频特性曲线与上述曲线不同，并且相位在低频缓慢下降至 $-90°$，然后在高频处再次下降到 $-180°$。与前面分析一致，当 Q 值非常低时两极点分开，其中一极点控制低频特性，如图 2.24(a) 中靠近纵轴的极点 s_{p1}；第二极点位于更高频率处。第一极点幅频特性曲线为 1 阶斜率（-1 或每十倍频 20dB），从第二极点开始，2 阶网络的斜率为 -2，与其他 2 阶网络一致。

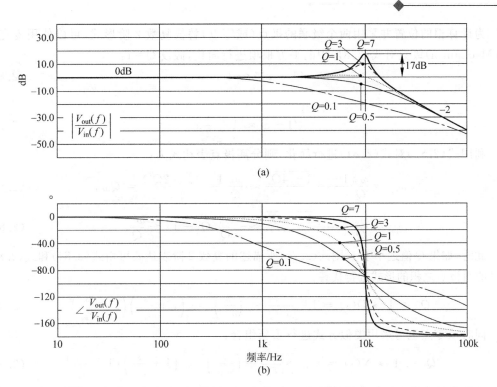

(a)

(b)

图 2.25 不同 Q 值时 2 阶 RLC 网络的频率响应

图 2.26 为品质因数远小于 1,即 0.01 时的交流特性曲线。当相位为 $-45°$ 和 $-135°$ 时可以轻易得到极点频率为 100Hz 和 1MHz。因此,当品质因数远低于 1 时,可以将 2 阶分母(或分子,同样适用于零点)作为两个 1 阶滤波器级联。

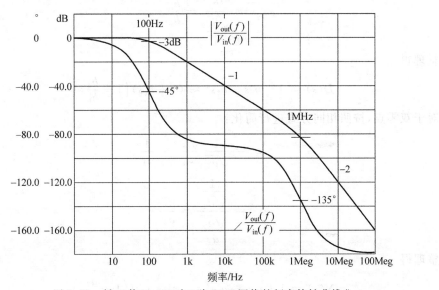

图 2.26 低 Q 值(0.01)时 2 阶 RLC 网络的频率特性曲线 *

---

* 在实例求解过程中,部分采用 SPICE 单位符号:$1k = 10^3$,$1Meg = 10^6$,$1p = 10^{-12}$,$1n = 10^{-9}$,$1m = 10^{-3}$ 和 $1u = 10^{-6}$,后续章节不再一一注释。

为计算根的位置并采用两个级联的极点(或零点)替换复数 2 阶形式,可以使用麦克拉伦(MacLaurin)级数对式(2.81)中的平方根项进行简化,假设 $Q=1$:

$$(1+x)^n \approx 1 + nx \tag{2.82}$$

即

$$\sqrt{1+x} \approx 1 + \frac{1}{2}x \tag{2.83}$$

利用式(2.83)对式(2.81)进行简化,则分离极点表达式为:

$$\omega_{P_1} = \frac{\omega_0}{Q} \frac{1-\sqrt{1-4Q^2}}{2} \approx \frac{\omega_0}{Q} \frac{1-(1-2Q^2)}{2} = Q\omega_0 \tag{2.84}$$

$$\omega_{P_2} = \frac{\omega_0}{Q} \frac{1+\sqrt{1-4Q^2}}{2} \approx -\frac{\omega_0}{Q}(Q^2-1) \approx \frac{\omega_0}{Q} \tag{2.85}$$

此时,如果 Q 值远小于 1,则式(2.75)所描述的复数 2 阶表达式可由式(2.84)和式(2.85)定义的两极点之积的形式进行代替:

$$Q_D \ll 1 \rightarrow D(s) = 1 + \frac{s}{\omega_0 Q_D} + \left(\frac{s}{\omega_0}\right)^2 \approx \left(1+\frac{s}{\omega_{P_1}}\right)\left(1+\frac{s}{\omega_{P_2}}\right) \tag{2.86}$$

同时双零点也可采用类似方式进行重新组合:

$$Q_N \ll 1 \rightarrow N(s) = 1 + \frac{s}{\omega_{0N} Q_N} + \left(\frac{s}{\omega_{0N}}\right)^2 \approx \left(1+\frac{s}{\omega_{z_1}}\right)\left(1+\frac{s}{\omega_{z_2}}\right) \tag{2.87}$$

如果多项式形式仍然为初始格式,那么利用式(2.78)和式(2.79)将低 Q 值系统进行简化:

$$\omega_{p_1} = \frac{1}{\sqrt{b_2}} \frac{\sqrt{b_2}}{b_1} = \frac{1}{b_1} \tag{2.88}$$

$$\omega_{p_2} = \frac{\frac{1}{\sqrt{b_2}}}{\frac{\sqrt{b_2}}{b_1}} = \frac{b_1}{b_2} \tag{2.89}$$

整理得

$$D(s) = 1 + b_1 s + b_2 s^2 \approx (1+b_1 s)\left(1+\frac{b_2}{b_1}s\right) \tag{2.90}$$

对于双零点,按照相同方式进行简化:

$$\omega_{z_1} = \frac{1}{\sqrt{a_2}} \frac{\sqrt{a_2}}{a_1} = \frac{1}{a_1} \tag{2.91}$$

$$\omega_{z_2} = \frac{\frac{1}{\sqrt{a_2}}}{\frac{\sqrt{a_2}}{a_1}} = \frac{a_1}{a_2} \tag{2.92}$$

整理得

$$N(s) = 1 + a_1 s + a_2 s^2 \approx (1+a_1 s)\left(1+\frac{a_2}{a_1}s\right) \tag{2.93}$$

当 $Q_D=0.5$ 时极点重合,式(2.86)简化为:

$$Q_D = 0.5 \rightarrow D(s) = 1 + \frac{s}{\omega_0 Q_D} + \left(\frac{s}{\omega_0}\right)^2 = \left(1+\frac{s}{\omega_p}\right)^2 \tag{2.94}$$

其中

$$\omega_p = \frac{1}{\sqrt{b_2}} \tag{2.95}$$

当分子的 $Q_N = 0.5$ 时，零点重合，式(2.87)简化为：

$$Q_N = 0.5 \to N(s) = 1 + \frac{s}{\omega_{0N}Q_N} + \left(\frac{s}{\omega_{0N}}\right)^2 = \left(1 + \frac{s}{\omega_z}\right)^2 \tag{2.96}$$

其中

$$\omega_z = \frac{1}{\sqrt{a_2}} \tag{2.97}$$

本书后续章节对传递函数表达式进行重新整理时将经常使用上述公式。图 2.27 和图 2.28 为分子、分母简化过程总结。

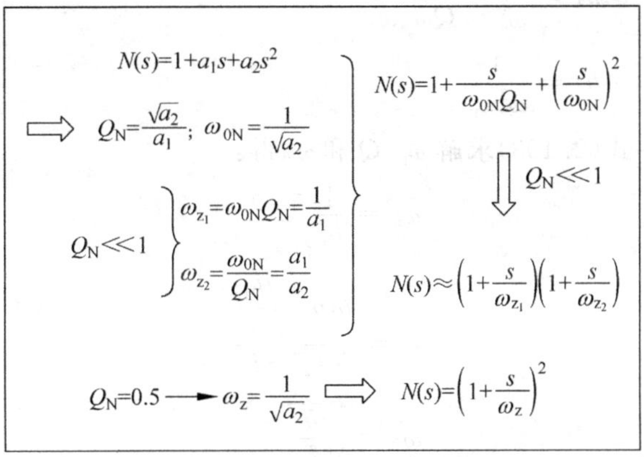

图 2.27 2 阶传递函数分子简化程序

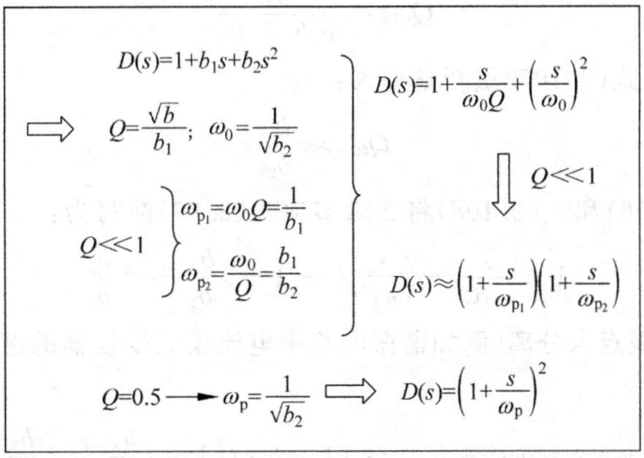

图 2.28 2 阶传递函数分母简化程序

2.3.5 3 阶多项式近似

式(2.98)为 3 阶多项式通用形式，其中 D 表示分母，$b_0 = 1$：

$$D(s) = 1 + b_1 s + b_2 s^2 + b_3 s^3 \tag{2.98}$$

3 阶多项式的完美构成形式为单极点(或零点)与 2 阶多项式的组合形式。此时可以立

即求得极点(或零点)值:

$$D(s) = \left(1 + \frac{s}{\omega_p}\right)\left(1 + \frac{s}{\omega_0 Q} + \left(\frac{s}{\omega_0}\right)^2\right) \tag{2.99}$$

将式(2.99)展开,并与式(2.98)的系数进行对比,可得:

$$\left(1 + \frac{s}{\omega_p}\right)\left(1 + \frac{s}{\omega_0 Q} + \left(\frac{s}{\omega_0}\right)^2\right) = 1 + s\left(\frac{1}{\omega_p} + \frac{1}{\omega_0 Q}\right) +$$

$$s^2\left(\frac{1}{\omega_0^2} + \frac{1}{Q\omega_0\omega_p}\right) + \frac{s^3}{\omega_0^2\omega_p} \tag{2.100}$$

因为:

$$b_1 = \frac{1}{\omega_p} + \frac{1}{\omega_0 Q} \approx \frac{1}{\omega_p} \quad 如果 \quad \omega_0 Q \gg \omega_p \tag{2.101}$$

$$b_2 = \frac{1}{\omega_0^2} + \frac{1}{Q\omega_0\omega_p} \tag{2.102}$$

$$b_3 = \frac{1}{\omega_0^2\omega_p} \tag{2.103}$$

利用式(2.101)~式(2.103)求解 ω_p、Q 和 ω_0 得:

$$\omega_p = \frac{1}{b_1} \tag{2.104}$$

$$Q = \frac{b_1 b_3 \sqrt{\frac{b_1}{b_3}}}{b_1 b_2 - b_3} \tag{2.105}$$

$$\omega_0 = \sqrt{\frac{b_1}{b_3}} \tag{2.106}$$

式(2.99)中的因子 $Q\omega_0$ 为式(2.105)与式(2.106)之积,将其展开得:

$$Q\omega_0 = \frac{b_1^2}{b_1 b_2 - b_3} \tag{2.107}$$

如果 $b_3 = b_1 b_2$,则式(2.107)重新整理为:

$$Q\omega_0 \approx \frac{b_1}{b_2} \tag{2.108}$$

现在利用式(2.106)和式(2.108)将 2 阶多项式(2.99)简写为:

$$1 + \frac{s}{\omega_0 Q} + \left(\frac{s}{\omega_0}\right)^2 \approx 1 + s\frac{b_2}{b_1} + s^2\frac{b_3}{b_1} \tag{2.109}$$

如果第二和第三极点未分离(例如谐振电路中电流模式变换器的谐波极点),则式(2.98)可表示为:

$$1 + b_1 s + b_2 s^2 + b_3 s^3 \approx (1 + b_1 s)\left(1 + s\frac{b_2}{b_1} + s^2\frac{b_3}{b_1}\right) \tag{2.110}$$

应当注意,在频率到达双极点之前,电路响应主要由低频极点 $1/b_1$ 控制。如果 3 阶分母表达式中单极点比双极点频率更高,则式(2.110)不再成立。如果式(2.110)中的 2 阶多项式具有低 Q 值(极点完美分离),可利用式(2.90)将其进一步整理为:

$$\left(1 + s\frac{b_2}{b_1} + s^2\frac{b_3}{b_1}\right) \approx \left(1 + s\frac{b_2}{b_1}\right)\left(1 + s\frac{b_3}{b_2}\right) \tag{2.111}$$

此时将完整表达式(2.98)更新为:

$$1 + b_1 s + b_2 s^2 + b_3 s^3 \approx (1 + b_1 s)\left(1 + \frac{b_2}{b_1} s\right)\left(1 + \frac{b_3}{b_2} s\right) \tag{2.112}$$

式(2.112)为极点或零点可分离并且符号相同的 3 阶多项式的表达式。

图 2.29 为 3 阶传递函数频率特性曲线,所有 b 系数由表达式 H_1 进行定义。首先利用式(2.110)将其简化为表达式 H_2。然后利用式(2.112)进行第三种简化,表达式为 H_3。利用上述三种频率响应绘制成幅频和相频曲线时非常相似。如前面章节所述,计算时一定要注意系数 b 的正确量纲。如果没有确定 b 的正确单位,Mathcad 计算将会出现单位一致性问题。

$H_0 := 0.42 \quad b_1 := 31.6\mu s \quad b_2 := 98\mu s^2 \quad b_3 := 67\mu s^3$

$b_1 \cdot b_2 = 3.097 \times 10^3 \, \mu s^3 \quad b_3 \ 小于 \ b_1 \cdot b_2$

$H_1(s) := H_0 \cdot \dfrac{1}{1 + b_1 \cdot s + b_2 \cdot s^2 + b_3 \cdot s^3} \qquad H_2(s) := H_0 \cdot \dfrac{1}{1 + b_1 \cdot s} \cdot \dfrac{1}{1 + \frac{b_2}{b_1} s + \frac{b_3}{b_1} \cdot s^2}$

$H_3(s) := H_0 \cdot \dfrac{1}{(1 + b_1 \cdot s) \cdot \left(1 + s \cdot \frac{b_2}{b_1}\right) \cdot \left(1 + s \cdot \frac{b_3}{b_2}\right)}$

$Q := \dfrac{b_1 \cdot b_3 \cdot \sqrt{\frac{b_1}{b_3}}}{b_1 \cdot b_2 - b_3} = 0.48 \quad \omega_0 := \sqrt{\dfrac{b_1}{b_3}} \quad f_0 := \dfrac{\omega_0}{2 \cdot \pi} = 109.302 \text{kHz}$

$H_4(s) := H_0 \cdot \dfrac{1}{1 + b_1 \cdot s} \cdot \dfrac{1}{1 + \frac{s}{\omega_0 \cdot Q} + \left(\frac{s}{\omega_0}\right)^2}$

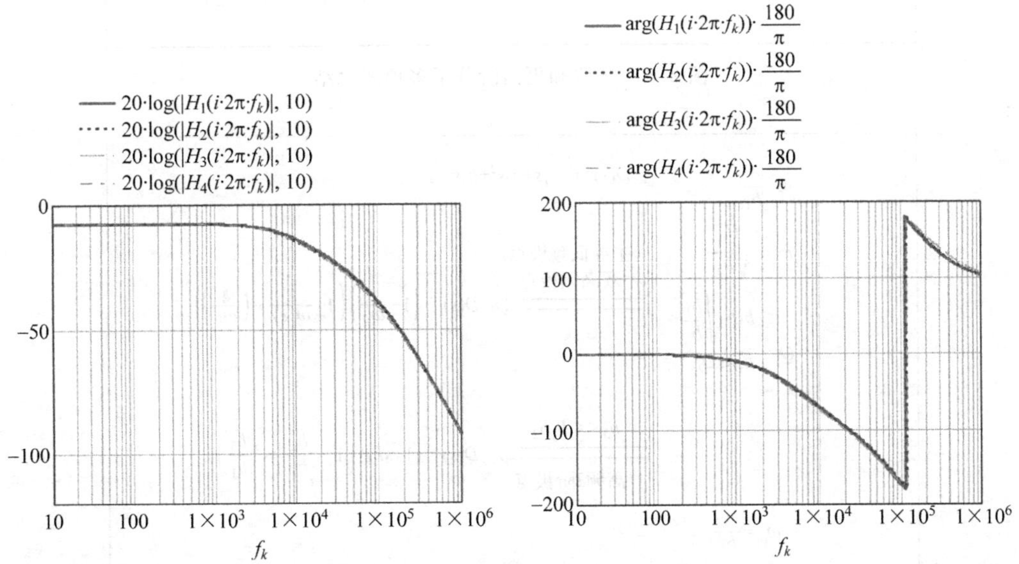

$\omega_{p1} := \dfrac{1}{b_1} \quad \omega_{p2} := \dfrac{b_1}{b_2} \quad \omega_{p3} := \dfrac{b_2}{b_3}$

$f_{p1} := \dfrac{\omega_{p1}}{2\pi} = 5.037 \text{kHz} \quad f_{p2} := \dfrac{\omega_{p2}}{2\pi} = 51.319 \text{kHz} \quad f_{p3} := \dfrac{\omega_{p3}}{2\pi} = 232.794 \text{kHz} \quad \sqrt{f_{p2} \cdot f_{p3}} = 109.302 \text{kHz}$

图 2.29 3 阶多项式——如果三根完美分离并且符号相同——可采用 3 级联极点形式进行重新整理

利用式(2.112),具有良好分离根的 n 阶多项式的推广现在是可能的:

$$1 + a_1 s + a_2 s^2 + a_3 s^3 + a_4 s^4 + \cdots + a_n s^n$$

$$\approx (1 + a_1 s)\left(1 + \frac{a_2}{a_1}s\right)\left(1 + \frac{a_3}{a_2}s\right)\left(1 + \frac{a_4}{a_3}s\right)\cdots\left(1 + \frac{a_n}{a_{n-1}}s\right) \tag{2.113}$$

所有的计算总结如图 2.30 和图 2.31 所示。

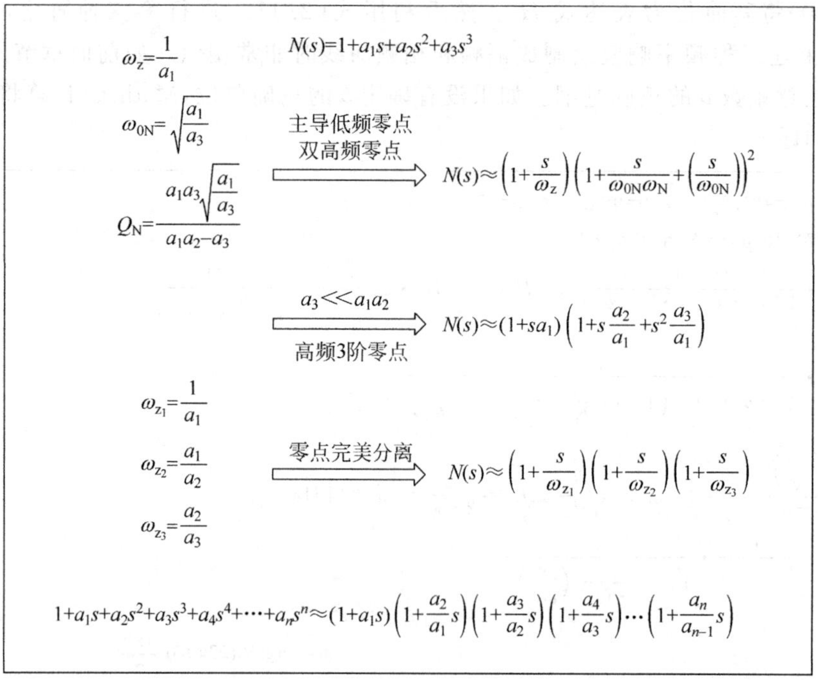

$$\omega_z = \frac{1}{a_1}$$

$$\omega_{0N} = \sqrt{\frac{a_1}{a_3}}$$

$$N(s) = 1 + a_1 s + a_2 s^2 + a_3 s^3$$

主导低频零点
双高频零点
$\Longrightarrow$
$$N(s) \approx \left(1 + \frac{s}{\omega_z}\right)\left(1 + \frac{s}{\omega_{0N}\omega_N} + \left(\frac{s}{\omega_{0N}}\right)\right)^2$$

$$Q_N = \frac{a_1 a_3 \sqrt{\dfrac{a_1}{a_3}}}{a_1 a_2 - a_3}$$

$$a_3 \ll a_1 a_2$$
$\Longrightarrow$
高频3阶零点
$$N(s) \approx (1 + s a_1)\left(1 + s\frac{a_2}{a_1} + s^2\frac{a_3}{a_1}\right)$$

$$\omega_{z_1} = \frac{1}{a_1}$$

$$\omega_{z_2} = \frac{a_1}{a_2}$$

零点完美分离
$\Longrightarrow$
$$N(s) \approx \left(1 + \frac{s}{\omega_{z_1}}\right)\left(1 + \frac{s}{\omega_{z_2}}\right)\left(1 + \frac{s}{\omega_{z_3}}\right)$$

$$\omega_{z_3} = \frac{a_2}{a_3}$$

$$1 + a_1 s + a_2 s^2 + a_3 s^3 + a_4 s^4 + \cdots + a_n s^n \approx (1 + a_1 s)\left(1 + \frac{a_2}{a_1}s\right)\left(1 + \frac{a_3}{a_2}s\right)\left(1 + \frac{a_4}{a_3}s\right)\cdots\left(1 + \frac{a_n}{a_{n-1}}s\right)$$

图 2.30　3 阶和更高阶分子多项式总结

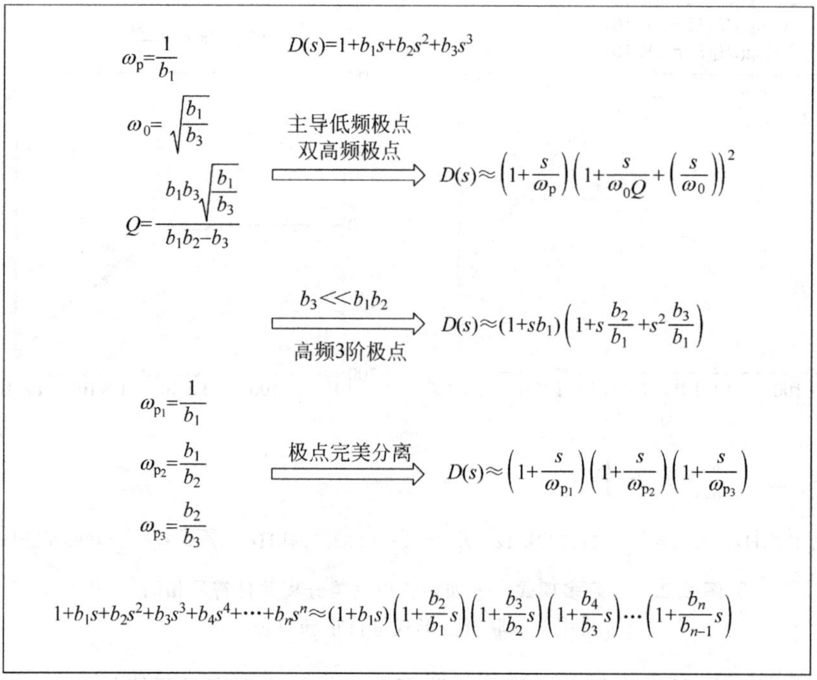

$$\omega_p = \frac{1}{b_1}$$

$$\omega_0 = \sqrt{\frac{b_1}{b_3}}$$

$$D(s) = 1 + b_1 s + b_2 s^2 + b_3 s^3$$

主导低频极点
双高频极点
$\Longrightarrow$
$$D(s) \approx \left(1 + \frac{s}{\omega_p}\right)\left(1 + \frac{s}{\omega_0 Q} + \left(\frac{s}{\omega_0}\right)\right)^2$$

$$Q = \frac{b_1 b_3 \sqrt{\dfrac{b_1}{b_3}}}{b_1 b_2 - b_3}$$

$$b_3 \ll b_1 b_2$$
$\Longrightarrow$
高频3阶极点
$$D(s) \approx (1 + s b_1)\left(1 + s\frac{b_2}{b_1} + s^2\frac{b_3}{b_1}\right)$$

$$\omega_{p_1} = \frac{1}{b_1}$$

$$\omega_{p_2} = \frac{b_1}{b_2}$$

极点完美分离
$\Longrightarrow$
$$D(s) \approx \left(1 + \frac{s}{\omega_{p_1}}\right)\left(1 + \frac{s}{\omega_{p_2}}\right)\left(1 + \frac{s}{\omega_{p_3}}\right)$$

$$\omega_{p_3} = \frac{b_2}{b_3}$$

$$1 + b_1 s + b_2 s^2 + b_3 s^3 + b_4 s^4 + \cdots + b_n s^n \approx (1 + b_1 s)\left(1 + \frac{b_2}{b_1}s\right)\left(1 + \frac{b_3}{b_2}s\right)\left(1 + \frac{b_4}{b_3}s\right)\cdots\left(1 + \frac{b_n}{b_{n-1}}s\right)$$

图 2.31　3 阶和更高阶分母多项式总结

2.3.6 系统阶数确定

传递函数的阶数取决于分母多项式次数,而多项式次数本身与电路中的独立状态变量的数量息息相关。状态变量与能量储能元件如电感和电容相关联。状态变量通常采用小写字母 x 表示,如电感电流 x_1,电容电压 x_2 等。如果能够准确得到 $t=0$ 时刻电路的状态值——即初始条件(SPICE 中的 IC),那么可以预测其他任何时刻电路的工作状态。在式(2.17)和式(2.30)中,电压值 V_0 和电流值 I_0 分别为电容和电感为零时刻的状态值。通过计算电容和电感的数量得到分母的次数,以便确定给定电路的阶数。

图 2.32 为包含储能元件的电路实例。计算储能元件的数量,以确定电路网络的阶数。图 2.32(a)、(b)和(d)中只含有一个电容或电感储能元件:即 1 阶电路网络。图 2.32(c)中含有一个电容和一个电感,所以为 2 阶电路系统。图 2.32(e)中含有两个电容和一个电感,所以为 3 阶电路系统。

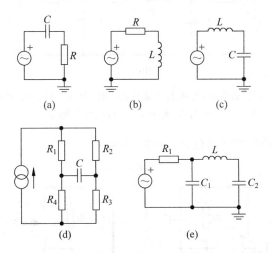

图 2.32　通过简单计算独立状态变量的数量确定电路阶数

通过上述分析可知,确定电路阶数必须计算独立状态变量的数量。所谓独立状态变量,即不受其他状态控制的变量。有一类情况,当环路中只含有电容或者电路网络仅由电容和电压源并联;或当电路中仅含有电感或者电感和电流源串联时,状态变量不独立,某一状态变量为其他状态变量的线性组合(例如,电感电流取决于电流源或者电容电压取决于电压源),此状态称为降阶。当电容或电感器串联或并联形成单个储能元件时电路也产生降阶。

例如 3 个电容构成网格或 3 个电感连接成节点时,分母阶数减1(3 个电容构成电路为 3 阶系统,但是由于降阶,电路变为 2 阶系统)。如果由于单纯的电感节点引起降阶,则阶数继续降低 1 阶。计算具有 n_{LC} 个储能元件电路网络的通用公式如下所示,其中 n_C 和 n_L 分别电容和电感的降阶数量:

$$n = n_{LC} - n_C - n_L \tag{2.114}$$

图 2.33(a)为三电容网格的经典降阶电路。电容 C_2 两端电压定义为:

$$x_2 = x_1 - x_3 \tag{2.115}$$

由式(2.115)可得,在电容环路中,状态变量 x_2 由状态变量 x_3 和 x_1 唯一确定。此时电路网络阶数减少 1 阶:包含 4 个储能元件,但分母阶数为 3 阶。如图 2.33(b)所示,当电阻

与 C_2 串联时环路断开,此时式(2.115)变为:

$$x_2 = x_1 - x_3 - I_1 R_2 \tag{2.116}$$

因为电阻 R_2 在电路中产生电压降,所以状态变量 x_2 不再受控于其他变量。此时电路网络包含 4 个独立状态变量,为 4 阶系统。

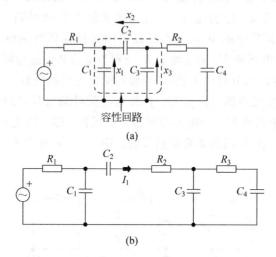

(a)

(b)

图 2.33　如图(a)所示,当状态变量不独立时,分母多项式次数降低一次;
如果环路被电阻 R_2 断开时,分母次数增加至 4

图 2.34 所示电路的电容回路包含电压源,此时:

$$x_1 = V_{\text{in}} - x_2 \tag{2.117}$$

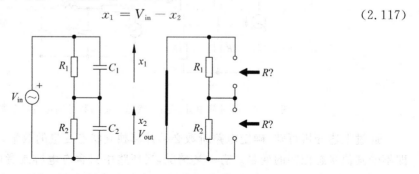

图 2.34　当电源关闭时电容并联,合成为一个电容:次数降低

图 2.34 中的电路回路能够表明电路降阶,因为电压源将 C_1 和 C_2 构成的串联电位固定:尽管存在两个储能元件,但是其状态变量并不独立,所以降低 1 阶。如果计算每个电容的时间常数,可以按照多项式次数识别损失阶数:短路 V_{in},从 C_1 和 C_2 端口进行计算。此时电阻 R_1 与 R_2 以及两电容并联。该电路的时间常数为:

$$\tau = (R_1 \parallel R_2)(C_1 + C_2) \tag{2.118}$$

则分母 $D(s) = 1 + s\tau_1$,与习题 8 中的 1 阶系统一致。

在图 2.35(a)中 3 个电感连接到一个节点。此时传递函数将产生降阶,因为电感 L_2 中的电流依赖于另外两个电感中的电流:

$$x_2 = x_1 - x_3 \tag{2.119}$$

尽管图 2.35(a)含有 5 个储能元件,但该电路为 4 阶电路网络。如果增加与 L_2 的并联电阻,则式(2.119)变为:

$$x_2 = x_1 - x_3 - I_4 \tag{2.120}$$

此时电感 L_2 中的电流不再仅仅依赖状态变量 x_1 和 x_3,所以该电路成为 5 阶系统。

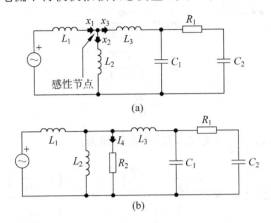

图 2.35　(a)3 个电感连接到同一个节点形成降阶。尽管有 5 个储能元件,但该电路为 4 阶网络。

　　　　(b)电阻 R_2 与电感 L_2 并联,此时电感 L_2 中的电流不再仅仅依赖 L_1 或 L_3 中的电流,

　　　　电路变成 5 阶系统

　　图 2.36 中的电路由两个电感和一个电阻构成,需要计算其连接端子的输出阻抗。为了得到该阻抗(尽管此电路阻抗显而易见),利用电流源 I_T 对电路进行激励,测试其输出响应。在该电路中,输出响应为端点电压 V_T,所以可以确定其驱动点阻抗。该电路含有两个储能元件,初步认为该电路为 2 阶系统。但是第一个电感与电流源串联:其状态变量 x_1 不独立。此时只剩下唯一独立的状态变量:电感 L_2 的电流 x_2。该电路表明系统阶数降低 1 阶。

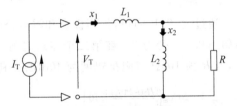

图 2.36　利用电流源计算网络阻抗。因为电流源与两个电感串联,所以图 2.35(a)中电路的传递函数阶数降低 1 阶

　　所以图 2.36 中的电路为 1 阶电路,首先计算 L_2 和电阻 R 并联阻抗,然后再与 L_1 串联,可快速得到端点阻抗。1 阶分母的预期表达式为:

$$Z(s) = sL_1 + sL_2 \parallel R = \frac{sL_1R + sL_2R + s^2L_1L_2}{R + sL_2} \tag{2.121}$$

因为式(2.121)与式(2.56)中定义的阻抗模型定义式不相符,所以首先将分母、分子同时提取因数 R:

$$Z(s) = \frac{R}{R} \frac{s(L_1 + L_2) + s^2\dfrac{L_1L_2}{R}}{1 + s\dfrac{L_2}{R}} = \frac{s(L_1 + L_2) + s^2\dfrac{L_1L_2}{R}}{1 + s\dfrac{L_2}{R}} \tag{2.122}$$

将分子所有项均除以 R,重新整理得:

$$Z(s) = R\frac{s\dfrac{L_1 + L_2}{R} + s^2\dfrac{L_1L_2}{R^2}}{1 + s\dfrac{L_2}{R}} = R_0 \frac{\dfrac{s}{\omega_0 Q} + \left(\dfrac{s}{\omega_0}\right)^2}{1 + \dfrac{s}{\omega_p}} \tag{2.123}$$

式(2.123)中的参数对应如下：

$$R_0 = R \qquad (2.124)$$

$$\omega_0 = \frac{R}{\sqrt{L_1 L_2}} \qquad (2.125)$$

$$Q = \frac{\sqrt{L_1 L_2}}{L_1 + L_2} \qquad (2.126)$$

$$\omega_p = \frac{R}{L_2} \qquad (2.127)$$

同样可利用分解因数 $\frac{s}{\omega_0 Q}$ 将式(2.123)重新整理为：

$$Z(s) = R_0 \frac{\dfrac{s}{\omega_0 Q}\left(1 + \dfrac{sQ}{\omega_0}\right)}{1 + \dfrac{s}{\omega_p}} = R_0 \frac{\dfrac{s}{\omega_{z1}}\left(1 + \dfrac{s}{\omega_{z_2}}\right)}{1 + \dfrac{s}{\omega_p}} \qquad (2.128)$$

其中，$\omega_{z1} = \omega_0 Q = \dfrac{R}{L_1 + L_2}$ 和 $\omega_{z2} = \dfrac{\omega_0}{Q} = R\dfrac{L_1 + L_2}{L_1 L_2}$。在式(2.128)中，零点为原点和 ω_{z2}，极点为 ω_p。如果 $L_2 = L_1$，则 $\omega_{z2} \approx \omega_p$，式(2.128)简化为：

$$Z(s) \approx R_0 \frac{s}{\omega_{z_1}} \qquad (2.129)$$

通过式(2.128)可得，当极点和零点分布恰当时，阻抗不再随频率增加：在原点处，极点将斜率从 +1 变为 0。在第二个零点之前幅度始终保持为 R_0。图 2.37 对上述分析进行佐证，当 R 为 100Ω 时阻抗幅度为 40dBΩ。利用式(2.121)无法推断出上述结果。

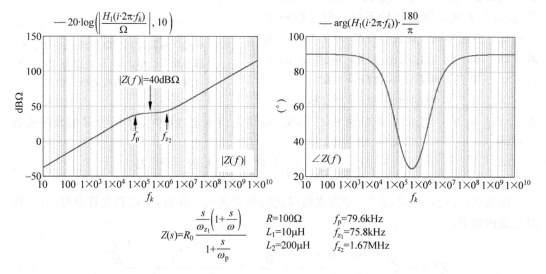

$$Z(s) = R_0 \frac{\dfrac{s}{\omega_{z_1}}\left(1 + \dfrac{s}{\omega}\right)}{1 + \dfrac{s}{\omega_p}} \qquad \begin{array}{l} R = 100\Omega \\ L_1 = 10\mu H \\ L_2 = 200\mu H \end{array} \qquad \begin{array}{l} f_p = 79.6kHz \\ f_{z_1} = 75.8kHz \\ f_{z_2} = 1.67MHz \end{array}$$

图 2.37　当极点和零点分布恰当时，在第二个零点之前幅度始终保持为 R_0

如果电路网络复杂或者传递函数书写不规范，则很难判断电路是否降阶。此时可以通过计算每个储能元件(是否降阶)的时间常数进行判断，通过计算可得式(2.71)中 b_n 项为零。例如降阶之后电路包含 4 个特定时间常数，但是通过表达式很难判断是否降阶。通过计算确定 $D(s)$ 的所有时间常数，最后整理得 $b_4 = 0$。

2.3.7 网络零点

如第1章所述,对变换电路进行激励,输出为零时即为传递函数的零点。当 $s=s_z$ 时,由于变换器开路(串联阻抗无限大)或者支路对地短路,所以输出响应中出现零点。

当对电路网络进行分析时,通常利用如下几种方法确定零点。最简单的方法为观察法。在图2.38中,电容 C 和电感 L 分别由 $1/sC$ 和 sL 代替,测试 $s=s_z$ 时电路网络是否能够防止激励源到达输出端?首先从电路左端激励源处开始分析。电阻 R_1 阻值不能无限大,为固定值,与频率无关。如果节点1通过变换电路对地短接,输出响应将如何?此时输入信号不能到达输出端。电容 C_1 及其等效串联电阻 r_C 将节点1连接至地,C_1 和 r_C 的串联阻抗简写为:

$$Z_1(s) = r_C + \frac{1}{sC_1} = \frac{1 + sr_C C_1}{sC_1} \tag{2.130}$$

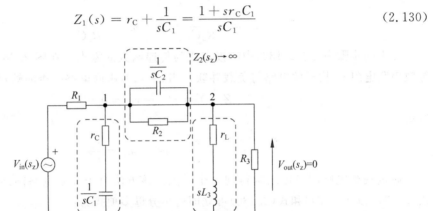

图 2.38 当 $s=s_z$ 时输出响应为零

那么何时 $Z_1(s_{z1})=0$ 能够成立呢?当 $1+sr_C C_1=0$ 时求解式(2.130)的根,此时零点的角频率为:

$$s_{z1} = -\frac{1}{r_C C_1} \quad \text{或} \quad \omega_{z_1} = \frac{1}{r_C C_1} \tag{2.131}$$

从式(2.131)可得零点为具体数值,无数学表达式和复数方程。

接下来通过简单实例对零点概念进行理解。在图2.39中,利用激励电流源 I_T 对电路网络进行交流扫描。当 $s \neq s_z$ 时电流 $\hat{i}$ 流过电阻 R_1,产生输出响应 $\hat{v}_{out}$。当 $s=s_z$ 时,串联电路 r_C 和 $1/sC$ 对电流源短路。此时激励电流 I_T 全部通过短路支路,输出响应 $\hat{v}_{out}$ 为零。

继续对图2.38进行分析,节点1通过 C_2 和 R_2 的并联电路连接到节点2。为阻止信号通过,当 $s=s_{z2}$ 时 Z_2 的阻抗应该变为无限大。但是,C_2 和 R_2 并联阻抗:

$$Z_2(s) = R_2 \parallel \frac{1}{sC_2} = \frac{R_2}{1 + sR_2 C_2} \tag{2.132}$$

显然 R_2 为固定值,不可能无限大。当分母为零时 Z_2 无限大,即又一零点为:

$$1 + sR_2 C_2 = 0 \tag{2.133}$$

其中

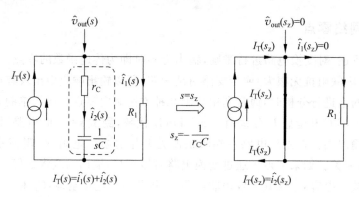

图 2.39   当 $s=s_z$ 时,电阻 R_1 中电流为零,输出响应为零

$$s_{z2} = -\frac{1}{R_2 C_2} \quad 或 \quad \omega_{z2} = \frac{1}{R_2 C_2} \tag{2.134}$$

在中间步骤中,式(2.132)中的极点成为传递函数的零点。在图 2.38 中,电感 L_3 和其等效串联电阻 r_L 构成的电路与负载并联。当 $s=s_{z3}$ 时串联电路是否能够短路呢?

$$Z_3(s) = sL_3 + r_L = 0 \tag{2.135}$$

解得

$$s_{z3} = -\frac{r_L}{L_3} \quad 或 \quad \omega_{z3} = \frac{r_L}{L_3} \tag{2.136}$$

通过观察电路图具体结构得到 3 个零点。该方法对于 3 阶电路网络非常实用。利用式(2.131)、式(2.134)和式(2.136)可立即得出分母多项式为:

$$N(s) = \left(1 + \frac{s}{\omega_{z1}}\right)\left(1 + \frac{s}{\omega_{z2}}\right)\left(1 + \frac{s}{\omega_{z3}}\right) \tag{2.137}$$

式(2.137)为低熵形式,未对电路进行复杂分析可直接得到。当电路网络适合观察分析法时,该方法非常实用,如图 2.38 所示,可以轻易识别电感和电容的短路或开路。分析无受控源的无源网络通常非常简单。如果观察分析法不适用,可以采用另一种分析方法。

2.4   广义 1 阶传递函数初探

在更复杂的电路中,如果涉及受控源,那么通过观察法求解零点几乎成为不可能。除观察法之外,如何能够轻易分析电路网络中是否存在零点以及哪些储能元件产生一个或多个零点?具有电容或电感的 1 阶系统中,与储能元件相关的时间常数 τ 为 RC 或者 L/R,在某些条件下 R 为 C 或 L 的等效驱动电阻。迄今为止推导出的所有简单传递函数中,存在零点时[6],分母和分子中的 L 或 C 总是与 s 相结合。假设电路中含有电容,并且设定 $b_0=1$,此时式(2.68)改写为:

$$H(s) = \frac{H_0 + \alpha_1 C_1 s}{1 + \beta_1 C_1 s} \tag{2.138}$$

其中,α_1 和 β_1 与 C_1 构成时间常数,其量纲均为欧姆,分别表示当响应为零(在零频率时 $\hat{v}_{out}=0$)以及当极点的激励设置为零(见图 2.12)时电容两端提供的电阻。

当计算 H_0 时,电路工作在静态条件下,此时频率为 0Hz。在该模式下,电容提供高阻抗,分析电路时可以将电容忽略;而电感由短路线代替。将电容从电路中移除等效为将其值设置为 0F。同理,将电感由短路线代替等效为将其值减小为 0H。根据不同分析类型,可将电容和电感设置为不同状态。接下来对不同状态进行具体描述,并规定专门术语:

(1) 直流状态或者电容值为 0F 时定义为开路。如果在文中读到必须将电容 C_1 设置为直流状态或 0F 时,只需将电容从电路中移除然后重新绘制电路即可。

(2) 对于电感,将其设置为直流状态或将其参数值设置为 $0(L=0H)$ 表示电感符号由短路线代替:短路。

(3) 当 s 接近无穷时,处于高频状态的电容可由短路线代替,即电容值无穷大。

(4) 处于高频状态(或电感值无限大)的电感相当于开路:只需将电感从电路中移除然后重新绘制电路即可。

图 2.40 对 $s=0$ 和 s 接近无穷大两种概念进行具体描述。

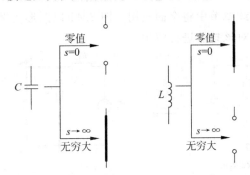

图 2.40 $s=0$(静态)或 s 接近无穷大(高频)时电容和电感的不同工作状态

现在,如果 C_1 值接近无穷大而不是计算 H_0 时将其设置为 0,则式(2.138)简化为:

$$\lim_{C_1 \to \infty} \frac{H_0 + \alpha_1 C_1 s}{1 + \beta_1 C_1 s} = \frac{\alpha_1}{\beta_1} \tag{2.139}$$

当电容 C_1 短路或电容值无穷大时,1 阶电路特性发生改变,传递函数仅由 α_1 和 β_1 决定。此时新电路的增益发生变化,并标注为 H^1,其中指数"1"与 C_1 设置为高频状态时的时间常数 τ_1 相关联:

$$H^1 \equiv H \mid_{C_1 \to \infty} = \frac{\alpha_1}{\beta_1} \tag{2.140}$$

如果电容 C_1 由电感 L_2 代替,则式(2.138)变为:

$$H(s) = \frac{H_0 + \dfrac{L_2}{\alpha_2} s}{1 + \dfrac{L_2}{\beta_2} s} \tag{2.141}$$

现在,如果 L_2 值接近无穷大而非计算 H_0 时将其设置为 0,则式(2.141)简化为:

$$\lim_{L_2 \to \infty} \frac{H_0 + \dfrac{L_2}{\alpha_2} s}{1 + \dfrac{L_2}{\beta_2} s} = \frac{\beta_2}{\alpha_2} \tag{2.142}$$

当 L_2 值无穷大时,1 阶电路特性发生改变,传递函数仅由 α 和 β 决定,但与式(2.139)

形如倒数。新电路的增益发生变化，并标注为 H^2，其中指数"2"与 L_2 设置为高频状态时的时间常数 τ_2 相关联：

$$H^2 \equiv H\mid_{L_2 \to \infty} = \frac{\beta_2}{\alpha_2} \tag{2.143}$$

式(2.140)和式(2.143)所得结果无量纲，两者均为 L 或 C（或者更高阶电路中 L 和 C）无穷大时电路的增益值：C 由短路线代替、L 从电路中移除。新增益标注为 H^i，其中指数 i 与时间常数 i 所涉及元件相关联。当开始分析电路时，通常将时间常数下标与元件编号相关联。例如正在分析电路中的 C_1、C_3 和 L_6，则时间常数通常设定为 $\tau_1 = f(C_1)$、$\tau_3 = f(C_3)$ 和 $\tau_6 = f(L_6)$。如果 τ_1 与 C_1 相关联，则 H^1 为电容 C_1 无穷大时（C_1 由短路线代替）的传递函数值。同理，如果 τ_6 与 L_6 相关联，则 H^6 为电感 L_6 无穷大时（L_6 由开路代替）的传递函数值。在后面章节的高阶电路中将使用标号 H^{235}，即与时间常数 τ_2、τ_3 和 τ_5 相关联的储能元件参数值无穷大时电路的增益值，而电路中其余储能元件的参数值设置为零。上述标号定义方式非常重要，在后续章节中将全面应用。图 2.41 以图形实例方式对上述定义进行展示，另外本章最后习题也对该技能进行应用。

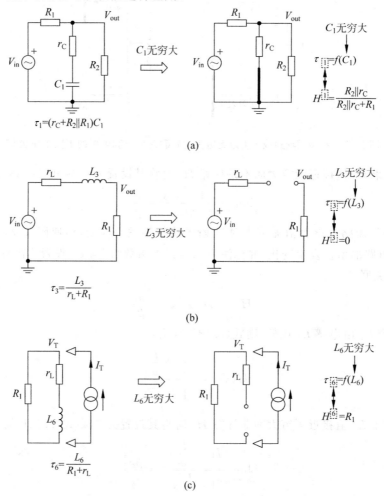

图 2.41 C 或 L 无限大时的高频增益

C 或 L 设置为无穷大时的增益记为 H^i，该增益与直流增益 H^1 之间存在很大区别。如图 2.41(b)所示，该增益有时可能为 0。通过式(2.140)可将 α_1 轻易分解为：

$$\alpha_1 = H^1 \beta_1 \tag{2.144}$$

将式(2.144)代入式(2.138)整理得：

$$H(s) = \frac{H_0 + H^1 \beta_1 C_1 s}{1 + \beta_1 C_1 s} \tag{2.145}$$

其中，与 C_1 相关的时间常数 τ_1 为 $\beta_1 C_1$。此时式(2.145)改写为：

$$H(s) = \frac{H_0 + H^1 \tau_1 s}{1 + \tau_1 s} \tag{2.146}$$

如果 H_0 非 0，则由单电容构成的 1 阶电路的广义传递函数为：

$$H(s) = H_0 \frac{1 + \dfrac{H^1}{H_0} \tau_1 s}{1 + \tau_1 s} = H_0 \frac{1 + \dfrac{s}{\omega_z}}{1 + \dfrac{s}{\omega_p}} \tag{2.147}$$

其中

$$\omega_z = \frac{H_0}{H^1 \tau_1} \tag{2.148}$$

以及

$$\omega_p = \frac{1}{\tau_1} \tag{2.149}$$

利用相同方法从式(2.143)中提取 α_2 后代入式(2.141)，整理得：

$$H(s) = \frac{H_0 + L_2 \dfrac{H^2}{\beta_2} s}{1 + \dfrac{L_2}{\beta_2} s} \tag{2.150}$$

其中，与电感 L_2 相关的时间常数为 L_2/β_2。将时间常数 τ_2 代入式(2.150)中，所得方程与式(2.146)相似，具体如下：

$$H(s) = \frac{H_0 + H^2 \tau_2 s}{1 + \tau_2 s} \tag{2.151}$$

因为 H_0 非 0，所以将式(2.151)重新整理为：

$$H(s) = H_0 \frac{1 + \dfrac{H^2}{H_0} \tau_2 s}{1 + s\tau_2} = H_0 \frac{1 + \dfrac{s}{\omega_z}}{1 + \dfrac{s}{\omega_p}} \tag{2.152}$$

其中

$$\omega_z = \frac{H_0}{H^2 \tau_2} \tag{2.153}$$

以及

$$\omega_p = \frac{1}{\tau_2} \tag{2.154}$$

表达式(2.146)与式(2.151)相同。对于单储能元件网络，通过下面 3 个步骤计算系统的准确传递函数：

（1）当激励源设置为 0V 或 0A 时，计算电容或电感端口的电阻值。

（2）令单储能元件工作于直流状态或将其参数值设置为零时计算第一增益 H_0：如果电路中含有电容，则将电容 C 从电路中移除；如果电路中包含电感 L，则简单地将电感短路。

（3）当单储能元件参数值无穷大时计算第二增益 H^i：C_i 由短路线代替，L_i 从电路中移除。

2.4.1　通过实例求解 1 阶电路

本节通过简单实例对新方程进行实践练习。首先求解图 2.42(a) 中 V_{out} 至 V_{in} 的传递函数。第一步将激励源设置为 0V，然后绘制出如图 2.42(b) 所示的草图，计算电容端口的电阻 R：

$$R = R_1 + R_2 \tag{2.155}$$

因此，与 C_1 相关联的时间常数 τ_1 为：

$$\tau_1 = (R_1 + R_2)C_1 \tag{2.156}$$

如图 2.42(c) 所示，当 C_1 从电路中移除时可求得其静态增益。在此特殊情况下，信号路径中断，因此 $H_0 = 0$。最后一步，当 C_1 容值无限大时，求图 2.42(d) 的电路增益。

$$H_1 = \frac{R_2}{R_1 + R_2} \tag{2.157}$$

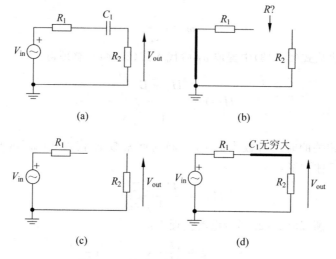

图 2.42　简单 1 阶电路的传递函数

按照式(2.146)形式将式(2.157)进行组合：

$$H(s) = \frac{H_0 + H^1 \tau_1 s}{1 + s\tau_1} = \frac{0 + s\dfrac{R_2}{R_1 + R_2}(R_1 + R_2)C_1}{1 + s(R_1 + R_2)C_1} \tag{2.158}$$

重新整理简化得：

$$H(s) = \frac{sR_2C_1}{1 + s(R_1 + R_2)C_1} = \frac{\dfrac{s}{\omega_{z0}}}{1 + \dfrac{s}{\omega_{p1}}} \tag{2.159}$$

其中

$$\omega_{z0} = \frac{1}{R_2 C_1} \tag{2.160}$$

以及

$$\omega_{p1} = \frac{1}{(R_1 + R_2)C_1} \tag{2.161}$$

在式(2.159)中,零点为原点,即零点频率为 0Hz,增益 $H_0 = 0$。因为 $s/\omega_{z0} = 1 = 0\text{dB}$ 为截止频率,所以式(2.160)表示 0dB 交叉零点。

在该实例中,通过绘制 3 个额外的简单草图,而未编写方程,即直接得到电路的传递函数。当熟练掌握电路快速分析技术时,不必通过绘制草图,可直接在脑海中获得电路的传递函数。

接下来继续对图 2.43 中电路实例进行分析。该电路中包含一个电感,继续按照上述步骤进行传递函数推导。如图 2.43(b)所示,将激励源短路,然后计算电感两端时间常数的电阻值为:

$$R = R_1 \parallel (R_2 + R_3) \tag{2.162}$$

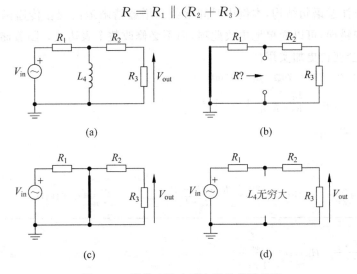

图 2.43 简单 1 阶电感电路的传递函数

因此,与电感 L_4 相关联的时间常数 τ_4 为:

$$\tau_4 = \frac{L_4}{R_1 \parallel (R_2 + R_3)} \tag{2.163}$$

如图 2.43(c)所示,当 L_4 短路时计算静态增益。此时 R_1 右端接地,信号短路,所以直流增益 $H_0 = 0$。最后一步,当 L_4 电感值无限大时等效为开路,如图 2.43(d)所示,此时电路的增益为:

$$H^4 = \frac{R_3}{R_1 + R_2 + R_3} \tag{2.164}$$

按照式(2.146)或式(2.151)形式将式(2.163)和式(2.164)进行组合:

$$H(s) = \frac{H_0 + H^4 \tau_4 s}{1 + s\tau_4} = \frac{0 + s\dfrac{L_4}{R_1 \parallel (R_2 + R_3)} \dfrac{R_3}{R_1 + R_2 + R_3}}{1 + s\dfrac{L_4}{R_1 \parallel (R_2 + R_3)}} \tag{2.165}$$

将式(2.165)的分子通过提取 $R_1 \parallel (R_2 + R_3)$ 对 $R_1 + R_2 + R_3$ 进行简化。最终传递函数为:

$$H(s) = \frac{s\,\dfrac{\dfrac{L_4}{R_1\,(R_2+R_3)}}{R_3}}{1+s\,\dfrac{L_4}{R_1 \parallel (R_2+R_3)}} = \frac{\dfrac{s}{\omega_{z0}}}{1+\dfrac{s}{\omega_p}} \tag{2.166}$$

其中

$$\omega_{z0} = \frac{\dfrac{R_1\,(R_2+R_3)}{R_3}}{L_4} = \frac{R_1\,(R_2+R_3)}{L_4 R_3} \tag{2.167}$$

以及

$$W_p = \frac{R_1 \parallel (R_2+R_3)}{L_4} \tag{2.168}$$

利用 Mathcad 和 SPICE 软件对上述分析结果进行验证。仿真曲线如图 2.44 所示。编写函数时一定要注意语句结构,本例中时间常数和增益清晰地出现在传递函数中。此时如果发现某项出现错误,可以简单地更改此项,而不必修改整个表达式。随着储能元件的数量增加,该方法将会变得更加实用。

$$R_1 := 100\,\Omega \quad R_2 := 2\mathrm{k}\Omega \quad R_3 := 470\,\Omega \quad L_4 := 10\mathrm{mH}$$

$$\parallel(x,y) := \frac{x \cdot y}{x+y} \quad \tau_4 := \frac{L_4}{R_1 \parallel (R_2+R_3)} = 104.049\,\mu\mathrm{s}$$

$$H_0 := 0 \quad H_4 := \frac{R_3}{R_1+R_2+R_3}$$

$$\omega_p := \frac{1}{\tau_4} \quad f_p = \frac{\omega_p}{2\pi} = 1.53\mathrm{kHz}$$

$$\omega_z := \frac{1}{H_4 \cdot \tau_4} \quad f_z = \frac{\omega_z}{2\pi} = 8.364\mathrm{kHz} \quad \omega_{zb} := \left[\frac{R_1 \cdot (R_2+R_3)}{R_3 \cdot L_4}\right] \quad f_{zb} = \frac{\omega_{zb}}{2 \cdot \pi} = 8.364\mathrm{kHz}$$

$$H(s) := \frac{H_0 + s \cdot H_4 \cdot \tau_4}{1 + s \cdot \tau_4} \quad H_{\mathrm{final}}(s) := \frac{\dfrac{s}{\omega_z}}{1+\dfrac{s}{\omega_p}}$$

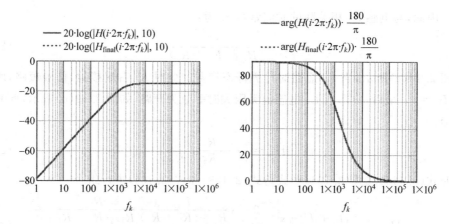

图 2.44　利用 Mathcad 可以简单、快速地绘制传输函数,
以便对低熵表达式计算结果进行检验

图 2.45(a)为 SPICE 仿真电路,图 2.45(b)为仿真结果,与 Mathcad 计算结果一致。

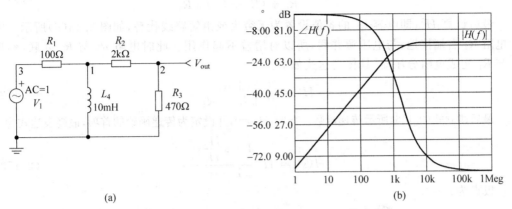

(a)

(b)

图 2.45 利用 SPICE 软件可对数学推导进行快速验证

最后电路实例如图 2.46 所示,该电路比先前所分析电路略微复杂一些,如何快速计算其传递函数。但仍然按照三步法进行分析。首先,将激励源设置为 0V,如图 2.46(b)所示。然后通过电容端口计算电路时间常数。电阻 R_2 与电容端口并联,而电阻 R_1 与 R_4 并联。如果需要,可将电路重新进行整理,以便于系统分析。时间常数等效电阻 R 简写为:

$$R = R_2 \parallel (R_3 + R_1 \parallel R_4) \qquad (2.169)$$

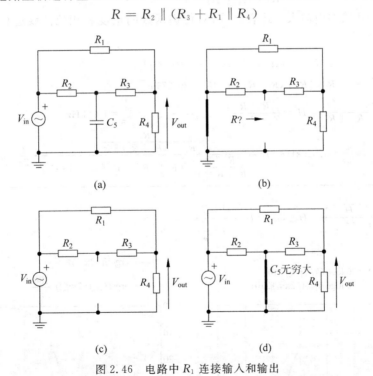

(a)

(b)

(c)

(d)

图 2.46 电路中 R_1 连接输入和输出

因此与电容 C_5 相关联的时间常数 τ_5 为:

$$\tau_5 = [R_2 \parallel (R_3 + R_1 \parallel R_4)]C_5 \qquad (2.170)$$

接下来计算 $s=0$ 时的静态增益。此时电容 C_5 消失,如图 2.46(c)所示。传递函数由 R_4 以及 R_2、R_3 和 R_1 构成的串并联分压器构成,具体表达式为:

$$H_0 = \frac{R_4}{R_4 + (R_2 + R_3) \parallel R_1} \tag{2.171}$$

最后计算 H^5，即电容 C_5 的容值设置为无穷大或由短路线代替，如图 2.46(d)所示。因为电阻 R_2 右端接地，与电压源并联，所以对增益不起作用。此时电阻 R_3 与 R_4 并联，然后再与 R_1 构成电阻分压器，具体表达式如下：

$$H^5 = \frac{R_4 \parallel R_3}{R_4 \parallel R_3 + R_1} \tag{2.172}$$

最后建立式(2.146)所示传递函数。此时 $H_0 \neq 0$，并设定为传递函数的首项，最终表达式为：

$$H(s) = H_0 \frac{1 + s \dfrac{H^5}{H_0} \tau_5}{1 + s\tau_5} \tag{2.173}$$

极点为：

$$\omega_p = \frac{1}{[R_2 \parallel (R_3 + R_1 \parallel R_4)]C_5} \tag{2.174}$$

零点为：

$$\omega_z = \frac{\dfrac{R_4}{R_4 + (R_2 + R_3) \parallel R_1}}{\dfrac{R_4 \parallel R_3}{R_4 \parallel R_3 + R_1}[R_2 \parallel (R_3 \parallel R_1 + R_4)]C_5} \tag{2.175}$$

在 Mathcad 软件中输入上述表达式，对传递函数的幅度和相位曲线进行验证，输出曲线如图 2.47 所示。

$R_1 := 4.7\text{k}\Omega \quad R_2 := 680\Omega \quad R_3 := 2\text{k}\Omega \quad R_4 := 1\text{k}\Omega \quad C_5 := 0.22\mu\text{F}$

$\parallel (x,y) := \dfrac{x \cdot y}{x + y} \quad \tau_5 = [R_2 \parallel [R_3 + (R_1 \parallel R_4)]] \quad C_5 = 120.573\mu\text{s}$

$H_0 := \dfrac{R_4}{R_4 + [(R_2 + R_3) \parallel R_1]} \quad H_5 = \dfrac{R_4 \parallel R_3}{R_1 + R_4 \parallel R_3} \quad \omega_p := \dfrac{1}{\tau_5} \quad f_p := \dfrac{\omega_p}{2\pi} = 1.32\text{kHz}$

$\omega_z := \dfrac{H_0}{H_5 \cdot \tau_5} \quad f_z = \dfrac{\omega_z}{2\pi} = 3.926\text{kHz} \quad f_{za} = \dfrac{\dfrac{R_4}{R_4 + [(R_2 + R_3) \parallel R_1]}}{\dfrac{R_4 \parallel R_3}{R_1 + R_4 \parallel R_3}[[R_2 \parallel [R_3 + (R_1 \parallel R_4)]] \cdot C_5]} \cdot \dfrac{1}{2\pi} = 3.926\text{kHz}$

$H(s) := H_0 \cdot \dfrac{1 + s \cdot \dfrac{H_5}{H_0} \cdot \tau_5}{1 + s \cdot \tau_5} \quad H_{\text{final}}(s) := H_0 \cdot \dfrac{1 + \dfrac{s}{\omega_z}}{1 + \dfrac{s}{\omega_p}}$

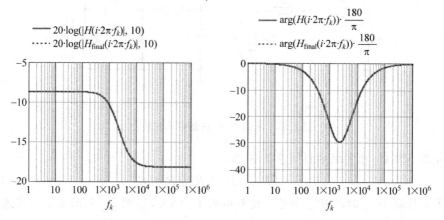

图 2.47　利用 Mathcad 快速检验电路动态响应

同样利用 SPICE 软件绘制电路图,如图 2.48 所示。SPICE 电路仿真结果与 Mathcad 计算结果完全匹配。

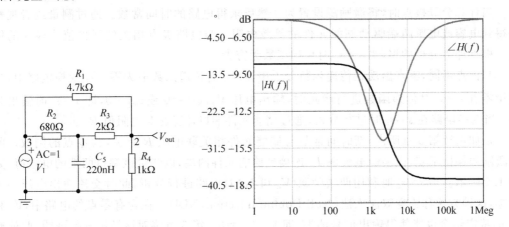

图 2.48 利用 SPICE 仿真可对数学推导进行快速验证

利用三步法对上述电路实例进行分析,每步对应单独图形,不必书写方程就可以快速得到 1 阶电路的传递函数。该方法对电路分析具有技术优势,也提供了另一种奇妙的电路思维方式。最后一步将储能元件设置于高频状态:电容短路、电感从电路中移除,然后计算电路增益 H^i,该增益与电路网络时间常数共同决定零点位置。分子 $N(s)$ 表达式为:

$$N(s) = H_0 + H^i \tau_i s \tag{2.176}$$

式(2.176)右侧项中增益 $H^i = 0$,此时该项消失,所以电路中无零点。通过观察,如果当电容短路或电感开路时激励波形不传播到输出端,则电容或电感在传递函数中不产生零点。与之相反,如果将电容短路或电感开路,输入信号可以无阻止地传播到输出端,那么电容或电感与零点有关。

上述方法为检查 1 阶传递函数中是否存在零点的非常重要和实用的规则,图 2.49 为检验实例,读者可应用该规则进行实践练习。在图 2.49(a)中,如果短路电容 C,则输出响应仍然存在:电容 C 与零点相关联。在图 2.49(b)中,如果删除电感 L,则输出无响应,电路无零点。在图 2.49(c)中,去掉电感 L 并保持 R_2 不变,则输出响应存在,电感 L 与零点相关联。在图 2.49(d)中,通过短路电容 C 将输出响应消除,所以该电路不存在零点。

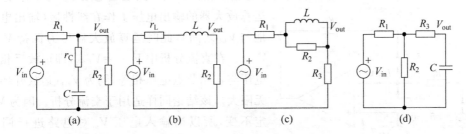

图 2.49 电容短路或电感开路,检验输出响应是否仍然存在;
如果存在,则该储能存能元件与零点相关

重新分析图 2.34,如果短路电容 C_2,则输出响应为 0,所以电容 C_2 与零点无关联。但是如果短路电容 C_1,输出响应仍然存在,即 C_1 与零点相关联。

2.4.2   空双注入法计算零点

当计算分母极点时,将激励源设置为 0 然后求得电路的时间常数。通过测量或者观察法得到电容或电感两端驱动储能元件的等效电阻。与电路极点相关的元件值为极点的倒数。极点即为分母的根,当 $s=s_p$ 时传递函数无穷大。

与极点不同,零点出现在传递函数分子中,$s=s_z$ 时传递函数值为零。在变换电路中,当利用零点 $s=s_z$ 对传递函数进行激励时,输出电压 $V_{out}(s)=0$ 或 $\hat{v}_{out}=0$,即 $s=s_z$ 时输出为零。当变换电路在 $s=s_z$ 时进行分析,通过储能元件端口计算此时电阻值 R。

正如后续第 3 章所讲,新时间常数与储能元件相关联电阻 R 有关,为零点的倒数。此时激励源保持不变,而测试电流源 I_T 连接到储能元件两端,以测量该端口两端的电阻值,如图 1.4 所示。当 $s=s_z$ 时利用两激励源(V_{in} 和 I_T)对电路进行分析,此时交流输出电压必须为零,这种方法称为空双注入法(Null Double Injection,NDI)。在含有零点的电路中,V_{in} 和 I_T 的特定组合也能使得输出信号消失,即 $V_{out}(s)=0$。第 3 章将对该结论进行证明,此处暂且假设该结论正确。应当注意,$s=s_z$ 时输出为零与短路之间存在巨大差别。图 2.50 对该差别进行了具体说明。当 $s=s_z$ 输出为零时,其小信号电压肯定为 0 V,但流入负载的小信号电流也为零。如果输出端口短路,$\hat{v}_{out}$ 肯定为零,但此时短路电流明显不为零。因此,输出置零与短接不同。

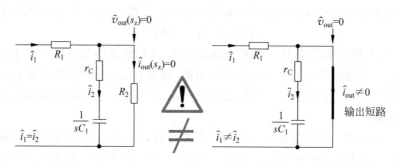

图 2.50   输出电压为零与输出端口短路的区别

输出为零的概念可能是电路快速分析技术和额外元素定理中最难掌握的环节。如图 2.51 所示,运算放大器的虚拟接地与上述概念相似。当回路通过电阻 R_f 闭环时,意味着运算放大器的输出电压工作在线性区(输出电压在地与 V_{CC} 之间),此时运算放大器尽力保持 $V_{(-)}=V_{(+)}$。在直流分析中 $V_{(-)}=V_{(+)}$,即运放反相节点电压与正相节点电压相等,同为 V_{ref}(运放开环增益无限大),该结论同样适用于交流分析。因为 V_{ref} 固定不变,所以当输入电压 V_{in} 对电路进行调制时 $\hat{v}_{ref}=0$。由于反相端和同相端处于相同电位,所以反相端的交流电平同样为零:$\hat{v}_{(-)}=0$。然后理想运算放大器的反相输入端阻抗无限大,所以进入反相端的电流也为零($\hat{i}_{(-)}=0$)。闭环运算放大器使

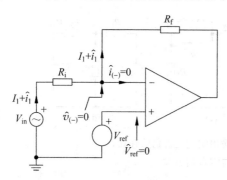

图 2.51   运算放大器虚地使得
反相端电位为零

得反相端电位为零,即虚拟接地。

接下来应用该技术对电路实例进行分析。首先对图 2.52(a)中的 1 阶电路进行。通过设置激励源为 0 可得电路时间常数。通过观察,当短路输入源 V_{in} 时可立即得到电感端口的时间常数为:

$$\tau_1 = \frac{L}{r_L + R_1 \parallel R_2} \tag{2.177}$$

当 L_1 短路时可轻易得到电路的直流增益,即:

$$H_0 = \frac{R_2 \parallel r_L}{R_2 \parallel r_L + R_1} \tag{2.178}$$

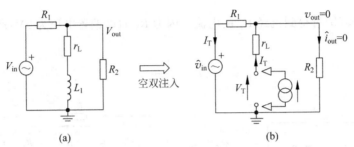

图 2.52 高通滤波器只包含单一储能元件,所以为 1 阶电路。
当 $\hat{v}_{out} = 0$ 时通过观察电感端口可得电路零点

那么电路中是否含有零点呢?当 L_1 电感值设置为无穷大(理论上从电路中移除)时,输入激励源是否能够传播到输出端呢?因为此时电阻 R_1 和 R_2 构成分压器,所以增益 H^1 非零。因此电路网络中存在与电感 L_1 相关的零点。当 $s = s_z$ 时对图 2.52(b)应用 NDI 技术:电压源 V_{in} 保持不变,但在特定频率下传递函数为零,即 $\hat{v}_{out} = 0$。输出电压为零表示电阻 R_2 中电流为零。此时电流源 I_T 中的所有电流均经过 R_1 和 V_{in}。由于 r_L 的上端点偏置为 $0V$,所以流入该元件的电流为 I_T,表达式为:

$$I_T = \frac{V_T}{r_L} \tag{2.179}$$

或者

$$\frac{V_T}{I_T} = r_L \tag{2.180}$$

当 $\hat{v}_{out} = 0$ 时与 L_1 相关的时间常数为 L/r_L。此时零点位于:

$$\omega_z = \frac{r_L}{L_1} \tag{2.181}$$

电路的完整传递函数为:

$$H(s) = \frac{R_2 \parallel r_L}{R_2 \parallel r_L + R_1} \frac{1 + s \dfrac{L_1}{r_L}}{1 + s \dfrac{L_1}{r_L + R_1 \parallel R_2}} \tag{2.182}$$

于是利用 NDI 技术已经求得电路零点。如果改用三步技术法求解零点,则原始零点位于:

$$\omega_z = \frac{\dfrac{R_2 \parallel r_L}{R_2 \parallel r_L + R_1}}{\dfrac{R_2}{R_1 + R_2} \dfrac{L_1}{r_L + R_1 \parallel R_2}} \tag{2.183}$$

虽然式(2.183)与式(2.181)表达形式不同,但是本质相同。通常情况下,采用 NDI 方法获得的零点表达式比三步法所描述的式(2.146)更简单。通过观察,可对式(2.165)进行适当简化,但是仅通过观察式(2.183)不可能立即得到其简化形式。但是两表达式输出结果完全相同。根据各自的设计习惯与技术能力,有条件的选择 NDI 或三步法。

接下来利用 NDI 技术对图 2.46(a)中的电路进行实例练习。虽然由式(2.175)得出的零点公式非常复杂,但与 SPICE 仿真结果一致。利用 NDI 技术对该例进行分析,在输入源恢复的情况下增加测试电流源 I_T:即双注入。当 $s=s_z$ 时绘制新电路图,此时 $\hat{v}_{out}=0$,无电流通过电阻 R_4。因此,在电阻 R_1 和 R_3 中循环的电流 i_1 相同。因为 R_4 与计算无关,可去除。

通过图 2.53(b)可得到流经 R_3 的电流。因为 R_3 右端偏置电压为 0V,所以其两端电压为 V_T,即:

$$i_1 = \frac{V_T}{R_3} \tag{2.184}$$

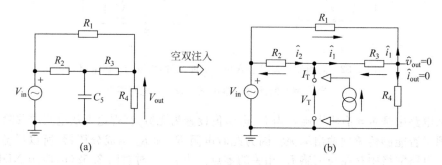

图 2.53 当 $\hat{v}_{out}=0$ 时通过观察电容端口得到零点值

因为无电流通过 R_4,所以流经 R_1 的电流也为 i_1。因此 R_1 两端电压为:

$$V_{R1} = i_1 R_1 = \frac{V_T}{R_3} R_1 \tag{2.185}$$

电阻 R_2 两端电压为 R_1 和 R_3 电压之和的相反数,即:

$$V_{R2} = -\left(\frac{V_T}{R_3}R_1 + V_T\right) = -V_T\left(\frac{R_1}{R_3}+1\right) \tag{2.186}$$

由 KCL 可得,电流 i_1 为 i_2 和 I_T 之和:

$$i_1 = i_2 + I_T = \frac{V_{R_2}}{R_2} + I_T \tag{2.187}$$

将式(2.186)和式(2.184)代入式(2.187)重新整理得:

$$\frac{V_T}{R_3} = \frac{V_T\left(\frac{R_1}{R_3}+1\right)}{R_2} + I_T \tag{2.188}$$

方程左侧提取因数 V_T 得:

$$V_T\left(\frac{1}{R_3} + \frac{\frac{R_1}{R_3}+1}{R_2}\right) = I_T \tag{2.189}$$

最终整理得:

$$\frac{V_\mathrm{T}}{I_\mathrm{T}} = \frac{1}{\dfrac{1}{R_3} + \dfrac{\dfrac{R_1}{R_3} + 1}{R_2}} = \frac{R_2 R_3}{R_1 + R_2 + R_3} \tag{2.190}$$

上述表达式为利用 NDI 技术得到的电容端口的电阻值。所以零点定义如下：

$$\omega_\mathrm{z} = \frac{R_1 + R_2 + R_3}{R_2 R_3 C_5} \tag{2.191}$$

尽管相似性很弱，但是式（2.191）与式（2.175）相同。为确保计算结果正确，下面利用 NDI 技术，并且通过 Mathcad 计算 C_5 两端的等效电阻。利用三步法求得第一个表达式，即式（2.175），利用 NDI 技术求得其余两个表达式，具体见文献[2]的第 66 页。

$$\frac{\dfrac{R_4 \parallel R_3}{R_1 + R_4 \parallel R_3} \cdot \{R_2 \parallel [R_3 + (R_1 \parallel R_4)]\}}{\dfrac{R_4}{R_4 + [(R_2 + R_3) \parallel R_1]}} = 184.282\,\Omega$$

$$\frac{R_2 \cdot R_3}{R_1 + R_2 + R_3} = 184.282\,\Omega$$

$$R_3 \parallel \left(\frac{R_2}{1 + \dfrac{R_1}{R_3}}\right) = 184.282\,\Omega$$

与上述分析一致，采用 NDI 技术得到的表达式更加简单，但是输出为零时需要进行详细的 KVL/KCL 计算分析。但利用三步法无须进行详细计算。两者计算结果相同，但是三步法可能需要更多工作以简化零点。例如，通过 NDI 分析可得电阻 R_4 对零点不起作用。当上述左边方程中 R_4 接近无穷大时，等效电阻 R 简化为 $\dfrac{R_3}{R_1 + R_3}[R_2 \parallel (R_3 + R_1)]$。虽然新表达式与之前有区别，但计算结果依旧为 $184.282\,\Omega$。

接下来进行如下说明：尽管原理图中包含输入源 V_in，但对零点确定不起任何作用。当改变调制幅度或偏置电平时将影响零位计算，如果受控源与 V_in 相关联一致（本例不属于此种情况）。除此之外，利用 NDI 技术确定电容/电感端口的等效电阻时，V_in 同样不起任何作用。

激励源设置为 0，并求解电容或电感端口的等效电阻，然后计算所得电路的固有时间常数值一致。如果需要导出电路的不同传递函数，令激励源 V_in 保持不变，改变输出探针 V_out 的节点位置，则时间常数不变，并且所研究电路传递函数的分母 $D(s)$ 保持不变（如下面电路网络激励章节所示）。但是分子中的系数可能会发生改变。当输入电压 V_in 保持不变时，传递函数分子表达式与探针 V_out 位置相关，从而改变零点值。所以当利用 NDI 技术求解电容或电感端口的等效电阻，然后计算所得分子时间常数可能并不唯一。在图 2.53(a) 中，当 R_1 两端电压为测试输出 V_out 时，传递函数的分母 $D(s)$ 保持不变，但式（2.190）中所得电阻将不同。

上述实例主要对电路中某电阻（图 2.53 中的 R_4）两端电压为 0 时的电压传递函数进行具体分析。通过分析图 2.50 可得，阻抗两端电压为零与将其两端短路截然不同。对阻抗进行分析研究时，利用电流源对电路进行激励，然后测试端子两端电压。当利用 NDI 技术对电路进行研究时，激励电流源两端电压为零，此时电路中的循环电流为 I。如果将电流源两端短路，循环电流同样为 I，而且电流源两端电压仍然为 0V。图 2.54 为详细的阻抗计算实例。

在阻抗分析过程中确定零点时间常数时,可以利用上述对电路进行有效降阶。

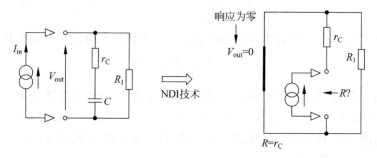

图 2.54　在简单阻抗计算中,利用 NDI 技术将电流源两端输出电压(响应)为零。可用短路线将电流源简单代替:发生改变,此时零点电阻仅为 r_C

2.4.3　利用 SPICE 计算空双注入所得零点

在第 1 章已经利用 SPICE 对分析结果的正确性进行验证。通过利用直流电流源(根据实际设置为 1A)对储能元件两端进行偏置,当激励源设置为 0 的同时测量注入节点的电压可得该特定条件下电容或电感两端电阻。当电路为包含受控源的复杂电路或者其传递函数为高阶传递函数时该方法非常实用。通过与 Mathcad 计算值和 SPICE 直流分析数据进行对比,可对时间常数推导过程中是否存在错误进行验证。

如果对 NDI 技术进行计算或者仿真,可能过程比较复杂。必须重新建立转换电路,使得 $s=s_z$ 时输出为零,此时测量储能元件的等效电阻。实际测试时电路的输入激励源仍然存在,此时必须通过调整电流源 I_T 使得输出电压 V_{out} 变为零。图 2.55 为图 2.53 中电路实例的可用测试转换电路,其实该电路非常简单。

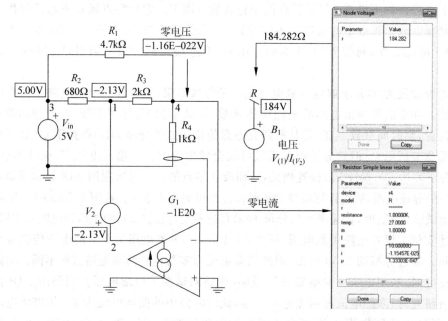

图 2.55　NDI 电路使得输出为零时测量储能元件的等效电阻

跨导放大器 G_1 将其反相输入端与接地的同相输入端进行比较。G_1 通过调节输出电流使其正负输入端相匹配,从而实现闭环控制。由于跨导增益非常大,所以输出节点 4 的电压值近似为零。电路注入电流通过电压源 V_2(电压设置为 0V)进行测量,然后由 B_1 计算节点 1 的电阻值,在原始电路中节点 1 与电容相连接。当对节点数据进行测量时,务必确保极性正确。前面章节中通过方程计算所得电阻值为 184.282Ω。通过与仿真对比,可判断该计算结果正确。如果 V_{in} 改为其他不同值,则 G_1 通过输出调整始终保持节点 4 的电压为零,但 B_1 计算结果保持不变:利用 NDI 技术进行计算时,输入电压 V_{in} 对节点 4 的等效电阻不起作用。

在图 2.56 中,通过绘制三级测量电路求解电路传递函数。在图 2.56(a)中,通过 B_2 进行直流增益计算:输入源 V_4 电压为 1V,此时电阻 R_{15} 两端电压为 322mV,所以增益为 0.322 或者 9.84dB。在图 2.56(b)中,当输入电压源为 0V 时,利用 1A 电流源对电容端口进行偏置,然后测量其两端电阻值。测量电阻值为 408Ω,然后利用 B_4 计算极点频率值(1.77kHz)。在图 2.56(c)中,应用 NDI 技术计算输出为零时电容端口的电阻值。通过受控源 G_1 注入电流,使电阻 R_{11} 两端电压为零。利用 B_1 对电阻进行计算,此时测量电阻值为 81.6Ω。然后通过 B_5 计算零点频率值 8.86kHz。最后,利用拉普拉斯子电路 X_1 将计算所得增益、极点和零点组合为传递函数表达式,并且将该电路与原始电路(V_{out1})的输出曲线进行对比。如图 2.56(e)所示,两电路频率特性完全一致。

实际测量时,通过对不同端口进行配置以得到其电阻值,并与计算值进行对比,以判断计算结果的正确性。跨导放大器可测量任何节点电压值,并对浮动端口进行电流注入。

2.4.4 网络激励

通过本章学习,读者务必意识到激励信号对于电路的重要性。通过众多实例分析可得,当激励或驱动波形在电路网络中传播时产生输出响应。激励波形可以是电压源或电流源,但当其施加于电路时,必须确保该电路结构不受影响:支路内的激励电压源只能与现有元件相串联。同样,支路内的激励电流源只能与给定元件相并联。因为当激励信号关闭时,电路必须恢复到初始结构。如果电路未还原也不会导致重大错误,只是电路网络已经发生改变,下面电路实例将会涉及。例如,当电压源与某支路相串联时,关闭该电压源并由短路线代替,此时不会影响电路网络结构。如果将其与现有电阻并联使用,然后关闭电源,则可以缩短电阻并改变电路结构。同样的,与现有元件相并联的电流源设置为 0A 与将其从电路网络移出效果相同。如果将插入电流源与现有元件串联,则关闭电流源时将使元件连接端断开,从而再次改变电路网络结构。

图 2.57 为简单 1 阶电路,其单储能元件为电容 C_1。该电路为原始结构形式,无激励源与输出节点。

假设需要得到电阻 R_2 两端电压的传递函数,利用电压源对电路进行激励,测试其输出响应。为与前面章节计算相符,所插入电压激励源可与 R_1、C_1 或 R_2 串联。图 2.58 为所有可能电路结构形式。如果将激励信号关闭,即由短路线代替电压源,则电路恢复至初始形式,如图 2.58(d)所示。

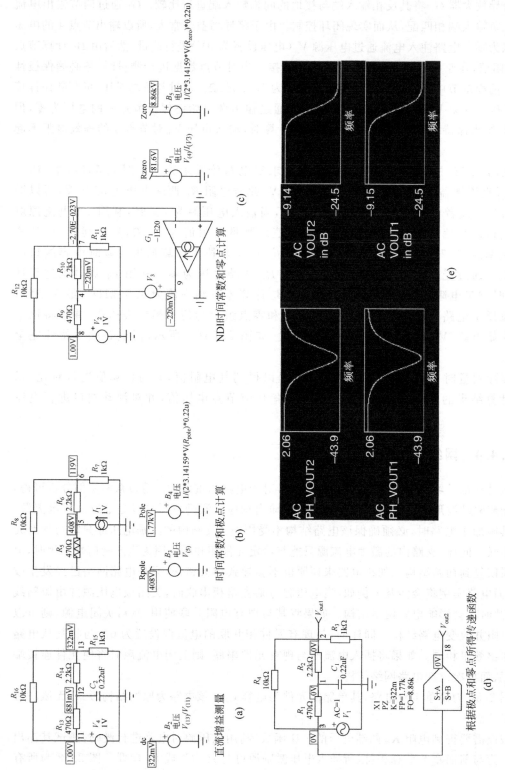

图 2.56 利用快速分析技术对电路极点、零点和增益进行单独测量和计算

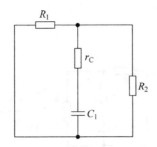

图 2.57 电路的固有时间常数取决于其结构而非激励源

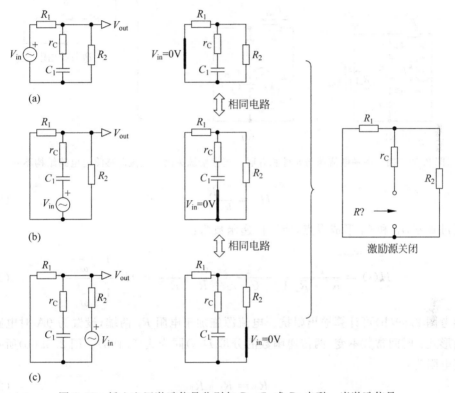

(a)

(b)

(c)

相同电路

相同电路

激励源关闭

图 2.58 插入电压激励信号分别与 R_1、C_1 或 R_2 串联。当激励信号
关闭、电压源由短路线代替时电路结构保持不变

如果激励信号为电流源,可将其与各个元件相并联,具体如图 2.59 所示。当电流源关闭即将其从电路移除时,电路恢复至初始结构。固有时间常数显著特性:因为当电路中所有激励电压源或电流源关闭时,电路结构均不受影响,所以 C_1 的时间常数保持不变。因此,所有传递函数的分母 $D(s)$ 表达式相同。但是当输出节点不同时零点会发生变化。于是可直接求得与电容 C_1 相关的时间常数,即:

$$\tau_2 = C_1(r_C + R_1 \parallel R_2) \tag{2.192}$$

整理得

$$D(s) = 1 + sC_1(r_C + R_1 \parallel R_2) \tag{2.193}$$

当计算与电路传递函数相关的增益或输出阻抗时,分母不变特性非常重要。分母一旦确定即可保持不变,当利用激励源计算其他电路传递函数时可将其直接应用。在图 2.58(a) 中,与 V_{out} 和 V_{in} 相关的直流增益 H_0 为:

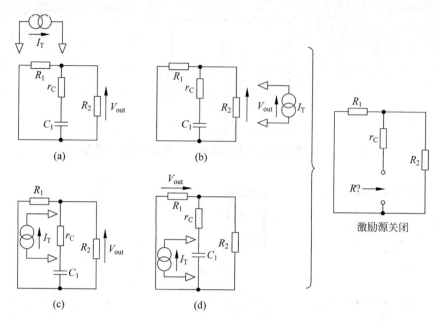

图 2.59 插入激励电流源与元件相并联。当激励源关闭即电流源移除时电路结构不变

$$H_0 = \frac{R_2}{R_1 + R_2} \tag{2.194}$$

通过观察，r_C 和 C_1 形成零点，所以传递函数为：

$$H(s) = \frac{R_2}{R_1 + R_2} \frac{1 + s r_C C_1}{1 + s C_1(r_C + R_1 \parallel R_2)} = H_0 \frac{1 + \dfrac{s}{\omega_{z1}}}{1 + \dfrac{s}{\omega_{p1}}} \tag{2.195}$$

参考图 2.59(b) 可计算输出阻抗。电流源施加于电阻 R_2 两端，设置为 0A 时电路恢复为初始形式：时间常数不变，两传递函数的分母 $D(s)$ 同为式(2.193)。图 2.59(b) 所示电路的直流电阻为：

$$R_0 = R_1 \parallel R_2 \tag{2.196}$$

通过观察可得该零点与图 2.58(a) 相同。于是输出阻抗定义如下：

$$Z_{out}(s) = (R_1 \parallel R_2) \frac{1 + s r_C C_1}{1 + s C_1(r_C + R_1 \parallel R_2)} = R_0 \frac{1 + \dfrac{s}{\omega_{z1}}}{1 + \dfrac{s}{\omega_{p1}}} \tag{2.197}$$

接下来计算图 2.58(a) 的输入阻抗，此时激励信号变成电流源，输出响应为电流源两端电压，如图 2.60 中的 V_T。插入与 R_1 串联的电流源将改变电路结构，所以之前计算的分母不再适用。当电流源关闭时，与 C_1 相关联的时间常数变为：

$$\tau_2 = C_1(r_C + R_2) \tag{2.198}$$

分母变为：

$$D(s) = 1 + s C_1(r_C + R_2) \tag{2.199}$$

当 $s=0$ 时输入电阻为：

$$R_0 = R_1 + R_2 \tag{2.200}$$

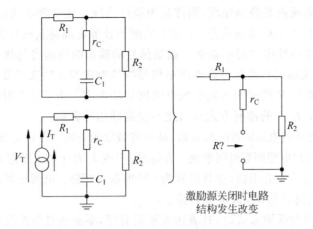

图 2.60 当计算电路网络的输入阻抗时,因为电流源的插入改变了电路结构,
所以之前定义的分母不再适用

零点通过设置电流源两点电压为零进行计算。如图 2.54 所示,当电流源两端电压为零时可认为电路短路。如果利用短路线代替电流源,并计算 C_1 两端的电阻,此时时间常数为:

$$\tau_2 = C_1(r_C + R_1 \parallel R_2) \tag{2.201}$$

以及

$$N(s) = 1 + sC_1(r_C + R_1 \parallel R_2) \tag{2.202}$$

电路输入阻抗为:

$$Z_{in}(s) = (R_1 + R_2)\frac{1 + sC_1(r_C + R_1 \parallel R_2)}{1 + sC_1(r_C + R_2)} = R_0 \frac{1 + \dfrac{s}{\omega_{z_2}}}{1 + \dfrac{s}{\omega_{p_2}}} \tag{2.203}$$

在式(2.203)中,分母不再与式(2.193)中计算的分母一致,因为电流源的插入改变了电路结构,影响了固有时间常数值。如果需要重复使用给定电路传递函数所确定的分母表达式,并希望将其应用于另外的传递函数中,那么对其他电路的驱动方式不应改变其电路结构。如果电路结构未改变,那么已经求得的分母表达式可以重复使用。如果电路结构发生了变化,则必须重新计算分母表达式。如果无须计算图 2.60 的输入阻抗,而求其输入导纳 Y_{in},采用电压源 V_T 对电路进行激励,由输入电流源 I_T 测试输出响应。由于将 V_T 设置为 0V 时电路网络结构恢复至初始形式,所以可立即从式(2.193)中得到分母 $D(s)$ 表达式,然后利用 NDI 技术计算零点(首先 r_C 和 C_1 串联然后再与 R_2 并联,当 $s = s_z$ 时该串并联组合阻抗无限大,所以电流 I_T 为零)。最后对导纳 Y_{in} 进行倒数计算以求得输入电阻 Z_{in}。

2.5 本章重点

第 2 章已对快速分析技术进行讲解,并将其应用于 1 阶电路分析中。下面为本章所学内容总结:

（1）如果一个系统满足叠加原理，则称其为线性系统。在处理非线性电路时，必须首先利用拉普拉斯变换以及其他实用定理，例如戴维南和叠加定理将其线性化。

（2）通过分析非线性电路对小幅交流调制信号的输出响应而将其线性化。得到全部输出响应的交流和直流项后只需保留该电路小信号线性响应的 1 阶交流分量。

（3）形如 RC 或 L/R 的时间常数影响电路网络的响应。由于该类时间常数只与电路结构有关（电路图中 R、L、C 的排列方式），因此不受激励信号影响。

（4）为确定分母项或电路固有时间常数，必须将激励源关闭。在特定条件下通过计算驱动储能元件的电阻 R 获得电路固有时间常数。表达式 RC 或 L/R 中的电阻值 R 为极点的倒数。

（5）如果驱动信号为电压源，将其设置为 0V 即端口短路；电源由短路线代替。如果激励源为电流源，将其设置为 0A 即电源开路。

（6）当传递函数为低熵形式时，其表达式清晰有序，不必通过额外计算就可直接分辨增益、极点和零点。

（7）当质量因数远小于 1 时，2 阶多项式的极点（分母）或零点（分子）可轻易分离。当极点或零点完美分离时，高阶表达式可重新排列为极点或零点相乘的形式。

（8）零点为多项式分子的根，当 $s=s_z$ 时输入调制信号不能传播到达输出端，从而输出响应为零，可通过该方式检验零点是否正确。如果 $s=s_z$ 时变换电路串联阻抗无穷大，则 s_z 为该电路网络的一个零点。如果 $s=s_z$ 时变换电路将输入信号连接至地使得输出为零，则该阻抗值与零点相关联。

（9）对于 1 阶系统的广义传递函数，如果存在增益、极点和零点，可采用三步法计算其具体数值。

（10）空双注入法（NDI）为电路网络输出为零时计算储能元件相关电阻的方法。电阻与给定元件相结合构成零点倒数。当输出为零时，利用 NDI 技术计算驱动储能元件的电阻值，从而求得电路零点。

（11）最后，极点或零点的计算方式相似——观察储能元件端子以确定驱动电阻——但设置条件不同：极点计算时激励源关闭，零点计算时输出响应为零。

（12）通过 NDI 技术得到零点通常比三步法获得的零点形式更简单。NDI 技术需要利用 KVL 和 KCL 对输出进行分析；而三步法只需在 $s=0$ 和储能元件值无穷大时分别计算增益值。

（13）尽力将分子表达为最简形式。

（14）利用 SPICE 仿真技术可以轻易对计算结果进行检验，包括电路网络分析中利用 NDI 技术获得的零点值。

（15）如果激励源关闭时电路结构不发生改变，则给定电路网络的多个传递函数共用同一分母 $D(s)$。如果电路结构发生改变，则各传递函数的分母将不再相同。

2.6 习题

2.6.1 习题内容

1. 习题 1

将补偿电路的传递函数表达式重新排列，并分解出首项 G_0。提示：对分子提取因式

$s=s_z$。2型补偿网络的传递函数为：

$$G(s) = -\frac{1+\dfrac{s}{\omega_z}}{\dfrac{s}{\omega_{po}}\left(1+\dfrac{s}{\omega_p}\right)} \tag{2.204}$$

2. 习题 2

计算图 2.61 所示电路网络的阶数，并求分母 $D(s)$ 的次数。

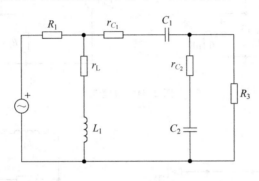

图 2.61　习题 2

3. 习题 3

求图 2.62 所示电路的传递函数、激励信号与输出响应，并计算分母 $D(s)$ 的次数。

4. 习题 4

将 Q 因子定义 $\dfrac{1}{R}\sqrt{\dfrac{L}{C}}$、谐振频率 ω_0 表示为 $\dfrac{1}{\sqrt{LC}}$，计算低 Q 值 2 阶电路的双极点传递函数等效表达式。

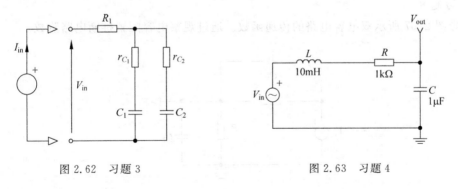

图 2.62　习题 3　　　　　　　图 2.63　习题 4

5. 习题 5

在图 2.64 所示电路中，利用 NDI 技术检验是否存在与电容 C_1 相关联的零点，并利用 SPICE 软件对计算结果进行验证。

6. 习题 6

电路如图 2.65 所示，计算电路中输入 I_{in} 至输出 V_{out} 的阶数。

7. 习题 7

利用广义 1 阶表达式计算图 2.66 所示电路的传递函数。

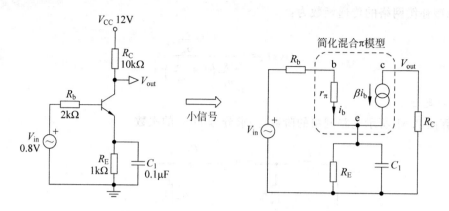

图 2.64 习题 5

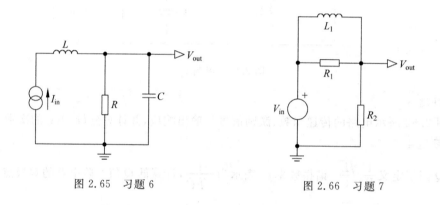

图 2.65 习题 6

图 2.66 习题 7

8. 习题 8

推导图 2.67 所示双电容电路的传递函数。通过观察电容配置推断电路阶数。

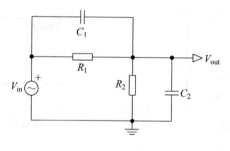

图 2.67 习题 8

9. 习题 9

推导图 2.68 所示电路的传递函数并利用 NDI 技术计算零点值,然后使用 SPICE 对计算结果进行验证。

10. 习题 10

推导利用运算放大器简化模型构成的低通有源滤波器的传递函数。

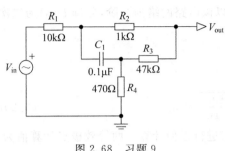

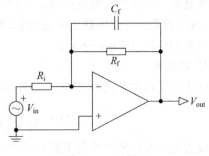

图 2.68 习题 9 图 2.69 习题 10

2.6.2 习题答案

1. 习题 1

通过对分子提取简单因式 $\dfrac{s}{\omega_z}$ 计算主导项 G_0:

$$G(s) = -\frac{\dfrac{s}{\omega_z}\left(\dfrac{\omega_z}{s}+1\right)}{\dfrac{s}{\omega_{po}}\left(1+\dfrac{s}{\omega_p}\right)} \tag{2.205}$$

此时 s/ω_z 和 s/ω_{po} 分别称为分子和分母的主导项。对 s 进行约分,将传递函数化简为零点与极点的比例形式;此时主导项 G_0 为:

$$G(s) = -\frac{\omega_{po}}{\omega_z}\,\frac{\dfrac{\omega_z}{s}+1}{1+\dfrac{s}{\omega_p}} = -G_0\,\frac{1+\dfrac{\omega_z}{s}}{1+\dfrac{s}{\omega_p}} \tag{2.206}$$

其中,$G_0 = \dfrac{\omega_{po}}{\omega_z}$。

式(2.205)的一个极点位于原点。当 $s=0$ 时,传递函数幅度接近无穷大。系数 ω_{po} 为 0dB 穿越极点。当 $s=\omega_{po}$ 时,函数 s/ω_{po} 的值为 1 或 0dB。通过调整 ω_{po},在不影响 ω_z 和 ω_p 的前提下改变增益 G_0。

式(2.206)为 2 型补偿电路的传递函数,该传递函数为控制系统的一部分。通过调节中频带增益 G_0、极点和零点位置,使得电路闭合时输出响应能够快速准确。正确放置极点 ω_p 和零点 ω_z,使其在选定穿越频率处产生相位提升(如图 2.15 所示)。ω_z 一旦固定,通过自由调整 ω_{po} 确定所需增益 G_0。通过式(2.204)不能对 0dB 穿越极点和增益 G_0 进行直接识别。与式(2.204)相比,式(2.206)为其低熵表达形式,具体可参阅第 2 章的参考文献[4]。

2. 习题 2

计算图 2.61 中储能元件的数量,并且所有状态变量经过验证均独立:所有环路均未包含电容、全部电感节点均无降阶情形。该电路包含 3 个储能元件,所以分母 D 的次数为 3 阶,表达式为 $D(s)=1+b_1 s+b_2 s^2+b_3 s^3$。

3. 习题 3

计算图 2.62 所示电路左侧连接端点的导纳。采用电压源对电路进行激励,输出响应为电压源电流。再次计算电路中储能元件的数量，并且所有状态变量经过验证均独立。在电路中，两电容通过等效串联电阻进行物理隔开。所以该电路网络为 2 阶，分母 $D(s)$ 为二次、表达式为 $D(s)=1+b_1 s+b_2 s^2$。

4. 习题 4

首先利用给定公式和 SPICE 计算品质因数：

$$Q=\frac{1}{R}\sqrt{\frac{L}{C}}=\frac{1}{1\mathrm{k}}\sqrt{\frac{10\mathrm{m}}{1\mathrm{u}}}=0.1 \tag{2.207}$$

因为 $Q=0.1$，所以可利用低 Q 值规则对其极点进行近似计算。两等效极点计算值为：

$$\omega_{p1}=\omega_0 Q=\frac{1}{\sqrt{LC}}\frac{1}{R}\sqrt{\frac{L}{C}}=\frac{1}{RC}=\frac{1}{1\mathrm{u}\times 1\mathrm{k}}=1\mathrm{krd/s}\approx 159\mathrm{Hz} \tag{2.208}$$

$$\omega_{p2}=\frac{\omega_0}{Q}=\frac{1}{\sqrt{LC}}R\sqrt{\frac{C}{L}}=\frac{R}{L}=\frac{1\mathrm{k}}{10\mathrm{m}}=100\mathrm{krd/s}\approx 15.9\mathrm{kHz} \tag{2.209}$$

低频时电感 L 近似短路，所以电感对电路影响很小，RC 时间常数起主导作用。高频时 L/R 时间常数起主导作用，此时极点为 ω_{p2}。

图 2.70 对低 Q 值等效电路网络的初始响应进行比较。采用两极点级联：R_2 与 C_2 产生极点 ω_{p1}，L_2 与 R_3 产生极点 ω_{p2}。应当注意，缓冲器 X_1 将两电路进行隔离（C_2 不对 L_2 进行加载）。

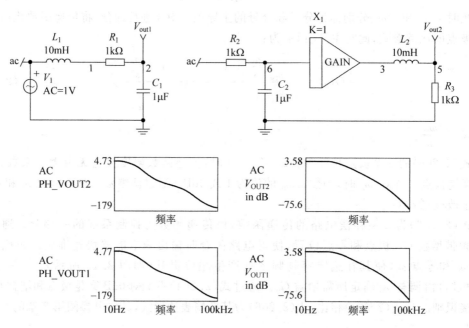

图 2.70　利用低 Q 值近似能够 2 阶多项式写成两极点分离形式

5. 习题 5

如果将图 2.64 所示电路中的电容 C_1 短路，则电路变为共发射极配置，此时输出响应仍然存在：C_1 产生一个零点。为计算与 C_1 相关的零点值，按照图 2.71 中集电极、发射极和基极电流形式绘制小信号电路。如果利用 NDI 技术对电路进行分析，则集电极电阻 R_C 两端输出电压响应 V_{out} 为空。推导过程如下：

（1）输出响应为空，即 $\hat{v}_{\text{out}} = 0$；

（2）当 $\hat{v}_{\text{out}} = 0$ 时负载中无电流通过，因此 $\hat{i}_c = 0$；

（3）集电极电流为基极电流与晶体管增益之积；

（4）如果 $\hat{i}_c = 0$ 则 $\beta \hat{i}_b = 0$；

（5）如果 $\beta \hat{i}_b = 0$ 则基极电流为零，所以电阻 r_π 中无电流通过；

（6）如果 r_π 中无电流则集电极电流为零，从而发射极电流 $(\beta+1)\hat{i}_b = 0$ 也为零：$\hat{i}_e = 0$；

（7）如果 $\hat{i}_e = 0$，则全部测试电流 I_T 均通过射极电阻 R_E。其中 R_E 为利用 NDI 技术求得的电容两端等效电阻。因此零点值为：

$$\omega_z = \frac{1}{R_E C_1}$$

（8）如果集电极电流为零，则发射极断开，即由 R_E 和 C_1 确定的频率下阻抗无限大。通过求解分母的根 $R_E \parallel \dfrac{1}{sC_1}$ 得到上述零点计算公式。

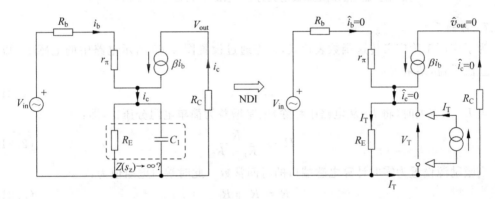

图 2.71 利用 NDI 技术能够快速求得电路第 2 个零点值：
输出为空时电流为零，计算得到简化

通过本章所学知识对 NDI 条件下电容 C_1 端口电阻值进行验证。测试电路如图 2.72 所示。与预测相同，输出端偏置电压为 0V，并且通过 B_2 元件法计算所得电阻为发射极电阻。应当注意，对电路进行交流分析时 V_{CC} 设置为 0，因此对输出贡献也为零，所以在小信号电路图 2.64 中节点 3（R_C 上方端点）接地。本电路将电压源 V_{in} 任意设置为 0.8V，同样也可以设置为任何其他值：通过调整 G_1 电流使得输出端 V_{out} 电流始终为零，此时 B_2 的计算值保持恒定。

6. 习题 6

当图 2.65 所示电路中电感与电流源串联时，其状态变量 X_1 完全由 I_{in} 确定。此时电感无对应零极点，所以电路产生降阶，为 1 阶电路。直流分析时电路增益 $H_0 = R$，当激励源为 0A（即去除电流源）时，电容 C 两端等效电阻同为 R。电路的最终传递函数简化为：

$$H(s) = H_0 \frac{1}{1+s\tau_1} = R \frac{1}{1+sRC} = R \frac{1}{1+\dfrac{s}{\omega_p}} \tag{2.210}$$

其中，$\omega_p = \dfrac{1}{RC}$。

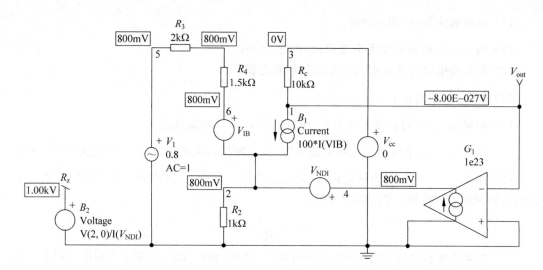

图 2.72 通过增加跨导放大器使得输出为零，并求得此时电容 C_1 两端的等效电阻 R_z。
通过偏置点电压确定基极电流为零（电阻 R_4 两端电压为 0V）

7. 习题 7

为了应用 1 阶广义传递函数表达式，首先通过设置图 2.66 所示电路中的电感 L_1 短路计算直流增益，结果为：

$$H_0 = 1 \tag{2.211}$$

当 L_1 无穷大时（将 L_1 从电路中移除）电路增益为简单电阻分压比，即：

$$H^1 = \frac{R_2}{R_1 + R_2} \tag{2.212}$$

当激励源设置为零时计算电感端口的时间常数。此时端口电阻值为：

$$R = R_1 \parallel R_2 \tag{2.213}$$

于是时间常数 τ_1 为：

$$\tau_1 = \frac{L_1}{R_1 \parallel R_2} \tag{2.214}$$

最终传递函数为：

$$H(s) = \frac{H_0 + H^1 s \tau_1}{1 + s \tau_1} = \frac{1 + s \dfrac{R_2}{R_1 + R_2} \dfrac{L_1}{R_1 \parallel R_2}}{1 + s \dfrac{L_1}{R_1 \parallel R_2}} = \frac{1 + s \dfrac{L_1}{R_1}}{1 + s \dfrac{L}{R_1 \parallel R_2}} \tag{2.215}$$

8. 习题 8

如果仔细观察图 2.67 所示电路图，可发现电容 C_1 和 C_2 与电压源 V_{in} 处于同一环路，所以其状态变量 X_1 和 L_2 相关联：

$$V_{in} = x_1 + x_2 \tag{2.216}$$

尽管电路中包含两支电容，但该电路退化为 1 阶电路。那么电路中是否存在零点呢？当 C_2 短路时无输出响应；当 C_1 缩短时输出响应依然存在；所以存在与 C_1 相关联的零点。当 R_1 和 C_1 的并联阻抗无穷大时驱动电压不能到达输出端，即输出响应为零，此时并联阻抗为：

$$Z(s) = R_1 \parallel C_1 \tag{2.217}$$

该类传递函数计算过程如下：直流激励时阻抗为 R_1，时间常数为 R_1C_1：

$$Z(s) = R_1 \frac{1}{1+sR_1C_1} \tag{2.218}$$

当分母为 0 时阻抗趋于无穷大，即通过 $1+sR_1C_1=0$ 计算零点值：

$$\omega_z = \frac{1}{R_1C_1} \tag{2.219}$$

直流分析时将所有电容从电路中移除，求得直流增益为：

$$H_0 = \frac{R_2}{R_1+R_2} \tag{2.220}$$

接下来通过设置输入电压源 $V_{in}=0$ 计算电路的时间常数，此时无须对电路进行任何改动，即可得出所有元件相并联，电容值为 C_1+C_2、电阻值为 R_1+R_2，所以时间常数为：

$$\tau_1 = (R_1 \parallel R_2)(C_1+C_2) \tag{2.221}$$

结合上述分析结果，所得传递函数为：

$$H(s) = \frac{R_2}{R_1+R_2} \frac{1+sR_1C_1}{1+s(R_1 \parallel R_2)(C_1+C_2)} = H_0 \frac{1+\dfrac{s}{\omega_z}}{1+\dfrac{s}{\omega_p}} \tag{2.222}$$

其中，$\omega_p = \dfrac{1}{(R_1 \parallel R_2)(C_1+C_2)}$。

9. 习题 9

当短路图 2.68 所示电路的电容 C_1 时，输出响应依然存在，所以存在与 C_1 相关联的零点。利用 NDI 技术求该零点值，首先重新绘制电路图，并在电路中增加测试电流源 I_T，如图 2.73 所示。确定电流源和电压源位置，然后标记 0V 节点。先令电容两端电压为 V_T 开始：

$$V_T = V_1 + V_3 \tag{2.223}$$

因为流过两电阻 R_2 和 R_3 的电流相同，因此：

$$V_T = i_2(R_2+R_3) \tag{2.224}$$

测试电流源 I_T 分解为 i_1 和 i_2：

$$I_T = i_1 + i_2 \tag{2.225}$$

提取电流 i_1 为：

$$i_1 = I_T - i_2 \tag{2.226}$$

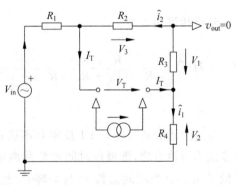

图 2.73　当 $\hat{v}_{out}=0$ 利用空双重注入法计算电容 C_1 两端电阻时需要增加测试电流源

由于 R_3 上端电压为 0V，所以 R_3 和 R_4 两端电压相等：

$$R_4 i_1 = R_3 i_2 \tag{2.227}$$

从式(2.227)中提取 i_1，并将其带入式(2.226)中，解得 i_2 为：

$$i_2\left(1+\frac{R_4}{R_3}\right) = \frac{R_4}{R_3}I_T \tag{2.228}$$

$$i_2 = \frac{R_4}{R_3} \frac{1}{1+\dfrac{R_4}{R_3}}I_T = I_T \frac{R_4}{R_3+R_4} \tag{2.229}$$

将式(2.229)代入式(2.224)中,重新整理可得 V_T/I_T 表达式,即输出电压为零时电容两端电阻值:

$$\frac{V_T}{I_T} = \frac{R_4}{R_3 + R_4}(R_2 + R_3) \tag{2.230}$$

于是与电容 C_1 相关联的时间常数表达式为 $\tau_1 = C_1 \dfrac{R_4}{R_3 + R_4}(R_2 + R_3)$,零点值为:

$$\omega_z = \frac{1}{\dfrac{R_4}{R_3 + R_4}(R_2 + R_3)C_1} \tag{2.231}$$

接下来确定电路极点值。将激励电压源设置为 0V,并计算电容两端电阻值。

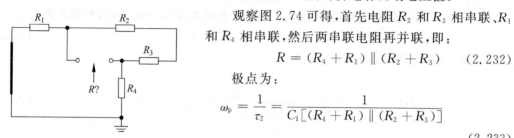

图 2.74　求电路极点时,将激励电压源设置为 0V,并计算电容两端电阻值

观察图 2.74 可得,首先电阻 R_2 和 R_3 相串联、R_1 和 R_4 相串联,然后两串联电阻再并联,即:

$$R = (R_4 + R_1) \parallel (R_2 + R_3) \tag{2.232}$$

极点为:

$$\omega_p = \frac{1}{\tau_2} = \frac{1}{C_1[(R_4 + R_1) \parallel (R_2 + R_3)]} \tag{2.233}$$

通过观察图 2.68 可得,当电容 C_1 移除时电阻 R_3 和 R_4 串联后形成分压器,即 $s=0$ 时电路直流增益为:

$$H_0 = \frac{R_3 + R_4}{R_1 + R_2 + R_3 + R_4} \tag{2.234}$$

最终传递函数为:

$$H(s) = \frac{R_3 + R_4}{R_1 + R_2 + R_3 + R_4} \frac{1 + s\dfrac{R_4}{R_3 + R_4}(R_2 + R_3)C_1}{1 + sC_1[(R_4 + R_1) \parallel (R_2 + R_3)]} = H_0 \frac{1 + \dfrac{s}{\omega_z}}{1 + \dfrac{s}{\omega_p}} \tag{2.235}$$

通过上述分析可得,NDI 技术并不适用于该电路的求解,可利用前面章节已经讲解的三步法求解该电路,即极点时间常数和两增益。由于 H_0 和 τ_2 已经求得,所以计算工作量降低了 30%。当时间常数 1(与电容 C_1 相关联)为无穷大时计算第二增益 H^1。如图 2.68 所示,电容由短路线代替。此时增益与电阻 R_2 和 R_3 无关,表达式为:

$$H^1 = \frac{R_4}{R_4 + R_1} \tag{2.236}$$

于是式(2.235)改写为:

$$H(s) = H_0 \frac{1 + \dfrac{H^1}{H_0}s\tau_2}{1 + s\tau_2}$$

$$= \frac{R_3 + R_4}{R_1 + R_2 + R_3 + R_4} \frac{1 + s\dfrac{\dfrac{R}{R_1 + R_4}}{\dfrac{R_3 + R_4}{R_1 + R_2 + R_3 + R_4}}C_1[(R_4 + R_1) \parallel (R_2 + R_3)]}{1 + sC_1[(R_4 + R_1) \parallel (R_2 + R_3)]}$$

$$(2.237)$$

式(2.237)的分子比式(2.235)更复杂,但可对其进行简化:并联电阻 R_4+R_1 和 R_2+R_3 及其电阻之和均出现在分母中,并且 H_0 也包含上述电阻之和,所以电阻相加之和可从表达式中消除。与之前观点相同:当 $V_{out}(s)$ 为零时即可使用 NDI 技术,也可采用 KVL 和 KCL 对电路进行分析(有时差别很小)。通过对比可得,直接利用储能元件构成的表达式更加简单。如果不使用 NDI 技术,直接采用三步法,最终表达式的分子将更加复杂,所以必须尽力将其重新整理,以便表达式结构更加简单。虽然最终表达式排列有序,但分子系数比利用 NDI 技术所求结果更加复杂。对电路进行实际分析时,根据自己习惯选择分析方法。图 2.75 对 NDI 与三步法所得输出响应进行对比,不出所料,输出响应完全一致。

$R_1:=10\mathrm{k}\Omega \quad R_2:=1\mathrm{k}\Omega \quad R_3:=47\mathrm{k}\Omega \quad R_4:=470\Omega \quad C_1:=0.1\mu\mathrm{F}$

$\|(x,y):=\dfrac{x\cdot y}{x+y}$

$\tau_1:=(R_2+R_3)\cdot\dfrac{R_4}{R_3+R_4}\cdot C_1=47.525\mu\mathrm{s} \quad R_z:=(R_2+R_3)\cdot\dfrac{R_4}{R_3+R_4}=475.248\Omega$

$\tau_2:=(R_2+R_3)\|(R_4+R_1)\cdot C_1=859.518\mu\mathrm{s} \quad R_p:=(R_2+R_3)\|(R_4+R_1)=8.595\mathrm{k}\Omega$

$H_0:=\dfrac{R_4+R_3}{R_1+R_2+R_3+R_4}=0.812 \quad H_1:=\dfrac{R_4}{R_1+R_4}$

$\omega_p:=\dfrac{1}{\tau_2} \quad f_p:=\dfrac{\omega_p}{2\pi}=185.168\mathrm{Hz}$

$\omega_z:=\dfrac{1}{\tau_1} \quad f_z:=\dfrac{\omega_z}{2\pi}=3.349\mathrm{kHz}$

$H(s):=H_0\cdot\dfrac{1+s\cdot\tau_1}{1+s\cdot\tau_2} \quad H_{final}(s):=H_0\cdot\dfrac{1+\dfrac{s}{\omega_z}}{1+\dfrac{s}{\omega_p}} \quad H_2(s):=H_0\dfrac{1+\dfrac{H_1}{H_0}s\cdot\tau_2}{1+s\cdot\tau_2}$

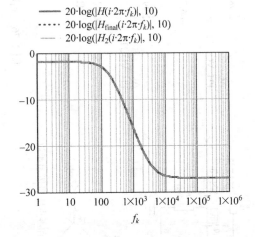

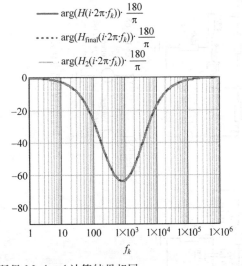

图 2.75 利用 NDI 与三步法所得 Mathcad 计算结果相同

前面章节已经利用 SPICE 对跨导放大器电路进行检验。接下来利用图 2.56 中测试原理对电路分析进行扩展。测试电路如图 2.76 所示,将仿真结果与计算进行对比。应当注意,利用 NDI 技术对电路进行分析时电压源 V_2 的设置值并不重要,因为跨导放大器的激励电流将输出电压置零。所以无论将其更换为任何值,零点电阻计算值 R_{zero} 将保持不变。

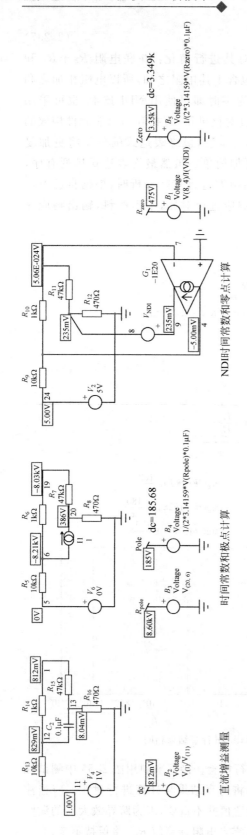

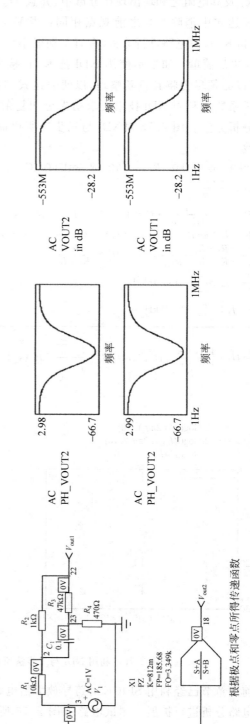

图 2.76 利用 SPICE 软件对所有表达式进行简便测试

10. 习题 10

如图 2.77 所示,为求得有源滤波器的传递函数,运算放大器采用等效电路替代。ε 表示两输入之间的误差电压,A_{OL} 为运算放大器的开环增益。当 $s=0$ 时电容 C_f 从电路中消失,而电阻 R_f 和 R_i 保持原位不变。更新后的电路如图 2.78(a) 所示。

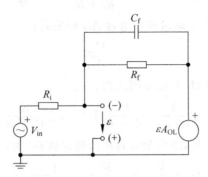

图 2.77 包括误差电压 ε 的运算放大器等效简化模型

图 2.78(a) 所示电路中包含两个电压源,误差电压 ε 为电阻连接节点处的电压值。为了快速求得电路直流传递函数,所以采用叠加定理。叠加定理内容如下:如果某线性系统包含不同输入源,总输出响应为各个激励源单独激励电路而其他激励源设置为零时的输出响应之和。叠加定理的数学形式为:

$$V_{out}(V_1,V_2,V_3,\cdots,V_i) = V_{out}(V_1)\mid_{V_2=V_3=V_i=0} + V_{out}(V_2)\mid_{V_1=V_3+V_i=0} +$$

$$V_{out}(V_3)\mid_{V_1=V_2=V_i=0} + \cdots + V_{out}(V_i)\mid_{V_1=V_2=V_3=0} \quad (2.238)$$

图 2.78 所示运算放大器电路中包含两个电压源:V_{in} 和 V_{out}。

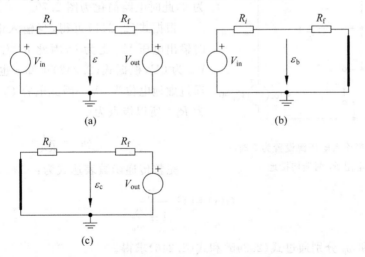

图 2.78 叠加定理最适合分析多电源电路

为求得输出电压 V_{out},首先导出误差电压 ε,即电源交替设置为 0 并计算此时输出响应。在图 2.78(b) 中将第 2 个电源 V_{out} 设置为 0,此时误差电压 ε_b 为:

$$\varepsilon_b = -V_{in}\frac{R_f}{R_f+R_i} \quad (2.239)$$

在图 2.78(c) 中,将输入电压源 V_{in} 设置为 0,此时误差电压 ε_c 为:

$$\varepsilon_c = - V_{out} \frac{R_i}{R_i + R_f} \tag{2.240}$$

上述两误差电压之和为 ε：

$$\varepsilon = \varepsilon_b + \varepsilon_c = - V_{in} \frac{R_f}{R_f + R_i} - V_{out} \frac{R_i}{R_f + R_i} \tag{2.241}$$

误差电压 ε 与输出电压 V_{out} 通过开环增益 A_{OL} 相关联：

$$\varepsilon = \frac{V_{out}}{A_{OL}} \tag{2.242}$$

将式(2.242)代入式(2.241)并提取因式得：

$$V_{out} \left(\frac{1}{A_{OL}} + \frac{R_i}{R_f + R_i} \right) = - V_{in} \frac{R_f}{R_f + R_i} \tag{2.243}$$

将式(2.243)进行重新整理,求得最终直流传递函数 G_0 为：

$$G_0 = \frac{V_{out}}{V_{in}} = - \frac{R_f}{R_i} \frac{1}{\left(\dfrac{\dfrac{R_f}{R_i} + 1}{A_{OL}} + 1 \right)} \tag{2.244}$$

当 $A_{OL} = 1$ 时,上述等式简化为：

$$G_0 \approx - \frac{R_f}{R_i} \tag{2.245}$$

当电容 C_f 无穷大时(短路),式(2.244)中的反馈电阻 R_f 为 0,此时输出响应为零,即电路中无零点。

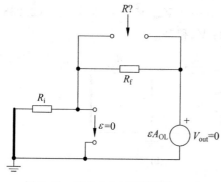

图 2.79　当输入电压源设置为 0 时
电阻 R_f 两端均接地

对电路进行极点计算时,将输入电压源设置为 0,此时电路简化为图 2.79。

根据式(2.244)可得,当输入电压源 V_{in} 为 0 时输出电压 V_{out} 也为 0,因此 R_f 右端接地。如果 V_{out} 为 0V,根据式(2.242)可知 ε 也为 0:R_f 左端通过虚地电位为 0V。因此电容 C_f 两端等效电阻为 R_f。所以极点为：

$$\omega_p = \frac{1}{R_f C_f} \tag{2.246}$$

完整传递函数表达式为：

$$G(s) = G_0 \frac{1}{1 + \dfrac{s}{\omega_p}} \tag{2.247}$$

其中 G_0 和 ω_p 分别通过式(2.245)和式(2.246)求得。

参考文献

1. Signals and Systems/Time Domain Analysis [OL]. http://en. wikibooks. org/wiki/Signals _ and _ Systems/Time_Domain_Analysis (accessed 12/12/2015).

2. Vorpérian，V. Fast Analytical Techniques for Electrical and Electronic Circuits［M］. London：Cambridge University Press. 2002.

3. DiStefano J，Stubberud A，Williams I. Feedback and Control Systems. Schaum's Outlines［M］. New York：McGraw-Hill. 1990.

4. C. Basso. Designing Control Loops for Linear and Switching Power Supplies：a Tutorial Guide［M］. Boston：Artech House. 2012.

5. http://www. rdmiddlebrook. com/ (accessed 12/12/2015).

6. Hajimiri A. Generalized time- and transfer-constant circuit analysis［J］. IEEE Transactions on Circuits and Systems，2009，57 (6)，1105-1121.

第3章

叠加定理和额外元件定理

第1章已经对电路网络常用分析工具进行回顾。在众多定理中,诺顿和戴维南定理尤为实用,并且在第2章对某些电路进行具体分析时已经验证。然而当分析多输入电路时首先要考虑叠加定理,对叠加定理深入研究并扩展后即为额外元件定理(Extra Element Theorem,EET)。本章首先通过简单的图形方式引入叠加定理,并且以简单易懂的方式为 EET 的理解铺平道路。

3.1　叠加定理

图 3.1 为包含 u_1 和 u_2 双输入源的线性系统黑盒子。输入无论为电流源或电压源,叠加定理均适用。当两激励源同时作用时输出响应 y_1 定义为:

$$y_1 = f(u_1, u_2) \tag{3.1}$$

叠加定理表明,输出 y_1 为 u_1 设置为 0 时得到的响应与 u_2 设置为 0 时得到的响应的代数和。叠加定理的通用表达式为:

$$y_1(u_1, u_2, \cdots, u_i) = y_1(u_1)\big|_{u_2 = u_i = 0} + y_1(u_2)\big|_{u_1 = u_i = 0} + \cdots + y_1(u_n)_{u_2 = u_1 = 0} \tag{3.2}$$

在前面章节中已经对电源设置为 0 或将其关闭进行详细定义:独立电压源设置为 0V 时可由短路线代替,而独立电流源设置为 0A 时则将其断路或从电路中移除。除非分析过程中需要将受控源设置为 0,否则电路中的受控源将保持不变。对图 3.1 中的简单电路应用叠加定理,新电路如图 3.2 所示。

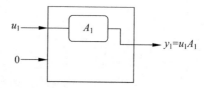

图 3.1　由双输入源 u_1 和 u_2 以及单
输出 y_1 构成的简单系统

图 3.2　当 u_2 设置为 0 时 u_1 单独作用于输出

从图 3.2 可得：

$$\frac{y_1}{u_1}\bigg|_{u_2=0} \equiv A_1 \tag{3.3}$$

如图 3.3 所示，同样可设置 u_1 为零、u_2 单独对电路进行激励，以测试输出响应 y_1。此时：

$$\frac{y_1}{u_2}\bigg|_{u_1=0} \equiv A_2 \tag{3.4}$$

如图 3.4 所示，当两输入同时作用于电路时产生的输出为式(3.3)与式(3.4)之和，即：

$$y_1 = \frac{y_1}{u_1}\bigg|_{u_2=0} u_1 + \frac{y_1}{u_2}\bigg|_{u_1=0} u_2 = A_1 u_1 + A_2 u_2 \tag{3.5}$$

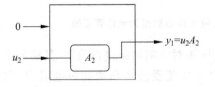
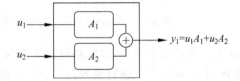

图 3.3　当 u_1 设置为 0 时 u_2 单独作用于输出　　图 3.4　此时输出为 u_1 和 u_2 单独
作用于电路时的输出之和

接下来通过两个简单实例具体讲解叠加定理如何应用。图 3.5(a)所示电路包含两个输入源，分别为电压源和电流源，输出为电阻 R_3 两端电压。首先如图 3.5(b)所示，将电压源 V_1 设置为 0V。

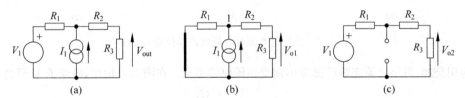

图 3.5　包含电压源和电流源的简单电路

从图 3.5(b)可得，电阻 R_2 和 R_3 串联，然后再与 R_1 并联。因此电流源两端电压即节点 1 的电压为：

$$V_{(1)} = I_1 [R_1 \parallel (R_2 + R_3)] \tag{3.6}$$

电阻 R_3 两端电压为 R_2 和 R_3 所构成电阻分压器的输出电压，即：

$$V_{o1} = V_{(1)} \frac{R_3}{R_2 + R_3} \tag{3.7}$$

将式(3.6)代入式(3.7)，整理得 $V_1 = 0$ 时的输出电压 V_{o1} 为：

$$V_{o1} = I_1 [R_1 \parallel (R_2 + R_3)] \frac{R_3}{R_2 + R_3} \tag{3.8}$$

接下来利用图 3.5(c)计算电压 V_{o2}，此时将电流源关闭。因为 R_1、R_2 和 R_3 串联构成电阻分压器，所以输出电压 V_{o2} 为：

$$V_{o2} = V_1 \frac{R_3}{R_1 + R_2 + R_3} \tag{3.9}$$

电阻 R_3 两端最终电压为 V_{o1} 和 V_{o2} 之和，即：

$$V_{out} = V_{o1} + V_{o2} = I_1[R_1 \parallel (R_2 + R_3)]\frac{R_2}{R_2 + R_3} + V_1\frac{R_3}{R_1 + R_2 + R_3} \tag{3.10}$$

利用 SPICE 直流工作点分析或 Mathcad 根据电阻和电源参数的运算结果对计算值进行验证。通过图 3.6 可得计算结果完全一致。

$$R_1 := 15\Omega \quad R_2 := 38\Omega \quad R_3 := 50\Omega \quad V_1 := 12V$$

$$I_1 := 2A \quad \parallel (x,y) := \frac{x \cdot y}{x + y}$$

$$V_{o1} := I_1 \cdot [R_1 \parallel (R_2 + R_3)] \cdot \frac{R_2}{R_2 + R_3} = 14.563V$$

$$V_{o2} := V_1 \cdot \frac{R_3}{R_1 + R_2 + R_3} = 5.825V \quad V_{out} := V_{o1} + V_{o2} = 20.388V$$

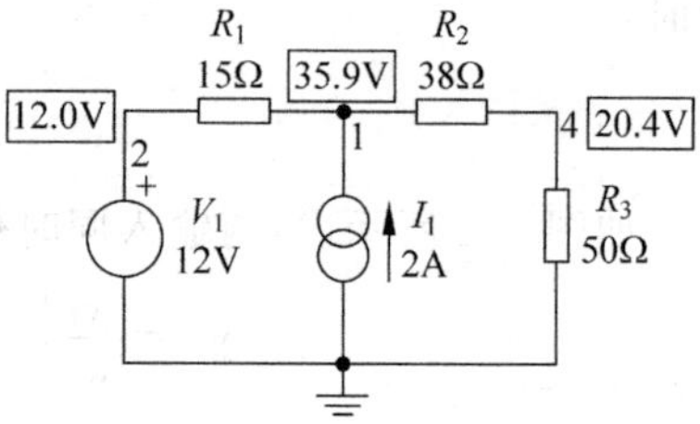

图 3.6　Mathcad 输出结果和 SPICE 直流工作点数据验证计算正确

图 3.7 为第 2 个实例,该电路包括受控源。电压源对电阻网络进行偏置,其输出电流为 I_1。电流源 I_a 对节点 2 进行偏置,并且与 I_1 相关联的电流受控电压源通过电阻 R_2 也连接到节点 2。接下来计算 I_1 电流值。

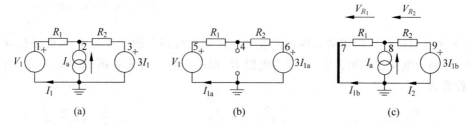

图 3.7　受控电流源对右侧电路提供电压 $3I_1$

应用叠加,将独立源交替设置为 0,而受控源保持不变。在图 3.7(b)中,电流 I_{1a} 计算公式为:

$$I_{1a} = \frac{V_1 - 3I_{1a}}{R_1 + R_2} \tag{3.11}$$

将式(3.11)移项并分解因式,整理得 I_{1a} 计算公式为:

$$I_{1a} = \frac{V_1}{R_1 + R_2 + 3} \tag{3.12}$$

接下来将电压源 V_1 设置为 0V(两端短路),具体如图 3.7(c)所示,然后求解包含 I_1 和 I_2 的简单方程。流经电阻 R_2 的电流 I_2 为其两端电压 V_{R_2} 与其电阻值之商,即:

$$I_2 = \frac{V_{R_2}}{R_2} = \frac{-V_{R_1} - 3I_{1b}}{R_2} = \frac{-R_1 I_{1b} - 3I_{1b}}{R_2} = -\frac{I_{1b}(R_1 + 3)}{R_2} \tag{3.13}$$

同时电流 $I_2 = I_a + I_b$,即:

$$I_2 = I_a + I_{1b} \tag{3.14}$$

将式(3.13)和式(3.14)进行因式分解和重新整理,求得电流 I_{1b} 为:

$$I_{1b} = -\frac{I_a}{1 + \dfrac{R_1 + 3}{R_2}} = -\frac{R_2 I_a}{R_1 + R_2 + 3} \tag{3.15}$$

于是电流 $I_1 = I_{1a} + I_{1b}$ 的最终表达式为:

$$I_1 = I_{1a} + I_{1b} = \frac{V_1}{R_1 + R_2 + 3} - \frac{R_2 I_a}{R_1 + R_2 + 3} = \frac{V_1 - R_2 I_a}{R_1 + R_2 + 3} \tag{3.16}$$

根据电阻和激励源的具体参数值,利用 Mathcad 数值计算和 SPICE 直流工作点分析对表达式的正确性进行验证。应当注意,电流受控源中因数 3 的量纲为欧姆。根据图 3.8 可知计算结果正确。

$R_1 := 100\Omega \quad R_2 := 25\Omega \quad V_1 := 24V \quad I_a := 7A \quad \|(x,y) := \dfrac{x \cdot y}{x+y}$

$I_{1a} := \dfrac{V_1}{R_1 + R_2 + 3\Omega} = 0.632A \quad I_{1b} := -\dfrac{I_a}{1 + \dfrac{R_1 + 3\Omega}{R_2}} = -4.605A$

$I_1 := I_{1a} + I_{1b} = 3.974A$

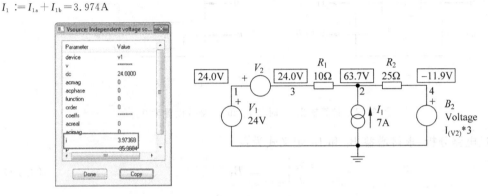

图 3.8　Mathcad 输出结果和 SPICE 直流工作点数据验证计算正确

类似上述电路分析的教程与习题在互联网随处可见,所以实例分析点到为止(具体见文献[1]和[2])。文献[2]中的电路分析耐人寻味,本节第 2 个实例即来自该文献。文献中作者对叠加定理进行重申:特定条件下所有输入源均可置零,包括受控源。并且作者结合大量实例对扩展定理进行佐证。

3.1.1　双输入/双输出系统[*]

在图 3.1 中,电路系统包含多个输入但仅有唯一输出。通过增加第二输出 y_2 使系统成为双输出系统,如图 3.9 所示。此时输出响应 y_1 和 y_2 由激励源 u_1 和 u_2 控制。分析方法与双输入/单输出系统相同,计算 y_1 和 y_2 表达式时将 u_1 和 u_2 交替设置为 0。双输入/双输出电路系统如图 3.10 所示。

图 3.9　当增加第二输出时黑盒子线性系统成为双输入/双输出电路网络

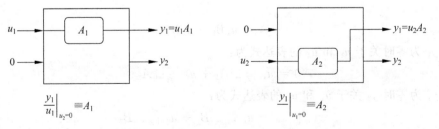

图 3.10　计算输出 y_1 时将 u_1 和 u_2 交替设置为 0

---

[*] 原书仅有 3.1.1 节,此处与原书保持一致。

当输入 $u_2 = 0$ 时求得 A_1 为：

$$\frac{y_1}{u_1}\bigg|_{u_2=0} \equiv A_1 \tag{3.17}$$

当输入 $u_1 = 0$ 时求得 A_2 为：

$$\frac{y_1}{u_2}\bigg|_{u_1=0} \equiv A_2 \tag{3.18}$$

输出 y_2 计算方法与上述一致，具体电路如图 3.11 所示。

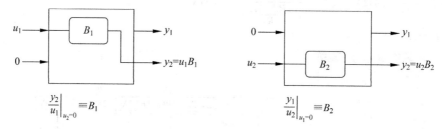

图 3.11   计算输出 y_2 时将 u_1 和 u_2 交替设置为 0

通过电路分析，求得增益 B_1 和 B_2 定义式为：

$$\frac{y_2}{u_1}\bigg|_{u_2=0} \equiv B_1 \tag{3.19}$$

$$\frac{y_2}{u_2}\bigg|_{u_1=0} \equiv B_2 \tag{3.20}$$

按照图 3.12 规则将上述分析结果进行组合，此时输出 y_1 和 y_2 均由输入 u_1 和 u_2 清晰表达。利用叠加定理对双输入系统进行分析，当某一输入处于激活状态时另一输入设置为 0。当两输入同时处于激活时定义为双注入状态。因为输出 y_1 和 y_2 为输入 u_1 和 u_2 的线性组合，所以输出可为任意值。对电路进行分析时，当 u_1 和 u_2 为何值时输出为 0 通常为研究重点。一般利用电路网络零点计算时采用的 NDI 技术对电路进行分析。下面通过调整输入 u_1 和 u_2 将两输出之一 y_1 置零。因为：

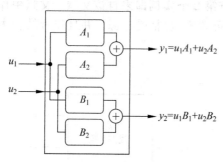

图 3.12   将图 3.10 和图 3.11 组合成双输入/双输出系统

$$y_1 = u_1 A_1 + u_2 A_2 \tag{3.21}$$

以及

$$y_2 = u_1 B_1 + u_2 B_2 \tag{3.22}$$

当 y_1 为零时关于 u_1 和 u_2 的表达式为：

$$0 = u_1\big|_{y_1=0} A_1 + u_2\big|_{y_1=0} A_2 \tag{3.23}$$

当 y_1 为零时 y_2 关于 u_1 和 u_2 的表达式为：

$$y_2\big|_{y_1=0} = u_1\big|_{y_1=0} B_1 + u_2\big|_{y_1=0} B_2 \tag{3.24}$$

当 y_1 为零时从式(3.23)中提取 u_1 得：

$$u_1\big|_{y_1=0} = -u_2\big|_{y_1=0}\frac{A_2}{A_1} \tag{3.25}$$

将式(3.25)代入式(3.24)整理得：

$$y_2 \mid_{y_1=0} = u_2 \mid_{y_1=0} B_2 - u_2 \mid_{y_1=0} \frac{A_2}{A_1} B_1 \tag{3.26}$$

分解因式 $u_2 \mid_{y_1=0}$ 得：

$$y_2 \mid_{y_1=0} = u_2 \mid_{y_1=0} \frac{A_1 B_2 - A_2 B_1}{A_1} \tag{3.27}$$

当 y_1 为零时将 y_2 重新表达为 u_2 的传递函数，即：

$$\left. \frac{y_2}{u_2} \right|_{y_1=0} = \frac{A_1 B_2 - A_2 B_1}{A_1} \tag{3.28}$$

应当注意，式(3.28)与 $u_1 = 0$ 时所得定义式(3.20)不同。虽然所分析电路比率相同，但此时输出 y_1 为零。对于内部增益 A 和 B 已经确定的双输入/双输出系统，当输出 y_1 为零时，可直接应用公式(3.28)解得 y_2 与 u_2 之间的相互关系，而不必重新实际计算 y_2/u_2。

接下来通过简单实验对表达式的物理意义进行具体描述。图 3.13 为原始黑盒子电路，其中 A 和 B 分别设置为不同值。如前所述，当 $y_1 = 0$ 时计算 u_1 和 u_2 的偏置值。通过式(3.23)计算 $y_1 = 0$ 时 u_1 与 u_2 之比：

$$\left. \frac{u_1}{u_2} \right|_{y_1=0} = -\frac{A_2}{A_1} \tag{3.29}$$

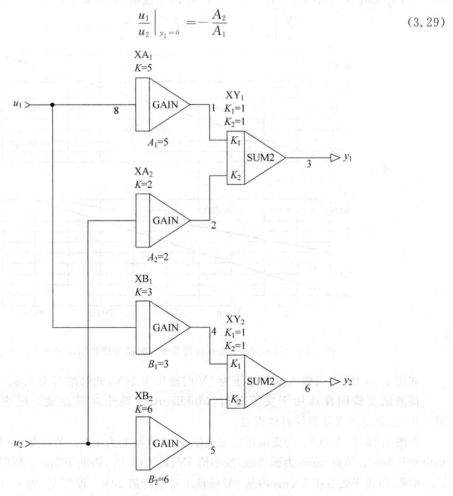

图 3.13　A 和 B 具有不同增益值时的电路系统

对式(3.29)进行整理,结果与式(3.25)相同,即:

$$u_1\mid_{y_1=0}=-\frac{A_2}{A_1}u_2\mid_{y_1=0} \tag{3.30}$$

将图 3.13 中参数值代入式(3.30),即:

$$u_1\mid_{y_1=0}=-\frac{2}{5}u_2\mid_{y_1=0}=-0.4u_2\mid_{y_1=0} \tag{3.31}$$

同样,利用公式(3.28)计算 $y_1=0$ 时 y_2 关于 u_1 和 u_2 的输出值:

$$y_2\mid_{y_1=0}=\left[\frac{A_1B_2-A_2B_1}{A_1}\right]u_2\mid_{y_1=0}=\frac{5\times6-2\times3}{5}u_2\mid_{y_1=0}=4.8u_2\mid_{y_1=0} \tag{3.32}$$

当设置 u_2 为 5V 时,计算 $y_1=0$ 时的 u_1 值。计算结果如式(3.30)所示:

$$u_1\mid_{y_1=0}=-0.4u_2\mid_{y_1=0}=-0.4\times5=-2\text{V} \tag{3.33}$$

当 $y_1=0$ 时利用式(3.32)计算 y_2 的具体值,结果如下:

$$y_2\mid_{y_1=0}=4.8u_2\mid_{y_1=0}=4.8\times5=24\text{V} \tag{3.34}$$

当 u_2 设置为 5V 时对 u_1 进行扫描,仿真结果如图 3.14 所示,该实例通过对电源进行直流扫描分析使得输出 $Y_1=0$。通过图形数据可得,当偏置电压 $u_2=-2\text{V}$ 时输出 $y_1=0\text{V}$、$y_2=24\text{V}$。此时利用式(3.28)计算 y_2 关于 u_2 的增益值,结果如下:

$$\frac{y_2}{u_2}\bigg|_{y_1=0}=\frac{5\times6-2\times3}{5}=\frac{24}{5}=4.8 \tag{3.35}$$

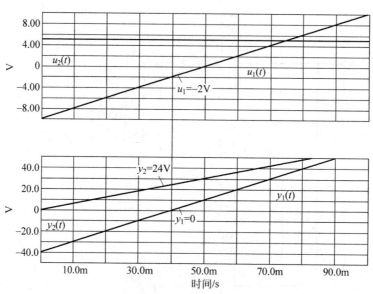

图 3.14　当 u_1 和 u_2 选择合理参数值时能够使得输出 $y_1=0$

如图 3.14 所示,当输入偏置电压为 5V 时输出为 24V,此时增益为 4.8。

该测试实验同样适用于交流分析,Middlebrook 博士在其论文[3]已进行详细讲解。图 3.15 为交流仿真分析的具体设置。

在图 3.15 中,节点 V_1 为交流正弦波电压源,峰值幅度为 20V。节点 V_2 与 V_1 幅值相同但相位相差 180°。节点 ramp 为锯齿波,最小值 1V、最大值 1V、周期 100ms。利用 BU$_1$ 将 V_1 与 V_{ramp} 相乘,所得正弦波在 100ms 内从 0V 线性上升至峰值 20V。设置 V_2 为 u_2 并且幅值固定,当 u_1 为锯齿波时输出 y_1 在某时刻为零,如图 3.16 所示。由公式(3.30)可得,当 $u_1=20\times$

$0.4 = 8\mathrm{V}$ 峰值时输出 $y_1 = 0$。此时通过公式(3.32)可得 $y_2 = 4.8 \times 20 = 96\mathrm{V}$。当双输入/双输出系统中两注入信号同时变化时,利用上述两实例分析方法,可将某输出设置为零。

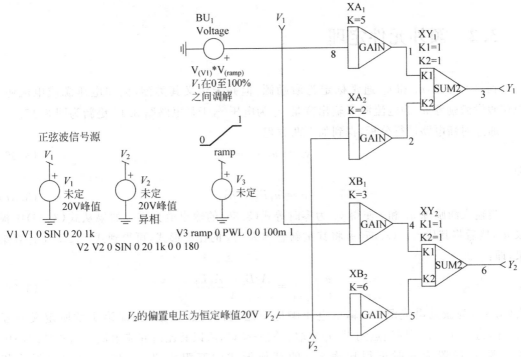

图 3.15　对黑盒子电路输入端进行交流扫描并记录输出结果

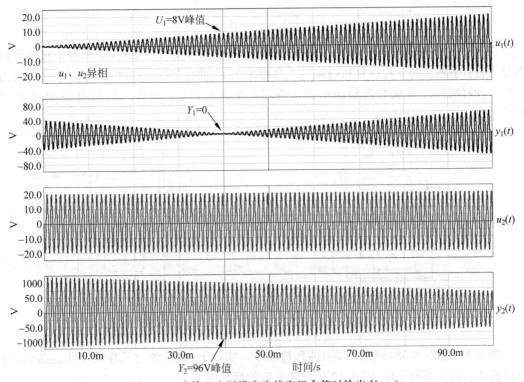

图 3.16　当输入电压设定为特定组合值时输出 $Y_1 = 0$

对电路变换网络的数学表达式进行分析时，$s=s_z$ 为输出响应零点，所以需要将输出设置为零。下面章节将利用额外元件定理对零点进行计算。

3.2　额外元件定理

到目前为止，u_1 和 u_2 通常标定为激励源，但并未定义其类型，例如电压源或电流源。现在假设激励源 u_2 为电流源 i，输出变量 y_2 为电压 v，于是电路图 3.12 更新为图 3.17。

通过对新电路进行分析，得到如下两方程：

$$y_1 = u_1 A_1 + i A_2 \tag{3.36}$$

和

$$v = u_1 B_1 + i B_2 \tag{3.37}$$

当输入激励源 u_1 和 i 使得 y_1 为零时等式(3.36)的输出值为零。如果从式(3.36)中提取 u_1，然后将其代入式(3.37)并将其重新整理为 v/i 的比率形式，可得到式(3.28)中计算结果，即：

$$\left. \frac{v}{i} \right|_{y_1=0} = \frac{A_1 B_2 - A_2 B_1}{A_1} \tag{3.38}$$

式(3.38)为激励电流源 i 与输出电压响应 v 之间的传递函数式，即第 1 章所定义的互阻。因为 v 和 i 从不同端点测得，并非取自同一端口，所以其比值并非阻抗。当式(3.37)中激励源 u_2 设置为 0 时可得比率 i/v 的其他形式的互阻定义式，与式(3.20)形式相同，即：

$$\left. \frac{v}{i} \right|_{u_1=0} \equiv B_2 \tag{3.39}$$

在上述分析中，因为输入和输出物理分离，因此定义为互阻。但是，迄今为止对电阻或电导进行计算时 i 和 v 均取自相同端口。利用图 3.17 进行互阻计算时，只需更改第二输出端口 y_2 的位置，使其成为激励源电流 i 两端产生的电压 v。更改之后的电路如图 3.18 所示。

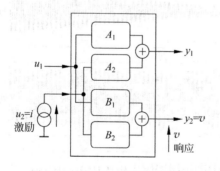

图 3.17　输入 u_2 定义为电流源

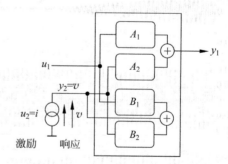

图 3.18　输出 y_2 为激励电流源两端电压，比率 i/v 即为阻抗

图 3.18 为式(3.38)和式(3.39)的理论表示。实际上，电流源与元件端子相连接(此时更加清晰)，即为额外元件，图 3.19 为更新之后的原理图。

在图 3.19 所示电路中,由于 i 和 v 在相同物理位置(电流源连接端子)测量,所以将式(3.38)和式(3.39)定义为驱动点阻抗(DPI,标记为 Z_{DP})。由于式(3.38)为 $y_1=0$ 时测得,所以称为 Z_n;而式(3.39)为 $u_1=0$ 时测得,所以标记为 Z_d。"n"代表分子—当分子为 0 时函数输出值为零,即 $y_1=0$;而"d"代表分母,当激励 $u_1=0$ 时得到其数值。根据上述定义,将函数式整理如下:

$$\frac{v}{i}\bigg|_{y_1=0} = Z_{DP}\big|_{y_1=0} \equiv Z_n = \frac{A_1 B_2 - A_2 B_1}{A_1} \tag{3.40}$$

$$\frac{v}{i}\bigg|_{u_1=0} = Z_{DP}\big|_{u_1=0} \equiv Z_d = B_2 \tag{3.41}$$

更新之后的电路如图 3.20 所示,此时恒流源由阻抗 Z 代替,并且图 3.19 中的电流 i 和电压 v 仍然存在,且保持方向相同。此时电流 i 不再为外部电流源激励,而由阻抗 Z 两端的电压 v 决定。由式(3.21)和式(3.22)导出的数学关系仍然有效,并且 y_2 和 u_2 之间的函数关系由阻抗 Z 进行转换,即:

$$i = -\frac{v}{Z} \tag{3.42}$$

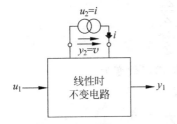

图 3.19 元件端口测试数据分别标识
为电流 i 和电压 v

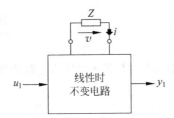

图 3.20 电流源由阻抗 Z 代替

因为图 3.18 中电压和电流方向一致,即 i、v 方向相同,所以式(3.42)中包含负号。根据式(3.42)中电流新定义方式,可将式(3.36)更新为:

$$y_1 = u_1 A_1 - \frac{A_2}{Z} v \tag{3.43}$$

从式(3.43)提取电压 v 得:

$$v = \frac{u_1 A_1 - y_1}{A_2} Z \tag{3.44}$$

将式(3.44)和式(3.42)代入式(3.37),整理得:

$$\frac{A_1 u_1 Z}{A_2} - \frac{y_1 Z}{A_2} = B_1 u_1 + \frac{B_2 y_1}{A_2} - \frac{A_1 B_2 u_1}{A_2} \tag{3.45}$$

整理同类项得

$$u_1\left(\frac{A_1}{A_2}Z + \frac{A_1 B_2}{A_2} - B_1\right) = y_1\left(\frac{Z}{A_2} + \frac{B_2}{A_2}\right) \tag{3.46}$$

将 y_1/u_1 之比定义如下:

$$\frac{y_1}{u_1} = \frac{\dfrac{A_1}{A_2}Z + \dfrac{A_1 B_2 - B_1 A_2}{A_2}}{\dfrac{Z}{A_2} + \dfrac{B_2}{A_2}} \tag{3.47}$$

提取因式 $\dfrac{A_1 Z}{A_2}$ 得：

$$\frac{y_1}{u_1} = \frac{\dfrac{A_1}{A_2} Z \left(1 + \dfrac{A_2}{A_1 Z} \dfrac{A_1 B_2 - A_2 B_1}{A_2} \right)}{\dfrac{Z}{A_2} \left(1 + \dfrac{A_2}{Z} \dfrac{B_2}{A_2} \right)} \tag{3.48}$$

分子和分母同时约分 $\dfrac{Z}{A_2}$ 简化得：

$$\frac{y_1}{u_1} = A_1 \frac{1 + \dfrac{1}{Z} \dfrac{A_1 B_2 - A_2 B_1}{A_1}}{1 + \dfrac{1}{Z} B_2} \tag{3.49}$$

将式(3.40)中 $\dfrac{A_1 B_2 - A_2 B_1}{A_1}$ 定义为 Z_n，即当输出 $y_1 = 0$ 时输入端口阻抗值。式(3.49)中分母 B_2 定义为 $u_1 = 0$ 时的输入端口阻抗值，即式(3.41)中 Z_d。利用上述定义将式(3.49)重新表达为额外元件定理形式，即：

$$\frac{y_1}{u_1} = A_1 \frac{1 + \dfrac{Z_n}{Z}}{1 + \dfrac{Z_d}{Z}} \tag{3.50}$$

当式(3.50)中 $Z \to \infty$ 并从电路物理移除时，该传递函数变为：

$$\frac{y_1}{u_1} \bigg|_{Z \to \infty} = A_1 \frac{1 + \dfrac{Z_n}{\infty}}{1 + \dfrac{Z_d}{\infty}} = A_1 \tag{3.51}$$

如果利用受额外元件 Z 控制的符号 A 对传递函数 y_1 / u_1 进行标识，然后使用式(3.51)可将式(3.50)表达为如下更规范形式：

$$A \mid_Z = A \mid_{Z=\infty} \frac{1 + \dfrac{Z_n}{Z}}{1 + \dfrac{Z_d}{Z}} \tag{3.52}$$

通过额外元件定理可得，线性系统增益受额外元件 Z 控制，由两部分构成：第一部分为 Z 断开时系统的增益值；第二部分为校正系数，由 Z 以及两输出阻抗 Z_n 和 Z_d 组成，上述两阻抗分别为输出为零和输入激励为零时的额外元件端口阻抗值。

将式(3.52)中分子和分母分别提取因式 $\dfrac{Z_n}{Z}$ 和 $\dfrac{Z_d}{Z}$，该表达式重新整理为：

$$A \mid_Z = A \mid_{Z=\infty} \frac{\dfrac{Z_n}{Z} \left(\dfrac{Z}{Z_n} + 1 \right)}{\dfrac{Z_d}{Z} \left(\dfrac{Z}{Z_d} + 1 \right)} = \left(A \mid_{Z=\infty} \frac{Z_n}{Z_d} \right) \frac{1 + \dfrac{Z}{Z_n}}{1 + \dfrac{Z}{Z_d}} \tag{3.53}$$

与式(3.51)中将 $Z \to \infty$ 不同，式(3.53)中可将 $Z \to 0$，如下所示：

$$A \mid_{Z=0} = \left(A \mid_{Z=\infty} \frac{Z_n}{Z_d} \right) \frac{\dfrac{0}{Z_n} + 1}{\dfrac{0}{Z_d} + 1} = A \mid_{Z=\infty} \frac{Z_n}{Z_d} \tag{3.54}$$

利用该表达式,将式(3.53)中 $A|_{z=\infty}\dfrac{Z_n}{Z_d}$ 简单替换为 $A|_{z=0}$,形成额外元件定理的第二个定义式为:

$$A\,|_z = A\,|_{z=0}\,\frac{1+\dfrac{Z}{Z_n}}{1+\dfrac{Z}{Z_d}} \tag{3.55}$$

通过额外元件定理第二表达式可得,线性系统增益受额外元件 Z 控制,由两部分构成:第一部分为 Z 短路时系统的增益值;第二部分为校正系数,由 Z 以及两输出阻抗 Z_n 和 Z_d 组成,上述两阻抗分别为输出为零和输入激励为零时的额外元件端口阻抗值。

将 EET 应用于 1 阶电路的具体步骤如下。

(1) 定义额外元件 Z。Z 即可为储能元件 L 或 C,也可为电阻 R。同时 EET 适用于受控源电路,但本章不进行深入探讨。通常将"棘手"器件选定为额外元件,因为该类器件的存在使得电路传递函数变得非常复杂。

(2) 确定是否可将额外元件短路或去除。在某些情况下,如果将元件去除,传递函数可能变为零,式(3.52)无法应用。当原点处含有零点时即属上述情形,此时将其短路,然后利用式(3.55)进行分析。当储能元件处于参考状态(开路或短路)时计算主导项 $A|_{z=0}$ 和 $A|_{z=\infty}$。该项定义为参考增益。

(3) 应用第 1 章和第 2 章所讲方法。将激励源设置为 0,计算额外元件移除时端口阻抗值,即 Z_d。

(4) 利用空双注入法计算额外元件移除并且输出响应为零时端口的阻抗值,即 Z_n。

(5) 如果参考电路为纯电阻,即 $Z_d=R_d$ 和 $Z_n=R_n$,通过校正因数可直接求得所研究电路的转角频率。

上述即为 EET 具体操作规程,下面通过实例进行具体说明。

3.2.1 EET 实例 1

根据上面章节已经整理得到额外元件定理,接下来将其解题技巧应用于 1 阶电路。第一个电路如图 3.21(a)所示,为电阻桥电路。该电路无储能元件,完全为纯电阻电路。电阻 R_4 两端电压为输出电压。计算输出 V_{out} 与输入 V_{in} 之间的传递函数。通过简单观察可以看出电阻 R_5 使电路复杂化。不同观察者可能会选择 R_4(或任何其他电阻)为额外元件。无论选择任何电阻,EET 分析流程均保持不变。假设选择 R_5 为额外元件,首先将其电阻值设置为无穷大并检验传递函数增益是否存在。此时电路如图 3.21(b)所示,电阻 R_1 和 R_3 串联,对输出无影响;V_{out} 通过 R_4、R_2 与输入 V_{in} 相连接,构成简单分压器。第一步计算参考增益,即:

$$\frac{V_{out}}{V_{in}}\bigg|_{R_5\to\infty} = \frac{R_4}{R_4+R_2} \tag{3.56}$$

第二步将激励源设置为 0,即输入源 V_{in} 由短路线代替,如图 3.21(c)所示。将 R_1 和 R_2 上端子接地,此时 R_5 两端电阻为两并联电阻之和,即 R_1/R_3 和 R_2/R_4,具体公式如下:

$$R_d = R_1 \parallel R_3 + R_2 \parallel R_4 \tag{3.57}$$

第三步即最后一步,计算输出 $\hat{v}_{out}$ 为零时电阻 R_5 两端电阻值。更新之后的电路原理如图 3.21(d)所示,此时输入源 V_{in} 重新复原,电路成为双输入系统。如前所述,通过调节输入

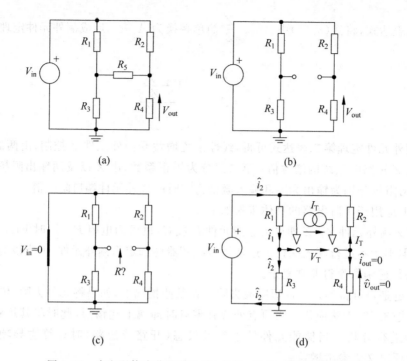

图 3.21　由电阻构成分压器电路,求 V_{out} 与 V_{in} 之间的传递函数

电流源 I_T 的参数值将输出电压设置为零。当计算储能元件(或电阻)两端电阻与其两端电压 V_{in} 无关。由于 $\hat{v}_{out}$ 为零,所以 $\hat{i}_{out}$ 也为零,所有测试电流 I_T 均流入电阻 R_2 的 0V 端。电阻 R_3 两端电压为 $-V_T$,于是电流 i_2 可简写为:

$$\hat{i}_2 = -\frac{V_T}{R_3} \tag{3.58}$$

电流 i_1 为 I_T 和 i_2 之和,即:

$$\hat{i}_1 = I_T + \hat{i}_2 \tag{3.59}$$

此时电阻 R_2 和 R_1 两端电压 V_T 为:

$$V_T = I_T R_2 + \hat{i}_1 R_1 \tag{3.60}$$

提取 $\hat{i}_1$ 得:

$$\hat{i}_1 = \frac{V_T - R_2 I_T}{R_1} \tag{3.61}$$

将式(3.58)和式(3.61)代入式(3.59)整理得:

$$\frac{V_T - R_2 I_T}{R_1} = -\frac{V_T}{R_3} + I_T \tag{3.62}$$

将式(3.62)提取因式 V_T 和 I_T 整理得:

$$V_T \left(1 + \frac{R_1}{R_3}\right) = I_T (R_1 + R_2) \tag{3.63}$$

因此,当 $V_{out}=0$ 时电阻 R_5 两端电阻为:

$$R_n = \frac{V_T}{I_T} = \frac{R_1 + R_2}{1 + \dfrac{R_1}{R_3}} \tag{3.64}$$

将式(3.56)、式(3.57)和式(3.64)整理为最终传递函数为：

$$\frac{V_{\text{out}}}{V_{\text{in}}} = \frac{R_4}{R_4 + R_2} \frac{1 + \dfrac{\dfrac{R_1 + R_2}{1 + R_1/R_3}}{R_5}}{1 + \dfrac{R_1 \parallel R_3 + R_2 \parallel R_4}{R_5}} \tag{3.65}$$

利用 Mathcad 对上述表达式进行实际参数计算，具体如图 3.22 所示。

$$R_1 := 205\Omega \quad R_2 := 12\text{k}\Omega \quad R_3 := 18\text{k}\Omega \quad R_4 := 150\Omega \quad R_5 := 470\Omega$$

$$\parallel (x,y) := \frac{x \cdot y}{x + y} \quad V_1 := 3\text{V} \quad H_1 := \frac{R_4}{R_4 + R_2} \frac{1 + \dfrac{\dfrac{R_1 + R_2}{1 + \dfrac{R_1}{R_3}}}{R_5}}{1 + \dfrac{R_1 \parallel R_3 + R_2 \parallel R_4}{R_5}} = 0.179$$

图 3.22 可用 Mathcad 可高效计算并联元件的传递函数

接下来利用 SPICE 对计算结果进行验证。图 3.23 为 SPICE 仿真电路图，包含上述所有步骤，并得到最终计算结果(电压源 B_7)。当采用电路图中具体参数时，节点 TF 的电压值 0.179 即为原始传递函数计算值，与 Mathcad 公式(3.65)计算一致。然后按照三步法进行计算：第一步将电阻 R_5 去除；第二步将输入源 V_{in} 设置为 0；最后一步即第三步利用跨导放大器计算 R_n。所有步骤通过节点 TFEET 进行组合，最终显示值为 0.179，与计算值一致。如果在 NDI 设置中改变输入源 V_4，并且通过调节 V_5 的注入电流使得输出电压 $\hat{v}_{\text{out}} = 0$，但保持 B_4 的电阻计算值恒定。对电路进行仿真计算时，务必确保跨导放大器的电压和电流测量值正负极性与图 3.19 一致。在 SPICE 电路中，电流流入元件(电阻或者电源等)端点定义为正电流，电流流出元件端点定义为负电流。为获得正确的电阻值，必须注意图 3.23 中与 G_1 相串联电压源 V_5 和节点 14、节点 15 的极性，因为 B_4 利用上述值计算 Z_n。

3.2.2 EET 实例 2

第二个测试实例电路如图 3.24 所示，该电路图采用电感代替电阻 R_5，所以可采用式(3.52)或式(3.55)求解电路传递函数。如果采用第一定义，只需利用电感 sL 代替电阻 R_5，传递函数立即可得，即：

$$\frac{V_{\text{out}}(s)}{V_{\text{in}}(s)} = \frac{R_4}{R_4 + R_2} \frac{1 + \dfrac{\dfrac{R_1 + R_2}{1 + R_1/R_3}}{sL}}{1 + \dfrac{R_1 \parallel R_3 + R_2 \parallel R_4}{sL}} \tag{3.66}$$

式(3.66)即为图 3.24 中输出 V_{out} 与输入 V_{in} 之间的新传递函数。然而式(3.66)中 s 在分母中，不能与传统低熵表达式相匹配，即：

$$H(s) = H_0 \frac{1 + \dfrac{s}{\omega_z}}{1 + \dfrac{s}{\omega_p}} \tag{3.67}$$

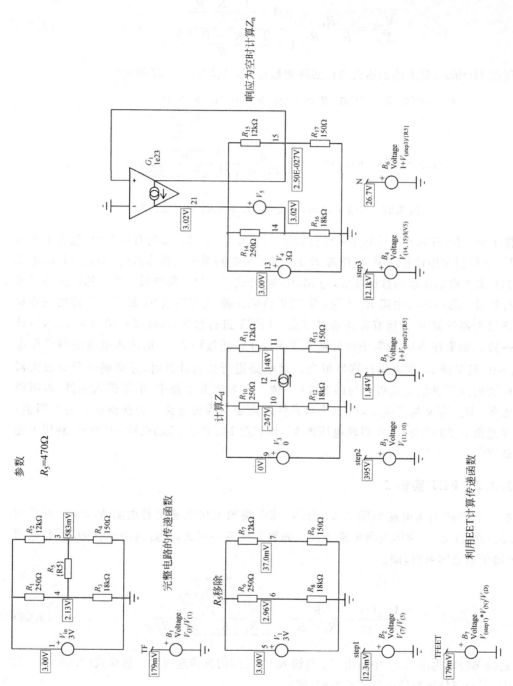

图 3.23　利用 SPICE 软件对计算结果进行快速检验

利用式(3.55)而非式(3.52)对新电路传递函数进行分析。在表达式中阻抗 $Z=0$ 即电感 L 短路。此时为直流传递函数 H_0，在第 1 章和第 2 章已经详细计算多次。在图 3.24 中，当电感 L 由短路代替时，电阻 R_1 与 R_2、R_3 与 R_4 分别并联，然后再串联构成电阻分压器，即：

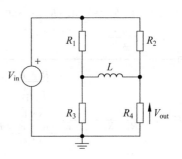

$$\frac{V_{out}}{V_{in}}\bigg|_{L=0} = \frac{R_3 \parallel R_4}{R_1 \parallel R_2 + R_3 \parallel R_4} \qquad (3.68)$$

图 3.24 由电感代替电阻 R_5 之后的新电路图

因为前面章节已经计算得到激励为零并且输出为零时的电感 L 驱动电阻值。所以只需按照式(3.55)对传递函数进行构建，并且设置 $Z=sL$，最终传递函数表达式为：

$$H(s) = \frac{R_3 \parallel R_4}{R_1 \parallel R_2 + R_3 \parallel R_4} \frac{1 + s\dfrac{\dfrac{L}{R_1 + R_2}}{1 + R_1/R_3}}{1 + s\dfrac{L}{R_1 \parallel R_3 + R_2 \parallel R_4}} \qquad (3.69)$$

式(3.69)即为广义传递函数的低熵表达形式，与式(3.67)格式相符，具体如下：

$$H_0 = \frac{R_3 \parallel R_4}{R_1 \parallel R_2 + R_3 \parallel R_4} \qquad (3.70)$$

$$\omega_z = \frac{R_1 + R_2}{(1 + R_1/R_3)L} \qquad (3.71)$$

$$\omega_p = \frac{R_1 \parallel R_3 + R_2 \parallel R_4}{L} \qquad (3.72)$$

表达式(3.66)和式(3.69)完全一致，利用 Mathcad 和 SPICE 对表达式进行验证，计算结果完全匹配。由 SPICE 中电压源 B_5/B_6 计算所得极点和零点值与图 3.25 中计算结果完全一致。在图 3.26 中，因为 V_5 中电流能自动调整使得输出保持为零，所以将 V_4 随意设置为 4V 或者其他任何值对计算结果无任何影响。

3.2.3 EET 实例 3

EET 实例 3 为电容构成的 1 阶系统，具体电路如图 3.27(a)所示。如果电容 C 的容量无穷大，即电容由短路线代替，那么输出 V_{out} 与输入 V_{in} 之间的响应是否仍然存在？因为电容 C 与零点相关，所以输出依然存在。首先移除电容计算第一个传递函数，即参考直流增益，计算公式如下：

$$H\big|_{Z\to\infty} = H_0 = \frac{R_3}{R_3 + R_1} \qquad (3.73)$$

第二步将 V_{in} 设置为 0，如图 3.27(c)所示。此时电路结构得到简化，可得电容两端电阻为：

$$R_d = R_2 + R_1 \parallel R_3 \qquad (3.74)$$

最后设置 $\hat{v}_{out}=0$，如图 3.27(d)所示。当 R_3 中无电流流通时，所有 I_T 电流均流入 R_1 并通过 R_2 返回。该状态下电容两端的等效电阻简化为：

$$R_n = R_1 + R_2 \qquad (3.75)$$

按照公式(3.52)格式将式(3.73)~(3.75)进行组合，最终传递函数 $H(s)$ 为：

$R_1 := 250\Omega \quad R_2 := 12\text{k}\Omega \quad R_3 := 18\text{k}\Omega \quad R_4 := 150\Omega \quad R_5 := 470\Omega \quad L := 10\text{mH}$

$\parallel (x, y) := \dfrac{x \cdot y}{x + y}$

$$H_2(s) := \frac{R_4}{R_4 + R_2} \cdot \frac{1 + \dfrac{\dfrac{R_1 + R_2}{1 + \dfrac{R_1}{R_3}}}{s \cdot L}}{1 + \dfrac{R_1 \parallel R_3 + R_2 \parallel R_4}{s \cdot L}}$$

$$H_3(s) := \frac{R_3 \parallel R_4}{R_1 \parallel R_2 + R_3 \parallel R_4} \cdot \frac{1 + s\dfrac{\dfrac{L}{R_1 + R_2}}{1 + \dfrac{R_1}{R_3}}}{1 + s \cdot \dfrac{L}{R_1 \parallel R_3 + R_2 \parallel R_4}} \quad H_0 := \frac{R_3 \parallel R_4}{R_1 \parallel R_2 + R_3 \parallel R_4}$$

$$\omega_z := \frac{R_1 + R_2}{\left(1 + \dfrac{R_1}{R_3}\right) \cdot L} \quad \omega_p := \frac{(R_1 \parallel R_3 + R_2 \parallel R_4)}{L} \quad H_4(s) := H_0 \cdot \frac{1 + \dfrac{s}{\omega_z}}{1 + \dfrac{s}{\omega_p}}$$

$$f_z := \frac{\omega_z}{2\pi} = 192.294\text{kHz} \quad f_p := \frac{\omega_p}{2\pi} = 6.282\text{kHz}$$

—— $20 \cdot \log(|H_2(i \cdot 2\pi \cdot f_k)|, 10)$
⋯⋯ $20 \cdot \log(|H_3(i \cdot 2\pi \cdot f_k)|, 10)$
— — $20 \cdot \log(|H_4(i \cdot 2\pi \cdot f_k)|, 10)$

—— $\arg(H_2(i \cdot 2\pi \cdot f_k)) \cdot \dfrac{180}{\pi}$
⋯⋯ $\arg(H_3(i \cdot 2\pi \cdot f_k)) \cdot \dfrac{180}{\pi}$
— — $\arg(H_4(i \cdot 2\pi \cdot f_k)) \cdot \dfrac{180}{\pi}$

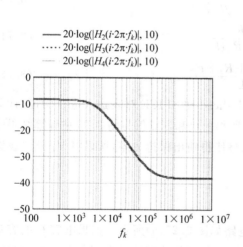
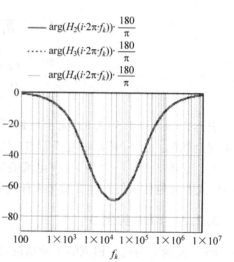

图 3.25　通过 Mathcad 验证式(3.66)与式(3.69)结果一致

$$H(s) = \frac{R_3}{R_3 + R_1} \frac{1 + \dfrac{R_1 + R_2}{1/sC}}{1 + \dfrac{R_2 + R_1 \parallel R_3}{1/sC}} = \frac{R_3}{R_3 + R_1} \frac{1 + s(R_1 + R_2)C}{1 + sC[R_2 + R_1 \parallel R_3]} \tag{3.76}$$

将上述传递函数重新整理为经典格式,即:

$$H(s) = H_0 \frac{1 + \dfrac{s}{\omega_z}}{1 + \dfrac{s}{\omega_p}} \tag{3.77}$$

式(3.77)中 H_0 由式(3.73)定义,并且极点和零点表达式为:

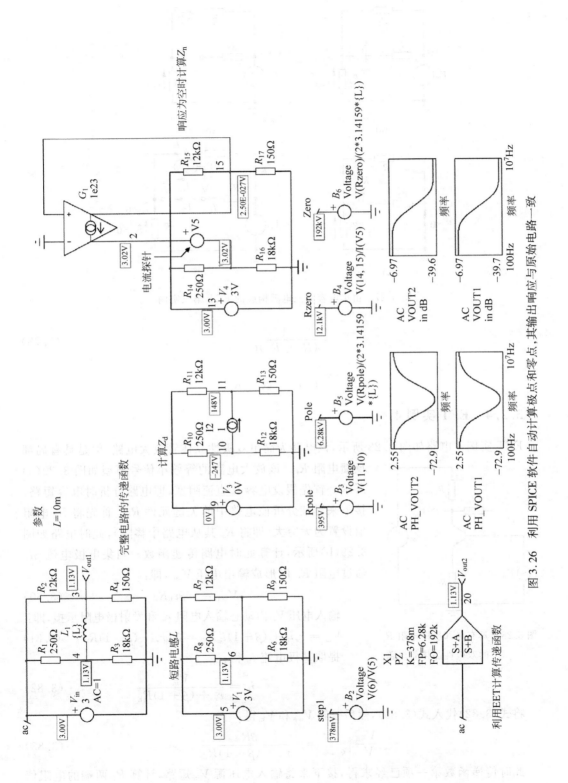

图 3.26 利用 SPICE 软件自动计算计算极点和零点，其输出响应与原始电路一致

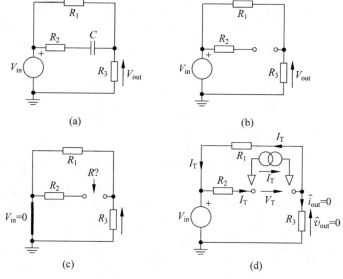

图 3.27 由单电容和三电阻构成的 EET 第三实例

$$\omega_z = \frac{1}{(R_1 + R_2)C} \tag{3.78}$$

$$\omega_p = \frac{1}{C[R_2 + R_1 \parallel R_3]} \tag{3.79}$$

3.2.4 EET 实例 4

EET 实例 4 电路如图 3.28 所示,该电路为简单双极性晶体管放大电路,但是具有局部

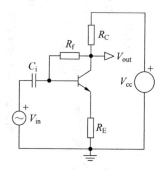

图 3.28 具有局部反馈电阻 R_f 的双极性晶体管电路

反馈电阻 R_f。该放大电路的等效小信号模型如图 3.29(a) 所示。首先假设电容 C 直流阻塞,即电路分析时电容短路。接下来详细分析该电路中的关键元件 R_f。首先将 R_f 电阻值设置为无穷大(即将 R_f 其从电路中移除),此时电路如图 3.29(b) 所示,计算此时电路传递函数。当集电极电流 βi_b 通过电阻 R_C 时形成输出电压 V_{out},即:

$$V_{out} = -\beta i_b R_C \tag{3.80}$$

输入电压 V_{in} 由动态输入电阻 r_π 和发射极电阻承担,即:

$$V_{in} = r_\pi i_b + (\beta+1)i_b R_E = i_b[r_\pi + (\beta+1)R_E] \tag{3.81}$$

提取基极电流 i_b 得:

$$i_b = \frac{V_{in}}{r_\pi + (\beta+1)R_E} \tag{3.82}$$

将式(3.82)代入式(3.80),然后分解 V_{out} 和 V_{in} 得:

$$\frac{V_{out}}{V_{in}}\bigg|_{R_f \to \infty} = -\frac{\beta R_C}{r_\pi + (\beta+1)R_E} \tag{3.83}$$

此时传递函数第一项已经求得,接下来将输入电压源 V_{in} 短路,计算 R_f 两端的电阻值 R_d。在图 3.29(c) 中,电阻 r_π 和 R_E 接地,基极电流 $i_b = 0$,因此电流源 $\beta i_b = 0$(即该电流源从

电路中移除),此时 R_f 两端的唯一电阻为集电极电阻 R_C,所以:

$$R_d = R_C \tag{3.84}$$

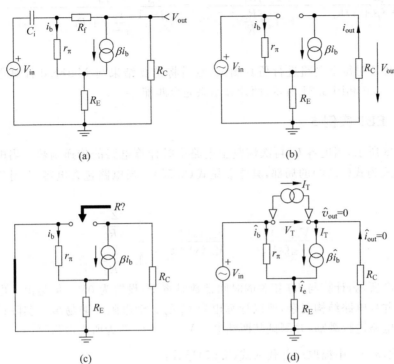

图 3.29 通过 EET 三步法计算电路传递函数

最后一步:当输出为零时计算 R_f 两端电阻 R_n,更新之后的原理图为 3.29(d)。如果输出电压为零则输出电流也为零,所以测试电流 I_T 全部由电流源 $\beta \hat{i}_b$ 吸收,即:

$$I_T = \beta i_b \tag{3.85}$$

此时基极电流为:

$$\hat{i}_b = \frac{I_T}{\beta} \tag{3.86}$$

流过发射极电阻电流为基极电流和测试电流之和,即:

$$\hat{i}_e = \frac{I_T}{\beta} + I_T = I_T \left(\frac{1}{\beta} + 1 \right) \tag{3.87}$$

由于测试电流源的右端电位为 0V,所以其左端电位为 $-V_T$,即电阻 r_π 和 R_E 压降之和:

$$-V_T = r_\pi \frac{I_T}{\beta} + R_E \left(1 + \frac{1}{\beta} \right) I_T \tag{3.88}$$

将式(3.88)重新整理即可得到 $\hat{v}_{out} = 0$ 时 R_f 两端电阻,即:

$$R_n = \frac{V_T}{I_T} = -\left[\frac{r_\pi}{\beta} + R_E \left(1 + \frac{1}{\beta} \right) \right] \tag{3.89}$$

通过式(3.89)可得 R_n 为负电阻。如果采用电容代替电阻 R_f 将由此得到负时间常数,即产生右半平面零点。

利用式(3.52)将上述计算结果整理得到传递函数为:

$$\frac{V_{out}}{V_{in}} = -\frac{\beta R_C}{r_\pi + (\beta+1)R_E} \frac{1 - \dfrac{\dfrac{r_\pi}{\beta} + R_E\left(1+\dfrac{1}{\beta}\right)}{R_f}}{1+\dfrac{R_C}{R_f}} = -\frac{\beta}{\beta+1} \frac{R_C}{\dfrac{r_\pi}{\beta+1}+R_E} \frac{1 - \dfrac{\dfrac{r_\pi}{\beta} + R_E\left(1+\dfrac{1}{\beta}\right)}{R_f}}{1+\dfrac{R_C}{R_f}}$$

$$(3.90)$$

利用 SPICE 对每个电路进行仿真测试，然后将仿真结果与 Mathcad 计算数据进行对比，具体如图 3.30 和图 3.31 所示，两计算结果完全匹配。

3.2.5　EET 实例 5

如图 3.28 所示，当电容 C_i 再次恢复至电路中时计算电路的传递函数。当电容短路时其 EET 表达式为式(3.90)的局部，具体参见式(3.55)。当电路包含电容 C_i 时传递函数完整表达式为：

$$\frac{V_{out}(s)}{V_{in}(s)}\bigg|_{z_{C_i}} = \frac{V_{out}(s)}{V_{in}(s)}\bigg|_{z_{C_i}\to 0} \frac{1+\dfrac{Z_{C_i}}{R_n}}{1+\dfrac{Z_{C_i}}{R_d}}$$

$$(3.91)$$

如图 3.32 所示，计算与 R_d 相关的时间常数时将 V_{in} 设置为 0V。但是由于电路中存在受控电流源，并且电路结构复杂，所以计算电容 C_i 的驱动电阻并非易事。实际计算时利用电流源 I_T 对电路进行激励，并测试其两端电压 V_T，V_T/I_T 即为所求电阻值。

现在从式(3.93)中提取 $\hat{i}_c$ 并代入式(3.97)导致：

由 KCL 可得

$$I_T = \hat{i}_1 + \hat{i}_b \tag{3.92}$$

同时

$$I_T + \hat{i}_c = (\beta+1)\,\hat{i}_b \tag{3.93}$$

流入电阻 R_f 电流为其两端电压与电阻值之比，即：

$$\hat{i}_1 = \frac{V_T + R_C\,\hat{i}_c}{R_f} \tag{3.94}$$

通过 r_π 和射极电阻构成的桥路两端电压为 V_T，即：

$$V_T = \hat{i}_b r_\pi + (\beta+1)\,\hat{i}_b R_E \tag{3.95}$$

整理得基极电流 $\hat{i}_b$ 为：

$$\hat{i}_b = \frac{V_T}{r_\pi + (\beta+1)R_E} \tag{3.96}$$

将式(3.94)代入式(3.92)整理得：

$$I_T = \frac{V_T + R_C\,\hat{i}_c}{R_f} + \hat{i}_b \tag{3.97}$$

从式(3.93)中提取 $\hat{i}_c$ 并将其代入式(3.94)中整理得：

$$I_T = \frac{V_T + R_C\left[(\beta+1)\,\hat{i}_b - I_T\right]}{R_f} + \hat{i}_b \tag{3.98}$$

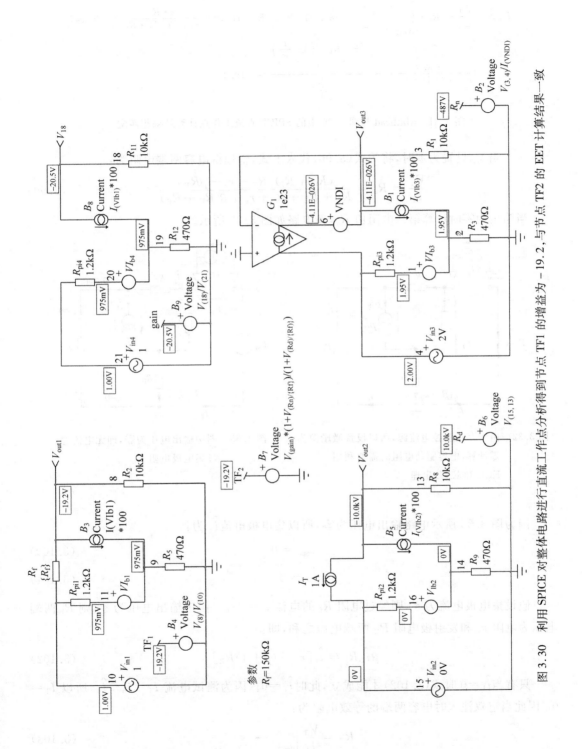

图 3.30　利用 SPICE 对整体电路进行直流工作点分析得到节点 TF1 的增益为 −19.2，与节点 TF2 的 EET 计算结果一致

$$\beta := 100 \quad R_C := 100\text{k}\Omega \quad r_\pi := 1.2\text{k}\Omega \quad R_E := 470\Omega \quad R_f := 150\text{k}\Omega$$

$$R_n := -\left[\frac{r_\pi}{\beta} + R_E \cdot \left(1 + \frac{1}{\beta}\right)\right] = -486.7\Omega \quad R_d := R_C \quad H_0 := -\frac{\beta \cdot R_C}{r_\pi + (\beta+1) \cdot R_E} = -20.547$$

$$G_1 := -\frac{\beta \cdot R_C}{r_\pi + (\beta+1) \cdot R_E} \cdot \frac{1 - \dfrac{\dfrac{r_\pi}{\beta} + R_E \cdot \left(1 + \dfrac{1}{\beta}\right)}{R_f}}{1 + \dfrac{R_C}{R_f}} = -19.2$$

图 3.31　Mathcad 与图 3.30 中的 SPICE 直流工作点计算结果相匹配

当 V_{in} 设置为零时,将等式(3.96)代入上式,整理得电容两端电阻为:

$$\frac{V_T}{I_T} = R_d = \frac{(R_C + R_f)(R_E + r_\pi + \beta R_E)}{R_C + R_E + R_f + r_\pi + \beta(R_C + R_E)} \tag{3.99}$$

当输出为零时计算第二电阻值 R_n,新电路如图 3.33 所示。

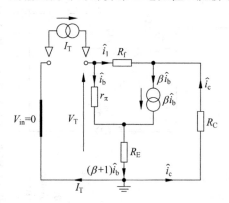

图 3.32　由于存在受控电流源,所以设置激励源为
　　　　　零计算,电容驱动电阻时需要利用
　　　　　KCL 和 KVL 定理

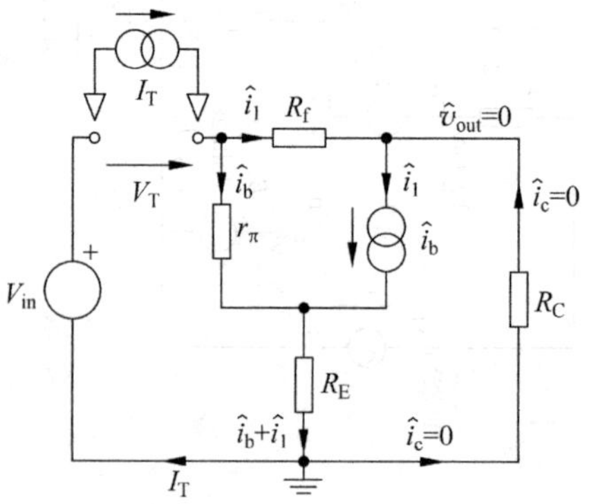

图 3.33　图中输出电压为零,即无电流通
　　　　　过集电极电阻 R_C

因为图 3.33 所示电路输出电压为零,所以集电极电流 $\hat{i}_c$ 为:

$$\hat{v}_{out} = 0 \tag{3.100}$$

$$\hat{i}_c = 0 \tag{3.101}$$

假设集电极电流为零,则经过电阻 R_f 的电流 $i_1 = \beta\hat{i}_b$。假定输出电压为零,则 R_f 两端电压为电阻 r_π 和发射极电阻 R_E 两端电压之和,即:

$$\beta\hat{i}_b R_f = \hat{i}_b[r_\pi + (\beta+1)R_E] \tag{3.102}$$

只有当 $\hat{i}_b = 0$ 时式(3.102)才能成立,此时 $\hat{i}_1 = 0$。因为测试电流 $I_T = \hat{i}_b + \hat{i}_1$,所以 $I_T = 0$。因此当空双注入时电容两端的等效电阻为:

$$R_n = \frac{V_T}{I_T}\bigg|_{I_T = 0} \to \infty \tag{3.103}$$

上述分析结果与直流分析时原点处存在零点相一致:当电容 C_i 从电路移除时输出电压为零,即增益为零。按照式(3.91)形式将上述表达式进行组合,所得传递函数为:

$$\frac{V_{\text{out}}}{V_{\text{in}}}\bigg|_{C_i} = -\frac{\beta R_C}{r_\pi + (\beta+1)R_E}\ \frac{1 - \dfrac{\dfrac{r_\pi}{\beta} + R_E\left(1 + \dfrac{1}{\beta}\right)}{R_f}}{1 + \dfrac{R_C}{R_f}}\ \frac{1 + \dfrac{1/sC}{\infty}}{1 + \dfrac{1/sC}{\dfrac{(R_C + R_f)(R_E + r_\pi + \beta R_E)}{R_C + R_E + R_f + r_\pi + \beta(R_C + R_E)}}}$$

$$(3.104)$$

将式(3.104)简化为：

$$\frac{V_{\text{out}}}{V_{\text{in}}} = H_\infty\ \frac{1}{1 + \dfrac{\omega_p}{s}} \qquad (3.105)$$

其中

$$H_\infty = -\frac{\beta R_C}{r_\pi + (\beta+1)R_E}\ \frac{1 - \dfrac{\dfrac{r_\pi}{\beta} + R_E\left(1 + \dfrac{1}{\beta}\right)}{R_f}}{1 + \dfrac{R_C}{R_f}} \qquad (3.106)$$

以及

$$\omega_p = \frac{1}{C_1\ \dfrac{(R_C + R_f)(R_E + r_\pi + \beta R_E)}{R_C + R_E + R_f + r_\pi + \beta(R_C + R_E)}} \qquad (3.107)$$

式(3.105)由原点处的零点和相关极点构成。该表达形式与式(3.77)不同，因为 s 处于表达式不同位置。所以式(3.105)称为倒极点表达式，下一节将对其书写格式进行详细讲解。

利用 SPICE 对电路图 3.28 进行仿真，将其仿真结果与 Mathcad 计算值进行对比，以检验计算值是否正确。SPICE 仿真电路如图 3.34 所示，频率为 1Hz 时增益为 -22.189dB，-3dB 时极点频率为 247Hz。高频渐近线增益通过方程式(3.90)进行计算。图 3.35 为 Mathcad 计算工作表，计算公式返回值和输出图形与 SPICE 仿真结果非常一致。

3.2.6 EET 实例 6

第 1 章曾经对含有电感的 1 阶电路进行分析，并计算电路时间常数以及直流输入电阻表达式。在电路图 3.36 中，如果将电感 L_1 设定为额外元件，可以利用式(3.52)或式(3.55)对传递函数进行计算。当设定 L_1 短路时，更新之后的电路如图 3.37 所示。该电路为桥型结构，通过输入端子很难直接求得其阻抗 R。首先将电阻 R_3 作为额外元件，然后利用 EET 对电路进行求解。当电感 L_1 无穷大时，可将其从电路中移除，如图 3.38 所示，此时利用 EET 并且采用式(3.52)求得输入阻抗为：

$$Z\big|_{L_1 \to \infty} = R_2 + R_4 \parallel (R_3 + R_5) \qquad (3.108)$$

现在计算激励源为零时电感两端的电阻值。当求解两端点阻抗时，通常将激励信号设定为电流源。计算电路时间常数时通常将其设置为零，或将其从电路中移除。更新之后的电路如图 3.39(a)所示，为便于读图，将其整理为图 3.39(b)所示电路。计算结果如第 1 章所示，首先电阻 R_4 和 R_5 串联，之后与 R_3 并联，最后再与 R_2 和 r_L 串联，所以总电阻 R_d 表达式为：

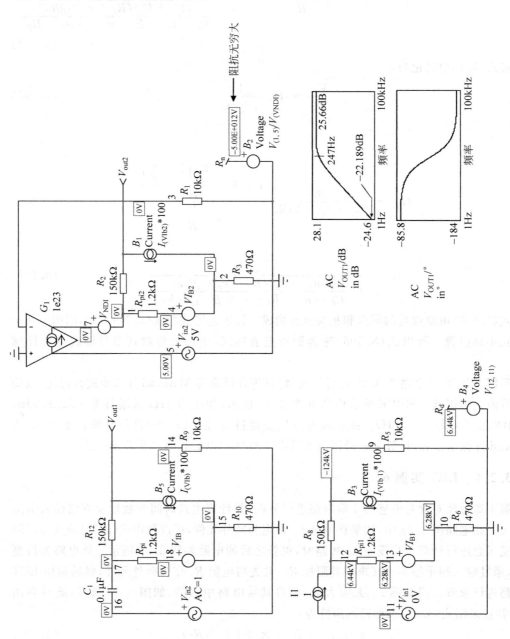

图 3.34 利用简单电路计算驱动电容串联电阻，由于原点处存在零点，所以当输出为零时输入阻抗无穷大

$\beta:=100 \quad R_{\mathrm{C}}:=10\mathrm{k}\Omega \quad r_{\pi}:=1.2\mathrm{k}\Omega \quad R_{\mathrm{E}}:=470\Omega \quad R_{\mathrm{f}}:=150\mathrm{k}\Omega \quad C_{1}:=0.1\mu\mathrm{F}$

$$H_{1}(s):=\frac{\beta \cdot R_{\mathrm{C}}}{r_{\pi}+(\beta+1) \cdot R_{\mathrm{E}}} \cdot \frac{1-\dfrac{\dfrac{r_{\pi}}{\beta}+R_{\mathrm{E}} \cdot \left(1+\dfrac{1}{\beta}\right)}{R_{\mathrm{f}}}}{1+\dfrac{R_{\mathrm{C}}}{R_{\mathrm{f}}}} \cdot \frac{1}{1+\dfrac{1}{c_{1} \cdot s \cdot \dfrac{(R_{\mathrm{C}}+R_{\mathrm{f}}) \cdot (R_{\mathrm{E}}+r_{\pi}+R_{\mathrm{E}} \cdot \beta)}{R_{\mathrm{C}}+R_{\mathrm{E}}+R_{\mathrm{f}}+r_{\pi}+R_{\mathrm{C}} \cdot \beta+R_{\mathrm{E}} \cdot \beta}}}$$

$20 \cdot \log[\,|\,H_{1}(i \cdot 2\pi \cdot 1\mathrm{Hz})\,| \cdot 10\,]=-22.189 \quad 20 \cdot \log[\,|\,H_{1}(i \cdot 2\pi \cdot 10^{6}\,\mathrm{Hz})\,| \cdot 10\,]=25.666$

$$\omega_{\mathrm{p}}:=\frac{1}{C_{1} \cdot \dfrac{(R_{\mathrm{C}}+R_{\mathrm{f}}) \cdot (R_{\mathrm{E}}+r_{\pi}+R_{\mathrm{E}} \cdot \beta)}{R_{\mathrm{C}}+R_{\mathrm{E}}+R_{\mathrm{f}}+r_{\pi}+\beta \cdot (R_{\mathrm{C}}+R_{\mathrm{E}})}} \qquad f_{\mathrm{p}}:=\frac{\omega_{\mathrm{p}}}{2\pi}=247.028\mathrm{Hz} \qquad \frac{(R_{\mathrm{C}}+R_{\mathrm{f}}) \cdot (R_{\mathrm{E}}+r_{\pi}+R_{\mathrm{E}} \cdot \beta)}{R_{\mathrm{C}}+R_{\mathrm{E}}+R_{\mathrm{f}}+r_{\pi}+R_{\mathrm{C}} \cdot \beta+R_{\mathrm{E}} \cdot \beta}=6.443\mathrm{k}\Omega$$

$$H_{\mathrm{inf}}:=\frac{\beta \cdot R_{\mathrm{C}}}{r_{\pi}+(\beta+1) \cdot R_{\mathrm{E}}} \cdot \frac{1-\dfrac{\dfrac{r_{\pi}}{\beta}+R_{\mathrm{E}}\left(1+\dfrac{1}{\beta}\right)}{R_{\mathrm{f}}}}{1+\dfrac{R_{\mathrm{C}}}{R_{\mathrm{f}}}} \qquad H_{3}(s):=-H_{\mathrm{inf}} \cdot \frac{1}{1+\dfrac{\omega_{\mathrm{p}}}{s}}$$

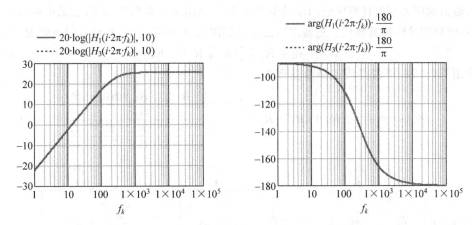

图 3.35　Mathcad 计算结果与 SPICE 仿真结果完全一致

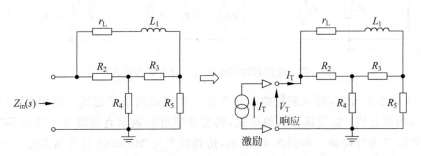

图 3.36　利用电流源 I_{T} 和输出响应 V_{T} 计算 1 阶电路输入阻抗

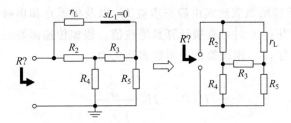

图 3.37　当 $L_{1}=0$ 时桥路输入电阻计算非常复杂，
需将 R_{3} 设定为额外元件并利用 EET 求解

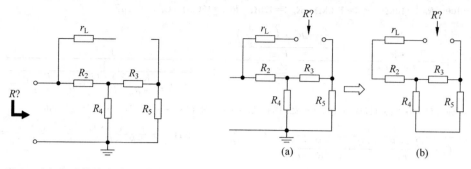

图 3.38　当 L_1 无穷大时等效为将其从电路中移除，　图 3.39　设置激励信号为零等效于移除电流源
此时通过观察可直接求得输入电阻 R

$$R_d = r_L + R_2 + (R_5 + R_4) \parallel R_3 \tag{3.109}$$

当输出响应为零时计算电感两端的电阻值 R_n。利用第 2 章所学知识，如果电流源两端电压为零，可利用导线将其替代。更新之后的电路如图 3.40 所示，经过整理可得电阻 R_n 为：

$$R_n = r_L + R_5 \parallel \left[(R_2 \parallel R_4) + R_3 \right] \tag{3.110}$$

应用式 (3.52) 将最终传递函数整理为：

$$Z_{in}(s) = R_2 + R_4 \parallel (R_3 + R_5) \frac{1 + \dfrac{r_L + R_5 \parallel \left[(R_2 \parallel R_4) + R_3 \right]}{sL_1}}{1 + \dfrac{r_L + R_2 + (R_5 + R_4) \parallel R_3}{sL_1}} \tag{3.111}$$

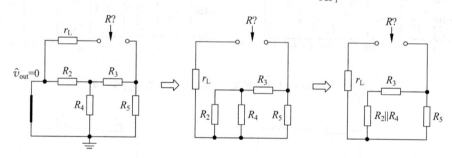

图 3.40　电流源两端电压为零时等效为将其短路

图 3.41 为数值计算，输入阻抗曲线包含直流和高频两条渐近线。采用 EET 形式时主导项代表高频渐近线；如果选择其他形式，则主导项可能表示直流增益。建立 SPICE 仿真电路对计算结果进行检验。如图 3.42 所示，仿真结果与 Mathcad 计算结果完全一致。

3.2.7　倒置极点和零点

在式 (3.67) 中，传递函数表达式由静态增益 H_0 以及单零点和单极点构成，其频率特性由零点和极点控制。当 $s = 0$ 时可直接计算其增益值。假如传递函数的零点为原点，当极点生效后其高频渐近线为 H_∞，则该类传递函数表达式为：

$$H(s) = H_\infty \frac{\dfrac{s}{\omega_1}}{1 + \dfrac{s}{\omega_1}} \tag{3.112}$$

$$r_L := 10\,\Omega \quad R_2 := 10\,\text{k}\Omega \quad R_3 := 120\,\Omega \quad R_4 := 1.2\,\text{k}\Omega \quad R_5 := 3.3\,\text{k}\Omega \quad L_1 := 1\,\text{H} \quad \|(x,y) := \frac{x \cdot y}{x+y}$$

$$Z_{\text{inf}} := R_2 + R_4 \parallel (R_3 + R_5) = 10.8883\,\text{k}\Omega \quad R_d := r_L + R_2 + (R_5 + R_4) \parallel R_3 = 10.1269\,\text{k}\Omega$$

$$Z_1(s) := Z_{\text{inf}} \cdot \frac{1 + \dfrac{R_n}{s \cdot L_1}}{1 + \dfrac{R_d}{s \cdot L_1}} \quad R_n := \left[(R_2 \parallel R_4) + R_3 \right] \parallel R_5 + r_L = 885.3817\,\Omega$$

$$\omega_z := \frac{R_n}{L_1} \quad \omega_p := \frac{R_d}{L_1} \quad Z_2(s) := Z_{\text{inf}} \cdot \frac{1 + \dfrac{\omega_z}{s}}{1 + \dfrac{\omega_p}{s}}$$

$$f_z := \frac{\omega_z}{2\pi} = 140.9129\,\text{Hz} \quad f_p := \frac{\omega_p}{2\pi} = 1.6117\,\text{kHz}$$

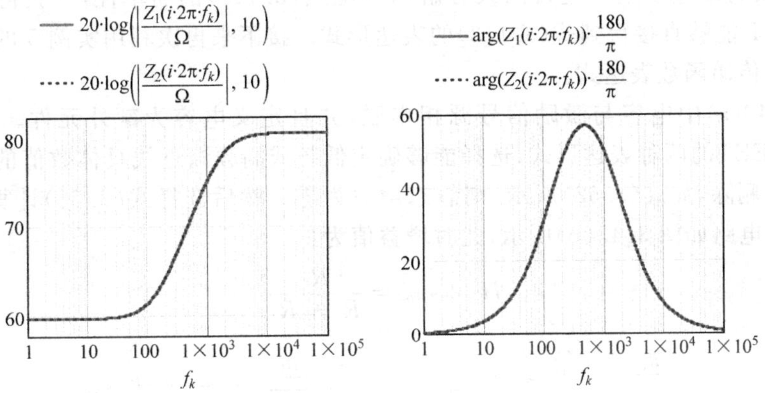

$$\longrightarrow 20 \cdot \log\left(\left| \frac{Z_1(i \cdot 2\pi \cdot f_k)}{\Omega} \right|, 10 \right) \qquad \qquad \longrightarrow \arg(Z_1(i \cdot 2\pi \cdot f_k)) \cdot \frac{180}{\pi}$$

$$\cdots\cdots 20 \cdot \log\left(\left| \frac{Z_2(i \cdot 2\pi \cdot f_k)}{\Omega} \right|, 10 \right) \qquad \qquad \cdots\cdots \arg(Z_2(i \cdot 2\pi \cdot f_k)) \cdot \frac{180}{\pi}$$

图 3.41　利用 Mathcad 工作表对最终公式进行计算

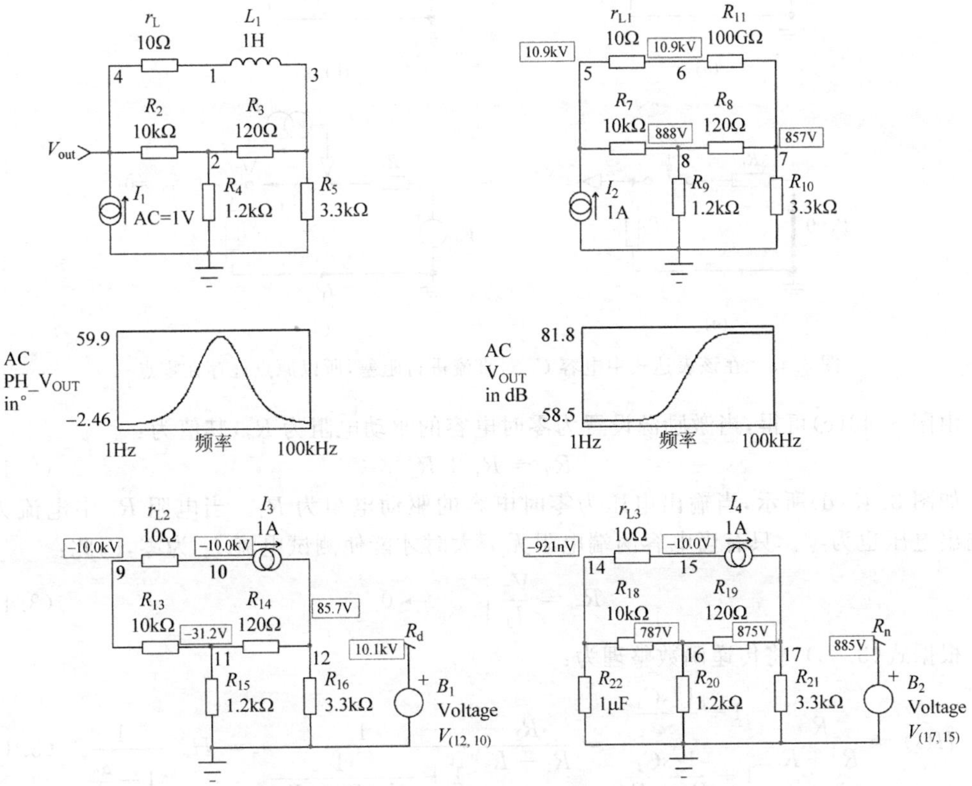

图 3.42　利用 SPICE 和 Mathcad 得到的计算结果和频率特性完全一致

传递函数(3.112)的幅度响应与图3.35相似。但是其表达式可通过分子和分母中分解 s/ω_1 表达为其他形式。更新之后的表达式如下所示：

$$H(s) = H_\infty \frac{\dfrac{s}{\omega_1}}{\dfrac{s}{\omega_1}} \cdot \frac{1}{\dfrac{\omega_1}{s} + 1} = H_\infty \frac{1}{1 + \dfrac{\omega_1}{s}} \tag{3.113}$$

在式(3.113)中，当 s 无穷大时可立即得出 H 的幅度与渐近线 H_∞ 几乎一致。表达式分母中的 $1 + \omega_1/s$ 称为倒置极点，利用该极点形式能够让式(3.112)更加简洁、可读，并且满足低熵理论。

有时需要将原始表达式进行因式分解以匹配式(3.113)的简单性，并获得其低熵表达式。利用 EET 能够直接得到式(3.113)的表达形式。接下来再次利用实例5的求解过程计算图3.43的传递函数表达式。

在图3.43(a)中电容与激励信号源相串联，并且定义电容为额外元件。式(3.52)和式(3.55)为 EET 的两种表达形式，选择能够确定低频或高频渐近线具体数值的定义式。如果将电容 C_1 删除，如式(3.52)所示，则静态增益为零。然后选择式(3.55)计算 $Z=0$ 时的增益值，具体电路如图3.43(b)所示，此时增益值为：

$$H_\infty \mid_{Z \to 0} = \frac{R_2}{R_1 + R_2} \tag{3.114}$$

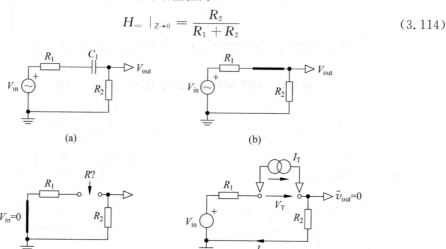

图 3.43　在该表达式中电容 C_1 对直流进行阻塞，所以原点处存在零点

由图3.43(c)可得，当激励源设置为零时电容的驱动电阻为 R_d，其值为：

$$R_d = R_1 + R_2 \tag{3.115}$$

如图3.43(d)所示，当输出电压为零时电容的驱动电阻为 R_n。当电阻 R_2 中电流为零时输出电压也为零。只有当电容两端电阻无穷大时才能使测试电流 I_T 为零，因此：

$$R_n = \frac{V_T}{I_T} \bigg|_{I_T = 0} \to 0 \tag{3.116}$$

根据式(3.55)，将传递函数整理为：

$$H(s) = \frac{R_2}{R_1 + R_2} \frac{1 + \dfrac{1/sC_1}{\infty}}{1 + \dfrac{1/sC_1}{R_1 + R_2}} = \frac{R_2}{R_1 + R_2} \frac{1}{1 + \dfrac{1}{sC_1(R_1 + R_2)}} = H_\infty \frac{1}{1 + \dfrac{\omega_p}{s}} \tag{3.117}$$

其中

$$\omega_{\mathrm{p}} = \frac{1}{C_1(R_1 + R_2)} \tag{3.118}$$

式(3.117)为分母采用倒置极点表示的低熵表达式。

接下来分析倒置零点的表达形式。当计算图 3.44(a)所示滤波器的传递函数时,可以利用压控电压源代替运算放大器,将其两输入之间的误差电压进行 A_{OL} 倍增益放大。

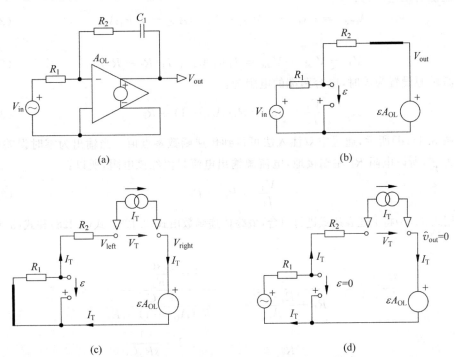

图 3.44 将 EET 定理用于运算放大器电路分析

在表达式(3.119)中,将电容 C_1 指定为额外元件,并且确定 C_1 短路时的运放增益,具体如式(3.55)所示。此时电路更新为图 3.44(b),利用叠加定理计算电路增益,具体步骤如下:

$$\varepsilon \mid_{V_{\mathrm{in}}=0} = -V_{\mathrm{out}} \frac{R_1}{R_1 + R_2} \tag{3.119}$$

$$\varepsilon \mid_{V_{\mathrm{out}}=0} = -V_{\mathrm{in}} \frac{R_2}{R_1 + R_2} \tag{3.120}$$

总误差电压为式(3.119)与式(3.120)之和,即:

$$\varepsilon = \varepsilon \mid_{V_{\mathrm{in}}=0} + \varepsilon \mid_{V_{\mathrm{out}}=0} = -V_{\mathrm{out}} \frac{R_1}{R_1 + R_2} - V_{\mathrm{in}} \frac{R_2}{R_1 + R_2} \tag{3.121}$$

误差电压 ε 为输出电压 V_{out} 与运算放大器开环增益 A_{OL} 之商,即:

$$\frac{V_{\mathrm{out}}}{A_{\mathrm{OL}}} = -V_{\mathrm{out}} \frac{R_1}{R_1 + R_2} - V_{\mathrm{in}} \frac{R_2}{R_1 + R_2} \tag{3.122}$$

将式(3.122)重新整理为电压增益定义式,即:

$$\frac{V_{\mathrm{out}}}{V_{\mathrm{in}}} \bigg|_{Z \to 0} = -\frac{R_2}{R_1 + \dfrac{R_1 + R_2}{A_{\mathrm{OL}}}} \tag{3.123}$$

当激励源设置为零时,通过电路图 3.44(c)计算时间常数。此时运算放大器的反相端电压通过式(3.124)可轻易求得:

$$V_{(-)} = - I_T R_1 \tag{3.124}$$

因此电流源左端偏置电压为电阻 R_1 和 R_2 两端负电压之和:

$$V_{left} = - I_T R_1 - I_T R_2 = - I_T(R_1 + R_2) \tag{3.125}$$

电流源右端电压为:

$$V_{right} = \varepsilon A_{OL} = (V_{(+)} - V_{(-)})A_{OL} = I_T R_1 A_{OL} \tag{3.126}$$

于是

$$V_T = V_{right} - V_{left} = I_T R_1 A_{OL} + I_T(R_1 + R_2) \tag{3.127}$$

当激励源设置为零时,电容两端的电阻为:

$$\frac{V_T}{I_T} = R_d = R_1(A_{OL} + 1) + R_2 \tag{3.128}$$

如图 3.44(d)所示,通过空双注入法可得到传递函数零点值。当输出为零时误差电压 ε 同样也为零,所以电阻 R_2 左端接地,电流源输出电流只流经该电阻,所以:

$$\frac{V_T}{I_T} = R_n = R_2 \tag{3.129}$$

利用式(3.55)将上述表达式进行组合,最终传递函数由式(3.123)、式(3.128)和式(3.129)构成,即:

$$
\begin{aligned}
\frac{V_{out}(s)}{V_{in}(s)} &= - \frac{R_2}{R_1 + \dfrac{R_1 + R_2}{A_{OL}}} \frac{1 + \dfrac{1/sC_1}{R_2}}{1 + \dfrac{1/sC_1}{R_1(A_{OL} + 1) + R_2}} \\
&= - \frac{R_2}{R_1 + \dfrac{R_1 + R_2}{A_{OL}}} \frac{1 + \dfrac{1}{sR_2C_1}}{1 + \dfrac{1}{sC_1[R_1(A_{OL} + 1) + R_2]}}
\end{aligned}
\tag{3.130}
$$

在式(3.130)中,如果运算放大器开环增益无穷大,分母表达式简化为1,此时式(3.130)变为:

$$H(s) = H_\infty \left(1 + \frac{\omega_z}{s}\right) \tag{3.131}$$

其中 H_∞ 其定义为

$$H \mid_\infty = - \frac{R_2}{R_1} \tag{3.132}$$

零点定义为

$$\omega_z = \frac{1}{R_2 C_1} \tag{3.133}$$

表达式(3.131)采用倒置零点形式对传递函数进行描述。

图 3.45 为经典的极点/零点波特图及其倒置响应曲线。零点的幅度和相位交流响应相当于极点交流响应的垂直轴倒置。倒置极点(或零点)交流特性相当于极点(或零点)的幅度和相位响应关于对数横轴倒置。利用倒置零极点形式可对低熵表达式的高频渐近线(H_∞)进行描述。

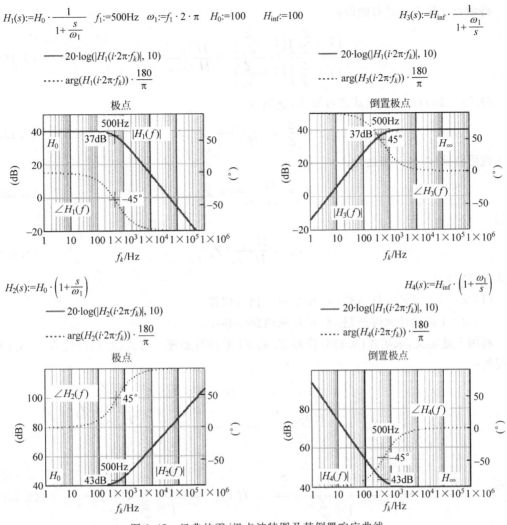

图 3.45　经典的零/极点波特图及其倒置响应曲线

3.3　1阶系统广义传递函数

EET 定理可应用于如下两种分析方式：额外元件短路或开路。因为式(3.52)和式(3.55)完全表达相同的传递函数 H：

$$H\mid_{Z=\infty} \frac{1+\dfrac{Z_n}{Z}}{1+\dfrac{Z_d}{Z}} = H\mid_{Z=0} \frac{1+\dfrac{Z}{Z_n}}{1+\dfrac{Z}{Z_d}} \tag{3.134}$$

所以可将式(3.134)按照如下方式进行重新排列：

$$\frac{1+\dfrac{Z_n}{Z}}{1+\dfrac{Z_d}{Z}} = \frac{H\mid_{Z=0}}{H\mid_{Z=\infty}} \frac{1+\dfrac{Z}{Z_n}}{1+\dfrac{Z}{Z_d}} \tag{3.135}$$

将增益比移至等式右侧得：

$$\frac{\left(1+\dfrac{Z_n}{Z}\right)\left(1+\dfrac{Z}{Z_d}\right)}{\left(1+\dfrac{Z_d}{Z}\right)\left(1+\dfrac{Z}{Z_n}\right)}=\frac{H\mid_{Z=0}}{H\mid_{Z=\infty}} \tag{3.136}$$

将式(3.136)右侧表达式进行简化，整理为：

$$\frac{Z_n}{Z_d}=\frac{H\mid_{Z=0}}{H\mid_{Z=\infty}} \tag{3.137}$$

也可将式(3.137)表达为：

$$Z_n=\frac{H\mid_{Z=0}}{H\mid_{Z=\infty}}=Z_d \tag{3.138}$$

或者

$$Z_d=\frac{H\mid_{Z=\infty}}{H\mid_{Z=0}}Z_n \tag{3.139}$$

在式(3.139)中：

(1) $Z=0$ 即额外元件短路：C 和 L 由短路线代替。

(2) $Z=1$ 即额外元件开路：C 和 L 从电路中移除。

利用上述定义，采用式(3.138)代替 Z_n 对 EET 进行整理。将式(3.138)代入式(3.55)整理得：

$$H\mid_z=H\mid_{Z=0}\frac{1+\dfrac{Z}{\dfrac{H\mid_{Z=0}}{H\mid_{Z=\infty}}Z_d}}{1+\dfrac{Z}{Z_d}}=\frac{H\mid_{Z=0}+H\mid_{Z=0}\dfrac{Z}{\dfrac{H\mid_{Z=0}}{H\mid_{Z=\infty}}Z_d}}{1+\dfrac{Z}{Z_d}}$$

$$=\frac{H\mid_{Z=0}+H\mid_{Z=\infty}\dfrac{Z}{Z_d}}{1+\dfrac{Z}{Z_d}}=H\mid_{Z=0}\frac{1+\dfrac{H\mid_{Z=\infty}}{H\mid_{Z=0}}\dfrac{Z}{Z_d}}{1+\dfrac{Z}{Z_d}} \tag{3.140}$$

同样，将式(3.138)代入式(3.52)整理得：

$$H\mid_z=H\mid_{Z=\infty}\frac{1+\dfrac{\dfrac{H\mid_{Z=0}}{H\mid_{Z=\infty}}Z_d}{Z}}{1+\dfrac{Z_d}{Z}}=\frac{H\mid_{Z=\infty}+H\mid_{Z=\infty}\dfrac{\dfrac{H\mid_{Z=0}}{H\mid_{Z=\infty}}Z_d}{Z}}{1+\dfrac{Z_d}{Z}}$$

$$=\frac{H\mid_{Z=\infty}+H\mid_{Z=0}\dfrac{Z_d}{Z}}{1+\dfrac{Z_d}{Z}}=H\mid_{Z=\infty}\frac{1+\dfrac{H\mid_{Z=0}}{H\mid_{Z=\infty}}\dfrac{Z_d}{Z}}{1+\dfrac{Z_d}{Z}} \tag{3.141}$$

虽然式(3.140)和式(3.141)形式各异，但是完全等价。如果将式(3.140)中阻抗 Z 由电感 L 表征，则传递函数更新为：

$$H(s)=\frac{H\mid_{Z=0}+H\mid_{Z=\infty}\dfrac{sL}{Z_d}}{1+\dfrac{sL}{Z_d}} \tag{3.142}$$

如果将式(3.142)分子中第一项设定为直流增益($Z=0$ 即 L 短路),将第二项设定为高频增益(L 从电路中移除),利用第 2 章定义的广义传递函数:

$$H_0 = H \mid_{Z=0} \tag{3.143}$$

$$H^1 = H \mid_{Z \to \infty} \tag{3.144}$$

按照式(3.143)和式(3.144)的定义将式(3.142)改写为:

$$H(s) = \frac{H_0 + H^1 s \dfrac{L}{Z_d}}{1 + s \dfrac{L}{Z_d}} \tag{3.145}$$

式(3.145)的分子和分母中的 L/Z_d 定义为电路时间常数 τ_1,最终表达式为:

$$H(s) = \frac{H_0 + H^1 s \tau_1}{1 + s \tau_1} \tag{3.146}$$

如果 Z 更换为电容 C,则式(3.141)变成:

$$H(s) = \frac{H \mid_{Z=\infty} + H \mid_{Z=0} \dfrac{Z_d}{1/sC}}{1 + \dfrac{Z_d}{1/sC}} \tag{3.147}$$

如果将式(3.147)分子中第一项定义为直流增益($Z=\infty$ 即电容 C 从电路中移除或电容值为零),将第二项定义为高频增益(即电容 C 短路或电容值无穷大),采用如下符号表示:

$$H_0 = H \mid Z_{Z=\infty} \tag{3.148}$$

$$H^1 = H \mid_{Z \to 0} \tag{3.149}$$

采用式(3.148)和式(3.149)表示的符号,将式(3.147)重新整理为

$$H(s) = \frac{H_0 + H^1 s Z_d C}{1 + s Z_d C} \tag{3.150}$$

式(3.150)分母和分子中的 $Z_d C$ 定义为电路时间常数 τ_1,于是式(3.150)可重新整理为:

$$H(s) = \frac{H_0 + H^1 s \tau_1}{1 + s \tau_1} \tag{3.151}$$

式(3.151)和式(3.146)为相同表达式,适用于所有具有电感或电容的 1 阶电路。该广义 1 阶表达式与第 2 章中使用不同方法所得最终结果一致,两种方式均出自参考文献[5]。表达式中 H_0 可取不同值:如果零点位于原点处,则其值为 0;当 $s=0$ 时其值可为增益或衰减值;但是,如果电路在原点处存在极点,则其值可能为无穷大。然而在实际设计中,如 3.3.5 节实例 5 所示,该增益受运算放大器(或任何其他类型放大器)开环增益 A_{OL} 限制。

3.3.1 广义传递函数实例 1

在图 3.37 中,当 L_1 设置为零时电路转换为电阻电桥电路,接下来计算输入传递函数。利用 EET 对电路进行分析,同时对 NDI 技术进行实际练习。因为此时电路为纯电阻电路,无任何储能元件,所以应用式(3.140)中的广义传递函数定义式计算电路的传递函数。首先将电阻 R_3 设置为 0,此时更新之后的电路如图 3.46 所示,通过

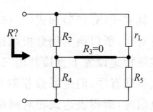

图 3.46 当电阻 R_3 设置为 0 时电路变成简单的串并联结构

观察可得输入阻抗为：

$$R\mid_{Z=0} = r_{\mathrm{L}} \parallel R_2 + R_5 \parallel R_4 \tag{3.152}$$

接下来进行第二步计算，即从电路中移除电阻 R_3（R_3 设置为无穷大）时电路的输入电阻，更新之后的电路如图 3.47 所示。

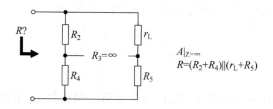

$A\mid_{Z=\infty}$
$R=(R_2+R_4)\parallel(r_{\mathrm{L}}+R_5)$

图 3.47　当电阻 R_3 设置为无穷大时电路变成其他串并联结构

此时无须计算，通过观察可直接得到输入阻抗为

$$R\mid_{Z=\infty} = (R_2 + R_4) \parallel (r_{\mathrm{L}} + R_5) \tag{3.153}$$

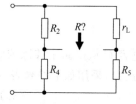

图 3.48　第三步设置时计算 R_3 端口电阻值的简化图

最后一步计算激励源设置为零时电阻 R_3 两端电阻值。对于电流源，将其参数值设置为 0A 等效于将其从电路中移除，此时电路如图 3.48 所示。

通过观察图 3.48 可直接得到 R_3 两端电阻值为：

$$Z_{\mathrm{d}} = (r_{\mathrm{L}} + R_2) \parallel (R_5 + R_4) \tag{3.154}$$

此时计算图 3.37 输入阻抗的所有因素均已求得，利用式(3.140)可得：

$$R_{\mathrm{in}} = R\mid_{Z=0} \frac{1 + \dfrac{R\mid_{Z=\infty}}{R\mid_{Z=0}} \dfrac{Z}{Z_{\mathrm{d}}}}{1 + \dfrac{Z}{Z_{\mathrm{d}}}}$$

$$= (r_{\mathrm{L}} \parallel R_2 + R_5 \parallel R_4) \frac{1 + \dfrac{(R_2+R_4) \parallel (r_{\mathrm{L}}+R_5)}{r_{\mathrm{L}} \parallel R_2 + R_5 \parallel R_4} \dfrac{R_3}{(r_{\mathrm{L}}+R_2) \parallel (R_5+R_4)}}{1 + \dfrac{R_3}{(r_{\mathrm{L}}+R_2) \parallel (R_5+R_4)}} \tag{3.155}$$

参考文献[4]利用 EET 和 NDI 整理得到不同表达式：

$$R_{\mathrm{in}} = (R_2 + R_4) \parallel (r_{\mathrm{L}} + R_5) \frac{1 + \dfrac{R_2 \parallel R_4 + r_{\mathrm{L}} \parallel R_5}{R_3}}{1 + \dfrac{(R_2+r_{\mathrm{L}}) \parallel (R_4+R_5)}{R_3}} \tag{3.156}$$

其实式(3.155)和式(3.156)完全等价。第 2 章已经对广义传递函数和 EET 所得结果进行对比，所以该实例分析结论合理：广义传递函数无须利用空双注入法对电路进行配置，可在该特定设置下直接利用三步法得到最终表达式。通过式(3.156)可以看出，输入电阻表达式排列有序，但是系数相对比较复杂。当利用另一方法——EET 与 NDI 相结合计算输入电阻时，所得表达式相对简单，因为输出为零时测试信号源短路。

当 $L_1 = 0$ 时的输入阻抗表达式已经得到，接下来继续利用式(3.109)和式(3.110)以及 EET 第二种表达式(3.55)将图 3.36 的输入阻抗定义为：

$$Z_{in}(s) = R_{in} \frac{1 + s \dfrac{L_1}{r_L + R_5 \parallel [(R_2 \parallel R_4) + R_3]}}{1 + s \dfrac{L_1}{r_L + R_2 + (R_5 + R_4) \parallel R_3}} \tag{3.157}$$

表达式(3.111)和(3.157)本质相同,但书写形式不同。在图 3.49 中,利用 Mathcad 对计算结果进行对比,并绘制输入阻抗的交流频率特性曲线。

$r_L := 10\Omega \quad R_2 := 10k\Omega \quad R_3 := 120\Omega \quad R_4 := 1.2k\Omega \quad R_5 := 3.3k\Omega \quad L_1 := 1H \quad \parallel(x,y) := \dfrac{x \cdot y}{x+y}$

$Z_{inf} := R_2 + R_4 \parallel (R_3 + R_5) = 10.8883k\Omega \quad R_d := r_L + R_2 + (R_5 + R_4) \parallel R_3 = 10.1269k\Omega$

$R_n := [(R_2 \parallel R_4) + R_3] \parallel R_5 + r_L = 885.3817\Omega$

$R_{0a} := (r_L \parallel R_2 + R_5 \parallel R_4) \cdot \dfrac{1 + \dfrac{(R_2 + R_4) \parallel (r_L + R_5)}{(r_L \parallel R_2 + R_5 \parallel R_4)} \cdot \dfrac{R_3}{(r_L + R_2) \parallel (R_4 + R_5)}}{1 + \dfrac{R_3}{(r_L + R_2) \parallel (R_4 + R_5)}} = 951.9525\Omega$

$R_{0b} := [(R_2 + R_4) \parallel (r_L + R_5)] \cdot \dfrac{1 + \dfrac{r_L \parallel R_5 + R_2 \parallel R_4}{R_3}}{1 + \dfrac{(R_2 + r_L) \parallel (R_4 + R_5)}{R_3}} = 951.9525\Omega$

$Z_3(s) := R_{0a} \dfrac{1 + \dfrac{s \cdot L_1}{R_n}}{1 + \dfrac{s \cdot L_1}{R_d}} \quad Z_1(s) := Z_{inf} \cdot \dfrac{1 + \dfrac{R_n}{s \cdot L_1}}{1 + \dfrac{R_d}{s \cdot L_1}}$

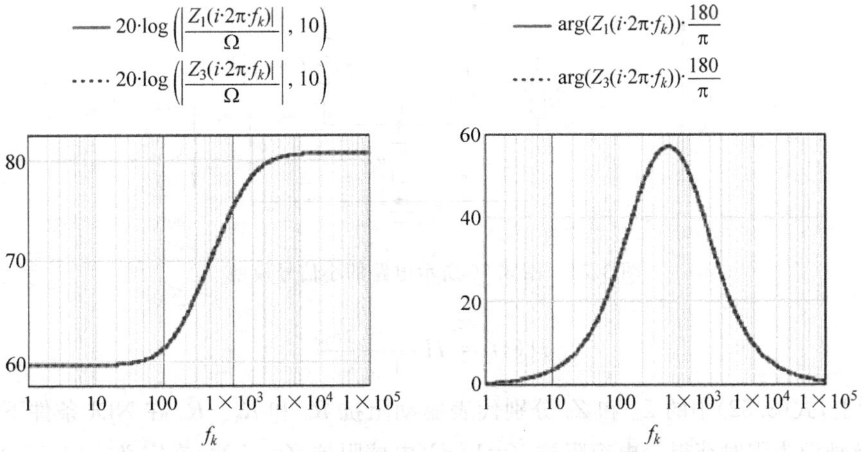

$$\text{——} \quad 20 \cdot \log\left(\left|\dfrac{Z_1(i \cdot 2\pi \cdot f_k)}{\Omega}\right|, 10\right) \qquad \text{——} \quad \arg(Z_1(i \cdot 2\pi \cdot f_k)) \cdot \dfrac{180}{\pi}$$

$$\cdots \cdots \quad 20 \cdot \log\left(\left|\dfrac{Z_3(i \cdot 2\pi \cdot f_k)}{\Omega}\right|, 10\right) \qquad \cdots \cdots \quad \arg(Z_3(i \cdot 2\pi \cdot f_k)) \cdot \dfrac{180}{\pi}$$

图 3.49 利用额外元件定理和广义 1 阶传递函数所得结果一致

3.3.2 广义传递函数实例 2

图 3.50 为双极性晶体管电路,其集电极为输出端 V_{out}。该电路对节点 V_{in} 电压进行监测,当齐纳二极管开始导通时双极性晶体管 Q_1 正向偏置,V_{out} 下立即降。该经典结构通常用于开关电源初级稳压电路中,并且 V_{out} 与所选集成控制器的反馈引脚相连接。V_{in} 为初级侧整流辅助电源 V_{cc}。接下来首先对图 3.51 中小信号等效电路进行分析。

本电路实例将 EET 理论推广至电容 C(或电感 L)。由于此时电路包含单一储能元件,所以该电路为 1 阶电路。在图 3.51 中,如果将电容 C_f 短路,输出响应 V_{out} 是否依然存在?此时电路与图 3.29(a)所研究电路相似:存在与 C_f 相关的零点。具有极点、零点和低频渐近线的 1 阶传递函数可表示为:

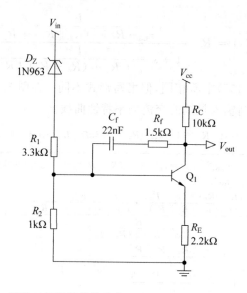

图 3.50 简单双极性晶体管放大电路通常用于开关电源初级稳压

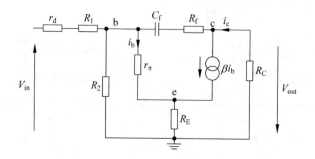

图 3.51 图 3.50 所示电路的小信号模型

$$H(s) = H_0 \frac{1 + s\tau_1}{1 + s\tau_2} \tag{3.158}$$

实际上,式(3.52)中的 Z_n 和 Z_d 分别代表驱动阻抗 R_n 和 R_d。R_n 在 NDI 条件下确定,而 R_d 则在激励源为零时获得。电容阻抗 $Z = 1/sC$(电感阻抗 $Z = sL$)。在定义式(3.158)中,时间常数 τ_1 由电容 C_f 和驱动电阻 R_n 决定;时间常数 τ_2 为激励源设置为零时通过电阻 R_d 计算所得。首先计算电路直流增益 H_0,修改之后的电路如图 3.52 所示,此时输出电压定义为:

$$V_{out} = -\beta i_b R_C \tag{3.159}$$

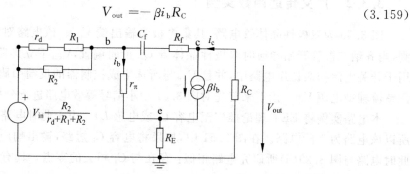

图 3.52 直流分析时将电容 C_f 去除

基极电流通过电流源流入,定义式为:

$$i_b = \frac{V_{in}\dfrac{R_2}{r_d + R_1 + R_2} - V_b}{(r_d + R_1) \parallel R_2} \tag{3.160}$$

基极电压为电阻 r_π 两端压降与发射极电压 $v_{(e)}$ 之和,即:

$$V_b = r_\pi i_b + v_{(e)} = i_b(r_\pi + (\beta+1)R_E) \tag{3.161}$$

将式(3.161)代入式(3.160),解得 i_b 为:

$$i_b = \frac{V_{in}}{(R_1 + r_d)\left(\dfrac{[r_\pi + R_E(\beta+1)](R_1 + R_2 + r_d)}{R_2(R_1 + r_d)} + 1\right)} \tag{3.162}$$

将式(3.162)中的 i_b 定义式代入式(3.159)中,整理得直流传递函数为:

$$H_0 = -\frac{\beta R_C}{(R_1 + r_d)\left(\dfrac{[r_\pi + R_E(\beta+1)](R_1 + R_2 + r_d)}{R_2(R_1 + r_d)} + 1\right)} \tag{3.163}$$

为获得阻抗 R_n,需绘制 NDI 条件时的电路原理图,具体如图 3.53 所示。因为原理图 3.29(d)中的电阻值已经计算得到,所以此处可直接使用。在电路中,测试电压 V_T 直接与三极管基极相连接。该电压不仅与 V_{in} 无关,也不受电阻 r_d、R_1 和 R_2 影响。图 3.53 的 NDI 分析结果如下所示,除串联电阻 R_f 外,R_n 表达式与式(3.89)相似:

$$R_n = \frac{V_T}{I_T} = -\left[\frac{r_\pi}{\beta} + R_E\left(1 + \frac{1}{\beta}\right)\right] + R_f \tag{3.164}$$

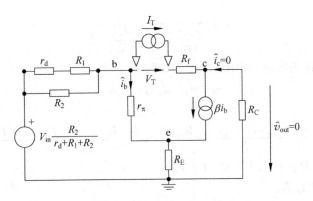

图 3.53 当电路设置为 NDI 时输出电压应为零

应当注意,当无电阻 R_f 时,R_n 为负值,当 R_f 满足如下条件时 R_n 为正数:

$$R_f > \frac{r_\pi}{\beta} + R_E\left(1 + \frac{1}{\beta}\right) \tag{3.165}$$

分子时间常数 τ_1 定义式为:

$$\tau_1 = C_f\left[R_f - \frac{r_\pi}{\beta} - R_E\left(1 + \frac{1}{\beta}\right)\right] \tag{3.166}$$

如图 3.54 所示,当激励源设置为零时计算电路时间常数。

首先在去除电阻 R_f 的情况下计算阻抗 R_d,最后再将 R_f 与计算结果相加。上述技术为串联电路快速分析的经典技术,同样适用于并联电路。虽然电路中不包含输入电压,但当电流在输入电阻网络 r_d、R_1 和 R_2 中循环流通时产生电压降 $v_{(b)}$,即:

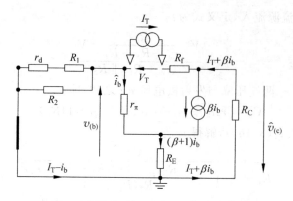

图 3.54 当激励源设置为零时计算时间常数

$$v_{(b)} = R_{eq}(I_T - i_b) \tag{3.167}$$

其中

$$R_{eq} = (R_1 + r_d) \parallel R_2 \tag{3.168}$$

因为 r_π 和 R_E 之间电压相同,所以:

$$v_{(b)} = i_b r_\pi + (\beta+1)i_b R_E = i_b[r_\pi + (\beta+1)R_E] \tag{3.169}$$

因为式(3.167)和式(3.169)相同,所以解得 i_b 为:

$$i_b = kI_T \tag{3.170}$$

其中

$$k = \cfrac{1}{\cfrac{r_\pi + (\beta+1)R_E}{(R_1 + r_d) \parallel R_2} + 1} \tag{3.171}$$

节点 c 处的电压为电流与电阻 R_C 之积,即:

$$v_{(c)} = -R_C(I_T + \beta i_b) \tag{3.172}$$

所以阻抗定义式为:

$$R = \frac{V_T}{I_T} = \frac{v_{(b)} - v_{(c)}}{I_T} = \frac{R_{eq}(I_T - k \cdot I_T) + R_C(I_T + k \cdot I_T \beta)}{I_T}$$

$$= R_{eq}(1-k) + R_C(1+k\beta) \tag{3.173}$$

电阻 R_d 的最终表达式为:

$$R_d = R + R_f \tag{3.174}$$

将 R_{eq} 和 k 采用其实际值代替,则第二时间常数 τ_2 定义如下:

$$\tau_2 = C_f\left[[(R_1 + r_d) \parallel R_2]\left(1 - \cfrac{1}{\cfrac{r_\pi + (\beta+1)R_E}{(R_1 + r_d) \parallel R_2} + 1}\right) + R_C\left(1 + \cfrac{1}{\cfrac{r_\pi + (\beta+1)R_E}{(R_1 + r_d) \parallel R_2} + 1}\beta\right) + R_f \right] \tag{3.175}$$

电路最终传递函数由式(3.163)、式(3.166)和式(3.175)组合而成,即:

$$H(s) = H_0\frac{1 + \cfrac{s}{\omega_z}}{1 + \cfrac{s}{\omega_p}} \tag{3.176}$$

其中直流增益定义为:

$$H_0 = -\frac{\beta R_C}{(R_1 + r_d)\left(\dfrac{[r_\pi + R_E(\beta+1)](R_1 + R_2 + r_d)}{R_2(R_1 + r_d)} + 1\right)} \tag{3.177}$$

零点为

$$\omega_z = \frac{1}{C_f\left[R_f - \dfrac{r_\pi}{\beta} - R_E\left(1 + \dfrac{1}{\beta}\right)\right]} \tag{3.178}$$

极点为

$$\omega_p = \frac{1}{C_f\left[\left[(R_1 + r_d)\parallel R_2\right]\left[1 - \dfrac{1}{\dfrac{r_\pi + (\beta+1)R_E}{(R_1 + r_d)\parallel R_2} + 1}\right] + R_C\left(1 + \dfrac{1}{\dfrac{r_\pi + (\beta+1)R_E}{(R_1 + r_d)\parallel R_2} + 1}\beta\right) + R_f\right]} \tag{3.179}$$

为了对上述复杂结果进行检验,利用 Mathcad(见图 3.55)对表达式进行计算,并将结果与 SPICE 仿真进行比较(见图 3.56),两者完全一致。

$r_d := 150\,\Omega\quad R_C := 10\,k\Omega\quad R_E := 1200\,\Omega\quad r_\pi := 1\,k\Omega\quad R_f := 2.2\,k\Omega\quad C_f := 22\,nF$

$\parallel(x,y) := \dfrac{x \cdot y}{x + y}\quad \beta := 150\quad R_1 := 470\,\Omega\quad R_2 := 1\,k\Omega$

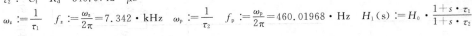

$H_0 := -\dfrac{\beta \cdot R_C}{(R_1 + r_d) \cdot \left[\dfrac{[r_\pi + R_E \cdot (\beta+1)] \cdot (R_1 + R_2 + r_d)}{R_2 \cdot (R_1 + r_d)} + 1\right]} = -5.07127\quad$ condition for RHPZ or LHPZ

$R_n := R_f - \dfrac{r_\pi}{\beta} - R_E \cdot \left(1 + \dfrac{1}{\beta}\right) = 985.33333\,\Omega\quad \tau_1 := C_f \cdot R_n = 21.67733 \cdot \mu s\quad \dfrac{r_\pi}{\beta} + R_E \cdot \left(1 + \dfrac{1}{\beta}\right) = 1.21467 \cdot k\Omega$

$R_d := \left[(r_d + R_1)\parallel R_2\right] \cdot \left[1 - \dfrac{1}{\dfrac{R_E + r_\pi + R_E \cdot \beta}{(r_d + R_1)\parallel R_2} + 1}\right] + R_C \cdot \left[1 + \dfrac{1}{\dfrac{R_E + r_\pi + R_E \cdot \beta}{(r_d + R_1)\parallel R_2} + 1} \cdot \beta\right] + R_f = 15.7261 \cdot k\Omega$

$\tau_2 := C_f \cdot R_d = 345.9742 \cdot \mu s$

$\omega_z := \dfrac{1}{\tau_1}\quad f_z := \dfrac{\omega_z}{2\pi} = 7.342 \cdot kHz\quad \omega_p := \dfrac{1}{\tau_2}\quad f_p := \dfrac{\omega_p}{2\pi} = 460.01968 \cdot Hz\quad H_1(s) := H_0 \cdot \dfrac{1 + s \cdot \tau_1}{1 + s \cdot \tau_2}$

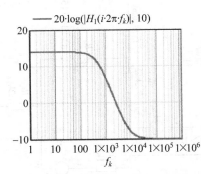

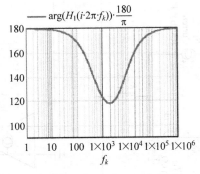

图 3.55　直流平坦、低频极点和高频零点

由表达式(3.165)可知,阻抗 R_n 的符号依赖于串联阻抗 R_f。如果 R_f 被束缚,则式(3.178)中零点可能分布于 s 域的右半平面。与零点相位超前不同,右半平面零点产生相位滞后。如果 $R_f(R_f = 1.2147\,k\Omega)$ 将零点完全抵消,则传递函数成为单极点形式,其最大滞后相位为 $90°$。最后,当 R_f 数值大于 $1.2147\,k\Omega$ 时极点/零点响应曲线如图 3.56 所示。图 3.57 为 R_f 取三种不同数值时传递函数响应特性总结。

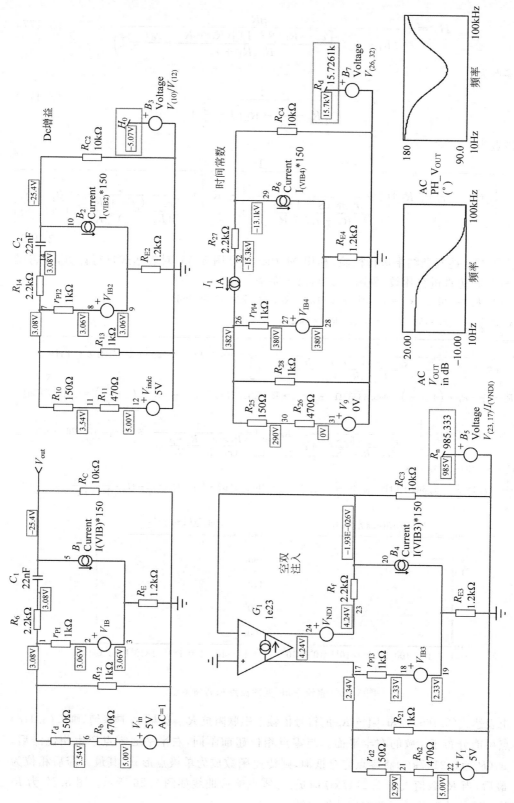

图 3.56 利用 SPICE 软件进行数值计算和交流频率特性绘制

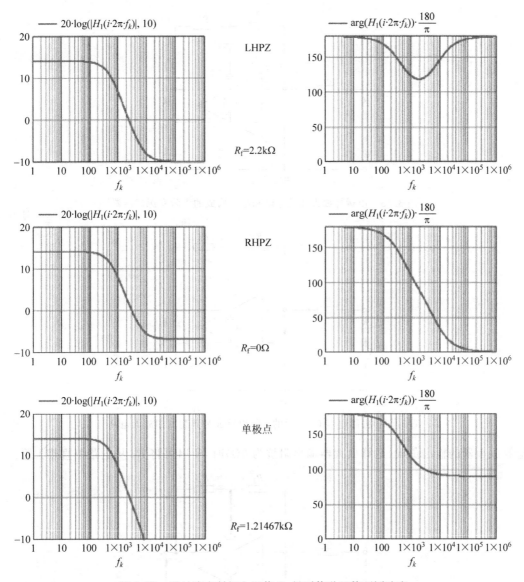

图 3.57 通过改变射极电阻值 R_f 得到传递函数不同响应

3.3.3 广义传递函数实例 3

图 3.58 为运算放大器构成的反相放大电路,其中电容将反馈电阻中点连接至地。利用广义 1 阶传递函数计算该放大电路的传递函数。首先,如图 3.59 所示,将电容 C_1 移除后计算电路的直流增益。因为运算放大器的开环增益为 A_{OL},所以误差电压 ε 不为零。

图 3.59 所示电路的传递函数已经在第 2 章的习题 10 中进行详细计算。直流增益为:

$$H_0 = -\frac{R_2 + R_3}{R_1} \frac{1}{\dfrac{\dfrac{R_2 + R_3}{R_1} + 1}{A_{OL}} + 1} \tag{3.180}$$

接下来计算电容 C_1 短路时的电路增益,此时电路如图 3.60 所示。因为电阻 R_3 等效为

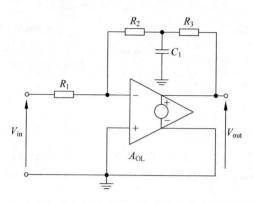

图 3.58　由运算放大器及电阻和电容构成的 1 阶有源滤波器

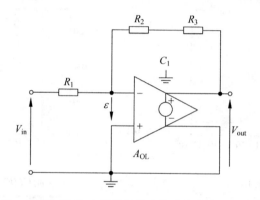

图 3.59　去除电容 C_1 之后的运放电路成为典型反相放大电路

运算放大器的输出负载(运算放大器输出阻抗为 0Ω)时,所以可将 R_3 从电路中直接去除。

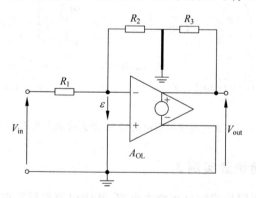

图 3.60　短路电容 C_1 计算高频增益 H^1

于是:

$$V_{out} = A_{OL}\varepsilon \tag{3.181}$$

此时运算放大器不再处于闭环状态,并且虚地效应不复存在。输入引脚之间电压由简单电阻分压器提供,即:

$$\varepsilon = -\frac{R_2}{R_1 + R_2}V_{in} \tag{3.182}$$

将式(3.182)代入式(3.181)中,整理得高频增益为:

$$H^1 = -\frac{R_2}{R_1 + R_2} A_{OL} \tag{3.183}$$

接下来计算电路时间常数。首先将激励源设置为0V,电路如图3.61所示。直觉观察很难得到等效输入电阻,利用电流源对运放输入端进行激励,通过计算其两端电压求得输入电阻,具体如图3.62所示。应当注意,为使电流转换更加方便,特意将 ε 反相,从而输出电压 εA_{OL} 也反相。

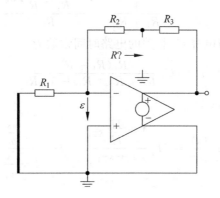

图 3.61 将激励电压源设置为 0V 以求得电路时间常数

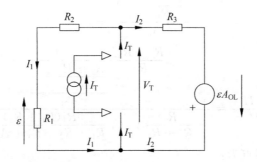

图 3.62 计算激励电流源 I_T 两端的电压表达式 V_T

首先定义电流 I_1:

$$I_1 = \frac{\varepsilon}{R_1} \tag{3.184}$$

其值也等于

$$I_1 = \frac{V_T - \varepsilon}{R_2} \tag{3.185}$$

令式(3.184)等于式(3.185)相等,求解 ε 为:

$$\varepsilon = V_T \frac{R_1}{R_1 + R_2} \tag{3.186}$$

测试电流 I_T 为 I_1 和 I_2 之和:

$$I_T = I_1 + I_2 = \frac{\varepsilon}{R_1} + \frac{V_T + \varepsilon A_{OL}}{R_3} \tag{3.187}$$

将式(3.186)代入式(3.187)中,整理得测试电流 I_T 关于 V_T 的函数,即:

$$I_T = V_T \left[\frac{1}{R_1 + R_2} + \frac{1 + \dfrac{R_1}{R_1 + R_2} A_{OL}}{R_3} \right] \tag{3.188}$$

于是阻抗的最终计算定义为:

$$R = \frac{V_T}{I_T} = \cfrac{1}{\dfrac{1}{R_1 + R_2} + \dfrac{1 + \dfrac{R_1}{R_1 + R_2} A_{OL}}{R_3}} \tag{3.189}$$

重新整理式(3.189),求得与电容 C_1 相关的电路时间常数为:

$$\tau_1 = C_1 \frac{R_3 (R_1 + R_2)}{R_1 + R_2 + R_3 + A_{OL} R_1} \tag{3.190}$$

于是电路的最终传递函数为:

$$\frac{V_{out}(s)}{V_{in}(s)} = H_0 \frac{1 + \dfrac{H^1}{H_0} s \tau_1}{1 + s \tau_1} = H_0 \frac{1 + \dfrac{s}{\omega_z}}{1 + \dfrac{s}{\omega_p}} \tag{3.191}$$

其中

$$H_0 = -\frac{R_2 + R_3}{R_1} \cfrac{1}{\dfrac{\dfrac{R_2 + R_3}{R_1} + 1}{A_{OL}} + 1} \tag{3.192}$$

$$\omega_z = \frac{H_0}{H_1 \tau_1} = \cfrac{-\dfrac{R_2 + R_3}{R_1} \cfrac{1}{\dfrac{\dfrac{R_2 + R_3}{R_1} + 1}{A_{OL}} + 1}}{-\dfrac{R_2}{R_1 + R_2} A_{OL} C_1 \dfrac{R_3 (R_1 + R_2)}{R_1 + R_2 + R_3 + A_{OL} R_1}} \tag{3.193}$$

将上述等式简化,求得零点为:

$$\omega_z = \frac{1}{C_1 (R_2 \parallel R_3)} \tag{3.194}$$

极点为:

$$\omega_p = \cfrac{1}{C_1 \dfrac{R_3 (R_1 + R_2)}{R_1 + R_2 + R_3 + A_{OL} R_1}} \tag{3.195}$$

利用 Mathcad 对上述等式进行计算,结果如图 3.63 所示。然后利用 SPICE 仿真程序对计算结果进行对比验证。SPICE 仿真电路如图 3.64 所示,通过直流工作点仿真数据验证 Mathcad 计算结果正确。本实例特意将运算放大器开环增益设置为较低值(100 或 40dB),以观察其对计算结果的影响。

子电路 X_1 由极点、零点和增益构成。传递参数由 B_4 和 B_5 计算,然后将其交流响应(V_{out2})与 E_2 构建的原始电路输出响应 V_{out} 进行比较。仿真波形如图 3.64 所示,电路响应完全一致。

$R_1 := 12\text{k}\Omega \quad R_3 := 10\text{k}\Omega \quad R_2 := 22\text{k}\Omega \quad C_1 := 22\text{nF} \quad A_{\text{OL}} := 100$

$\|(x, y) := \dfrac{x \cdot y}{x + y}$

$H_0 := -\dfrac{R_2 + R_3}{R_1} \cdot \dfrac{1}{\dfrac{\dfrac{R_2 + R_3}{R_1} + 1}{A_{\text{OL}}} + 1} = -2.57235 \quad H_1 := -\left(\dfrac{R_2}{R_1 + R_2}\right) \cdot A_{\text{OL}} = -64.70588$

$R_d := \dfrac{R_3 \cdot (R_1 + R_2)}{R_1 + R_2 + R_3 + A_{\text{OL}} \cdot R_1} = 273.3119\,\Omega \quad \tau_1 := C_1 \cdot R_d \quad H_2(s) := H_0 \cdot \dfrac{1 + \dfrac{H_1}{H_0} \cdot s \cdot \tau_1}{1 + s \cdot \tau_1}$

$\omega_z := \dfrac{H_0}{H_1 \cdot \tau_1} = 6.61157 \times 10^3\ \dfrac{1}{s} \quad f_z := \dfrac{\omega_z}{2\pi} = 1.05226\text{kHz} \quad \omega_p := \dfrac{1}{\tau_1} = 1.6631 \times 10^5\ \dfrac{1}{s}$

$f_p := \dfrac{\omega_p}{2\pi} = 26.46908\text{kHz} \quad \dfrac{1}{C_1 \cdot (R_2 \parallel R_3)} = 6.61157 \times 10^3\ \dfrac{1}{s}$

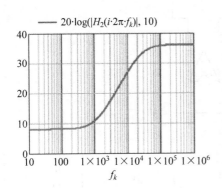
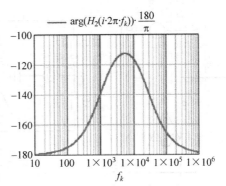

图 3.63 利用 Mathcad 绘制波特图以便与 SPICE 进行对比

3.3.4 广义传递函数实例 4

图 3.65 为电路实例 4 的电路图,该电路以运算放大器为核心,并且运放的增益设置为无穷大。首先计算电容从电路中移除后电路的直流增益,此时相应电路如图 3.66 所示。利用图右侧等效电路,通过应用叠加定理计算直流增益。当 R_1 左端接地时电路成为同相放大器,输出 V_{out1} 受增益 H_a 影响,该增益计算公式为:

$$H_a = \dfrac{R_2}{R_1} + 1 \tag{3.196}$$

当 R_3 左端接地时电路成为反相放大器,其第二增益 H_b 的计算公式为:

$$H_b = -\dfrac{R_2}{R_1} \tag{3.197}$$

最终增益为 H_a 与 H_b 之和,即:

$$H_0 = -\dfrac{R_2}{R_1} + \left(\dfrac{R_2}{R_1} + 1\right) = 1 \tag{3.198}$$

接下来计算电容 C_1 无穷大时的电路增益,如图 3.67 所示。

此时电路为简单反相放大器,其增益与式(3.196)相似,计算公式为:

$$H^1 = -\dfrac{R_2}{R_1} \tag{3.199}$$

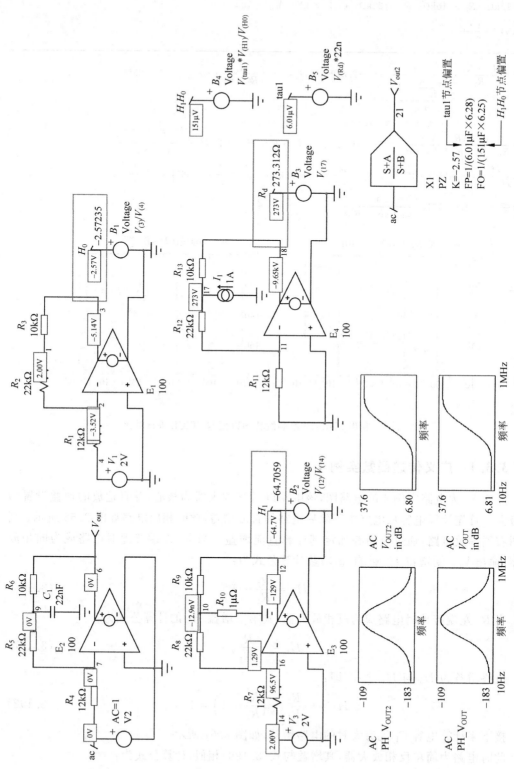

图3.64 利用 SPICE 软件对计算结果进行检验。因为 SPICE 中电阻不能设置为 0Ω，所以将 H^1 中 1μΩ 电阻等效为短路

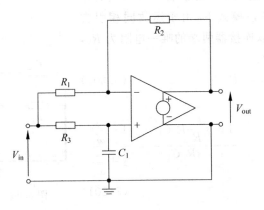

图 3.65　运放滤波器由三个电阻和一个电容构成,为 1 阶系统

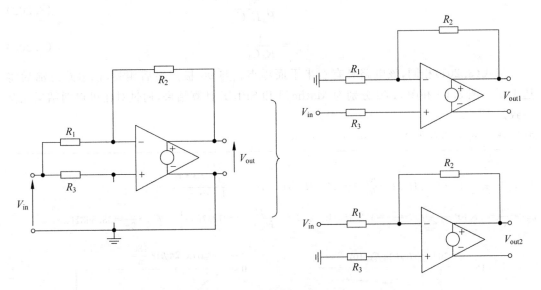

图 3.66　使用叠加定理可快速求得直流增益

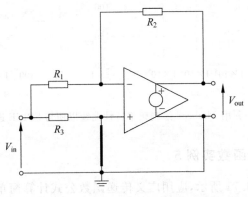

图 3.67　当 C_1 由短路线代替时可直接求得电路增益

如图 3.68 所示,将激励电压源设置为 0V,然后计算电路的时间常数。在该模式下,由于运放同相引脚的输入电阻无穷大,所以连接器两端的唯一电阻为 R_3,此时电路的时间常数为:

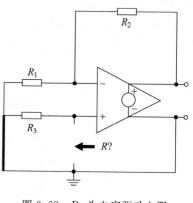

$$\tau_1 = R_3 C_1 \qquad (3.200)$$

则最终传递函数为:

$$H(s) = H_0 \frac{1 + \dfrac{H^1}{H_0} s\tau_1}{1 + s\tau_1} = \frac{1 - s\dfrac{R_2}{R_1}R_3 C_1}{1 + sR_3 C_1} = \frac{1 - \dfrac{s}{\omega_z}}{1 + \dfrac{s}{\omega_p}}$$

$$(3.201)$$

图 3.68　R_3 为电容驱动电阻

其中

$$\omega_z = \frac{R_1}{R_2 R_3 C_1} \qquad (3.202)$$

$$\omega_p = \frac{1}{R_3 C_1} \qquad (3.203)$$

与式(3.201)相同,该电路具有右半平面零点。与 90° 极点滞后相关,该电路总滞后将达 180°。图 3.69 和图 3.70 分别为 Mathcad 和 SPICE 计算结果,通过对比可得两结果完全一致。

$R_1 := 1\text{k}\Omega$　$R_2 := 4.7\text{k}\Omega$　$R_3 := 10\text{k}\Omega$　$C_1 := 0.1\mu\text{F}$

$$H_0 := 1 \quad \tau_1 := R_3 \cdot C_1 \quad H_1 := -\frac{R_2}{R_1} = -4.7 \quad H_{10}(s) := H_0 \cdot \frac{1 + \dfrac{H_1}{H_0} \cdot s \cdot \tau_1}{1 + s \cdot \tau_1}$$

$$\omega_p := \frac{1}{\tau_1} = 1 \times 10^3 \ \frac{1}{s} \quad f_p := \frac{\omega_p}{2\pi} = 159.155\,\text{Hz} \quad \omega_z := -\frac{H_0}{H_1 \cdot \tau_1} = 212.766 \ \frac{1}{s} \quad f_z := \frac{\omega_z}{2\pi} = 33.863\,\text{Hz}$$

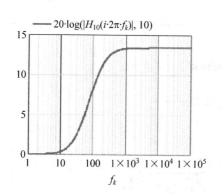

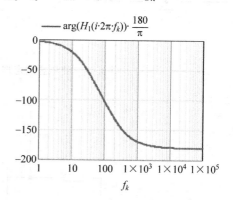

图 3.69　利用 Mathcad 绘制频率特性曲线以便与 SPICE 进行对比

3.3.5　广义传递函数实例 5

最后实例电路如图 3.71 所示,应用广义传递函数公式计算简单积分电路的传递函数。当电容 C_1 从电路中移除时计算直流增益 H_0,电路如图 3.72 所示。

此时直流增益简化为:

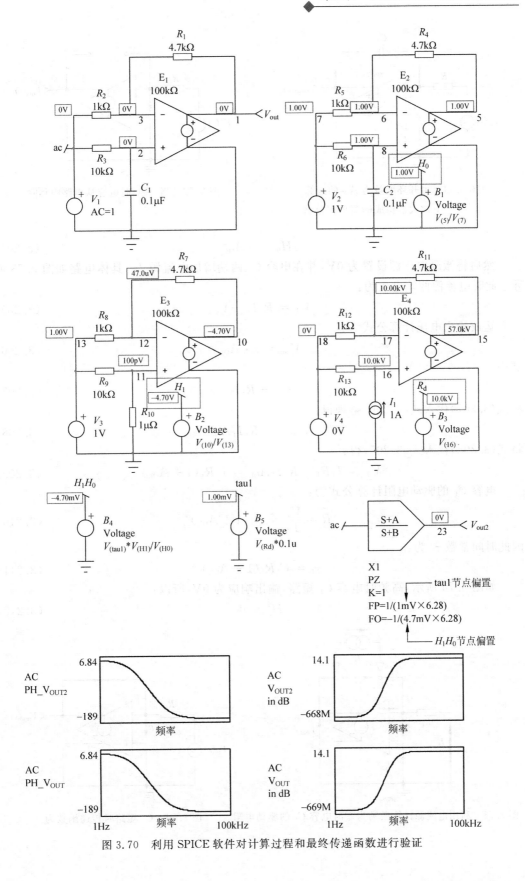

图3.70 利用SPICE软件对计算过程和最终传递函数进行验证

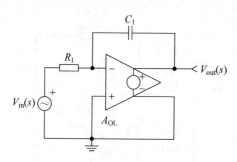

图 3.71 由开环增益为 A_{OL} 的运算
放大器构成的简单积分器

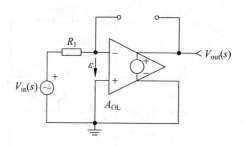

图 3.72 当 $s=0$ 时电容从电路中移除

$$H_0 = -A_{OL} \tag{3.204}$$

然后将激励电压源设置为 0V，并在电容 C_1 两端增加电流源 I_T，具体电路如图 3.73 所示。此时电流源两端电压为：

$$V_T = R_1 I_T - V_{out} \tag{3.205}$$

运放输出电压计算公式为：

$$V_{out} = \varepsilon \cdot A_{OL} \tag{3.206}$$

其中

$$\varepsilon = -R_1 I_T \tag{3.207}$$

将式(3.207)代入式(3.206)整理得：

$$V_{out} = -R_1 I_T A_{OL} \tag{3.208}$$

将式(3.208)代入式(3.205)得：

$$V_T = I_T R_1 + R_1 I_T A_{OL} = I_T R_1 (1 + A_{OL}) \tag{3.209}$$

电容 C_1 的驱动电阻计算公式为：

$$R = \frac{V_T}{I_T} = R_1 (1 + A_{OL}) \tag{3.210}$$

因此时间常数 τ_1 为：

$$\tau_1 = C_1 R_1 (1 + A_{OL}) \tag{3.211}$$

如图 3.74 所示，高频时电容 C_1 短路，输出响应为 0V，所以：

$$H^1 = 0 \tag{3.212}$$

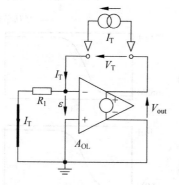

图 3.73 利用电流源计算激励为零时电容 C_1 的驱动电阻

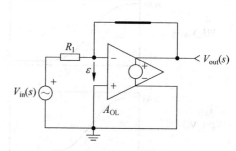

图 3.74 C_1 短路时传递函数为 0

应用广义传递函数表达式整理得：

$$H(s) = \frac{H_0 + H^1 s\tau_1}{1 + s\tau_1} = -\frac{A_{\mathrm{OL}}}{1 + sR_1 C_1 (1 + A_{\mathrm{OL}})} = -\frac{A_{\mathrm{OL}}}{1 + \dfrac{s}{\omega_{\mathrm{p}}}} \quad (3.213)$$

其中低频极点为：

$$\omega_{\mathrm{p}} = \frac{1}{R_1 C_1 (1 + A_{\mathrm{OL}})} \quad (3.214)$$

提取因数 A_{OL} 整理得：

$$H(s) = -\frac{A_{\mathrm{OL}}}{A_{\mathrm{OL}}} \frac{1}{\left(\dfrac{1}{A_{\mathrm{OL}}} + sR_1 C_1 \dfrac{1 + A_{\mathrm{OL}}}{A_{\mathrm{OL}}}\right)} = -\frac{1}{\dfrac{1}{A_{\mathrm{OL}}} + sR_1 C_1 \dfrac{1 + A_{\mathrm{OL}}}{A_{\mathrm{OL}}}} \quad (3.215)$$

当 A_{OL} 非常大时，式(3.215)简化为：

$$H(s) = -\frac{1}{sR_1 C_1} = -\frac{1}{\dfrac{s}{\omega_{\mathrm{po}}}} \quad (3.216)$$

其中

$$\omega_{\mathrm{po}} = \frac{1}{R_1 C_1} \quad (3.217)$$

ω_{po} 定义为 0dB 穿越极点，即增益为 0dB 时的频率值。图 3.75 为两传递函数的动态响应曲线。H_2 代表式(3.213)，用于计算低频极点，并且该极点依赖于 A_{OL}；H_3 用于计算 A_{OL} 无穷大时的 0dB 穿越频率，即 1.6kHz。

$R_1 := 10\mathrm{k}\Omega \quad C_1 := 10\mathrm{nF} \quad A_{\mathrm{OL}} := 10000$

$H_0 := -A_{\mathrm{OL}} \quad H_1 := 0$

$R_{\mathrm{d}} := R_1 \cdot (1 + A_{\mathrm{OL}}) \quad \tau_1 := C_1 \cdot R_{\mathrm{d}} \quad \omega_{\mathrm{p}} := \dfrac{1}{\tau_1} = 0.9999 \dfrac{1}{\mathrm{s}} \quad f_{\mathrm{p}} := \dfrac{\omega_{\mathrm{p}}}{2\pi} = 0.15914\,\mathrm{Hz}$

$H_2(s) := \dfrac{H_0 + H_1 \cdot s \cdot \tau_1}{1 + s \cdot \tau_1} \quad H_3(s) := \dfrac{1}{\dfrac{s}{\omega_{\mathrm{po}}}} \quad \omega_{\mathrm{po}} := \dfrac{1}{R_1 \cdot C_1} \quad f_{\mathrm{po}} := \dfrac{\omega_{\mathrm{po}}}{2\pi} = 1.59155\,\mathrm{kHz}$

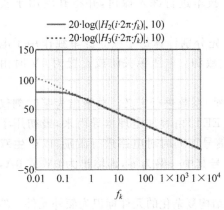
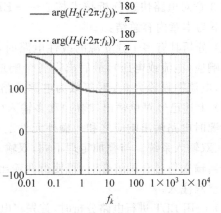

图 3.75　直流时积分器的输出响应受运算放大器开环增益(80dB)限制

3.4　深入阅读

本章以额外元件定理及其应用实例 5 作为结束。鼓励读者通过网站或专业书籍深入阅读其他论文及相关资料。除 Middlebrook 博士已经发表的基础论文[3]外,读者还可访问文献[6]的网址,其中包含 Middlebrook 博士讲授的关于面向设计分析的大部分演讲和讨论。本书主要对 EET 进行分析和讲解,并且以设计实例和创新思维贯穿始终。在学习全书过程中,文献[4]不容忽略,该文献对 EET 定理进行详细推导和具体实例分析——从简单 1 阶电路至结构复杂的电路网络。文献[5]另辟蹊径,创建异于 NDI 的不同电路分析方法。无论利用 NDI 技术求得最简分子表达式,还是首先整理得到广义传递函数表达式然后再对分子进行简化,完全由读者自行选择。两表达式结果相似,但是广义传递函数有时需要处理复杂的 H^1 增益表达式,所以最终结果可能比较繁琐。文献[7]详细讲解利用 EET 和电路快速分析技术如何求解电路方程。文献[8]为比利时某大学的网站,该作者通过计算机仿真(例如 Cadence)对 Middlebrook 博士(EET 以及通用反馈定理)的各种定理进行验证。该网站还提供大量资料和网络链接。文献[9]为雅虎网址,设计师与该领域专家关于 FACT 进行互动讨论。最后,文献[10]并未对 EET 进行直接讨论,而是利用通用反馈定理(General Feedback Theorem,GFT)对环路技术进行分析,并且该文献包含大量实用信息。

尽管文字讲解和实例分析应有尽有,但实际练习必不可少:读者必须投入时间和精力利用 EET 及其不同表达形式对电路进行求解,以使技术炉火纯青。当输出为零或者计算特定时间常数时,可利用 SPICE 仿真技术对错误出处和电流方向进行判断。仿真技术对于查找电路设计时遗留的缺陷功不可没。

本章已介绍如何求解 1 阶电路,接下来的第 4 章将具体分析如何求解 2 阶网络。在阅读第 4 章之前,读者务必独立完成本章课后习题。

3.5　本章重点

第 3 章对电路快速分析技术核心——EET 技术进行深入探讨,并将其应用于实例分析。以下为本章内容总结:

(1)分析具有多个独立源的线性电路时,首先分别计算每个独立源单独作用于电路时的输出响应(电流或电压),最后求得各个响应代数和。电压源关闭或设置为 0V 时由短路线代替,电流源设置为 0A 时等效为电源开路。

(2)上述已经对单输出(响应)和多输入(激励)系统进行定义。总输出为某时刻仅有唯一激励源时电路输出响应之和。额外元件定理(EET)由叠加定理推导而来,最初用于分析双输出、双输入系统。与叠加定理不同,双输入信号可同时对电路进行激励,以产生双输出信号。当输入信号合理组合时,可使得两输出信号其中一路为零,即输出为 0V 或 0A,此状态称为空双注入。

(3)应用 EET 进行电路分析时,首先将电路结构复杂化的元件标识为额外元件。然后根据 EET 表达式格式,确定额外元件从电路中物理移除或短路。通常根据电路的简化程度选择额外元件的移除或短路状态。最后根据所选 EET 表达式在各个状态下计算电路传递函数。

（4）如果传递函数存在零点，将零点置于分子中，并将储能元件与电阻 R_n 相关联。利用 NDI 对电路进行分析时，变量 R_n 为储能元件的端口电阻：保持输入信号有效，当输出响应为零时计算给定端口的电阻值。

（5）计算传递函数极点时，将激励源设置为零，然后计算储能元件端口的驱动电阻 R_d。该电阻与储能元件共同决定电路时间常数 τ。

（6）利用 EET 可将广义 1 阶传递函数表达为不同形式。在上述表达式中，无须利用 NDI 计算 R_n，但是必须求出直流增益 H_0 和高频增益 H^1。将两增益与电路时间常数 τ 组合，构成传递函数的分子表达式。电阻 R_d 的计算方法与之前一致，无须利用 NDI 技术可直接求得，但所得结果与 EET 相比将会更加复杂。最终选择何种计算方法完全由读者决定。

（7）EET 可应用于各种电路，例如无源电路、双极性晶体管或运算放大器电路。EET 同样适用于有源电路，但是当电路中含有受控源时计算 R_n 和 R_d 将变得复杂。

（8）利用 SPICE 电路仿真技术能够对手工或数学计算器所得结果进行验证。当激励源为零时，利用简单的直流电流源对储能元件端口进行激励，通过 SPICE 电路仿真可直接求得电阻 R_d；同样可以利用 NDI 技术，通过跨导放大器对储能元件端口进行偏置，当输出为零时求解电阻 R_n。

（9）图 3.76 对 EET 的各种表达式形式及其传递函数分子（零点）和分母（极点）中时间常数的构成形式进行总结。图 3.77 未使用 NDI 技术对广义 1 阶传递函数表达式进行定义。

额外元件定理为

A：激励与响应之间的传递函数

Z：额外元件

Z_n：激励作用下输出响应为零时额外元件端口的阻抗

Z_d：激励为零时额外元件端口的阻抗

$$A|_Z = A|_{Z=\infty} \frac{1 + \dfrac{Z_n}{Z}}{1 + \dfrac{Z_d}{Z}} \qquad A|_Z = A|_{Z=0} \frac{1 + \dfrac{Z}{Z_n}}{1 + \dfrac{Z}{Z_d}}$$

（1）当 Z 移除时计算 A （1）当 Z 短路时计算 A

（2）当响应为时计算 Z_n （2）当响应为时计算 Z_n

（3）当激励为时计算 Z_d （3）当激励为时计算 Z_d

如果 Z 为电容 C 或电感 L，则

R_n：激励作用下输出响应为零时 C 或 L 端口的电阻

R_d：激励为零时 C 或 L 端口的电阻

当直流增益 H_0 存在时：

$$Z = sL$$

$$Z = \frac{1}{sC}$$

$$\tau_1 = R_n C \qquad H(s) = H_0 \frac{1 + s\tau_1}{1 + s\tau_2} = H_0 \frac{1 + \dfrac{s}{\omega_{z1}}}{1 + \dfrac{s}{\omega_{p1}}} \qquad \tau_1 = \frac{L}{R_n}$$

$$\tau_2 = R_d C \qquad\qquad\qquad\qquad\qquad\qquad\qquad\qquad \tau_2 = \frac{L}{R_d}$$

如果增益存在，当 $s=\infty$ 时有：

$$H(s) = H_\infty \frac{1 + \dfrac{1}{s\tau_1}}{1 + \dfrac{1}{s\tau_2}} = H_\infty \frac{1 + \dfrac{\omega_{z1}}{s}}{1 + \dfrac{\omega_{p1}}{s}}$$

图 3.76 EET 及 1 阶传递函数总结

广义 1 阶传递函数

A：激励与响应之间的传递函数

A_0：对电路进行直流分析时 $(s=0)$ 的传递函数

A^1：当频率无限大时 $(s \rightarrow \infty)$ 电路的传递函数

τ_1：与储能元件相关联的时间常数

$$A(s) = \frac{A_0 + A^1 s \tau_1}{1 + s \tau_1} \qquad A^1 \text{ 中右上角标 1 与高频状态 } \tau_1 \text{ 相关}$$

(1) 当 C 或 L 移除时计算 A_0

(2) 激励为零时计算储能元件端口的电阻

(3) 计算时间常数 $\tau_1 = RC$ 或 $\tau_1 = L/R$

(4) 当电容 C 短路或电感 L 移除时计算传递函数 A_1

(5) 如果存在 A_0（不同于 0），在传递函数的分子中提取因式 A_0

$$A(s) = A_0 \frac{1 + \dfrac{A^1}{A_0} s \tau_1}{1 + s \tau_1} \qquad A_0 \text{ 对应储能元件工作于直流状态}$$

图 3.77 广义 1 阶传递函数总结

3.6 附录 3A——习题

3.6.1 习题内容

1. 习题 1

如图 3.78 所示，计算电路网络的输出阻抗。

2. 习题 2

如图 3.79 所示，计算电路网络的输出导纳。

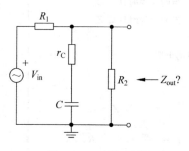

图 3.78 习题 1 图

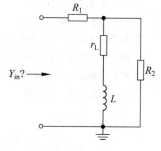

图 3.79 习题 2 图

3. 习题 3

如图 3.80 所示，计算电路网络的输入阻抗。

4. 习题 4

如图 3.81 所示，利用无 NDI 的 1 阶广义传递函数计算电路网络的输入阻抗，并与利用 NDI 获得的计算结果进行对比。

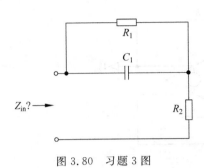

图 3.80　习题 3 图

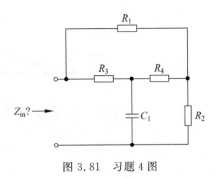

图 3.81　习题 4 图

5．习题 5

如图 3.82 所示，计算电路网络的输出阻抗。

6．习题 6

如图 3.83 所示，计算电路网络的传递函数。

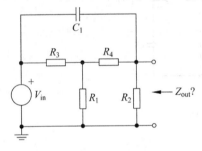

图 3.82　习题 5 图

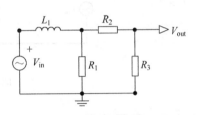

图 3.83　习题 6 图

7．习题 7

如图 3.84 所示，计算运算放大器开环增益无穷大时电路的传递函数。

8．习题 8

如图 3.85 所示，计算电路网络的输出阻抗。

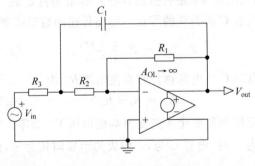

图 3.84　习题 7 图

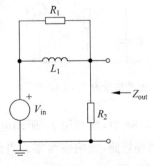

图 3.85　习题 8 图

9．习题 9

如图 3.86 所示，计算电路的传递函数。

10．习题 10

如图 3.87 所示，计算电路的传递函数。

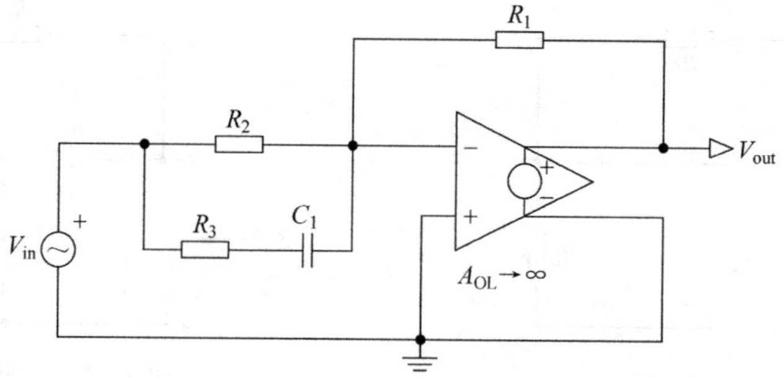

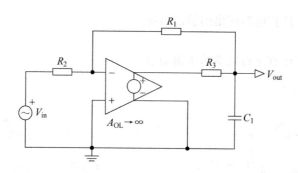

图 3.86 习题 9 图

图 3.87 习题 10 图

3.6.2 习题答案

1. 习题 1

将电路网络重新整理为图 3.88 所示,其中电流源 I_T 为驱动信号,电压 V_T 为响应信号。该电路包含一个储能元件,所以为 1 阶系统。那么电路是否含有零点呢?如果电容 C 的容值无穷大或者短路,输出电压 V_T 是否依然存在?答案是肯定的,因为存在与电容 C 相关联的零点。电路传递函数形式如下:

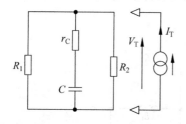

图 3.88 激励信号为 I_T,响应为 V_T

$$Z_{\text{out}}(s) = R_0 \frac{1 + s\tau_1}{1 + s\tau_2} \tag{3.218}$$

当电容 C 从电路移除时直流电阻 R_0 为:

$$R_0 = R_2 \parallel R_1 \tag{3.219}$$

在图 3.88 中,当利用 I_T 驱动电路时,阻抗如何变化才能使得响应电压 V_T 为零?如果电阻 R_2 两端短路,则响应为零。当角频率为 s_z 时,电容 C 与 r_C 构成的串联阻抗为零,此时 R_2 两端短路,即:

$$r_C + \frac{1}{sC} = \frac{1 + sr_C C}{sC} = 0 \tag{3.220}$$

解得

$$s_z = -\frac{1}{r_C C} \tag{3.221}$$

或

$$\omega_z = \frac{1}{r_C C} \tag{3.222}$$

如图 3.89 所示,当输出为零时计算电路等效阻抗。由于电流源两端电压为零与电源短路相似,所以电阻 r_C 上端接地。因此电容两端电阻为 r_C,零点时间常数简化为:

$$\tau_1 = r_C C \tag{3.223}$$

当激励源设置为零时计算电路时间常数。由于电路中包含电流源,将其设置为零等效为开路,此时电路如图 3.90 所示,电容两端电阻简化为:

$$R = r_C + R_1 \parallel R_2 \tag{3.224}$$

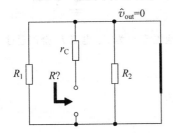
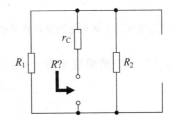

图 3.89 电流源两端电压为零等效为电源短路　　图 3.90 激励源设置为零等效为移除电流源

时间常数 τ_2 计算公式为:

$$\tau_2 = (r_C + R_1 \parallel R_2)C \tag{3.225}$$

输出阻抗表达式为:

$$Z_{out}(s) = R_0 \frac{1 + \dfrac{s}{\omega_z}}{1 + \dfrac{s}{\omega_p}} \tag{3.226}$$

其中

$$R_0 = R_2 \parallel R_1 \tag{3.227}$$

$$\omega_z = \frac{1}{r_C C} \tag{3.228}$$

$$\omega_p = \frac{1}{(r_C + R_1 \parallel R_2)C} \tag{3.229}$$

2. 习题 2

采用图 3.91 所示的电压源驱动电路网络,通过测试响应电流计算输入导纳,求解导纳表达式的方法有许多种。首先利用 EET 计算导纳,短路电感,具体公式如下:

$$Y \mid_{L=0} = \frac{1}{R_1 + r_L \parallel R_2} \tag{3.230}$$

当响应为零时,计算电感 L 的驱动电阻 R_n,即电流 I_T 为零 0 时电感两端的电阻值。电路如图 3.92 所示,此时电阻 R_1 与电路断开,所以 R_n 的计算公式为。

$$R_n = r_L + R_2 \tag{3.231}$$

不利用 NDI 技术也能求得零点值。如果当角频率为 s_k(零点)时电流为 0,则阻抗定义为:

$$Z = R_1 + (r_L + s_k L) \parallel R_2 \tag{3.232}$$

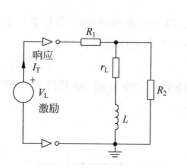
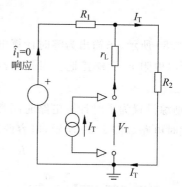

图 3.91 利用电压源驱动电路网络计算导纳　图 3.92　响应电流 i_1 为零：电流 I_T 全部通过 r_L 和 R_2

因为式(3.232)的阻抗无穷大,所以:

$$s_k L + r_L + R_2 = 0 \tag{3.233}$$

解得

$$s_k = -\frac{r_L + R_2}{L} \tag{3.234}$$

当激励源设置为 0V 时计算电感的时间常数值。如图 3.93
所示,电压源已经短路,可立即得到电阻 R_d 的计算公式:

$$R_d = r_L + R_1 \parallel R_2 \tag{3.235}$$

按照公式(3.55)将传递函数整理如下:

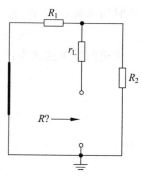

$$Y \mid_z = Y \mid_{z=0} \frac{1 + \dfrac{sL}{R_n}}{1 + \dfrac{sL}{R_d}} = \frac{1}{R_1 + r_L \parallel R_2} \frac{1 + s\dfrac{L}{r_L + R_2}}{1 + s\dfrac{L}{r_L + R_1 \parallel R_2}} \tag{3.236}$$

式(3.236)与如下形式相符:

图 3.93　设计激励源为零,
即短路电压源

$$Y(s) = Y_0 \frac{1 + \dfrac{s}{\omega_z}}{1 + \dfrac{s}{\omega_p}} \tag{3.237}$$

其中

$$Y_0 = \frac{1}{R_1 + r_L \parallel R_2} \tag{3.238}$$

$$\omega_z = \frac{r_L + R_2}{L} \tag{3.239}$$

$$\omega_p = \frac{r_L + R_1 \parallel R_2}{L} \tag{3.240}$$

利用数学软件 Mathcad 和电路仿真软件 SPICE 对计算数据进行验证,分别如图 3.94
和图 3.95 所示,两软件输出结果完全一致。

$R_1 := 1\text{k}\Omega \quad R_2 := 3\text{k}\Omega \quad r_\text{L} := 22\Omega \quad L := 1\text{H} \quad \parallel(x, y) := \dfrac{x \cdot y}{x + y}$

$Y_0 := \dfrac{1}{R_1 + r_\text{L} \parallel R_2} = 9.786 \times 10^{-4}\,\text{S} \quad 20 \cdot \log\left(\dfrac{Y_0}{\text{S}}\right) = -60.188$

$R_\text{n} := r_\text{L} + R_2 = 3.022\text{k}\Omega \quad R_\text{d} := r_\text{L} + R_1 \parallel R_2 = 772\Omega$

$\omega_\text{p} := \dfrac{R_\text{d}}{L} = 772\,\dfrac{1}{s} \quad f_\text{p} := \dfrac{\omega_\text{p}}{2\pi} = 122.868\text{Hz} \quad \omega_z := \dfrac{R_\text{n}}{L} = 3.022 \times 10^3\,\dfrac{1}{s} \quad f_z := \dfrac{\omega_z}{2\pi} = 480.966\text{Hz}$

$Y(s) := Y_0 \cdot \dfrac{1 + \dfrac{s \cdot L}{R_\text{n}}}{1 + \dfrac{s \cdot L}{R_\text{d}}}$

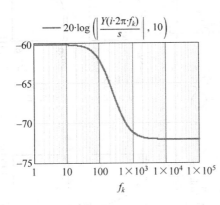
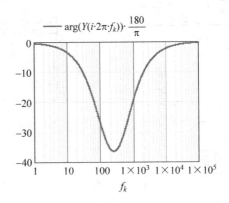

图 3.94 利用 Mathcad 快速绘制导纳的幅频和相频曲线

3. 习题 3

如图 3.96 所示,计算输入阻抗时利用电流源对电路网络连接端口进行驱动。那么该传递函数中是否存在零点呢？将电容 C_1 短路,测试电流源两端是否依然存在电压？由图 3.96 可得电压依然存在,所有该电路具有与 C_1 相关联的零点。

电路传递函数形式如下:

$$Z_\text{in}(s) = R_0 \frac{1 + s\tau_1}{1 + s\tau_2} \tag{3.241}$$

当电容 C_1 移除时可直接得到端口的直流电阻 R_0:

$$R_0 = R_1 + R_2 \tag{3.242}$$

当响应为零时,通过计算电容端口电阻求得第一时间常数 τ_1,具体电路如图 3.97 所示。因为电流源电压为零等效为短路,所以响应为零 $(V_\text{T} = 0)$ 即 R_1 左端电压为 0V。

于是:

$$I_\text{T} = \hat{i}_1 + \hat{i}_2 \tag{3.243}$$

当输出电压为零时 V_T 与电阻 R_1 和 R_2 连接,所以:

$$\hat{i}_1 = \frac{V_\text{T}}{R_2} \tag{3.244}$$

$$\hat{i}_2 = \frac{V_\text{T}}{R_1} \tag{3.245}$$

将式(3.244)和式(3.245)代入式(3.243)中得:

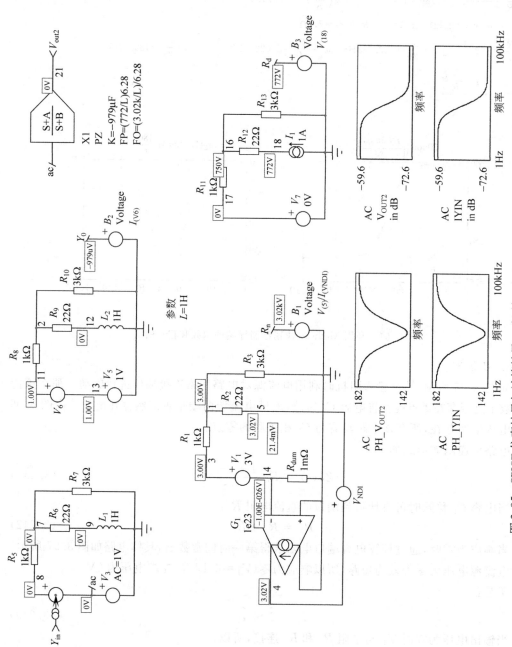

图 3.95 SPICE 仿真结果与计算结果一致，并且交流响应波形与 Mathcad 匹配

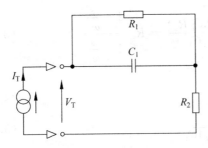

图 3.96 利用电流源对网络阻抗进行驱动，
输出响应为端口电压

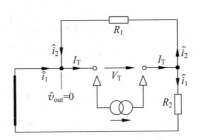

图 3.97 输出电压为零表明第一个
电流源两端电压为 0V

$$I_{\mathrm{T}} = V_{\mathrm{T}}\left(\frac{1}{R_1} + \frac{1}{R_2}\right) \tag{3.246}$$

重新整理得：

$$R_{\mathrm{n}} = \frac{1}{\dfrac{1}{R_1} + \dfrac{1}{R_2}} = R_1 \parallel R_2 \tag{3.247}$$

不必通过 KCL 计算，从图 3.97 可直接得出 R_1 左端接地，电阻 R_1 和 R_2 并联。SPICE 仿真电路如图 3.98 所示，10kΩ 和 1kΩ 电阻的并联值由 B_1 计算并显示，具体值为 909Ω。本例将电流源 I_1 任意设置为 1A，也可以设置为其他任何值，但 B_1 的计算结果将仍然相同。

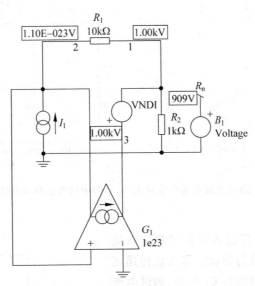

图 3.98 利用 SPICE 验证 R_1 和 R_2 并联

于是时间常数 τ_1 的定义式为：

$$\tau_1 = C_1(R_1 \parallel R_2) \tag{3.248}$$

第二时间常数：将激励源设置为 0——电流源从电路中移除——直接可得电容两端电阻。由于 R_2 从电路中断开，所以电容两端电阻即为 R_1，于是第二时间常数计算公式为：

$$\tau_2 = R_1 C_1 \tag{3.249}$$

根据式(3.241)整理得最终传递函数：

$$Z_{\text{in}}(s) = (R_1 + R_2)\frac{1 + sC_1(R_1 \parallel R_2)}{1 + sR_1C_1} = R_0\frac{1 + \dfrac{s}{\omega_z}}{1 + \dfrac{s}{\omega_p}} \tag{3.250}$$

其中

$$R_0 = R_1 + R_2 \tag{3.251}$$

$$\omega_z = \frac{1}{(R_1 \parallel R_2)C_1} \tag{3.252}$$

$$\omega_p = \frac{1}{R_1C_1} \tag{3.253}$$

交流响应曲线如图 3.99 所示。

$$R_1 := 10\text{k}\Omega \quad R_2 := 1\text{k}\Omega \quad C_1 := 100\text{nF} \quad \parallel(x,y) := \frac{x \cdot y}{x + y}$$

$$R_0 := R_1 + R_2 = 11\text{k}\Omega \quad 20 \cdot \log\left(\frac{R_0}{\Omega}\right) = 80.828\text{dBohm}$$

$$R_n := R_1 \parallel R_2 = 909.091\Omega \quad R_d := R_1 = 10\text{k}\Omega$$

$$\omega_p := \frac{1}{R_d \cdot C_1} = 1 \times 10^3\,\frac{1}{\text{s}} \quad f_p := \frac{\omega_p}{2\pi} = 159.155\text{Hz} \quad \omega_z := \frac{1}{R_n \cdot C_1} = 1.1 \times 10^4\,\frac{1}{\text{s}} \quad f_z := \frac{\omega_z}{2\pi} = 1.751 \times 10^3\,\text{Hz}$$

$$Z(s) := R_0 \cdot \frac{1 + s \cdot C_1 \cdot R_n}{1 + s \cdot C_1 \cdot R_d}$$

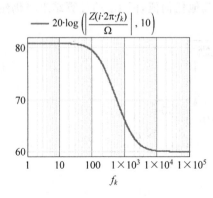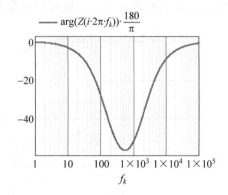

图 3.99　通过交流响应曲线对式(3.250)中的极点和零点进行验证

4. 习题 4

如图 3.100 所示,计算输入阻抗时利用电流源对电路网络连接端口进行驱动。那么该传递函数中是否存在零点呢? 将电容 C_1 短路,测试电流源两端是否依然存在电压? 由图 3.100 可得电压依然存在,所有该电路具有与 C_1 相关联的零点。接下来首先计算电容 C_1 移除时电路的直流输入电阻,具体电路如图 3.101 所示。

在图 3.101 所示电路中,电阻 R_1 与 R_3、R_4 之和并联,然后再与电阻 R_2 串联构成电阻 R_0:

$$R_0 = R_1 \parallel (R_3 + R_4) + R_2 \tag{3.254}$$

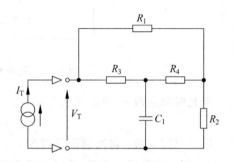

图 3.100　计算输入阻抗时采用电流源作为驱动信号、端口电压作为输出响应

在图 3.102 所示电路中,首先将电流源设置为 0A,然后计算电容端口的电阻值,进而求得电路的时间常数值。通过分析得,电阻 R_3 和 R_1 串联之后再与 R_4 并联,最后再和 R_2 串联,则 R_d 为:

$$R_d = (R_1 + R_3) \parallel R_4 + R_2 \tag{3.255}$$

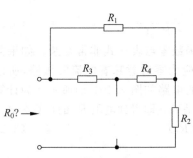

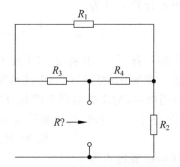

图 3.101 计算直流电阻电路图   图 3.102 当电容移除并且激励电流源设置为
0 时的时间常数计算电路

因此时间常数 τ_2 为:

$$\tau_2 = [(R_1 + R_3) \parallel R_4 + R_2]C_1 \tag{3.256}$$

为得到传递函数的分子表达式,将 C_1 设置为无穷大或者短路,具体如图 3.103(a) 所示。为了快速得到阻抗值,特将电路图简化为图 3.103(b) 所示,此时阻抗计算公式为:

$$R_1 = R_3 \parallel (R_1 + R_4 \parallel R_2) \tag{3.257}$$

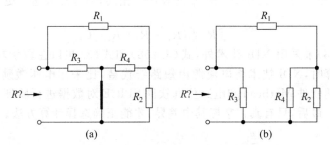

图 3.103 当电容 C_1 无穷大时,电阻 R_3 和 R_4 中点与输入地端短路

最终输入阻抗计算公式为:

$$Z_{in}(s) = R_0 \frac{1 + s \dfrac{R^1}{R_0} \tau_2}{1 + s\tau_2}$$

$$= (R_1 \parallel (R_3 + R_4) + R_2) \frac{1 + s \dfrac{R_3 \parallel (R_1 + R_4 \parallel R_2)}{R_1 \parallel (R_3 + R_4) + R_2} [(R_1 + R_3) \parallel R_4 + R_2]C_1}{1 + s[(R_1 + R_3) \parallel R_4 + R_2]C_1} \tag{3.258}$$

将式(3.258)简化为:

$$Z_{in}(s) = R_0 \frac{1 + \dfrac{s}{\omega_z}}{1 + \dfrac{s}{\omega_p}} \tag{3.259}$$

其中

$$R_0 = R_1 \parallel (R_3 + R_4) + R_2 \tag{3.260}$$

零点计算公式为:

$$\omega_z = \frac{R_0}{\tau_2 R^1} = \frac{R_1 \parallel (R_3 + R_4) + R_2}{[R_3 \parallel (R_1 + R_4 \parallel R_2)][(R_1 + R_3) \parallel R_4 + R_2]C_1} \tag{3.261}$$

最终极点计算公式为

$$\omega_p = \frac{1}{\tau_2} = \frac{1}{[(R_1 + R_3) \parallel R_4 + R_2]C_1} \tag{3.262}$$

通过上述计算可得,未采用 NDI 技术得到的传递函数零点表达式非常复杂。如果需要对表达式进一步简化,可通过 NDI 技术实现。因为响应为零时意味着电流源短路,所以相对于其他应用而言,NDI 更适用于阻抗计算,更新之后的电路如图 3.104(a)所示。为计算简便,特将电路进行重新绘制,具体如图 3.104(b)所示,于是可立即得到电阻 R_n 的计算公式为:

$$R_n = R_3 \parallel (R_4 + R_2 \parallel R_1) \tag{3.263}$$

则新的传递函数表达式为

$$Z_{in}(s) = R_0 \frac{1 + s\tau_1}{1 + s\tau_2}$$

$$= (R_1 \parallel (R_3 + R_4) + R_2) \frac{1 + s[R_3 \parallel (R_4 + R_2 \parallel R_1)]C_1}{1 + s[(R_1 + R_3) \parallel R_4 + R_2]C_1}$$

$$= R_0 \frac{1 + \dfrac{s}{\omega_z}}{1 + \dfrac{s}{\omega_p}} \tag{3.264}$$

在式(3.260)和式(3.262)中 R_0 和 ω_p 的表达式相同,但零点表达式更加简单,即:

$$\omega_z = \frac{1}{[R_3 \parallel (R_4 + R_2 \parallel R_1)]C_1} \tag{3.265}$$

除了式(3.258)未采用 NDI 技术外,式(3.258)和式(3.264)在数学功能上完全相同。进行输入阻抗计算时,NDI 技术将电流源由短路线代替,比采用电压激励源计算输入阻抗更简单。利用数学软件 Mathcad 和电路仿真软件 SPICE 对数据进行验证,分别如图 3.105 和图 3.106 所示。最后,只有真正掌握其中差异,才能正确选择计算方法。

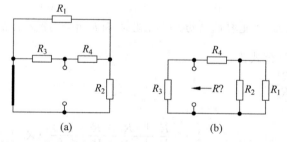

图 3.104　利用 NDI 技术对电流源驱动电路进行分析时,电流源端口由短路线代替

5. 习题 5

计算输出阻抗时利用电流源对电路网络输出端口进行驱动。仍然与前面分析实例一致,V_T 为输出响应,I_T 为激励电流。从图 3.107 所示电路实例中可立即得到电容 C_1 和电阻 R_3 左端接地。无须利用电路快速分析技术,可直接求得电路输出阻抗为:

$$Z_{out}(s) = R_2 \parallel \frac{1}{sC_1} \parallel (R_4 + R_1 \parallel R_3) \tag{3.266}$$

$$R_1 := 10\text{k}\Omega \quad R_2 := 1\text{k}\Omega \quad R_3 := 2.2\text{k}\Omega \quad R_4 := 3.3\text{k}\Omega \quad C_1 := 100\text{nF} \quad \|(x,y) := \frac{x \cdot y}{x+y}$$

$$R_0 := R_1 \| (R_3 + R_4) + R_2 = 4.548\text{k}\Omega \quad 20 \cdot \log\left(\frac{R_0}{\Omega}\right) = 73.157\text{dBohm}$$

$$R_{1\text{HF}} := R_3 \| (R_1 + R_4 \| R_2) = 1.827\text{k}\Omega \quad R_d := (R_1 + R_3) \| R_4 + R_2 = 3.597\text{k}\Omega \quad \frac{R_{1\text{HF}}}{R_0} \cdot R_d = 1.445 \times 10^3 \Omega$$

$$\tau_2 := C_1 \cdot R_d \quad R_n = R_3 \| (R_4 + R_2 \| R_1) = 1.445\text{k}\Omega \quad \tau_1 := R_n \cdot C_1$$

$$\omega_p := \frac{1}{\tau_2} = 2.78 \times 10^3 \frac{1}{s} \quad f_p := \frac{\omega_p}{2\pi} = 442.414\text{Hz} \quad \omega_s := \frac{R_0}{\tau_1 \cdot R_{1\text{HF}}} = 1.723 \times 10^4 \frac{1}{s} \quad f_z := \frac{\omega_z}{2\pi} = 2.743\text{kHz}$$

$$Z_1(s) := R_0 \cdot \frac{1 + s \cdot \tau_2 \cdot \frac{R_{1\text{HF}}}{R_0}}{1 + s \cdot \tau_2} \quad Z_2(s) := R_0 \cdot \frac{1 + s \cdot \tau_1}{1 \cdot s}$$

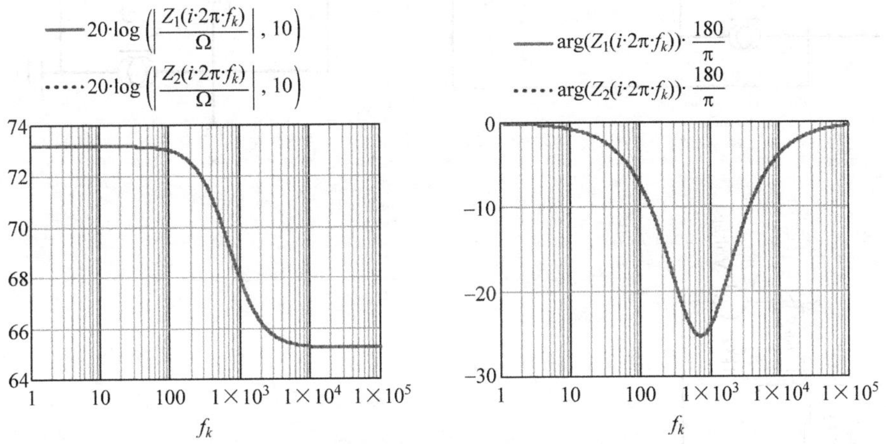

图 3.105　利用 Mathcad 绘制有无 NDI 时的频率特性曲线：结果完全一致

如果将式(3.266)展开，表达式将变得非常复杂，并且对电路特性分析无任何意义。如果需要得到传递函数的极点和零点值，需要继续对其进行计算。那么该传递函数中是否存在零点呢？如果将电容 C_1 短路，响应电压 V_T 是否依然存在？通过图 3.107 分析可得，电容 C_1 与电阻 R_2 并联，将 C_1 短路时输出响应为零，所以电路不存在零点，属于简单1阶传递函数，即：

$$Z_{out}(s) = R_0 \frac{1}{1 + s\tau_1} \tag{3.267}$$

如图 3.108 所示，当电容 C_1 移除时可快速求得电路的直流电阻。

直流电阻计算公式为：

$$R_0 = R_2 \| (R_4 + R_1 \| R_3) \tag{3.268}$$

计算时间常数时将激励电流源设置为零，即将其从电路中移除，具体电路如图 3.109 所示。此时电容左端接地，右端通过电阻 R_2 与 R_4、R_3、R_1 的串并联组合接地，所以：

$$R_d = R_2 \| (R_4 + R_3 \| R_1) \tag{3.269}$$

式(3.269)与式(3.268)相同，因此电路的时间常数为：

$$\tau_2 = C_1[R_2 \| (R_4 + R_3 \| R_1)] \tag{3.270}$$

电路最终传递函数为：

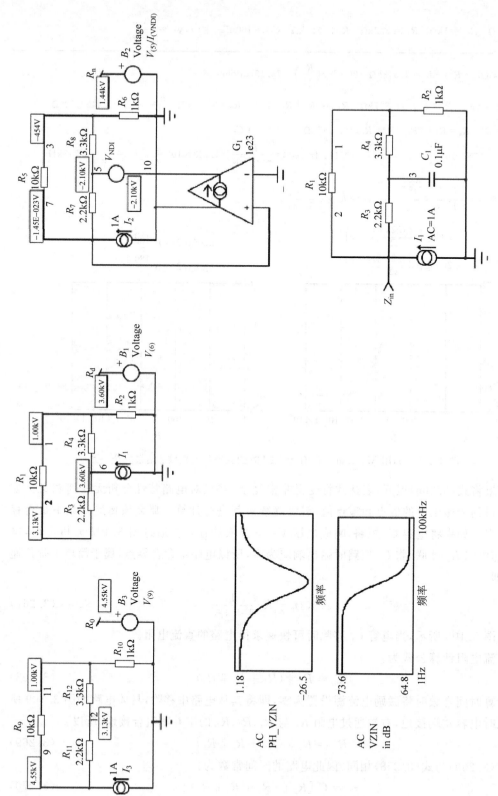

图 3.106 通过简单 SPICE 仿真程序验证计算结果的正确性

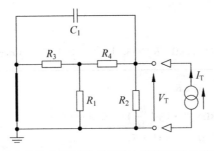

图 3.107 当直流输入源短路时利用电流源对输出端口进行扫描

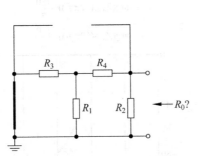

图 3.108 通过观察可直接求得该电路的直流电阻 R_0

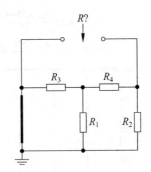

图 3.109 求解电容端口电阻电路图

$$Z_{out}(s) = \left[R_2 \parallel (R_4 + R_1 \parallel R_3)\right] \frac{1}{1 + sC_1\left[R_2 \parallel (R_4 + R_3 \parallel R_1)\right]}$$

$$= R_0 \frac{1}{1 + \dfrac{s}{\omega_p}}$$

$$(3.271)$$

其中

$$R_0 = R_2 \parallel (R_4 + R_1 \parallel R_3) \tag{3.272}$$

$$\omega_p = \frac{1}{C_1\left[R_2 \parallel (R_4 + R_3 \parallel R_1)\right]} \tag{3.273}$$

如图 3.110 所示,通过数学软件 Mathcad 验证,式(3.266)和式(3.271)频率特性曲线完全一致。

6. 习题 6

当电路中含有电感 L_1 时,首先将其参数值设置为无穷大,以判断传递函数中是否存在零点。此时电感 L_1 等效于从电路中移除,测试输出响应是否依然存在。通过分析可得输出响应为零,所以电路为 1 阶网络,传递函数遵循如下形式:

$$H(s) = H_0 \frac{1}{1 + s\tau_2} \tag{3.274}$$

当 L_1 短路时计算电路直流增益,具体如图 3.111 所示,此时电路通过 R_2 和 R_3 构成电阻分压器,即:

$$H_0 = \frac{R_3}{R_2 + R_3} \tag{3.275}$$

如图 3.112 所示,计算时间常数时将激励电压源设置为零,此时电感端口的电阻为:

$$R_d = R_1 \parallel (R_2 + R_3) \tag{3.276}$$

电路时间常数为：

$$R_1 := 10\text{k}\Omega \quad R_2 := 1\text{k}\Omega \quad R_3 := 2.2\text{k}\Omega \quad R_4 := 3.3\text{k}\Omega \quad C_1 := 1\mu\text{F} \quad \parallel (x, y) := \frac{x \cdot y}{x + y}$$

$$Z_{\text{out}}(s) := \left[R_2 \parallel \left(\frac{1}{s \cdot C_1} \right) \right] \parallel (R_4 + R_1 \parallel R_3)$$

$$R_0 := R_2 \parallel (R_4 + R_1 \parallel R_3) = 0.836\text{k}\Omega \quad 20 \cdot \log\left(\frac{R_0}{\Omega} \right) = 58.446\text{dBohm}$$

$$R_d := R_2 \parallel (R_4 + R_1 \parallel R_3) = 836.154\Omega \quad \tau_2 := C_1 \cdot R_d$$

$$\omega_p = \frac{1}{\tau_2} = 1.196 \times 10^3 \ \frac{1}{s} \quad f_p := \frac{\omega_p}{2\pi} = 190.342\text{Hz} \quad Z_{\text{out2}}(s) := R_0 \cdot \frac{1}{1 + s \cdot \tau_2}$$

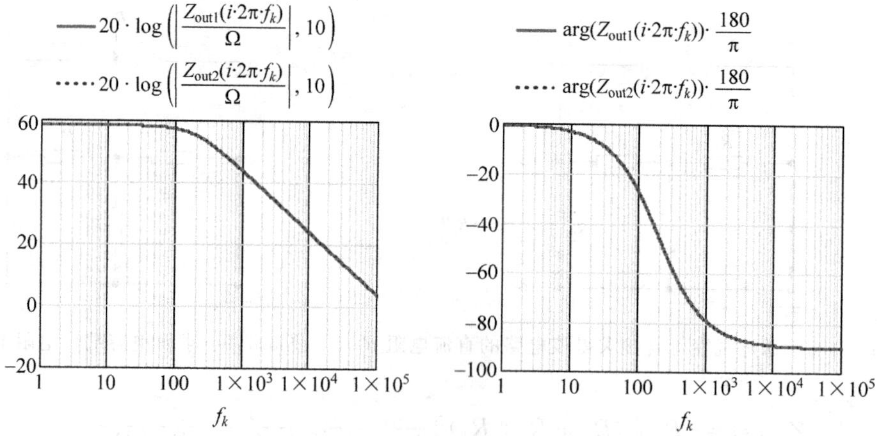

$$\boxed{} \quad 20 \cdot \log\left(\left| \frac{Z_{\text{out1}}(i \cdot 2\pi \cdot f_k)}{\Omega} \right|, 10 \right) \qquad \boxed{} \quad \arg(Z_{\text{out1}}(i \cdot 2\pi \cdot f_k)) \cdot \frac{180}{\pi}$$

$$\cdots \cdots \ 20 \cdot \log\left(\left| \frac{Z_{\text{out2}}(i \cdot 2\pi \cdot f_k)}{\Omega} \right|, 10 \right) \qquad \cdots \cdots \ \arg(Z_{\text{out2}}(i \cdot 2\pi \cdot f_k)) \cdot \frac{180}{\pi}$$

图 3.110　通过 Mathcad 验证表达式(3.266)和式(3.271)的频率特性曲线完全一致

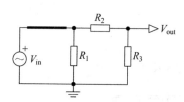

图 3.111　直流分析时电感短路，可
直接求得传递函数 H_0

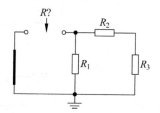

图 3.112　计算电感驱动电阻时将
激励电压源设置为零

$$\tau_2 = \frac{L_1}{R_1 \parallel (R_2 + R_3)} \tag{3.277}$$

最终传递函数为：

$$H(s) = \frac{R_3}{R_2 + R_3} \frac{1}{1 + s \dfrac{L_1}{R_1 \parallel (R_2 + R_3)}} = H_0 \frac{1}{1 + \dfrac{s}{\omega_p}} \tag{3.278}$$

该表达式的直流增益为：

$$H_0 = \frac{R_3}{R_2 + R_3} \tag{3.279}$$

极点为：

$$\omega_p = \frac{R_1 \parallel (R_2 + R_3)}{L_1} \tag{3.280}$$

图 3.113 为 Mathcad 计算程序，其输出响应为简单 1 阶低通滤波器。

$$R_1 := 1\text{k}\Omega \quad R_2 := 470\Omega \quad R_3 := 100\Omega \quad L_1 := 100\text{mH} \quad \|(x, y) := \frac{x \cdot y}{x + y}$$

$$H_0 := \frac{R_3}{R_2 + R_3} = 0.175 \quad 20 \cdot \log(H_0) = -15.117\text{dB}$$

$$R_d := R_1 \| (R_2 + R_3) = 363.057\Omega \quad \tau_2 := \frac{L_1}{R_d}$$

$$\omega_p := \frac{1}{\tau_2} = 3.631 \times 10^3 \ \frac{1}{s} \quad f_p := \frac{\omega_p}{2\pi} = 577.824\text{Hz} \quad H_1(s) := H_0 \cdot \frac{1}{1 + s \cdot \tau_2}$$

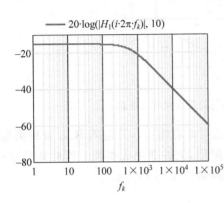 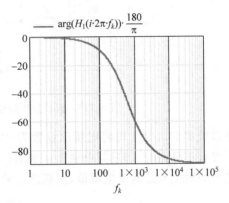

图 3.113 输出响应为简单低通滤波器

7. 习题 7

图 3.114 为运算放大器电路，包含一个储能元件，所以为 1 阶电路。与前面实例一样，首先判断电容 C_1 是否产生零点。利用短路线将电容 C_1 短路，测试输出电压是否依然存在。

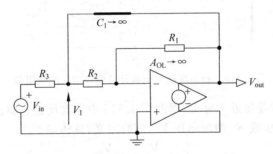

图 3.114 计算电路增益时利用短路线代替电容，以判断电路是否存在零点

当电容 C_1 未短路时，运算放大器实现缓冲作用，输出电压 V_{out} 与 V_1 的关系式为：

$$V_{\text{out}} = -\frac{R_1}{R_2}V_1 \tag{3.281}$$

当 C_1 短路时 V_1 与 V_{out} 一致，此时式(3.281)更新为：

$$V_{\text{out}} = -\frac{R_1}{R_2}V_{\text{out}} \tag{3.282}$$

只有当 $V_{\text{out}} = 0$ 时，式(3.282)才能成立：C_1 短路时输出响应为零，传递函数无零点。于是将电路传递函数定义如下：

$$G(s) = G_0 \frac{1}{1 + s\tau_2} \qquad (3.283)$$

对电路进行直流分析时将电容移除,此时电路简化为图 3.115,电路增益为:

$$G_0 = -\frac{R_1}{R_2 + R_3} \qquad (3.284)$$

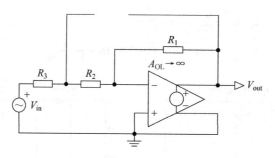

图 3.115　直流分析时电路简化为反相放大电路

计算电路时间常数时将电压源设置为 0V,通过电容端口计算电阻 R_d。分析类似运算放大器等有源电路时,通过简单观察很难求得电阻值,但并非绝无可能。因此如往常一样,通过增加激励电流源测试电阻值,更新之后的电路如图 3.116 所示。

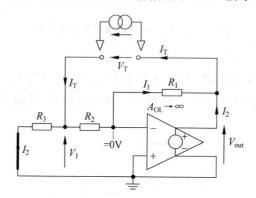

图 3.116　利用激励电流源计算电容端口的电阻值

由于运算放大器增益接近无穷大,因此图 3.116 中运放反相引脚的电压为 0V。电流 I_1 可通过电阻 R_2 两端电压或 R_1 两端电压 V_{out} 进行定义,具体如下:

$$I_1 = \frac{V_1}{R_2} = -\frac{V_{out}}{R_1} \qquad (3.285)$$

将电阻 R_3 两端电压标记为 V_1,因为电阻 R_2 和 R_3 并联,所以当电流 I_T 通过并联电阻时,电压 V_1 的计算公式为:

$$V_1 = I_T(R_2 \parallel R_3) \qquad (3.286)$$

由式(2.285)和式(2.286)得:

$$I_1 = \frac{I_T(R_3 \parallel R_2)}{R_2} \qquad (3.287)$$

输出电压表达式为:

$$V_{out} = -\frac{I_T(R_3 \parallel R_2)}{R_2}R_1 \qquad (3.288)$$

电流源两端电压 $V_\mathrm{T} = V_1 - V_\mathrm{out}$，所以：

$$V_\mathrm{T} = I_\mathrm{T}(R_2 \parallel R_3) + I_\mathrm{T}\left[(R_2 \parallel R_3)\frac{R_1}{R_2}\right] \tag{3.289}$$

将式(3.289)重新整理并分解因式得：

$$R_\mathrm{d} = \frac{V_\mathrm{T}}{I_\mathrm{T}} = (R_2 \parallel R_3)\left(1 + \frac{R_1}{R_2}\right) \tag{3.290}$$

因此时间常数 τ_2 为：

$$\tau_2 = (R_2 \parallel R_3)\left(1 + \frac{R_1}{R_2}\right)C_1 \tag{3.291}$$

电路最终传输函数为：

$$G(s) = -\frac{R_1}{R_2 + R_3}\ \frac{1}{1 + s(R_2 \parallel R_3)\left(1 + \dfrac{R_1}{R_2}\right)C_1} = G_0\ \frac{1}{1 + \dfrac{s}{\omega_\mathrm{p}}} \tag{3.292}$$

其中

$$G_0 = -\frac{R_1}{R_2 + R_3} \tag{3.293}$$

极点计算公式为：

$$\omega_\mathrm{p} = \frac{1}{(R_2 \parallel R_3)\left(1 + \dfrac{R_1}{R_2}\right)C_1} \tag{3.294}$$

图 3.117 为 Mathcad 计算程序，图 3.118 为 SPICE 仿真结果，两者完全一致。

$R_1 := 470\mathrm{k\Omega} \quad R_2 := 150\mathrm{k\Omega} \quad R_3 := 10\mathrm{k\Omega} \quad C_1 := 0.1\mathrm{\mu F} \quad \parallel(x, y) := \dfrac{x \cdot y}{x + y}$

$G_0 := -\dfrac{R_1}{R_2 + R_3} = -2.9375 \quad 20 \cdot \log(|G_0|) = 9.35956\mathrm{dB}$

$R_\mathrm{d} := (R_2 \parallel R_3) \cdot \left(1 + \dfrac{R_1}{R_2}\right) = 38.75 \cdot \mathrm{k\Omega} \quad \tau_2 := R_\mathrm{d} \cdot C_1$

$\omega_\mathrm{p} := \dfrac{1}{\tau_2} = 258.06452\ \dfrac{1}{s} \quad f_\mathrm{p} := \dfrac{\omega_\mathrm{p}}{2\pi} = 41.07224\mathrm{Hz} \quad G_1(s) := G_0 \cdot \dfrac{1}{1 + s \cdot \tau_2}$

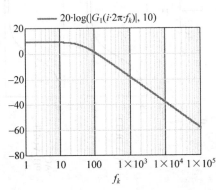
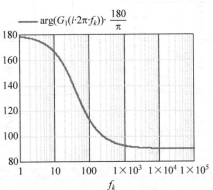

图 3.117 利用 Mathcad 快速求得答案，并与 SPICE 仿真结果进行对比

8. 习题 8

计算输出阻抗时，测试电流源按照图 3.119 所示进行连接。

首先进行零点确定：当电感 L_1 无穷大（即从电路中移除）时，采用电流源驱动电路以测

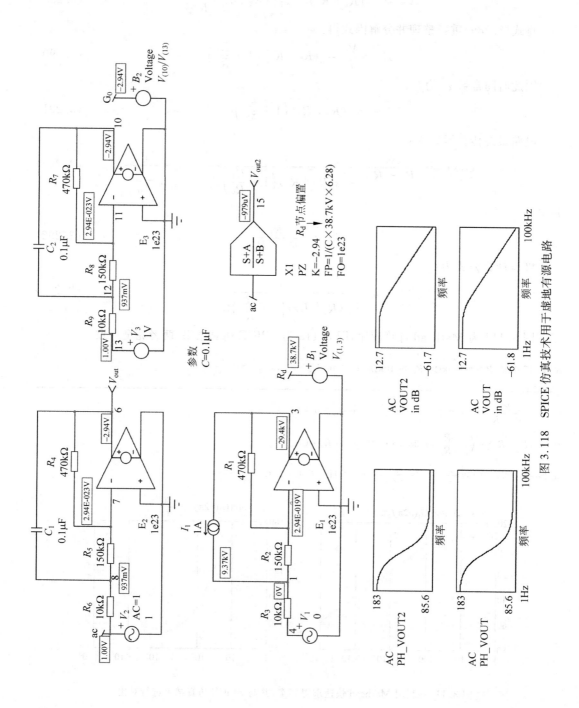

图 3.118 SPICE 仿真技术用于虚地有源电路

试输出响应是否依然存在。通过分析,输出响应依然存在,所以该电路含有与 L_1 相关联的零点,即传递函数表达式为:

$$Z_{\text{out}}(s) = R_0 \frac{1 + s\tau_1}{1 + s\tau_2} \tag{3.295}$$

当 L_1 短路时计算直流电阻 R_0 得:

$$R_0 = 0 \tag{3.296}$$

当 $R_0 = 0$ 时式(3.295)始终为零,所以该阻抗计算表达式不适合于该电路。接下来利用图 3.76 中的阻抗表达式进行计算,即:

$$Z_{\text{out}}(s) = R_\infty \frac{1 + \dfrac{1}{s\tau_1}}{1 + \dfrac{1}{s\tau_2}} \tag{3.297}$$

此时电感 L_1 无穷大,电阻 R_1 与 R_2 并联,所以输出电阻为:

$$R_\infty = R_1 \parallel R_2 \tag{3.298}$$

当输出响应为零时计算第一时间常数 τ_1。即利用电流源对电路进行激励,使其两端电压为零,具体如图 3.120 所示。无须计算,可直接求得连接端口电阻 $R_n = 0$。因此时间常数 τ_1 无穷大,即:

$$\tau_1 = \frac{L_1}{0} \to \infty \tag{3.299}$$

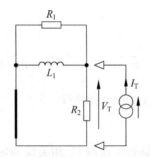

图 3.119 计算输出阻抗时采用电流源进行激励,端口电压为输出响应

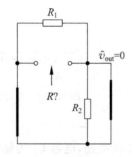

图 3.120 电感两端电阻为 0

计算电路第二时间常数 τ_2 时将电流源设置为 0A,然后求解电感两端的电阻值,具体电路如图 3.121 所示,则电阻 R_d 的计算公式为:

$$R_d = R_1 \parallel R_2 \tag{3.300}$$

时间常数 τ_2 为

$$\tau_2 = \frac{L_1}{R_1 \parallel R_2} \tag{3.301}$$

输出阻抗传递函数最终表达式为:

$$Z_{\text{out}}(s) = R_\infty \frac{1 + \dfrac{1}{s \cdot \infty}}{1 + \dfrac{1}{s\tau_2}} = R_\infty \frac{1}{1 + \dfrac{1}{s\tau_2}} = R_\infty \frac{1}{1 + \dfrac{\omega_p}{s}} \tag{3.302}$$

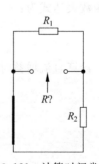

图 3.121 计算时间常数时将激励源设置为 0A

其中

$$R_\infty = R_1 \parallel R_2 \qquad (3.303)$$

$$\omega_p = \frac{R_1 \parallel R_2}{L_1} \qquad (3.304)$$

Mathcad 计算程序和输出结果如图 3.122 所示。应当注意式(3.302)为倒相极点,即每个极点都有原点处零点与之对应。

$$R_1 := 250\Omega \quad R_2 := 1\text{k}\Omega \quad L_1 := 500\text{mH} \quad \parallel (x, y) := \frac{x \cdot y}{x + y}$$

$$R_{\text{inf}} := R_1 \parallel R_2 = 200\Omega \quad 20 \cdot \log\left(\left|\frac{R_{\text{inf}}}{\Omega}\right|\right) = 46.0206\text{dBohm}$$

$$R_d := R_1 \parallel R_2 = 200\Omega \quad \tau_2 := \frac{L_1}{R_d}$$

$$\omega_p := \frac{1}{\tau_2} = 400 \frac{1}{s} \quad f_p := \frac{\omega_p}{2\pi} = 63.66198\text{Hz} \quad Z_1(s) := R_{\text{inf}} \cdot \frac{1}{1 + \dfrac{1}{s \cdot \tau_2}}$$

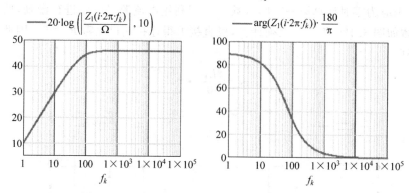

图 3.122 原点处零点和高频极点的频率特性曲线

9. 习题 9

该电路为 1 阶电路,电容 C_1 为储能元件。那么是否存在与 C_1 相关联的零点呢? 当 C_1 短路时输出响应 V_{out} 是否依然存在? 经过分析可得,确实存在与 C_1 相关联的零点,所以传递函数表达式为:

$$G(s) = G_0 \frac{1 + s\tau_1}{1 + s\tau_2} \qquad (3.305)$$

计算直流增益时将 C_1 从电路中移除,具体电路如图 3.123 所示。

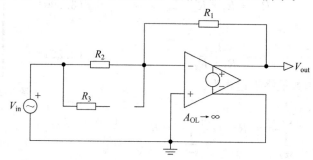

图 3.123 直流分析时 C_1 不起作用,1 阶电路简化为反相放大器

通过图 3.123 求得直流增益 G_0 为:

$$G_0 = -\frac{R_1}{R_2} \tag{3.306}$$

计算零点电阻 R_n 时,采用 NDI 技术并且利用电流源对电容端口进行激励,具体电路如图 3.124 所示。

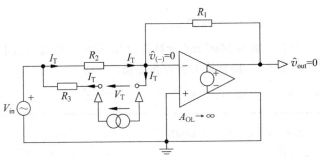

图 3.124　当输出响应为零时通过计算电容端口 R_n 电阻值求解电路零点

通过对电路进行仔细观察,不利用激励电流源,也可直接求出 R_n 电阻值。因为输出电压为零、运放反相引脚电压为零,所以电阻 R_1 中无电流流过。全部测试电流 I_T 均从 R_2 和 R_3 中通过,因此电阻 R_n 为:

$$R_n = R_2 + R_3 \tag{3.307}$$

时间常数 τ_1 表达式为:

$$\tau_1 = (R_2 + R_3)C_1 \tag{3.308}$$

计算电路时间常数 τ_2 时,将激励电压源设置为 0V,然后计算该模式下电容端口的电阻值。对于图 3.125 所示测试电路,可通过观察法直接求得 R_d 电阻值,也可利用测试电流源对电路进行激励,求解 R_d。

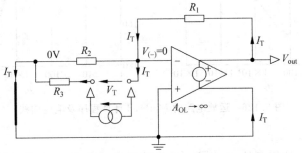

图 3.125　当激励电压源设置为 0V 时计算电路时间常数

由图 3.125 可得,电流源 I_T 左端通过激励电压源设置为 0V,然后通过 R_1 返回电流源右端。因为运放反相端电位为 0V(虚地),所以电流源两端唯一电阻为 R_3,因此:

$$R_d = R_3 \tag{3.309}$$

即

$$\tau_2 = R_3 C_1 \tag{3.310}$$

所以完整传递函数为:

$$G(s) = -\frac{R_1}{R_2} \frac{1 + s(R_2 + R_3)C_1}{1 + sR_3 C_1} = G_0 \frac{1 + \dfrac{s}{\omega_z}}{1 + \dfrac{s}{\omega_p}} \tag{3.311}$$

其中

$$G_0 = -\frac{R_1}{R_2} \tag{3.312}$$

$$\omega_z = \frac{1}{(R_2 + R_3)C_1} \tag{3.313}$$

$$\omega_p = \frac{1}{R_3 C_1} \tag{3.314}$$

图 3.126 和图 3.127 分别为 Mathcad 计算程序和 SPICE 仿真测试电路,两者结果完全一致。如果最终数据有所不同,则计算方程存在差错。

$R_1 := 100\mathrm{k}\Omega \quad R_2 := 22\mathrm{k}\Omega \quad R_3 := 2.2\mathrm{k}\Omega \quad C_1 := 47\mathrm{nF} \quad \| (x,y) := \dfrac{x \cdot y}{x+y}$

$G_0 := -\dfrac{R_1}{R_2} = -4.54545 \quad 20 \cdot \log(|G_0|) = 13.15155\mathrm{dB}$

$R_d := R_3 = 2.2\mathrm{k}\Omega \quad \tau_2 := R_d \cdot C_1$

$R_n := R_2 + R_3 = 24.2\mathrm{k}\Omega \quad \tau_1 := R_n \cdot C_1$

$\omega_p := \dfrac{1}{\tau_2} = 9.67118 \times 10^3 \dfrac{1}{\mathrm{s}} \quad f_p := \dfrac{\omega_p}{2\pi} = 1.53922\mathrm{kHz}$

$\omega_z := \dfrac{1}{\tau_1} = 879.19817 \dfrac{1}{\mathrm{s}} \quad f_z := \dfrac{\omega_z}{2\pi} = 139.92873\mathrm{Hz}$

$G_1(s) := G_0 \cdot \dfrac{1+s \cdot \tau_1}{1+s \cdot \tau_2}$

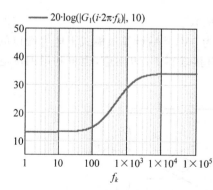 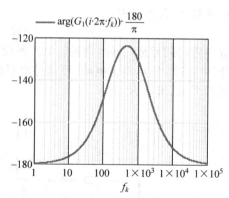

图 3.126　运放电路的 Mathcad 计算程序及响应曲线

10. 习题 10

该电路包含单一储能元件,因此为 1 阶电路网络。当 C_1 无穷大(短路)时输出响应为零(V_{out} 短路),因此该电路不存在零点,传递函数表达式为:

$$G(s) = G_0 \frac{1}{1+s\tau_2} \tag{3.315}$$

计算直流增益时将电容 C_1 移除,具体电路如图 3.128 所示。假设该电路采用理想运算放大器,只有 I_1 为环路电流。运放反相引脚虚地,所以 I_1 计算公式为:

$$I_1 = \frac{V_{in}}{R_2} \tag{3.316}$$

以及

$$V_{out} = -I_1 R_1 \tag{3.317}$$

将式(3.316)和式(3.317)组合得:

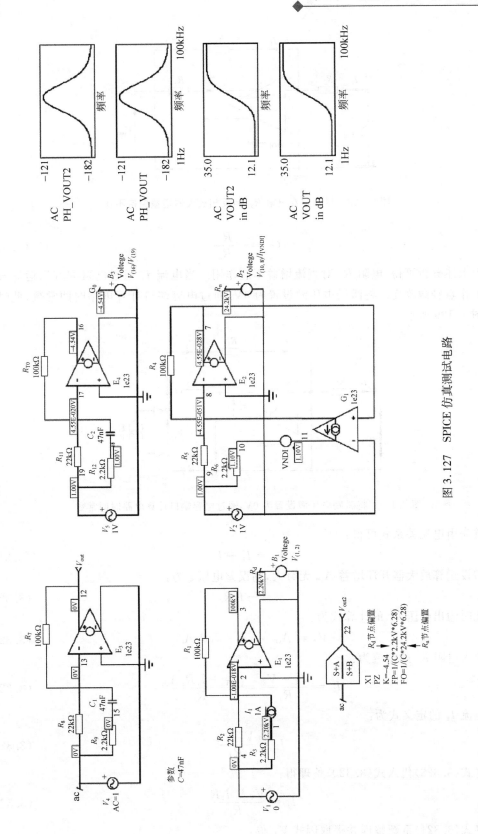

图 3.127 SPICE 仿真测试电路

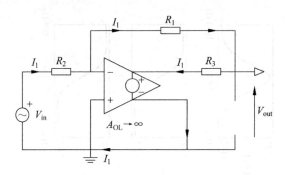

图 3.128 尽管存在电阻 R_3,但反相放大器增益保持不变

$$G_0 = -\frac{R_1}{R_2} \tag{3.318}$$

由上述分析可得,电阻 R_3 对直流增益不起作用。当电流 I_1 通过电阻 R_3 时,运算放大器的工作点轻微改变。将激励电压源设置为 0V,通过电容端口计算电路时间常数,此时电路如图 3.129 所示。

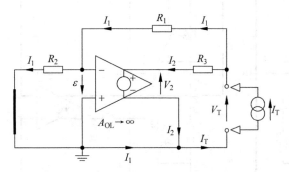

图 3.129 将激励电压源设置为 0V,通过电容端口计算电路时间常数

首先由电流关系式可得:

$$I_T = I_1 + I_2 \tag{3.319}$$

假设运算放大器开环增益 A_{OL} 无穷大,则误差电压 ε 为:

$$\varepsilon = -I_1 R_2 \tag{3.320}$$

此时输出电压 V_2 的计算式为:

$$V_2 = A_{OL} \cdot \varepsilon = -I_1 R_2 A_{OL} \tag{3.321}$$

流入电阻 R_3 的电流为:

$$I_2 = \frac{V_T - V_2}{R_3} = \frac{V_T + I_1 R_2 A_{OL}}{R_3} \tag{3.322}$$

电流 I_1 的定义式为:

$$I_1 = \frac{V_T + \varepsilon}{R_1} \tag{3.323}$$

将式(3.323)代入式(3.320)整理得:

$$I_1 = \frac{V_T - I_1 R_2}{R_1} \tag{3.324}$$

将式(3.324)重新整理并提取因式 V_T 得:

$$I_1 = \frac{V_T}{R_1 + R_2} \tag{3.325}$$

从式(3.319)中提取 I_2 并且将其代入式(3.322)得:

$$I_T - I_1 = \frac{V_T + I_1 R_2 A_{OL}}{R_3} \tag{3.326}$$

利用定义式(3.325)代替 I_1,然后提取因式 I_T 和 V_T,将式(3.326)整理为:

$$I_T R_3 = V_T \left(1 + \frac{R_2 A_{OL}}{R_1 + R_2} + \frac{R_3}{R_1 + R_2}\right) \tag{3.327}$$

阻抗 R_d 的计算为:

$$R_d = \frac{V_T}{I_T} = \frac{R_3}{1 + \dfrac{R_2 A_{OL}}{R_1 + R_2} + \dfrac{R_3}{R_1 + R_2}} \tag{3.328}$$

当运算放大器开环增益无穷大时 R_d 变为 0,即:

$$R_d \mid_{A_{OL} \to \infty} = 0 \tag{3.329}$$

此时时间常数 τ_2 也为 0,所以式(3.315)中传递函数表达式简化为:

$$G(s) \approx -\frac{R_1}{R_2} \tag{3.330}$$

所以输出电容对电路无影响。图 3.130 为 Mathcad 程序及计算结果。当运放开环增益为 10 000 时电阻 R_d 为 $260\text{m}\Omega$,并且极点设置于高频:交流响应在 6.1MHz 极点之前保持平坦。图 3.131 为利用 SPICE 软件进行偏置点计算,所得阻抗值与 Mathcad 计算结果完全一致。最后在特定工作点对电路进行交流仿真分析,所得极点为 6.1MHz,具体如图 3.132 所示。

$R_1 := 100\text{k}\Omega \quad R_2 := 22\text{k}\Omega \quad R_3 := 470\Omega \quad C_1 := 100\text{nF} \quad \| (x,y) := \dfrac{x \cdot y}{x+y}$

$A_{OL} := 10\ 000$

$R_d := \dfrac{R_3}{1 + \dfrac{R_2 \cdot A_{OL}}{R_1 + R_2} + \dfrac{R_3}{R_1 + R_2}} = 0.26049\Omega \quad G_0 := \dfrac{R_1}{R_2} \quad 20 \cdot \log(|G_0|) = 13.15155\text{dB}$

$\tau_2 := R_d \cdot C_1 \quad \omega_p := \dfrac{1}{\tau_2} = 3.8389 \times 10^7 \dfrac{1}{s} \quad f_p := \dfrac{\omega_p}{2\pi} = 6.1098\text{MHz} \quad G_1(s) := G_0 \cdot \dfrac{1}{1 + s \cdot \tau_2}$

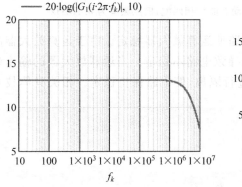
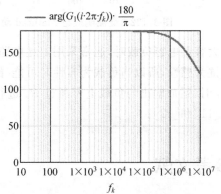

图 3.130　Mathcad 计算所得电容 C_1 驱动电阻值很小:整个频率范围内响应平坦

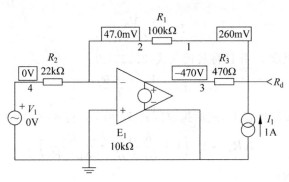

图 3.131　利用 SPICE 软件计算电阻 $R_d = 260 \text{m}\Omega$（由 1A 电流源对
节点 1 进行驱动，电压为 260mV）

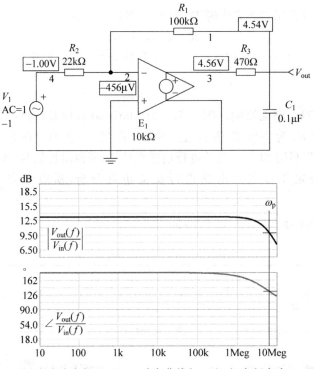

图 3.132　交流响应与 Mathcad 动态曲线相匹配，极点频率为 6.1MHz

当驱动大容量电容负载时，通常采用上述电路使运算放大器稳定。由于运算放大器的闭环输出阻抗为感性，所以当负载为容性时可能导致电路不稳定。当运算放大器的输出端串联电阻 R_3 时，运放输出与负载电容通过 R_3 进行隔离，使电路保持稳定。相关具体技术请参考文献[11]和[12]。

参考文献

1. http://www.solved-problems.com/circuits/circuits-articles/839/turning-sources-off/ (last accessed 12/12/2015).

2. http://users. ece. gatech. edu/mleach/papers/superpos. pdf (last accessed 12/12/2015).

3. Middlebrook R D. Null Double Injection and the Extra Element Theorem[J]. IEEE Transactions on Education,1989，32(3)，167-180.

4. Vorpérian V. Fast Analytical Techniques for Electrical and Electronic Circuits[M]. London：Cambridge University Press，2002：4.

5. Hajimiri A. Generalized Time-and Transfer-Constant Circuit Analysis[J]. Transactions on Circuits and Systems，2009，57 (6)，1105-1121.

6. http://www. rdmiddlebrook. com/ (last accessed 12/12/2015).

7. http://www. edn. com/electronics-blogs/outside-the-box-/4404226/Design-oriented-circuit-dynami cs (last accessed12/12/2015).

8. http://www. analogdesign. be/ (last accessed 12/12/2015).

9. https://groups. yahoo. com/neo/groups/Design-Oriented_ Analysis_D-OA/info (last accessed 12/12/2015).

10. https://sites. google. com/site/frankwiedmann/loopgain (last accessed 12/12/2015).

11. Pachchigar M. Compensation Techniques for Driving Large-Capacitance Loads with High-Speed Amplifiers [OL]. http://www. eetimes. com/document. asp? doc_id＝1272424 (last accessed 20/12/2015).

12. Feucht D. Designing Dynamic Circuits[J]. Analog Circuit Design，2010，2：150-158.

第4章

2阶传递函数

第 3 章已经对本书核心主题——额外元件定理进行了深入研究。通常采用两种不同形式推导额外元件定理,即将额外元件看作短路或者开路——将元件从电路网络中物理移除。如果通过关闭激励源获得传递函数极点,则计算零点时需要利用 NDI 技术,但对于初学者可能比较难以驾驭。幸运的是,可利用 EET 将传递函数表达为不同形式,如此便不再需要使用 NDI 技术。利用 EET 技术确实简化了计算过程,但是最终表达式系数却变得更加复杂。本章将把 EET 技术应用到 2 阶系统中,即双额外元件定理(2EET)。利用双元件代替单元件时,计算方法虽然复杂,但计算准则保持不变。本章首先探索 2EET 的原始表达式,然后进一步推导出更简单更实用的传递函数式,并且通过实例进行具体讲解。

4.1　再次应用额外元件定理

额外元件定理表明,任何 1 阶电路网络传递函数均可分解为两项: 主导项或参考增益,通过将额外元件 Z 置于参考状态而求得。在该模式下,Z 或者从电路中移除(Z 为无穷大)或者短路(Z 为 0)。第一表达式之后为第二系数,即校正因子 k。该系数包括极点和零点(如果存在),通过特定条件(将激励源设置为 0 或 NDI)下计算储能元件端口电阻值而求得。具体计算过程如图 4.1 所示。

文献[1]中详述讲解双额外元件定理(2EET)的理论背景,即将 EET 两次应用于包含两个储能元件 Z_1 和 Z_2 的电路网络中。首先确定电路网络中的单储能元件,并且应用经典 EET 计算电路表达式,该表达式成为第 2 EET 的参考增益 A_{ref}。如第 3 章所述,EET 中所选择的“额外”阻抗首先设置为短路($Z=0$)或从电路中移除($Z \to \infty$)。以上即为参考状态。然而,如果已经将 EET 应用于第一元件,那么第一步中第二元件将如何处理? 即 EET 已经应用于第一元件,第二元件对电路传递函数的贡献应如何计算? 因为电路中存在两个储能元件,所以存在 4 种可能组合方式,4 种可能参考状态:

$$Z_1 = Z_2 = 0$$
$$Z_1 = 0, \quad Z_2 \to \infty$$

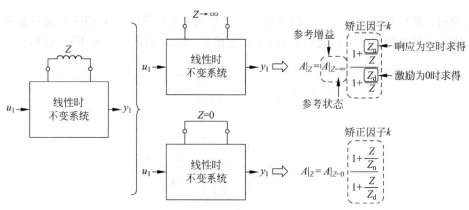

图 4.1　EET 将额外元件置于两种不同状态，并定义适当校正因子
从而整理得到最终传递函数

$$Z_1 \to \infty, \quad Z_2 = 0$$
$$Z_1 \to \infty, \quad Z_2 \to \infty$$

利用数字"1"或"0"分别代表 Z_1 和 Z_2 开路或短路，以确定组合数目。该状态下，2 阶系统的可能组合数目由下式决定：

$$组合数目 = 2^n = 2^2 = 4 \tag{4.1}$$

当对第一元件应用 EET 时，可根据上述 4 种组合选择 Z_1 和 Z_2 的具体参数值。最后，2EET 将提供 4 种不同表达式，但最终结果都一致。图 4.2 对 4 种可能组合的参考增益计算进

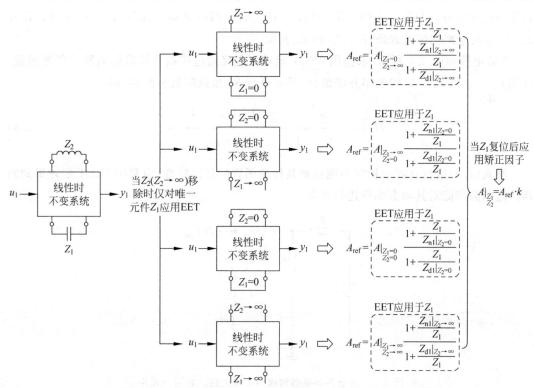

图 4.2　当只考虑一个元件（例如图中 Z_1）时，对电路第一次应用 EET 定理，然后将 EET
再次应用于其中一个储能元件。应当注意所有表达式最终结果完全相同

行详细说明。然后当第一元件——例如 Z_1——重新恢复原位置时利用 EET 计算校正因子 k。

2EET 定理通过以下方式进行表达,并且包括 Z_1 和 Z_2 的所有 4 种不同选择:

$$A \left.\right|_{\substack{z_1 \\ Z_2}} = A \left.\right|_{\substack{z_1 \to \infty \\ z_2 \to \infty}} \frac{1 + \dfrac{Z_{n1} \mid_{z_2 \to \infty}}{Z_1} 1 + \dfrac{Z_{n2}}{Z_2}}{1 + \dfrac{Z_{d1} \mid_{z_2 \to \infty}}{Z_1} 1 + \dfrac{Z_{d2}}{Z_2}} \tag{4.2}$$

$$A \left.\right|_{\substack{z_1 \\ Z_2}} = A \left.\right|_{\substack{z_1 = 0 \\ z_2 = 0}} \frac{1 + \dfrac{Z_1}{Z_{n1} \mid_{z_2 = 0}} 1 + \dfrac{Z_2}{Z_{n2}}}{1 + \dfrac{Z_1}{Z_{d1} \mid_{z_2 = 0}} 1 + \dfrac{Z_2}{Z_{d2}}} \tag{4.3}$$

$$A \left.\right|_{\substack{z_1 \\ Z_2}} = A \left.\right|_{\substack{z_1 = 0 \\ z_2 \to \infty}} \frac{1 + \dfrac{Z_1}{Z_{n1} \mid_{z_2 \to \infty}} 1 + \dfrac{Z_{n2}}{Z_2}}{1 + \dfrac{Z_1}{Z_{d1} \mid_{z_2 \to \infty}} 1 + \dfrac{Z_{d2}}{Z_2}} \tag{4.4}$$

$$A \left.\right|_{\substack{z_1 \\ Z_2}} = A \left.\right|_{\substack{z_1 \to \infty \\ z_2 = 0}} \frac{1 + \dfrac{Z_{n1} \mid_{z_2 = 0}}{Z_1} 1 + \dfrac{Z_2}{Z_{n2}}}{1 + \dfrac{Z_{d1} \mid_{z_2 = 0}}{Z_1} 1 + \dfrac{Z_2}{Z_{d2}}} \tag{4.5}$$

在应用实例中,选定 Z_1 作为额外元件对电路进行 EET 分析,当响应为零且激励源为零时 Z_{n1} 和 Z_{d1} 变为 R_{n1} 和 R_{d1},即 Z_1 中的电抗由电阻进行驱动。计算校正因子时,选定的储能元件应恢复原位。与第一应用实例一致,Z_1 相关联的阻抗对第二元件 Z_2 进行驱动。计算 Z_{n2} 和 Z_{d2} 的电路网络设置条件与 Z_{n1} 和 Z_{d1} 相似。

2 阶电路如图 4.3 所示,未使用 2EET 定理而直接通过代数计算求解电路的传递函数。首先 $C_1 - r_C$ 和 $L_2 - r_L$ 构成串并联组合,然后再与 R_1 组成阻抗分配器,即:

$$H(s) = \frac{\left(r_C + \dfrac{1}{sC_1}\right) \parallel (r_L + sL_2)}{R_1 + \left(r_C + \dfrac{1}{sC_1}\right) \parallel (r_L + sL_2)} \tag{4.6}$$

对式(4.6)进行直观分析时不能得到其传递函数的任何特性,但利用 2EET 定理得到的新传递函数却能对其动态响应进行评估。

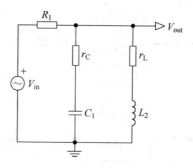

图 4.3 由电容和电感构成的 2 阶电路。对第一元件
应用 EET 时有四种可能配置

如果希望将 2EET 应用于电路中,首先对本例中的选定阻抗 Z_1(涉及 C_1)进行 EET 分析。正如前面所解释,通过对 Z_1 和 Z_2 的参考状态进行选择,可得到 4 种可能组合。无论选择如何,均会使得 4 个所得等式不同。假设式(4.2)中参考电路评估阻抗均设置为无穷大,此时 C_1 和 L_2 可从电路中物理移除,更新之后的电路如图 4.4 所示。

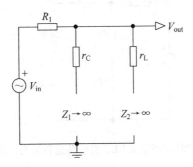

图 4.4　Z_1 和 Z_2 无穷大(C_1 为零、L_2 无穷大)时的参考电路

该配置下参考增益为:

$$H \mid_{\substack{z_1 \to \infty \\ z_2 \to \infty}} = 1 \tag{4.7}$$

利用 EET 对参考电路进行分析时将 Z_1 设置为额外元件,并且将 Z_2 设置为无穷大。首先当激励为零时计算电阻 R_d 的值,然后应用 NDI 技术求得 R_n 的值。如图 4.5 所示,此时该电路非常简单,可轻易得到其电阻值计算公式为:

$$R_d \mid_{z_2 \to \infty} = r_C + R_1 \tag{4.8}$$

利用 NDI 对电路进行分析,结果如图 4.6 所示,此时无须激励源。如果 r_C 上端电压为 0V,则 C_1 两端子电阻为:

$$R_n \mid_{z_2 \to \infty} = r_C \tag{4.9}$$

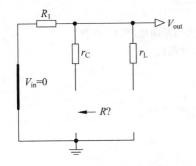

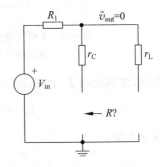

图 4.5　当 Z_2 移除时利用 EET 计算 Z_1。
此时确定 R_d 数值

图 4.6　当 Z_2 无穷大时利用 NDI 对电路
进行分析

根据上述分析可以求得 2EET 的第一部分,即参考网络中 Z_1 和 Z_2 无穷大(从电路中物理移除)时,2 阶网络的参考增益 H_{ref} 为:

$$H_{ref}(s) = H \mid_{\substack{z_1 \to \infty \\ z_2 \to \infty}} \frac{1 + \dfrac{Z_{n1} \mid_{z_2 \to \infty}}{Z_1}}{1 + \dfrac{Z_{d1} \mid_{z_2 \to \infty}}{Z_1}} = 1 \cdot \frac{1 + \dfrac{r_C}{\dfrac{1}{sC_1}}}{1 + \dfrac{r_C + R_1}{\dfrac{1}{sC_1}}} = \frac{1 + sr_C C_1}{s(r_C + R_1)C_1} \tag{4.10}$$

到目前为止，所得结果与第 3 章相比并未太复杂：将 EET 应用于 Z_1，并且将 Z_2 从电路中移除。接下来计算 Z_1 恢复原位时与 Z_2 相关的校正因子，此时新电路如图 4.7 所示，首先利用 NDI 对电路进行求解。

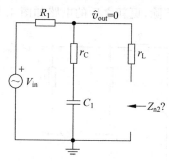

图 4.7 当 Z_1 恢复原位时应用第 2 EET 对电路进行分析。此时输出响应为零

无须利用测试源对电路进行分析，当输出电压 $\hat{v}_{\text{out}} = 0$ 时电感两端阻抗为纯电阻，即电感等效串联欧姆电阻：

$$Z_{\text{n2}} = r_{\text{L}} \tag{4.11}$$

如图 4.8 所示，当激励源关闭时，电感两端阻抗包括电容阻抗。

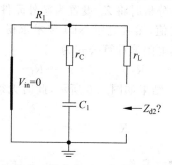

图 4.8 求解传递函数分母项时关闭激励源，当 C_1 恢复
原位时计算电感 L_2 的驱动阻抗

通过观察，求得此时 L_2 的驱动阻抗计算式为：

$$Z_{\text{d2}} = r_{\text{L}} + R_1 \parallel \left(\frac{1}{sC_1} + r_{\text{C}} \right) \tag{4.12}$$

校正因子 k 为：

$$k = \frac{1 + \dfrac{Z_{\text{n2}}}{Z_2}}{1 + \dfrac{Z_{\text{d2}}}{Z_2}} = \frac{1 + \dfrac{r_{\text{L}}}{sL_2}}{1 + \dfrac{r_{\text{L}} + R_1 \parallel \left(\dfrac{1}{sC_1} + r_{\text{C}} \right)}{sL_2}} \tag{4.13}$$

将上述计算结果进行组合，求得 V_{out} 与 V_{in} 之间的传递函数 H 的表达式为：

$$
\begin{aligned}
H(s) &= H_{\text{ref}}(s) \cdot k \\
&= \frac{1 + sr_{\text{C}}C_1}{1 + s(r_{\text{C}} + R_1)C_1} \frac{1 + \dfrac{r_{\text{L}}}{sL_2}}{1 + \dfrac{r_{\text{L}} + R_1 \parallel \left(\dfrac{1}{sC_1} + r_{\text{C}} \right)}{sL_2}}
\end{aligned} \tag{4.14}
$$

当 Z_1 无穷大、Z_2 短路时计算电路的表达式,该电路与 $s=0$ 时的参考电路相类似,即阻抗按照如下参考状态进行设置:直流时 C_1 从电路中移除(容抗为 0),并且 L_2 短路(感抗为 0)。此时 2EET 计算公式与式(4.5)一致,最终传递函数计算过程如图 4.9 所示。

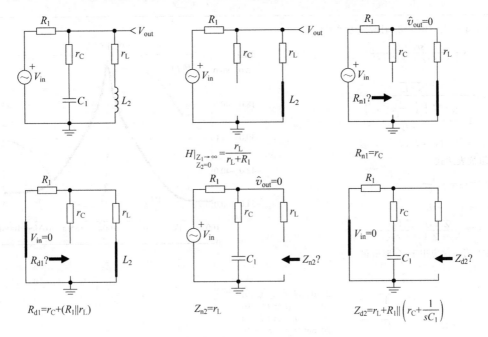

$$H|_{\substack{Z_1 \to \infty \\ Z_2=0}} = \frac{r_L}{r_L+R_1}$$

$$R_{n1}=r_C$$

$$R_{d1}=r_C+(R_1\|r_L)$$

$$Z_{n2}=r_L$$

$$Z_{d2}=r_L+R_1\|\left(r_C+\frac{1}{sC_1}\right)$$

图 4.9 当 C_1 移除、L_2 短路时计算电路直流参考增益

将所有中间步骤进行组合,得到另一传递函数 H,即:

$$H(s)=\frac{r_L}{r_L+R_1}\frac{1+\dfrac{r_C}{\dfrac{1}{sC_1}}}{1+\dfrac{r_C+R_1\|r_L}{\dfrac{1}{sC_1}}}\frac{1+\dfrac{sL_2}{r_L}}{1+\dfrac{sL_2}{r_L+R_1\|\left(\dfrac{1}{sC_1}+r_C\right)}} \tag{4.15}$$

为进行实例练习,现将 Z_2 设置为额外元件(而非前例中的 Z_1),并且在 Z_1 移除后利用 EET 对电路进行分析。当 $Z_2=0$、$Z_1\to\infty$ 时求得 2EET 公式为:

$$A\left|\begin{smallmatrix}z_1\\z_2\end{smallmatrix}\right. = A\left|\begin{smallmatrix}z_2=0\\z_1\to\infty\end{smallmatrix}\right.\frac{1+\dfrac{Z_2}{Z_{n2}}\Big|_{Z_1\to\infty}1+\dfrac{Z_{n2}}{Z_1}}{1+\dfrac{Z_2}{Z_{d2}}\Big|_{Z_1\to\infty}1+\dfrac{Z_{d2}}{Z_1}} \tag{4.16}$$

如果应用之前步骤,所得传递函数与图 4.3 所示相同,但表达形式不同,如下所示:

$$H(s)=\frac{r_L}{r_L+R_1}\frac{1+\dfrac{sL_2}{r_L}}{1+\dfrac{sL_2}{r_L+R_1}}\frac{1+\dfrac{r_C}{\dfrac{1}{sC_1}}}{1+\dfrac{r_C+R_1\|(sL_2+r_L)}{\dfrac{1}{sC_1}}} \tag{4.17}$$

分别利用数学软件 Mathcad 和电路仿真软件 SPICE 对式(4.17)和直接计算所得式(4.6)

进行对比,结果如图 4.10 所示,两表达式输出结果完全相同。元件参数值为:$R_1 = 1\mathrm{k}\Omega$、$r_C = 3.3\Omega$,$r_L = 2.2\mathrm{k}\Omega$,$C_1 = 10\mathrm{nF}$,$L_2 = 250\mu\mathrm{H}$。

$$R_1 := 1\mathrm{k}\Omega \quad r_C := 3.3\Omega \quad r_L := 2.2\mathrm{k}\Omega \quad L_2 := 250\mu\mathrm{H} \quad \|(x,y) := \frac{xy}{x+y} \quad C_1 := 10\mathrm{nF}$$

当 EET 第一次应用于 Z_1 时所得传递函数

$$H_{\mathrm{ref1}} := 1 \cdot \frac{1 + sr_C \cdot C_1}{1 + s \cdot (r_C + R_1) \cdot C_1}$$

$$k_1(s) := \frac{1 + \dfrac{r_L}{s \cdot L_2}}{1 + \dfrac{r_L + R_1 \| \left(\dfrac{1}{s \cdot C_1} + r_C\right)}{s \cdot L_2}}$$

$$H_1(s) := H_{\mathrm{ref1}}(s) \cdot k_1(s)$$

参考阻抗表达式

$$Z_1(s) := r_C + \frac{1}{s \cdot C_1}$$

$$Z_2(s) := r_L + s \cdot L_2$$

$$H_{\mathrm{ref}}(s) := \frac{Z_1(s) \| Z_2(s)}{R_1 + Z_1(s) \| Z_2(s)}$$

当 EET 第一次应用于 Z_1 时所得
传递函数

$$H_{\mathrm{ref2}}(s) := \frac{r_L}{r_L + R_1} \cdot \frac{1 + \dfrac{r_C}{\dfrac{1}{sC_1}}}{1 + \dfrac{r_C + R_1 \| r_L}{\dfrac{1}{s \cdot C_1}}}$$

$$k_2(s) := \frac{1 + \dfrac{s \cdot L_2}{r_L}}{1 + \dfrac{s \cdot L_2}{r_L + R_1 \| \left(\dfrac{1}{s \cdot C_1} + r_C\right)}}$$

$$H_2(s) := H_{\mathrm{ref2}}(s) \cdot k_2(s)$$

当 EET 第一次应用于 Z_2 时所得
传递函数

$$H_{\mathrm{ref3}} := \frac{r_L}{r_L + R_1} \cdot \frac{1 + \dfrac{s \cdot L_2}{r_L}}{1 + \dfrac{s \cdot L_2}{r_L + R_1}}$$

$$k_3(s) := \frac{1 + \dfrac{r_C}{\dfrac{1}{sC_1}}}{1 + \dfrac{r_C + R_1 \| (s \cdot L_2 + r_L)}{\dfrac{1}{s \cdot C_1}}}$$

$$H_3(s) := H_{\mathrm{ref3}}(s) \cdot k_3(s)$$

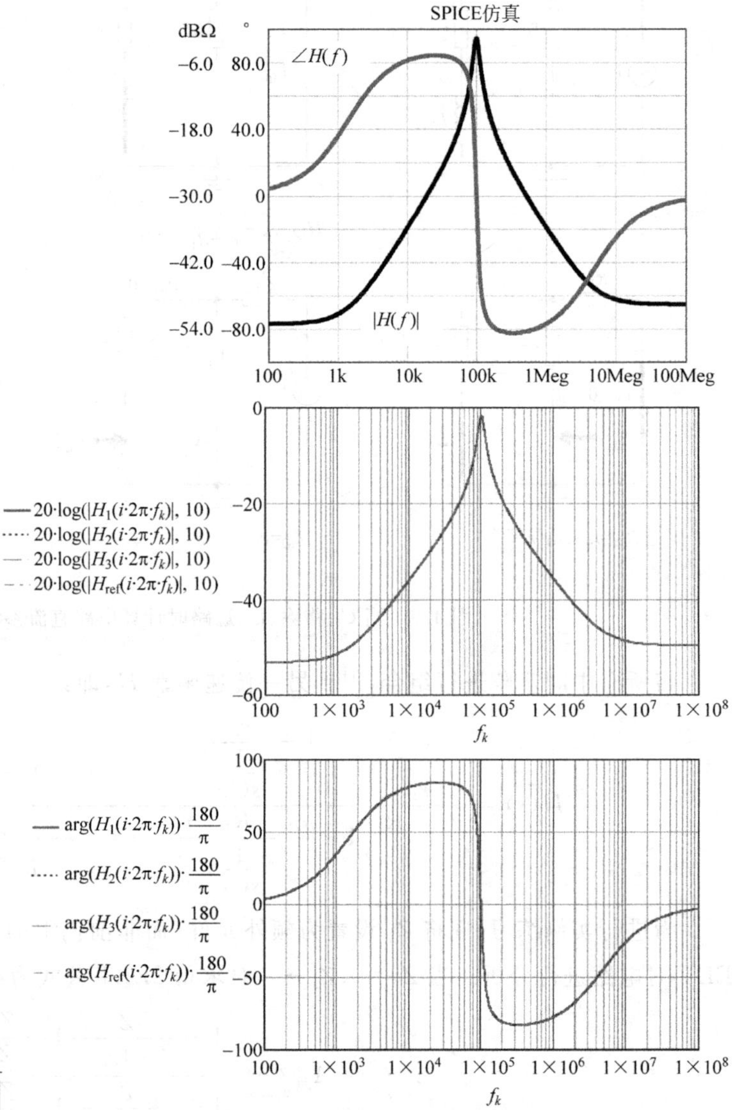

图例:

— $20 \cdot \log(|H_1(i \cdot 2\pi \cdot f_k)|, 10)$
···· $20 \cdot \log(|H_2(i \cdot 2\pi \cdot f_k)|, 10)$
— $20 \cdot \log(|H_3(i \cdot 2\pi \cdot f_k)|, 10)$
－ $20 \cdot \log(|H_{\mathrm{ref}}(i \cdot 2\pi \cdot f_k)|, 10)$

— $\arg(H_1(i \cdot 2\pi \cdot f_k)) \cdot \dfrac{180}{\pi}$
···· $\arg(H_2(i \cdot 2\pi \cdot f_k)) \cdot \dfrac{180}{\pi}$
— $\arg(H_3(i \cdot 2\pi \cdot f_k)) \cdot \dfrac{180}{\pi}$
－ $\arg(H_{\mathrm{ref}}(i \cdot 2\pi \cdot f_k)) \cdot \dfrac{180}{\pi}$

图 4.10   Mathcad 中 3 种不同表达式计算图形与 SPICE 仿真波形进行对比

4.1.1   低熵 2 阶表达式

如图 4.10 所示,由 2EET 提供的表达式完全正确。但是通过该方法求得的原始结果——忽略 Z_1、Z_2 的组合方式——均不能通过直接观察得到极点和零点位置。通过如下计算能够立即得到零点值：当 $s=s_z$ 时，判断图4.3中变换电路何时使得输出响应为零？当串联组合 $1/sC_1$—r_C 和 sL_2—r_L 时：

$$r_C + \frac{1}{sC_1} = 0 \rightarrow s_{z_1} = -\frac{1}{r_C C_1} \tag{4.18}$$

$$sL_2 + r_L = 0 \rightarrow s_{z_2} = -\frac{r_L}{L_2} \tag{4.19}$$

整理得

$$N(s) = (1 + sr_C C_1)\left(1 + s\frac{L_2}{r_L}\right) \tag{4.20}$$

但是分母相当复杂，按照式(4.15)格式将其分解因式如下：

$$D(s) = (1 + s[r_C + R_1 \parallel r_L]C_1)\left(1 + \frac{sL_2}{r_L + R_1 \parallel \left(\frac{1}{sC_1} + r_C\right)}\right) \tag{4.21}$$

将式(4.21)整理得

$$D(s) = \left\{1 + sC_1\left[r_C + \left(\frac{r_L R_1}{r_L + R_1}\right)\right]\right\}\left[1 + \frac{sL_2(sr_C C_1 + sR_1 C_1 + 1)}{R_1 + r_L + sC_1(r_C R_1 + r_L R_1 + r_C r_L)}\right] \tag{4.22}$$

展开并提取公因数得

$$D(s) = 1 + s\left(\frac{L_2}{r_L + R_1} + C_1\frac{R_1 r_C + R_1 r_L + r_C r_L}{r_L + R_1}\right) + s^2\frac{L_2}{R_1 + r_L}C_1(R_1 + r_C) \tag{4.23}$$

式(4.23)为2阶多项式表达式，形式如下：

$$D(s) = 1 + b_1 s + b_2 s^2 \tag{4.24}$$

在低熵表达式中，分母和分子均无量纲，但主导项承载传递函数的单位（如果存在）。在式(4.24)中，b_1 与 s 相乘，同时 b_2 与 s^2 相乘。如文献[2]所示，如果该表达式无量纲，则 b_1 的维数为时间[s]，b_2 的维数为时间的平方[s²]。通过证明可得，b_1 为电路时间常数之和，b_2 为两个储能元件的两个时间常数之积。无论为几阶电路，计算传递函数时始终首先计算参考增益。在本书其余章节中均设置 $s=0$ 为电路参考状态，并在此状态下计算参考增益 H_0。如图4.11，可立即求得参考增益为：

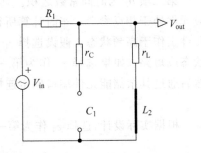

图4.11 当 $s=0$ 时计算参考增益 H_0，此时电容移除、电感短路

$$H_0 = \frac{r_L}{r_L + R_1} \tag{4.25}$$

当激励源关闭时，利用传统方法获得电路时间常数 τ_1 和 τ_2。对电路进行直流分析时，只需简单地将电容移除、电感电路，此类储能元件存在参考状态，对应于 Z_1 和 Z_2 的四种状态之一。对电路进行偏置点分析时该方法最直观，尤其利用SPICE进行电路仿真时更是如此。图4.12为激励源设置为0时对应的直流电路。如图4.12(a)所示，当 L_2 短路时，通过观测 C_1 端口获得时间常数的电阻值：

$$R = r_C + R_1 \parallel r_L \tag{4.26}$$

因此

$$\tau_1 = (r_C + R_1 \parallel r_L)C_1 \tag{4.27}$$

如图 4.12(b)所示,当电容 C_1 移除、电感 L_2 两端的电阻为:

$$R = R_1 + r_L \tag{4.28}$$

整理得

$$\tau_2 = \frac{L_2}{R_1 + r_L} \tag{4.29}$$

b_1 为时间常数之和,即:

$$b_1 = \tau_1 + \tau_2 = (r_C + R_1 \parallel r_L)C_1 + \frac{L_2}{R_1 + r_L} \tag{4.30}$$

通过对比可得,式(4.30)完全为式(4.23)的更新版本。

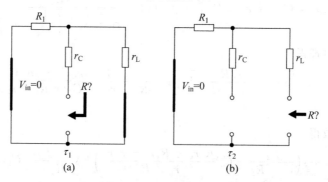

图 4.12　当激励源关闭时通过直流状态获得电路时间常数

第二项 b_2 为时间常数之积。其中一个时间常数可能为 τ_1 或 τ_2。第二时间常数为其对应元件处于相反参考状态时计算所得。因为通常对电路直流状态进行分析,所以相反时即元件工作于高频状态。假设选择 τ_1 作为第一时间常数,则与 τ_1 相关联的电容 C_1 处于高频状态或短路。如果选择 τ_2 作为第一时间常数,则电感 L_2 处于高频状态或从电路中移除。然后通过其余储能元件端口确定连接点阻抗。为验证该计算方法,将 b_2 重新定义为:

$$b_2 = \tau_1 \tau_2^1 \tag{4.31}$$

根据实际设计,选择 τ_2 作为第一时间常数,由文献[1]和[2]可得 b_2 的冗余表达式为:

$$b_2 = \tau_2 \tau_1^2 \tag{4.32}$$

式(4.31)和式(4.32)含义及其形成过程如图 4.13 所示。

实际应用 2 阶电路如图 4.14 所示。在图 4.14(a)中,当 L_2 处于高频状态(阻抗无限大,等效于从电路中移除)时,电容 C_1 的端口电阻为 $r_C + R_1$,与之相关联的时间常数为:

$$\tau_1^2 = C_1(r_C + R_1) \tag{4.33}$$

在图 4.14(b)中,当电容 C_1 处于高频状态(短路)时,电感 L_2 的驱动电阻为 $r_L + R_1 \parallel r_C$,则第二可能时间常数为:

$$\tau_2^1 = \frac{L_2}{r_L + R_1 \parallel r_C} \tag{4.34}$$

因此,分母 $D(s)$ 可以写成如下多项式形式:

$$D(s) = 1 + s(\tau_1 + \tau_2) + s^2 \tau_1 \tau_2^1 \tag{4.35}$$

其中 s 项的系数为式(4.27)和式(4.29)中确定的固有时间常数之和。s^2 项的系数为式(4.31)

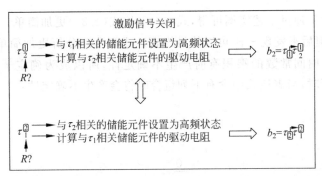

图 4.13 计算时间常数乘积时,确定驱动第二储能元件电阻之前,首先将第一时间
常数相关联元件设置于高频状态

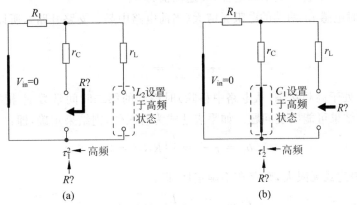

图 4.14 计算 2 阶分母系数 b_2 时将某一储能元件设置为参考状态的相反状态,
然后求解其他储能元件的驱动电阻

或式(4.32)。

结合时间常数公式整理得:

$$D(s) = 1 + s\left[C_1(r_C + R_1 \parallel r_L) + \frac{L_2}{R_1 + r_L}\right] + s^2\left[C_1(r_C + R_1 \parallel r_L)\frac{L_2}{r_L + R_1 \parallel r_C}\right] \quad (4.36)$$

等同于

$$D(s) = 1 + s(\tau_1 + \tau_2) + s^2\tau_2\tau_1^2 \quad (4.37)$$

将时间常数值代入式(4.37)得:

$$D(s) = 1 + s\left[C_1(r_C + R_1 \parallel r_L) + \frac{L_2}{R_1 + r_L}\right] + s^2\left[\frac{L_2}{R_1 + r_L}C_1(r_C + R_1)\right] \quad (4.38)$$

在式(4.36)中 b_2 的表达式为:

$$b_2 = C_1(r_C + R_1 \parallel r_L)\frac{L_2}{r_L + R_1 \parallel r_C} \quad (4.39)$$

而在式(4.38)中 b_2 的表达式为:

$$b_2 = \frac{L_2}{R_1 + r_L}C_1(r_C + R_1) \quad (4.40)$$

对式(4.39)进行整理,同样可得式(4.40)。

如果在分母 $D(s)$ 中含有两种可能的 s^2 项表达式,应用将会更加灵活。

第一优点为简化,根据 τ_1、τ_2 或 $\tau_2\tau_1^2$ 的不同组合,将会发现其中一个表达式非常复杂,需要对其进行简化。通过上述实例可得,式(4.40)比式(4.39)更加简单。基于上述原因,通常首先选择 $\tau_1\tau_2^1$,但后来发现 $\tau_2\tau_2^2$ 可以使最终表达式和电路分析更加简单。选择何种方式完全由读者决定。时间常数的乘积有时产生不确定性,所以成为确定 s^2 冗余度的第二因素。进行数学分析时,当表达式中含有下列组合时将会产生不确定性:

$$\frac{\infty}{\infty}$$

$$\infty - \infty$$

$$\frac{0}{0}$$

$$0 \cdot \infty$$

应当注意,$0/\infty$ 不会产生不确定性,其返回值为 0。

因为 $s=0$ 时电感 L_1 两端的电阻无穷大(当前电路中某一支路开路),所以时间常数 $\tau_1 = 0$,即:

$$\tau_1 = \frac{L_1}{\infty} = 0 \tag{4.41}$$

如果与 L_1 处于高频状态(从电路中移除)时得到的第二时间常数 τ_2^1 相乘,由于表达式不同,最终计算结果可能出现问题。如果表达式为有限值,则结果正确,即:

$$b_2 = \tau_1\tau_2^1 = \frac{L_1}{\infty}R_2C_2 = 0 \tag{4.42}$$

但是如果表达式无限大,则存在不确定性,即:

$$b_2 = \tau_1\tau_2^1 = \frac{L_1}{\infty} \cdot \infty \cdot C_2 \tag{4.43}$$

通过选择 $\tau_2\tau_1^2$ 代替 $\tau_1\tau_2^1$ 将表达式重新组合,以消除不确定性。

还可利用另一种方法对不确定性进行消除。如果储能元件的返回电阻值无穷大,可增加额外电阻与被测试储能元件并联。然后将元件值假设为无穷大,并重新计算电路传递函数。同样地,如果储能元件的返回电阻值为零也将使表达式的输出结果存在不确定性,此时可将微小电阻与储能元件相串联。如果传递函数已经确定,只要将额外电阻值设置为零,即可将最终表达式进行简化。只要能够提供合适的电阻路径,额外电阻也可放置在电路中其他地方。如上所述,尽管利用 EET 和 2EET 能够把复杂电路分解成更小、更简单的模块,但对其进行整体组合时仍然需要工程判断。

4.1.2　零点确定

分母量纲定义方式同样适用于具有双零点的 2 阶分子:

$$N(s) = 1 + a_1 s + a_2 s^2 \tag{4.44}$$

如果 N 无量纲,则 a_1 的次数为时间[s],而 a_2 的次数为时间平方[s^2]。通过电路分析可得,当输出为零并且储能元件处于参考状态时,a_1 为电路时间常数之和;当输出为零并且储能元件处于相反参考状态时,a_2 为双储能元件电路时间常数之积。详细步骤如图 4.15 所示,与激励恢复原位并且响应为零时的分母操作步骤相似。为了将电路激励关闭时计算所得分子时间常数与固有时间常数相区分,采用后缀 N 对时间常数进行标识,即

$$a_1 = \tau_{1N} + \tau_{2N} \tag{4.45}$$

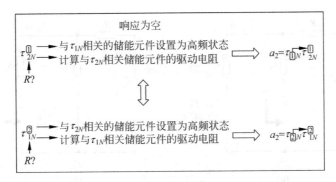

图 4.15 时间常数乘积表明与第一时间常数相关联的元件工作于高频状态

和

$$a_2 = \tau_{1N}\tau_{2N}^1 \tag{4.46}$$

整理得

$$a_2 = \tau_{2N}\tau_{1N}^2 \tag{4.47}$$

图 4.15 对 2 阶系数的建立过程进行详细说明。除输出响应为零时求得电阻之外,该过程与分母构建过程相似。计算第一个系数时,应用上述概念将电路整理为图 4.16 所示。在图 4.16(a)中,由于输出为零,所以电容端口电阻简化为 r_C,所得时间常数为:

$$\tau_{1N} = r_C C_1 \tag{4.48}$$

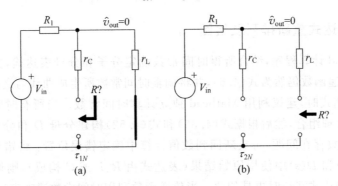

图 4.16 当响应为零且储能元件处于参考状态时计算 s 的 1 阶系数

在图 4.16(b)中,当输出为零时电感 L_2 两端电阻为 r_L,因此:

$$\tau_{2N} = \frac{L_2}{r_L} \tag{4.49}$$

在图 4.17 中,当输出为零时分别通过两个电路图计算 2 阶系数。在图 4.17(a)中,当电感 L_2 处于高频状态时,电容端口的电阻仍然为其串联电阻 r_C。此时时间常数计算公式为:

$$\tau_{1N}^2 = r_C C_1 \tag{4.50}$$

在图 4.17(b)中,当电容短路(高频状态)时可直接得到电感端口的电阻为 r_L。此时时间常数计算公式为:

$$\tau_{2N}^1 = \frac{L_2}{r_L} \tag{4.51}$$

将上述计算结果组合后构成两种 s^2 系数,从而得到两种可能分子表达式,即

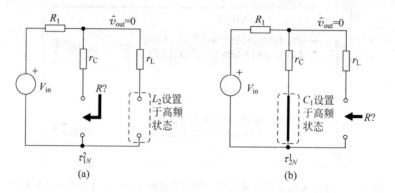

图 4.17 当输出为零并且储能元件处于相反参考状态时计算 s^2 的 2 阶系数

$$N(s) = 1 + s\left(r_C C_1 + \frac{L_2}{r_L}\right) + s^2\left(r_C C_1 \frac{L_2}{r_L}\right) \tag{4.52}$$

式(4.52)等同于

$$N(s) = 1 + s\left(r_C C_1 + \frac{L_2}{r_L}\right) + s^2\left(\frac{L_2}{r_L} r_C C_1\right) \tag{4.53}$$

将式(4.53)分解因式可得

$$N(s) = (1 + s r_C C_1)\left(1 + s\frac{L_2}{r_L}\right) \tag{4.54}$$

4.1.3 表达式重新排列及绘图

编写 Mathcad 计算程序,结合所得时间常数确定分子和分母表达式,并对其正确性进行检验。参考传递函数仍然为式(4.6),并将调整时间常数所生成曲线与之进行对比。编写 $N(s)$ 和 $D(s)$ 表达式时,建议利用 Mathcad 独立计算时间常数。当所有时间常数全部求得之后,将其进行合理组合,然后根据式(4.36)和式(4.52)构建分母 D 和分子 N 的表达式。如果发现传递函数存在问题,可重新回到数值计算中确定错误位置:将错误时间常数直接纠正。如果 $N(s)$ 和 $D(s)$ 中使用原始结果(表达式由 R、L 或 C 构成),则修正系数非常困难,当传递函数表达式冗长时更是如此。当传递函数利用时间常数清晰表达时,系数修正将会变得非常简单——快速分析技术的固有强大特性。图 4.18 为计算结果,s^2 项的不同系数组合决定分母 D 和分子 N 的表达式形式。

现在已经得到分母 D 和分子 N 的两种多项式表达形式,按照第 2 章所学格式将其进行重新排列。首先,分子表达式为:

$$N(s) = 1 + a_1 s + a_2 s^2 \tag{4.55}$$

假设未能直接得到分子 N 的简单因式(4.54),可以首先确定分子表达式的品质因数,即:

$$Q_N = \frac{\sqrt{a_2}}{a_1} \tag{4.56}$$

将具体参数值代入后计算品质因数 Q_N 为 0.017,表明零点完美分离:即可应用第 2 章中的低 Q 值近似方法计算两零点位置,即:

$R_1 := 1\text{k}\Omega \quad r_\text{C} := 3.3\Omega \quad r_\text{L} := 2.2\Omega \quad L_2 = 250\mu\text{H} \quad \|(x,y) := \dfrac{x \cdot y}{x+y} \quad C_1 := 10\text{nF}$

$\tau_1 := (r_\text{C} + R_1 \parallel r_\text{L})C_1 = 0.055\mu\text{s} \quad \tau_2 := \dfrac{L_2}{R_1 + r_\text{L}} = 0.249\mu\text{s} \quad H_0 := \dfrac{r_\text{L}}{r_\text{L} + R_1}$

$\tau_{12} := \dfrac{L_2}{r_\text{L} + R_1 \parallel r_\text{C}} = 45.544\mu\text{s} \quad \tau_{21} := C_1 \cdot (r_\text{C} + R_1) = 10.033\mu\text{s} \quad Z_1(s) := r_\text{C} + \dfrac{1}{s \cdot C_1}$

$Z_2(s) := r_\text{L} + s \cdot L_2 \quad H_\text{ref}(s) := \dfrac{Z_1(s) \parallel Z_2(s)}{R_1 + Z_1(s) \parallel Z_2(s)}$

$D_1(s) := 1 + s \cdot (\tau_1 + \tau_2) + s^2 \cdot (\tau_1 \cdot \tau_{12}) \quad D_2(s) := 1 + s \cdot (\tau_1 + \tau_2) + s^2 \cdot (\tau_2 \cdot \tau_{21})$

$\tau_{1N} := r_\text{C} C_1 = 33\text{ns} \quad \tau_{2N} := \dfrac{L_2}{r_\text{L}} = 113.636\mu\text{s}$

$\tau_{21N} := r_\text{C} \cdot C_1 = 33\text{ns} \quad \tau_{12N} := \dfrac{L_2}{r_\text{L}} = 113.636\mu\text{s}$

$N_1(s) := 1 + s \cdot (\tau_{1N} + \tau_{2N}) + s^2 \cdot (\tau_{1N}\tau_{12N}) \quad N_2(s) := 1 + s \cdot (\tau_{1N} + \tau_{2N}) + s^2 \cdot (\tau_{2N} \cdot \tau_{21N})$

$H_1(s) := H_0 \cdot \dfrac{N_1(s)}{D_1(s)} \quad H_2(s) := H_0 \cdot \dfrac{N_2(s)}{D_2(s)} \quad H_3(s) := H_0 \cdot \dfrac{N_1(s)}{D_2(s)} \quad H_4(s) := H_0 \cdot \dfrac{N_2(s)}{D_1(s)}$

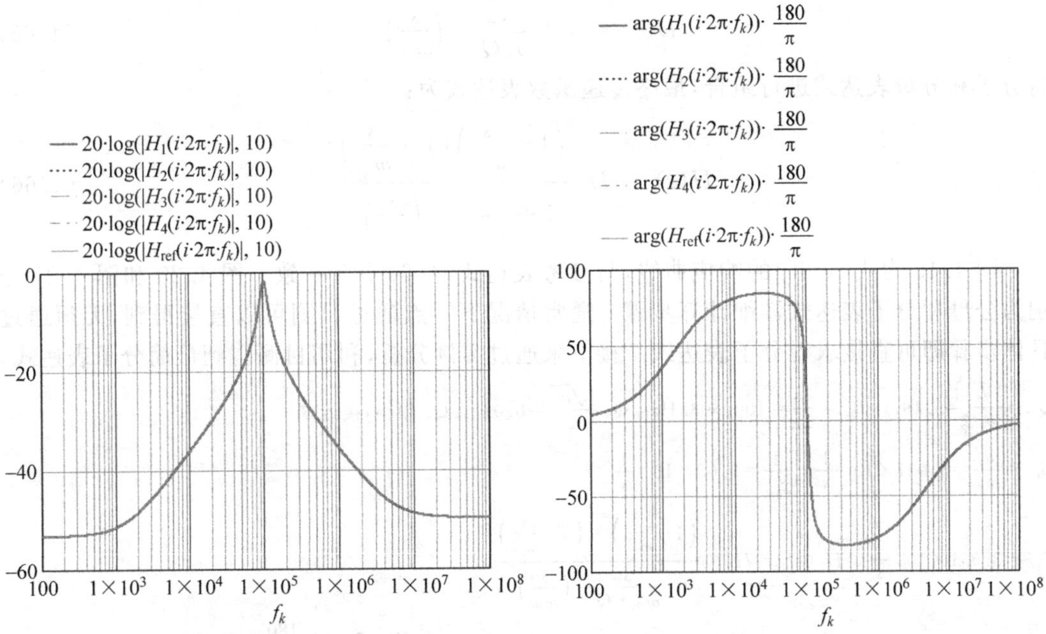

图 4.18 利用时间常数绘制所得传递函数曲线表明计算结果正确

$$\omega_{z_1} = \frac{a_1}{a_2} = \frac{\tau_{1N} + \tau_{2N}}{\tau_{1N}\tau_{2N}^1} \tag{4.57}$$

$$\omega_{z_2} = \frac{1}{a_1} = \frac{1}{\tau_{1N} + \tau_{2N}} \tag{4.58}$$

因为 $\tau_{1N} = 33\text{ns}, \tau_{2N} = 133.6\mu\text{s}$，所以可将上述两零点表达式进行简化，当 $\tau_{2N} = \tau_{2N}^1$ 时：

$$\omega_{z_1} \approx \frac{\tau_{2N}}{\tau_{1N}\tau_{2N}^1} = \frac{1}{\tau_{1N}} = \frac{1}{r_\text{C} C_1} \tag{4.59}$$

$$\omega_{z_2} \approx \frac{1}{\tau_{2N}} = \frac{r_\text{L}}{L_2} \tag{4.60}$$

按照式(4.54)完全相同格式将 $N(s)$ 分解因式得：

$$N(s) = \left(1 + \frac{s}{\omega_{z_1}}\right)\left(1 + \frac{s}{\omega_{z_2}}\right) \tag{4.61}$$

除品质因数较高外，分母 $D(s)$ 同样可应用上述分析方法，但输出响应中将会出现峰值，此时品质因数为：

$$Q = \frac{\sqrt{b_2}}{b_1} = 5.2 \tag{4.62}$$

当两极点重合时谐振角频率 ω_0 的定义式为：

$$\omega_0 = \frac{1}{\sqrt{b_2}} = 632 \text{rad/s} \tag{4.63}$$

或者

$$f_0 = \frac{\omega_0}{2\pi} \approx 100.6 \text{kHz} \tag{4.64}$$

根据上述定义，将分母表达式按照规范形式重新整理为：

$$D(s) = 1 + \frac{s}{\omega_0 Q} + \left(\frac{s}{\omega_0}\right)^2 \tag{4.65}$$

将分子和分母表达式进行组合，最终传递函数表达式为：

$$H(s) = H_0 \frac{\left(1 + \frac{s}{\omega_{z_1}}\right)\left(1 + \frac{s}{\omega_{z_2}}\right)}{1 + \frac{s}{\omega_0 Q} + \left(\frac{s}{\omega_0}\right)^2} \tag{4.66}$$

图 4.19 为式(4.66)的响应曲线，与参考表达式(4.6)特性一致。图 4.20 和图 4.21 分别为分母和分子表达式详细计算步骤。通常情况下零点通过目测可以直接得到，无须通过具体步骤即可直接求得分子表达式。接下来通过实例分析，利用目测得到最简分子表达式。

$Q := \frac{\sqrt{b_2}}{b_1} = 5.197$　$f_0 := \frac{\omega_0}{2\pi} = 100.603 \text{kHz}$　$Q_N := \frac{\sqrt{a_2}}{a_1} = 0.017$　Q_N 很小，接近零

$\omega_{z_1} := \frac{a_1}{a_2} = 3.031 \times 10^7 \frac{1}{s}$　$\frac{1}{\tau_{1N}} = 3.03 \times 10^7 \frac{1}{s}$

$\frac{\omega_{0N}}{Q_N} = 3.031 \times 10^7 \frac{1}{s}$　$H_8(s) := H_0 \cdot \dfrac{\left(1 + \frac{s}{\omega_{z_1}}\right) \cdot \left(1 + \frac{s}{\omega_{z_1}}\right)}{1 + \frac{s}{\omega_0 \cdot Q} + \left(\frac{s}{\omega_0}\right)^2}$

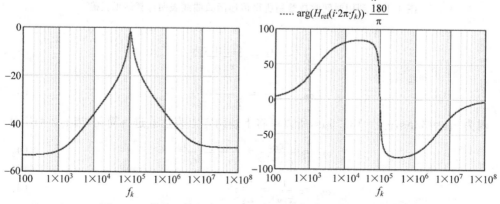

$$\longrightarrow \arg(H_8(i \cdot 2\pi \cdot f_k)) \cdot \frac{180}{\pi}$$
$$\cdots\cdots \arg(H_{\text{ref}}(i \cdot 2\pi \cdot f_k)) \cdot \frac{180}{\pi}$$

图 4.19　传递函数标准形式与参考表达式(4.6)结果相匹配

计算参考增益

1. 绘制直流工作状态时的电路图：电容开路、电感短路
2. 计算该参考状态下的传递函数增益值H_0

计算分母表达式

1. 关闭激励源，计算每个储能元件的驱动阻抗。当计算时间常数τ_1和τ_2时第2个储能元件保持参考状态(直流)

2a. 设置与τ_1相关的储能元件工作于高频状态，计算第二储能元件的驱动阻抗：τ_2^1

$\Updownarrow$ 或者

2b. 设置与τ_2相关的储能元件工作于高频状态，计算第二储能元件的驱动阻抗：τ_1^2

$$D(s)=1+b_1s+b_2s^2$$
$$b_1=\tau_1+\tau_2$$
$$b_2=\tau_1\tau_2 \text{ 或者 } b_2=\tau_2\tau_1^2$$
$$Q=\frac{\sqrt{b_2}}{b_1} \text{ 和 } \omega_0=\frac{1}{\sqrt{b_2}}$$
$$Q\ll1 \begin{cases} \omega_{p1}=\dfrac{1}{b_1} \\ \\ \omega_{p2}=\dfrac{b_1}{b_2} \end{cases}$$

$$D(s)=1+\frac{s}{\omega_0 Q}+\left(\frac{s}{\omega_0}\right)^2$$

$\Downarrow Q\ll1$

$$D(s)\approx\left(1+\frac{s}{\omega_{p1}}\right)\left(1+\frac{s}{\omega_{p2}}\right)$$

图 4.20　当电路中激励源设置为零时分母表达式计算步骤

计算分母表达式

1. 激励源复位、响应为空：$\hat{v}_{out}=0$
2. 电路工作于参考状态：电容开路、电感短路
3. 计算每个储能元件的驱动阻抗。当计算时间常数τ_{1N}和τ_{2N}时第2个储能元件保持参考状态(直流)
4a. 设置与τ_{1N}相关的储能元件工作于高频状态，计算第二储能元件的驱动阻抗：τ_{1N}^1

$\Updownarrow$ 或者

4b. 设置与τ_{2N}相关的储能元件工作于高频状态，计算第二储能元件的驱动阻抗：τ_{2N}^2

$$N(s)=1+a_1s+a_2s^2$$
$$a_1=\tau_{1N}+\tau_{2N}$$
$$a_2=\tau_{1N}\tau_{2N}^1 \text{ 或者 } a_2=\tau_{2N}\tau_{1N}^2$$
$$Q_N=\frac{\sqrt{a_2}}{a_1} \text{ 和 } \omega_{0N}=\frac{1}{\sqrt{a_2}}$$
$$Q_N\ll1 \begin{cases} \omega_{z1}=\dfrac{1}{a_1} \\ \\ \omega_{z2}=\dfrac{a_1}{a_2} \end{cases}$$

$$N(s)=1+\frac{s}{\omega_{0N}Q_N}+\left(\frac{s}{\omega_{0N}}\right)^2$$

$\Downarrow Q\ll1$

$$N(s)\approx\left(1+\frac{s}{\omega_{z1}}\right)\left(1+\frac{s}{\omega_{z2}}\right)$$

计算结果组合

传递函数 $\Rightarrow$ $H(s)=H_0\dfrac{N(s)}{D(s)}$

图 4.21　激励源复原、输出为零时分子表达式计算步骤

4.1.4 实例 1——低通滤波器

图 4.22 为经典 2 阶低通滤波器电路图。应用 2EET 定理，可立即求得输出 V_{out} 与输

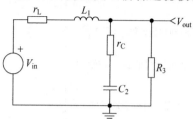

入 V_{in} 之间的传递函数。所有步骤均通过独立电路整理到图 4.23 中。对电路进行初始分析时，鼓励读者将每一步分析均由相应电路进行描述，以便对最终错误出处进行定位。

首先进行直流分析，确定参考增益：C_2 移除、L_1 短路，如图 4.23(a)所示。此时可直接得到静态增益为：

$$H_0 = \frac{R_3}{r_L + R_3} \tag{4.67}$$

图 4.22 利用 EET 定理可快速求得该低通滤波器的传递函数

利用图 4.23(b)计算与 C_2 相关联的时间常数 τ_2，计算公式为：

$$\tau_2 = C_2(r_C + r_L \parallel R_3) \tag{4.68}$$

利用图 4.23(c)计算与 L_1 相关联的时间常数 τ_1，计算公式为：

$$\tau_1 = \frac{L_1}{r_L + R_3} \tag{4.69}$$

将 b_1 定义如下：

$$b_1 = \tau_1 + \tau_2 = \frac{L_1}{r_L + R_3} + C_2(r_C + r_L \parallel R_3) \tag{4.70}$$

在图 4.23(d)中，如果将 L_1 设置为高频状态（从电路中移除）并计算该模式下电容 C_2 的驱动电阻，可得时间常数为：

$$\tau_2^1 = C_2(r_C + R_3) \tag{4.71}$$

也可选择图 4.23(e)中的不同电路结构进行时间常数计算，所得结果为：

$$\tau_1^2 = \frac{L_1}{r_L + R_3 \parallel r_C} \tag{4.72}$$

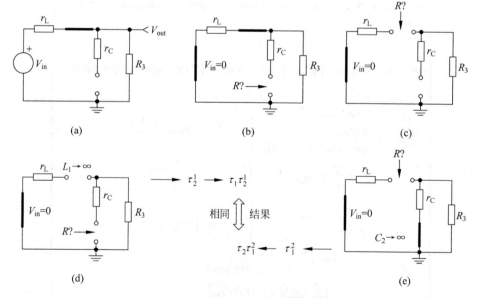

图 4.23 将每一步分析简化为相应电路图，以备错误定位

通过目测可知,计算 b_2 的系数时,式(4.71)和式(4.69)的组合将比式(4.72)和式(4.68)的组合更简单。因此将 b_2 将表示为:

$$b_2 = \tau_1\tau_2^1 = \frac{L_1}{r_L + R_3}C_2(r_C + R_3) \tag{4.73}$$

于是分母 $D(s)$ 的表达式为:

$$\begin{aligned} D(s) &= 1 + b_1 s + b_2 s \\ &= 1 + s\left[\frac{L_1}{r_L + R_3} + C_2(r_C + r_L \parallel R_3)\right] + s^2\left[\frac{L_1}{r_L + R_3}C_2(r_C + R_3)\right] \end{aligned} \tag{4.74}$$

将式(4.74)按照图4.20中规范形式重新整理为:

$$D(s) = 1 + \frac{s}{\omega_0 Q} + \left(\frac{s}{\omega_0}\right)^2 \tag{4.75}$$

其中

$$Q = \frac{\sqrt{b_2}}{b_1} = \frac{\sqrt{\dfrac{L_1}{r_L + R_3}C_2(r_C + R_3)}}{\dfrac{L_1}{r_L + R_3} + C_2(r_C + r_L \parallel R_3)} = \frac{\sqrt{C_2 L_1 (R_3 + r_C)(R_3 + r_L)}}{L_1 + C_2(r_C r_L + r_C R_3 + r_L R_3)} \tag{4.76}$$

以及

$$\omega_0 = \frac{1}{\sqrt{b_2}} = \frac{1}{\sqrt{L_1 C_2}\sqrt{\dfrac{r_C + R_3}{r_L + R_3}}} \tag{4.77}$$

当 $s = s_z$ 时,通过图4.42所示变换电路可直接得到分子表达式。输出对地短路时,输出响应为零。当 $s = s_z$ 时,r_C 和 C_2 的串联连接产生短路阻抗,所以零点计算公式为:

$$Z(s) = r_C + \frac{1}{sC_2} = \frac{1 + sr_C C_2}{sC_2} = 0 \tag{4.78}$$

解得根为实数,即

$$s_z = -\frac{1}{r_C C_2} \tag{4.79}$$

所以 LHP 零点为

$$\omega_z = \frac{1}{r_C C_2} \tag{4.80}$$

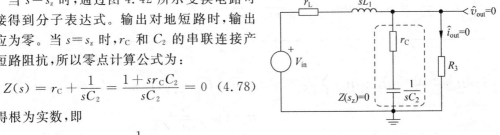

图4.24 当 $s = s_z$ 时,如果 r_C 和 C_2 所构成的变换电路短路,则输出响应为零

根据上述计算可立即求得分子 $N(s)$ 表达式为:

$$N(s) = 1 + sr_C C_2 = 1 + \frac{s}{\omega_z} \tag{4.81}$$

将上述结果组合,求得最终传递函数 $H(s)$ 为:

$$\begin{aligned} H(s) &= \frac{R_3}{R_3 + r_L}\frac{1 + sr_C C_2}{1 + s\left[\dfrac{L_1}{r_L + R_3} + C_2(r_C + r_L \parallel R_3)\right] + s^2\left[\dfrac{L_1}{r_L + R_3}C_2(r_C + R_3)\right]} \\ &= H_0 \frac{1 + \dfrac{s}{\omega_z}}{1 + \dfrac{s}{\omega_0 Q} + \left(\dfrac{s}{\omega_0}\right)^2} \end{aligned} \tag{4.82}$$

　　为检验方程有效性,对原始电路和数学分析所得传递函数进行动态响应测试。通过电路可知,$r_C - C_2$ 与 R_3 并联构成分流器,然后由 $r_L - L_1$ 进行驱动。所以传递函数为:

$$H(s) = \frac{R_3 \parallel \left(r_C + \dfrac{1}{sC_2}\right)}{R_3 \parallel \left(r_C + \dfrac{1}{sC_2}\right) + r_L + sL_1} \tag{4.83}$$

　　图 4.25 为传递函数的所有 Mathcad 计算结果,从中可以得到所有时间常数值和 $D(s)$ 表达式形成过程。如果计算过程中发现错误,更正非常简单而且直接。由输出波形可得,所有表达式输出结果均相似。

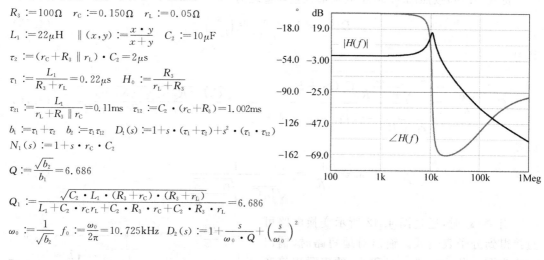

$R_3 := 100\Omega \quad r_C := 0.150\Omega \quad r_L := 0.05\Omega$

$L_1 := 22\mu H \quad \parallel(x,y) := \dfrac{x \cdot y}{x+y} \quad C_2 := 10\mu F$

$\tau_2 := (r_C + R_3 \parallel r_L) \cdot C_2 = 2\mu s$

$\tau_1 := \dfrac{L_1}{R_3 + r_L} = 0.22\mu s \quad H_0 := \dfrac{R_3}{r_L + R_3}$

$\tau_{21} := \dfrac{L_1}{r_L + R_3 \parallel r_C} = 0.11ms \quad \tau_{12} := C_2 \cdot (r_C + R_3) = 1.002ms$

$b_1 := \tau_1 + \tau_2 \quad b_2 := \tau_1 \tau_{12} \quad D_1(s) := 1 + s \cdot (\tau_1 + \tau_2) + s^2 \cdot (\tau_1 \cdot \tau_{12})$

$N_1(s) := 1 + s \cdot r_C \cdot C_2$

$Q := \dfrac{\sqrt{b_2}}{b_1} = 6.686$

$Q_1 := \dfrac{\sqrt{C_2 \cdot L_1 \cdot (R_3 + r_C) \cdot (R_3 + r_L)}}{L_1 + C_2 \cdot r_C r_L + C_2 \cdot R_3 \cdot r_C + C_2 \cdot R_3 \cdot r_L} = 6.686$

$\omega_0 := \dfrac{1}{\sqrt{b_2}} \quad f_0 := \dfrac{\omega_0}{2\pi} = 10.725kHz \quad D_2(s) := 1 + \dfrac{s}{\omega_0 \cdot Q} + \left(\dfrac{s}{\omega_0}\right)^2$

参考传递函数表达式

$H_1(s) := H_0 \cdot \dfrac{N_1(s)}{D_1(s)} \quad H_2(s) := H_0 \cdot \dfrac{N_1(s)}{D_2(s)}$

$Z_1(s) := \left(r_C + \dfrac{1}{s \cdot C_2}\right) \parallel R_3 \quad Z_2(s) := r_L + s \cdot L_1$

$H_{ref}(s) := \dfrac{Z_1(s)}{Z_2(s) + Z_1(s)}$

— $20 \cdot \log(|H_1(i \cdot 2\pi \cdot f_k)|, 10)$
···· $20 \cdot \log(|H_2(i \cdot 2\pi \cdot f_k)|, 10)$
— $20 \cdot \log(|H_{ref}(i \cdot 2\pi \cdot f_k)|, 10)$

— $\arg(H_1(i \cdot 2\pi \cdot f_k)) \cdot \dfrac{180}{\pi}$
···· $\arg(H_2(i \cdot 2\pi \cdot f_k)) \cdot \dfrac{180}{\pi}$
— $\arg(H_{ref}(i \cdot 2\pi \cdot f_k)) \cdot \dfrac{180}{\pi}$

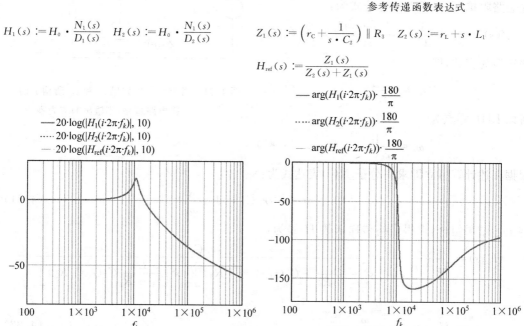

图 4.25　利用 Mathcad 将所有独立时间常数进行组合构成最终表达式

4.1.5　实例2——双电容滤波器

图 4.26 为电容滤波器电路图,因为两电容状态变量独立,所以该电路为 2 阶系统,可应用图 4.20 和图 4.21 所示步骤求解其传递函数。首先计算分母 $D(s)$ 表达式,具体必要步骤如图 4.27 所示。图 4.27(a)为 $s=0$ 的电路图,此时所有电容均被移除,其传递函数为:

$$H_0 = \frac{R_1}{R_1 + R_2} \qquad (4.84)$$

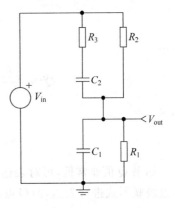

如图 4.27(b)所示,当输入激励源短路时计算电路固有时间常数。为简化分析,建议将 R_3/R_2 上端点与电路地相连接,然后重新绘制电路图,此时电路如图 4.27(c)所示。在图 4.27(d)中,与电容 C_2 相关联的时间常数为:

$$\tau_2 = C_2(R_3 + R_2 \parallel R_1) \qquad (4.85)$$

在图 4.27(e)中,与电容 C_1 相关联的时间常数为:

$$\tau_1 = C_1(R_2 \parallel R_1) \qquad (4.86)$$

图 4.26　利用 2EET 可快速求得双电容滤波器的传递函数

因此系数 b_1 的计算公式为:

$$b_1 = \tau_1 + \tau_2 = C_1(R_2 \parallel R_1) + C_2(R_3 + R_2 \parallel R_1) \qquad (4.87)$$

计算系数 b_2 时,首先求解 C_1 处于高频状态下的时间常数(电容短路),具体电路如图 4.27(f)所示,此时时间常数为:

$$\tau_2^1 = R_3 C_2 \qquad (4.88)$$

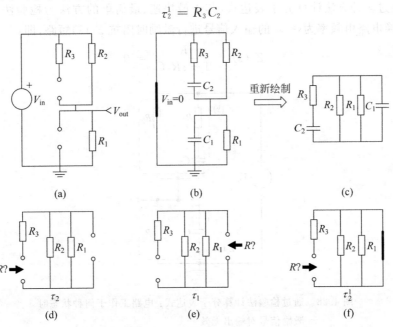

图 4.27　当激励源设置为 0 时通过计算固有时间常数获得分母表达式

因此系数 b_2 可简化为:

$$b_2 = \tau_1 \tau_2^1 = C_1(R_2 \parallel R_1)R_3 C_2 \qquad (4.89)$$

所以原始分母表达式为:

$$D(s) = 1 + b_1 s + b_2 s$$

$$= 1 + s[C_1(R_2 \parallel R_1) + C_2(R_3 + R_2 \parallel R_1)] + s^2[C_1(R_2 \parallel R_1)R_3 C_2] \quad (4.90)$$

将所求得分母表达式按照图 4.20 中规范形式进行重新排列：

$$D(s) = 1 + \frac{s}{\omega_0 Q} + \left(\frac{s}{\omega_0}\right)^2 \quad (4.91)$$

其中

$$Q = \frac{\sqrt{b_2}}{b_1} = \frac{\sqrt{C_1 C_2 (R_2 \parallel R_1)R_3}}{C_1(R_2 \parallel R_1) + C_2(R_3 + R_2 \parallel R_1)} \quad (4.92)$$

以及

$$\omega_0 = \frac{1}{\sqrt{b_2}} = \frac{1}{\sqrt{C_1 C_2 (R_1 \parallel R_2)R_3}} \quad (4.93)$$

如果 Q 值非常低，可对表达式进行低 Q 值近似处理，式(4.91)中的 2 阶多项式可由两极点级联形式进行表达，两极点近似值分别为：

$$\omega_{P_1} = \omega_0 Q = \frac{1}{b_1} \quad (4.94)$$

$$\omega_{P_2} = \frac{\omega_0}{Q} = \frac{b_1}{b_2} \quad (4.95)$$

整理得

$$D(s) \approx \left(1 + \frac{s}{\omega_{P_1}}\right)\left(1 + \frac{s}{\omega_{P_2}}\right) \quad (4.96)$$

可以通过多种方法计算分子表达式，其中最快速、最简单的方法为检验法。如图 4.28 所示，当变换电路由频率为 $s = s_z$ 的输入信号进行激励时阻抗 $Z_2(s)$ 短路，即：

$$Z_2(s) = \frac{R_1}{1 + sR_1 C_1} = 0 \quad (4.97)$$

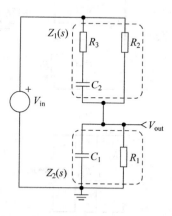

图 4.28　通过检验法计算分子表达式：电路工作于何种状态时
激励信号对输出无效

由式(4.97)可得，只有当 s 无穷大时分母才无穷大，此时 $Z_2(s) = 0$：无零点与 C_1 相关联。当 $Z_1(s)$ 开路时也能阻止激励信号通过。首先计算 $Z_1(s)$ 阻抗：利用电流源 I_T 对 R_2 和 R_3 与 C_2 串联之后的并联电路进行驱动，输出响应为 I_T 两端电压。当 $s = 0$ 即频率为 0 Hz 时电容 C_2 移除，激励源 I_T 两端电阻为 R_2。那么如何能够使得激励电流源 I_T 对输出响应无效呢？当 R_3 和 C_2 短路时即可实现。当激励源 I_T 关闭时 C_2 两端电阻为 $R_2 + R_3$。因此 Z_1 定义式为：

$$Z_1(s) = R_2 \frac{1 + sR_3C_2}{1 + sC_2(R_3 + R_2)} \tag{4.98}$$

由式(4.98)可得，当分子为零时 $Z_1(s)$ 阻抗无穷大，即 $Z_1(s)$ 的极点影响其阻抗值。极点计算公式为：

$$sC_2(R_2 + R_3) + 1 = 0 \tag{4.99}$$

整理得

$$s_z = -\frac{1}{C_2(R_2 + R_3)} \tag{4.100}$$

或者

$$\omega_z = \frac{1}{C_2(R_2 + R_3)} \tag{4.101}$$

第二种方法应用 NDI 技术，然后计算时间常数 τ_{2N}，测试电路如图 4.29 所示。

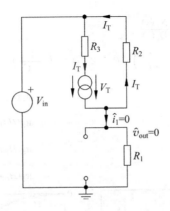

图 4.29　利用 NDI 配置快速求解零点值

因为输出为零，测试电流 I_T 只在电阻 R_3 和 R_2 中循环流通，所以时间常数 τ_{2N} 为

$$\tau_{2N} = C_2(R_2 + R_3) \tag{4.102}$$

求得零点为

$$\omega_z = \frac{1}{\tau_{2N}} = \frac{1}{C_2(R_2 + R_3)} \tag{4.103}$$

最终传递函数为

$$H(s) = \frac{R_1}{R_1 + R_2} \frac{1 + sC_2(R_2 + R_3)}{1 + s[C_1(R_2 \parallel R_1) + C_2(R_3 + R_2 \parallel R_1)] + s^2[C_1(R_2 \parallel R_1)R_3C_2]}$$

$$= H_0 \frac{1 + \dfrac{s}{\omega_z}}{1 + \dfrac{s}{\omega_0 Q} + \left(\dfrac{s}{\omega_0}\right)^2} \tag{4.104}$$

利用 Mathcad 和 SPICE 对结果进行检验，如图 4.30 所示，通过数据和波形证明计算结果完全正确。

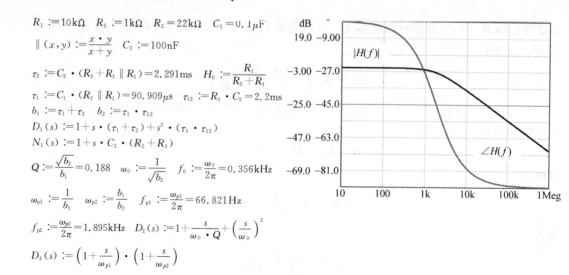

$R_1 := 10\text{k}\Omega \quad R_2 := 1\text{k}\Omega \quad R_3 = 22\text{k}\Omega \quad C_1 = 0.1\mu\text{F}$

$\|(x,y) := \dfrac{x \cdot y}{x+y} \quad C_2 := 100\text{nF}$

$\tau_2 := C_2 \cdot (R_3 + R_2 \| R_1) = 2.291\text{ms} \quad H_0 := \dfrac{R_1}{R_2 + R_1}$

$\tau_1 := C_1 \cdot (R_2 \| R_1) = 90.909\mu\text{s} \quad \tau_{12} := R_3 \cdot C_2 = 2.2\text{ms}$

$b_1 := \tau_1 + \tau_2 \quad b_2 := \tau_1 \cdot \tau_{12}$

$D_1(s) := 1 + s \cdot (\tau_1 + \tau_2) + s^2 \cdot (\tau_1 \cdot \tau_{12})$

$N_1(s) := 1 + s \cdot C_2 \cdot (R_2 + R_3)$

$Q := \dfrac{\sqrt{b_2}}{b_1} = 0.188 \quad \omega_0 := \dfrac{1}{\sqrt{b_2}} \quad f_0 := \dfrac{\omega_0}{2\pi} = 0.356\text{kHz}$

$\omega_{p1} := \dfrac{1}{b_1} \quad \omega_{p2} := \dfrac{b_1}{b_2} \quad f_{p1} := \dfrac{\omega_{p1}}{2\pi} = 66.821\text{Hz}$

$f_{p2} := \dfrac{\omega_{p2}}{2\pi} = 1.895\text{kHz} \quad D_2(s) := 1 + \dfrac{s}{\omega_0 \cdot Q} + \left(\dfrac{s}{\omega_0}\right)^2$

$D_3(s) := \left(1 + \dfrac{s}{\omega_{p1}}\right) \cdot \left(1 + \dfrac{s}{\omega_{p2}}\right)$

参考传递函数表达式

$H_1(s) := H_0 \cdot \dfrac{N_1(s)}{D_1(s)} \quad H_2(s) := H_0 \cdot \dfrac{N_1(s)}{D_2(s)}$

$H_3(s) := H_0 \cdot \dfrac{N_1(s)}{D_3(s)} \quad Z_1(s) := \left(R_3 + \dfrac{1}{s \cdot C_2}\right) \| R_2 \quad Z_2(s) := \left(\dfrac{1}{s \cdot C_1}\right) \| R_1 \quad H_{\text{ref}}(s) := \dfrac{Z_2(s)}{Z_2(s) + Z_1(s)}$

—— $20 \cdot \log(|H_1(i \cdot 2\pi \cdot f_k)|, 10)$

…… $20 \cdot \log(|H_2(i \cdot 2\pi \cdot f_k)|, 10)$

—— $20 \cdot \log(|H_3(i \cdot 2\pi \cdot f_k)|, 10)$

-- $20 \cdot \log(|H_{\text{ref}}(i \cdot 2\pi \cdot f_k)|, 10)$

—— $\arg(H_1(i \cdot 2\pi \cdot f_k)) \cdot \dfrac{180}{\pi}$

…… $\arg(H_2(i \cdot 2\pi \cdot f_k)) \cdot \dfrac{180}{\pi}$

—— $\arg(H_3(i \cdot 2\pi \cdot f_k)) \cdot \dfrac{180}{\pi}$

-- $\arg(H_{\text{ref}}(i \cdot 2\pi \cdot f_k)) \cdot \dfrac{180}{\pi}$

图 4.30　Mathcad 和 SPICE 完全吻合

4.1.6　实例 3——双电容带阻滤波器

实例 3 如图 4.31 所示,该电路取自文献[1],接下来应用 2EET 技术求解电路传递函数。图 4.32 为求解分母表达式所需四步简化电路图。首先计算 $s=0$ 时电路传递函数,即两电容均从电路中移除,具体电路如图 4.32(a)所示。

可立即求得传递函数为 1,即:

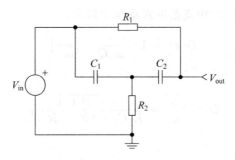

图 4.31 由双电容和双电阻构成的简单带阻滤波器

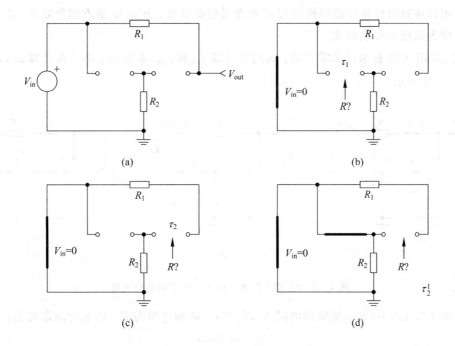

图 4.32 求解分母系数所需 4 个步骤

$$H_0 = 1 \tag{4.105}$$

如图 4.32(b)所示,当激励源设置为 0 时,通过电容 C_1 端口计算第一时间常数 τ_1。此时电阻 R_1 开路,与时间常数相关联的电阻为 R_2,所以时间常数为:

$$\tau_1 = R_2 C_1 \tag{4.106}$$

通过图 4.32(c)计算第二时间常数 τ_2,此时电阻 R_1 和 R_2 串联,所以时间常数为:

$$\tau_2 = (R_1 + R_2)C_2 \tag{4.107}$$

通过图 4.32(d)计算 b_2 系数的最后部分。此时电阻 R_2 短路,只有电阻 R_1 起作用,所以时间常数为:

$$\tau_2^1 = R_1 C_2 \tag{4.108}$$

将上述计算结果进行组合,整理得分母表达式为:

$$\begin{aligned} D(s) &= 1 + s(\tau_1 + \tau_2) + s^2 \tau_1 \tau_2^1 \\ &= 1 + s[R_2 C_1 + (R_1 + R_2)C_2] + s^2 R_1 R_2 C_1 C_2 \end{aligned} \tag{4.109}$$

将式(4.109)按照图 4.20 中规范形式重新排列为：

$$D(s) = 1 + \frac{s}{\omega_0 Q} + \left(\frac{s}{\omega_0}\right)^2 \tag{4.110}$$

其中

$$Q = \frac{\sqrt{b_2}}{b_1} = \frac{\sqrt{R_1 R_2 C_1 C_2}}{R_2 C_1 + (R_1 + R_2) C_2} \tag{4.111}$$

以及

$$\omega_0 = \frac{1}{\sqrt{b_2}} = \frac{1}{\sqrt{R_1 R_2 C_1 C_2}} \tag{4.112}$$

应用具体数值计算时能够确定 Q 值是否足够低以便应用低 Q 值近似等效法，将 2 阶多项式整理为双极点级联形式。

3 次应用 NDI 技术计算零点值：前两次计算 τ_{1N} 和 τ_{2N}，求得 a_1；第三次计算 a_2，具体步骤如图 4.33 所示。

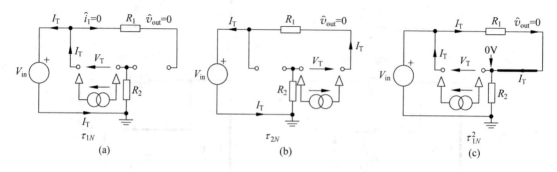

图 4.33　将 NDI 技术应用于 3 种不同电路配置

在图 4.33(a)中，无电流流过电阻 R_1，电容 C_1 两端电阻为 R_2，所示时间常数为：

$$\tau_{1N} = R_2 C_1 \tag{4.113}$$

在图 4.33(b)中，虽然电流源 I_T 通过电阻 R_1 和 R_2，但是由于 $\hat{v}_{out} = 0$，所以电流源右端接地，即电阻 R_2 两端电压为 V_T。此时电容 C_2 两端电阻同样为 R_2，因此时间常数为：

$$\tau_{2N} = R_2 C_2 \tag{4.114}$$

在图 4.33(c)中，当电容 C_2 设置于高频状态（由短路代替）时计算 C_1 两端电阻。此时输出电压为零，使得 R_2 两端电压也为 0，电路中剩余唯一电阻为 R_1，所以时间常数为：

$$\tau_{1N}^2 = R_1 C_1 \tag{4.115}$$

利用 SPICE 对图 4.33 所示电路进行仿真，以验证计算结果的正确性，具体电路如图 4.34 所示，该电路采用跨导放大器进行仿真分析。由仿真结果可得，节点 R1N、R2N 和 R21N 的仿真数值与计算结果一致。利用 SPICE 仿真对计算结果进行验证是一种非常行之有效的方法，尤其进行偏置点计算时响应速度快，结果输出及时。

在进行计算之前，是否可以利用直接推导法求得电路参考传递函数呢？如图 4.35(a)

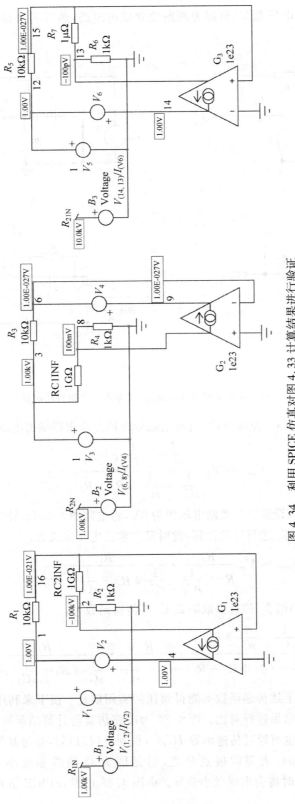

图 4.34 利用 SPICE 仿真对图 4.33 计算结果进行验证

所示,将图 4.31 中输入电压源 V_{in} 分解为两路独立供电电路,然后利用叠加定理求解传递函数。

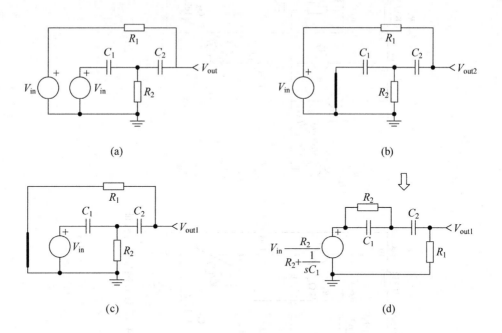

图 4.35　利用叠加定理可以快速、高效地求得电路传递函数

在图 4.35(b)中,电容 C_1 左端接地,通过电阻分压器原理求得输出电压为:

$$V_{out1} = V_{in} \frac{\dfrac{1}{sC_2} + \dfrac{1}{sC_1} \parallel R_2}{\dfrac{1}{sC_2} + \dfrac{1}{sC_1} \parallel R_2 + R_1} \tag{4.116}$$

通过将 R_1 左端接地,设置第二激励电压源为 0V,将电路图 4.35(c)转换为图 4.35(d),利用戴维南定理对 R_2 和 C_1 进行等效计算,此时第二输出电压定义为:

$$V_{out2} = V_{in} \frac{R_2}{R_2 + \dfrac{1}{sC_1}} \cdot \frac{R_1}{\dfrac{1}{sC_1} \parallel R_2 + \dfrac{1}{sC_2} + R_1} \tag{4.117}$$

将式(4.116)和式(4.117)组合,然后提取因式 V_{in} 得传递函数为:

$$H(s) = \frac{\dfrac{1}{sC_2} + \dfrac{1}{sC_1} \parallel R_2}{\dfrac{1}{sC_2} + \dfrac{1}{sC_1} \parallel R_2 + R_1} + \frac{R_2}{R_1 + \dfrac{1}{sC_1}} \cdot \frac{R_1}{\dfrac{1}{sC_1} \parallel R_2 + \dfrac{1}{sC_2} + R_1} \tag{4.118}$$

毋庸置疑,通过观察上述传递函数不能得到任何实用信息。接下来利用 Mathcad 绘制传递函数曲线,并与计算结果进行对比。图 4.36 为电路仿真与计算结果对比,两者十分相似,表明计算结果正确。也可通过传递函数 $H_{ref}(s)$ 得到式(4.118),并与其他表达式完美匹配。分母的 Q 值为 0.264,表明两极点分离,但是因为 Q 值并非远小于 1,所以利用 $H_3(s)$ 绘制频率特性曲线时将会出现微小差异。由图 4.36 可得,SPICE 仿真与理论分析计算非常一致。

$n := 10 \quad k := 1 \quad R_2 = 1\text{k}\Omega \quad C_1 := 0.1\mu\text{F}$

$\| (x, y) := \dfrac{x \cdot y}{x + y}$

$R_1 := n \cdot R_2 \quad C_2 := k \cdot C_1 \quad H_0 := 1$

$\tau_1 := R_2 \cdot C_1 = 100\mu\text{s} \quad \tau_{1N} := R_2 \cdot C_1$

$\tau_2 := (R_1 + R_2) \cdot C_1 = 1.1\text{ms} \quad \tau_{2N} := R_2 \cdot C_2$

$\tau_{12} := R_1 \cdot C_2 = 1\text{ms} \quad \tau_{21N} := R_1 \cdot C_1$

$b_1 := \tau_1 + \tau_2 \quad a_1 := \tau_{1N} + \tau_{2N}$

$b_2 := \tau_1 \cdot \tau_{12} \quad a_2 := \tau_{1N} \cdot \tau_{21N}$

$D_1(s) := 1 + s \cdot (\tau_1 + \tau_2) + s^2 \cdot (\tau_1 \cdot \tau_{12})$

$N_1(s) := 1 + s(\tau_{1N} + \tau_{2N}) + s^2 \cdot (\tau_{1N} \cdot \tau_{21N})$

$Q := \dfrac{\sqrt{b_2}}{b_1} = 0.264 \quad \omega_0 := \dfrac{1}{\sqrt{b}} \quad f_0 := \dfrac{\omega_0}{2\pi} = 503.293\text{Hz}$

$\omega_{p1} := \dfrac{1}{b_1} \quad \omega_{p2} := \dfrac{b_1}{b_2} \quad f_{p1} := \dfrac{\omega_{p1}}{2\pi} = 132.629\text{Hz}$

$f_{p2} := \dfrac{\omega_{p2}}{2\pi} = 1.91 \cdot \text{kHz} \quad Q_N := \dfrac{\sqrt{a_2}}{a_1} = 1.581$

$\omega_{0N} := \dfrac{1}{\sqrt{a_2}} \quad f_{0N} := \dfrac{\omega_0}{2\pi} = 503.292\text{Hz}$

$D_2(s) := 1 + \dfrac{s}{\omega_0 \cdot Q} + \left(\dfrac{s}{\omega_0}\right)^2 \quad D_3(s) := \left(1 + \dfrac{s}{\omega_{p1}}\right) \cdot \left(1 + \dfrac{s}{\omega_{p2}}\right)$

参考传递函数表达式

$$H_{ref}(s) := \left[\dfrac{R_2}{\dfrac{1}{s \cdot C_1} + R_2} \cdot \dfrac{R_1}{\left(\dfrac{1}{s \cdot C_1}\right) \| R_2 + R_1 + \dfrac{1}{s \cdot C_2}} + \right.$$

$$\left. \dfrac{\dfrac{1}{s \cdot C_2} + \left(\dfrac{1}{s \cdot C_1}\right) \| R_2}{\dfrac{1}{s \cdot C_2} + \left(\dfrac{1}{s \cdot C_1}\right) \| R_2 + R_1} \right]$$

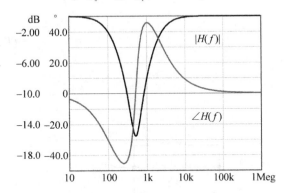

$H_1(s) := H_0 \cdot \dfrac{N_1(s)}{D_1(s)} \quad H_2(s) := H_0 \cdot \dfrac{N_1(s)}{D2(s)} \quad H_3(s) := H_0 \cdot \dfrac{N_1(s)}{D_3(s)}$

—— $20 \cdot \log(|H_1(i \cdot 2\pi \cdot f_k)|, 10)$
···· $20 \cdot \log(|H_2(i \cdot 2\pi \cdot f_k)|, 10)$
—— $20 \cdot \log(|H_3(i \cdot 2\pi \cdot f_k)|, 10)$
—— $20 \cdot \log(|H_{ref}(i \cdot 2\pi \cdot f_k)|, 10)$

—— $\arg(H_1(i \cdot 2\pi \cdot f_k)) \cdot \dfrac{180}{\pi}$
···· $\arg(H_2(i \cdot 2\pi \cdot f_k)) \cdot \dfrac{180}{\pi}$
—— $\arg(H_3(i \cdot 2\pi \cdot f_k)) \cdot \dfrac{180}{\pi}$
—— $\arg(H_{ref}(i \cdot 2\pi \cdot f_k)) \cdot \dfrac{180}{\pi}$

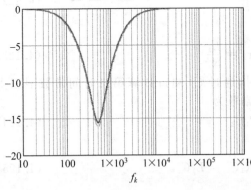

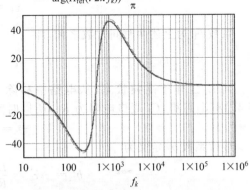

图 4.36 SPICE 仿真与理论分析计算结果非常一致

4.1.7 实例 4——LC 陷波滤波器

图 4.37 为双储能元件构成的滤波器电路图。接下来计算输出电压 V_{out} 与输入电压 V_{in} 之间的传递函数。通过直接数学计算求得传递函数表达式为：

$$H(s) = \frac{R_1}{\left(sL_1 \parallel \dfrac{1}{sC_2}\right) + R_1} \tag{4.119}$$

首先利用低熵结果与式(4.119)进行对比。如图 4.38(a)所示,当 $s=0$ 时 L_1 短路,可直接求得直流增益值,即:

$$H_0 = 1 \tag{4.120}$$

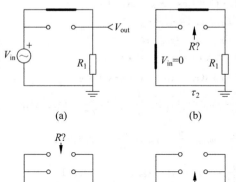

(a)   (b)

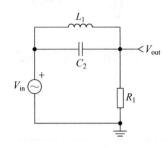

图 4.37　由双储能元件构成的陷波滤波器

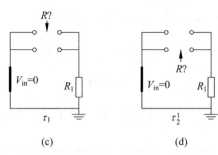

(c)   (d)

图 4.38　利用简单分解步骤计算分母表达式

在图 4.38(b)中,将输入电压源 V_{in} 设置为 0V。当 L_1 短路时电容 C_2 的驱动电阻为 0Ω,所以

$$\tau_2 = 0 \tag{4.121}$$

在图 4.38(c)中,当电容 C_2 移除时 L_1 的驱动电阻为 R_1,所以

$$\tau_1 = \frac{L_1}{R_1} \tag{4.122}$$

系数 b_1 为上述两时间常数之和,即

$$b_1 = \tau_1 + \tau_2 = \frac{L_1}{R_1} \tag{4.123}$$

当 L_1 工作于高频状态(从电路中移除)时,通过 C_2 端口计算第二时间常数 τ_2^1。由图 4.38(d)可得,C_2 端口电阻为 R_1,所以时间常数为

$$\tau_2^1 = R_1 C_2 \tag{4.124}$$

最后系数 b_2 定义为

$$b_2 = \tau_1 \tau_2^1 = \frac{L_1}{R_1} R_1 C_2 = L_1 C_2 \tag{4.125}$$

通过上述计算可得分母 $D(s)$ 表达式为:

$$D(s) = 1 + s\frac{L_1}{R_1} + s^2 L_1 C_2 \tag{4.126}$$

将式(4.126)按照图 4.20 中规范形式重新整理为:

$$D(s) = 1 + \frac{s}{\omega_0 Q} + \left(\frac{s}{\omega_0}\right)^2 \tag{4.127}$$

其中

$$Q = \frac{\sqrt{b_2}}{b_1} = \frac{\sqrt{L_1 C_2}}{\frac{L_1}{R_1}} = R_1 \sqrt{\frac{C_2}{L_1}} \tag{4.128}$$

以及

$$\omega_0 = \frac{1}{\sqrt{b_2}} = \frac{1}{\sqrt{L_1 C_2}} \tag{4.129}$$

为求得分子表达式,需要利用 3 次 NDI 技术,前两次计算时间常数 a_1,第三次计算 a_2,全部步骤如图 4.39 所示。利用图 4.39(a)计算输出为零时与 C_2 相关联的时间常数。由于此时 L_1 短路,所以电阻为零,时间常数为:

$$\tau_{2N} = 0 \cdot C_2 = 0 \tag{4.130}$$

在图 4.39(b)中,当输出为零时计算 L_1 两端阻抗值。由于电路中无电流通过,所以阻抗为无穷大,即

$$\tau_{1N} = \frac{L_1}{\infty} = 0 \tag{4.131}$$

因此系数 a_1 为

$$a_1 = \tau_{1N} + \tau_{2N} = 0 \tag{4.132}$$

利用图 4.39(c)计算系数 a_2 的第一项。此时电路中仍然无电流通过,所以电容两端电阻无穷大,即

$$\tau_{2N}^1 = C_2 \cdot \infty \tag{4.133}$$

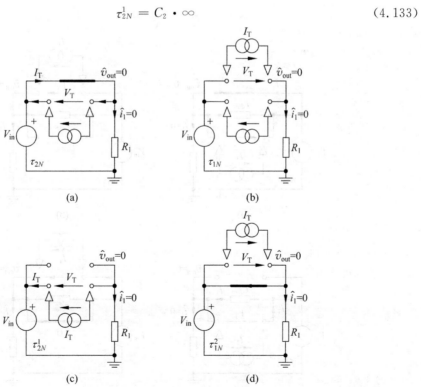

图 4.39　利用 3 次 NDI 技术求得分子时间常数

利用图 4.39(d)可得系数 a_2 的第二项,通过该时间常数能够得到更多电路特性,其时间常数计算公式为:

$$\tau_{1N}^2 = \frac{L_1}{0} = \infty \tag{4.134}$$

通过上述计算可得系数 a_2 的表达式为:

$$a_2 = \tau_{1N}\tau_{2N}^1 = \frac{L_1}{\infty} \cdot C_2 \cdot \infty \tag{4.135}$$

或者

$$a_2 = \tau_{2N}\tau_{1N}^2 = 0 \cdot C_2 \cdot \frac{L_1}{0} \tag{4.136}$$

显然式(4.135)和式(4.136)均存在不确定性。对于式(4.135),当图 4.39(b)中无电阻与电流通路连接时电路存在不确定性。将电容 C_2 与虚拟电阻 r_{dum} 并联可以解决上述问题,如果不需要 r_{dum} 时,将其设置为无穷大即可。也可采用 r_L 与 L_1 串联方式消除电路不确定性,如果不需要 r_L 时,将其设置为 0 即可。接下来结合具体实例对上述两种方式进行研究。

在图 4.40 中,电阻 r_{dum} 与 C_2 并联,按照如下方式对系数进行更新:

$$\tau_{2N} = 0 \tag{4.137}$$

$$\tau_{1N} = \frac{L_1}{r_{\text{dum}}} \tag{4.138}$$

$$\tau_{2N}^1 = r_{\text{dum}}C_2 \tag{4.139}$$

$$\tau_{1N}^2 = \frac{L_2}{0} = \infty \tag{4.140}$$

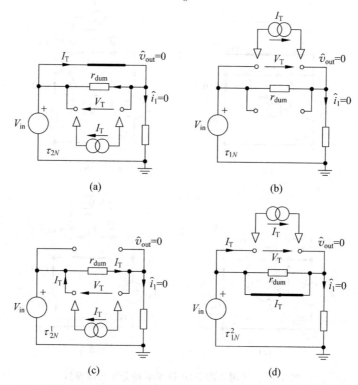

图 4.40   为消除电容处于直流状态时的不确定性,将虚拟电阻 r_{dum} 与电容并联

利用 τ_{1N} 和 τ_{2N}^1，即式(4.137)和式(4.140)组成分子表达式时将导致另一不确定性出现，即：

$$N(s) = 1 + s\left(\frac{L_1}{r_{dum} + 0}\right) + s^2\left(\frac{L_1}{r_{dum}}C_2 r_{dum}\right) \tag{4.141}$$

当 r_{dum} 接近无穷大时，分子表达式简化为：

$$N(s) = 1 + s^2 L_1 C_2 \tag{4.142}$$

如图 4.41 所示，当电阻 r_L 与 L_1 串联时再次对电路进行分析，此时时间常数更新为：

$$\tau_{2N} = r_L C_2 \tag{4.143}$$

$$\tau_{1N} = \frac{L_1}{\infty} = 0 \tag{4.144}$$

$$\tau_{2N}^1 = \infty \cdot C_2 \tag{4.145}$$

$$\tau_{1N}^2 = \frac{L_1}{r_L} \tag{4.146}$$

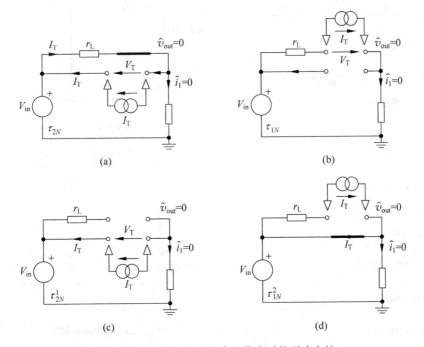

图 4.41 为消除电感处于直流状态时的不确定性，
增加虚拟电阻 r_L 与电感端子串联

利用 τ_{2N} 和 τ_{1N}^2，即式(4.144)和式(4.145)组成分子表达式时也会导致不确定性，即：

$$N(s) = 1 + s(0 + r_L C_2) + s^2\left(C_2 r_L \frac{L_1}{r_L}\right) \tag{4.147}$$

当 r_L 接近 0 时，分子 $N(s)$ 表达式简化为：

$$N(s) = 1 + s^2 L_1 C_2 \tag{4.148}$$

按照规范形式，将分子表达式重新整理为：

$$N(s) = 1 + \left(\frac{s}{\omega_0}\right)^2 \tag{4.149}$$

其中，ω_0 由式(4.129)定义。将式(4.120)、式(4.148)和式(4.126)进行组合，最终传递函数表达式如下所示：

$$H(s) = \frac{1 + s^2 L_1 C_2}{1 + s \dfrac{L_1}{R_1} + s^2 L_1 C_2} = \frac{1 + \left(\dfrac{s}{\omega_0}\right)^2}{1 + \dfrac{s}{\omega_0 Q} + \left(\dfrac{s}{\omega_0}\right)^2} \tag{4.150}$$

利用图 4.42 对式(4.119)和式(4.150)进行数值计算和图形绘制,所有曲线和图 4.37 中的 SPICE 仿真结果完全匹配。应当注意,为准确计算谐振频率处的峰值,每十倍频的计算数量提高到 10000。

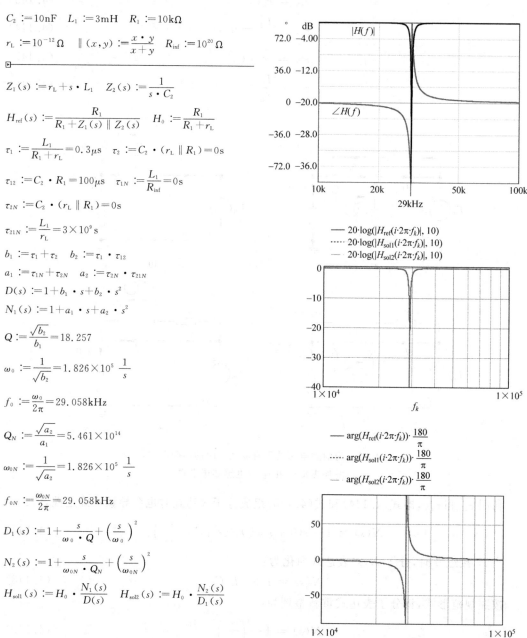

$C_2 := 10\text{nF} \quad L_1 := 3\text{mH} \quad R_1 := 10\text{k}\Omega$

$r_L := 10^{-12}\ \Omega \quad \parallel (x, y) := \dfrac{x \cdot y}{x + y} \quad R_{\inf} := 10^{20}\ \Omega$

$Z_1(s) := r_L + s \cdot L_1 \quad Z_2(s) := \dfrac{1}{s \cdot C_2}$

$H_{ref}(s) := \dfrac{R_1}{R_1 + Z_1(s) \parallel Z_2(s)} \quad H_0 := \dfrac{R_1}{R_1 + r_L}$

$\tau_1 := \dfrac{L_1}{R_1 + r_L} = 0.3\mu\text{s} \quad \tau_2 := C_2 \cdot (r_L \parallel R_1) = 0\text{s}$

$\tau_{12} := C_2 \cdot R_1 = 100\mu\text{s} \quad \tau_{1N} := \dfrac{L_1}{R_{\inf}} = 0\text{s}$

$\tau_{2N} := C_2 \cdot (r_L \parallel R_1) = 0\text{s}$

$\tau_{21N} := \dfrac{L_1}{r_L} = 3 \times 10^9\text{s}$

$b_1 := \tau_1 + \tau_2 \quad b_2 := \tau_1 \cdot \tau_{12}$

$a_1 := \tau_{1N} + \tau_{2N} \quad a_2 := \tau_{2N} \cdot \tau_{21N}$

$D(s) := 1 + b_1 \cdot s + b_2 \cdot s^2$

$N_1(s) := 1 + a_1 \cdot s + a_2 \cdot s^2$

$Q := \dfrac{\sqrt{b_2}}{b_1} = 18.257$

$\omega_0 := \dfrac{1}{\sqrt{b_2}} = 1.826 \times 10^5\ \dfrac{1}{s}$

$f_0 := \dfrac{\omega_0}{2\pi} = 29.058\text{kHz}$

$Q_N := \dfrac{\sqrt{a_2}}{a_1} = 5.461 \times 10^{14}$

$\omega_{0N} := \dfrac{1}{\sqrt{a_2}} = 1.826 \times 10^5\ \dfrac{1}{s}$

$f_{0N} := \dfrac{\omega_{0N}}{2\pi} = 29.058\text{kHz}$

$D_1(s) := 1 + \dfrac{s}{\omega_0 \cdot Q} + \left(\dfrac{s}{\omega_0}\right)^2$

$N_2(s) := 1 + \dfrac{s}{\omega_{0N} \cdot Q_N} + \left(\dfrac{s}{\omega_{0N}}\right)^2$

$H_{sol1}(s) := H_0 \cdot \dfrac{N_1(s)}{D(s)} \quad H_{sol2}(s) := H_0 \cdot \dfrac{N_2(s)}{D_1(s)}$

$$— 20 \cdot \log(|H_{ref}(i \cdot 2\pi \cdot f_k)|, 10)$$
$$\cdots 20 \cdot \log(|H_{sol1}(i \cdot 2\pi \cdot f_k)|, 10)$$
$$— 20 \cdot \log(|H_{sol2}(i \cdot 2\pi \cdot f_k)|, 10)$$

$$— \arg(H_{ref}(i \cdot 2\pi \cdot f_k)) \cdot \dfrac{180}{\pi}$$
$$\cdots \arg(H_{sol1}(i \cdot 2\pi \cdot f_k)) \cdot \dfrac{180}{\pi}$$
$$— \arg(H_{sol2}(i \cdot 2\pi \cdot f_k)) \cdot \dfrac{180}{\pi}$$

图 4.42　利用 Mathcad 对数学计算和 2EET 进行对比

除上述求解电路传递函数方法之外,也可利用观察法快速求得零点值。如图 4.37 所示变换电路中,在给定零点 s_z 处,当 L_1/C_2 并联阻抗无穷大时输出响应为零,此时电路网络阻抗为:

$$Z(s) = \frac{\frac{1}{sC_2}sL_1}{\frac{1}{sC_2}+sL_1} = \frac{sL_1}{1+s^2L_1C_2} \tag{4.151}$$

式(4.151)的极点为传递函数的零点。当阻抗无穷大时:

$$1 + s^2L_1C_2 = 0 \tag{4.152}$$

此时零点为:

$$s_z = -\frac{1}{\sqrt{L_1C_2}} \tag{4.153}$$

所以

$$N(s) = 1 + s^2L_1C_2$$

4.2　2阶系统广义传递函数

第 3 章已经详细讲解如何将 EET 表达式重新排列后直接符合规范形式,而无须利用 NDI 进行整理。传递函数表达如下,利用该形式将有助于高阶系统扩展:

$$H(s) = \frac{H_0 + H^1 s\tau_1}{1 + s\tau_1} \tag{4.154}$$

式(4.154)将分母中已经求得的时间常数 τ_1 再次应用于分子中,并结合校正项 H^1 形成分子表达式。当与 τ_1 相关联储能元件工作于高频状态时计算所得传递函数即为 H^1。

在文献[3]中,作者通过对双储能元件 2 阶电路网络进行简单系数计算,将表达式计算方法推广至 n 阶系统。计算传递函数 H^1 时,将与 τ_1 相关联的储能元件设置为高频状态,与 τ_2 相关联的储能元件设置为直流状态。与之相反,计算传递函数 H^2 时,将与 τ_2 相关联的储能元件设置为高频状态,与 τ_1 相关联的储能元件设置为直流状态。最后计算传递函数 H^{12} 或 H^{21},此时将两储能元件均设置于高频状态。图 4.43 为上述计算步骤的详细总结。因为所有储能元件或者移除或者短路,将电路的复杂程度大大简化,所以实际计算传递函数时非常简单。

当上述所有传递函数全部确定之后,可直接求得 2 阶系统传递函数分子表达式为:

$$N(s) = H_0 + s(H^1\tau_1 + H^2\tau_2) + s^2H^{12}\tau_1\tau_2^1 \tag{4.155}$$

当 $\tau_1\tau_2^1$ 由 $\tau_2\tau_1^2$ 代替时,分子传递函数变为:

$$N(s) = H_0 + s(H^1\tau_1 + H^2\tau_2) + s^2H^{21}\tau_2\tau_1^2 \tag{4.156}$$

在式(4.155)和式(4.156)中,τ_1、τ_2 和 τ_2^1 均在求解分母表达式时已经确定。应用该方法能够将已经求得时间常数重新利用,而无须通过 NDI 技术重新求解。当直流增益 $H_0 \neq 0$ 时对分子表达式进行因式分解得:

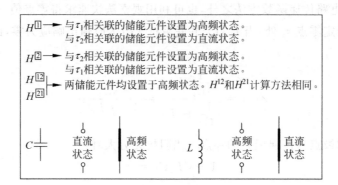

图 4.43   当初能元件由开路或短路代替时可大大简化电路

$$N(s) = H_0 \left[1 + s \left(\frac{H^1}{H_0} \tau_1 + \frac{H^2}{H_0} \tau_2 \right) + s^2 \frac{H^{12}}{H_0} \tau_1 \tau_2^1 \right] \qquad (4.157)$$

当 $\tau_1 \tau_2^1$ 由 $\tau_2 \tau_1^2$ 代替时,分子传递函数变为:

$$N(s) = H_0 \left[1 + s \left(\frac{H^1}{H_0} \tau_1 + \frac{H^2}{H_0} \tau_2 \right) + s^2 \frac{H^{21}}{H_0} \tau_2 \tau_1^2 \right] \qquad (4.158)$$

将分母表达式带入,求得广义 2 阶传递函数表达式为:

$$
\begin{aligned}
H(s) &= \frac{H_0 + s(H^1 \tau_1 + H^2 \tau_2) + s^2 H^{12} \tau_1 \tau_2^1}{1 + s(\tau_1 + \tau_2) + s^2 \tau_1 \tau_2^1} \\
&= \frac{H_0 + s(H^1 \tau_1 + H^2 \tau_2) + s^2 H^{21} \tau_2 \tau_1^2}{1 + s(\tau_1 + \tau_2) + s^2 \tau_2 \tau_1^2}
\end{aligned} \qquad (4.159)
$$

当增益 $H_0 \neq 0$ 时,将传递函数表达式因式分解得:

$$
\begin{aligned}
H(s) &= H_0 \frac{1 + s \left(\frac{H^1}{H_0} \tau_1 + \frac{H^2}{H_0} \tau_2 \right) + s^2 \frac{H^{12}}{H_0} \tau_1 \tau_2^1}{1 + s(\tau_1 + \tau_2) + s^2 \tau_1 \tau_2^1} \\
&= H_0 \frac{1 + s \left(\frac{H^1}{H_0} \tau_1 + \frac{H^2}{H_0} \tau_2 \right) + s^2 \frac{H^{21}}{H_0} \tau_2 \tau_1^2}{1 + s(\tau_1 + \tau_2) + s^2 \tau_2 \tau_1^2}
\end{aligned} \qquad (4.160)
$$

2EET 和广义传递表达式能够提供相同的动态响应特性。应用 2EET 和 NDI 能够实现求解传递函数时所期望的最简方法,但是必须多次应用 NDI 计算零点值。如果求解通用传递函数公式,则无须利用 NDI 技术。然而,尽管最终计算结果正确,但表达形式可能比 2EET 方法复杂很多。无论如何,可通过式(4.159)或式(4.160)所得结果立即绘制响应特性曲线。对分子表达式进行简化时需要花费更多时间:避免采用 NDI 技术所节省的时间可能部分用于反复求解最终传递函数。根据读者自身技能,可选择任一种合适计算方法。如果技术允许,可选择第三种方法:通过观察法求解分子表达式——最快速、最有效的计算方法。图 4.44 为未利用 NDI 技术求解 $N(s)$ 分子表达式的具体步骤总结。

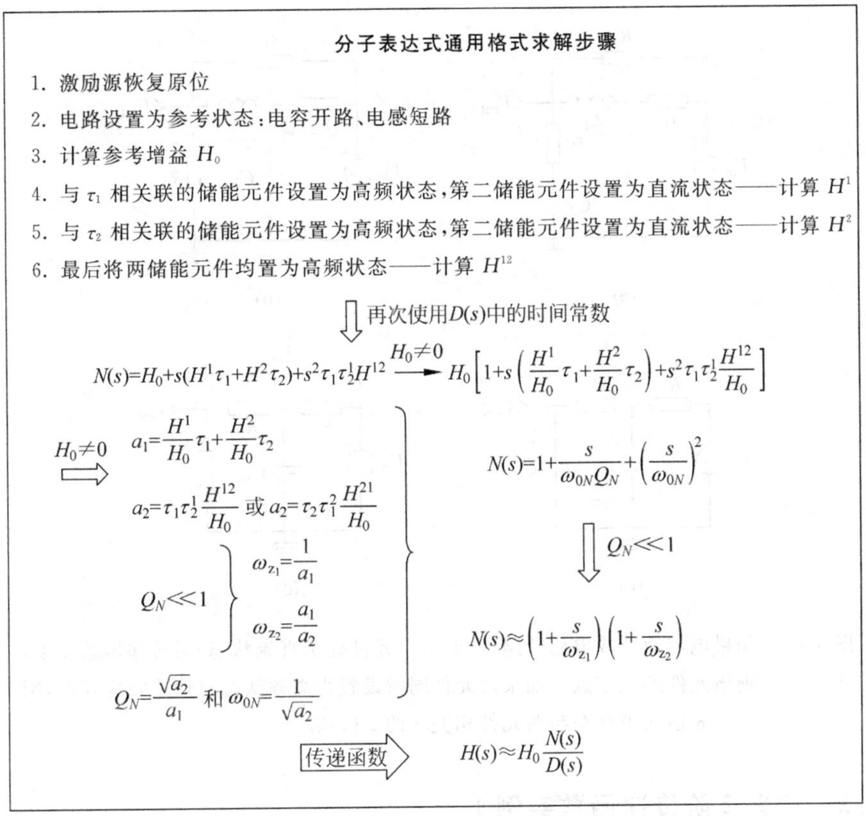

图 4.44　求解 2 阶广义传递函数分子表达式具体步骤总结

4.2.1　电路零点计算

广义传递函数具有如下神奇特性：当储能元件交替或全部设置为高频状态时，如果存在非零增益 H，则存在分子系数。上述实践结果产生如下特性：传递函数中零点数量由分子多项式的最高阶数确定。实际上，当输出响应依然存在时，零点数量与同时可置于高频状态的储能元件数量相同。接下来对图 4.45 所示 4 个快速应用实例进行具体分析。

- 图 4.45(a)：当同时断开 L_1 并短路 C_2 时电路增益为 $r_C/(r_C+R_1)$：分子中含有两个零点。如果相同电路中移除电阻 R_1，随之零点也减少一个。
- 图 4.45(b)：当 L_1 和 C_2 全部工作于高频状态时（C_2 短路、L_1 开路）输出响应存在，电路增益为 $R_3/(R_1+R_3)$：分子中含有两个零点。
- 图 4.45(c)：当 C_1 和 C_2 分别或者全部短路时，如果输出响应为零，则两电容对电路零点无贡献。
- 图 4.45(d)：当 C_1 和 C_2 同时短路，如果输出响应存在（增益为 1）分子具有两个零点。

重新分析图 4.37 所示实例电路，当 L_1 开路并且 C_2 短路时输出响应存在，证明电路含有双零点。

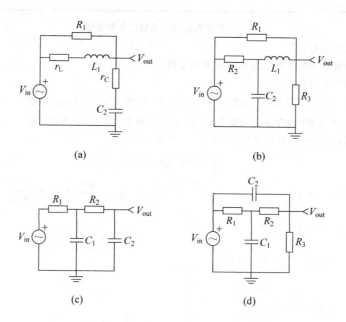

(a)   (b)

(c)   (d)

图 4.45   如果电容短路或电感开路(此时另一元件处于直流状态)时传递函数非零,
则该元件产生零点。如果两元件同时设置为高频状态时输出响应存在,则
分子表达式中存在与两元件相关联的 2 阶项

4.2.2   广义 2 阶传递函数实例 1

如图 4.46 所示,实例 1 为单电感和单电容构成的滤波器电路。接下来应用广义传递函

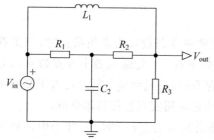

图 4.46   电路包含双储能元件,
求其传递函数

数表达式进行电路分析简化练习。

首先计算 $s=0$ 时电路传递函数,具体如图 4.47(a)所示,其中所有储能元件均工作于直流状态: L_1 短路、C_2 开路。此时电路增益为:

$$H_0 = 1 \qquad (4.161)$$

当激励源设置为 0V 时计算 3 个时间常数。先求电感 L_1 的"驱动"电阻。在图 4.47(b)中,驱动电阻由 R_3 和 R_1+R_2 并联构成。因此时间常数为:

$$\tau_1 = \frac{L_1}{R_3 \parallel (R_2 + R_1)} \qquad (4.162)$$

由图 4.47(c)可得时间常数与电容 C_2 相关联。当电感 L_1 短路时电阻 R_3 也短路,此时电容 C_2 端口电阻为 R_1 与 R_2 并联。因此时间常数为:

$$\tau_2 = C_2(R_1 \parallel R_2) \qquad (4.163)$$

如图 4.47(d)所示,计算最后一个时间常数时将电感 L_1 设置为高频状态(开路),然后求得电容 C_2 端口的驱动电阻: R_2 先与 R_3 串联,然后再与 R_1 并联。因此时间常数为:

$$\tau_2^1 = C_2[R_1 \parallel (R_2 + R_3)] \qquad (4.164)$$

此时求得分母 $D(s)$ 表达式为:

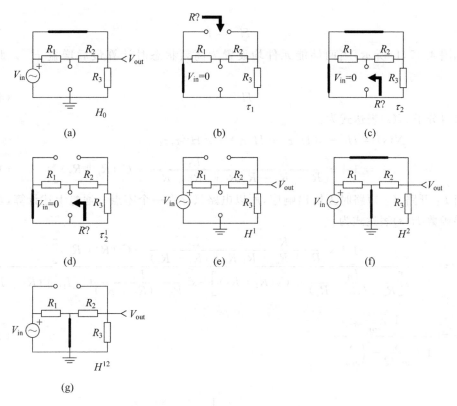

图 4.47　通过简单分解电路图可快速求得传递函数表达式

$$D(s) = 1 + s(\tau_1 + \tau_2) + s^2 \tau_1 \tau_2^1$$

$$= 1 + s\left[\frac{L_1}{R_3 \parallel (R_1 + R_2)} + C_2(R_1 \parallel R_2)\right] + s^2 \frac{L_1}{R_3 \parallel (R_1 + R_2)} C_2[R_1 \parallel (R_2 + R_3)]$$

(4.165)

按照图 4.20 中规范形式将式(4.165)重新整理为：

$$D(s) = 1 + \frac{s}{\omega_0 Q} + \left(\frac{s}{\omega_0}\right)^2$$

(4.166)

其中

$$Q = \frac{\sqrt{b_2}}{b_1} = \sqrt{\frac{C_2}{L_1}} \frac{\sqrt{[R_1 \parallel (R_2 + R_3)][R_3 \parallel (R_1 + R_2)]}}{1 + \frac{C_2(R_2 \parallel R_1)[R_3 \parallel (R_1 + R_2)]}{L_1}}$$

(4.167)

以及

$$\omega_0 = \frac{1}{\sqrt{b_2}} = \frac{1}{\sqrt{L_1 C_2}} \sqrt{\frac{R_3 \parallel (R_1 + R_2)}{R_1 \parallel (R_2 + R_3)}}$$

(4.168)

推导分母表达式时需要三个简单步骤。第一步从图 4.47(e)开始：L_1 设置为高频状态(开路)，C_2 设置为直流状态(开路)。通过观察电路图可立即得到增益为：

$$H^1 = \frac{R_3}{R_1 + R_2 + R_3}$$

(4.169)

在图 4.47(f)中，L_1 设置为直流状态(短路)，C_2 设置为高频状态(短路)。此时电路增益为：

$$H^2 = 1 \tag{4.170}$$

如图 4.47(f)所示，当两储能元件均设置为高频状态时计算最后增益 H^{12}。此时增益为：

$$H^{12} = 0 \tag{4.171}$$

此时求得分子 $N(s)$ 表达式为：

$$
\begin{aligned}
N(s) &= H_0 + s(H^1\tau_1 + H^2\tau_2) + s^2 H^{12}\tau_1\tau_2^1 \\
&= 1 + s\left[\frac{R_3}{R_1+R_2+R_3}\frac{L_1}{R_3\parallel(R_1+R_2)} + C_2(R_1\parallel R_2)\right]
\end{aligned}
\tag{4.172}
$$

当 L_1 开路、C_2 短路时无输出响应，所以电路只存在一个零点。通过上述计算，求得最终传递函数 $H(s)$ 表达式为：

$$
\begin{aligned}
H(s) &= \frac{1 + s\left[\dfrac{R_3}{R_1+R_2+R_3}\dfrac{L_1}{R_3\parallel(R_1+R_2)} + C_2(R_1\parallel R_2)\right]}{1 + s\left[\dfrac{L_1}{R_3\parallel(R_1+R_2)} + C_2(R_1\parallel R_2)\right] + s^2\dfrac{L_1}{R_3\parallel(R_1+R_2)}C_2[R_1\parallel(R_2+R_3)]} \\
&= \frac{1 + \dfrac{s}{\omega_z}}{1 + \dfrac{s}{\omega_0 Q} + \left(\dfrac{s}{\omega_0}\right)^2}
\end{aligned}
\tag{4.173}
$$

其中

$$
\begin{aligned}
\omega_z &= \frac{1}{\dfrac{R_3}{R_1+R_2+R_3}\dfrac{L_1}{R_3\parallel(R_1+R_2)} + C_2(R_1\parallel R_2)} \\
&= \frac{1}{\dfrac{L_1}{R_1+R_2} + C_2(R_1\parallel R_2)}
\end{aligned}
\tag{4.174}
$$

如图 4.35 所示，利用叠加定理计算原始传递函数，并对上述所得表达式进行检验。其中所用两电路如图 4.48 所示，通过对电路分析，可得最终传递函数表达式为：

$$
\begin{aligned}
H(s) = &\frac{1}{1+sR_1C_2}\frac{R_3\parallel sL_1}{R_3\parallel sL_1 + R_2 + \left(R_1\parallel\dfrac{1}{sC_2}\right)} + \\
&\frac{R_3\parallel\left[R_2+\left(R_1\parallel\dfrac{1}{sC_2}\right)\right]}{R_3\parallel\left[R_2+\left(R_1\parallel\dfrac{1}{sC_2}\right)\right]+sL_1}
\end{aligned}
\tag{4.175}
$$

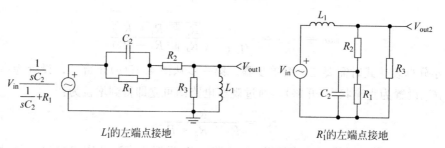

图 4.48　利用叠加定理求得原始传递函数，并将其作为参考

接下来利用 Mathcad 对上述表达式进行计算，并由 SPICE 对电路进行仿真分析。全部测试结果如图 4.49 所示：频率特性曲线完全一致，证明利用上述方法计算传递函数表达式非常实用。与往常一样，将所有时间常数全部独立计算，如果发现曲线之间存在差异，可立即返回其对应电路图进行重新分析计算，一旦发现错误，可直接进行修正。

$$C_2 := 10\text{nF} \quad L_1 := 3\text{mH} \quad R_1 := 10\text{k}\Omega \quad R_2 := 150\Omega$$

$$R_3 := 12\text{k}\Omega \quad \| (x, y) := \frac{x \cdot y}{x+y} \quad R_{\text{inf}} := 10^{20} \, \Omega$$

$$V_1(s) := \frac{R_3 \| \left[R_2 + \left[R_1 \| \left(\frac{1}{s \cdot C_2} \right) \right] \right]}{R_3 \| \left[R_2 + \left[R_1 \| \left(\frac{1}{s \cdot C_2} \right) \right] \right] + s \cdot L_1}$$

$$V_2(s) := \frac{1}{1 + s \cdot R_1 \cdot C_2} \cdot$$

$$\frac{R_3 \| (s \cdot L_1)}{R_3 \| (s \cdot L_1) + \left[R_2 + R_1 \| \left(\frac{1}{s \cdot C_2} \right) \right]}$$

$$H_{\text{ref}}(s) := V_1(s) + V_2(s) \quad H_0 := 1$$

$$\tau_1 := \frac{L_1}{R_3 \| (R_1 + R_2)} = 0.546\mu s$$

$$\tau_2 := C_2 \cdot (R_2 \| R_1) = 1.478\mu s$$

$$\tau_{12} := C_2 \cdot [R_1 \| (R_2 + R_3)] = 54.853\mu s$$

$$H_1 := \frac{R_3}{R_1 + R_2 + R_3} \quad H_2 := 1 \quad H_{12} := 0$$

$$b_1 := \tau_1 + \tau_2 \quad b_2 := \tau_1 \tau_{12} \quad a_1 := \tau_1 \cdot \frac{H_1}{H_0} + \tau_2 \cdot \frac{H_2}{H_0}$$

$$a_2 := \tau_1 \tau_{12} \cdot \frac{H_{12}}{H_0}$$

$$D(s) := 1 + b_1 \cdot s + b_2 \cdot s^2 \quad N_2(s) := 1 + a_1 \cdot s + a_2 \cdot s^2$$

$$Q := \frac{\sqrt{b_2}}{b_1} = 2.704 \quad \omega_0 := \frac{1}{\sqrt{b_2}} = 1.828 \times 10^5 \frac{1}{s}$$

$$f_0 := \frac{\omega_0}{2\pi} = 29.093\text{kHz}$$

$$\sqrt{\frac{C_2}{L_1}} \cdot \frac{\sqrt{[R_1 \| (R_2 + R_3)] \cdot [R_3 \| (R_1 + R_2)]}}{1 + \frac{C_2 \cdot (R_2 \| R_1) \cdot [R_3 \| (R_1 + R_2)]}{L_1}}$$

$$= 2.704 \frac{1}{\sqrt{L_1 \cdot C_2}} \cdot \sqrt{\frac{R_3 \| (R_1 + R_2)}{R_1 \| (R_2 + R_3)}} = 1.828 \times 10^5 \frac{1}{s}$$

$$\omega_z := \frac{1}{\frac{R_3}{R_1 + R_2 + R_3} \cdot \frac{L_1}{R_3 \| (R_1 + R_2)} + C_2 \cdot (R_2 \| R_1)}$$

$$f_z := \frac{\omega_z}{2\pi} = 89.746\text{kHz}$$

$$\omega_{zz} := \frac{1}{\frac{L_1}{R_1 + R_2} + C_2 \cdot (R_1 \| R_2)} \quad f_{zz} := \frac{\omega_{zz}}{2\pi} = 89.746\text{kHz}$$

$$D_1(s) := 1 + \frac{s}{\omega_0 \cdot Q} + \left(\frac{s}{\omega_0} \right)^2$$

$$N_1(s) := 1 + s \cdot \left(\frac{H_1}{H_0} \cdot \tau_1 + \frac{H_2}{H_0} \cdot \tau_2 \right) + s^2 \cdot \frac{H_{12}}{H_0} \cdot \tau_1 \cdot \tau_{12}$$

$$H_{\text{sol1}}(s) := H_0 \cdot \frac{N_1(s)}{D(s)} \quad H_{\text{sol3}}(s) := H_0 \cdot \frac{1 + \frac{s}{\omega_z}}{D(s)}$$

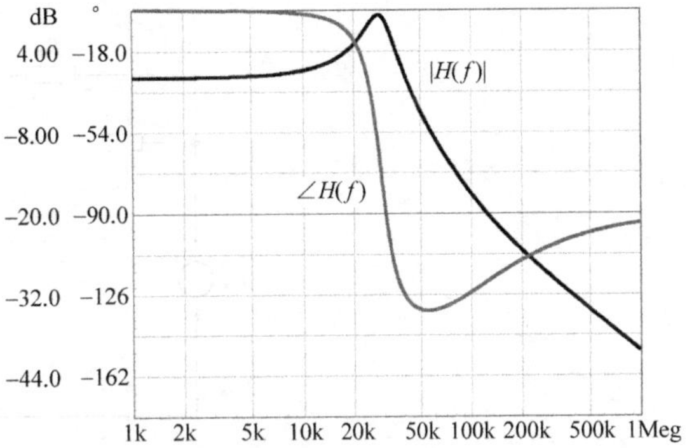

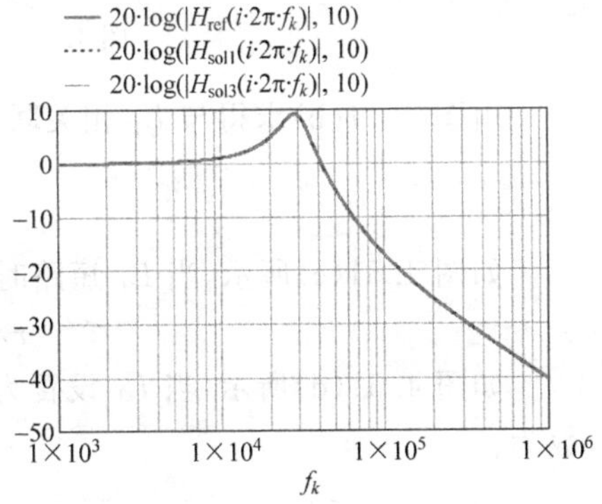

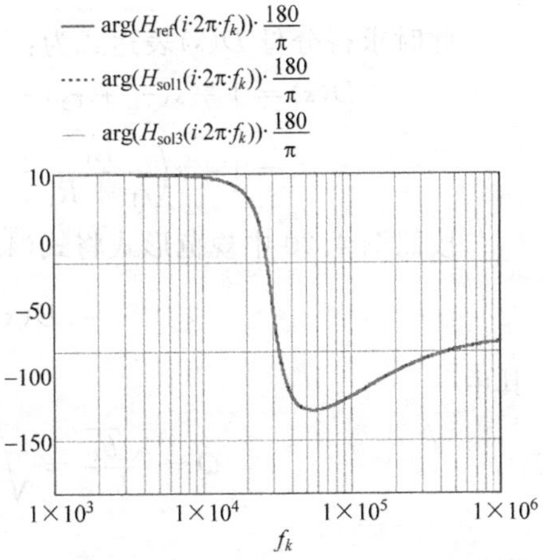

$$\text{—} \quad 20 \cdot \log(|H_{\text{ref}}(i \cdot 2\pi \cdot f_k)|, 10)$$
$$\cdots \cdot \quad 20 \cdot \log(|H_{\text{sol1}}(i \cdot 2\pi \cdot f_k)|, 10)$$
$$\text{—} \quad 20 \cdot \log(|H_{\text{sol3}}(i \cdot 2\pi \cdot f_k)|, 10)$$

$$\text{—} \quad \arg(H_{\text{ref}}(i \cdot 2\pi \cdot f_k)) \cdot \frac{180}{\pi}$$
$$\cdots \cdot \quad \arg(H_{\text{sol1}}(i \cdot 2\pi \cdot f_k)) \cdot \frac{180}{\pi}$$
$$\text{—} \quad \arg(H_{\text{sol3}}(i \cdot 2\pi \cdot f_k)) \cdot \frac{180}{\pi}$$

图 4.49 利用 Mathcad 对不同电路配置时所得传递函数表达式进行测试

4.2.3 广义 2 阶传递函数实例 2

如图 4.50 所示,实例 2 为 LC 滤波器电路,但是输入和输出端之间增加了电阻 R_1。通过与图 4.22 中电路对比可得:在图 4.50 中,当 L_1 设置于高频状态、C_2 短路时通过电阻 R_1 使得输出响应仍然存在,所以该电路包含两个零点。与前面求解过程一致,首先按照图 4.51(a) 求得 $s=0$ 时电路增益为 1,即:

$$H_0 = 1 \tag{4.176}$$

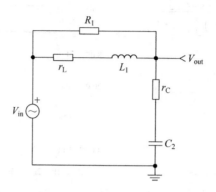

图 4.50 RLC 低通滤波器包含第二零点

由图 4.51(b) 求得与 L_1 相关联的时间常数为:

$$\tau_1 = \frac{L_1}{r_L + R_1} \tag{4.177}$$

如图 4.51(c) 所示,当 L_1 短路时通过电容 C_2 端口求得第二时间常数为:

$$\tau_2 = C_2(r_C + R_1 \parallel r_L) \tag{4.178}$$

如图 4.51(d) 所示,当 L_1 设置为高频状态(移除)时通过电容 C_2 端口求得另一时间常数为:

$$\tau_2^1 = C_2(r_C + R_1) \tag{4.179}$$

此时求得分母 $D(s)$ 表达式为:

$$D(s) = 1 + s(\tau_1 + \tau_2) + s^2 \tau_1 \tau_2^1$$
$$= 1 + s\left(\frac{L_1}{r_L + R_1} + C_2(r_C + R_1 \parallel r_L)\right) + s^2 \frac{L_1}{r_L + R_1} C_2(r_C + R_1) \tag{4.180}$$

按照图 4.20 中规范形式将式(4.180)重新整理为:

$$D(s) = 1 + \frac{s}{\omega_0 Q} + \left(\frac{s}{\omega_0}\right)^2 \tag{4.181}$$

其中

$$Q = \frac{\sqrt{b_2}}{b_1} = \sqrt{\frac{C_2}{L_1}} \frac{\sqrt{(R_1 + r_C)(R_1 + r_L)}}{1 + \dfrac{C_2(r_C r_L + R_1 r_C + R_1 r_L)}{L_1}} \tag{4.182}$$

以及

$$\omega_0 = \frac{1}{\sqrt{b_2}} = \frac{1}{\sqrt{L_1 C_2}} \sqrt{\frac{r_L + R_1}{r_C + R_1}} \tag{4.183}$$

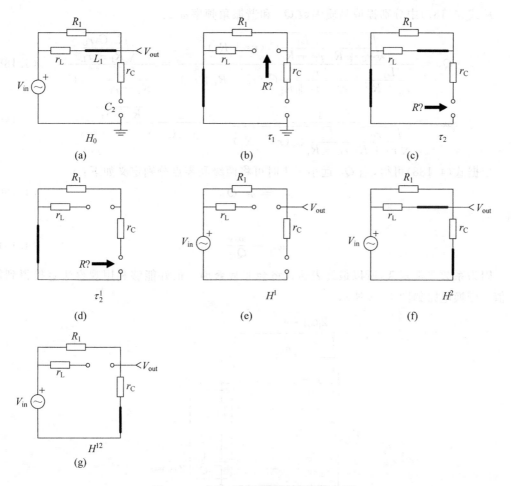

图 4.51 求解时间常数详细分解电路图

通过计算 3 个简单增益求得分子表达式。首先由图 4.51(e)求得增益为：

$$H^1 = 1 \tag{4.184}$$

然后由图 4.51(f)可得：

$$H^2 = \frac{r_C}{r_C + r_L \parallel R_1} \tag{4.185}$$

最后利用图 4.51(g)求得增益为：

$$H^{12} = \frac{r_C}{r_C + R_1} \tag{4.186}$$

当考虑单位增益 H_0 时分子 $N(s)$ 表达式为：

$$
\begin{aligned}
N(s) &= h_0 + S(H^1 \tau_1 + H^2 \tau_2) + s^2 H^{12} \tau_1 \tau_2^1 \\
&= H_0 \left[1 + s\left(\frac{H^1}{H_0}\tau_1 + \frac{H^2}{H_0}\tau_2 \right) + s^2 \frac{H^{12}}{H_0} \tau_1 \tau_2^1 \right] \\
&= 1 + s\left[\frac{L_1}{r_L + R_1} + \frac{r_C}{r_C + r_L \parallel R_1} C_2(r_C + R_1 \parallel r_L) \right] + s^2 \frac{r_C}{r_C + R_1} \frac{L_1}{r_L + R_1} C_2(r_C + R_1)
\end{aligned}
$$

$$\tag{4.187}$$

从式(4.187)中分别提取品质因数 Q_N 和谐振角频率 ω_{0N}:

$$Q_N = \frac{\sqrt{\dfrac{r_C}{r_C + R_1} \dfrac{L_1}{r_L + R_1} C_2 (r_C + R_1)}}{\dfrac{L_1}{r_L + R_1} + \dfrac{r_C}{r_C + r_L \parallel R_1} C_2 (r_C + R_1 \parallel r_L)} = \frac{\sqrt{\dfrac{L_1 C_2 r_C}{R_1 + r_L}}}{\dfrac{L_1}{R_1 + r_L} + r_C C_2} \tag{4.188}$$

$$\omega_{0N} = \frac{1}{\sqrt{\dfrac{r_C}{r_C + R_1} \dfrac{L_1}{r_L + R_1} C_2 (r_C + R_1)}} = \frac{1}{\sqrt{L_1 C_2}} \sqrt{\frac{R_1 + r_L}{r_C}} \tag{4.189}$$

根据式(4.188)可得,当 Q_N 远小于 1 时可将两级联零点分别定义如下:

$$\omega_{z_1} = \omega_{0N} Q_N \tag{4.190}$$

和

$$\omega_{z_2} = \frac{\omega_{0N}}{Q_N} \tag{4.191}$$

因为系数非常复杂,所以最终表达式将会非常繁琐。最好能够利用观察法直接得到零点值。变换电路如图 4.52 所示。

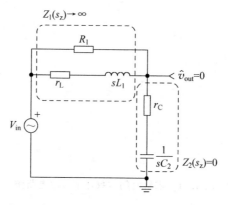

图 4.52　当 $s = s_z$ 时通过观察法可直接求得变换电路的零点值

如果输出响应为零,要么变换器输出短路;要么变换器开路,阻止激励源传播。那么 $Z_1(s)$ 是否可能开路呢?利用快速分析技术可立即求得阻抗值:当 $s = 0$ 时,阻抗为 R_1 与 r_L 并联。当激励源设置为 $0A$ 时电感 L_1 两端电阻为 $r_L + R_1$。最后,当 r_L 和 sL_1 组成的变换电路短路时也将出现一个零点。所以将上述计算结果组合得:

$$Z_1(s) = (R_1 \parallel r_L) \cdot \frac{1 + s \dfrac{L_1}{r_L}}{1 + s \dfrac{L_1}{r_L + R_L}} \tag{4.192}$$

当式(4.192)的分母值为零时,$Z_1(s)$ 表达式无穷大,即:

$$1 + s \frac{L_1}{r_L + R_1} = 0 \tag{4.193}$$

此时 $s_{z1} = -\dfrac{r_L + R_1}{L_1}$,或者

$$\omega_{z_1} = \frac{r_L + R_1}{L_1} \tag{4.194}$$

当 $Z_2(s_z)$ 变为短路时利用经典方法求得第二零点,此时:

$$Z_2(s) = \frac{1 + sr_C C_2}{sC_2} = 0 \tag{4.195}$$

求得 $s_{z2} = -\dfrac{1}{r_C C_2}$。因此第二零点值为:

$$\omega_{z_2} = \frac{1}{r_C C_2} \tag{4.196}$$

通过上述计算,求得最终传递函数 $H(s)$ 表达式为:

$$H(s) = \frac{\left(1 + s\dfrac{r_L + R_1}{L_1}\right)(1 + sr_C C_2)}{1 + s\left(\dfrac{L_1}{r_L + R_1} + C_2(r_C + R_1 \parallel r_L)\right) + s^2 \dfrac{L_1}{r_L + R_1}C_2(r_C + R_1)}$$

$$= \frac{\left(1 + \dfrac{s}{\omega_{z_1}}\right)\left(1 + \dfrac{s}{\omega_{z_2}}\right)}{1 + \dfrac{s}{\omega_0 Q} + \left(\dfrac{s}{\omega_0}\right)^2} \tag{4.197}$$

对传递函数表达式进行详细分析之前,首先设置参考"高熵"传递函数。如图 4.53 所示,利用叠加定理能够对滤波器电路进行透彻分析。

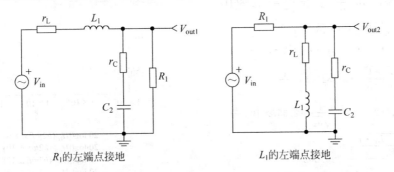

R_1 的左端点接地　　　　　　　　　　L_1 的左端点接地

图 4.53　利用叠加定理可以快速求得原始传递函数

将 V_{out1} 和 V_{out2} 相加求得原始传递函数,其参考表达式为:

$$H(s) = \frac{R_1 \parallel \left(r_C + \dfrac{1}{sC_2}\right)}{R_1 \parallel \left(r_C + \dfrac{1}{sC_2}\right) + r_L + sL_1} + \frac{\left(r_C + \dfrac{1}{sC_2}\right) \parallel (r_L + sL_1)}{\left(r_C + \dfrac{1}{sC_2}\right) \parallel (r_L + sL_1) + R_1} \tag{4.198}$$

现在利用软件 Mathcad 对上述表达式进行计算,并将每种表达式的输出响应进行对比;具体计算结果和特性曲线如图 4.54 所示,所有结果均完全匹配。

4.2.4　广义 2 阶传递函数实例 3

实例 3 主要对双极型晶体管构建的滤波器电路进行研究,具体电路如图 4.55 所示。接下来求解该滤波电路的传递函数。

$C_2 := 0.1 \mu F \quad L_1 := 150 \mu H \quad R_1 := 1 k\Omega \quad r_L := 0.25\Omega$

$r_C := 0.12\Omega \quad \parallel(x, y) := \dfrac{x \cdot y}{x + y} \quad R_{inf} := 10^{20}\,\Omega$

$$V_1(s) := \frac{\left(r_C + \dfrac{1}{s \cdot C_2}\right) \parallel (r_C + s \cdot L_1)}{\left(r_C + \dfrac{1}{s \cdot C_2}\right) \parallel (r_L + s \cdot L_1) + R_1}$$

$$V_2(s) := \frac{R_1 \parallel \left(r_C + \dfrac{1}{s \cdot C_2}\right)}{R_1 \parallel \left(r_C + \dfrac{1}{s \cdot C_2}\right) + r_L + s \cdot L_1}$$

$H_{ref}(s) := V_1(s) + V_2(s) \quad H_0 := 1$

$\tau_1 := \dfrac{L_1}{r_L + R_1} = 0.15 \mu s \quad \tau_2 := C_2 \cdot (r_C + r_L \parallel R_1) = 0.037 \mu s$

$\tau_{12} := C_2 \cdot (r_C + R_1) = 100.012 \mu s$

$H_1 := 1 \quad H_2 := \dfrac{r_C}{r_C + r_L \parallel R_1} \quad H_{12} := \dfrac{r_C}{r_C + R_1}$

$b_1 := \tau_1 + \tau_2 \quad b_2 := \tau_1 \cdot \tau_{12} \quad a_1 := \tau_1 \cdot \dfrac{H_1}{H_0} + \tau_2 \cdot \dfrac{H_2}{H_0}$

$a_2 := \tau_1 \cdot \tau_{12} \cdot \dfrac{H_{12}}{H_0} \quad D(s) := 1 + b_1 \cdot s + b_2 \cdot s^2$

$N_2(s) := 1 + a_1 \cdot s + a_2 \cdot s^2 \quad Q := \dfrac{\sqrt{b_2}}{b_1} = 20.715$

$\omega_0 := \dfrac{1}{\sqrt{b_2}} = 2.582 \times 10^5 \,\dfrac{1}{s} \quad f_0 := \dfrac{\omega_0}{2\pi} = 41.096 \text{kHz}$

$\sqrt{\dfrac{C_2}{L_1}} \cdot \dfrac{\sqrt{[(R_1 + r_C) \cdot (R_1 + r_L)]}}{\left[1 + \dfrac{C_2}{L_1} \cdot (r_C \cdot r_L + R_1 \cdot r_C + R_1 \cdot r_L)\right]} = 20.715$

$\dfrac{1}{\sqrt{L_1 \cdot C_2}} \cdot \sqrt{\dfrac{r_L + R_1}{r_C + R_1}} = 2.582 \times 10^5 \,\dfrac{1}{s}$

$Q_N := \dfrac{\sqrt{a_2}}{a_1} = 0.262 \quad \omega_{0N} := \dfrac{1}{\sqrt{a_2}} = 2.357 \times 10^7 \,\dfrac{1}{s}$

$$Q_{NN} := \frac{\sqrt{\dfrac{C_2 \cdot L_1 \cdot r_C}{R_1 + r_L}}}{\dfrac{L_1}{(R_1 + r_L)} + C_2 \cdot r_C} = 0.262$$

$\dfrac{1}{\sqrt{L_1 \cdot C_2}} \cdot \sqrt{\dfrac{R_1 + r_L}{r_C}} = 2.357 \times 10^7 \,\dfrac{1}{s}$

$D_1(s) := 1 + \dfrac{s}{\omega_0 \cdot Q} + \left(\dfrac{s}{\omega_0}\right)^2$

$N_1(s) := 1 + s \cdot \left(\dfrac{H_1}{H_0} \cdot \tau_1 + \dfrac{H_2}{H_0} \cdot \tau_2\right) + s^2 \cdot \dfrac{H_{12}}{H_0} \cdot \tau_1 \cdot \tau_{12}$

$\omega_{z1} := \dfrac{r_L + R_1}{L_1} = 6.668 \times 10^6 \,\dfrac{1}{s} \quad \omega_{z2} := \dfrac{1}{r_C \cdot C_2} = 8.333 \times 10^7 \,\dfrac{1}{s}$

$\sqrt{\omega_{z1} \cdot \omega_{z2}} = 2.357 \times 10^7 \,\dfrac{1}{s} \quad \omega_{z11} := Q_N \cdot \omega_{0N} = 6.174 \times 10^6 \,\dfrac{1}{s}$

$\omega_{z22} := \dfrac{\omega_{0N}}{Q_N} = 9 \times 10^7 \,\dfrac{1}{s} \quad H_{sol1}(s) := H_0 \cdot \dfrac{N_1(s)}{D(s)}$

$H_{sol2}(s) := H_0 \cdot \dfrac{N_1(s)}{D(s)}$

$H_{sol3}(s) := H_0 \cdot \dfrac{\left(1 + \dfrac{s}{\omega_{z1}}\right) \cdot \left(1 + \dfrac{s}{\omega_{z2}}\right)}{D(s)}$

— $\arg(H_{ref}(i \cdot 2\pi \cdot f_k)) \cdot \dfrac{180}{\pi}$

…… $\arg(H_{sol1}(i \cdot 2\pi \cdot f_k)) \cdot \dfrac{180}{\pi}$

— $\arg(H_{sol2}(i \cdot 2\pi \cdot f_k)) \cdot \dfrac{180}{\pi}$

-- $\arg(H_{sol3}(i \cdot 2\pi \cdot f_k)) \cdot \dfrac{180}{\pi}$

— $20 \cdot \log(|H_{ref}(i \cdot 2\pi \cdot f_k)|, 10)$

…… $20 \cdot \log(|H_{sol1}(i \cdot 2\pi \cdot f_k)|, 10)$

— $20 \cdot \log(|H_{sol2}(i \cdot 2\pi \cdot f_k)|, 10)$

-- $20 \cdot \log(|H_{sol3}(i \cdot 2\pi \cdot f_k)|, 10)$

图 4.54 利用 Mathcad 绘制所有交流特性曲线，输出结果表明所有曲线均完全匹配

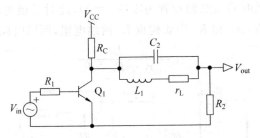

图 4.55　共射极双极型晶体管驱动 LC 电路网络

首先如图 4.56 所示,利用简化的混合 π 模型代替三极管 Q_1 的小信号模型。首先当 $s=0$ 时计算直流增益 H_0:C_2 开路、L_1 短路,具体电路如图 4.57 所示。

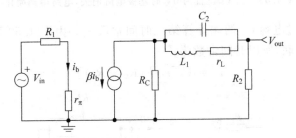

图 4.56　可进行拉普拉斯分析的小信号模型

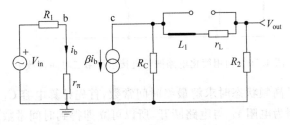

图 4.57　计算 0Hz 增益时将 C_2 移除、L_1 短路

基极电流由输入电压 V_{in} 以及 R_1 和 r_π 的串联电阻决定:

$$i_b = \frac{V_{in}}{R_1 + r_\pi} \tag{4.199}$$

R_2 两端输出电压由 R_C 两端电压决定,并且由 r_L 和 R_2 进行衰减。于是集电极电压 $V_{(c)}$ 的表达式为:

$$V_{(c)} = -\beta i_b[R_C \parallel (r_L + R_2)] \tag{4.200}$$

集电极电压经过 R_2 和 r_L 构成的电阻分压器后到达输出端,所以输出电压 V_{out} 为:

$$V_{out} = -\beta i_b[R_C \parallel (r_L + R_2)] \frac{R_2}{r_L + R_2} \tag{4.201}$$

将式(4.199)带入式(4.201)中并重新整理,可得增益 H_0 为:

$$H_0 = -\frac{\beta}{r_\pi + R_1}[R_C \parallel (r_L + R_2)] \frac{R_2}{r_L + R_2}$$

$$= -\frac{R_2 R_C \beta}{(R_1 + r_\pi)(R_2 + R_C + r_L)} \tag{4.202}$$

计算 L_1 的时间常数时将激励源设置为零（$V_{in}=0$），此时基极电流与集电极电流 βi_b 均消失。由图 4.58 可得，R_C、r_L 和 R_2 串联构成 L_1 两端电阻，所以时间常数计算公式为：

$$\tau_1 = \frac{L_1}{r_L + R_C + R_2} \tag{4.203}$$

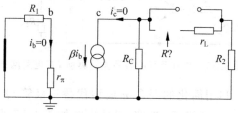

图 4.58　当 V_{in} 设置为 0V 时基极电流消失，电路得到简化

当 L_1 短路时通过电容 C_2 两端计算第二时间常数 τ_2。由图 4.59 可得，电阻 R_C 和 R_2 串联，然后再与 r_L 并联，所以时间常数为：

$$\tau_2 = C_2[r_L \parallel (R_C + R_2)] \tag{4.204}$$

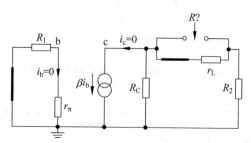

图 4.59　利用简化电路图可直接求得第二时间常数 τ_2

当电感 L_1 设置于高频状态时求解最终时间常数，首先计算电容 C_2 的驱动电阻，具体电路如图 4.60 表示。因为电阻 r_L 与电路断开，所以可立即得到时间常数为：

$$\tau_2^1 = C_2(R_C + R_2) \tag{4.205}$$

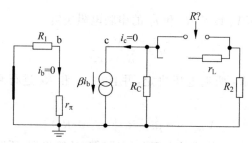

图 4.60　通过移除 L_1、计算电容 C_2 两端电阻值求解时间常数 τ_2^1

将上述计算结果进行组合，求得分母 $D(s)$ 表达式为：

$$D(s) = 1 + s(\tau_1 + \tau_2) + s^2 \tau_1 \tau_2^1$$
$$= 1 + s\left(\frac{L_1}{r_L + R_C + R_2} + C_2[r_L \parallel (R_C + R_2)]\right) + s^2 \frac{L_1}{r_L + R_C + R_2}C_2(R_C + R_2) \tag{4.206}$$

将式(4.206)整理为规范形式：

$$D(s) = 1 + \frac{s}{\omega_0 Q} + \left(\frac{s}{\omega_0}\right)^2 \tag{4.207}$$

其中

$$Q = \frac{\sqrt{b_2}}{b_1} = \sqrt{\frac{C_2}{L_1}} \frac{\sqrt{R_2 + R_C}}{\sqrt{\frac{1}{r_L + R_C + R_2}\left[1 + \frac{C_2 r_L (R_2 + R_C)}{L_1}\right]}} \tag{4.208}$$

以及

$$\omega_0 = \frac{1}{\sqrt{b_2}} = \frac{1}{\sqrt{L_1 C_2}} \sqrt{\frac{r_L + R_2 + R_C}{R_2 + R_C}} \tag{4.209}$$

求解分子表达式时需要计算如下 3 个增益值：H^1、H^2 和 H^{12}。H 的指数表示设置于高频状态的元件编号，此时另一元件工作于直流状态。对于 H^1，L_1 工作于高频状态（开路），C_2 工作于直流状态（开路）。具体电阻如图 4.61 所示，可直接求得增益为：

$$H^1 = 0 \tag{4.210}$$

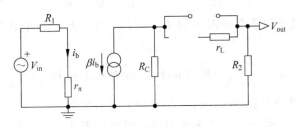

图 4.61 L_1 和 G_2 开路时，电路非常简单，且响应为 0

计算 H^2 时电容 C_2 短路，电感 L_1 工作于直流状态——同样短路，具体电路如图 4.62 所示。该工作模式下的传递函数与 H_0 相对应，但由于 C_2 使得 r_L 短路，所以 r_L 项为零。因此 H^2 表达式为：

$$H^2 = -\frac{\beta}{r_\pi + R_1}(R_C \parallel R_2) \tag{4.211}$$

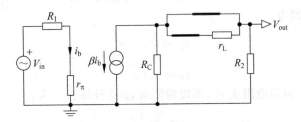

图 4.62 当电容开路、电感短路时电路工作状态与 H_0 相似，
但高频下 r_L 由 C_2 短路

最后，当两储能元件均工作于高频状态时计算增益 H^{12}，此时电容 C_2 再次将开路电感及其电阻 r_L 短路。具体电路如图 4.63 所示。

因为此时电阻 r_L 仍然短路，所以增益表达式与式(4.211)相同，即：

$$H^{12} = -\frac{\beta}{r_\pi + R_1}(R_C \parallel R_2) \tag{4.212}$$

对上述增益值进行组合可得分子表达式为：

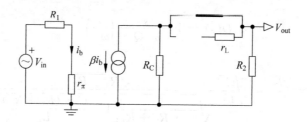

图 4.63　通过移除 L_1、短路 C_2 计算增益 H^{12}

$$N(s) = H_0 + s(H^1\tau_1 + H^2\tau_2) + s^2 H^{12}\tau_1\tau_2^1$$

$$= -\frac{\beta}{r_\pi + R_1}[R_C \parallel (r_L + R_2)]\frac{R_2}{r_L + R_2} +$$

$$s\left[0 - \frac{\beta}{r_\pi + R_1}(R_C \parallel R_2) \cdot C_2[r_L \parallel (R_C + R_2)]\right] +$$

$$s^2\left[-\frac{\beta}{r_\pi + R_1}(R_C \parallel R_2) \cdot \frac{L_1}{r_L + R_C + R_2}C_2(R_C + R_2)\right] \qquad (4.213)$$

当 r_L 相对于其他电阻非常小时因数 $H_0 \approx H^2 \approx H^{12}$，此时分子表达式 $N(s)$ 可大大简化，具体如下所示：

$$N(s) \approx -\frac{\beta}{r_\pi + R_1}(R_C \parallel R_2)(1 + s^2 L_1 C_2) = H_0\left(1 + \frac{s^2}{\omega_{0N}^2}\right) \qquad (4.214)$$

　　式(4.213)为精确分子表达式，而式(4.214)为忽略电阻 r_L 之后的近似表达式。第一表达式非常复杂；而第二表达式未考虑 r_L 实际损耗，所以相对简单。由图 4.55 可得，当 $s = s_z$ 时由 L_1、C_2 和 r_L 构成的变换网络电阻无穷大，使得输出响应为零。因此，阻抗极点可以变换为传递函数零点。通过人工计算或者利用图 4.64 所示中间步骤可快速求得该阻抗值。

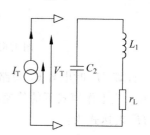

图 4.64　利用快速分析技术可迅速求得电路网络阻抗值

　　当 $s = 0$ 时阻抗 $R_0 = r_L$。将激励源移除等效为电流源开路，所以直流状态时 C_2 两端电阻为 r_L，而 L_1 两端电阻无穷大，因而时间常数分别为：

$$\tau_1 = \frac{L_1}{\infty} = 0$$

$$\tau_2 = r_L C_2 \qquad (4.215)$$

当 C_2 短路时 L_1 两端电阻为 r_L，所以时间常数 τ_1^2 计算公式为：

$$\tau_1^2 = \frac{l_1}{r_L} \qquad (4.216)$$

此时求得分母 $D(s)$ 表达式为：

$$D(s) = 1 + sr_L C_2 + s^2 L_1 c_2 \qquad (4.217)$$

　　如图 4.64 所示电路网络中，当 $s = s_z$ 时计算变换电路的零点值。此时 r_L 与 L_1 串联构成变换电路，当其短路时：

$$sL_1 + r_L = 0 \qquad (4.218)$$

即

$$s_z = -\frac{r_L}{L_1} \qquad (4.219)$$

因此阻抗表达式为：

$$Z(s) = r_\mathrm{L} \frac{1 + s \dfrac{L_1}{r_\mathrm{L}}}{1 + s r_\mathrm{L} C_2 + s^2 L_1 C_2} = R_0 \frac{1 + \dfrac{s}{\omega_z}}{1 + \dfrac{s}{\omega_0 Q} + \left(\dfrac{s}{\omega_0}\right)^2} \tag{4.220}$$

其中

$$\omega_0 = \frac{1}{\sqrt{L_1 C_2}} \tag{4.221}$$

Q 值为

$$Q = \frac{1}{r_\mathrm{L}} \sqrt{\frac{L_1}{C_2}} \tag{4.222}$$

以及

$$\omega_z = \frac{r_\mathrm{L}}{L_1} \tag{4.223}$$

前面已经求得晶体管电路的分子表达式 $N(s)$ 为式(4.213)，接下来利用式(4.217)的规范形式对其进行定义：

$$N(s) = 1 + s r_\mathrm{L} C_2 + s^2 L_1 C_2 = 1 + \frac{s}{\omega_{0N} Q_N} + \left(\frac{s}{\omega_{0N} Q_N}\right)^2 \tag{4.224}$$

其中 ω_{0N} 和 Q_N 分别由式(4.221)式(4.222)进行定义。传递函数完整表达式分别由分子表达式(4.213)或式(4.224)与分母表达式(4.206)共同构成：

$$H(s) = -\frac{R_2 R_\mathrm{C} \beta}{(R_1 + r_\pi)(R_2 + R_\mathrm{C} + r_\mathrm{L})} \cdot$$

$$\frac{1 + s r_\mathrm{L} C_2 + s^2 L_1 C_2}{1 + s \left\{ \dfrac{L_1}{r_\mathrm{L} + R_\mathrm{C} + R_2} + C_2 [r_\mathrm{L} \parallel (R_\mathrm{C} + R_2)] \right\} + s^2 \dfrac{L_1}{r_\mathrm{L} + R_\mathrm{C} + R_2} C_2 (R_\mathrm{C} + R_2)}$$

$$= H_0 \frac{1 + \dfrac{s}{\omega_{0N} Q_N} + \left(\dfrac{s}{\omega_{0N} Q_N}\right)^2}{1 + \dfrac{s}{\omega_0 Q} + \left(\dfrac{s}{\omega_0 Q}\right)^2} \tag{4.225}$$

上述实例证明，当计算电路零点时观察法以其速度和简单程度再次击败所有其他方法。有时利用观察法并不能使计算简化，此时必须通过本实例中使用的 NDI 技术或通用形式进行计算。通用形式与 NDI 计算结果完全相同，但有时需要更多工作量对其最终表达式进行化简。现在已经得到不同形式的传递函数表达式，接下来利用 Mathcad 对其频率响应进行对比。具体计算过程及最终结果如图 4.65 所示，所有组合的输出响应均完全相同。

4.2.5　广义 2 阶传递函数实例 4

实例 4 中电路分别由文献[4]和[5]进行描述和研究。该电路非常神奇，既具有峰值功能，又能提供特定增益。电路原理如图 4.66 所示，计算该双电容电路的传递函数。

与前面电路实例分析方法一致，首先计算 $s=0$ 时的直流增益 H_0，然后求解时间常数 τ 和各种增益 H。全部电路如图 4.67 所示。

通过对图 4.67 进行分析计算，可直接求得：

$$H_0 = 1 \tag{4.226}$$

$$\tau_1 = R_1 C_1 \tag{4.227}$$

$$\tau_2 = (R_1 + R_2)C_2 \tag{4.228}$$

$$\tau_2^1 = R_2 C_2 \tag{4.229}$$

$$H^1 = H^2 = 1 \tag{4.230}$$

$R_1 := 10\text{k}\Omega \quad r_\pi := 1\text{k}\Omega \quad R_2 := 10\text{k}\Omega \quad R_C := 2.2\text{k}\Omega$

$C_2 := 15\text{nF} \quad L_1 := 100\mu\text{H} \quad \beta := 100 \quad r_L := 0.25\Omega$

$\parallel(x,y) := \dfrac{x \cdot y}{x+y} \quad R_{\text{inf}} := 10^{20}\,\Omega$

$H_0 := -\dfrac{\beta}{r_\pi + R_1}[R_C \parallel (r_L + R_2)] \cdot \dfrac{R_2}{R_2 + r_L} = -16.39311$

$20\log(|H_0|) = 24.29323$

$H_{00} := \dfrac{R_2 \cdot R_C \cdot \beta}{(R_1 + r_\pi) \cdot (R_2 + R_C + r_L)} = -16.39311$

$H_1 := 0 \quad H_2 := -\dfrac{\beta}{r_\pi + R_1}(R_C \parallel R_2) = -16.39344$

$H_{12} := -\dfrac{\beta}{r_\pi + R_1} \cdot (R_C \parallel R_2) = -16.39344$

$\tau_1 := \dfrac{L_1}{r_L + R_C + R_2} = 8.19655 \times 10^{-3} \cdot \mu\text{s}$

$\tau_2 := C_2 \cdot \lceil r_L \parallel (R_C + R_2) \rceil = 3.74992 \times 10^{-3} \cdot \mu\text{s}$

$\tau_{12} := C_2 \cdot (R_2 + R_C) = 183 \cdot \mu\text{s}$

$b_1 := \tau_1 + \tau_2 \quad b_2 := \tau_1 \cdot \tau_{12} \quad a_1 := \tau_1 \cdot \dfrac{H_1}{H_0} + \tau_2 \cdot \dfrac{H_2}{H_0}$

$a_2 := \tau_1 \cdot \tau_{12} \cdot \dfrac{H_{12}}{H_0}$

$D(s) := 1 + b_1 \cdot s + b_2 \cdot s^2 \quad N_2(s) := 1 + a_1 \cdot s + a_2 \cdot s^2$

$Q := \dfrac{b_2}{b_1} = 102.51829 \quad \omega_0 := \dfrac{1}{\sqrt{b_2}} = 8.16505 \times 10^5\,\dfrac{1}{s}$

$f_0 := \dfrac{\omega_0}{2\pi} = 129.9508\text{kHz}$

$\sqrt{\dfrac{C_2}{L_1}} \cdot \dfrac{\sqrt{R_2 + R_C}}{\sqrt{\dfrac{1}{r_L + R_C + R_2}} \cdot \left[\dfrac{C_2 \cdot r_L \cdot (R_2 + R_C)}{L_1} + 1\right]} =$

$102.51829 \quad \dfrac{1}{L_1 \cdot C_2} \cdot \sqrt{\dfrac{(r_L + R_C + R_2)}{(R_2 + R_C)}} = 8.16505 \times 10^5\,\dfrac{1}{s}$

$Q_N := \dfrac{\sqrt{a_2}}{a_1} = 326.59863 \quad \omega_{0N} := \dfrac{1}{\sqrt{a_2}} = 8.16497 \times 10^5\,\dfrac{1}{s}$

$f_{0N} := \dfrac{\omega_{0N}}{2\pi} = 129.94947\text{kHz} \quad Q_{N2} := \dfrac{1}{r_L} \cdot \sqrt{\dfrac{L_1}{C_2}} = 326.59863$

$\omega_{0N2} := \dfrac{1}{\sqrt{L_1 \cdot C_2}} = 8.16497 \times 10^5\,\dfrac{1}{s}$

$N_3(s) := 1 + \dfrac{s}{\omega_{0N2} \cdot Q_{N2}} + \left(\dfrac{s}{\omega_{0N2}}\right)^2 \quad N_4(s) := -H_0 \cdot \left[1 + \left(\dfrac{s}{\omega_{0N}}\right)^2\right]$

$D_1(s) := 1 + \dfrac{s}{\omega_0 \cdot Q} + \left(\dfrac{s}{\omega_0}\right)^2$

$N_1(s) := 1 + s \cdot \left(\dfrac{H_1}{H_0} \cdot \tau_1 + \dfrac{H_2}{H_0} \cdot \tau_2\right) + s^2 \cdot \dfrac{H_{12}}{H_0} \cdot \tau_1 \cdot \tau_{12}$

$H_{\text{sol1}}(s) := H_0 \cdot \dfrac{N_1(s)}{D_1(s)} \quad H_{\text{sol2}}(s) := H_0 \cdot \dfrac{N_1(s)}{D(s)}$

$H_{\text{sol3}}(s) := H_0 \cdot \dfrac{N_4(s)}{D(s)} \quad 20 \cdot \log(|H_{\text{sol1}}(i \cdot 2\pi \cdot f_0)|, 10) = 14.$

$-$ $20 \cdot \log(|H_{\text{sol1}}(i \cdot 2\pi \cdot f_k)|, 10)$

$\cdots$ $20 \cdot \log(|H_{\text{sol2}}(i \cdot 2\pi \cdot f_k)|, 10)$

$-$ $20 \cdot \log(|H_{\text{sol3}}(i \cdot 2\pi \cdot f_k)|, 10)$

$-$ $\arg(H_{\text{sol1}}(i \cdot 2\pi \cdot f_k)) \cdot \dfrac{180}{\pi}$

$\cdots$ $\arg(H_{\text{sol2}}(i \cdot 2\pi \cdot f_k)) \cdot \dfrac{180}{\pi}$

$-$ $\arg(H_{\text{sol3}}(i \cdot 2\pi \cdot f_k)) \cdot \dfrac{180}{\pi}$

图 4.65　Mathcad 和 SPICE 计算结果完全相同

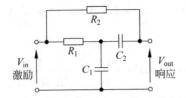

图 4.66 双电容峰值电路

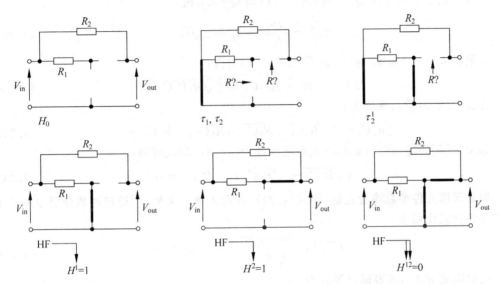

图 4.67 通过 6 个简单电路图求得电路传递函数

以及

$$H^{12} = 0 \tag{4.231}$$

将式(4.227)~式(4.229)组合构成分母 $D(s)$ 表达式为:

$$
\begin{aligned}
D(s) &= 1 + s(\tau_1 + \tau_2) + s^2 \tau_1 \tau_2^1 \\
&= 1 + s[R_1 C_1 + (R_1 + R_2)C_2] + s^2 R_1 R_2 C_1 C_2
\end{aligned} \tag{4.232}
$$

利用式(4.230)和式(4.231)所得增益值组合得到分子 $N(s)$ 表达式为:

$$
\begin{aligned}
N(s) &= H_0 + (\tau_1 H^1 + \tau_2 H^2)s + \tau_1 \tau_2^1 H^{12} s^2 \\
&= 1 + [R_1 C_1 + (R_1 + R_2)C_2]s
\end{aligned} \tag{4.233}
$$

最终传递函数 $H(s)$ 表达式为:

$$H(s) = \frac{1 + a_1 s}{1 + b_1 s + b_2 s^2} = \frac{1 + [R_1 C_1 + (R_1 + R_2)C_2]s}{1 + [R_1 C_1 + (R_1 + R_2)C_2]s + R_1 R_2 C_1 C_2 s^2} \tag{4.234}$$

由 $H(s)$ 表达式可得 a_1 与 b_1 相同,所以式(4.234)可重新整理为:

$$H(s) = \frac{1 + b_1 s}{1 + b_1 s + b_2 s^2} \tag{4.235}$$

将式(4.235)进行低 Q 等效时,可将分母表达式重新整理为如下形式: $\left(1 + \dfrac{s}{\omega_{p1}}\right)\left(1 + \dfrac{s}{\omega_{p2}}\right)$。此时 ω_{p1} 与零点(频率相同)中和,电路成为经典的低通滤波器。如果频率为 ω_p 时极点重合,则 $Q = 0.5$(见第2章)。在上述特定情况下,可将分母的规范表达式重新整理为:

$$1 + \frac{s}{\omega_0 Q} + \left(\frac{s}{\omega_0}\right)^2 = \left(1 + \frac{s}{\omega_p}\right)^2 \tag{4.236}$$

其中

$$\omega_p = \omega_0 = \frac{1}{\sqrt{b_2}} = \frac{1}{\sqrt{R_1 R_2 C_1 C_2}} \tag{4.237}$$

为得到式(4.237),特意将 Q 设定为 0.5。那么 C_1、C_2、R_1 和 R_2 为何值时才能使得 Q 为 0.5 呢? 由第 2 章可得 $Q = \sqrt{b_2}/b_1$。所以当 $Q = 0.5$ 时:

$$0.5 = \frac{\sqrt{b_2}}{b_1} \rightarrow b_1 = 2\sqrt{b_2} \tag{4.238}$$

如果将 $b_1 = \tau_1 + \tau_2$ 和 $b_2 = \tau_1 \tau_2^1$ 代入式(4.238)得:

$$R_1 C_1 + (R_1 + R_2)C_2 = 2\sqrt{R_1 R_2 C_1 C_2} \tag{4.239}$$

将式(4.239)重新整理为:

$$\left[R_1 C_1 - 2\sqrt{R_1 C_1}\sqrt{R_2 C_2} + R_2 C_2\right] + R_1 C_2 = 0 \tag{4.240}$$

如文献[5]所述,将式(4.240)左边项整理为 $(a-b)^2$ 形式可得:

$$\left(\sqrt{R_1 C_1} - \sqrt{R_2 C_2}\right)^2 + R_1 C_2 = 0 \tag{4.241}$$

如果无源元件参数均为正值,则式(4.241)肯定无解。文献[5]通过因数分解 $\sqrt{R_1 C_1}$ 的方式将表达式化简为:

$$\left[\sqrt{R_1 C_1}\left(1 - \sqrt{\frac{R_2 C_2}{R_1/C_1}}\right)\right]^2 + R_1 C_2 = 0 \tag{4.242}$$

提取因式 $R_1 C_1$,求得最终等式为:

$$\left(1 - \sqrt{\frac{R_2 C_2}{R_1 C_1}}\right)^2 + \frac{C_2}{C_1} = 0 \tag{4.243}$$

当 $R_2 C_2 = R_1 C_1$ 时,式(4.243)中第一项为零,但是第二项仍然存在。如果式(4.243)满足 $\frac{C_2}{C_1} = \frac{R_1}{R_2} = 1$,则式(4.243)可求得近似解。此时最终传递函数表达式近似为:

$$H(s) \approx \frac{1 + \frac{s}{\omega_z}}{\left(1 + \frac{s}{\omega_p}\right)^2} \tag{4.244}$$

其中

$$\omega_z = \frac{1}{b_1} = \frac{1}{R_1 C_1 + R_2 C_2} \tag{4.245}$$

以及

$$\omega_p = \frac{1}{\sqrt{b_2}} = \frac{1}{\sqrt{R_1 C_1 R_2 C_2}} \tag{4.246}$$

如果式(4.244)成立的同时满足 $\tau_1 = \tau_2$,则式(4.245)和式(4.246)可分别简化为:

$$\omega_z = \frac{1}{2\tau} \tag{4.247}$$

$$\omega_p = \frac{1}{\tau} \tag{4.248}$$

其中 $\tau = R_1 C_1 = R_2 C_2$。此时极点为零点的 2 倍,即:

$$\omega_p = 2\omega_z \tag{4.249}$$

接下来计算峰值频率,即增益最大时对应的频率值。对式(4.244)进行导数运算,当导数为零时对应的 ω 即为所求:

$$\frac{\mathrm{d}}{\mathrm{d}\omega} \mid H(\omega) \mid = 0 \tag{4.250}$$

分数值为分子与分母之商,即:

$$\left| \frac{1 + \mathrm{j}\dfrac{\omega}{\omega_z}}{\left(1 + \mathrm{j}\dfrac{\omega}{\omega_p}\right)^2} \right| = \frac{\sqrt{1 + \left(\dfrac{\omega}{\omega_z}\right)^2}}{1 + \left(\dfrac{\omega}{\omega_p}\right)^2} \tag{4.251}$$

将式(4.251)进行微分运算可得:

$$\frac{\mathrm{d}}{\mathrm{d}\omega} \frac{\sqrt{1 + \left(\dfrac{\omega}{\omega_z}\right)^2}}{1 + \left(\dfrac{\omega}{\omega_p}\right)^2} = -\frac{\omega \cdot \omega_p^2 (\omega^2 - \omega_p^2 + 2\omega_z^2)}{\omega_z^2 \sqrt{1 + \left(\dfrac{\omega}{\omega_z}\right)^2}(\omega^2 + \omega_p^2)^2} = 0 \tag{4.252}$$

式(4.252)含有 3 个根,但只有一个根与设计相符,具体值为:

$$\omega_{max} = \sqrt{\omega_p^2 - 2\omega_z^2} \tag{4.253}$$

下面继续求解电路谐振时的增益值。因为已经得到极点与零点之间的关系符合式(4.249),所以将式(4.251)重新整理为:

$$\mid H(\omega) \mid = \frac{4\omega_z^2 \sqrt{\dfrac{\omega^2 + \omega_z^2}{\omega_z^2}}}{\omega^2 + 4\omega_z^2} \tag{4.254}$$

再次利用式(4.249)将式(4.253)化简为:

$$\omega_{max} = \sqrt{2}\,\omega_z \tag{4.255}$$

将式(4.255)所得结果代替式(4.254)中的 ω,求得传递函数增益最大值为:

$$\mid H(\omega_{max}) \mid = \frac{2\sqrt{3}}{3} = 1.155 \tag{4.256}$$

对该电路继续分析之前,首先计算电路网络的原始传递函数,以便将其与所得表达式进行对比。与前面实例相似,可以利用叠加定理对原始传递函数进行求解,具体电路如图 4.68 所示。

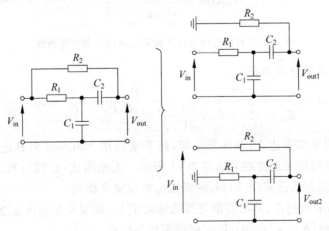

图 4.68　利用叠加定理求解原始传递函数

由图 4.69 和图 4.70 分别求得 V_{out1} 和 V_{out2}，将其相加即为原始传递函数，具体表达式如下所示：

$$H(s) = \frac{R_2}{R_2 + \dfrac{1}{sC_2} + R_1 \parallel \dfrac{1}{sC_1}} \frac{1}{1 + sR_1C_1} + \frac{\dfrac{1}{sC_2} + R_1 \parallel \dfrac{1}{sC_1}}{\dfrac{1}{sC_2} + R_1 \parallel \dfrac{1}{sC_1} + R_2} \tag{4.257}$$

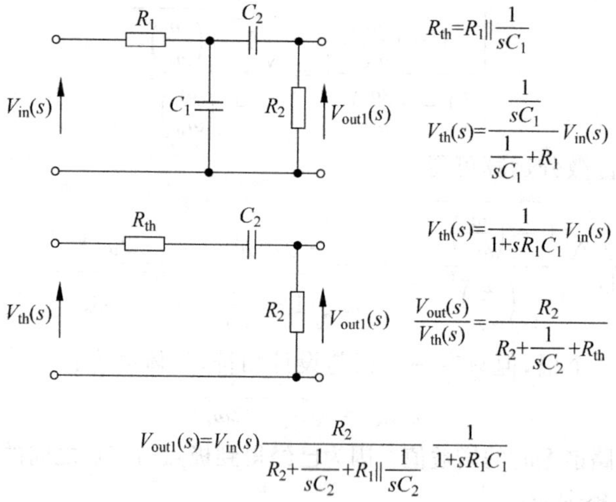

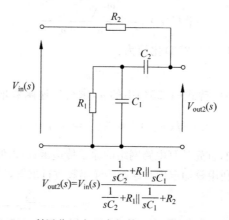

$$R_{th} = R_1 \parallel \frac{1}{sC_1}$$

$$V_{th}(s) = \frac{\frac{1}{sC_1}}{\frac{1}{sC_1} + R_1} V_{in}(s)$$

$$V_{th}(s) = \frac{1}{1 + sR_1C_1} V_{in}(s)$$

$$\frac{V_{out}(s)}{V_{th}(s)} = \frac{R_2}{R_2 + \frac{1}{sC_2} + R_{th}}$$

$$V_{out1}(s) = V_{in}(s) \frac{R_2}{R_2 + \frac{1}{sC_2} + R_1 \parallel \frac{1}{sC_2}} \frac{1}{1 + sR_1C_1}$$

图 4.69 利用戴维南定理求解第一表达式的传递函数

$$V_{out2}(s) = V_{in}(s) \frac{\frac{1}{sC_2} + R_1 \parallel \frac{1}{sC_1}}{\frac{1}{sC_2} + R_1 \parallel \frac{1}{sC_1} + R_2}$$

图 4.70 利用分压定理求解第二表达式的传递函数

将式(4.257)重新整理为：

$$H(s) = \frac{1}{R_2 + \dfrac{1}{sC_2} + R_1 \parallel \dfrac{1}{sC_1}} \left(\frac{R_2}{1 + sR_1C_1} + \frac{1}{sC_2} + R_1 \parallel \frac{1}{sC_1} \right) \tag{4.258}$$

现在已经求得全部表达式，与往常一样，接下来利用 Mathcad 对其进行计算及特性曲线绘制。具体计算过程及最终结果如图 4.71 所示。无论由式(4.257)和式(4.258)组成的原始表达式，还是近似表达式(4.244)，两者输出响应完全相同。

峰值 RC 网络非常神奇，其增益值竟然能够大于 1。如果希望对该电路网络进行输入研究，可具体参考文献[6]、[7]和[8]，以了解更多相关信息。

$$R_1 := 1000\,\Omega \quad R_2 := 100\mathrm{k}\Omega \quad C_1 := 1\mathrm{nF} \quad C_2 := 10\mathrm{pF} \quad \|(x,y) := \dfrac{x \cdot y}{x + y}$$

原始表达式

$$\tau_1 := R_1 \cdot C_1 = 1\,\mu s$$

$$\tau_2 := (R_1 + R_2) \cdot C_2 = 1.01\,\mu s$$

$$\tau_{12} := R_2 \cdot C_2 = 1\,\mu s \quad H_0 := 1$$

$$H_1 := 1 \quad H_2 := 1 \quad H_{12} := 0$$

$$b_1 := \tau_1 + \tau_2 \quad b_2 := \tau_1 \cdot \tau_{12}$$

$$a_1 := \tau_1 \cdot \dfrac{H_1}{H_0} + \tau_2 \cdot \dfrac{H_2}{H_0} \quad a_2 := \tau_1 \cdot \tau_{12} \cdot \dfrac{H_{12}}{H_0}$$

$$D_1(s) := 1 + b_1 \cdot s + b_2 \cdot s^2$$

$$N_2(s) := 1 + a_1 \cdot s + a_2 \cdot s^2$$

$$Q := \dfrac{\sqrt{b_2}}{b_1} = 0.498 \quad \omega_0 := \dfrac{1}{\sqrt{b_2}} = 1 \times 10^6 \dfrac{1}{s}$$

$$f_0 := \dfrac{\omega_0}{2\pi} = 159.155\mathrm{kHz}$$

$$D_2(s) := 1 + \dfrac{s}{\omega_0 \cdot Q} + \left(\dfrac{s}{\omega_0}\right)^2$$

$$N_1(s) := 1 + s \cdot \left(\dfrac{H_1}{H_0} \cdot \tau_1 + \dfrac{H_2}{H_0} \cdot \tau_2\right) + s^2 \cdot \dfrac{H_{12}}{H_0}$$

$$\cdot \tau_1 \cdot \tau_{12}$$

$$D_3(s) := (1 + \sqrt{b_2} \cdot s)^2$$

$$f_p := \dfrac{1}{2\pi \cdot \sqrt{b_2}} = 159.155\mathrm{kHz}$$

$$f_z := \dfrac{1}{2\pi \cdot b_1} = 79.182\mathrm{kHz}$$

$$f_{res} := \sqrt{f_p^2 - 2 \cdot f_z^2} = 113.097\mathrm{kHz}$$

$$\mathrm{Max} := \dfrac{\sqrt{1 + \left(\dfrac{f_{res}}{f_z}\right)^2}}{1 + \left(\dfrac{f_{res}}{f_p}\right)^2} = 1.159$$

最大幅值

$$H_{10}(s) := H_0 \cdot \dfrac{N_1(s)}{D_1(s)}$$

$$H_{11}(s) := H_0 \cdot \dfrac{N_1(s)}{D_3(s)}$$

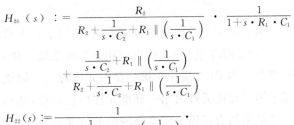

$$H_{20}(s) := \dfrac{R_2}{R_2 + \dfrac{1}{s \cdot C_2} + R_1 \| \left(\dfrac{1}{s \cdot C_1}\right)} \cdot \dfrac{1}{1 + s \cdot R_1 \cdot C_1}$$

$$+ \dfrac{\dfrac{1}{s \cdot C_2} + R_1 \| \left(\dfrac{1}{s \cdot C_1}\right)}{R_2 + \dfrac{1}{s \cdot C_2} + R_1 \| \left(\dfrac{1}{s \cdot C_1}\right)}$$

$$H_{22}(s) := \dfrac{1}{R_2 + \dfrac{1}{s \cdot C_2} + R_1 \| \left(\dfrac{1}{s \cdot C_1}\right)} \cdot$$

$$\left[\dfrac{R_2}{1 + s \cdot R_1 \cdot C_1} + \left[\dfrac{1}{s \cdot C_2} + R_1 \| \left(\dfrac{1}{s \cdot C_1}\right)\right]\right]$$

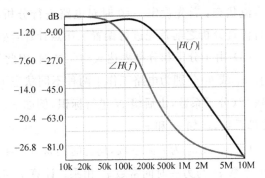

— 20·log(|H₁₀(i·2π·fₖ)|, 10) - - 20·log(|H₂₂(i·2π·fₖ)|, 10)
····· 20·log(|H₁₁(i·2π·fₖ)|, 10) — 20·log(Max)
20·log(|H₂₀(i·2π·fₖ)|, 10)

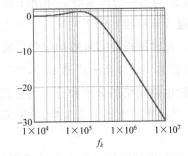

— arg(H₁₀(i·2π·fₖ))·
····· arg(H₁₁(i·2π·fₖ))·
— arg(H₂₀(i·2π·fₖ))·
— - arg(H₂₂(i·2π·fₖ))·

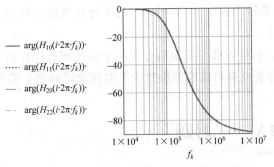

图4.71　所有方程式都提供了相同的结果

4.3 本章重点

第4章对2阶电路进行深入探讨,以下为本章所学内容总结:

(1) 2EET 将 EET 两次应用于2阶系统。建立参考增益时储能元件可以以各种状态进行组合。当 EET 应用于第一储能元件时第二储能元件设定为其参考状态。当 EET 再次应用于第二储能元件时第一储能元件恢复原位,从而使得驱动阻抗表达式更加复杂。将上述计算结果组合可得2阶电路网络的传递函数。

(2) 利用原始 2EET 所求得的传递函数未明确指出极点和零点位置。为建立统一并且实用的传递函数表达式,专门设定参考电路(工作频率0Hz)——其中所有储能元件均工作于直流状态:首先设定 $s=0$ 时对电路进行分析,此时电容开路、电感短路。SPICE 对电路进行仿真分析之前首先进行偏置工作点计算,然后再运行其他类型仿真分析。

(3) 由于分子和分母表达式均无量纲,因此每项系数 a_1 或 b_1 与 s 相乘后的单位为时间 [s]。a_1 或 b_1 分别为电路工作于两种不同状态下的时间常数之和。当输出响应为零时确定系数 a_1(分子系数,由后缀 N 进行标识,例如 τ_{1N} 和 τ_{2N});当激励源设置为0时计算系数 b_1(分母系数,例如 τ_1 和 τ_2)。

(4) a_2 或 b_2 为2阶系数,均为时间常数的乘积,所以单位为时间的平方 [s²]。可将第一时间常数 τ_1 与另一时间常数 τ_2^1 相乘;计算 τ_2^1 时将与 τ_1 相关联的储能元件设置于高频状态,然后通过计算储能元件2的端口驱动电阻值求得该时间常数。也可进行冗余计算,将第二时间常数 τ_2 与另一时间常数 τ_1^2 相乘;计算 τ_1^2 时将与 τ_2 相关联的储能元件设置于高频状态,然后通过计算储能元件1的端口驱动电阻值求得该时间常数。当输出响应为零时对电路进行分析,此时所得时间常数均包含后缀 N,例如 $\tau_{1N}\tau_{2N}^1$ 或 $\tau_{2N}\tau_{1N}^2$,然后求解分子表达式。当激励源设置为0时计算 $\tau_1\tau_2^1$ 或 $\tau_2\tau_1^2$,然后求解分母表达式。

(5) 2阶电路网络的分子和分母表达式可以按照品质因数 Q 和谐振频率 ω_0 重新整理为规范形式。当品质因数远小于1时,分子或分母表达式可以分别按照分离零点和极点形式进行描述。

(6) 利用实例证明技术的强大。使用一系列分离电路求解传递函数,并且能够轻松识别和纠正其中错误(如果错误存在)。Mathcad 是快捷有效地计算每个时间常数、推导和测试传递函数的宝贵工具。

(7) 再次将 SPICE 软件以非常简单的方式用于验证所有计算的完整性,包括利用 NDI 技术对电路网络进行分析或者将激励源设置为零时所求得的多个零点和极点值。

4.4 附录4A——习题

以下为本章相关习题。

4.4.1　习题内容

1. 习题 1

求解图 4.72 所示的 Sallen-Key 滤波器的传递函数。

2. 习题 2

求解图 4.73 所示的 Sallen-Key 滤波器的传递函数。

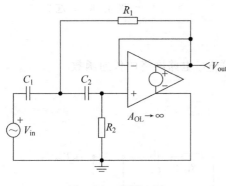

图 4.72　习题 1 图

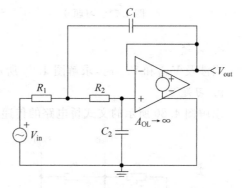

图 4.73　习题 2 图

3. 习题 3

求解图 4.74 所示的多反馈滤波器的传递函数。

4. 习题 4

求解图 4.75 所示的并联元件的阻抗值。如果测试时电路存在不确定性,请在连接端口添加临时电阻 R。

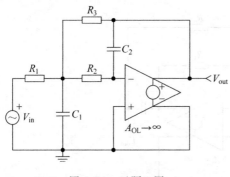

图 4.74　习题 3 图

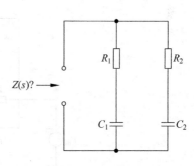

图 4.75　习题 4 图

5. 习题 5

如图 4.76 所示,计算电路传递函数。

6. 习题 6

计算图 4.77 所示的简化降压变换器的输出阻抗。

7. 习题 7

计算图 4.78 所示的电路网络的传递函数。

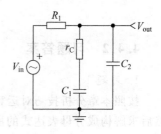

图 4.76　习题 5

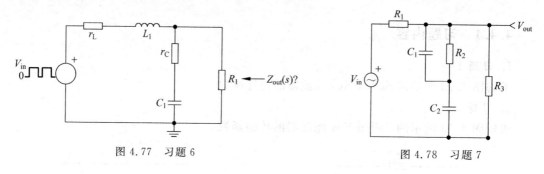

图 4.77 习题 6　　　　　　图 4.78 习题 7

8. 习题 8

当涉及 V_{out1} 和 V_{out2} 时,求解图 4.79 所示的级联 RC 电路网络的传递函数。

9. 习题 9

求解图 4.80 所示的文式桥电路的传递函数。

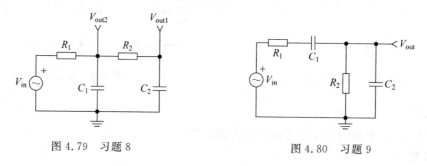

图 4.79 习题 8　　　　　　图 4.80 习题 9

10. 习题 10

求解图 4.81 所示运算放大器滤波器的传递函数。

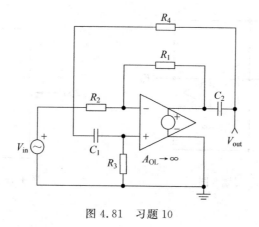

图 4.81 习题 10

4.4.2　习题答案

1. 习题 1

按照本章分析技巧对运算放大器构成的滤波器进行分析。首先计算 $s=0$ 时电路增益;然后求解构成分母表达式的所有时间常数。接下来继续按照 C_1/C_2 的不同状态计算电路增益。图 4.82 为每步单独计算对应的电路集合。

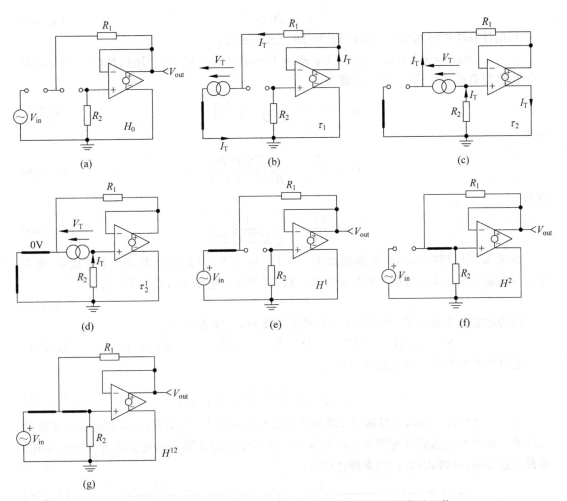

图 4.82 利用分解电路以简单而直接的方式求得滤波器传递函数

在图 4.82(a) 中，所有电容开路，求得直流增益为：

$$H_0 = 0 \tag{4.259}$$

在图 4.82(b) 中，信号源两端电阻为 R_1，所以时间常数为：

$$\tau_1 = R_1 C_1 \tag{4.260}$$

在图 4.82(c) 中，电流源右端和运放输出端电位相同，并且与运放同相引脚电压一致，即：

$$V_{right} = V_{out} = -I_T R_2 \tag{4.261}$$

电流源左端电位等于运放输出端电压与 R_1 两端压降之和，计算公式为：

$$V_{left} = I_T R_1 + V_{out} = I_T R_1 - I_T R_2 \tag{4.262}$$

于是电流源 V_T 两端电压为 $V_{left} - V_{right}$，即：

$$V_T = I_T R_1 - I_T R_2 + I_T R_2 = I_T R_1 \tag{4.263}$$

因为 C_2 两端电阻为 R_1，所以时间常数为：

$$\tau_2 = R_1 C_2 \tag{4.264}$$

在图 4.82(d) 中，电流源左端接地，所以强制 I_T 只流经电阻 R_2。从而时间常数为：

$$\tau_2^1 = R_2 C_2 \tag{4.265}$$

利用计算所得时间常数，整理得分母 $D(s)$ 表达式为：

$$D(s) = 1 + s(\tau_1 + \tau_2) + s^2 \tau_1 \tau_2^1 = 1 + sR_1(C_1 + C_2) + s^2 R_1 C_1 R_2 C_2 \tag{4.266}$$

按照规范形式将式(4.266)整理为：

$$D(s) = 1 + \frac{s}{\omega_0 Q} + \left(\frac{s}{\omega_0}\right)^2 \tag{4.267}$$

其中

$$Q = \frac{\sqrt{b_2}}{b_1} = \frac{\sqrt{R_1 R_2 C_1 C_2}}{R_1(C_1 + C_2)} \tag{4.268}$$

以及

$$\omega_0 = \frac{1}{\sqrt{b_2}} = \frac{1}{\sqrt{R_1 R_2 C_1 C_2}} \tag{4.269}$$

由图 4.82(e) 和 4.82(f) 可得增益 H^1 和 H^2 均为零，因此分子表达式中系数 a_1 也为零。因为输出电压 V_{out} 与运放同相端电位一致，同为输入电压 V_{in}，所以 H^{12} 为：

$$H^{12} = 1 \tag{4.270}$$

因为增益几乎全为零，所以分子表达式非常简单，具体表示为：

$$N(s) = H_0 + s(H^1\tau_1 + H^2\tau_2) + s^2\tau_1\tau_2^1 H^{12} = s^2 R_1 C_1 R_2 C_2 \tag{4.271}$$

通过计算求得滤波器的传递函数为：

$$G(s) = \frac{s^2 R_1 C_1 R_2 C_2}{1 + sR_1(C_1 + C_2) + s^2 R_1 C_1 R_2 C_2} \tag{4.272}$$

当 $s=0$ 时增益为零，并且随着 s 增加增益幅度按照斜率 $+2$ 上升，然后通过双极点将曲线抚平。该类型表达式可按照第 2 章讲解的零点和极点倒置形式以更紧凑方式进行描述。按照上述方法，可将式(4.272)重新整理为：

$$G(s) = \frac{1}{1 + \dfrac{C_1 + C_2}{sR_2 C_1 C_2} + \left(\dfrac{1}{s\sqrt{R_1 R_2 C_1 C_2}}\right)^2} = \frac{1}{1 + \dfrac{\omega_0}{sQ} + \left(\dfrac{\omega_0}{s}\right)^2} \tag{4.273}$$

接下来利用 Mathcad 对上述表达式进行测试，具体过程和计算结果如图 4.83 所示。

2. 习题 2

该滤波器以运算放大器为核心，并且由双电容构成，所以为 2 阶滤波器。与之前一致，首先当 $s=0$ 时计算直流增益，然后继续求解所有时间常数，全部分离电路如图 4.84 所示。通过图 4.84(a)可立即得出该运算放大器工作于同相电压跟随器模式，所以电路增益为：

$$H_0 = 1 \tag{4.274}$$

在图 4.84(b)中，测试电流源 I_T 将 R_1-R_2 节点偏置电压设置为 V_1。同时运放放大器的同相引脚电压也为 V_1，因此输出端电压同样为 V_1，即电流源两端电压为 0，因此时间常数为：

$$\tau_1 = 0 \cdot C_1 \tag{4.275}$$

在图 4.84(c)中，当 C_1 移除时测试电流 I_T 通过电阻 R_1 和 R_2 循环，所以时间常数为：

$$\tau_2 = C_2(R_1 + R_2) \tag{4.276}$$

求解 s^2 系数时，由于 τ_1 为零，所以如果直接计算 τ_2^1 可能产生不确定性，因此利用图 4.84(d)计算时间常数 τ_1^2。此时电容 C_1 工作于高频状态，所以运放同相引脚接地，电流源底端处于零电位，并将电流注入并联电阻 R_1 和 R_2。于是求得第三时间常数表达式为：

$C_2 := 10\text{nF} \quad C_1 := 10\text{nF} \quad R_1 := 10\text{k}\Omega \quad R_2 := 10\text{k}\Omega \quad \|(x, y) := \dfrac{x \cdot y}{x + y} \quad R_{\text{inf}} := 10^{20}\,\Omega$

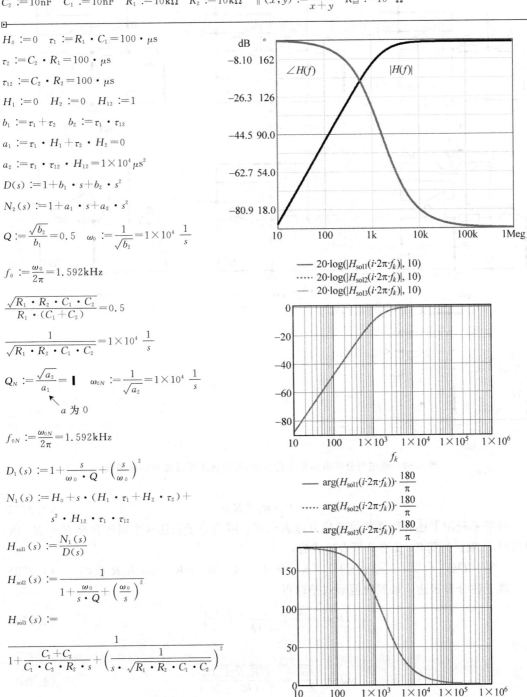

$H_0 := 0 \quad \tau_1 := R_1 \cdot C_1 = 100 \cdot \mu\text{s}$

$\tau_2 := C_2 \cdot R_1 = 100 \cdot \mu\text{s}$

$\tau_{12} := C_2 \cdot R_2 = 100 \cdot \mu\text{s}$

$H_1 := 0 \quad H_2 := 0 \quad H_{12} := 1$

$b_1 := \tau_1 + \tau_2 \quad b_2 := \tau_1 \cdot \tau_{12}$

$a_1 := \tau_1 \cdot H_1 + \tau_2 \cdot H_2 = 0$

$a_2 := \tau_1 \cdot \tau_{12} \cdot H_{12} = 1 \times 10^4\,\mu\text{s}^2$

$D(s) := 1 + b_1 \cdot s + b_2 \cdot s^2$

$N_2(s) := 1 + a_1 \cdot s + a_2 \cdot s^2$

$Q := \dfrac{\sqrt{b_2}}{b_1} = 0.5 \quad \omega_0 := \dfrac{1}{\sqrt{b_2}} = 1 \times 10^4\,\dfrac{1}{\text{s}}$

$f_0 := \dfrac{\omega_0}{2\pi} = 1.592\text{kHz}$

$\dfrac{\sqrt{R_1 \cdot R_2 \cdot C_1 \cdot C_2}}{R_1 \cdot (C_1 + C_2)} = 0.5$

$\dfrac{1}{\sqrt{R_1 \cdot R_2 \cdot C_1 \cdot C_2}} = 1 \times 10^4\,\dfrac{1}{\text{s}}$

$Q_N := \dfrac{\sqrt{a_2}}{a_1} = 1 \quad \omega_{0N} := \dfrac{1}{\sqrt{a_2}} = 1 \times 10^4\,\dfrac{1}{\text{s}}$

$a\ 为\ 0$

$f_{0N} := \dfrac{\omega_{0N}}{2\pi} = 1.592\text{kHz}$

$D_1(s) := 1 + \dfrac{s}{\omega_0 \cdot Q} + \left(\dfrac{s}{\omega_0}\right)^2$

$N_1(s) := H_0 + s \cdot (H_1 \cdot \tau_1 + H_2 \cdot \tau_2) +$
$\qquad s^2 \cdot H_{12} \cdot \tau_1 \cdot \tau_{12}$

$H_{\text{sol1}}(s) := \dfrac{N_1(s)}{D(s)}$

$H_{\text{sol2}}(s) := \dfrac{1}{1 + \dfrac{\omega_0}{s \cdot Q} + \left(\dfrac{\omega_0}{s}\right)^2}$

$H_{\text{sol3}}(s) :=$
$\dfrac{1}{1 + \dfrac{C_1 + C_2}{C_1 \cdot C_2 \cdot R_2 \cdot s} + \left(\dfrac{1}{s \cdot \sqrt{R_1 \cdot R_2 \cdot C_1 \cdot C_2}}\right)^2}$

图 4.83 通过 Mathcad 和 SPICE 输出结果证明计算方法正确

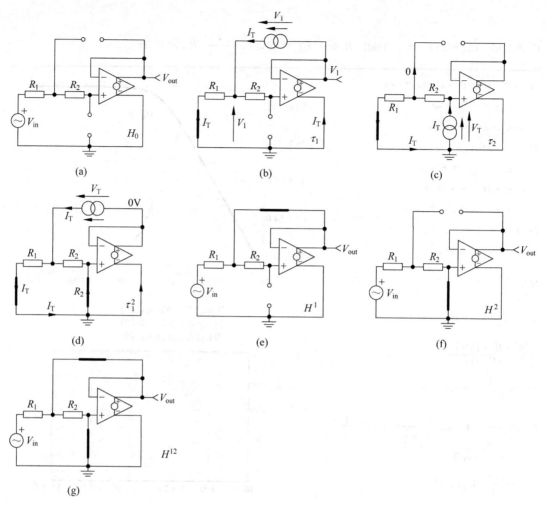

图 4.84 通过对分解电路图进行分析,可快速求得滤波器传递函数

$$\tau_1^2 = C_1(R_1 \parallel R_2) \qquad (4.277)$$

接下来利用上述时间常数值整理分母表达式。因为分子表达式中同样含有 $R_1 + R_2$,所以可对 s^2 项进行简化,最终分母表达式为:

$$D(s) = 1 + s(\tau_1 + \tau_2) + s^2\tau_1\tau_2^1 = 1 + sC_2(R_1 + R_2) + s^2 R_1 R_2 C_1 C_2 \qquad (4.278)$$

将上述分母表达式按照规范形式整理得:

$$D(s) = 1 + \frac{s}{\omega_0 Q} + \left(\frac{s}{\omega_0}\right)^2 \qquad (4.279)$$

其中

$$Q = \frac{\sqrt{b^2}}{b_1} = \frac{\sqrt{R_1 R_2 C_1 C_2}}{C_2(R_1 + R_2)} \qquad (4.280)$$

如果 $R_1 = R_2 = R$、$C_1 = C_2 = C$,则 $Q = 0.5$。

$$\omega_0 = \frac{1}{\sqrt{b_2}} = \frac{1}{\sqrt{R_1 R_2 C_1 C_2}} \qquad (4.281)$$

当 $R_1 = R_2 = R$,$C_1 = C_2 = C$ 时 $\omega_0 = 1/RC$。

计算零点时,由于图 4.84(e)～图 4.84(g)三图返回值一致,即:

$$H^1 = H^2 = H^{12} = 0 \tag{4.282}$$

因此

$$N(s) = 1 \tag{4.283}$$

所以滤波器的传递函数定义为:

$$G(s) = \frac{1}{1 + sC_2(R_1 + R_2) + s^2 R_1 C_1 R_2 C_2} \tag{4.284}$$

如图 4.85 所示,现在可以利用 Mathcad 对所有表达式进行测试。

3. 习题 3

首先,当 $s=0$ 时计算直流增益;然后求解与分母相关的所有时间常数;之后继续计算 C_1/C_2 处于不同状态时的增益值。然而电容 C_2 所处位置会使电路分析略显复杂。图 4.86 为每步单独计算对应的电路集合。

在图 4.86(a)中 $s=0$,增益值为:

$$H_0 = -\frac{R_3}{R_1} \tag{4.285}$$

利用图 4.86(b)计算第一时间常数。假设运放增益为有限值 A_{OL}。将测试电流源 I_T 分成 I_1 和 I_2,三者满足如下关系式:

$$I_T = I_1 + I_2 \tag{4.286}$$

电阻 R_1 两端电压为 V_T,所以流经电阻 R_1 的电流 I_1 为:

$$I_1 = \frac{V_T}{R_1} \tag{4.287}$$

第二电流 I_2 由电阻 R_3 两端电压决定。R_3 左端偏置电压为 V_T,右端为运算放大器输出电压 V_{out}。该电路中运放输出电压与其反相输入端电压相同,为 V_T 与运算放大器开环增益 A_{OL} 之积。所以电流 I_2 的计算公式为:

$$I_2 = \frac{V_T - V_{out}}{R_3} = \frac{V_T + V_T A_{OL}}{R_3} = \frac{V_T(1 + A_{OL})}{R_3} \tag{4.288}$$

I_T 为 I_1 和 I_2 之和,即:

$$I_T = \frac{V_T}{R_1} + V_T\left(\frac{1 + A_{OL}}{R_3}\right) \tag{4.289}$$

提取 V_T,对式(4.289)进行因式分解得:

$$I_T = V_T\left(\frac{1}{R_1} + \frac{1 + A_{OL}}{R_3}\right) \tag{4.290}$$

求得 C_1 两端电阻为:

$$R = \frac{V_T}{I_T} = \frac{1}{\dfrac{1}{R_1} + \dfrac{1 + A_{OL}}{R_3}} \tag{4.291}$$

当 A_{OL} 接近无穷大时电阻值为 0Ω,所以:

$$\tau_1 = 0 \cdot C_1 \tag{4.292}$$

对电路进行直观分析,当运放开环增益无穷大时,因为同相端接地,所以反相端电压也为 $0V$,即时间常数 $\tau_1 = 0$。因为此时无电流流经 R_2,所以 V_T 电压也为 $0V$。

利用图 4.86(c)计算第二时间常数,首先由 KCL 得:

$C_2 := 10\text{nF}$　$C_1 := 10\text{nF}$　$R_1 := 10\text{k}\Omega$　$R_2 := 10\text{k}\Omega$　$\|(x,y) := \dfrac{x \cdot y}{x + y}$　$R_{\text{inf}} := 10^{20}\,\Omega$

$H_0 := 1$　$\tau_1 := 0 \cdot C_1 = 0 \cdot \mu s$

$\tau_2 := C_2 \cdot (R_1 + R_2) = 200 \cdot \mu s$

$\tau_{21} := C_1 \cdot (R_1 \parallel R_2) = 50 \cdot \mu s$

$H_1 := 0$　$H_2 := 0$　$H_{21} := 0$

$b_1 := \tau_1 + \tau_2$　$b_2 := \tau_2 \cdot \tau_{21}$

$a_1 := \tau_1 \cdot H_1 + \tau_2 \cdot H_2 = 0$

$a_2 := \tau_2 \cdot \tau_{21} \cdot H_{21} = 0 \cdot \mu s^2$

$D(s) := 1 + b_1 \cdot s + b_2 \cdot s^2$

$N_2(s) := 1 + a_1 \cdot s + a_2 \cdot s^2$

$Q := \dfrac{\sqrt{b_2}}{b_1} = 0.5$　$\omega_0 := \dfrac{1}{\sqrt{b_2}} = 1 \times 10^4\,\dfrac{1}{s}$

$f_0 := \dfrac{\omega_0}{2\pi} = 1.592\text{kHz}$

$\dfrac{\sqrt{R_1 \cdot R_2 \cdot C_1 \cdot C_2}}{C_2 \cdot (R_1 + R_2)} = 0.5$

$\dfrac{1}{\sqrt{R_1 \cdot R_2 \cdot C_1 \cdot C_2}} = 1 \times 10^4\,\dfrac{1}{s}$

$D_1(s) := 1 + \dfrac{s}{\omega_0 \cdot Q} + \left(\dfrac{s}{\omega_0}\right)^2$

$N_1(s) := H_0 + s \cdot (H_1 \cdot \tau_1 + H_2 \cdot \tau_2) + s^2 \cdot$
$\qquad\qquad H_{21} \cdot \tau_2 \cdot \tau_{21}$

$H_{\text{sol1}}(s) := \dfrac{N_1(s)}{D(s)}$　$H_{\text{sol2}}(s) := \dfrac{1}{D_1(s)}$

$H_{\text{sol3}}(s) := \dfrac{1}{1 + s \cdot C_2 \cdot (R_1 + R_2) + s^2 R_1 \cdot R_2 \cdot C_1 \cdot C_2}$

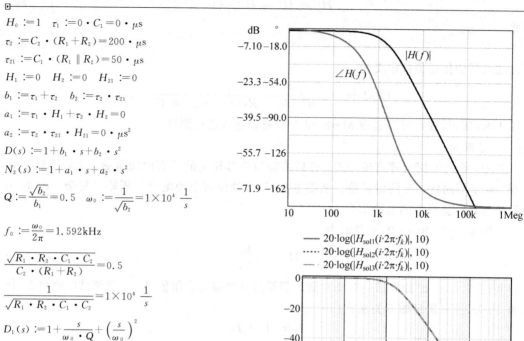

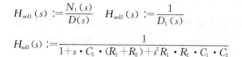

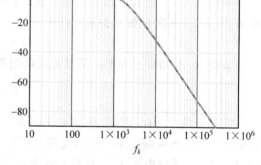

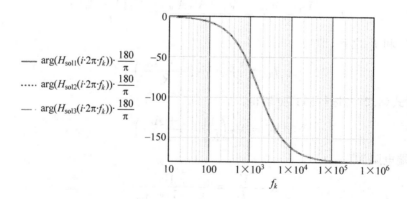

图 4.85　Mathcad 和 SPICE 输出结果表明计算方法正确

$$I_T + I_1 = I_2 \tag{4.293}$$

电阻 R_1 两端电压为 R_2 两端电压与运放反相端电压 $V_{(-)}$ 之和，即：

$$R_1 I_1 = I_T R_2 + V_{(-)} \tag{4.294}$$

由式(4.294)将 I_1 定义为：

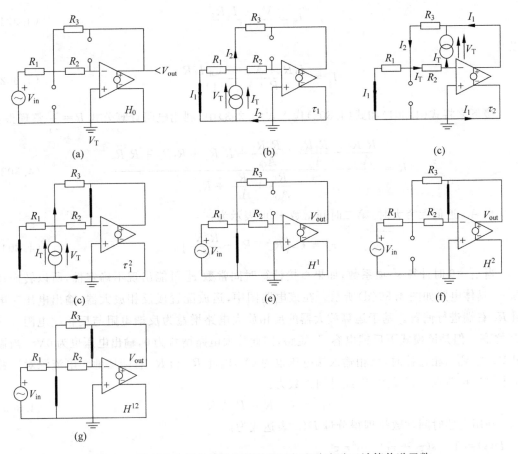

图 4.86 将原始电路分解为更简单的局部电路有助于计算传递函数

$$I_1 = \frac{V_{(-)} + I_T R_2}{R_1} \tag{4.295}$$

同时电阻 R_1 两端电压也与 R_3 和运放输出电压相关，即：

$$R_1 I_1 = -R_3 I_2 + V_{out} = -R_3 I_2 - A_{OL} V_{(-)} \tag{4.296}$$

因为式（4.294）和式（4.296）相等，所以：

$$I_T R_2 + V_{(-)} = -R_3 I_2 - A_{OL} V_{(-)} \tag{4.297}$$

求得电流 I_2 为：

$$I_2 = \frac{V_{(-)} + A_{OL} V_{(-)} + I_T R_2}{R_3} \tag{4.298}$$

V_T 为测试电流源两端电压，具体数值为运放输出电压 V_{out} 与反相端电压 $V_{(-)}$ 之差，即：

$$V_T = V_{out} - V_{(-)} = -A_{OL} V_{(-)} - V_{(-)} = -V_{(-)}(A_{OL} + 1) \tag{4.299}$$

求得反相端电压为：

$$V_{(-)} = -\frac{V_T}{1 + A_{OL}} \tag{4.300}$$

将式（4.300）代入式（4.298）和式（4.295）整理得：

$$I_2 = \frac{V_T - I_T R_2}{R_3} \tag{4.301}$$

以及

$$I_1 = \frac{I_T R_2 - V_T + A_{OL} I_T R_2}{R_1 (A_{OL} + 1)} \tag{4.302}$$

接下来将式(4.301)和式(4.302)代入式(4.293)中,利用电阻计算公式 $R = \dfrac{V_T}{I_T}$ 整理得:

$$R = \frac{\dfrac{R_1 R_2}{A_{OL}} + \dfrac{R_1 R_3}{A_{OL}} + \dfrac{R_2 R_3}{A_{OL}} + R_1 R_2 + R_1 R_3 + R_2 R_3}{\dfrac{R_1}{A_{OL}} + \dfrac{R_3}{A_{OL}} + R_1} \tag{4.303}$$

当 A_{OL} 近似无穷大时,第二时间常数 τ_2 可表示为:

$$\tau_2 = C_2 \left(R_2 + R_3 + \frac{R_2 R_3}{R_1} \right) \tag{4.304}$$

当 $\tau_1 = 0$ 时计算 s^2 项系数,如果直接计算时间常数 τ_2^1 可能出现不确定性,所以转而计算 τ_1^2,具体电路如图4.86(d)所示。在该电路图中,运放配置成反相放大器,输出电压对电阻 R_3 右端进行偏置。基于运算放大器的反相放大电路增益为反馈电阻与反相端电阻——R_2 之商。但是该模式下反馈电容 C_2 短路,因此放大电路增益为0,输出电压也为0V。当输出 V_{out} 与 $V_{(-)}$ 相连接时,反相输入端电压也为0V,因此 R_3 和 R_2 右端接地。电流源对三并联电阻连接节点进行偏置,因此时间常数为:

$$\tau_1^2 = C_1 (R_1 \parallel R_2 \parallel R_3) \tag{4.305}$$

利用上述时间常数整理得分母 $D(s)$ 表达式为:

$$\begin{aligned} D(s) &= 1 + s(\tau_1 + \tau_2) + s^2 \tau_1 \tau_2^1 \\ &= 1 + s C_2 \left(R_2 + R_3 + \frac{R_2 R_3}{R_1} \right) + s^2 \left[C_2 \left(R_2 + R_3 + \frac{R_2 R_3}{R_1} \right) C_1 (R_1 \parallel R_2 \parallel R_3) \right] \end{aligned} \tag{4.306}$$

将式(4.306)整理为规范形式得:

$$D(s) = 1 + \frac{s}{\omega_0 Q} + \left(\frac{s}{\omega_0} \right)^2 \tag{4.307}$$

其中

$$Q = \frac{\sqrt{b_2}}{b_1} = \sqrt{\frac{C_1 (R_1 \parallel R_2 \parallel R_3)}{C_2 \left(R_2 + R_3 + \frac{R_2 R_3}{R_1} \right)}} \tag{4.308}$$

如果 $R_1 = R_2 = R_3$,则 Q 值为

$$Q = \frac{1}{3} \sqrt{\frac{C_1}{C_2}} \tag{4.309}$$

如果 $C_1 = C_2 = C$,则 $Q = 0.33$:

$$\omega_0 = \frac{1}{\sqrt{b_2}} = \frac{1}{\sqrt{C_2 \left(R_2 + R_3 + \frac{R_2 R_3}{R_1} \right) C_1 (R_1 \parallel R_2 \parallel R_3)}} \tag{4.310}$$

当 $R_1 = R_2 = R_3 = R$,$C_1 = C_2 = C$ 时 $\omega_0 = 1/RC$。

利用图4.86(f)和图4.86(g)计算分子表达式,因为所有传递函数 H 表达式均为0,

所以：
$$H^1 = H^2 = H^{21} = 0 \qquad (4.311)$$

因此
$$N(s) = 1 \qquad (4.312)$$

于是滤波器的传递函数表达式为：
$$G(s) = -\frac{R_3}{R_1} \frac{1}{1 + sC_2\left(R_2 + R_3 + \frac{R_2 R_3}{R_1}\right) + s^2\left[C_2\left(R_2 + R_3 + \frac{R_2 R_3}{R_1}\right)C_1(R_1 \parallel R_2 \parallel R_3)\right]}$$

$$= G_0 \frac{1}{1 + \frac{s}{\omega_0 Q} + \left(\frac{s}{\omega_0}\right)^2} \qquad (4.313)$$

式(4.313)中的 Q 和 ω_0 分别由式(4.308)和式(4.310)定义，而 G_0 由式(4.285)定义。

现在利用 Mathcad 对上述所有表达式进行计算，具体如图 4.87 所示。之所以未对滤波器进行调谐（电阻和电容参数值不相等），旨在突出显示谐振频率 ω_M 处的峰值幅度，具体如 Mathcad 输出波形所示。所有曲线均与 SPICE 仿真完美匹配。

如果读者对滤波器计算感兴趣，尤其对 Sallen-Key 滤波器，可浏览文献[1]所示网站，该作者提供此类滤波器自动计算程序以及大量实例电路供读者参考。文献[2]对有源滤波器的典型指标"超调"进行详细而有趣的讨论。

4. 习题 4

当计算阻抗表达式时，驱动电路网络的测试电流源 I_T 为激励信号源，注入端口电压 V_T 为输出响应，具体描述如图 4.88(a)所示。如果继续利用前面章节所学方法，可立即求得 $s=0$ 时电阻 R_0 无穷大，即：
$$R_0 = \infty \qquad (4.314)$$

如果将激励源设置为 $0(I_T = 0$ 意味着信号源开路），观察电容两端电阻，则两电阻阻值均为无穷大，从而时间常数也为无穷大，具体如图 4.88(b)所示。时间常数无穷大通常会导致不确定性，但是主要取决于其组合方式。如图 4.89 所示，通过在激励源端口简单安装虚拟电阻 R_{dum} 即可解决此类问题。

仍然设定频率为 0Hz 时开始对电路进行分析，此时电阻可简化为：
$$R_0 = R_{dum} \qquad (4.315)$$

可立即求得两时间常数分别为：
$$\tau_1 = C_1(R_1 + R_{dum}) \qquad (4.316)$$
$$\tau_2 = C_2(R_2 + R_{dum}) \qquad (4.317)$$

当 C_1 设置为高频状态时，电路网络如图 4.89(b)所示，此时时间常数简化为：
$$\tau_2^1 = C_2(R_2 + R_1 \parallel R_{dum}) \qquad (4.318)$$

因此分母表达式为：
$$D(s) = 1 + s[C_1(R_1 + R_{dum}) + C_2(R_2 + R_{dum})] +$$
$$s^2 C_1 C_2 (R_1 + R_{dum})(R_2 + R_1 \parallel R_{dum}) \qquad (4.319)$$

分子表达式通过目测可以直接得到，因为进行电路变换时 $R_1 - C_1$ 和 $R_2 - C_2$ 构成的串联组合短路，从而使得响应无效，此时：

$C_2 := 1\text{nF} \quad C_1 := 100\text{nF} \quad R_1 := 10\text{k}\Omega \quad R_2 := 25\text{k}\Omega$

$R_3 := 10\text{k}\Omega \quad \parallel (x, y) := \dfrac{x \cdot y}{x + y}$

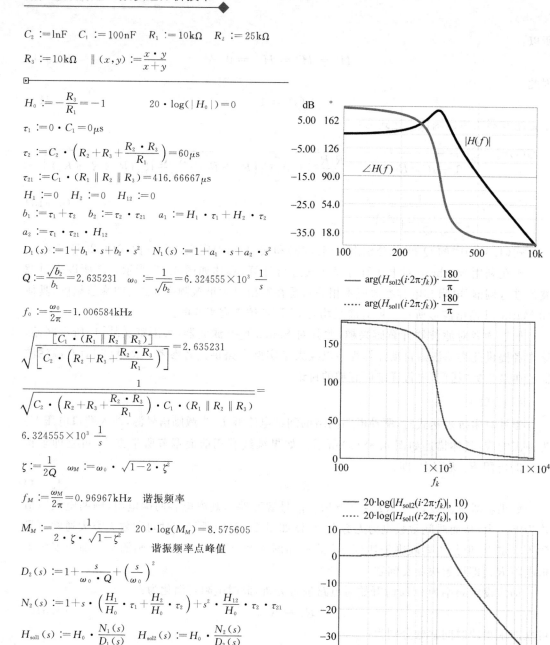

$H_0 := -\dfrac{R_3}{R_1} = -1 \qquad 20 \cdot \log(\,|\,H_0\,|\,) = 0$

$\tau_1 := 0 \cdot C_1 = 0\mu s$

$\tau_2 := C_2 \cdot \left(R_2 + R_3 + \dfrac{R_2 \cdot R_3}{R_1}\right) = 60\mu s$

$\tau_{21} := C_1 \cdot (R_1 \parallel R_2 \parallel R_3) = 416.66667\mu s$

$H_1 := 0 \quad H_2 := 0 \quad H_{12} := 0$

$b_1 := \tau_1 + \tau_2 \quad b_2 := \tau_2 \cdot \tau_{21} \quad a_1 := H_1 \cdot \tau_1 + H_2 \cdot \tau_2$

$a_2 := \tau_1 \cdot \tau_{21} \cdot H_{12}$

$D_1(s) := 1 + b_1 \cdot s + b_2 \cdot s^2 \quad N_1(s) := 1 + a_1 \cdot s + a_2 \cdot s^2$

$Q := \dfrac{\sqrt{b_2}}{b_1} = 2.635231 \quad \omega_0 := \dfrac{1}{\sqrt{b_2}} = 6.324555 \times 10^3 \dfrac{1}{s}$

$f_0 := \dfrac{\omega_0}{2\pi} = 1.006584\text{kHz}$

$\sqrt{\dfrac{[\,C_1 \cdot (R_1 \parallel R_2 \parallel R_3)\,]}{\left[C_2 \cdot \left(R_2 + R_3 + \dfrac{R_2 \cdot R_3}{R_1}\right)\right]}} = 2.635231$

$\dfrac{1}{\sqrt{C_2 \cdot \left(R_2 + R_3 + \dfrac{R_2 \cdot R_3}{R_1}\right) \cdot C_1 \cdot (R_1 \parallel R_2 \parallel R_3)}} =$

$6.324555 \times 10^3 \dfrac{1}{s}$

$\zeta := \dfrac{1}{2Q} \quad \omega_M := \omega_0 \cdot \sqrt{1 - 2 \cdot \zeta^2}$

$f_M := \dfrac{\omega_M}{2\pi} = 0.96967\text{kHz} \quad$ 谐振频率

$M_M := \dfrac{1}{2 \cdot \zeta \cdot \sqrt{1 - \zeta^2}} \quad 20 \cdot \log(M_M) = 8.575605$

谐振频率点峰值

$D_2(s) := 1 + \dfrac{s}{\omega_0 \cdot Q} + \left(\dfrac{s}{\omega_0}\right)^2$

$N_2(s) := 1 + s \cdot \left(\dfrac{H_1}{H_0} \cdot \tau_1 + \dfrac{H_2}{H_0} \cdot \tau_2\right) + s^2 \cdot \dfrac{H_{12}}{H_0} \cdot \tau_2 \cdot \tau_{21}$

$H_{\text{sol1}}(s) := H_0 \cdot \dfrac{N_1(s)}{D_1(s)} \quad H_{\text{sol2}}(s) := H_0 \cdot \dfrac{N_2(s)}{D_2(s)}$

$20 \cdot \log(\,|\,H_{\text{sol1}}(i \cdot 2\pi \cdot f_0)\,|, 10) = 8.416375$

图 4.87 所有表达式计算结果均与 SPICE 仿真相匹配。
未经调谐的滤波器旨在突出显示图中谐振频率 ω_M 处的峰值幅度

$$R_1 + \dfrac{1}{sC_1} = 0 \rightarrow s_{z1} = -\dfrac{1}{R_1 C_1} \tag{4.320}$$

以及

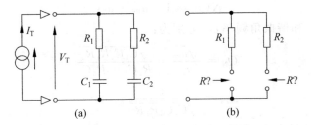

图 4.88 在该特定电路配置中,当 s＝0 时电容两端电阻无穷大

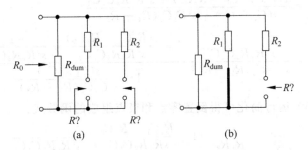

图 4.89 在连接端口增加额外电阻 R 有助于固定直流电阻

$$R_2 + \frac{1}{sC_2} = 0 \rightarrow s_{z2} = -\frac{1}{R_2C_2} \tag{4.321}$$

因此分子 $N(s)$ 表达式为:

$$N(s) = (1 + sR_1C_1)(1 + sR_2C_2) \tag{4.322}$$

将式(4.315)、式(4.319)和式(4.322)组合得到完整传递函数为:

$$Z(s) = R_0 \frac{N(s)}{D(s)}$$

$$= R_{dum} \frac{(1 + sR_1C_1)(1 + sR_2C_2)}{1 + s[C_1(R_1 + R_{dum}) + C_2(R_2 + R_{dum})] + s^2C_1C_2(R_1 + R_{dum})(R_2 + R_1 \parallel R_{dum})} \tag{4.323}$$

式(4.323)中加入电阻 R_{dum},原始电路图并没有此电阻,特意利用该电阻克服端口开路——阻抗无穷大。当 R_{dum} 与被研究电路网络并联时,将其阻值设置为无穷大可以简化表达式。分母表达式中提取因数 R_{dum} 得:

$$Z(s) = R_{dum} \frac{(1 + sR_1C_1)(1 + sR_2C_2)}{R_{dum}\left\{\frac{1}{R_{dum}} + s\left[C_1\left(\frac{R_1}{R_{dum}} + 1\right) + C_2\left(\frac{R_2}{R_{dum}} + 1\right)\right] + s^2C_1C_2\left(\frac{R_1}{R_{dum}} + 1\right)(R_2 + R_1 \parallel R_{dum})\right\}} \tag{4.324}$$

因为分子和分母中均存在 R_{dum},因此可以将其约分。同时,如果 R_{dum} 接近无穷大,与 R_{dum} 相除项均可以消除,并且 $R_1 \parallel R_{dum}$ 项变为 R_1。于是 $Z(s)$ 整理得:

$$Z(s) = \frac{(1 + sR_1C_1)(1 + sR_2C_2)}{sC_1C_2 + s^2C_1C_2(R_1 + R_2)} \tag{4.325}$$

即使式(4.325)正确,但其与目前紧凑形式不相符。将分子表达式展开得:

$$N(s) = 1 + s(R_1C_1 + R_2C_2) + s^2R_1R_2C_1C_2 \tag{4.326}$$

该表达式遵循以下形式:

$$N(s) = 1 + a_1 s + a_2 s^2 \tag{4.327}$$

其品质因数 Q_N 和谐振角频率 ω_{0N} 分别为：

$$Q_N = \frac{\sqrt{a_2}}{a_1} = \frac{\sqrt{C_1 C_2 R_1 R_2}}{R_1 C_1 + R_2 C_2} \tag{4.328}$$

$$\omega_{0N} = \frac{1}{\sqrt{C_1 C_2 R_1 R_2}} \tag{4.329}$$

继续对分子和分母中的 s^2 项进行分解得：

$$Z(s) = \frac{1 + s(R_1 C_1 + R_2 C_2) + s^2 R_1 R_2 C_1 C_2}{s(C_1 + C_2) + s^2 C_1 C_2 (R_1 + R_2)}$$

$$= \frac{s^2 R_1 R_2 C_1 C_2}{s^2 C_1 C_2 (R_1 + R_2)} \frac{1 + \dfrac{s(R_1 C_1 + R_2 C_2)}{s^2 R_1 R_2 C_1 C_2} + \dfrac{1}{s^2 R_1 R_2 C_1 C_2}}{1 + \dfrac{s(C_1 + C_2)}{s^2 C_1 C_2 (R_1 + R_2)}} \tag{4.330}$$

继续对式(4.330)运行简化可得倒置零点和极点组成的函数式：

$$Z(s) = \frac{R_1 R_2}{R_1 + R_2} \frac{1 + \dfrac{R_1 C_1 + R_2 C_2}{s R_1 R_2 C_1 C_2} + \dfrac{1}{s^2 R_1 R_2 C_1 C_2}}{1 + \dfrac{C_1 + C_2}{s C_1 C_2 (R_1 + R_2)}} \tag{4.331}$$

式(4.331)遵循第 2 章所学的紧凑形式：

$$Z(s) = R_\infty \frac{1 + \dfrac{\omega_{0N}}{sQ} + \left(\dfrac{\omega_{0N}}{s}\right)^2}{1 + \dfrac{\omega_p}{s}} \tag{4.332}$$

其中

$$R_\infty = R_1 \parallel R_2 \tag{4.333}$$

$$\omega_p = \frac{C_1 + C_2}{(R_1 + R_2) C_1 C_2} \tag{4.334}$$

品质因数 Q_N 和谐振角频率 ω_{0N} 分别由式(4.328)和式(4.329)定义。利用双并联 RC 电路网络作为参考表达式，与计算所得表达式的动态响应进行对比，以测试其正确性：

$$Z_{ref}(s) = \left(R_1 + \frac{1}{sC_1}\right) \parallel \left(R_2 + \frac{1}{sC_2}\right) \tag{4.335}$$

Mathcad 对比结果如图 4.90 所示，两动态曲线完全一致，证明计算结果正确。

如果不采用图 4.89 所示解决方案，是否还有其他解决办法呢？因为激励源为电流源，并且当激励电流设置为 0A 时电路开路，所以时间常数才会无穷大。也可采用电压源 V_T 代替电流源对电路进行激励，从而计算端口导纳 Y，具体电路如图 4.91 所示，其中 V_T 为激励源，I_T 为响应。如图 4.91(b)所示（V_T 为驱动变量，I_T 为响应），对电路进行直流分析时 $Y_0 = 0$，并且时间常数 τ_1 和 τ_2 均存在。当所有计算全部完成之后，将计算结果进行倒数运算即可得到阻抗表达式。

5. 习题 5

对于简单 2 阶电路，即使不通过前面电路的分解方式也能快速求得其传递函数。随着实践练习的不断积累，逐渐能够做到只通过观察原理图就能得出传递函数。当 $s = 0$ 时传递函数为：

$C_2 := 22\text{nF} \quad C_1 := 100\text{nF} \quad R_1 := 5000\Omega \quad R_2 := 100\Omega \quad R_d := 10^{10}\,\Omega \quad \parallel(x, y) := \dfrac{x \cdot y}{x + y}$

$R_{\text{inf}} := R_1 \parallel R_2 = 98.039216\Omega \qquad Z_{\text{ref}}(s) := \left(R_1 + \dfrac{1}{s \cdot C_1}\right) \parallel \left(R_2 + \dfrac{1}{s \cdot C_2}\right)$

$b_1 := (C_1 + C_2) \cdot 1\Omega = 0.122\mu s \quad b_2 := C_1 \cdot C_2 \cdot (R_1 + R_2) \cdot 1\Omega = 11.22\mu s^2$

$a_1 := R_1 \cdot C_1 + R_2 \cdot C_2 = 502.2\mu s \quad a_2 := C_1 \cdot C_2 \cdot R_1 \cdot R_2 = 1.1 \times 10^3\,\mu s^2$

$N_1(s) := 1 + a_1 \cdot s + a_2 \cdot s^2$

$Q_N := \dfrac{\sqrt{a_2}}{a_1} = 0.066042 \quad \omega_{0N} := \dfrac{1}{\sqrt{a_2}} = 3.015113 \times 10^4 \dfrac{1}{s} \quad f_{0N} := \dfrac{\omega_{0N}}{2\pi} = 4.798702\text{kHz}$

$f_{z1} := \dfrac{1}{2\pi R_1 \cdot C_1} = 0.31831\text{kHz} \quad f_{z2} := \dfrac{1}{2\pi R_2 \cdot C_2} = 72.343156\text{kHz}$

$\omega_p := \dfrac{C_1 + C_2}{(R_1 + R_2) \cdot C_1 \cdot C_2} \quad f_p := \dfrac{\omega_p}{2\pi} = 1.730562\text{kHz}$

$Z_1(s) := R_d \cdot \dfrac{(1 + R_1 \cdot C_1 \cdot s) \cdot (1 + R_2 \cdot C_2 \cdot s)}{1 + s \cdot [C_1 \cdot (R_d + R_1) + C_2 \cdot (R_2 + R_d)] + s^2 \cdot C_1 \cdot C_2 \left(R_2 + \dfrac{R_1 \cdot R_d}{R_1 + R_d}\right) \cdot (R_1 + R_d)}$

$Z_2(s) := \dfrac{(1 + R_1 \cdot C_1 \cdot s) \cdot (1 + R_2 \cdot C_2 \cdot s)}{s \cdot (C_1 + C_2) + s^2 \cdot C_1 \cdot C_2 \cdot (R_1 + R_2)} \quad Z_3(s) := R_{\text{inf}} \cdot \dfrac{1 + \dfrac{\omega_{0N}}{s \cdot Q_N} + \left(\dfrac{\omega_{0N}}{s}\right)^2}{1 + \dfrac{\omega_p}{s}}$

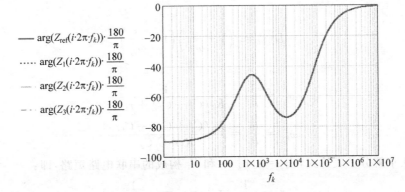

$— \quad 20 \cdot \log\left(\left|\dfrac{Z_{\text{ref}}(i \cdot 2\pi \cdot f_k)}{\Omega}\right|, 10\right)$

$\cdots \quad 20 \cdot \log\left(\left|\dfrac{Z_1(i \cdot 2\pi \cdot f_k)}{\Omega}\right|, 10\right)$

$— \quad 20 \cdot \log\left(\left|\dfrac{Z_2(i \cdot 2\pi \cdot f_k)}{\Omega}\right|, 10\right)$

$-- \quad 20 \cdot \log\left(\left|\dfrac{Z_3(i \cdot 2\pi \cdot f_k)}{\Omega}\right|, 10\right)$

$— \quad \arg(Z_{\text{ref}}(i \cdot 2\pi \cdot f_k)) \cdot \dfrac{180}{\pi}$

$\cdots \quad \arg(Z_1(i \cdot 2\pi \cdot f_k)) \cdot \dfrac{180}{\pi}$

$— \quad \arg(Z_2(i \cdot 2\pi \cdot f_k)) \cdot \dfrac{180}{\pi}$

$-- \quad \arg(Z_3(i \cdot 2\pi \cdot f_k)) \cdot \dfrac{180}{\pi}$

图 4.90 所有曲线均与参考表达式完美重叠——计算正确

$$H_0 = 1 \qquad\qquad (4.336)$$

当激励源短路时观测电容 C_1 的驱动电阻,求得第一时间常数为:

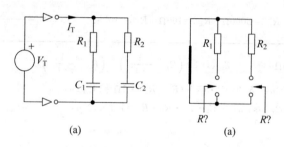

图 4.91 利用导纳代替阻抗消除电阻无穷大

$$\tau_1 = C_1(R_1 + r_C) \tag{4.337}$$

因为回路中只包含电阻 R_1，所以计算第二时间常数更加简单，具体公式为：

$$\tau_2 = R_1 C_2 \tag{4.338}$$

最后计算 C_1 短路时 C_2 端口的电阻值。此时 R_1 和 r_C 相并联，则时间常数为：

$$\tau_2^1 = C_2(R_1 \parallel r_C) \tag{4.339}$$

因此分母 $D(s)$ 的表达式为：

$$D(s) = 1 + b_1 s + b_2 s^2 = 1 + s[C_1(R_1 + r_C) + C_2 R_1] + s^2 C_1 C_2 R_1 r_C \tag{4.340}$$

其规范形式为：

$$D(s) = 1 + \frac{s}{\omega_0 Q} + \left(\frac{s}{\omega_0}\right)^2 \tag{4.341}$$

将式(4.341)重新排列、简化得：

$$Q = \frac{\sqrt{b_2}}{b_1} = \frac{\sqrt{C_1 C_2 R_1 r_C}}{R_1(C_1 + C_2) + C_1 r_C} \tag{4.342}$$

以及

$$\omega_0 = \frac{1}{\sqrt{b_2}} = \frac{1}{\sqrt{R_1 r_C C_1 C_2}} \tag{4.343}$$

如果 Q 值远小于1，可利用低 Q 值近似方法将式(4.341)重新整理为两分离极点相乘形式，即：

$$D(s) \approx \left(1 + \frac{s}{\omega_{p1}}\right)\left(1 + \frac{s}{\omega_{p_2}}\right) \tag{4.344}$$

其中

$$\omega_{p_1} = \frac{1}{b_1} = \frac{1}{R_1(C_1 + C_2) + r_C C_1} \tag{4.345}$$

$$\omega_{p_2} = \frac{b_1}{b_2} = \frac{R_1(C_1 + C_2) + C_1 r_C}{R_1 r_C C_1 C_2} \tag{4.346}$$

通过观察法求解分子表达式，当 $s = s_z$ 时 r_C 和 C_1 构成的串联电路短路，即：

$$r_C + \frac{1}{sC_1} = 0 \rightarrow s_z = -\frac{1}{r_C C_1} \tag{4.347}$$

整理得

$$N(s) = 1 + \frac{s}{\omega_z} \tag{4.348}$$

其中

$$\omega_z = \frac{1}{r_C C_1} \tag{4.349}$$

所以传递函数完整表达式为：

$$H(s) = \frac{1 + s r_C C_1}{1 + s[C_1(R_1 + r_C) + C_2 R_1] + s^2 C_1 C_2 R_1 r_C}$$

$$\approx \frac{1 + \dfrac{s}{\omega_z}}{\left(1 + \dfrac{s}{\omega_{p_1}}\right)\left(1 + \dfrac{s}{\omega_{p_2}}\right)} \tag{4.350}$$

原始传递函数由阻抗分压器构成，首先 $r_C - C_1$ 与 C_2 并联，然后再与电阻 R_1 串联，传递函数详细表达式为：

$$H(s) = \frac{\left(r_C + \dfrac{1}{sC_1}\right) \parallel \dfrac{1}{sC_2}}{\left(r_C + \dfrac{1}{sC_1}\right) \parallel \dfrac{1}{sC_2} + R_1} \tag{4.351}$$

如图 4.92 所示，利用 Mathcad 对传递函数的不同表达式进行计算和波形输出，最终结果完全一致。

6. 习题 6

降压变换器输出阻抗计算是开关电源分析的经典之作，等效电路如图 4.93 所示。激励信号为电流源，输出响应 V_T 为连接端口两端电压。如果首先计算分子表达式，可立即确定两个电路网络使得输出响应为零。如果当 $s = s_z$ 时阻抗 Z_1 和 Z_2 变为短路，则输出响应消失，即 $V_T = 0$。通过表达式计算阻抗短路时的频率值可求得零点值：

$$Z_1(s) = r_L + sL_1 = 0 \rightarrow s_{z_1} = -\frac{r_L}{L_1} \tag{4.352}$$

$$Z_2(s) = r_C + \frac{1}{sC_2} = 0 \rightarrow s_{z_2} = -\frac{1}{r_C C_2} \tag{4.353}$$

此时：

$$\omega_{z_1} = \frac{r_L}{L_1} \tag{4.354}$$

$$\omega_{z_2} = \frac{1}{r_C C_2} \tag{4.355}$$

因此分子 $N(s)$ 表达式定义为：

$$N(s) = \left(1 + s\frac{L_1}{r_L}\right)(1 + s r_C C_1) = \left(1 + \frac{s}{\omega_{z_1}}\right)\left(1 + \frac{s}{\omega_{z_2}}\right) \tag{4.356}$$

利用图 4.94 计算分母表达式。

由图 4.94(a) 计算 $s = 0$ 时的阻抗 R_0，即：

$$R_0 = r_L \parallel R_1 \tag{4.357}$$

由图 4.94(b) 求得第一时间常数为：

$$\tau_1 = \frac{L_1}{r_L + R_1} \tag{4.358}$$

由图 4.94(c) 求得第二时间常数为：

$$\tau_2 = (r_C + r_L \parallel R_1) C_2 \tag{4.359}$$

最后求得 τ_2 的高频组合项为：

$$\tau_1^2 = \frac{L_1}{r_L + r_C \parallel R_1} \tag{4.360}$$

也可由 τ_1 计算得：

$$\tau_2^1 = (r_C + R_1)C_2 \tag{4.361}$$

利用上述时间常数整理得分母表达式为：

$C_2 := 10\text{nF} \quad C_1 := 100\text{nF} \quad R_1 := 1\text{k}\Omega \quad r_C := 100\Omega \quad \parallel (x,y) := \frac{x \cdot y}{x+y} \quad R_{\text{inf}} := 10^{20}\,\Omega$

$H_0 := 1 \quad \tau_1 := (R_1 + r_C) \cdot C_1 = 110 \cdot \mu s \quad \tau_2 := C_2 \cdot R_1 = 10 \cdot \mu s \quad \tau_{12} := C_2 \cdot (R_1 \parallel r_C) = 0.909 \cdot \mu s$

$b_1 := \tau_1 + \tau_2 \quad b_2 := \tau_1 \cdot \tau_{12}$

$D(s) := 1 + b_1 \cdot s + b_2 \cdot s^2 \quad N_1(s) := 1 + s \cdot r_C \cdot C_1$

$Q := \frac{\sqrt{b_2}}{b_1} = 0.083 \quad \omega_0 := \frac{1}{\sqrt{b_2}} = 1 \times 10^5\, \frac{1}{s} \quad f_0 := \frac{\omega_0}{2\pi} = 15.915\text{kHz}$

$\dfrac{\sqrt{C_1 \cdot C_2 \cdot R_1 \cdot r_C}}{R_1 \cdot (C_1 + C_2) + C_1 \cdot r_C} = 0.083 \quad \dfrac{1}{\sqrt{C_1 \cdot C_2 \cdot r_C \cdot R_1}} = 1 \times 10^5\, \frac{1}{s}$

$\omega_{p1} := \frac{1}{b_1} = 8.333 \times 10^3\, \frac{1}{s} \quad f_{p1} := \frac{\omega_{p1}}{2\pi} = 1.326\text{kHz} \quad \omega_z := \frac{1}{r_C C_1}$

$\omega_{p2} := \frac{b_1}{b_2} = 1.2 \times 10^6\, \frac{1}{s} \quad f_{p2} := \frac{\omega p_2}{2\pi} = 0.191 \cdot \text{MHz} \quad f_z := \frac{1}{2\pi \cdot r_C \cdot C_1} = 15.915\text{kHz}$

$D_1(s) := 1 + \frac{s}{\omega_0 \cdot Q} + \left(\frac{s}{\omega_0}\right)^2 \quad H_{10}(s) := \dfrac{1 + s \cdot r_C \cdot C_1}{1 + s \cdot [C_1 \cdot (R_1 + r_C) + C_2 \cdot R_1] + s^2 \cdot C_1 \cdot C_2 \cdot r_C \cdot R_1}$

$H_{\text{sol1}}(s) := \dfrac{N_1(s)}{D(s)} \quad H_{\text{sol2}}(s) := \dfrac{1 + \frac{s}{\omega_z}}{\left(1 + \frac{s}{\omega_{p1}}\right) \cdot \left(1 + \frac{s}{\omega_{p2}}\right)} \quad H_{\text{ref}}(s) := \dfrac{\left(r_C + \frac{1}{s \cdot C_1}\right) \parallel \left(\frac{1}{s \cdot C_2}\right)}{\left(r_C + \frac{1}{s \cdot C_1}\right) \parallel \left(\frac{1}{s \cdot C_2}\right) + R_1}$

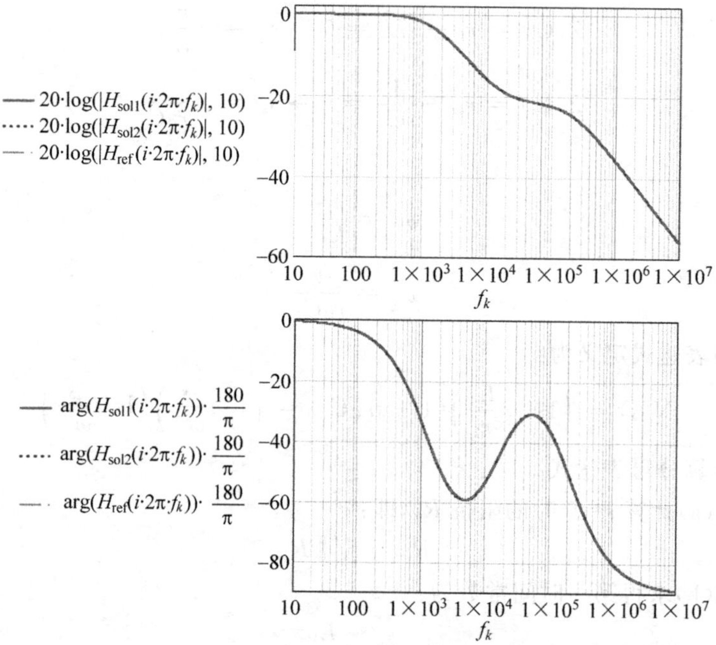

— $20 \cdot \log(|H_{\text{sol1}}(i \cdot 2\pi \cdot f_k)|, 10)$

····· $20 \cdot \log(|H_{\text{sol2}}(i \cdot 2\pi \cdot f_k)|, 10)$

— $20 \cdot \log(|H_{\text{ref}}(i \cdot 2\pi \cdot f_k)|, 10)$

— $\arg(H_{\text{sol1}}(i \cdot 2\pi \cdot f_k)) \cdot \frac{180}{\pi}$

····· $\arg(H_{\text{sol2}}(i \cdot 2\pi \cdot f_k)) \cdot \frac{180}{\pi}$

— $\arg(H_{\text{ref}}(i \cdot 2\pi \cdot f_k)) \cdot \frac{180}{\pi}$

图 4.92　所有传递函数的动态响应完全一致

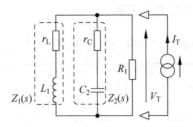

图 4.93　通过短路输入信号源计算降压变换器的输出阻抗

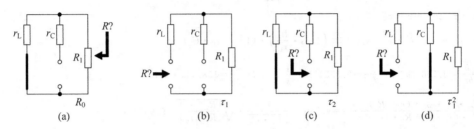

图 4.94　所有传递函数的动态响应完全一致

$$D(s) = 1 + b_1 s + b_2 s^2$$
$$= 1 + s\left[\frac{L_1}{r_L + R_1} + C_2(r_C + r_L \parallel R_1)\right] + s^2 \frac{L_1}{r_L + R_1} C_2(r_C + R_1) \qquad (4.362)$$

将式(4.362)整理为规范形式：

$$D(s) = 1 + \frac{s}{\omega_0 Q} + \left(\frac{s}{\omega_0}\right)^2 \qquad (4.363)$$

通过对式(4.362)进行重新排列和简化可得：

$$Q = \frac{\sqrt{b_2}}{b_1} = \frac{L_1 C_2 \omega_0 (r_C + R_1)}{L_1 + C_2[r_L r_C + R_1(r_L + r_C)]} \qquad (4.364)$$

以及

$$\omega_0 = \frac{1}{\sqrt{b_2}} = \frac{1}{\sqrt{L_1 C_2}}\sqrt{\frac{R_1 + r_L}{R_1 + r_C}} \qquad (4.365)$$

此时传递函数可以进行重新组合,并且定义为：

$$D(s) = (r_L \parallel R_1) \frac{\left(1 + s\dfrac{L_1}{r_L}\right)(1 + s r_C C_2)}{1 + s\left[\dfrac{L_1}{r_L + R_1} + C_2(r_C + r_L \parallel R_1)\right] + s^2 \dfrac{L_1}{r_L + R_1} C_2(r_C + R_1)}$$

$$= R_0 \frac{\left(1 + \dfrac{s}{\omega_{z_1}}\right)\left(1 + \dfrac{s}{\omega_{z_2}}\right)}{1 + \dfrac{s}{\omega_0 Q} + \left(\dfrac{s}{\omega_0}\right)^2} \qquad (4.366)$$

对式(4.366)进行检验之前,首先通过观察图 4.93 获得参考传递函数。此时电路网络阻抗由 $Z_1(s)$、$Z_2(s)$ 和 R_1 三者并联构成,表达式为：

$$Z_{ref}(s) = (r_L + sL_1) \parallel \left(r_C + \frac{1}{sC_2}\right) \parallel R_1 \qquad (4.367)$$

现在利用 Mathcad 对全部表达式进行计算,并测试结果的有效性。计算结果如图 4.95 所示,Mathcad 输出结果证实所有计算均正确。

$$C_2 := 10\text{nF} \quad L_1 := 100\mu\text{H} \quad R_1 := 1\text{k}\Omega \quad r_C := 10\Omega \quad r_L := 1\Omega \quad \parallel(x,y) := \frac{x \cdot y}{x+y} \quad R_{\text{inf}} := 10^{20}\,\Omega$$

$$R_0 := r_L \parallel R_1 = 0.999\,\Omega \quad Z_{\text{ref}}(s) := (r_L + s \cdot L_1) \parallel \left(r_C + \frac{1}{s \cdot C_2}\right) \parallel R_1$$

$$\tau_1 := \frac{L_1}{r_L + R_1} = 0.1 \cdot \mu\text{s} \quad \tau_2 := C_2 \cdot (r_C + r_L \parallel R_1) = 0.11 \cdot \mu\text{s}$$

$$\tau_{12} := C_2 \cdot (r_C + R_1) = 10.1 \cdot \mu\text{s} \quad \tau_{21} := \frac{L_1}{r_L + r_C \parallel R_1} = 9.173 \cdot \mu\text{s}$$

$$b_1 := \tau_1 + \tau_2 \quad b_2 := \tau_1 \cdot \tau_{12}$$

$$D(s) := 1 + b_1 \cdot s + b_2 \cdot s^2 \quad N_1(s) := \left(1 + s \cdot \frac{L_1}{r_L}\right) \cdot (1 + s \cdot r_C \cdot C_2)$$

$$Q := \frac{\sqrt{b_2}}{b_1} = 4.786 \quad \omega_0 := \frac{1}{\sqrt{b_2}} = 9.955 \times 10^5 \frac{1}{s} \quad f_0 := \frac{\omega_0}{2\pi} = 158.444 \cdot \text{kHz}$$

$$\frac{L_1 \cdot C_2 \cdot \omega_0 \cdot (r_C + R_1)}{L_1 + C_2 \cdot [r_L \cdot r_C + R_1 \cdot (r_L + r_C)]} = 4.786 \quad \frac{1}{\sqrt{L_1 \cdot C_2}} \cdot \sqrt{\frac{(R_1 + r_L)}{(R_1 + r_C)}} = 9.955 \times 10^5 \frac{1}{s}$$

$$\omega_{z1} := \frac{r_L}{L_1} \quad f_{z1} := \frac{\omega_{z1}}{2\pi} = 1.592\text{kHz} \quad \omega_{z2} := \frac{1}{r_C \cdot C_2} \quad f_{z2} := \frac{\omega_{z2}}{2\pi} = 1.592 \times 10^3\,\text{kHz}$$

$$D_1(s) := 1 + \frac{s}{\omega_0 \cdot Q} + \left(\frac{s}{\omega_0}\right)^2 \quad Z_1(s) := R_0 \cdot \frac{N_1(s)}{D_1(s)}$$

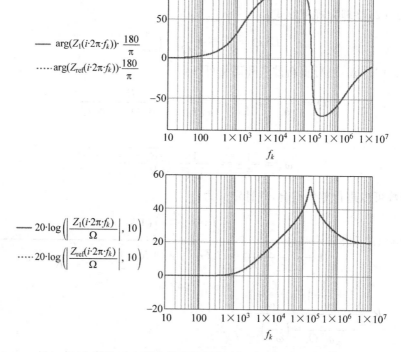

图 4.95 所有传递函数的动态响应均一致

7. 问题 7

首先对电路网络原始传递函数进行分析。串并联网络 R_2-R_3 和 C_1-C_2 与电阻 R_1 形成分压网络,传递函数为:

$$H_{\mathrm{ref}}(s) = \cfrac{\left[\left(R_2 \parallel \cfrac{1}{sC_1}\right) + \cfrac{1}{sC_2}\right] \parallel R_3}{\left[\left(R_2 \parallel \cfrac{1}{sC_1}\right) + \cfrac{1}{sC_2}\right] \parallel R_3 + R_1} \tag{4.368}$$

对电路进行分析时,将其分解为一系列独立电路图,首先计算直流增益值,然后求解各时间常数值,具体电路如图 4.96 所示。

由图 4.96(a)计算直流增益为:

$$H_0 = \frac{R_3}{R_3 + R_1} \tag{4.369}$$

由图 4.96(b)计算与电容 C_1 相关联的时间常数为:

$$\tau_1 = R_2 C_1 \tag{4.370}$$

时间常数 τ_2 计算公式为:

$$\tau_2 = C_2(R_2 + R_3 \parallel R_1) \tag{4.371}$$

当电容 C_1 由短路代替时,电容 C_2 端口的时间常数为:

$$\tau_2^1 = C_2(R_1 \parallel R_3) \tag{4.372}$$

此时分母表达式为:

$$\begin{aligned} D(s) &= 1 + b_1 s + b_2 s^2 \\ &= 1 + s[R_2 C_1 + C_2(R_2 + R_3 \parallel R_1)] + s^2 R_2 C_1 C_2(R_1 \parallel R_3) \end{aligned} \tag{4.373}$$

将式(4.373)整理为规范形式得:

$$D(s) = 1 + \frac{s}{\omega_0 Q} + \left(\frac{s}{\omega_0}\right)^2 \tag{4.374}$$

对式(4.373)进行重新排列和简化可得:

$$Q = \frac{\sqrt{b_2}}{b_1} = \frac{\sqrt{C_1 C_2 R_2 (R_1 \parallel R_3)}}{C_1 R_2 + C_2(R_2 + R_3 \parallel R_1)} \tag{4.375}$$

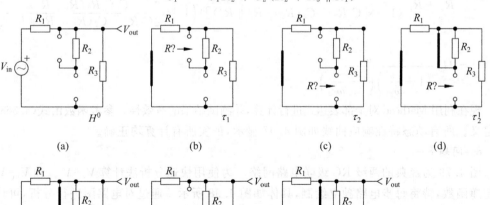

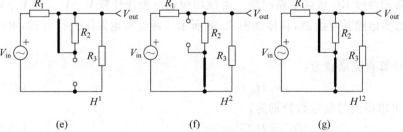

图 4.96　通过一系列独立电路图,分别计算传递函数各分量,
并对计算结果进行检验和校正

以及

$$\omega_0 = \frac{1}{\sqrt{b_2}} = \frac{1}{\sqrt{C_1 C_2 R_2 (R_1 \parallel R_3)}} \tag{4.376}$$

当品质因数很低时,极点可以完美分离。此时分母表达式可分解为 ω_{p1} 和 ω_{p2} 两极点级联形式,其中极点定义式为:

$$\omega_{p1} = \frac{1}{b_1} = \frac{1}{C_1 R_2 + C_2 (R_2 + R_3 \parallel R_1)} \tag{4.377}$$

$$\omega_{p2} = \frac{b_1}{b_2} = \frac{C_1 R_2 + C_2 (R_2 + R_3 \parallel R_1)}{C_1 C_2 R_2 (R_1 \parallel R_3)} \tag{4.378}$$

由图 4.96(e)、图 4.96(f) 和图 4.96(g) 可得到 3 个简单增益值,利用该增益值可求得分子表达式。

$$H^1 = \frac{R_3}{R_1 + R_3} \tag{4.379}$$

$$H^2 = \frac{R_3 \parallel R_2}{R_3 \parallel R_2 + R_1} \tag{4.380}$$

$$H^{12} = 0 \tag{4.381}$$

因为 2 阶项为零,所以分子表达式非常简单,具体如下所示:

$$N(s) = H_0 \left[1 + s \left(\frac{H^1}{H_0} \tau_1 + \frac{H^2}{H_0} \tau_2 \right) + s^2 \frac{H^{12}}{H_0} \tau_1 \tau_2^{12} \right] = H_0 \left[1 + s \left(\frac{H^1}{H_0} \tau_1 + \frac{H^2}{H_0} \tau_2 \right) \right] \tag{4.382}$$

如果将式(4.382)按照因数 s 进行重新整理,可求得零点值为:

$$\omega_z = \frac{H_0}{H^1 \tau_1 + H^2 \tau_2} = \frac{1}{R_2 (C_1 + C_2)} \tag{4.383}$$

通过上述计算,求得最终传递函数表达式为:

$$H(s) = \frac{R_3}{R_3 + R_1} \frac{1 + s R_2 (C_1 + C_2)}{(1 + s[C_1 R_2 + C_2 (R_2 + R_3 \parallel R_1)]) \left(1 + s \left[\frac{C_1 C_2 R_2 (R_1 \parallel R_3)}{C_1 R_2 + C_2 (R_2 + R_3 \parallel R_1)} \right] \right)}$$

$$= H_0 \frac{1 + \dfrac{s}{\omega_z}}{\left(1 + \dfrac{s}{\omega_{p1}} \right) \left(1 + \dfrac{s}{\omega_{p2}} \right)} \tag{4.384}$$

现在利用 Mathcad 对全部表达式进行计算,并测试结果的有效性。参考函数由式(4.368)进行定义。所有动态特性响应曲线如图 4.97 显示,证实所有计算均正确。

8. 问题 8

图 4.79 为经典的两级 RC 级联电路网络。为使用快速分析法计算 V_{in}-V_{out1} 和 V_{in}-V_{out2} 的传递函数,特将每步电路独立绘制,具体如图 4.98 所示。通过对电路图进行分析,可计算出各种时间常数。

由图 4.98(a) 计算直流增益为:

$$H_0 = 1 \tag{4.385}$$

由图 4.98(b) 可求得两时间常数分别为:

$$\tau_1 = R_1 C_1 \tag{4.386}$$

$$\tau_2 = C_2 (R_1 + R_2) \tag{4.387}$$

$$C_2 := 100\text{nF} \quad C_1 := 1\text{nF} \quad R_1 := 1\text{k}\Omega \quad R_2 := 100\,\Omega \quad R_3 := 5\text{k}\Omega \quad \|\,(x,y) := \frac{x \cdot y}{x+y} \quad R_{\text{inf}} := 10^{20}\,\Omega$$

$$H_0 := \frac{R_3}{R_1+R_3} = 0.833 \qquad H_{\text{ref}}(s) := \frac{\left[\,R_2 \,\|\, \left(\dfrac{1}{s \cdot C_1}\right) + \dfrac{1}{s \cdot C_2}\,\right] \|\, R_3}{\left[\left[\,R_2 \,\|\, \left(\dfrac{1}{s \cdot C_1}\right) + \dfrac{1}{s \cdot C_2}\,\right] \|\, R_3\right] + R_1}$$

$$\tau_1 := R_2 \cdot C_1 = 100\text{ns} \quad \tau_2 := C_2 \cdot (R_2 + R_3 \,\|\, R_1) = 93.333\,\mu s$$

$$\tau_{12} := C_2 \cdot (R_1 \,\|\, R_3) = 83.333\,\mu s \quad \tau_{21} := (R_2 \,\|\, R_1 \,\|\, R_3) \cdot C_1 = 0.089\,\mu s$$

$$H_1 := \frac{R_3}{R_3+R_1} \qquad H_2 := \frac{R_3 \,\|\, R_2}{R_3 \,\|\, R_2 + R_1} \qquad H_{12} := 0$$

$$b_1 := \tau_1 + \tau_2 \quad b_2 := \tau_2 \cdot \tau_{21} \quad a_1 := \tau_1 \cdot H_1 + \tau_2 \cdot H_2 = 8.417 \cdot \mu s \quad a_2 := \tau_1 \cdot \tau_{12} \cdot H_{12} = 0\,\mu s^2$$

$$D(s) := 1 + b_1 \cdot s + b_2 \cdot s^2 \quad N_1(s) := 1 + s \cdot \frac{(H_1 \cdot \tau_1 + H_2 \cdot \tau_2)}{H_0} + s^2 \cdot \frac{H_{12} \cdot \tau_1 \cdot \tau_{12}}{H_0}$$

$$Q := \frac{\sqrt{b_2}}{b_1} = 0.031 \quad \omega_0 := \frac{1}{\sqrt{b_2}} = 3.464 \times 10^5 \,\frac{1}{s} \quad f_0 := \frac{\omega_0}{2\pi} = 55.133 \cdot \text{kHz}$$

$$\frac{\sqrt{C_1 \cdot C_2 \cdot R_2 \cdot (R_1 \,\|\, R_3)}}{C_1 \cdot R_2 + C_2 \cdot (R_2 + R_3 \,\|\, R_1)} = 0.031 \qquad \frac{1}{\sqrt{C_1 \cdot C_2 \cdot R_2 \cdot (R_1 \,\|\, R_3)}} = 3.464 \times 10^5 \,\frac{1}{s}$$

$$\omega_{pa} := \frac{1}{b_1} = 1.07 \times 10^4 \,\frac{1}{s} \quad \omega_{p1} := \frac{1}{R_2 \cdot C_1 + C_2 \cdot (R_2 + R_3 \,\|\, R_1)} = 1.07 \times 10^4 \,\frac{1}{s} \quad f_{p1} := \frac{\omega_{p1}}{2\pi} = 1.703\text{kHz}$$

$$\omega_{pb} := \frac{[R_2 \cdot C_1 + C_2 \cdot (R_2 + R_3 \,\|\, R_1)]}{[R_2 \cdot C_1 \cdot [C_2 \cdot (R_1 \,\|\, R_3)]]} = 1.121 \times 10^7 \,\frac{1}{s} \quad \omega_{p2} := \frac{[R_2 \cdot C_1 + C_2 \cdot (R_2 + R_3 \,\|\, R_1)]}{[C_1 \cdot C_2 \cdot R_2 \cdot (R_1 \,\|\, R_3)]} = 1.121 \times 10^7 \,\frac{1}{s}$$

$$f_{p_4} := \frac{\omega_{p2}}{2\pi} = 1.784\text{MHz}$$

$$D_1(s) := 1 + \frac{s}{\omega_0 \cdot Q} + \left(\frac{s}{\omega_0}\right)^2 \quad \omega_{z1} := \frac{H_0}{H_1 \cdot \tau_1 + H_2 \cdot \tau_2} \quad f_{z1} := \frac{\omega_{z1}}{2\pi} = 15.758\text{kHz}$$

$$f_{z11} := \frac{1}{2 \cdot \pi \cdot R_2 \cdot (C_1 + C_2)} = 15.758\text{kHz}$$

$$H_{10}(s) := H_0 \cdot \frac{N_1(s)}{D_1(s)} \quad H_{11}(s) := H_0 \cdot \frac{1 + \dfrac{s}{\omega_{z1}}}{\left[\left(1 + \dfrac{s}{\omega_{p1}}\right) \cdot \left(1 + \dfrac{s}{\omega_{p2}}\right)\right]}$$

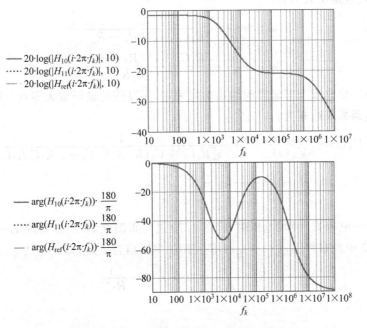

图 4.97　利用 Mathcad 证明所有传递函数动态响应非常一致

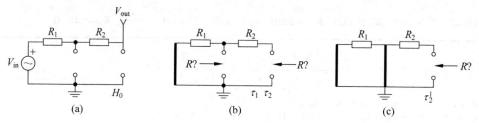

图 4.98 只需分析 3 个独立电路图即可快速求得传递函数

当 C_1 处于高频状态时,求得最后一个时间常数:

$$\tau_2^1 = R_2 C_2 \tag{4.388}$$

此时分母表达式为:

$$D(s) = 1 + b_1 s + b_2 s^2 = 1 + s[R_1 C_1 + C_2(R_1 + R_2)] + s^2 R_1 C_1 R_2 C_2 \tag{4.389}$$

将式(4.389)整理为规范形式得:

$$D(s) = 1 + \frac{s}{\omega_0 Q} + \left(\frac{s}{\omega_0}\right)^2 \tag{4.390}$$

对式(4.373)进行重新排列和简化可得:

$$Q = \frac{\sqrt{b_2}}{b_1} = \frac{\sqrt{C_1 C_2 R_1 R_2}}{R_1 C_1 + C_2(R_2 + R_1)} \tag{4.391}$$

以及

$$\omega_0 = \frac{1}{\sqrt{b_2}} = \frac{1}{\sqrt{C_1 C_2 R_2 R_1}} \tag{4.392}$$

当品质因数很低时,极点可以完美分离。此时分母表达式可分解为 ω_{p1} 和 ω_{p2} 两极点级联形式,其中极点定义式为:

$$\omega_{p1} = \frac{1}{b_1} = \frac{1}{R_1 C_1 + C_2(R_1 + R_2)} \tag{4.393}$$

$$\omega_{p2} = \frac{b_1}{b_2} = \frac{R_1 C_1 + C_2(R_1 + R_2)}{C_1 C_2 R_1 R_2} \tag{4.394}$$

当 C_1 或 C_2 单独或全部短路时输出响应为零,所以该传递函数无零点。通过上述计算,求得最终传递函数表达式为:

$$H_1(s) = \frac{V_{out1}(s)}{V_{in}(s)} = \frac{1}{1 + s[R_1 C_1 + C_2(R_1 + R_2)] + s^2 R_1 C_1 R_2 C_2}$$

$$\approx \frac{1}{\left(1 + \frac{s}{\omega_{p1}}\right)\left(1 + \frac{s}{\omega_{p2}}\right)} \tag{4.395}$$

当计算第一电容 C_1 两端电压时,将图 4.79 进行重新绘制,具体如图 4.99 所示。

在图 4.99 中观察可得,当 $s = s_z$ 时 R_2 与 C_2 串联组合短路,即:

$$R_2 + \frac{1}{sC_2} = 0 \rightarrow s_z = -\frac{1}{R_2 C_2} \tag{4.396}$$

求得零点为:

$$\omega_z = \frac{1}{R_2 C_2} \tag{4.397}$$

通过上述计算可得,传递函数分母不变,所有时间常数均保持不变。当激励源关闭时,只要电路网络结构保持不变,其固有频率独立于输入和输出端口位置。所以固有频率完全依赖于电路结构,与激励源无关。但是零点值取决于输入/输出端口位置。因此,当探针 V_{out} 放置于电路中不同节点时分母表达式保持恒定,但分子表达式肯定发生改变。对于图 4.99,其传递函数分母 $D(s)$ 保持不变,但是零点由式(4.397)定义,所以新传递函数变为:

$$H_2(s) = \frac{V_{out2}(s)}{V_{in}(s)} = \frac{1 + sR_2C_2}{1 + s[R_1C_1 + C_2(R_1 + R_2)] + s^2R_1C_1R_2C_2}$$

$$\approx \frac{1 + \dfrac{s}{\omega_z}}{\left(1 + \dfrac{s}{\omega_{p1}}\right)\left(1 + \dfrac{s}{\omega_{p2}}\right)} \tag{4.398}$$

对式(4.389)进行测试之前首先确定参考传递函数。如图 4.100 所示,利用戴维南信号源求解 H_1,此时传递函数简化为:

$$H_{ref1}(s) = \frac{1}{1 + sR_1C_1} \frac{\dfrac{1}{sC_2}}{\dfrac{1}{sC_2} + \left(R_1 \parallel \dfrac{1}{sC_1}\right) + R_2} \tag{4.399}$$

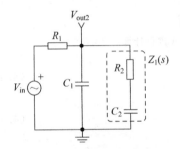

图 4.99 将原始电路重新排列
可立即确定零点存在

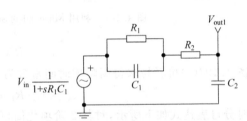

图 4.100 利用戴维南信号源简化电路
以求得原始传输函数

第二参考传递函数可简化为阻抗分压器:C_1 和 R_1 并联,然后再与 R_2-C_2 串联。具体表达式为:

$$H_{ref2}(s) = \frac{\left(\dfrac{1}{sC_1}\right) \parallel \left(R_2 + \dfrac{1}{sC_2}\right)}{\left(\dfrac{1}{sC_1}\right) \parallel \left(R_2 + \dfrac{1}{sC_2}\right) + R_1} \tag{4.400}$$

现在利用 Mathcad 对全部表达式进行计算,图 4.101 和图 4.102 分别为计算结果和相应的动态特性响应曲线。

9. 习题 9

图 4.80 所示电路为文氏(Wein)桥振荡电路,按照图 4.103 中具体步骤求解其传递函数。

首先计算直流增益。因为电容 C_1 与电阻串联,所以当 $s=0$ 时增益为:

$$H_0 = 0 \tag{4.401}$$

时间常数 τ_1 和 τ_2 由图 4.103(b)进行计算,公式为:

$$\tau_1 = C_1(R_1 + R_2) \tag{4.402}$$

$$C_2 := 10\text{nF} \quad C_1 := 220\text{nF} \quad R_1 := 10\text{k}\Omega \quad R_2 := 1.5\text{k}\Omega \quad \|(x,y) := \frac{x \cdot y}{x+y} \quad R_{\text{inf}} := 10^{20}\,\Omega$$

$$H_{\text{ref}(s)} := \frac{1}{1+s \cdot R_1 \cdot C_1} \cdot \frac{\frac{1}{s \cdot C_2}}{R_2 + R_1 \| \left(\frac{1}{s \cdot C_1}\right) + \frac{1}{s \cdot C_2}} \quad H_0 := 1 \quad H_{\text{ref2}}(s) := \frac{\left(\frac{1}{s \cdot C_1}\right) \| \left(R_2 + \frac{1}{s \cdot C_2}\right)}{\left(\frac{1}{s \cdot C_1}\right) \| \left(R_2 + \frac{1}{s \cdot C_2}\right) + R_1}$$

$$\tau_1 := R_1 \cdot C_1 = 2.2 \times 10^3\,\mu\text{s} \quad \tau_2 := C_2 \cdot (R_1 + R_2) = 115\,\mu\text{s} \quad \tau_{12} := R_2 \cdot C_2 = 15\,\mu\text{s}$$

$$b_1 := \tau_1 + \tau_2 \quad b_2 := \tau_1 \cdot \tau_{12}$$

$$D(s) := 1 + b_1 \cdot s + b_2 \cdot s^2$$

$$Q := \frac{\sqrt{b_2}}{b_1} = 0.078 \quad \omega_0 := \frac{1}{\sqrt{b_2}} = 5.505 \times 10^3\,\frac{1}{s} \quad f_0 := \frac{\omega_0}{2\pi} = 876.119\,\text{Hz}$$

$$\omega_{\text{p1}} := Q \cdot \omega_0 \quad f_{\text{p1}} := \frac{\omega_{\text{p1}}}{2\pi} = 68.749\,\text{Hz} \quad f_{\text{p11}} := \frac{1}{2\pi \cdot [R_1 \cdot C_1 + (R_1 + R_2) \cdot C_2]} = 68.749\,\text{Hz}$$

$$\omega_{\text{p2}} := \frac{\omega_0}{Q} \quad f_{\text{p2}} := \frac{\omega_{\text{p2}}}{2\pi} = 11.165\,\text{kHz} \quad f_{\text{p22}} := \frac{[R_1 \cdot C_1 + (R_1 + R_2) \cdot C_2]}{2 \cdot \pi \cdot R_1 \cdot C_1 \cdot R_2 \cdot C_2} = 11.165\,\text{kHz}$$

$$D_1(s) := + \frac{s}{\omega_0 \cdot Q} + \left(\frac{s}{\omega_0}\right)^2 \quad D_2(s) := \left(1 + \frac{s}{\omega_{\text{p1}}}\right) \cdot \left(1 + \frac{s}{\omega_{\text{p2}}}\right) \quad \omega_{\text{z1}} := \frac{1}{R_2 \cdot C_2}$$

$$H_{\text{sol1}}(s) := H_0 \cdot \frac{1}{D(s)} \quad H_{\text{sol2}}(s) := H_0 \cdot \frac{1}{D_2(s)} \quad H_2(s) := H_0 \cdot \frac{1 + \frac{s}{\omega_{\text{z1}}}}{D_2(s)}$$

图 4.101　利用 Mathcad 对所有表达式进行计算

$$\tau_2 = R_2 C_2 \tag{4.403}$$

由图 4.103(c)可轻易求得高阶项时间常数为：

$$\tau_2^1 = C_2 (R_1 \| R_2) \tag{4.404}$$

此时分母表达式如下所示,对其 2 阶项化简可得：

$$D(s) = 1 + b_1 s + b_2 s^2 = 1 + s(\tau_1 + \tau_2) + s^2 \tau_1 \tau_2^1$$
$$= 1 + s[R_2 C_2 + C_1(R_1 + R_2)] + s^2 R_1 C_1 R_2 C_2 \tag{4.405}$$

将式(4.405)整理为规范形式得：

$$D(s) = 1 + \frac{s}{\omega_0 Q} + \left(\frac{s}{\omega_0}\right)^2 \tag{4.406}$$

对式(4.406)进行重新排列和简化可得：

$$Q = \frac{\sqrt{b_2}}{b_1} = \frac{\sqrt{C_1 C_2 R_1 R_2}}{R_2 C_2 + C_1(R_1 + R_2)} \tag{4.407}$$

以及

$$\omega_0 = \frac{1}{\sqrt{b_2}} = \frac{1}{\sqrt{C_1 C_2 R_2 R_1}} \tag{4.408}$$

如果 $C_1 = C_2 = C$ 和 $R_1 = R_2 = R$,则上述定义更新为：

$$Q = \frac{RC}{3RC} = \frac{1}{3} \tag{4.409}$$

$$\omega_0 = \frac{1}{\sqrt{R^2 C^2}} = \frac{1}{RC} \tag{4.410}$$

计算传递函数分子表达式时,利用图 4.103(d)、图 4.103(e)和图 4.103(f)可求得如下增益值：

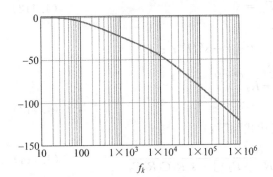

$$H_1(s) = \frac{1}{1+s[R_1C_1+C_2(R_1+R_3)]+s^2R_1C_1R_2C_2}$$

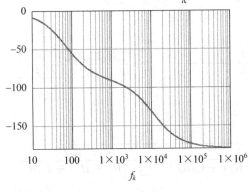

$$H_2(s) = \frac{1+sR_2C_2}{1+s[R_1C_1+C_2(R_1+R_2)]+s^2R_1C_1R_2C_2}$$

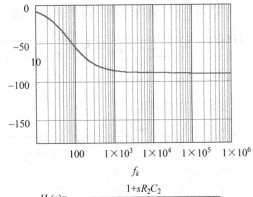

图 4.102 计算所得表达式与参考表达式曲线图形完美重叠

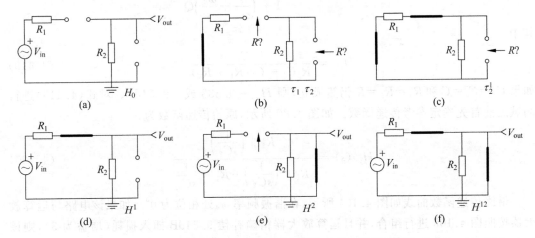

图 4.103 通过一系列独立电路图快速求得传递函数

$$H^1 = \frac{R_2}{R_1 + R_2} \tag{4.411}$$

$$H^2 = H^{12} = 0 \tag{4.412}$$

将各项系数进行组合,求得分子表达式为:

$$\begin{aligned}N(s) &= H_0 + s(H^1\tau_1 + H^2\tau_2) + s^2 H^{12}\tau_1\tau_{12} \\ &= sH^1\tau_1 = s\frac{R_2}{R_1 + R_2}C_1(R_1 + R_2) \\ &= sR_2C_1 \end{aligned} \tag{4.413}$$

由式(4.413)和式(4.405)求得传递函数表达式如下:

$$H(s) = \frac{sR_2C_1}{1 + s[R_2C_2 + C_1(R_1 + R_2)] + s^2 R_1 C_1 R_2 C_2} \tag{4.414}$$

因为该表达式与之前定义的低熵形式不相符,所以需要对其进行整理。首先对传递函数提取因式 sR_2C_1 整理得:

$$H(s) = \frac{1}{\dfrac{1}{sR_2C_1} + \dfrac{R_2C_2 + C_1(R_1 + R_2)}{R_2C_1} + sR_1C_2} \tag{4.415}$$

然后对传递函数分母中间项进行简化:

$$H(s) = \frac{1}{\dfrac{R_2C_2 + C_1(R_1 + R_2)}{R_2C_1}\left[1 + \dfrac{1}{s[C_1(R_1 + R_2) + C_2R_2]} + s\dfrac{R_1C_2R_2C_1}{C_1(R_1 + R_2) + C_2R_2}\right]} \tag{4.416}$$

提取主导项可得:

$$H(s) = \frac{R_2C_1}{R_2C_2 + C_1(R_1 + R_2)}\frac{1}{1 + \dfrac{1}{s[C_1(R_1 + R_2) + C_2R_2]} + s\dfrac{R_1C_2R_2C_1}{C_1(R_1 + R_2) + C_2R_2}} \tag{4.417}$$

按照第 2 章所学,将式(4.417)整理为更紧凑形式:

$$H(s) = H_{\text{res}}\frac{1}{1 + \left(\dfrac{s}{\omega_0} + \dfrac{\omega_0}{s}\right)Q} \tag{4.418}$$

其中

$$H_{\text{res}} = \frac{R_2C_1}{R_2C_2 + C_1(R_1 + R_2)} \tag{4.419}$$

如果 $C_1 = C_2 = C$ 和 $R_1 = R_2 = R$ 仍然成立,则 $H_{\text{ref}} = 0.333$ 或 -9.54dB。对式(4.419)进行测试之前首先确定参考传递函数。如图 4.80 所示,原始传递函数为:

$$H_{\text{ref}}(s) = \frac{R_2 \parallel \left(\dfrac{1}{sC_2}\right)}{R_2 \parallel \left(\dfrac{1}{sC_2}\right) + R_1 + \dfrac{1}{sC_1}} \tag{4.420}$$

最终传递函数曲线如图 4.104 所示,在谐振频率 ω_0 处相位为 $0°$。如果该电路与运算放大器按照图 4.105 进行组合,并且运算放大器精确补偿 9.54dB 插入损耗(增益为 3),则该组合电路即为工作频率约 1kHz 的文氏桥振荡器。

$C_2 := 10\text{nF} \quad C_1 := 10\text{nF} \quad R_1 := 15\text{k}\Omega \quad R_2 := 15\text{k}\Omega \quad \|(x,y) := \dfrac{xy}{x+y}$

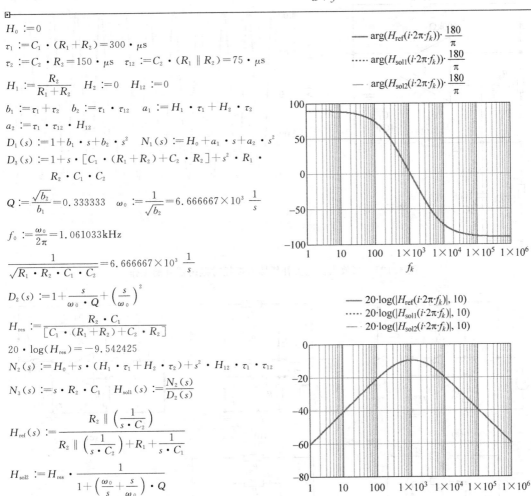

$H_0 := 0$

$\tau_1 := C_1 \cdot (R_1 + R_2) = 300 \cdot \mu\text{s}$

$\tau_2 := C_2 \cdot R_2 = 150 \cdot \mu\text{s} \quad \tau_{12} := C_2 \cdot (R_1 \| R_2) = 75 \cdot \mu\text{s}$

$H_1 := \dfrac{R_2}{R_1 + R_2} \quad H_2 := 0 \quad H_{12} := 0$

$b_1 := \tau_1 + \tau_2 \quad b_2 := \tau_1 \cdot \tau_{12} \quad a_1 := H_1 \cdot \tau_1 + H_2 \cdot \tau_2$

$a_2 := \tau_1 \cdot \tau_{12} \cdot H_{12}$

$D_1(s) := 1 + b_1 \cdot s + b_2 \cdot s^2 \quad N_1(s) := H_0 + a_1 \cdot s + a_2 \cdot s^2$

$D_3(s) := 1 + s \cdot [C_1 \cdot (R_1 + R_2) + C_2 \cdot R_2] + s^2 \cdot R_1 \cdot$
$\qquad R_2 \cdot C_1 \cdot C_2$

$Q := \dfrac{\sqrt{b_2}}{b_1} = 0.333333 \quad \omega_0 := \dfrac{1}{\sqrt{b_2}} = 6.666667 \times 10^3 \dfrac{1}{s}$

$f_0 := \dfrac{\omega_0}{2\pi} = 1.061033\text{kHz}$

$\dfrac{1}{\sqrt{R_1 \cdot R_2 \cdot C_1 \cdot C_2}} = 6.666667 \times 10^3 \dfrac{1}{s}$

$D_2(s) := 1 + \dfrac{s}{\omega_0 \cdot Q} + \left(\dfrac{s}{\omega_0}\right)^2$

$H_{res} := \dfrac{R_2 \cdot C_1}{[C_1 \cdot (R_1 + R_2) + C_2 \cdot R_2]}$

$20 \cdot \log(H_{res}) = -9.542425$

$N_2(s) := H_0 + s \cdot (H_1 \cdot \tau_1 + H_2 \cdot \tau_2) + s^2 \cdot H_{12} \cdot \tau_1 \cdot \tau_{12}$

$N_3(s) := s \cdot R_2 \cdot C_1 \quad H_{sol1}(s) := \dfrac{N_2(s)}{D_2(s)}$

$H_{ref}(s) := \dfrac{R_2 \| \left(\dfrac{1}{s \cdot C_2}\right)}{R_2 \| \left(\dfrac{1}{s \cdot C_2}\right) + R_1 + \dfrac{1}{s \cdot C_1}}$

$H_{sol2} := H_{res} \cdot \dfrac{1}{1 + \left(\dfrac{\omega_0}{s} + \dfrac{s}{\omega_0}\right) \cdot Q}$

图例（图右上）:
$\text{arg}(H_{ref}(i \cdot 2\pi \cdot f_k)) \cdot \dfrac{180}{\pi}$
$\text{arg}(H_{sol1}(i \cdot 2\pi \cdot f_k)) \cdot \dfrac{180}{\pi}$
$\text{arg}(H_{sol2}(i \cdot 2\pi \cdot f_k)) \cdot \dfrac{180}{\pi}$

图例（图右下）:
$20 \cdot \log(|H_{ref}(i \cdot 2\pi \cdot f_k)|, 10)$
$20 \cdot \log(|H_{sol1}(i \cdot 2\pi \cdot f_k)|, 10)$
$20 \cdot \log(|H_{sol2}(i \cdot 2\pi \cdot f_k)|, 10)$

图 4.104　利用 Mathcad 对谐振频率处衰减值进行验证，并且展示不同表达式具有相同特性曲线

10. 习题 10

该题为本章最后一道习题，初看起来运放电路非常复杂。接下来利用快速分析技术以非常简单的方式推导出电路传递函数。但是利用 KCL 或 KVL 也可能以更快捷的方式求得传递函数。图 4.106 按照电路分析步骤将原始电路图进行逐一分解。首先，按照图 4.106(a) 计算直流增益 H_0。此时电容 C_2 开路，输出电压 V_{out} 与输入电压 V_{in} 相同，因此：

$$H_0 = 1 \tag{4.421}$$

按照图 4.106(b) 电路配置，计算与电容 C_1 相关联的第一时间常数。如图 4.106(b) 所示，输入源左端偏置于 0V，另一端与电阻 R_3 低端相连接。由于运算放大器的虚地效应，所以尽管激励源设置为 0V 引起短路，但电流 I_T 分裂为 I_1 和 I_2，然后再流过 R_3。由于 R_3 两端电压为 V_T，所以电容 C_1 两端电阻为 R_3，求得第一时间常数为：

$$\tau_1 = R_3 C_1 \tag{4.422}$$

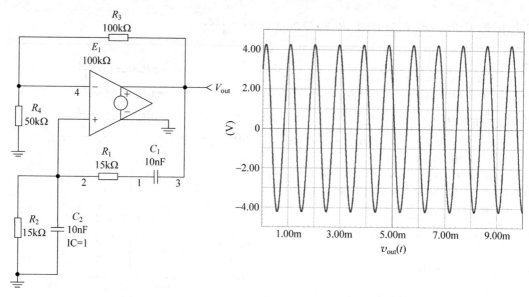

图 4.105 当放大器完美补偿插入损耗时振荡器开始工作

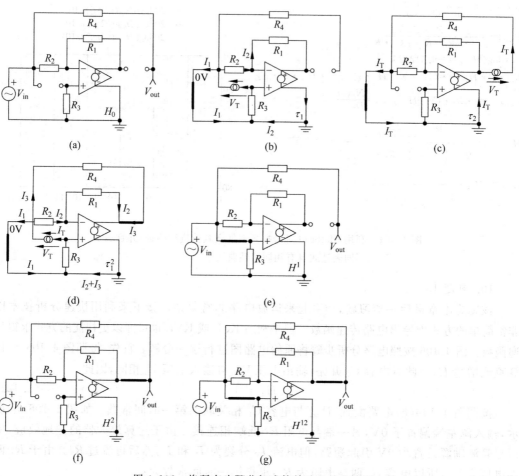

图 4.106 将所有步骤分解成简单独立的电路图

在图 4.106(c)中,由于运算放大器输出为 0V,所以测试电流仅流经 R_4。因此第二时间常数为:

$$\tau_2 = R_4 C_2 \tag{4.423}$$

按照测试电路图 4.106(d)计算最终时间常数,此时电容 C_2 短路(工作于高频状态)。测试电流分解为 3 部分,最后所有电流再次汇合后流经 R_3,所以时间常数计算公式与 τ_1 相似,具体表达式为:

$$\tau_1^2 = C_1 R_3 \tag{4.424}$$

将时间常数进行组合,求得分母表达式为:

$$
\begin{aligned}
D(s) &= 1 + b_1 s + b_2 s^2 = 1 + s(\tau_1 + \tau_2) + s^2 \tau_2 \tau_1^2 \\
&= 1 + s[R_3 C_1 + C_2 R_4] + s^2 C_2 R_4 C_1 R_3
\end{aligned}
\tag{4.425}
$$

将式(4.425)整理为规范形式得:

$$D(s) = 1 + \frac{s}{\omega_0 Q} + \left(\frac{s}{\omega_0}\right)^2 \tag{4.426}$$

对式(4.426)进行重新排列和简化可得:

$$Q = \frac{\sqrt{b_2}}{b_1} = \frac{\sqrt{C_2 R_4 C_1 R_3}}{R_3 C_1 + C_2 R_4} \tag{4.427}$$

以及

$$\omega_0 = \frac{1}{\sqrt{b_2}} = \frac{1}{\sqrt{C_2 R_4 C_1 R_3}} \tag{4.428}$$

当 $C_1 = C_2 = C$ 和 $R_1 = R_2 = R$ 时:

$$Q = \frac{RC}{2RC} = 0.5 \tag{4.429}$$

$$\omega_0 = \frac{1}{RC} \tag{4.430}$$

当 Q 值为 0.5 时两根重合,此时分母表达式可分解为:

$$D(s) = \left(1 + \frac{s}{\omega_0}\right)^2 \tag{4.431}$$

由图 4.106(e)、图 4.106(f)和图 4.106(g)可得到 3 个简单增益值。当电容 C_2 开路时求得第一增益为:

$$H^1 = 1 \tag{4.432}$$

在图 4.106(f)中,运放工作于反相放大模式,此时增益计算公式为:

$$H^2 = -\frac{R_1}{R_2} \tag{4.433}$$

在图 4.106(g)中两电容均处于高频状态,所以增益为:

$$H^{21} = 1 \tag{4.434}$$

对分母 $N(s)$ 表达式进行整理:

$$
\begin{aligned}
N(s) &= H_0 + s(H^1 \tau_1 + H^2 \tau_2) + s^2 H^{21} \tau_2 \tau_{21} \\
&= 1 + s\left(\tau_1 - \frac{R_1}{R_2} \tau_2\right) + s^2 \tau_2 \tau_1^2 \\
&= 1 + s\left(R_3 C_1 - \frac{R_1}{R_2} R_4 C_2\right) + s^2 C_2 R_4 C_1 R_3
\end{aligned}
\tag{4.435}
$$

当 $C_1 = C_2 = C$、$R_3 = R_4 = R$ 以及 $R_1 = R_2$ 时,分子简化为:

$$N(s) = 1 + (sRC)^2 = 1 + \left(\frac{s}{\omega_0}\right)^2 \tag{4.436}$$

该工作模式下,系数 a_1 为:

$$a_1 = \tau_1 - \frac{R_1}{R_2}\tau_2 \tag{4.437}$$

当 $\tau_1 = \tau_2$ 并且选择 $R_1 = R_2$ 时 $a_1 = 0$,所以品质因数 Q_N 无穷大。

当 $C_1 = C_2 = C$、$R_3 = R_4 = R$ 以及 $R_1 = R_2$ 时,求得最终传递函数为:

$$G(s) = \frac{1 + \left(\frac{s}{\omega_0}\right)^2}{\left(1 + \frac{s}{\omega_0}\right)^2} \tag{4.438}$$

现在利用 Mathcad 对上述公式进行计算,并将结果与 SPICE 仿真进行对比。对滤波器陷波效应进行观测时必须将数据点增加到 1000 以上。本例中 50Hz 陷波滤波器电路图及其具体参数均以文献[3]为参考。图 4.107 为 Mathcad 计算结果,图 4.108 为 SPICE 仿真波形,两曲线完全一致。

$C_2 := 47\text{nF}$　$C_1 := 47\text{nF}$　$R_1 := 10\text{k}\Omega$　$R_2 := 10\text{k}\Omega$

$R_3 := 68\text{k}\Omega$　$R_4 := 68\text{k}\Omega$　$\|(x,y) := \dfrac{x \cdot y}{x + y}$

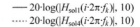

$H_0 := 1$

$\tau_1 := C_1 \cdot R_3 = 3.196\text{ms}$　$\tau_2 := C_2 \cdot R_4 = 3.196\text{ms}$

$\tau_{21} := C_1 \cdot R_3 = 3.196\text{ms}$

$H_1 := 1$　$H_2 := -\dfrac{R_1}{R_2} = -1$　$H_{21} := 1$

$b_1 := \tau_1 + \tau_2$　$b_2 := \tau_2 \cdot \tau_{21}$　$a_1 := H_1 \cdot \tau_1 + H_2 \cdot \tau_2 = 0\mu\text{s}$

$a_2 := \tau_2 \cdot \tau_{21} \cdot H_{21} = 10.214416\text{ms}^2$

$D_1(s) := 1 + b_1 \cdot s + b_2 \cdot s^2$　$N_1(s) := H_0 + a_1 \cdot s + a_2 \cdot s^2$

$Q := \dfrac{\sqrt{b_2}}{b_1} = 0.5$　$\omega_0 := \dfrac{1}{\sqrt{b_2}} = 312.891114 \dfrac{1}{\text{s}}$

$f_0 := \dfrac{\omega_0}{2\pi} = 49.798167\text{Hz}$

$\dfrac{\sqrt{C_2 \cdot R_4 \cdot R_3 \cdot C_1}}{C_1 \cdot R_3 + C_2 \cdot R_4} = 0.5$

$Q_N := \dfrac{\sqrt{a_2}}{a_1} =$　$\omega_N := \dfrac{1}{\sqrt{a_2}} = 312.891114 \dfrac{1}{\text{s}}$

$D_3(s) := \left(1 + \dfrac{s}{\omega_0}\right)^2$　$D_2(s) := 1 + \dfrac{s}{\omega_0 \cdot Q} + \left(\dfrac{s}{\omega_0}\right)^2$

$N_2(s) := H_0 + s \cdot (H_1 \cdot \tau_1 + H_2 \cdot \tau_2) + s^2 \cdot H_{21} \cdot \tau_2 \cdot \tau_{21}$

$N_3(s) := 1 + s \cdot (C_1 \cdot R_3 + H_2 \cdot C_2 \cdot R_4) +$
$\qquad\qquad s^2 \cdot C_1 \cdot C_2 \cdot R_4 \cdot R_3$

$H_{\text{sol1}}(s) := \dfrac{N_1(s)}{D_1(s)}$　$H_{\text{sol2}}(s) := \dfrac{N_2(s)}{D_2(s)}$

$H_{\text{sol3}}(s) := \dfrac{N_3(s)}{D_1(s)}$　$H_{\text{sol4}}(s) := \dfrac{1 + \left(\dfrac{s}{\omega_0}\right)^2}{\left(1 + \dfrac{s}{\omega_0}\right)^2}$

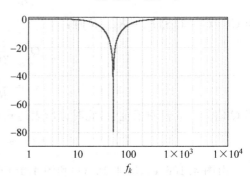

$$—\ 20 \cdot \log(|H_{\text{sol1}}(i \cdot 2\pi \cdot f_k)|, 10)$$
$$\cdots\cdots\ 20 \cdot \log(|H_{\text{sol4}}(i \cdot 2\pi \cdot f_k)|, 10)$$

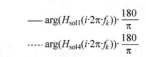

$$—\ \arg(H_{\text{sol1}}(i \cdot 2\pi \cdot f_k)) \cdot \dfrac{180}{\pi}$$
$$\cdots\cdots\ \arg(H_{\text{sol4}}(i \cdot 2\pi \cdot f_k)) \cdot \dfrac{180}{\pi}$$

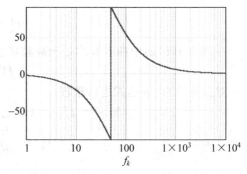

图 4.107　Mathcad 计算曲线与 50Hz 陷波滤波器 SPICE 仿真波形完全一致

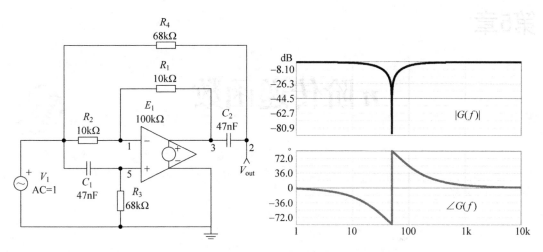

图 4.108 SPICE 仿真波形证实 50Hz 陷波功能

参考文献

1. Middlebrook R D. The two extra element theorems[C]. IEEE Proceedings Frontiers in Education，21st Annual Conference，1991：702-708.
2. Middlebrook R D，Vorpérian V，Lindal J. The N Extra Element Theorem[J]. IEEE Transactions on Circuits and Systems，1998，45(9)：919-935.
3. Hajimiri A. Generalized Time-and Transfer-Constant Circuit Analysis[J]. IEEE Transactions on Circuits and Systems，2009，57(6)：1105-1121.
4. Holbrook J. Laplace Transform for Electronic Engineers[M]，Oxford：Pergamon Press，1959.
5. Vorpérian V. Fast Analytical Techniques for Electrical and Electronic Circuits[M]. London：Cambridge University Press. 2002：317-318.
6. Epstein H. Synthesis of Passive RC Networks with Gains Greater than Unity[C]. Proceedings of the IRE，1951.
7. Takashi S. Sugiura T. Some properties of passive RC network giving over-unity gain[OL] http://koara. lib. keio. ac. jp/xoonips/modules/xoonips/download. php? file_id＝95480 (last accessed 12/12/2015).
8. Castor-Perry K. AC voltage gain using just resistors and capacitors? The Filter Wizard issue 36，Cypress Semiconductor[OL]. http://www. cypress. com/? docID＝45636 (last accessed 12/12/2015).

第5章

n 阶传递函数

本章将第 4 章中所介绍的 2 阶传递函数公式进行扩展,以便将其应用于高阶电路网络。无论电路复杂程度如何,分析方法不变:首先关闭激励源计算各种时间常数值;然后通过观测法、NDI 或广义形式的简单增益法计算零点值。由于传递函数为很多项的组合,所以整理高阶传递函数时需要巨大耐心。利用参考表达式或电路仿真求得的动态响应可能存在错误,将原始电路分解成单个独立电路的方法能够对电路进行更加详尽分析,以便对其错误进行识别。应用上述步骤能够求得排列规整但非常复杂的传递函数表达式,通过对所得表达式进行细致分析,可准确求得 3 阶或更高阶电路的极点和零点值。本章首先从广义 n 阶表达式讲解开始,然后立即将其应用于复杂 4 阶电路分析。

5.1 从 2EET 到 nEET

高阶电路分析方法与前面章节所讲方法并无不同。当 $s=0$ 时计算参考增益,此时所有电容移除、所有电感短路。然后将激励源设置为零,观测每个储能元件端口并计算驱动电阻值——计算电路固有时间常数。通常 n 阶分母表达式遵循以下格式:

$$D(s) = 1 + b_1 s + b_2 s^2 + b_3 s^3 + \cdots + b_n s^n \tag{5.1}$$

由第 1 章分析可得,典型传递函数由主导项与比例因子构成。此时,如果传递函数具有单位量纲,则该量纲由主导项进行标识。因此分子与分母之比 $N(s)/D(s)$ 必定无量纲。如果式(5.1)中表达式 $D(s)$ 无单位,则 b_1 的量纲为时间[s],b_2 的量纲为时间的平方[s²],b_3 的单位为时间的立方[s³],b_4 的量纲为时间的 4 次方[s⁴],以此类推,所以 b_n 的单位为时间的 n 次方。

首先计算 b_1,因为其单位为秒,所以当激励源设置为 0 时所有时间常数之和即为 b_1,通用计算公式为:

$$b_1 = \sum_{i_1=1}^{n} \tau_{i_1} \tag{5.2}$$

当研究 n 阶电路时 b_1 中含有 n 项。如果对 4 阶电路网络进行分析,可将 4 个时间常数组合如下：

$$b_1 = \tau_1 + \tau_2 + \tau_3 + \tau_4 \tag{5.3}$$

计算 b_2 时，因为其量纲为时间平方，所以将时间常数乘积进行相加即可求得 b_2 值。第2章已经对形如 $\tau_1\tau_2^1$ 或 $\tau_2\tau_1^1$ 的时间常数乘积进行定义：当2阶电路网络中的两个储能元件同时工作时计算系数项 b_2。将相同理论扩展到高阶电路网络，但是必须将双储能元件的所有组合全部涵盖：每次仍然从 n 个储能元件中选定两个元件。当同时选定多个电抗时，利用图5.1对标识符号进行具体解释：时间常数数字出现在指数中的电抗设置于高频状态，然后计算储能元件的驱动电阻值，该储能元件由下角标进行标识。在上述计算过程中，其余所有电抗均保持在直流状态。

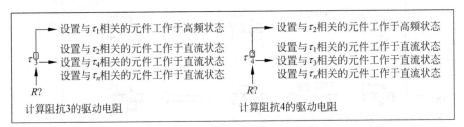

图 5.1　某一储能元件工作于高频状态，其他所有元件均工作于直流(参考)状态

那么 b_2 共由多少种组合构成呢？当从一组储能元件中进行某种组合选择时，根据二项式系数计算公式可求得组合数量为：

$$\binom{n}{j} = \frac{n!}{j!(n-j)!} \tag{5.4}$$

其中 n 为电路网络阶数，j 为系数参考；则 b_2 项的 j 为2、b_3 项的 j 为3，以此类推，直至 $j = n$ 为止。于是利用式(5.4)可求得4阶电路网络 b_2 项的组合数量为：

$$\binom{4}{2} = \frac{4!}{2!(4-2)!} = 6 \tag{5.5}$$

首先计算式(5.3)中 τ_1 的组合项：

$$b_{2a} = \tau_1\tau_2^1 + \tau_1\tau_3^1 + \tau_1\tau_4^1 \tag{5.6}$$

接下来计算 τ_2 的组合项。如果继续书写 $\tau_2\tau_1^1$，将会与式(5.6)中的 $\tau_1\tau_2^1$ 冗余。按照图5.2所示方式可轻松识别冗余项、重新组合时间常数。当原始组合产生中间复杂电路或者产生不确定项时，重新组合显得尤为重要。

由于时间常数 τ_3 和 τ_4 还未与 τ_2 相关联，所以直接计算下一项，即：

$$b_{2b} = \tau_2\tau_3^2 + \tau_2\tau_4^2 \tag{5.7}$$

然后利用 τ_3 和最后一项时间常数 τ_4 计算得：

$$b_{2c} = \tau_3\tau_4^3 \tag{5.8}$$

如果继续利用 τ_3 与 τ_2 和 τ_1 相结合，可分别得到 $\tau_3\tau_2^3$ 或 $\tau_3\tau_1^3$，然后可以使用 $\tau_2\tau_3^2$ 或 $\tau_1\tau_3^3$ 建立冗余(如图5.2)。将式(5.6)、式(5.7)和式(5.8)相加可得 b_2 值为：

$$b_2 = \tau_1\tau_2^1 + \tau_1\tau_3^1 + \tau_1\tau_4^1 + \tau_2\tau_3^2 + \tau_2\tau_4^2 + \tau_3\tau_4^3 \tag{5.9}$$

与式(5.5)计算结果一致，b_2 共包含6项。式(5.9)推广可得：

$$b_2 = \sum_{i_1=1}^{n-1} \sum_{i_2=i_1+1}^{n} \tau_{i_1}\tau_{i_2}^{i_1} \tag{5.10}$$

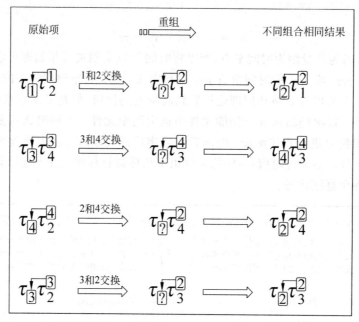

图 5.2 将时间常数重新组合有助于消除不确定性及求得更简单组合方式

因为表达式中很多项需要重新整理，所以上述广义表达式并无实际意义。式(5.10)旨在说明开始进行电路分析时如何构建 b_2 项，如果实际计算时需要，可以再对其进行组合调整。

第 3 项 b_3 主要对 3 个时间常数乘积进行管理。理想情况下，b_2 中所得结果可以重复使用，但也有例外。由式(5.5)可得 b_3 中总共包含的项数：

$$\binom{4}{3} = \frac{4!}{3!(4-3)!} = 4 \tag{5.11}$$

首先可以利用 b_2 中所得时间常数进行乘积计算。第 1 项为 $\tau_1 \tau_2^1$，所以第 3 时间常数的指数应该为 1 和 2，下角标可能为 3，具体如下：

$$b_{3a} = \tau_1 \tau_2^1 \tau_3^{12} \tag{5.12}$$

图 5.3 显示如何轻松构建 3 阶项。当需要重新整理时，也可通过向后整理的方式从最后指数项重新建立前面项。由图 5.4 所示原理可得，当 $\tau_3^{12} = \tau_3^{21}$ 时两指数项相同，所以与时间常数 τ_1 和 τ_2 相关联的储能元件设置于高频状态：无论计算 τ_3^{12} 还是 τ_3^{21}，电路设置相同。

尽管 τ_3^{12} 的指数位置包含两个元素，但计算过程相同：将与时间常数 τ_1 和 τ_2 相关联的储能

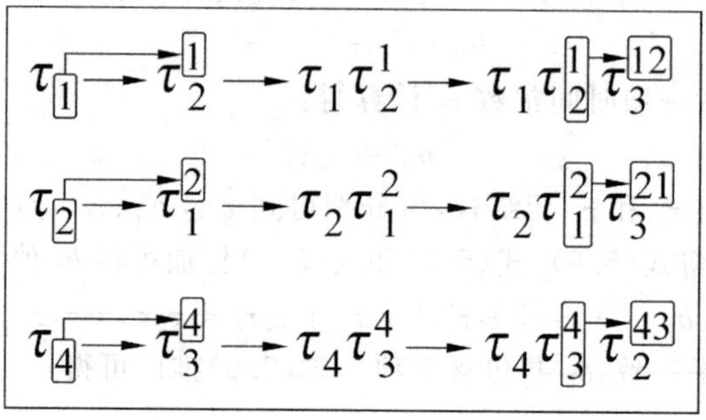

图 5.3 将前面两项进行逻辑组合可轻易构建出第 3 项

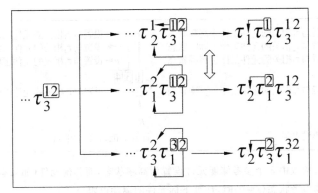

图 5.4　因为右侧两项完全相同，所以当重新组合 3 元素项时，
从右侧指数开始向后进行有时更容易和便捷

元件设置于高频状态，而其他所有元件（例如与 τ_3 和 τ_4 相关联的储能元件）均保持 $s=0$ 的参考状态；然后计算第 3 元件的驱动电阻。图 5.5 以图形方式对上述两示例计算过程进行说明。

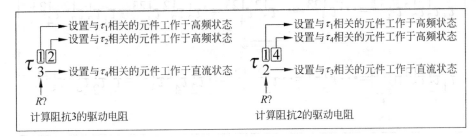

图 5.5　将指数中参考的两储能元件设置为高频状态，而其他元件
均处于其参考状态（$s=0$）时，然后计算下标元件的驱动电阻

在 4 阶电路网络中，将 $\tau_1 \tau_2^1$ 与 τ_4 相乘可得：

$$b_{3b} = \tau_1 \tau_2^1 \tau_4^{12} \tag{5.13}$$

式（5.9）中的下一项为 $\tau_1 \tau_3^1$ 与 τ_4 相结合，即：

$$b_{3c} = \tau_1 \tau_3^1 \tau_4^{13} \tag{5.14}$$

下一项为最后一项，即 $\tau_2 \tau_3^2 \tau_4^{23}$：

$$b_3 = \tau_1 \tau_2^1 \tau_3^{12} + \tau_1 \tau_2^1 \tau_4^{12} + \tau_1 \tau_3^1 \tau_4^{13} + \tau_2 \tau_3^2 \tau_4^{23} \tag{5.15}$$

所以 b_3 的广义计算公式为：

$$b_3 = \sum_{i_1=1}^{2} \sum_{i_2=i_1+1}^{3} \sum_{i_3=i_2+1}^{4} \tau_{i_1} \tau_{i_2}^{i_1} \tau_{i_3}^{i_1 i_2} \tag{5.16}$$

最后一项为 b_4——4 个时间常数的乘积。此时式（5.4）的计算值为 1，所以 b_4 的定义式为：

$$b_4 = \tau_1 \tau_2^1 \tau_3^{12} \tau_4^{123} \tag{5.17}$$

当计算下标数字所标识电抗元件的驱动电阻时，需要将其余 3 元件设置为高频状态。上述工作原理的计算过程如图 5.6 所示。

如果需要重新计算，可以按照图 5.7 中实例进行重新整理。

b_4 的通用公式为：

$$b_4 = \sum_{i_1=1}^{1} \sum_{i_2=i_1+1}^{2} \sum_{i_3=i_2+1}^{3} \sum_{i_4=i_3+1}^{4} \tau_{i_1} \tau_{i_2}^{i_1} \tau_{i_3}^{i_1 i_2} \tau_{i_4}^{i_1 i_2 i_3} \tag{5.18}$$

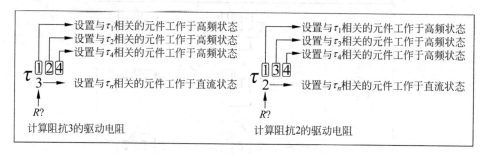

图 5.6 将指数中 3 个参考储能元件设置为高频状态，而其他元件（如果有）均处于
其参考状态（$s=0$）时，计算下标元件的驱动电阻

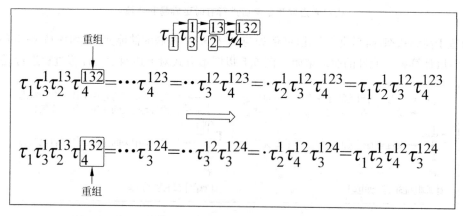

图 5.7 建立 4 元素项并不复杂，可从左边开始然后一直向右进行，
或从最后一个元素开始返回计算

最后，任何阶数的传递函数完整通用表达式为：

$$b_j = \sum_{i_1=1}^{n+1-j} \sum_{i_2=i_1+1}^{n+2-j} \cdots \sum_{i_j=i_{j-1}+1}^{n} \tau_{i_1} \tau_{i_2}^{i_1} \tau_{i_3}^{i_1 i_2} \cdots \tau_{i_j}^{i_1 i_2 \cdots i_{j-1}} \tag{5.19}$$

其中 n 为电路阶数，j 为多项式系数下标：$b_1, b_2, \cdots$，以通用公式为向导，可以得到构成该多项式各项的第一组元素。但是，如果利用计算机程序对式(5.19)进行自动计算，由于软件无法去除可能存在的不确定性，所以可能无法得到正确的计算结果。由于上述原因，对电路进行分析时需要重新整理，所得最终表达式很可能与式(5.19)不同。图 5.8 对 4 次之内的可能分母表达式进行详细总结。

　　　　1～4 阶分母表达式

1 阶　$D(s) = 1 + \tau_2 s$

2 阶　$D(s) = 1 + (\tau_1 + \tau_2)s + (\tau_1 \tau_2^1)s^2 = 1 + (\tau_1 + \tau_2)s + (\tau_2 \tau_1^2)s^2$

3 阶　$D(s) = 1 + (\tau_1 + \tau_2 + \tau_3)s + (\tau_1 \tau_2^1 + \tau_1 \tau_3^1 + \tau_2 \tau_3^2)s^2 + (\tau_1 \tau_2^1 \tau_3^{12})s^3$

4 阶　$D(s) = 1 + (\tau_1 + \tau_2 + \tau_3 + \tau_4)s + (\tau_1 \tau_2^1 + \tau_1 \tau_3^1 + \tau_1 \tau_4^1 + \tau_2 \tau_3^2 + \tau_2 \tau_4^2 + \tau_3 \tau_4^3)s^2 +$
　　　　　　$(\tau_1 \tau_2^1 \tau_3^{12} + \tau_1 \tau_2^1 \tau_4^{12} + \tau_1 \tau_3^1 \tau_4^{13} + \tau_2 \tau_3^2 \tau_4^{23})s^3 +$
　　　　　　$(\tau_1 \tau_2^1 \tau_3^{12} \tau_4^{123})s^4$

图 5.8 1～4 阶电路的可能分母表达式

5.1.1　3阶传递函数实例

现在已经知道如何求解分母表达式，接下来将所学新技术应用于图5.9所示电路。因为该电路包含3个储能元件，所以为3阶系统（各状态变量独立）。无论L_1、L_2独自开路或者C_3短路，或者将其任意组合，输出响应均消失，所以该电路无零点。为求解电路网络的各个系数，将电路进行分解，每个电路对应一个特定参数计算，具体如图5.10所示。当$s=0$时可得：

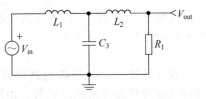

图5.9　该电路分母表达式为3阶

$$H_0 = 1 \tag{5.20}$$

由图5.10(b)可求得第一时间常数，将其简化为：

$$\tau_1 = \frac{L_1}{R_1} \tag{5.21}$$

由图5.10(c)和(d)可得：

$$\tau_2 = \frac{L_2}{R_1} \tag{5.22}$$

以及

$$\tau_3 = 0 \cdot C_3 = 0 \tag{5.23}$$

于是分母表达式中的第一项为：

$$b_1 = \tau_1 + \tau_2 + \tau_3 = \frac{L_1}{R_1} + \frac{L_2}{R_1} = \frac{L_1 + L_2}{R_1} \tag{5.24}$$

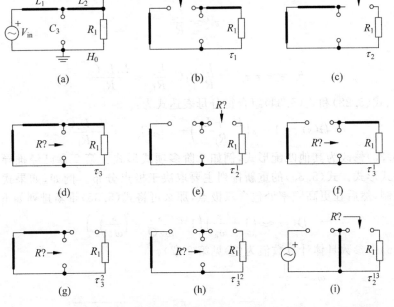

图5.10　相对2阶电路而言，研究3阶电路并非高不可攀。因为其函数
表达式更长，所以求解系数时需要更加注意

　　计算 τ_2^1 时将 L_1 设置为高频状态(从电路中移除),然后计算电抗 2 的驱动电阻。该模式下其余元件(C_3)均保持在参考状态(C_3 从电路中移除),所以其中一支路开路,因此:

$$\tau_2^1 = \frac{L_2}{\infty} = 0 \tag{5.25}$$

　　计算 τ_3^1 时仍将 L_1 设置为高频状态,但是 C_3 的端口电阻为 R_1,具体如图 5.10(f)所示。此时时间常数计算公式为:

$$\tau_3^1 = R_1 C_3 \tag{5.26}$$

　　现在计算 τ_3^2:L_2 设置为高频状态(从电路中移除),然后查看 C_3 两端的驱动电阻。L_1 保持其参考状态并由短路代替。由图 5.10(g)可得:

$$\tau_3^2 = 0 \cdot C_3 = 0 \tag{5.27}$$

　　将上述计算结果组合可得:

$$b_2 = \tau_1 \tau_2^1 + \tau_1 \tau_3^1 + \tau_2 \tau_3^2 = \frac{L_1}{R_1} \cdot 0 + \frac{L_1}{R_1} R_1 C_3 + \frac{L_2}{R_1} \cdot 0 = L_1 C_3 \tag{5.28}$$

　　求解图 5.10(h)中电路的最高次项时,将两电感均设置为高频状态(从电路中移除),通过计算电容两端驱动阻抗计算时间常数 τ_3^{12}。解得:

$$\tau_3^{12} = \infty \cdot C_3 \tag{5.29}$$

　　当式(5.29)与式(5.25)中的 τ_2^1 相乘时将产生不确定性。通过对其最后一项进行重新整理可使其恢复稳定,此时:

$$b_3 = \tau_1 \tau_2^1 \tau_3^{12} \tag{5.30}$$

　　由图 5.4 所示,可将 b_3 调整为如下不同组合形式:

$$b_3 = \tau_2 \tau_3^2 \tau_1^{23} \tag{5.31}$$

或者

$$b_3 = \tau_1 \tau_3^1 \tau_2^{13} \tag{5.32}$$

　　由于 τ_3^{21} 已经通过式(5.29)进行定义,所以不能采用 $\tau_2 \tau_1^2 \tau_3^{21}$ 的形式。在图 5.10(i)中,应用式(5.32)可得:

$$\tau_2^{13} = \frac{L_2}{R_1} \tag{5.33}$$

整理得:

$$b_3 = \tau_1 \tau_3^1 \tau_2^{13} = \frac{L_1}{R_1} R_1 C_3 \frac{L_2}{R_1} = \frac{L_1 L_2 C_3}{R_1} \tag{5.34}$$

将式(5.24)、式(5.28)和式(5.34)组合得分母表达式为:

$$D(s) = 1 + s\left(\frac{L_1 + L_2}{R_1}\right) + s^2 L_1 C_3 + s^3 \frac{L_1 L_2 C_3}{R_1} \tag{5.35}$$

可否将式(5.35)修改为其他匹配形式,例如 2 阶多项式形式? 第 2 章已经推导出 3 阶方程的不同表达式形式。式(5.35)的重新排列主要取决于极点分布。例如,如果式(5.35)由低频单极点控制,然后在更高频率处包含双极点,那么可将式(5.35)重新排列如下:

$$D(s) \approx \left(1 + \frac{s}{\omega_p}\right)\left(1 + \frac{s}{\omega_0 Q} + \left(\frac{s}{\omega_0}\right)^2\right) \tag{5.36}$$

　　式(5.36)中参数具体计算数值为(参见第 2 章):

$$\omega_p = \frac{1}{b_1} \tag{5.37}$$

$$Q = \frac{b_1 b_3 \sqrt{\frac{b_1}{b_3}}}{b_1 b_2 - b_3} = \frac{L_2(L_1 + L_2)\sqrt{\frac{L_1 + L_2}{C_3 L_1 L_2}}}{L_1 R_1} \tag{5.38}$$

以及

$$\omega_0 = \sqrt{\frac{b_1}{b_3}} = \sqrt{\frac{L_1 + L_2}{C_3 L_1 L_2}} \tag{5.39}$$

如果 $b_3 = b_1 b_2$，则式(5.36)可进一步简化为：

$$D(s) \approx (1 + b_1 s)\left(1 + s\frac{b_2}{b_1} + s^2\frac{b_3}{b_1}\right) \tag{5.40}$$

将 L_1、L_2、C_3 和 R_1 分别设置为具体数值，以便验证通过简化表达式所得计算结果是否足够准确。通过上述计算可得 V_{out} 与 V_{in} 的最终传递函数表达式为：

$$H(s) = \frac{1}{1 + s\left(\dfrac{L_1 + L_2}{R_1}\right) + s^2 L_1 C_3 + s^3 \dfrac{L_1 L_2 C_3}{R_1}} \tag{5.41}$$

为测试上述表达式，需要设定参考传递函数。应用戴维南定理与阻抗分压器原理求解图 5.9 所示电路传递函数为：

$$\begin{aligned}
H_{ref}(s) &= \frac{\dfrac{1}{sC_3}}{sL_1 + \dfrac{1}{sC_3}} \frac{R_1}{R_1 + sL_2 + \left(\dfrac{1}{sC_3} \parallel sL_1\right)} \\
&= \frac{1}{1 + s^2 L_1 C_3} \frac{R_1}{R_1 + sL_2 + \left(\dfrac{1}{sC_3} \parallel sL_1\right)}
\end{aligned} \tag{5.42}$$

现在将上述表达式输入 Mathcad 工作表中，并与式(5.42)动态响应特性进行对比。

当采用实际元件值时，幅度与相位曲线均完美吻合。如果现在对简化表达式(5.40)进行测试，输出曲线如图 5.12(a)所示，尽管曲线峰值略低，但是总体响应特性仍可接受。当电容 C_3 从 1nF 增加至 1μF 时，用于式(5.40)的因数假设不再有效，所以其响应无法预测峰值。如果按照式(5.36)绘制频率特性波形，输出曲线仍然精确匹配。

5.1.2　传递函数零点

所有应用于确定极点的表达式均可同样应用于零点。唯一区别如下：利用 NDI 对电路进行分析时，当响应为零时计算驱动电抗的所有电阻。该模式下将激励源重新接通，测试电流源 I_T 与电抗端口相连接，从而使得响应为零。此时电阻即为电抗端口电压 V_T 与电流源 I_T 之比。如果需要，可以按照与分母系数相同的描述方法对其进行重新整理。图 5.13 对 1 阶至 4 阶分子表达式进行了详细总结，其中下标 N 表示某个分子系数(1 阶表达式分子中的 τ_1 和第 2 章及后续章节分母中的 τ_2 除外)。

将上述零点计算方法应用于图 5.14 所示的 3 阶电路。首先利用第 4 章定义计算电路零点数量：将多少储能元件同时置于高频状态时输出响应仍然存在？

如果 C_2 短路，无论 L_3 和 C_1 状态如何，输出响应均为零，所以无须尝试将 C_2 与其他电抗相关联。如果 C_1 短路时将 L_1 断开，则通过 r_C 输出响应仍然存在：分子为 2 阶，两个零点分别与 C_1 和 L_3 相关联。所以一旦求得系数 a_2，则无须计算系数 a_3。

当输出为零时，通过各种电路配置计算每个电抗端口的电阻值，从而确定零点值。所有步骤均收集整理在图 5.15 中，求解过程非常简单。

第一个 NDI 时间常数与图 5.15(a)中 C_1 相关联。由图可得，因为输出响应为零，所以测试电流源 I_T 通过电阻 r_C 返回，求得时间常数为：

$$\tau_{1N} = r_C C_1 \tag{5.43}$$

在图 5.15(b) 中，r_C 右端为 0V（响应为零），但是电流源上端与 L_3 相连接，当 $s=0$ 时电感 L_3 短路。因此 $V_T = 0V$，所以时间常数为：

$$\tau_{2N} = 0 \cdot C_2 \tag{5.44}$$

$L_1 := 10\mu H \quad L_2 := 500\mu H \quad C_3 := 1nF \quad R_1 := 0.1k\Omega \quad \|(x,y) := \dfrac{xy}{x+y} \quad R_{inf} := 10^{23}\Omega$

$H_0 := 1 \quad \tau_1 := \dfrac{L_1}{R_1} = 0.1\mu s \quad \tau_2 := \dfrac{L_2}{R_1} = 5\mu s \quad \tau_3 := 0 \cdot C_3 = 0\mu s$

$$H_{ref}(s) := \dfrac{\dfrac{1}{s \cdot C_3}}{s \cdot L_1 + \dfrac{1}{s \cdot C_3}} \cdot \dfrac{R_1}{R_1 + s \cdot L_2 + \left[\left(\dfrac{1}{s \cdot C_3} \| (s \cdot L_1) \right) \right]}$$

$b_1 := \tau_1 + \tau_2 + \tau_3 = 5.1\mu s$

$\tau_{12} := \dfrac{L_2}{R_{inf}} = 0\mu s \quad \tau_{13} := R_1 \cdot C_3 = 0.1\mu s \quad \tau_{23} := 0 \cdot C_3 = 0\mu s$

$b_2 := \tau_1 \cdot \tau_{12} + \tau_1 \cdot \tau_{13} + \tau_2 \cdot \tau_{23} = 0.01\mu s^2$

$\tau_{132} := \dfrac{L_2}{R_1} = 5 \cdot \mu s \quad \tau_{123} := R_{inf} \cdot C_3 \quad b_3 := \tau_1 \cdot \tau_{13} \cdot \tau_{132} = 0.05 \cdot \mu s^3 \quad b_{33} := \tau_1 \cdot \tau_{12} \cdot \tau_{123} = 0.05\mu s^3$

$$H_1(s) := H_0 \cdot \dfrac{1}{1 + b_1 \cdot s + b_2 \cdot s^2 + b_3 \cdot s^3}$$

$\omega_p := \dfrac{1}{b_1} \quad f_p := \dfrac{\omega_p}{2\pi} = 31.207kHz$

$Q := \dfrac{b_1 \cdot b_3 \cdot \sqrt{\dfrac{b_1}{b_3}}}{b_1 \cdot b_2 - b_3} = 2.575 \times 10^3 \quad Q_{00} := \dfrac{L_2 \cdot (L_1 + L_2) \cdot \sqrt{\dfrac{L_1 + L_2}{C_3 \cdot L_1 \cdot L_2}}}{L_1 \cdot R_1} = 2.575 \times 10^3$

$\omega_0 := \sqrt{\dfrac{b_1}{b_3}} = 1.01 \times 10^7 \dfrac{1}{s} \quad \omega_{00} := \sqrt{\dfrac{L_1 + L_2}{C_3 \cdot L_1 \cdot L_2}} = 1.01 \times 10^7 \dfrac{1}{s} \quad f_0 := \dfrac{\omega_0}{2 \cdot \pi} = 1.607MHz$

$$H_2(s) := H_0 \cdot \dfrac{1}{(1 + b_1 \cdot s)\left(1 + s \cdot \dfrac{b_2}{b_1} + s^2 \cdot \dfrac{b_3}{b_1}\right)} \quad H_3(s) := H_0 \cdot \dfrac{1}{(1 + b_1 \cdot s) \cdot \left[1 + \dfrac{s}{\omega_0 \cdot Q} + \left(\dfrac{s}{\omega_0}\right)^2 \right]}$$

$$H_5(s) := \dfrac{1}{1 + s \cdot \left(\dfrac{L_1 + L_2}{R_1}\right) + s^2 \cdot L_1 \cdot C_3 + + s^3 \cdot \dfrac{L_1 \cdot L_2 \cdot c_3}{R_1}}$$

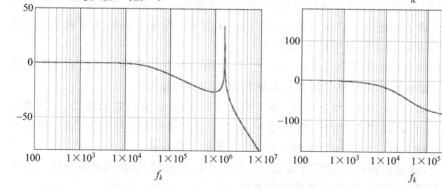

图 5.11 当传递函数的双极点与低频极点清晰分离时，Mathcad 频率特性曲线相互吻合：$H_1(s)$ 与 $H_{ref}(s)$ 响应一致，而与 $H_3(s)$ 十分接近

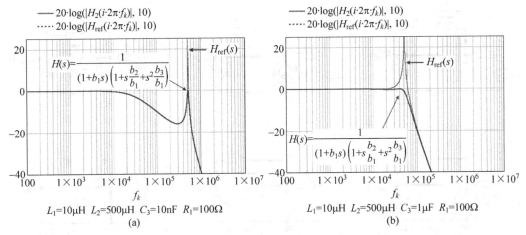

$L_1=10\mu H$ $L_2=500\mu H$ $C_3=10nF$ $R_1=100\Omega$
(a)

$L_1=10\mu H$ $L_2=500\mu H$ $C_3=1\mu F$ $R_1=100\Omega$
(b)

图 5.12   式(5.40)中的简化表达式的特性曲线与左侧图中的参考曲线十分相似。
当 $C_3=1\mu F$ 时两极点越来越接近,从而无法预测峰值

1～4阶分子表达式

1阶 $N(s)=1+\tau_1 s$

2阶 $N(s)=1+(\tau_{1N}+\tau_{2N})s+(\tau_{1N}\tau_{2N}^1)s^2=1+(\tau_{1N}+\tau_{2N})s+(\tau_{2N}\tau_{1N}^2)s^2$

3阶 $N(s)=1+(\tau_{1N}+\tau_{2N}+\tau_{3N})s+(\tau_{1N}\tau_{2N}^1+\tau_{1N}\tau_{3N}^1+\tau_{2N}\tau_{3N}^2)s^2+(\tau_{1N}\tau_{2N}^1\tau_{3N}^{12})s^3$

4阶 $N(s)=1+(\tau_{1N}+\tau_{2N}+\tau_{3N}+\tau_{4N})s+(\tau_{1N}\tau_{2N}^1+\tau_{1N}\tau_{3N}^1+\tau_{1N}\tau_{4N}^1+$
$\tau_{2N}\tau_{3N}^2+\tau_{2N}\tau_{4N}^2+\tau_{3N}\tau_{4N}^3)s^2+(\tau_{1N}\tau_{2N}^1\tau_{3N}^{12}+\tau_{1N}\tau_{2N}^1\tau_{4N}^{12}+\tau_{1N}\tau_{3N}^1\tau_{4N}^{13}+$
$\tau_{2N}\tau_{3N}^2\tau_{4N}^{23})s^3+(\tau_{1N}\tau_{2N}^1\tau_{3N}^{12}\tau_{4N}^{123})s^4$

图 5.13   响应为零时确定分子表达式

接下来计算输出响应为零时与电感相关联的时间常数,由图 5.15(c)可得,如果测试电流 I_T 等于 0 则输出响应为零。因此时间常数为:

$$\tau_{3N}=\frac{L_3}{\infty}=0 \tag{5.45}$$

于是系数 a_1 的定义式为:

$$a_1=\tau_{1N}+\tau_{2N}+\tau_{3N}=r_C C_1 \tag{5.46}$$

求解 a_2 项时将某些储能元件设置于高频状态。在图 5.15(d)中,当测试源对电容 C_2 端口进行偏置时电容 C_1 由短路线代替。该工作模式下 r_C 通过 L_3 短路,只有当 $V_T=0$ 时才能使得输出响应为零。此时求得时间常数为:

$$\tau_{2N}^1=0\cdot C_2 \tag{5.47}$$

当 C_1 仍处于高频状态并且输出响应为零时,可对 L_3 两端阻抗进行分析计算,具体如图 5.15(e)所示,此时测试电流通过电阻 r_C 返回。所示时间常数为:

$$\tau_{3N}^1=\frac{L_3}{r_C} \tag{5.48}$$

最后计算输出响应为零、电容 C_2 设置为高频状态时电感 L_3 的端口电阻,具体电路如

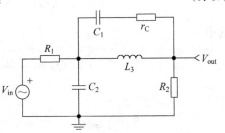

图 5.14   3 阶电路零点计算

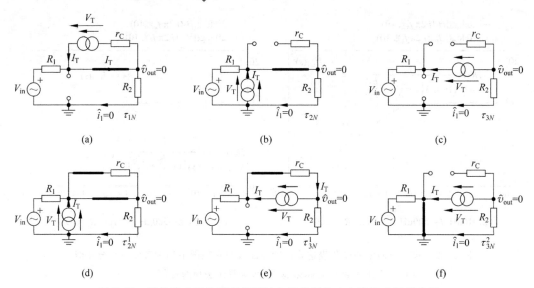

图 5.15 当输出响应为零时将原始电路分解为小电路以求解零点值

图 5.15(f) 所示。由于 r_C 断开，所以电流 I_T 不能通过 R_2 返回，所以只有当 $I_T = 0$ 时才能使通过电阻 R_2 的电流也为 0。此时电流源两端电压也为 0V，并且具有不确定性。通过在电流源两端并联电阻 R_{dum} 可将该不确定性消除，此时电流只通过电阻 R_{dum} 进行循环，而未流经电阻 R_2。

图 5.16 为原理图更新之后所对应的 SPICE 仿真电路。对其进行 NDI 分析可求得与 L_3 相关联的时间常数为：

$$\tau_{3N}^2 = \frac{L_3}{R_{dum}} \tag{5.49}$$

整理得

$$\tau_{3N}^2 = \frac{L_3}{\infty} \tag{5.50}$$

当 R_{dum} 无限大时求得系数 a_2 为：

$$a_2 = \tau_{1N}\tau_{2N}^1 + \tau_{1N}\tau_{3N}^1 + \tau_{2N}\tau_{3N}^2$$

$$= r_C C_1 \cdot 0 \cdot C_2 + r_C C_1 \frac{L_3}{r_C} + 0 \cdot C_2 \frac{L_3}{\infty} = L_3 C_1 \tag{5.51}$$

将分子表达式定义如下：

$$N(s) = 1 + a_1 s + a_2 s^2 = 1 + s r_C C_1 + s^2 L_3 C_1 \tag{5.52}$$

因为式(5.52)为二次多项式，所以满足以下形式：

$$N(s) = 1 + \frac{s}{\omega_{0N}(Q_N)} + \left(\frac{s}{\omega_{0N}}\right)^2 \tag{5.53}$$

其中

$$Q_N = \frac{\sqrt{a_2}}{a_1} = \frac{\sqrt{L_3 C_1}}{r_C C_1} = \frac{1}{r_C}\sqrt{\frac{L_3}{C_1}} \tag{5.54}$$

以及

$$\omega_{0N} = \frac{1}{\sqrt{a_2}} = \frac{1}{\sqrt{L_3 C_1}} \tag{5.55}$$

由上述分析可得：求解零点值需要 8 个步骤。本实例并非十分复杂，但是绘制所有分

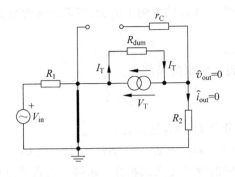

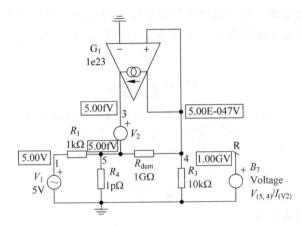

图 5.16 对电路进行 NDI 分析时，通过在 L_3 两端添加虚拟阻抗消除不确定性。

通过 SPICE 仿真证实，对电路进行 NDI 分析时 L_3 两端阻抗为 R_{dum}

解电路图需要很多时间，而且有时还会出现不确定性。那么有没有更加快捷的方法求解分子表达式呢？可以用观察法。如图 5.14 所示，当 $s = s_z$ 时是否存在使得输出响应为零的条件呢？当电容 C_2 短路时是否满足呢？回答是否定的，因为只有当 s 接近无限大时电容短路才会发生。那么串联阻抗会变成开路吗？确切地说该阻抗由 L_3 与 C_1 和 r_C 的串联组合并联构成。如果阻抗表达式的分母为零，则其阻抗值无穷大。因为阻抗传递函数的零点值已经确定，接下来需要求解其极点值。图 5.17(a) 展示了如何利用电流源求解阻抗值。只要求得分母表达式，阻抗传递函数即可确定。

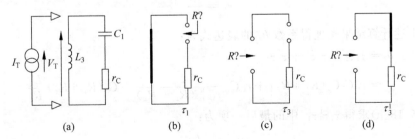

图 5.17 阻抗极点为传递函数零点

由图 5.17(b) 可求得与电容 C_1 相关联的第一时间常数为：

$$\tau_1 = r_C C_1 \tag{5.56}$$

在图 5.17(c)中,因为电感两端的电阻无穷大,所示时间常数为:

$$\tau_3 = \frac{L_3}{\infty} = 0 \tag{5.57}$$

最后由图 5.17(d)求得 2 阶项的局部为:

$$\tau'_3 = \frac{L_3}{r_C} \tag{5.58}$$

根据上述计算整理得分母 $D(s)$ 表达式为:

$$D(s) = 1 + s(\tau_1 + \tau_3) + s^2 \tau_1 \tau_3^1 = 1 + s r_C C_1 + s^2 C_1 L_3 \tag{5.59}$$

式(5.59)与式(5.52)中的分子定义式相符。求解表达式零点和极点时,如有允许,观测法总比 NDI 技术速度更快。现在已经求得分子表达式,接下来确定分母表达式。除激励源设置为零外,计算过程完全按照图 5.15 中步骤进行。通常首先计算直流增益,由图 5.15(a)可得:

$$H_0 = \frac{R_2}{R_1 + R_2} \tag{5.60}$$

由图 5.17(b)、(c)和(d)所示的分解电路分别求得 3 个时间常数为:

$$\tau_1 = r_C C_1 \tag{5.61}$$

$$\tau_2 = C_2(R_1 \parallel R_2) \tag{5.62}$$

$$\tau_3 = \frac{L_3}{R_1 + R_2} \tag{5.63}$$

求得第 1 系数 b_1 的定义式为:

$$b_1 = \tau_1 + \tau_2 + \tau_3 = r_C C_1 + C_2(R_1 \parallel R_2) + \frac{L_3}{R_1 + R_2} \tag{5.64}$$

此时 C_1 设置于高频状态,通过图 5.15(e)计算 C_2 的驱动电阻。由于 r_C 被 L_3 短路,所以驱动电阻即为 R_1 和 R_2 并联,从而求得时间常数为:

$$\tau_2^1 = C_2(R_1 \parallel R_2) \tag{5.65}$$

电路设置相同,由图 5.15(f)计算电感 L_3 的驱动电阻,求得时间常数为:

$$\tau_3^1 = \frac{L_3}{r_C \parallel (R_1 + R_2)} \tag{5.66}$$

在图 5.15(g)中,C_2 设置于高频状态,此时电感 L_3 的驱动电阻为 R_2,求得时间常数为:

$$\tau_3^2 = \frac{L_3}{R_2} \tag{5.67}$$

根据上述计算结果整理得系数 b_2 的表达式为:

$$b_2 = \tau_1 \tau_2^1 + \tau_1 \tau_3^1 + \tau_2 \tau_3^2$$
$$= r_C C_1 C_2(R_1 \parallel R_2) + r_C C_1 \frac{L_3}{r_C \parallel (R_1 + R_2)} + C_2(R_1 \parallel R_2)\frac{L_3}{R_2} \tag{5.68}$$

由图 5.18(h)求得 $\tau_1 \tau_2^1 \tau_3^{12}$ 中的最后一项为:

$$\tau_3^{12} = \frac{L_3}{r_C \parallel R_2} \tag{5.69}$$

系数 b_3 只由一项构成,即:

$$b_3 = \tau_1 \tau_2^1 \tau_3^{12} = r_C C_1 C_2(R_1 \parallel R_2) = \frac{L_3}{r_C \parallel R_2} \tag{5.70}$$

通过上述计算求得分母表达式为：

$$D(s) = 1 + s\left(r_C C_1 + C_2(R_1 \parallel R_2) + \frac{L_3}{R_1 + R_2}\right) +$$

$$s^2\left(r_C C_1 C_2(R_1 \parallel R_2) + r_C C_1 \frac{L_3}{r_C \parallel (R_1 + R_2)} + C_2(R_1 \parallel R_2)\frac{L_3}{R_2}\right) +$$

$$s^3 r_C C_2(R_1 \parallel R_2)\frac{L_3}{r_C \parallel R_2} \tag{5.71}$$

可将分母表达式简化为单低频极点和 2 阶多项式的组合形式,其品质因数 Q 定义式为：

$$Q = \frac{b_1 b_3 \sqrt{\dfrac{b_1}{b_3}}}{b_1 b_2 - b_3} \tag{5.72}$$

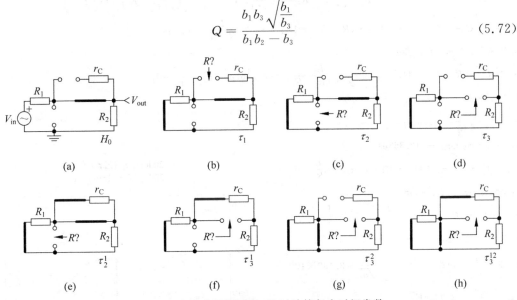

图 5.18 当激励源设置为 0V 时计算每个时间常数

谐振频率 ω_0 为：

$$\omega_0 = \sqrt{\frac{b_1}{b_3}} \tag{5.73}$$

低频极点为：

$$\omega_p = \frac{1}{b_1} \tag{5.74}$$

将传递函数的简化表达式重新整理为：

$$H(s) = \frac{N(s)}{D(s)} \approx H_0 \frac{1 + \dfrac{s}{\omega_{0N}Q_N} + \left(\dfrac{s}{\omega_{0N}}\right)^2}{\left(1 + \dfrac{s}{\omega_p}\right)\left[1 + \dfrac{s}{\omega_0 Q} + \left(\dfrac{s}{\omega_0}\right)^2\right]} \tag{5.75}$$

对传递函数进行动态响应测试之前,首先建立原始参考传递函数。R_1 和 C_2 为戴维南电压源的组成部分,并且电压源受 R_1 和 C_2 组成的并联输出阻抗影响,此时新的传递函数表达式为：

$$H_{ref}(s) = \frac{\dfrac{1}{sC_2}}{R_1 + \dfrac{1}{sC_2}} \frac{R_2}{R_2 + \left[\left(\dfrac{1}{sC_2}\right) \parallel R_1\right]\left[\left(\dfrac{1}{sC_1} + r_C\right) \parallel (sL_3)\right]} \tag{5.76}$$

如图 5.19 所示,将上述所有表达式全部输入到 Mathcad 文件中。通过式(5.76)绘制参考传递函数特性曲线,由式(5.52)和式(5.71)构成完整传递函数表达式,输出曲线一致性非常完美。在图 5.20 中,式(5.75)与式(5.76)进行对比,由所选元件参数组合得到的输出结果同样非常匹配。

$$L_3 := 1\text{mH} \quad C_2 := 22\text{nF} \quad C_1 := 22\text{nF} \quad R_1 := 1\text{k}\Omega \quad R_2 := 1\text{k}\Omega \quad \|(x,y) := \frac{x \cdot y}{x+y} \quad R_{\text{inf}} := 10^{23}\,\Omega$$

$$r_C := 1.5\,\Omega$$

$$H_0 := \frac{R_2}{R_2+R_1} \qquad H_{\text{ref}}(s) := \frac{\dfrac{1}{s \cdot C_2}}{R_1+\dfrac{1}{s \cdot C_2}} \cdot \frac{R_2}{R_2+\left[\left(\dfrac{1}{s \cdot C_2}\right) \| R_1\right]+\left[\left(\dfrac{1}{s \cdot C_1}+r_C\right) \| (s \cdot L_3)\right]}$$

$$\tau_1 := r_C \cdot C_1 = 0.033\,\mu\text{s} \quad \tau_2 := C_2 \cdot (R_1 \| R_2) = 11\,\mu\text{s} \quad \tau_{23} := \frac{L_3}{R_1+R_2} = 0.5\,\mu\text{s}$$

$$b_1 := \tau_1 + \tau_2 + \tau_3 = 11.533\,\mu\text{s}$$

$$\tau_{12} := C_2 \cdot (R_1 \| R_2) = 11\,\mu\text{s} \quad \tau_{13} := \frac{L_3}{r_C \| (R_1+R_2)} = 667.167\,\mu\text{s} \quad \tau_{23} := \frac{L_3}{R_2} = 1\,\mu\text{s}$$

$$b_2 := \tau_1 \cdot \tau_{12} + \tau_1 \cdot \tau_{13} + \tau_2 \cdot \tau_{23} = 33.38\,\mu\text{s}^2$$

$$\tau_{123} := \frac{L_3}{r_C \| R_2} = 667.667\,\mu\text{s}$$

$$b_3 := \tau_1 \cdot \tau_{12} \cdot \tau_{123} = 242.363\,\mu\text{s}^3$$

$$\tau_{1N} := C_1 \cdot r_C \quad \tau_{2N} := C_2 \cdot 0\,\Omega = 0 \quad \tau_{3N} := \frac{L_3}{R_{\text{inf}}} = 0\,\text{s}$$

$$a_1 := \tau_{1N} + \tau_{2N} + \tau_{3N} = 33\,\text{ns}$$

$$\tau_{12N} := C_2 \cdot 0\,\Omega = 0 \quad \tau_{13N} := \frac{L_3}{r_C} \quad \tau_{23N} := \frac{L_3}{R_{\text{inf}}} = 0\,\mu\text{s}$$

$$a_2 := \tau_{1N}\tau_{12N} + \tau_{1N}\tau_{13N} + \tau_{2N}\tau_{23N} = 2.2 \times 10^{-11}\,\text{s}^2$$

$$Q_N := \frac{\sqrt{a_2}}{a_1} = 142.134 \quad \omega_{0N} := \frac{1}{\sqrt{a_2}} = 2.132 \times 10^5\,\frac{1}{\text{s}}$$

$$f_{0N} := \frac{\omega_{0N}}{2\pi} = 33.932\text{kHz}$$

$$H_1(s) := H_0 \cdot \frac{1+a_1 \cdot s + a_2 \cdot s^2}{1+b_1 \cdot s + b_2 \cdot s^2 + b_3 \cdot s^3}$$

$$N_1(s) := 1 + s \cdot r_C \cdot C_1 + s^2 \cdot C_1 \cdot L_3$$

$$\omega_p := \frac{1}{b_1} \quad f_p := \frac{\omega_p}{2\pi} = 13.8\text{kHz}$$

$$Q := \frac{b_1 \cdot b_3 \cdot \sqrt{\dfrac{b_1}{b_3}}}{b_1 \cdot b_2 - b_3} = 4.276$$

$$\omega_0 := \sqrt{\frac{b_1}{b_3}} = 2.181 \times 10^5\,\frac{1}{\text{s}} \quad f_0 := \frac{\omega_0}{2\pi} = 34.718 \cdot \text{kHz}$$

$$H_2(s) := H_0 \cdot \frac{1+\dfrac{s}{\omega_{0N} \cdot Q_N}+\left(\dfrac{s}{\omega_{0N}}\right)^2}{(1+b_1 \cdot s) \cdot \left(1+s \cdot \dfrac{b_2}{b_1}+s^2 \cdot \dfrac{b_3}{b_1}\right)}$$

$$H_3(s) := H_0 \cdot \frac{1+\dfrac{s}{\omega_{0N} \cdot Q_N}+\left(\dfrac{s}{\omega_{0N}}\right)^2}{(1+b_1 \cdot s) \cdot \left[1+\dfrac{s}{\omega_0 \cdot Q}+\left(\dfrac{s}{\omega_0}\right)^2\right]}$$

$$H_4(s) := H_0 \cdot \frac{N_1(s)}{(1+b_1 \cdot s + b_2 \cdot s^2 + b_3 \cdot s^3)}$$

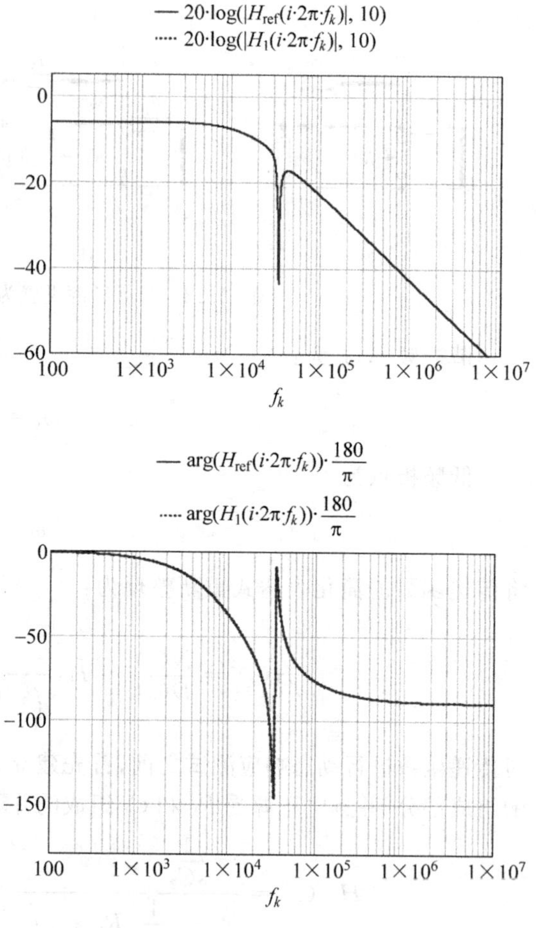

$$—\ 20 \cdot \log(|H_{\text{ref}}(i \cdot 2\pi \cdot f_k)|, 10)$$
$$\cdots\cdots\ 20 \cdot \log(|H_1(i \cdot 2\pi \cdot f_k)|, 10)$$

$$—\ \arg(H_{\text{ref}}(i \cdot 2\pi \cdot f_k)) \cdot \frac{180}{\pi}$$
$$\cdots\cdots\ \arg(H_1(i \cdot 2\pi \cdot f_k)) \cdot \frac{180}{\pi}$$

图 5.19　参考表达式 $H_{\text{ref}}(s)$ 与 $H_1(s)$ 频率特性曲线完全吻合

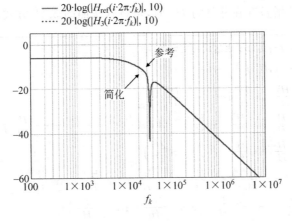

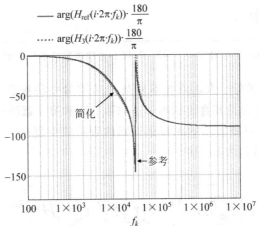

图 5.20 使用选定元件参数组合时简化表达式与实际响应相差甚微

5.1.3 广义 *n* 阶传递函数

第 3 章利用其他方式而非 NDI 求得 EET,具体步骤如下所示:重新利用激励源设置为
0 时确定的分母时间常数,并将与其相关联的储能元件设置为高频状态求得增益值,然后将
两者进行组合。第 4 章将表达式扩展为 2 阶电路,具体如文献[1]所示。在论文中,阿里哈
基米日利用类似分析方法将该技术推广至 *n* 阶传递函数:再次利用分母时间常数,并将其
与确定增益值相组合,计算增益值时将某些储能元件设置为高频或直流状态。图 5.21 为利
用上述方法计算 1~4 阶分子表达式的详细总结。

$$
\begin{aligned}
1 \text{阶}\quad & N(s) = H_0 + H^1\tau_1 s, D(s) = 1 + s\tau_1\\
2 \text{阶}\quad & N(s) = H_0 + (\tau_1 H^1 + \tau_2 H^2)s + (\tau_1\tau_2^1 H^{12})s^2 = H_0 + (\tau_1 H^1 + \tau_2 H^2)s + (\tau_2\tau_1^2 H^{21})s^2\\
3 \text{阶}\quad & N(s) = H_0 + s(\tau_1 H^1 + \tau_2 H^2 + \tau_3 H^3) + s^2(\tau_1\tau_2^1 H^{12} + \tau_1\tau_3^1 H^{13} + \tau_2\tau_3^2 H^{23}) + s^3(\tau_1\tau_2^1\tau_3^{12} H^{123})\\
4 \text{阶}\quad & N(s) = H_0 + s(\tau_1 H^1 + \tau_2 H^2 + \tau_3 H^3 + \tau_4 H^4) +\\
& s^2(\tau_1\tau_2^1 H^{12} + \tau_1\tau_3^1 H^{13} + \tau_1\tau_4^1 H^{14} + \tau_2\tau_3^2 H^{23} + \tau_2\tau_4^2 H^{24} + \tau_3\tau_4^3 H^{34}) +\\
& s^3(\tau_1\tau_2^1\tau_3^{12} H^{123} + \tau_1\tau_2^1\tau_4^{12} H^{124} + \tau_1\tau_3^1\tau_4^{13} H^{134} + \tau_2\tau_3^2\tau_4^{23} H^{234}) +\\
& s^4(\tau_1\tau_2^1\tau_3^{12}\tau_4^{123} H^{1234})
\end{aligned}
$$

图 5.21 1~4 阶广义传递函数分子表达式总结

当 $s=0$ 传递函数增益存在并且为 II_0 时,可将其按照图 5.22 方式进行因式分解。

当 H_0 非零时,可将其分解为分子表达式的主导项

$$N(s) = H_0 \left(1 + \frac{H_1}{H_0}\tau_1 s\right), D(s) = 1 + s\tau_1$$

$$N(s) = H_0 \left[1 + \left(\tau_1 \frac{H^1}{H_0} + \tau_2 \frac{H^2}{H_0}\right)s + \left(\tau_1 \tau_2^1 \frac{H^{12}}{H_0}\right)s^2\right]$$

$$N(s) = H_0 \left[1 + s\left(\tau_1 \frac{H^1}{H_0} + \tau_2 \frac{H^2}{H_0} + \tau_3 \frac{H^3}{H_0}\right) + s^2 \left(\tau_1 \tau_2^1 \frac{H^{12}}{H_0} + \tau_1 \tau_3^1 \frac{H^{13}}{H_0} + \tau_2 \tau_3^2 \frac{H^{23}}{H_0}\right) + s^3 \left(\tau_1 \tau_2^1 \tau_3^{12} \frac{H^{123}}{H_0}\right)\right]$$

$$N(s) = H_0 \left[1 + s\left(\tau_1 \frac{H^1}{H_0} + \tau_2 \frac{H^2}{H_0} + \tau_3 \frac{H^3}{H_0} + \tau_4 \frac{H^4}{H_0}\right) + \right.$$
$$s^2 \left(\tau_1 \tau_2^1 \frac{H^{12}}{H_0} + \tau_1 \tau_3^1 \frac{H^{13}}{H_0} + \tau_1 \tau_4^1 \frac{H^{14}}{H_0} + \tau_2 \tau_3^2 \frac{H^{23}}{H_0} + \tau_2 \tau_4^2 \frac{H^{24}}{H_0} + \tau_3 \tau_4^3 \frac{H^{34}}{H_0}\right) +$$
$$s^3 \left(\tau_1 \tau_2^1 \tau_3^{12} \frac{H^{123}}{H_0} + \tau_1 \tau_2^1 \tau_4^{12} \frac{H^{124}}{H_0} + \tau_1 \tau_3^1 \tau_4^{13} \frac{H^{134}}{H_0} + \tau_2 \tau_3^2 \tau_4^{23} \frac{H^{234}}{H_0}\right) +$$
$$\left. s^4 \left(\tau_1 \tau_2^1 \tau_3^{12} \tau_4^{123} \frac{H^{1234}}{H_0}\right)\right]$$

图 5.22　当 H_0 非 0 时变为主导因子,代表传递函数的单位量纲(如果有量纲)

　　如图 5.23 所示,构建分子表达式并不复杂。H 符号中的指数表明该储能元件设置为高频状态,而其余元件均保持其直流状态。正如第 3 章和第 4 章所述,广义传递函数表达式有时比利用 NDI 技术或者更实用的观察法得到的表达式更复杂。无论选择两种方法中的任何一种,均能得到相同的动态响应。

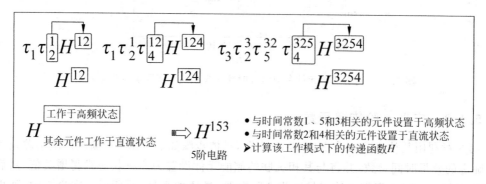

图 5.23　构建 $N(s)$ 广义表达式系数项时需要计算增益表达式 H,并将与之相关联的储能元件设置为高频或直流状态

　　现在传递函数广义表达式的基本形式已经确定,接下来对图 5.24 中的 3 阶电路实例进行分析。与之前电路分析方法一致,首先将电路分步绘图,以计算电路固有时间常数,分解电路如图 5.25 所示。

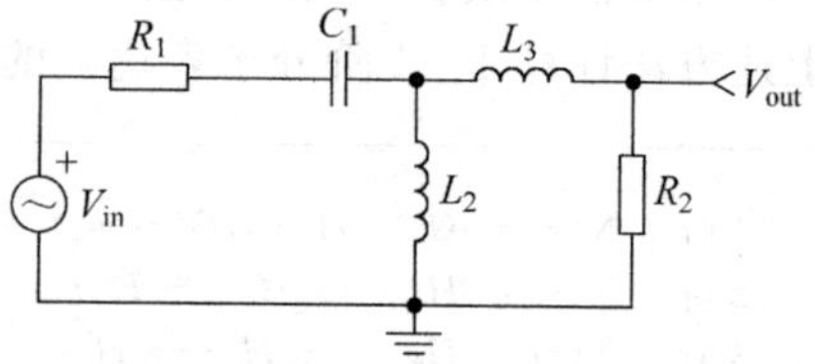

　　首先从左侧电路开始分析,由图 5.25(a)可得:

$$H_0 = 0 \tag{5.77}$$

整理得

$$\tau_1 = R_1 C_1 \tag{5.78}$$

图 5.24　利用图 5.21 中的广义表达式可快速求得 3 阶电路的传递函数

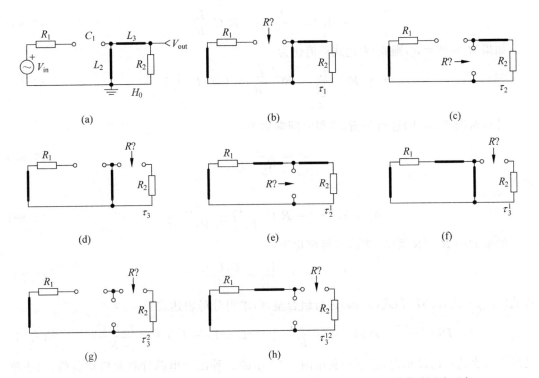

图 5.25 断开电路以求解固有时间常数。仅当计算直流增益 H_0 时激励源才开启，
其他情况下激励源均关闭

$$\tau_2 = \frac{L_2}{R_2} \tag{5.79}$$

$$\tau_3 = \frac{L_3}{R_2} \tag{5.80}$$

求得系数 b_1 为：

$$b_1 = \tau_1 + \tau_2 + \tau_3 = R_1 C_1 + \frac{L_2 + L_3}{R_2} \tag{5.81}$$

如果 $R_1 = R_2 = R$，则 b_1 表达式重新整理为：

$$b_1 = RC_1 + \frac{L_2 + L_3}{R} \tag{5.82}$$

继续对图 5.25(e) 进行分析，可求得如下时间常数：

$$\tau_2^1 = \frac{L_2}{R_1 \parallel R_2} \tag{5.83}$$

$$\tau_3^1 = \frac{L_3}{R_2} \tag{5.84}$$

$$\tau_3^2 = \frac{L_3}{\infty} = 0 \tag{5.85}$$

于是系数 b_2 的表达式为：

$$b_2 = \tau_1 \tau_2^1 + \tau_1 \tau_3^1 + \tau_2 \tau_3^2 = R_1 C_1 \frac{L_2}{R_1 \parallel R_2} + R_1 C_1 \frac{L_3}{R_2} + \frac{L_2}{R_2} \cdot 0$$

$$= R_1 C_1 \frac{L_2}{R_1 \parallel R_2} + R_1 C_1 \frac{L_3}{R_2} \tag{5.86}$$

如果 $R_1 = R_2 = R$,则 b_2 表达式可简化为:

$$b_2 = RC_1 \frac{L_2}{\frac{R}{2}} + RC_1 \frac{L_3}{R} = C_1(2L_2 + L_3) \tag{5.87}$$

最后对图 5.25(h)进行分析,求得时间常数为:

$$\tau_3^{12} = \frac{L_3}{R_1 + R_2} \tag{5.88}$$

解得:

$$b_3 = \tau_1 \tau_2^1 \tau_3^{12} = R_1 C_1 \frac{L_2}{R_1 \parallel R_2} \frac{L_3}{R_1 + R_2} \tag{5.89}$$

如果 $R_1 = R_2 = R$,则 b_3 表达式可简化为:

$$b_3 = 2L_2 C_1 \frac{L_3}{2R} = \frac{C_1 L_2 L_3}{R} \tag{5.90}$$

将式(5.82)、式(5.87)和式(5.90)进行组合整理,求得分母表达式为:

$$D(s) = 1 + s\left(RC_1 + \frac{L_2 + L_3}{R}\right) + s^2 C_1(2L_2 + L_3) + s^3 \frac{L_2 L_3 C_1}{R} \tag{5.91}$$

既然分母表达式已经求得,接下来利用图 5.26 中的各种配置电路计算对应增益值,以求解广义传递函数表达式。

在图 5.26(a)中,电容 C_1 设置于高频状态(短路),其他元件均工作于直流状态。该模式下电感 L_2 将信号接地,因此增益为 0,即:

$$H^1 = 0 \tag{5.92}$$

当储能元件设置为其他组合方式计算 H^2 和 H^3 时,增益同样为 0:

$$H^2 = H^3 = 0 \tag{5.93}$$

在图 5.26(d)中,当 L_3 工作于直流状态(短路)时,C_1 和 L_2 处于高频状态(分别对应短路和开路)。此时增益存在,计算公式为:

$$H^{12} = \frac{R_2}{R_1 + R_2} \tag{5.94}$$

如果 $R_1 = R_2 = R$,则 H^{12} 简化为:

$$H^{12} = \frac{R}{2R} = 0.5 \tag{5.95}$$

然后对电路图 5.26(e)和(f)进行分析,解得增益均为 0,即:

$$H^{13} = H^{23} = 0 \tag{5.96}$$

最后,当所有元件均工作于高频状态时,由图 5.26(g)可得:

$$H^{123} = 0 \tag{5.97}$$

将上述增益表达式与已求得时间常数进行组合,整理得分子表达式为:

$$N(s) = h_0 + s(\tau_1 H^1 + \tau_2 H^2 + \tau_3 H^3) +$$
$$s^2(\tau_1 \tau_2^1 H^{12} + \tau_1 \tau_3^1 H^{13} + \tau_2 \tau_3^2 H^{23}) + s^3(\tau_1 \tau_2^1 \tau_3^{12} H^{123}) \tag{5.98}$$

因为式(5.98)中有多项为 0,所以消除该项后可将分子简化为:

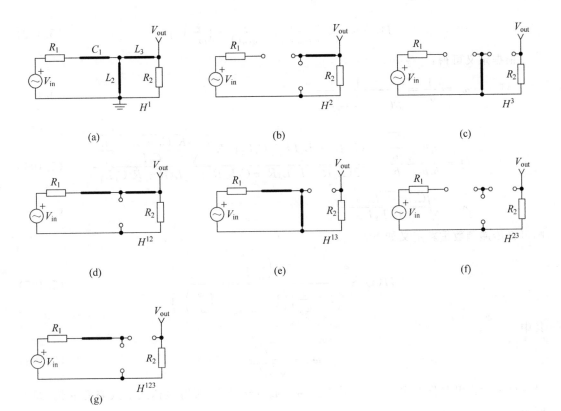

图 5.26　除恢复激励源之外其他设置均与前面相同,当储能元件交替设置为直流或高频状态时计算各种传递函数

$$N(s) = s^2 \tau_1 \tau_2^1 H^{12} = s^2 R_1 C_1 \frac{L_2}{R_1 \parallel R_2} \frac{R_2}{R_1 + R_2}$$

$$= s^2 R_1 C_1 \frac{L_2 (R_1 + R_2)}{R_1 R_2} \frac{R_2}{R_1 + R_2} = s^2 L_2 C_1 \tag{5.99}$$

将式(5.91)和式(5.99)进行组合,解得最终传递函数为:

$$H(s) = \frac{s^2 L_2 C_1}{1 + s\left(RC_1 + \dfrac{L_2 + L_3}{R}\right) + s^2 C_1 (2L_2 + L_3) + s^3 \dfrac{L_2 L_3 C_1}{R}} \tag{5.100}$$

以分子为公因式,对表达式(5.100)进行因式分解和简化得:

$$H(s) = \frac{1}{\dfrac{1}{s^2 L_2 C_1} + \dfrac{s\left(RC_1 + \dfrac{L_2 + L_3}{R}\right)}{s^2 L_2 C_1} + \dfrac{s^2 C_1 (2L_2 + L_3)}{s^2 L_2 C_1} + \dfrac{s^3 \dfrac{L_2 L_3 C_1}{R}}{s^2 L_2 C_1}} \tag{5.101}$$

对传递函数表达式(5.101)整理得:

$$H(s) = \frac{L_2}{2L_2 + L_3} \frac{1}{1 + \dfrac{L_2 + L_3 + C_1 R^2}{sRC_1 (2L_2 + L_3)} + \dfrac{sL_2 L_3}{R(2L_2 + L_3)} + \dfrac{1}{s^2 C_1 (2L_2 + L_3)}} \tag{5.102}$$

式(5.102)为第一种传递函数表达式形式,也可应用第 2 章定义对式(5.100)进行修正,将 3 阶分母改写为低频极点与 2 阶多项式的乘积形式,具体如下所示:

$$D(s) \approx \left(1 + \frac{s}{\omega_\mathrm{p}}\right)\left(1 + \frac{s}{\omega_0 Q} + \left(\frac{s}{\omega_0}\right)^2\right) \tag{5.103}$$

根据定义可得:

$$\omega_\mathrm{p} = \frac{1}{b_1} = \frac{1}{RC_1 + \dfrac{L_2 + L_3}{R}} \tag{5.104}$$

$$Q = \frac{b_1 b_3 \sqrt{\dfrac{b_1}{b_3}}}{b_1 b_2 - b_3} = \frac{(L_2^2 L_3 + L_2 L_3^2 + C_1 L_2 L_3 R^2)\sqrt{\dfrac{R^2 C_1 + L_2 + L_3}{C_1 L_2 L_3}}}{2(L_2^2 R + L_2 L_3 R + C_1 L_2 R^2) + L_3^2 R + R^3 C_1 L_3} \tag{5.105}$$

$$\omega_0 = \sqrt{\frac{C_1 R^2 + L_2 + L_3}{C_1 L_2 L_3}} \tag{5.106}$$

则可将传递函数重新定义如下:

$$H(s) \approx \frac{\left(\dfrac{s}{\omega_\mathrm{z}}\right)^2}{\left(1 + \dfrac{s}{\omega_\mathrm{p}}\right)\left(1 + \dfrac{s}{\omega_0 Q} + \left(\dfrac{s}{\omega_0}\right)^2\right)} \tag{5.107}$$

其中

$$\omega_\mathrm{z} = \frac{1}{\sqrt{L_2 C_1}} \tag{5.108}$$

对分母表达式提取公因式$(s/\omega_0)^2$并将传递函数重新排列,所得表达式形式略有变化,如下所示:

$$H(s) \approx \left(\frac{\omega_0}{\omega_\mathrm{z}}\right)^2 \frac{1}{\left(1 + \dfrac{s}{\omega_\mathrm{p}}\right)\left(1 + \dfrac{\omega_0}{sQ} + \left(\dfrac{\omega_0}{s}\right)^2\right)} \tag{5.109}$$

为了将上述计算结果与参考表达式进行对比,需要从图 5.24 中提取原始表达式。如果将阻抗分压器应用于戴维南定理之后,可得传递函数表达式为:

$$H_\mathrm{ref}(s) = \frac{sL_2}{sL_2 + R_1 + \dfrac{1}{sC_1}} \cdot \frac{R_2}{(sL_2) \parallel \left(R_1 + \dfrac{1}{sC_1}\right) + sL_3 + R_2} \tag{5.110}$$

当 $R_1 = R_2 = R$ 时式(5.110)并未真正改变,如下所示:

$$H_\mathrm{ref}(s) = \frac{sL_2}{sL_2 + R + \dfrac{1}{sC_1}} \cdot \frac{R}{(sL_2) \parallel \left(R + \dfrac{1}{sC_1}\right) + sL_3 + R} \tag{5.111}$$

接下来对上述所有表达式的动态响应进行对比。图 5.27 为所有方程计算结果和图形曲线,图 5.28 为 SPICE 仿真波形。

通过 Mathcad 计算和 SPICE 仿真可得,尽管传递函数表达式求解方法和步骤不同,并且最终表达式形式也可能不同,但是输出响应一致。应当注意,因为主导因式与谐振峰值不相符,所以表达式(5.109)与期望格式并不完全一致。如果能够将该表达式以更加完美的格式进行描述将求之不得。

$R_1 := 10\Omega \quad C_1 := 10\text{nF} \quad L_2 := 47\mu\text{H} \quad L_3 := 22\mu\text{H} \quad R_2 := 10\Omega \quad \| (x, y) := \dfrac{x \cdot y}{x + y} \quad R_{\text{inf}} := 10^{23}\Omega \quad R := R_1$

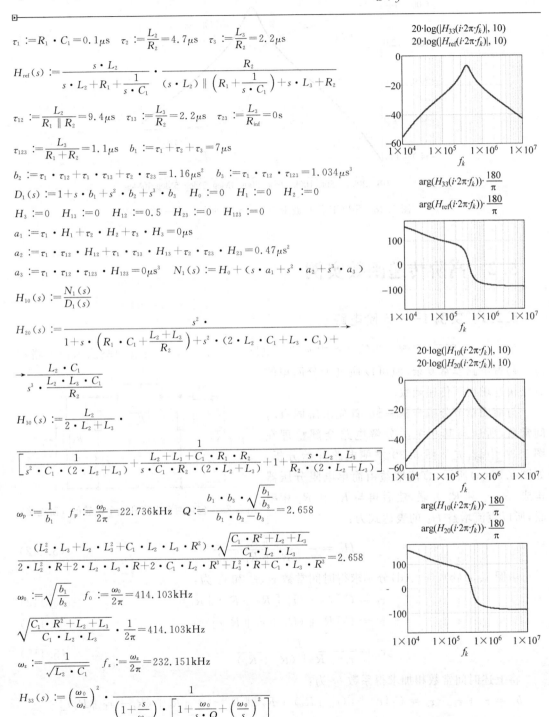

$\tau_1 := R_1 \cdot C_1 = 0.1\mu\text{s} \quad \tau_2 := \dfrac{L_2}{R_2} = 4.7\mu\text{s} \quad \tau_3 := \dfrac{L_3}{R_2} = 2.2\mu\text{s}$

$20 \cdot \log(|H_{33}(i \cdot 2\pi \cdot f_k)|, 10)$
$20 \cdot \log(|H_{\text{ref}}(i \cdot 2\pi \cdot f_k)|, 10)$

$H_{\text{ref}}(s) := \dfrac{s \cdot L_2}{s \cdot L_2 + R_1 + \dfrac{1}{s \cdot C_1}} \cdot \dfrac{R_2}{(s \cdot L_2) \| \left(R_1 + \dfrac{1}{s \cdot C_1}\right) + s \cdot L_3 + R_2}$

$\tau_{12} := \dfrac{L_2}{R_1 \| R_2} = 9.4\mu\text{s} \quad \tau_{13} := \dfrac{L_3}{R_2} = 2.2\mu\text{s} \quad \tau_{23} := \dfrac{L_3}{R_{\text{inf}}} = 0\text{s}$

$\tau_{123} := \dfrac{L_3}{R_1 + R_2} = 1.1\mu\text{s} \quad b_1 := \tau_1 + \tau_2 + \tau_3 = 7\mu\text{s}$

$b_2 := \tau_1 \cdot \tau_{12} + \tau_1 \cdot \tau_{13} + \tau_2 \cdot \tau_{23} = 1.16\mu\text{s}^2 \quad b_3 := \tau_1 \cdot \tau_{12} \cdot \tau_{123} = 1.034\mu\text{s}^3$

$D_1(s) := 1 + s \cdot b_1 + s^2 \cdot b_2 + s^3 \cdot b_3 \quad H_0 := 0 \quad H_1 := 0 \quad H_2 := 0$

$\arg(H_{33}(i \cdot 2\pi \cdot f_k)) \cdot \dfrac{180}{\pi}$
$\arg(H_{\text{ref}}(i \cdot 2\pi \cdot f_k)) \cdot \dfrac{180}{\pi}$

$H_3 := 0 \quad H_{13} := 0 \quad H_{12} := 0.5 \quad H_{23} := 0 \quad H_{123} := 0$

$a_1 := \tau_1 \cdot H_1 + \tau_2 \cdot H_2 + \tau_3 \cdot H_3 = 0\mu\text{s}$

$a_2 := \tau_1 \cdot \tau_{12} \cdot H_{12} + \tau_1 \cdot \tau_{13} \cdot H_{13} + \tau_2 \cdot \tau_{23} \cdot H_{23} = 0.47\mu\text{s}^2$

$a_3 := \tau_1 \cdot \tau_{12} \cdot \tau_{123} \cdot H_{123} = 0\mu\text{s}^3 \quad N_1(s) := H_0 + (s \cdot a_1 + s^2 \cdot a_2 + s^3 \cdot a_3)$

$H_{10}(s) := \dfrac{N_1(s)}{D_1(s)}$

$H_{20}(s) := \dfrac{s^2 \cdot}{1 + s \cdot \left(R_1 \cdot C_1 + \dfrac{L_2 + L_3}{R_2}\right) + s^2 \cdot (2 \cdot L_2 \cdot C_1 + L_3 \cdot C_1) +}$

$\rightarrow \dfrac{L_2 \cdot C_1}{s^3 \cdot \dfrac{L_2 \cdot L_3 \cdot C_1}{R_2}}$

$20 \cdot \log(|H_{10}(i \cdot 2\pi \cdot f_k)|, 10)$
$20 \cdot \log(|H_{20}(i \cdot 2\pi \cdot f_k)|, 10)$

$H_{30}(s) := \dfrac{L_2}{2 \cdot L_2 + L_3} \cdot$

$\dfrac{1}{\left[\dfrac{1}{s^2 \cdot C_1 \cdot (2 \cdot L_2 + L_3)} + \dfrac{L_2 + L_3 + C_1 \cdot R_1 \cdot R_2}{s \cdot C_1 \cdot R_2 \cdot (2 \cdot L_2 + L_3)} + 1 + \dfrac{s \cdot L_2 \cdot L_3}{R_2 \cdot (2 \cdot L_2 + L_3)}\right]}$

$\omega_p := \dfrac{1}{b_1} \quad f_p := \dfrac{\omega_p}{2\pi} = 22.736\text{kHz} \quad Q := \dfrac{b_1 \cdot b_3 \cdot \sqrt{\dfrac{b_1}{b_3}}}{b_1 \cdot b_2 - b_3} = 2.658$

$\arg(H_{10}(i \cdot 2\pi \cdot f_k)) \cdot \dfrac{180}{\pi}$
$\arg(H_{20}(i \cdot 2\pi \cdot f_k)) \cdot \dfrac{180}{\pi}$

$\dfrac{(L_2^2 \cdot L_3 + L_2 \cdot L_3^2 + C_1 \cdot L_2 \cdot L_3 \cdot R^2) \cdot \sqrt{\dfrac{C_1 \cdot R^2 + L_2 + L_3}{C_1 \cdot L_2 \cdot L_3}}}{2 \cdot L_2^2 \cdot R + 2 \cdot L_2 \cdot L_3 \cdot R + 2 \cdot C_1 \cdot L_2 \cdot R^3 + L_3^2 \cdot R + C_1 \cdot L_3 \cdot R^3} = 2.658$

$\omega_0 := \sqrt{\dfrac{b_1}{b_3}} \quad f_0 := \dfrac{\omega_0}{2\pi} = 414.103\text{kHz}$

$\sqrt{\dfrac{C_1 \cdot R^2 + L_2 + L_3}{C_1 \cdot L_2 \cdot L_3}} \cdot \dfrac{1}{2\pi} = 414.103\text{kHz}$

$\omega_z := \dfrac{1}{\sqrt{L_2 \cdot C_1}} \quad f_z := \dfrac{\omega_z}{2\pi} = 232.151\text{kHz}$

$H_{33}(s) := \left(\dfrac{\omega_0}{\omega_z}\right)^2 \cdot \dfrac{1}{\left(1 + \dfrac{s}{\omega_p}\right) \cdot \left[1 + \dfrac{\omega_0}{s \cdot Q} + \left(\dfrac{\omega_0}{s}\right)^2\right]}$

图 5.27 利用 Mathcad 证明通过不同方法求得的传递函数输出响应一致

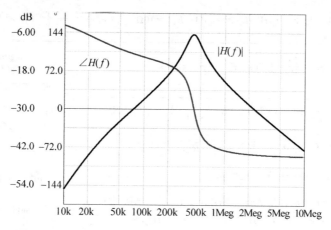

图 5.28 SPICE 仿真波形与 Mathcad 曲线完全一致

5.2 高阶传递函数实例

5.2.1 实例 1——3 阶电路

如图 5.29 所示,实例 1 为第 2 章中所涉及电路,用于讲解如何通过观测法求得电路零点。初看电路非常复杂,但可以通过十分简单的方法快速求得其传递函数。

与前面章节分析步骤一致,首先求解固有时间常数,所有与其相关的分解电路全部整理在图 5.30 中。首先从图 5.30 左侧电路开始分析,如图 5.30(a)所示,直流增益由简单电阻分压器构成——r_L 和 R_3 并联,然后再与 R_1 和 R_2 相串联,所以直流增益 H_0 的表达式为:

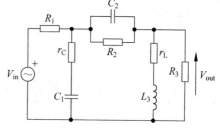

图 5.29 包含两个电容和一个电感的 3 阶电路

$$H_0 = \frac{r_L \parallel R_3}{r_L \parallel R_3 + R_1 + R_2} \tag{5.112}$$

由图 5.30(b)、(c)、(d)分别求得时间常数 τ_1、τ_2 和 τ_3 为:

$$\tau_1 = C_1 [r_C + (r_L \parallel R_3 + R_2) \parallel R_1] \tag{5.113}$$

$$\tau_2 = C_2 [R_2 \parallel (R_1 + r_L \parallel R_3)] \tag{5.114}$$

$$\tau_3 = \frac{L_3}{r_L + R_3 \parallel (R_2 + R_1)} \tag{5.115}$$

将上述时间常数相加求得系数 b_1 为:

$$b_1 = \tau_1 + \tau_2 + \tau_3 = C_1 \{r_C + [(r_L \parallel R_3) + R_2] \parallel R_1\} + C_2 [R_2 \parallel (R_1 + r_L \parallel R_3)] + \frac{L_3}{r_L + R_3 \parallel (R_2 + R_1)} \tag{5.116}$$

在图 5.30(e)中,电容 C_1 短路,通过 C_2 两端求解时间常数 τ_2^1:

$$\tau_2^1 = C_2 [R_2 \parallel (R_1 \parallel r_C + r_L \parallel R_3)] \tag{5.117}$$

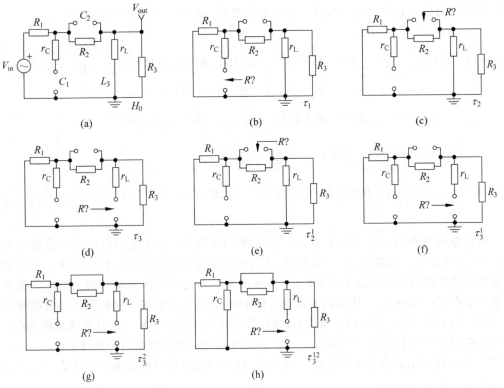

图 5.30　利用分解电路有助于确定所有固有时间常数(关闭激励源时)，
并能轻易发现并纠正错误(如果有错误)

在图 5.30(f)中，电容 C_1 仍然短路，通过 L_3 两端求解时间常数 τ_3^1：

$$\tau_3^1 = \frac{L_3}{r_{\mathrm{L}} + R_3 \parallel (R_2 + R_1 \parallel r_{\mathrm{C}})} \tag{5.118}$$

最后由图 5.30(g)求得系数 b_2 的最后一项，即：

$$\tau_3^2 = \frac{L_3}{r_{\mathrm{L}} + R_3 \parallel R_1} \tag{5.119}$$

将上述时间常数相加即得 b_2 项，具体表达式为：

$$b_2 = \tau_1 \tau_2^1 + \tau_1 \tau_3^1 + \tau_2 \tau_3^2$$

$$= C_1\{r_{\mathrm{C}} + [(r_{\mathrm{L}} \parallel R_3) + R_2] \parallel R_1\} C_2\{R_2 \parallel [(R_1 \parallel r_{\mathrm{C}}) + (r_{\mathrm{L}} \parallel R_3)]\} +$$

$$C_1\{r_{\mathrm{C}} + [(r_{\mathrm{L}} \parallel R_3) + R_2] \parallel R_1\} \frac{L_3}{r_{\mathrm{L}} + R_3 \parallel (R_2 + R_1 \parallel r_{\mathrm{C}})} +$$

$$C_2[R_2 \parallel (R_1 + r_{\mathrm{L}} \parallel R_3)] \frac{L_3}{r_{\mathrm{L}} + R_3 \parallel R_1} \tag{5.120}$$

通过分析图 5.30(h)求得系数 b_3 的最后一项，即：

$$\tau_3^{12} = \frac{L_3}{r_{\mathrm{L}} + R_3 \parallel r_{\mathrm{C}} \parallel R_1} \tag{5.121}$$

所以系数 b_3 的表达式为：

$$b_3 = \tau_1 \tau_2^1 \tau_3^{12}$$

$$= C_1\{r_{\mathrm{C}} + [(r_{\mathrm{L}} \parallel R_3) + R_2] \parallel R_1\} C_2\{R_2 \parallel [(R_1 \parallel r_{\mathrm{C}}) + (r_{\mathrm{L}} \parallel R_3)]\} \frac{L_3}{r_{\mathrm{L}} + R_3 \parallel r_{\mathrm{C}} \parallel R_1}$$

$$\tag{5.122}$$

最后将式(5.116)、式(5.120)和式(5.122)进行组合,求得分母 $D(s)$ 表达式为:

$$D(s) = 1 + b_1 s + b_2 s^2 + b_3 s^3$$

$$= 1 + s \left(C_1 \{ r_C + [(r_L \parallel R_3) + R_2] \parallel R_1 \} + C_2 [R_2 \parallel (R_1 + r_L \parallel R_3)] + \frac{L_3}{r_L + R_3 \parallel (R_2 + R_1)} \right) +$$

$$s^2 \left[\begin{array}{l} C_1 \{ r_C + [(r_L \parallel R_3) + R_2] \parallel R_1 \} C_2 \{ R_2 \parallel [(R_1 \parallel r_C) + (r_L \parallel R_3)] \} + \\ C_1 \{ r_C + [(r_L \parallel R_3) + R_2] \parallel R_1 \} \dfrac{L_3}{r_L + R_3 \parallel (R_2 + R_1 \parallel r_C)} + \\ C_2 [R_2 \parallel (R_1 + r_L \parallel R_3)] \dfrac{L_3}{r_L + R_3 \parallel R_1} \end{array} \right] +$$

$$s^3 \left(C_1 \{ r_C + [(r_L \parallel R_3) + R_2 \parallel] R_1 \} C_2 \{ R_2 \parallel [(R_1 \parallel r_C) + (r_L \parallel R_3)] \} \frac{L_3}{r_L + R_3 \parallel r_C \parallel R_1} \right)$$

$$(5.123)$$

确定电路零点值可选择如下方法:①利用 NDI 技术;②求解固有时间常数的通用方法;③直接观察法。毋庸讳言,只要允许,直接观察法为最佳选择而且倍受青睐。因为观察法能够以最快捷的速度确定零点位置,并且所得分子表达式始终最简。那么电路中总共包含多少零点呢? 当图 5.29 中输出响应 V_{out} 存在时,总共可以将多少储能元件同时设置于高频状态? 当 C_1 和 C_2 短路而 L_3 物理开路时,没有任何元件阻止输入信号传播至输出端:所以该电路中含有 3 个零点(3 阶分子)。图 5.31 对零点时的阻抗值进行具体展示。当 Z_1 和 Z_3 变换为短路时电路含有 2 个零点。当 $s = s_z$ 时 Z_2 开路,此时确定第 3 零点值。零点具体计算公式分别如下所示:

$$Z_1(s) = r_C + \frac{1}{sC_1} = \frac{1 + sr_C C_1}{sC_1} \tag{5.124}$$

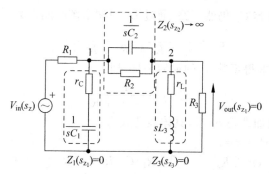

图 5.31　利用观察法确定电路零点时,首先检查变换电路中储能元件如何组合才能阻止输入信号产生输出响应:Z_2 开路、Z_1 和 Z_3 短路

当 $1 + sr_C C_1 = 0$ 时 $Z_1(s_{z1}) = 0$,即零点角频率为:

$$s_{z_1} = -\frac{1}{r_C C_1} \quad \text{或者} \quad \omega_{z1} = \frac{1}{r_C C_1} \tag{5.125}$$

C_2 和 R_2 并联,然后将节点 1 和节点 2 相连接。为阻止信号传播,当阻抗 $s = s_{z2}$ 时 Z_2 阻抗变为无穷大。C_2 和 R_2 并联阻抗定义式为:

$$Z_2(s) = R_2 \parallel \frac{1}{sC_2} = \frac{R_2}{1 + sR_2 C_2} \tag{5.126}$$

当分母为零时可求得另一零点值,此时 Z_2 阻抗变为无穷大:

$$1 + sR_2 C_2 = 0 \tag{5.127}$$

由式(5.127)可得

$$s_{z2} = -\frac{1}{R_2 C_2} \quad \text{或者} \quad \omega_{z2} = \frac{1}{R_2 C_2} \tag{5.128}$$

电感 L_3 与其 ESR 等效电阻 r_L 相串联,然后在节点 2 与负载并联。那么,当 $s = s_{z3}$ 时电感和电阻串联组合能够短路吗?

通过观察可得:

$$Z_3(s) = sL_3 + r_L = 0 \tag{5.129}$$

对式(5.129)简单求解得:

$$s_{z3} = -\frac{r_L}{L_3} \tag{5.130}$$

$$\omega_{z3} = \frac{r_L}{L_3} \tag{5.131}$$

由式(5.125)、式(5.131)和式(5.130)可立即求得分母多项式为:

$$N(s) = (1 + sr_C C_1)(1 + sR_2 C_2)\left(1 + s\frac{L_3}{r_L}\right)$$

$$= \left(1 + \frac{s}{\omega_{z1}}\right)\left(1 + \frac{s}{\omega_{z2}}\right)\left(1\frac{s}{\omega_{z3}}\right) \tag{5.132}$$

将表达式(5.132)除以式(5.123)求得最终传递函数 H。对所得传递函数 H 进行测试之前,首先需要建立原始传输函数。利用戴维南定理将电路图 5.29 转换为图 5.32 所示电路。

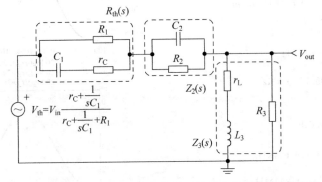

图 5.32　利用戴维南定理所得传递函数表达式精准但非常复杂

由图 5.32 可求得原始传递函数 H 表达式为:

$$H_{\text{ref}}(s) = \frac{r_C + \dfrac{1}{sC_1}}{r_C + \dfrac{1}{sC_1} + R_1} \cdot \frac{Z_3(s)}{R_{\text{th}}(s) + Z_2(s) + Z_3(s)} = \frac{1 + sr_C C_1}{1 + sC_1(r_C + R_1)} \cdot$$

$$\frac{Z_3(s)}{R_{\text{th}}(s) + Z_2(s) + Z_3(s)} \tag{5.133}$$

其中

$$R_{\text{th}}(s) = R_1 \parallel \left(r_C + \frac{1}{sC_1}\right) \tag{5.134}$$

$$Z_2(s) = \frac{1}{sC_2} \parallel R_2 \tag{5.135}$$

$$Z_3(s) = (r_L + sL_3) \parallel R_3 \tag{5.136}$$

利用上述计算结果建立 Mathcad 工作表,并将各种传递函数动态响应进行对比,计算结果如图 5.33 所示,通过输出曲线证明计算方法的正确性。除此之外,Mathcad 输出曲线与 SPICE 仿真波形完美匹配。应当注意,传递函数 H_1 与表达式(5.133)得到的原始响应之间存在明显分歧。经检查发现 H_0 和 τ_1 中存在错误,并立即对其进行纠正,之后所得输出响应完全一致。图 5.33 将时间常数计算分离,该格式有助于后期计算结果校正,因此必须鼓励读者广泛采用。上述计算过程中已经包含近似传递函数 H_2——分母表达式由极点与 2 阶多项式乘积构成。两种方法求得的传递函数频率特性曲线整体形状非常一致,仅在峰值附近存在微小偏差。

$R_1 := 47\Omega \quad R_2 := 150\Omega \quad R_3 := 1\text{k}\Omega \quad r_C := 1.5\Omega \quad r_L := 2.2\Omega \quad L_3 := 470\mu\text{H} \quad C_1 := 22\text{nF}$

$\parallel(x, y) := \dfrac{x \cdot y}{x + y} \quad R_{\text{inf}} := 10^{23}\,\Omega \qquad\qquad C_2 := 22\text{nF}$

$\tau_1 := C_1 \cdot [r_C + [(r_L \parallel R_3) + R_2] \parallel R_1] = 823.028\text{ns}$

$\tau_2 := C_2 \cdot [R_2 \parallel (R_1 + r_L \parallel R_3)] = 0.815\mu\text{s}$

$\tau_3 := \dfrac{L_3}{r_L + R_3 \parallel (R_2 + R_1)} = 2.818\mu\text{s}$

$\tau_{12} := C_2 [R_2 \parallel [(R_1 \parallel r_C) + (r_L \parallel R_3)]] = 78.367\text{ns}$

$\tau_{13} := \dfrac{L_3}{r_L + R_3 \parallel (R_2 + R_1 \parallel r_C)} = 3.514\mu\text{s}$

$\tau_{23} := \dfrac{L_3}{r_L + R_3 \parallel R_1} = 9.981\mu\text{s}$

$\tau_{123} := \dfrac{L_3}{r_L + R_3 \parallel r_C \parallel R_1} = 128.714\mu\text{s}$

$b_1 := \tau_1 + \tau_2 + \tau_3 = 4.456\mu\text{s}$

$b_2 := \tau_1 \cdot \tau_{12} + \tau_1 \cdot \tau_{13} + \tau_2 \cdot \tau_{23} = 11.091\mu\text{s}^2$

$b_3 := \tau_1 \cdot \tau_{12} \cdot \tau_{123} = 8.302\mu\text{s}^3$

$D_1(s) := 1 + s \cdot b_1 + s^2 \cdot b_2 + s^3 \cdot b_3$

$H_0 := \dfrac{r_L \parallel R_3}{r_L \parallel R_3 + R_1 + R_2} = 0.011$

$\omega_p := \dfrac{1}{b_1} \quad f_p := \dfrac{\omega_p}{2\pi} = 35.716 \cdot \text{kHz}$

$Q := \dfrac{b_1 \cdot b_3 \cdot \sqrt{\dfrac{b_1}{b_3}}}{b_1 \cdot b_2 - b_3} = 0.659$

$\omega_0 := \sqrt{\dfrac{b_1}{b_3}} \quad f_0 := \dfrac{\omega_0}{2\pi} = 116.604\text{kHz}$

$\omega_{z1} := \dfrac{1}{r_C \cdot C_1} \quad f_{z1} := \dfrac{\omega_{z1}}{2\pi} = 4.823\text{MHz}$

$\omega_{z2} := \dfrac{1}{R_2 \cdot C_2} \quad f_{z2} := \dfrac{\omega_{z2}}{2\pi} = 48.229\text{kHz}$

$\omega_{z3} := \dfrac{r_L}{L_3} \quad f_{z3} := \dfrac{\omega_{z3}}{2\pi} = 744.981\text{Hz}$

$N_1(s) := \left(1 + \dfrac{s}{\omega_{z1}}\right) \cdot \left(1 + \dfrac{s}{\omega_{z2}}\right) \cdot \left(1 + \dfrac{s}{\omega_{z3}}\right)$

$D_2(s) := \left(1 + \dfrac{s}{\omega_p}\right) \cdot \left[1 + \dfrac{s}{\omega_0 \cdot Q} + \left(\dfrac{s}{\omega_0}\right)^2\right]$

$H_1(s) := H_0 \cdot \dfrac{N_1(s)}{D_1(s)} \quad H_2(s) := H_0 \cdot \dfrac{N_1(s)}{D_2(s)}$

原始表达式

$R_{\text{th}}(s) := R_1 \parallel \left(r_C + \dfrac{1}{s \cdot C_1}\right) \quad Z_2(s) := \left(\dfrac{1}{s \cdot C_2}\right) \parallel R_2$

$z_3(s) := (r_L + s \cdot L_3) \parallel R_3$

$H_{\text{ref}}(s) := \dfrac{1 + s \cdot r_C \cdot C_1}{1 + s \cdot C_1 \cdot (r_C + R_1)} \cdot \dfrac{Z_3(s)}{R_{\text{th}}(s) + Z_2(s) + Z_3(s)}$

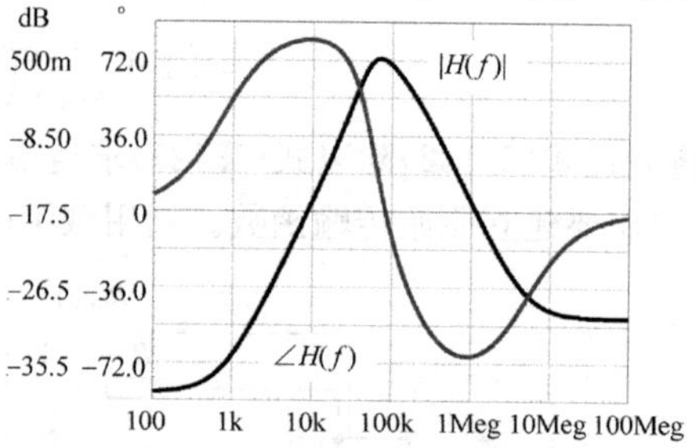

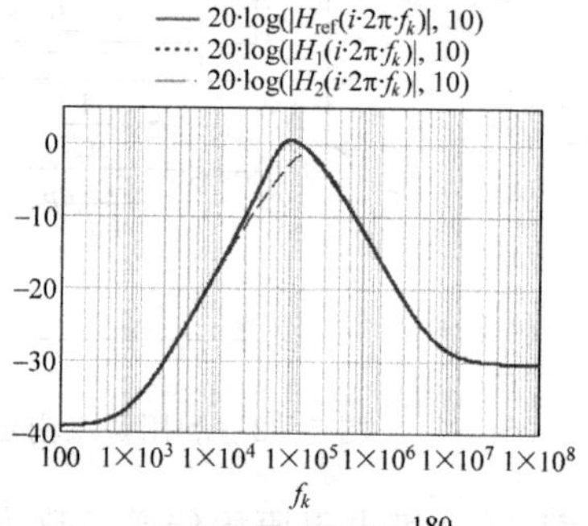

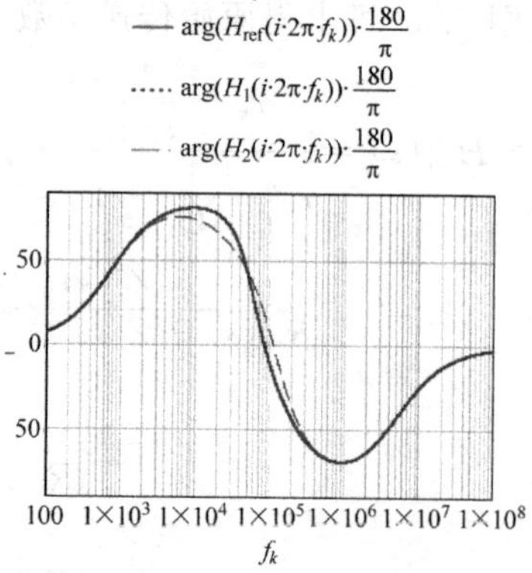

20·log(|$H_{\text{ref}}(i \cdot 2\pi \cdot f_k)$|, 10)

20·log(|$H_1(i \cdot 2\pi \cdot f_k)$|, 10)

20·log(|$H_2(i \cdot 2\pi \cdot f_k)$|, 10)

arg($H_{\text{ref}}(i \cdot 2\pi \cdot f_k)$)·$\dfrac{180}{\pi}$

arg($H_1(i \cdot 2\pi \cdot f_k)$)·$\dfrac{180}{\pi}$

arg($H_2(i \cdot 2\pi \cdot f_k)$)·$\dfrac{180}{\pi}$

图 5.33 原始表达式与低熵表达式完美匹配。Mathcad 动态响应曲线与 SPICE 仿真波形一致。应当注意,在峰值处近似响应 H_2 与准确响应存在些许偏离

5.2.2 实例 2——3 阶有源陷波器

3阶有源陷波器电路如图 5.34 所示,该电路不同于 C_3-R_3 节点接地的经典无源陷波电路。此时输出电压 V_{out} 实际上已经对上述连接节点进行偏置,并协助构建出非常陡峭的陷波频带。根据所需陷波宽度在 0(接地,类似于经典无源陷波器)和小于 1 之间进行选择系数 k。例如,当 k 值接近 1 时陷波器动态响应非常尖锐,完全抑制中心频率,而不影响谐振点前后频率。随着 k 值减小,漏斗带变宽并影响谐振点周围频率。首先由图 5.35 和图 5.36 计算电路固有时间常数。

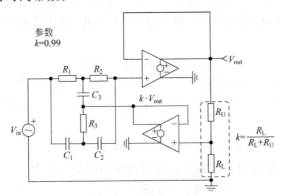

图 5.34 有源双 T 滤波器能够以理论无限大 Q 值对任何频率进行抑制

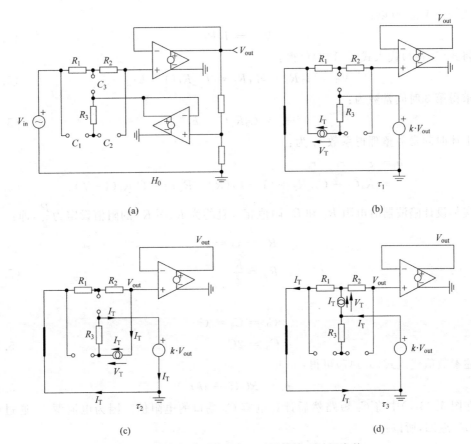

图 5.35 当激励源设置为 0 时计算第 1 时间常数

在图 5.35(a)中,因为输入信号只通过电阻 R_1 和 R_2 与运放连接,所以可立即求得准静态增益等于1,即:

$$H_0 = 1 \tag{5.137}$$

在图 5.35(b)中,测试信号源左端接地,右端通过电阻 R_3 和电压源 kV_{out} 返回地。此时输出电压 V_{out} 为零,因此电容 C_1 两端电阻为 R_3,所以时间常数为:

$$\tau_1 = C_1 R_3 \tag{5.138}$$

利用 KCL 和 KVL 对图 5.35(c)进行分析计算,求得测试电流源两端电压 V_T 为:

$$V_T = I_T R_3 + kV_{out} - V_{out} = I_T R_3 + V_{out}(k-1) \tag{5.139}$$

通过观察电路可得,输出电压 V_{out} 即为电阻 R_1 和 R_2 电压之和,但方向与电流源 I_T 相反,所以符号为负,即:

$$V_{out} = -I_T(R_1 + R_2) \tag{5.140}$$

将式(5.140)代入式(5.139)整理得:

$$V_T = I_T R_3 - I_T(R_1 + R_2)(k-1) = I_T[R_3 + (1-k)(R_1 + R_2)] \tag{5.141}$$

所以第 2 时间常数为:

$$\tau_2 = C_2[R_3 + (1-k)(R_1 + R_2)] \tag{5.142}$$

利用图 5.35(d)可求得时间常数 τ_3。此时电流源两端电压为:

$$V_T = I_T R_1 - kV_{out} \tag{5.143}$$

当电容 C_2 断开时无电流流过该支路,所以电阻 R_2 两端电压为零。因此电阻 R_2 右端点电压等于 V_{out},所以:

$$V_{out} = I_T R_1 \tag{5.144}$$

将式(5.144)代入式(5.143)可得:

$$V_T = I_T R_1 - kI_T R_1 = I_T[R_1(1-k)] \tag{5.145}$$

于是求得第 3 时间常数为:

$$\tau_3 = C_3 R_1 (1-k) \tag{5.146}$$

利用上述时间常数整理得系数 b_1 为:

$$\begin{aligned} b_1 &= \tau_1 + \tau_2 + \tau_3 \\ &= R_3 C_1 + C_2[R_3 + (1-k)(R_1 + R_2)] + C_3 R_1(1-k) \end{aligned} \tag{5.147}$$

实际设计陷波器时电阻 R_1 和 R_2 阻值相等且均为 R,而 R_3 的阻值设定为 $\frac{R}{2}$,即:

$$\begin{aligned} R_1 &= R_2 = R \\ R_3 &= \frac{R}{2} \end{aligned} \tag{5.148}$$

并且

$$\begin{aligned} C_1 &= C_2 = C \\ C_3 &= 2C \end{aligned} \tag{5.149}$$

将上述参数值代入式(5.147)可得:

$$b_1 = RC(5 - 4k) \tag{5.150}$$

在图 5.36(a)中将 C_1 短路然后计算电容 C_2 端口的电阻值。因为电流源 I_T 通过电阻 R_1 和 R_2 返回,所以:

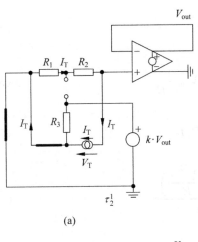

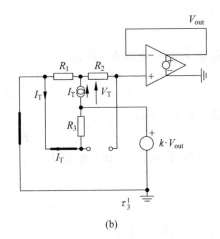

(a)   (b)

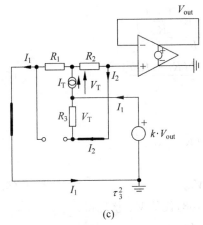

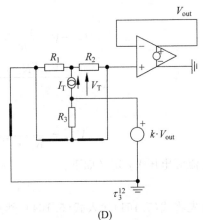

(c)   (D)

图 5.36 通过计算所选电抗的驱动电阻求解高阶时间常数

$$V_{out} = -I_T(R_1 + R_2) \tag{5.151}$$

由于电流源左端接地,所以其两端电压为 $-V_{out}$,因此:

$$V_T = I_T(R_1 + R_2) \tag{5.152}$$

所以时间常数为:

$$\tau_2^1 = C_2(R_1 + R_2) \tag{5.153}$$

在图 5.36(b)中 C_1 仍然短路,但此时计算电容 C_3 端口的电阻值。因为 C_2 开路,无电流流经电阻 R_2,所以输出电压计算公式为:

$$V_{out} = I_T R_1 \tag{5.154}$$

于是电流源低端的偏置电压为:

$$k V_{out} = k I_T R_1 \tag{5.155}$$

整理得电流源两端电压为:

$$V_T = V_{out} - k V_{out} = I_T R_1 - k I_T R_1 = I_T R_1 (1 - k) \tag{5.156}$$

于是第 2 时间常数 τ_3^1 为:

$$\tau_3^1 = C_3 R_1 (1 - k) \tag{5.157}$$

如果按照图 5.36(c)计算最后一个时间常数 τ_3^1 将会非常复杂。此时电流源 I_T 分解为

I_1 和 I_2 ,即:

$$I_T = I_1 + I_2 \tag{5.158}$$

因为电流 I_2 流经电阻 R_3 ,所以:

$$I_2 = \frac{V_{out} - kV_{out}}{R_3} = V_{out} \frac{1-k}{R_3} \tag{5.159}$$

电流源上端点电压为:

$$I_1 R_1 = V_{out} + R_2 I_2 \tag{5.160}$$

将式(5.159)代入式(5.160)解得 I_1 为:

$$I_1 = \frac{V_{out}\left(1 + R_2 \dfrac{1-k}{R_3}\right)}{R_1} \tag{5.161}$$

由式(5.158)可得:

$$
\begin{aligned}
I_T &= V_{out}\frac{1-k}{R_3} + \frac{V_{out}\left(1 + R_2 \dfrac{1-k}{R_3}\right)}{R_1} \\
&= \frac{V_{out}\left[R_1 + R_2 + R_3 - k(R_1 + R_2)\right]}{R_1 R_3}
\end{aligned} \tag{5.162}
$$

因此

$$V_{out} = \frac{R_1 R_3}{R_1 + R_2 + R_3 - k(R_1 + R_2)} I_T \tag{5.163}$$

于是电流源电压 V_T 定义如下:

$$V_T = I_1 R_1 - kV_{out} \tag{5.164}$$

首先将式(5.161)代入式(5.164),然后由式(5.163)代替 V_{out} 整理得:

$$V_T = R_1 \frac{V_{out}\left(1 + R_2 \dfrac{1-k}{R_3}\right)}{R_1} - kV_{out} \tag{5.165}$$

$$V_T = I_T \frac{R_1(1-k)(R_2 + R_3)}{R_1 + R_2 + R_3 - k(R_1 + R_2)} \tag{5.166}$$

因此时间常数 τ_3^2 的计算公式为:

$$\tau_3^2 = C_3\left[\frac{R_1(1-k)(R_2 + R_3)}{R_1 + R_2 + R_3 - k(R_1 + R_2)}\right] \tag{5.167}$$

将式(5.153)、式(5.157)和式(5.167)相加得到系数 b_2 的表达式为:

$$
\begin{aligned}
b_2 &= \tau_1 \tau_2^1 + \tau_1 \tau_3^1 + \tau_2 \tau_3^2 \\
&= C_1 R_3 C_2 (R_1 + R_2) + C_1 R_3 C_3 R_1(1-k) + \\
&\quad C_2\left[R_3 + (1-k)(R_1 + R_2)\right]C_3\left[\frac{R_1(1-k)(R_2 + R_3)}{R_1 + R_2 + R_3 - k(R_1 + R_2)}\right]
\end{aligned} \tag{5.168}
$$

当式(5.148)和式(5.149)同时满足时表达式简化为:

$$b_2 = (RC)^2 (5 - 4k) \tag{5.169}$$

由图 5.36(d)求解最后系数 b_3 。此时输出电压为 0V,表明电流源低端同样接地。当电流源 I_T 分解后分别通过电阻 R_1 和 R_2 时求得时间常数为:

$$\tau_3^{12} = C_3(R_1 \parallel R_2) \tag{5.170}$$

再次利用式(5.138)和式(5.153)可得：

$$b_3 = \tau_1 \tau_2^1 \tau_3^{12} = C_1 R_3 C_2 (R_1 + R_2) C_3 (R_1 \parallel R_2) \tag{5.171}$$

当式(5.148)和式(5.149)同时满足时上述表达式简化为：

$$b_3 = (RC)^3 \tag{5.172}$$

此时分母 $D(s)$ 表达式为：

$$D(s) = 1 + sRC(5 - 4k) + s^2 R^2 C^2 (5 - 4k) + s^3 R^3 C^3 \tag{5.173}$$

可以使用 NDI 技术或 3 阶系统广义传递函数表达式计算分子表达式，整理得：

$$N(s) = H_0 + s(\tau_1 H^1 + \tau_2 H^2 + \tau_3 H^3) + s^2(\tau_1 \tau_2^1 H^{12} +$$
$$\tau_1 \tau_3^1 H^{13} + \tau_2 \tau_3^2 H^{23}) + s^3 (\tau_1 \tau_2^1 \tau_3^{12} H^{123}) \tag{5.174}$$

直流增益 H_0 已经确定并且值为 1。所有其余传递函数均由图 5.37 中分解电路进行描述。在图 5.37(a) 中电容 C_1 短路，其他元件均保持在直流状态（所有电容开路）。此时电压源 kV_{out} 对电路不起作用，所以增益为 1，即：

$$H^1 = 1 \tag{5.175}$$

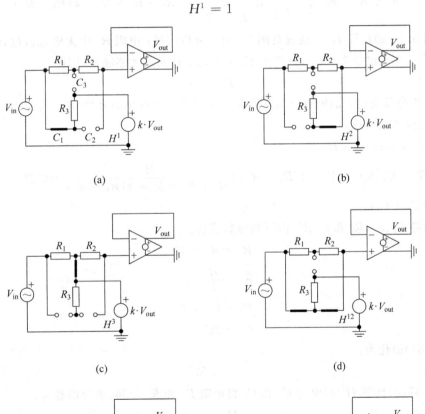

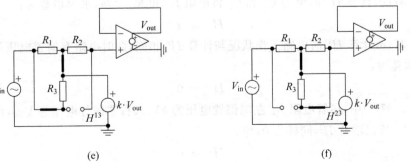

图 5.37 当储能元件设置为高频或直流状态时可快速求得增益值

对图 5.37(b)进行求解需要配置快速中间过渡电路,具体如图 5.38 所示,即为图 5.37(b)的简化版。接下来利用叠加定理计算输出电压 V_{out} 与输入电压 V_{in} 之比。当 $V_{in}=0$ 时:

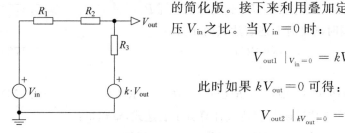

$$V_{out1} \mid_{V_{in}=0} = kV_{out} \frac{R_1 + R_2}{R_1 + R_2 + R_3} \tag{5.176}$$

此时如果 $kV_{out}=0$ 可得:

$$V_{out2} \mid_{kV_{out}=0} = V_{in} \frac{R_3}{R_+ + R_2 + R_3} \tag{5.177}$$

图 5.38　利用中间过渡电路可快速求得 C_2 短路时的电路增益值

输出电压即为式(5.176)和式(5.177)之和:

$$V_{out} = kV_{out} \frac{R_1 + R_2}{R_1 + R_2 + R_3} + V_{in} \frac{R_3}{R_1 + R_2 + R_3} \tag{5.178}$$

将式(5.178)重新整理并分解因式得:

$$H^2 = \frac{R_3}{R_1 + R_2 + R_3} \frac{1}{1 - k \dfrac{R_1 + R_2}{R_1 + R_2 + R_3}} = \frac{R_3}{R_1 + R_2 + R_3 - k(R_1 + R_2)} \tag{5.179}$$

由图 5.37(c)计算 H^3。通过对图 5.37(c)分析可得:电阻 R_2 中无电流流过,但其右端电压为 V_{out}、左端电压为 kV_{out},只有当 $V_{out}=0$ 时上述条件才能满足,因此:

$$H^3 = 0 \tag{5.180}$$

现在将分母表达式的固有时间常数与上述增益相组合构成系数 a_1。因为 $H^3=0$,所以系数 a_1 仅由两项构成:

$$a_1 = \tau_1 H^1 + \tau_2 H^2 + \tau_3 H^3$$
$$= C_1 R_3 + C_2 [R_3 + (1-k)(R_1 + R_2)] \frac{R_3}{R_1 + R_2 + R_3 - k(R_1 + R_2)} + C_3 R_1 (1-k) \cdot 0$$
$$= R_3 (C_1 + C_2) \tag{5.181}$$

如果将 R_1、R_2、R_3 和 C_1、C_2 由下列参数代替:

$$R_1 = R_2 = R$$
$$R_3 = \frac{R}{2}$$
$$C_1 = C_2 = C$$
$$C_3 = 2C \tag{5.182}$$

则式(5.181)简化为:

$$a_1 = RC \tag{5.183}$$

当由图 5.37(d)计算 H^{12} 时电容 C_1 和 C_2 将电阻 R_1 和 R_2 短路,求得增益为:

$$H^{12} = 1 \tag{5.184}$$

当由图 5.37(e)计算 H^{13} 时电路工作状况与计算 H^3 相同,此时电阻有偏置电压但无电流通过,因此增益为:

$$H^{13} = 0 \tag{5.185}$$

在图 5.37(f)中,尽管电阻 R_2 左端偏置电压为 kV_{out}、右端偏置电压为 V_{out},但无电流通过 R_2 和 R_3,所以增益 H^{23} 同样为 0,即:

$$H^{23} = 0 \tag{5.186}$$

将分母表达式中的 2 阶时间常数组合构成第 2 项系数 a_2，因为 H^{13} 和 H^{23} 均为 0，所以 a_2 表达式中仅包含一项，即：

$$a_2 = \tau_1 \tau_2^1 H^{12} + \tau_1 \tau_3^1 H^{13} + \tau_2 \tau_3^2 H^{23} = C_1 R_3 C_2 (R_1 + R_2) \tag{5.187}$$

利用式(5.182)中的参数设置可将 a_2 表达式简化为：

$$a_2 = R^2 C^2 \tag{5.188}$$

最后，当全部电容均短路时计算电路增益，具体电路如图 5.39 所示。

当电阻 R_1 和 R_2 短路时该电路网络增益为 1，即：

$$H^{123} = 1 \tag{5.189}$$

所以将最后一项 a_3 定义如下：

$$\begin{aligned} a_3 &= \tau_1 \tau_2^1 \tau_3^{12} H^{123} \\ &= C_1 R_3 C_2 (R_1 + R_3) C_3 (R_1 \parallel R_2) \end{aligned} \tag{5.190}$$

利用式(5.182)中的参数设置可将 a_3 表达式简化为：

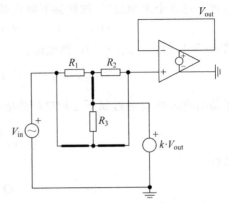

图 5.39　当所有电容全部设置于高频状态
——短路时计算最后增益 H^{123}

$$a_3 = R^3 C^3 \tag{5.191}$$

通过上述计算可得分子 $N(s)$ 表达式为：

$$N(s) = 1 + sRC + s^2 R^2 C^2 + s^3 R^3 C^3 \tag{5.192}$$

结合分母 $D(s)$ 表达式(5.173)可得电路传递函数为：

$$H(s) = \frac{1 + sRC + s^2 R^2 C^2 + s^3 R^3 C^3}{1 + sRC(5 - 4k) + s^2 R^2 C^2 (5 - 4k) + s^3 R^3 C^3} \tag{5.193}$$

那么，能否将上述传递函数以更简单、更紧凑的形式重新排列呢？首先对分子表达式进行因式分解：

$$N(s) = (1 + x_1 s)(1 + s y_1 + s^2 y_2) \tag{5.194}$$

将分子表达式展开得：

$$(1 + x_1 s)(1 + s y_1 + s^2 y_2) = 1 + s(x_1 + y_1) + s^2 (x_1 y_1 + y_2) + s^3 x_1 y_2 \tag{5.195}$$

如果将式(5.195)与式(5.192)中各项进行匹配，可得如下方程组：

$$\begin{cases} x_1 + y_1 = RC \\ x_1 y_1 + y_2 = R^2 C^2 \\ x_1 y_2 = R^3 C^3 \end{cases} \tag{5.196}$$

将分子表达式 $N(s)$ 分解因式如下：

$$N(s) = (1 + sRC)(1 + s^2 R^2 C^2) \tag{5.197}$$

如果：

$$\omega_0 = \frac{1}{RC} \tag{5.198}$$

则式(5.197)整理得：

$$N(s) = \left(1 + \frac{s}{\omega_0}\right)\left(1 + \left(\frac{s}{\omega_0}\right)^2\right) \tag{5.199}$$

因为表达式(5.199)中第 2 个多项式的 a_1 项为 0，所以其 Q_N 值无穷大。

按照式(5.194)的相同方式对分母表达式进行因式分解。如果将式(5.195)与 $D(s)$ 分母表达式(5.173)中各项进行匹配，可得如下方程组：

$$\begin{cases} x_1 + y_1 = RC(5-4k) \\ x_1 y_1 + y_2 = R^2 C^2 (5-4k) \\ x_1 y_2 = R^3 C^3 \end{cases} \tag{5.200}$$

求解上述 3 个未知数时,按照如下格式对分母表达式进行重新排列:

$$D(s) = (1 + sRC)(1 + 4sRC(1-k) + s^2 R^2 C^2) \tag{5.201}$$

将式(5.198)代入式(5.201)整理得:

$$D(s) = \left(1 + \frac{s}{\omega_0}\right)\left[1 + 4\frac{s}{\omega_0}(1-k) + \left(\frac{s}{\omega_0}\right)^2\right] \tag{5.202}$$

于是品质因数 Q 通过如下方程进行简单定义:

$$4\frac{s}{\omega_0}(1-k) = \frac{s}{\omega_0 Q} \tag{5.203}$$

解得:

$$Q = \frac{1}{4(1-k)} \tag{5.204}$$

因为分子 $N(s)$ 和分母 $D(s)$ 表达式中的因式 $\left(1 + \frac{s}{\omega_0}\right)$ 可以约分,所以传递函数表达式简化为:

$$H(s) = \frac{\left(1 + \frac{s}{\omega_0}\right)\left[1 + \left(\frac{s}{\omega_0}\right)^2\right]}{\left(1 + \frac{s}{\omega_0}\right)\left[1 + 4\frac{s}{\omega_0}(1-k) + \left(\frac{s}{\omega_0}\right)^2\right]} = \frac{1 + \left(\frac{s}{\omega_0}\right)^2}{1 + 4\frac{s}{\omega_0}(1-k) + \left(\frac{s}{\omega_0}\right)^2} \tag{5.205}$$

如果 $k=1$,则 Q 值接近无穷大,并且表达式(5.205)的值简化为 1:陷波功能消失。接下来利用计算机软件对传递函数的正确性进行检验。图 5.40 利用 Mathcad 数学软件对所有方程进行求解:左侧对应单独元件参数值、右侧采用式(5.182)规定参数值——计算结果完全相同。如果实际设计时需要对所有元件或者某些单独元件设置容差,则左侧方程式更加实用。设置时间常数使其陷波频率为 60Hz,当 k 值在 0.99 之间时,各种输出响应波形如图 5.41 所示。当 $k=0$ 时 C_3—R_3 连接点接地,此时陷波器变为无源电路。最后直接运行 SPICE 电路仿真而无须推导原始传递函数,将 $k=0.5$ 的仿真波形与 Mathcad 曲线进行对比——两者完全一致,具体如图 5.42 所示。

5.2.3 实例 3——4 阶 LC 无源滤波器

接下来推导图 5.43 所示电路的传递函数。该电路由两级 LC 网络级联构成,R_1 为负载电阻。因为电路网络中包含 4 个储能元件,所以为 4 阶系统。因为无论将 4 个储能元件任何一个设置为高频状态时输出响应均为零,所以电路网络中不包含零点:高频状态时电感 L_1 和 L_2 串联支路开路、C_2 或 C_4 通过短路接地同样将输出置零。

尽管电路包含多个储能元件,但每个储能元件分析过程相同,所有步骤均收集整理在图 5.44 中。当电路直流工作时可直接求得直流增益为 1,即:

$$H_0 = 1 \tag{5.206}$$

当激励源关闭(V_{in} 由短路线代替)时由图 5.44(b)可求得时间常数为:

$$\tau_1 = \frac{L_1}{R_1} \tag{5.207}$$

其他时间常数同样可以轻易求得。但是某些时间常数值为零,所以后续电路分析中可能产生不确定性:

$f_0 := 60\text{Hz}$ $m := 0.99$

$R := 10\text{M}\Omega$ $C := \dfrac{1}{2\pi \cdot f_0 \cdot R} = 265.258238\text{pF}$

$C_2 := C$ $C_1 := C$ $C_3 := 2 \cdot C$ $R_1 := R$ $R_2 := R$ $R_3 := \dfrac{R}{2}$ $\|(x,y) := \dfrac{x \cdot y}{x+y}$

$\tau_1 := C_1 \cdot R_3 = 1.326291\text{ms}$ | $\tau_{1a} := \dfrac{C \cdot R}{2} = 1.326291\text{ms}$

$\tau_2 := C_2 \cdot [R_3 + (R_1+R_2) \cdot (1-m)] = 1.379343\text{ms}$ | $\tau_{2a} := C \cdot \left[\dfrac{R}{2} + 2R \cdot (1-m)\right] = 1.379343\mu\text{s}$

$\tau_3 := C_3 \cdot R_1 \cdot (1-m) = 53.051648\mu\text{s}$ | $\tau_{3a} := 2 \cdot C \cdot R \cdot (1-m) = 53.051648\mu\text{s}$

$\tau_{12} := C_2 \cdot (R_1+R_2) = 5.305165\text{ms}$ | $\tau_{12a} := 2C \cdot R = 5.305165\text{ms}$

$\tau_{13} := C_3 \cdot R_1 \cdot (1-m) = 53.051648\mu\text{s}$ | $\tau_{13a} := 2R \cdot C \cdot (1-m) = 53.051648\mu\text{s}$

$\tau_{23} := C_3 \cdot \left[\dfrac{R_1 \cdot (1-m) \cdot (R_2+R_3)}{R_1 + R_2 + R_3 - m \cdot (R_1+R_2)}\right] = 0.153034\text{ms}$ | $\tau_{23a} := 2 \cdot C \cdot \left[\dfrac{R \cdot (1-m) \cdot \left(R+\dfrac{R}{2}\right)}{2R + \dfrac{R}{2} - m \cdot 2R}\right] = 0.153034\text{ms}$

$\tau_{23aa} := \dfrac{6 \cdot C \cdot R \cdot (m-1)}{4 \cdot m - 5} = 0.153034\text{ms}$

$\tau_{123} := C_3 \cdot (R_1 \| R_2) = 2.652582\text{ms}$ | $\tau_{123a} := C \cdot R = 2.652582\text{ms}$

$b_1 := \tau_1 + \tau_2 + \tau_3 = 2.758686\text{ms}$ | $b_{1a} := \dfrac{C \cdot R}{2} + C \cdot \left[\dfrac{R}{2} + 2R \cdot (1-m)\right] + 2 \cdot C \cdot R \cdot (1-m) = 2.758686\text{ms}$

$b_2 := \tau_1 \cdot \tau_{12} + \tau_1 \cdot \tau_{13} + \tau_2 \cdot \tau_{23} = 7.317641 \times 10^{-6}\text{s}^2$ | $b_{1aa} := R \cdot C \cdot (5-4m) = 2.758686 \cdot \text{ms}$ $b_{2aa} := (R \cdot C)^2 \cdot (5-4 \cdot m) = 7.317641 \times 10^{-6}\text{s}^2$

$b_3 := \tau_1 \cdot \tau_{12} \cdot \tau_{123} = 1.866408 \times 10^{-8}\text{s}^3$ | $b_{3a} := (2C \cdot R) \cdot (C \cdot R) = 1.866408 \times 10^{-8}\text{s}^3$ $b_{3aa} := (R \cdot C)^3 = 1.866408 \times 10^{-8}\text{s}^3$

$H_0 := 1$ $H_1 := 1$ | $H_{2a} := \dfrac{1}{5-4 \cdot m} = 0.961538$

$H_3 := 0$ $H_{12} := 1$ $H_{13} := 0$ $H_{23} := 0$ $H_{123} := 1$

$a_1 := \tau_1 + \tau_2 + \tau_3 = 2.652582\text{ms}$ | $a_{1a} := \dfrac{C \cdot R}{2} + C \cdot \left[\dfrac{R}{2} + 2R \cdot (1-m)\right] \cdot \dfrac{1}{5-4 \cdot m} = 2.652582\text{ms}$ $a_{1aa} := R \cdot C = 2.652582\text{ms}$

$a_2 := \tau_1 \cdot \tau_{12} \cdot H_{12} + \tau_1 \cdot \tau_{13} + \tau_{13} + \tau_2 \cdot \tau_{23} \cdot H_{23}$
$= 7.036193 \times 10^{-6}\text{s}^2$ | $a_{2a} := \dfrac{C \cdot R}{2} \cdot (2C \cdot R) \cdot (C \cdot R)^2 = 7.036193 \times 10^{-6}\text{s}^2$ $a_{2aa} := (R \cdot C)^2 = 7.036193 \times 10^{-6}\text{s}^2$

$a_3 := \tau_1 \cdot \tau_{12} \cdot H_{123} = 1.866408 \times 10^{-8}\text{s}^3$ | $a_{3a} := \dfrac{C \cdot R}{2} \cdot (2C \cdot R) \cdot (C \cdot R) = 1.866408 \times 10^{-8}\text{s}^3$ $a_{3aa} := (R \cdot C)^3 = 1.866408 \times 10^{-8}\text{s}^3$

$D_1(s) := 1 + s \cdot b_1 + s^2 \cdot b_2 + s^3 \cdot b_3$ | $\omega_0 := \dfrac{1}{R \cdot C}$ $Q := \dfrac{1}{4(1-m)} = 25$

$N_1(s) := H_0 + a_1 \cdot s + s_2 \cdot s^2 + a_3 \cdot s^3$ $H_{10}(s) := \dfrac{N_1(s)}{D_1(s)}$

$H_{20}(s) := \dfrac{1 + s \cdot R \cdot C + s^2 \cdot (R \cdot C)^2 + s^3 \cdot (R \cdot C)^3}{1 + s \cdot R \cdot C \cdot (5-4m) + s^2 \cdot (R \cdot C)^2 \cdot (5-4m) + s^3 \cdot (R \cdot C)^3}$

$H_{30}(s) := \dfrac{1 + \left(\dfrac{s}{\omega_0}\right)^2}{1 + \dfrac{s}{\omega_0 \cdot Q} + \left(\dfrac{s}{\omega_0}\right)^2}$

图 5.40 Mathcad 程序中左侧对应电阻和电容单独元件参数值，右侧采用式(5.182)规定参数值

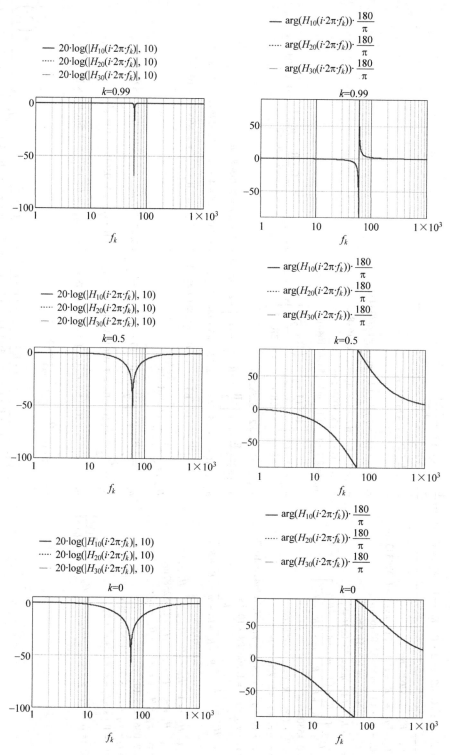

图 5.41 漏斗宽度随着 k 值在 $0 \sim 0.99$ 之间变化而变化

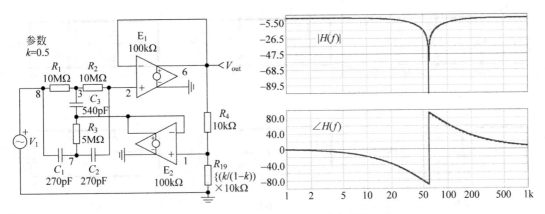

图 5.42 Mathcad 计算与 SPICE 仿真完美匹配

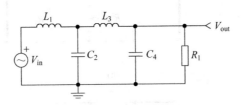

图 5.43 求解级联 LC 网络的传递函数

$$\tau_2 = C_2 \cdot 0 = 0 \tag{5.208}$$

$$\tau_3 = \frac{L_3}{R_1} \tag{5.209}$$

于是

$$\tau_4 = C_4 \cdot 0 = 0 \tag{5.210}$$

分母系数 b_1 为：

$$b_1 = \tau_1 + \tau_2 + \tau_3 + \tau_4 = \frac{L_1 + L_3}{R_1} \tag{5.211}$$

由式(5.5)可得系数 b_2 中共包含 6 项，具体如下所示：

$$b_2 = \tau_1\tau_2^1 + \tau_1\tau_3^1 + \tau_1\tau_4^1 + \tau_2\tau_3^2 + \tau_2\tau_4^2 + \tau_3\tau_4^3 \tag{5.212}$$

由图 5.44(f)求得第 1 项因数为：

$$\tau_2^1 = C_2 R_1 \tag{5.213}$$

然后由图 5.44(g)求得第 2 项因数为：

$$\tau_3^1 = \frac{L_3}{\infty} \tag{5.214}$$

由图 5.44(h)可得：

$$\tau_4^1 = C_4 R_1 \tag{5.215}$$

系数 b_2 中的第 4 项因数为：

$$\tau_3^2 = \frac{L_3}{R_1} \tag{5.216}$$

由图 5.44(j)可得：

$$\tau_4^2 = C_4 \cdot 0 = 0 \tag{5.217}$$

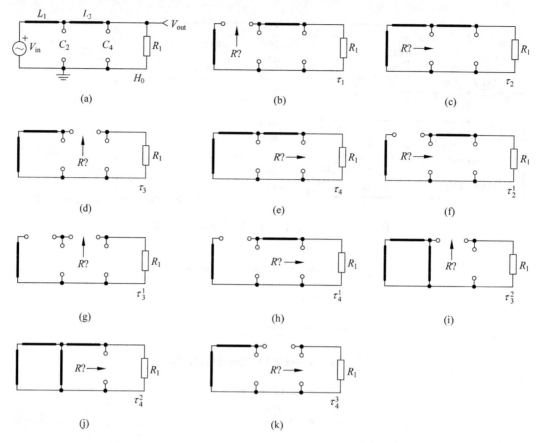

图 5.44　通过观察储能元件端口电阻值确定电路固有时间常数

最后一项时间常数为：

$$\tau_4^3 = C_4 R_1 \tag{5.218}$$

按照式(5.212)将上述时间常数整理得：

$$b_2 = \frac{L_1}{R_1} C_2 R_1 + \frac{L_1}{R_1} \frac{L_3}{\infty} + \frac{L_1}{R_1} C_4 R_1 + 0 \cdot \frac{L_3}{R_3} + 0 \cdot 0 + \frac{L_3}{R_1} C_4 R_1 \tag{5.219}$$

由于最终未出现不确定性，所以可将式(5.219)简化为：

$$b_2 = L_1 C_2 + L_1 C_4 + L_3 C_4 = L_1(C_2 + C_4) + L_3 C_4 \tag{5.220}$$

第 3 项系数 b_3 定义如下：

$$b_3 = \tau_1 \tau_2^1 \tau_3^{12} + \tau_1 \tau_2^1 \tau_4^{12} + \tau_1 \tau_3^1 \tau_4^{13} + \tau_2 \tau_3^2 \tau_4^{23} \tag{5.221}$$

首先对图 5.45(a)进行分析，当 L_1 和 C_2 设置为高频状态时计算电感 L_3 两端的电阻值，从而求得时间常数为：

$$\tau_3^{12} = \frac{L_3}{R_1} \tag{5.222}$$

如图 5.45(b)所示，由于 C_1 和 L_3 短路，所以第 2 项电阻值为 0Ω，因此时间常数为：

$$\tau_4^{12} = C_4 \cdot 0 = 0 \tag{5.223}$$

由图 5.45(c)可得

$$\tau_4^{13} = C_4 R_1 \tag{5.224}$$

由图 5.45(d)可得：

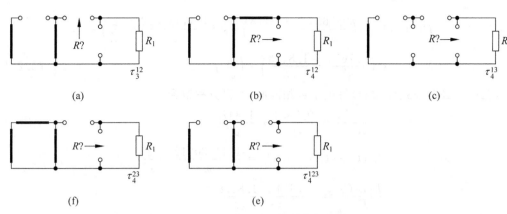

图 5.45　4 阶电路网络的分解电路

$$\tau_4^{23} = C_4 R_1 \tag{5.225}$$

将上述各项进行组合,求得系数 b_3 的表达式为:

$$b_3 = \frac{L_1}{R_1} C_2 R_1 \frac{L_3}{R_1} + \frac{L_1}{R_1} C_2 R_1 \cdot 0 + \frac{L_1}{R_1} \frac{L_3}{\infty} C_4 R_1 + 0 \cdot \frac{L_3}{R_1} C_4 R_1 \tag{5.226}$$

简化得:

$$b_3 = \frac{L_1}{R_1} C_2 R_1 \frac{L_3}{R_1} = \frac{L_1 L_3 C_2}{R_1} \tag{5.227}$$

最后一项系数 b_4 中只包含一项,即:

$$b_4 = \tau_1 \tau_2^1 \tau_3^{12} \tau_4^{123} \tag{5.228}$$

如图 5.45(e)所示,当电感 L_1、L_2 和 L_3 设置于高频状态时计算 C_4 两端电阻值,从而求得时间常数为:

$$\tau_4^{123} = C_4 R_1 \tag{5.229}$$

将上述各项组合可得系数 b_4 为:

$$b_4 = \frac{L_1}{R_1} C_2 R_1 \frac{L_3}{R_1} C_4 R_1 = L_1 L_3 C_2 C_4 \tag{5.230}$$

通过上述分析计算,求得 4 阶电路网络的分母表达式为:

$$D(s) = 1 + a_1 s + a_2 s^2 + a_3 s^3 + a_4 s^4$$
$$= 1 + \left(\frac{L_1 + L_3}{R_1}\right) s + \left[L_1(C_2 + C_4) + L_3 C_4\right] s^2 +$$
$$\frac{L_1 L_3 C_2}{R_1} s^3 + L_1 L_3 C_2 C_4 s^4 \tag{5.231}$$

于是图 5.43 所示电路网络的传递函数表达式为:

$$H(s) = \frac{1}{1 + \left(\frac{L_1 + L_3}{R_1}\right) s + \left[L_1(C_2 + C_4) + L_3 C_4\right] s^2 + \frac{L_1 L_3 C_2}{R_1} s^3 + L_1 L_3 C_2 C_4 s^4} \tag{5.232}$$

接下来将上述表达式重新排列,使其传递函数符合 4 阶巴特沃斯(Butterworth)多项式形式,具体如下所示:

$$H(s) = \frac{1}{\left[1 + 0.7654 \frac{s}{\omega_0} + \left(\frac{s}{\omega_0}\right)^2\right]\left[1 + 1.8478 \frac{s}{\omega_0} + \left(\frac{s}{\omega_0}\right)^2\right]} \tag{5.233}$$

展开传递函数分母表达式,并且按照 s 升幂排列得:

$$D(s) = 1 + s\left(\frac{0.7654}{\omega_0} + \frac{1.8478}{\omega_0}\right) + s^2\left(\frac{1.41430612}{\omega_0^2} + \frac{2}{\omega_0^2}\right) +$$

$$s^3\left(\frac{0.7654}{\omega_0^3} + \frac{1.8478}{\omega_0^3}\right) + \left(\frac{s}{\omega_0}\right)^4 \tag{5.234}$$

将式(5.232)与式(5.234)每项系数相匹配,所得方程组为:

$$\frac{L_1 + L_3}{R_1} = \frac{0.7654}{\omega_0} + \frac{1.8478}{\omega_0}$$

$$L_1(C_2 + C_4) + L_3 C_4 = \frac{1.41430612}{\omega_0^2} + \frac{2}{\omega_0^2}$$

$$\frac{L_1 L_3 C_2}{R_1} = \frac{0.7654}{\omega_0^3} + \frac{1.8478}{\omega_0^3}$$

$$L_1 L_3 C_2 C_4 = \frac{1}{\omega_0^4} \tag{5.235}$$

利用数学软件 Mathcad 求得截止频率为 100kHz 时巴特沃斯滤波器的每个元件理论值(电容量纲为 pF)。当电阻 R_1 设置为 4.7kΩ 时求得其他元件参数为:

$$L_1 = \frac{R_1}{\omega_0} \times 1.53081 = 11.45\text{mH} \tag{5.236}$$

$$L_3 = \frac{R_1}{\omega_0} \times 1.08238 = 8.10\text{mH} \tag{5.237}$$

$$C_2 = \frac{1.57713}{\omega_0 R_1} = 534.06\text{pF} \tag{5.238}$$

$$C_4 = \frac{0.38267}{R_1 \omega_0} = 129.58\text{pF} \tag{5.239}$$

对上述计算结果进行实际测试之前,首先建立原始传递函数以检验传递函数表达式(5.233)的完整性。在图 5.43 中,利用 L_1 和 C_2 建立戴维南信号源,然后与阻抗分压器相连接,求得原始传递函数表达式为:

$$H_{\text{res}}(s) = \frac{1}{1 + s^2 L_1 C_2} \frac{R_1 \parallel \left(\frac{1}{sC_4}\right)}{R_1 \parallel \left(\frac{1}{sC_4}\right) + sL_3 + (sL_1) \parallel \left(\frac{1}{sC_2}\right)} \tag{5.240}$$

现在利用数学软件 Mathcad 将不同传递函数表达式(5.240)、式(5.232)和式(5.233)的频率特性进行对比,具体结果如图 5.46 所示——所有曲线均相似。低频段幅频和相频曲线十分平坦,无任何峰值出现;每十倍频幅度下降 80dB,与 4 阶低通滤波器幅频特性曲线响应特性一致。

5.2.4　实例 4——4 阶带通有源滤波器

查阅有源滤波器文档时发现文献[2]中的图 5.47 所示电路很有特色。该电路具有 4 个独立状态变量的储能元件,所以是 4 阶电路网络。运算放大器工作于同相模式,其增益 $k=(R_5/R_6+1)$。为简化分析,将图 5.47 重新绘制成图 5.48 所示形式。同相放大电路的增益由电阻 R_5 和 R_6 决定,节点 p 代表运放'+'输入节点电压,输出电压为'+'节点电压与增益 k 之积。首先计算分母 $D(s)$ 的固有时间常数。然后,根据图 5.21 所示电路利用广义 4 阶传递函数计算分子 $N(s)$ 表达式。

图 5.49(a) 为所分析电路的第一个简化示意图。某些情况下,计算储能元件的端口电阻非

常简单,通过观察可直接得到。但有的时候需要利用测试电流源 I_T 和 KCL/KVL 计算该电阻值。首先计算电路的准静态增益,当 $s=0$ 时串联电容对输入信号阻塞,因此准静态增益为:

$$H_0 = 0 \tag{5.241}$$

在图 5.49(b)中,由于偏置点未连接(直流分析时将 C_3 移除),所以节点 p 处电位为 0V。因此 $k \cdot V_{(p)}$ 也为 0V,从而电阻 R_7 上端接地。此时储能元件 C_1 端口的唯一电阻为 R_1 和 R_3 并联。所以时间常数为:

$f_c := 100\text{kHz}$ $\omega_0 := 2 \cdot \pi \cdot f_c$ $R_1 := 4.7\text{k}\Omega$

$\|(x, y) := \dfrac{x \cdot y}{x + y}$

$L_1 := \dfrac{1.53081 \cdot R_1}{\omega_c} = 11.450891\text{mH}$

$L_2 := \dfrac{1.08238 \cdot R_1}{\omega_c} = 8.096508\text{mH}$

$C_2 := \dfrac{1.57713}{R_1 \cdot \omega_c} = 534.05965\text{pF}$

$C_4 := \dfrac{0.38267}{R_1 \cdot \omega_c} = 129.5826\text{pF}$

$\tau_1 := \dfrac{L_1}{R_1} = 2.43636\mu s$ $\tau_2 := C_2 \cdot 0 = 0$

$\tau_3 := \dfrac{L_3}{R_1} = 1.722661\mu s$ $\tau_4 := C_4 \cdot 0 = 0$

$\tau_{12} := C_2 \cdot R_1 = 2.51008\mu s$ $\tau_{13} := \dfrac{L_3}{\infty \cdot \Omega} = 0\mu s$

$\tau_{14} := C_4 \cdot R_1 = 0.609038\mu s$

$\tau_{23} := \dfrac{L_3}{R_1} = 1.722661\mu s$ $\tau_{24} := C_4 \cdot 0 = 0$

$\tau_{34} := C_4 \cdot R_1 = 0.609038\mu s$

$\tau_{123} := \dfrac{L_3}{R_1} = 1.722661\mu s$ $\tau_{124} := C_4 \cdot 0 = 0$

$\tau_{134} := C_4 \cdot R_1 = 0.609038\mu s$

$\tau_{234} := C_4 \cdot R_1 = 0.609038\mu s$

$\tau_{1234} := C_4 \cdot R_1 = 0.609038\mu s$

$b_1 := \tau_1 + \tau_2 + \tau_3 + \tau_4 = 4.159021\mu s$

$b_2 := \tau_1 \cdot \tau_{12} + \tau_1 \cdot \tau_{13} + \tau_1 \cdot \tau_{14} + \tau_2 \cdot \tau_{23} + \tau_2 \cdot$
$\qquad \tau_{24} + \tau_3 \cdot \tau_{34} = 8.648462\mu s^2$

$b_3 := \tau_1 \cdot \tau_{12} \cdot \tau_{123} + \tau_1 \cdot \tau_{12} \cdot \tau_{124} + \tau_1 \cdot \tau_{13} \cdot$
$\qquad \tau_{134} + \tau_2 \cdot \tau_{23} \cdot \tau_{234} = 10.534864\mu s^3$

$b_4 := \tau_1 \cdot \tau_{12} \cdot \tau_{123} \cdot \tau_{1234} = 6.416135\mu s^4$

$H_0 := 1$

$D_1(s) := 1 + s \cdot b_1 + s^2 \cdot b_2 + s^3 \cdot b_3 + s^4 \cdot b_4$

$H_{10}(s) := \dfrac{1}{D_1(s)}$

$H_{res}(s) := \dfrac{1}{C_2 \cdot L_1 \cdot s^2 + 1} \cdot$

$$\dfrac{\left[R_1 \parallel \left(\dfrac{1}{s \cdot C_4} \right) \right]}{\left[R_1 \parallel \left(\dfrac{1}{s \cdot C_4} \right) \right] + s \cdot L_3 + \left[(s \cdot L_1) \parallel \left(\dfrac{1}{s \cdot C_2} \right) \right]}$$

$H_{20}(s) := \dfrac{1}{\left[1 + 0.7654 \dfrac{s}{\omega_c} + \left(\dfrac{s}{\omega_c} \right)^2 \right]} \cdot \dfrac{1}{\left[1 + 1.8478 \dfrac{s}{\omega_0} + \left(\dfrac{s}{\omega_c} \right)^2 \right]}$

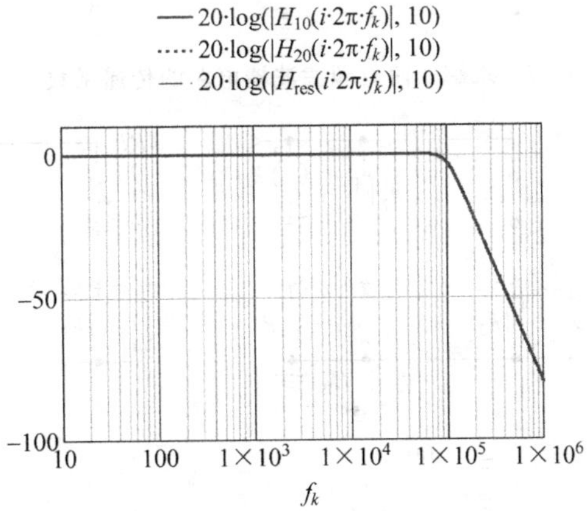

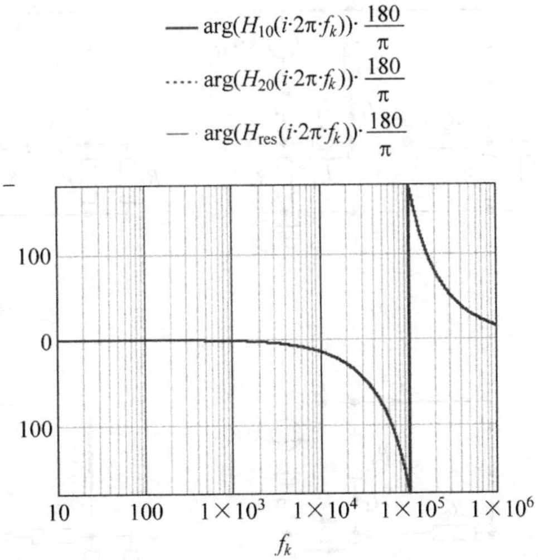

—— $20 \cdot \log(|H_{10}(i \cdot 2\pi \cdot f_k)|, 10)$
⋯⋯ $20 \cdot \log(|H_{20}(i \cdot 2\pi \cdot f_k)|, 10)$
—— $20 \cdot \log(|H_{res}(i \cdot 2\pi \cdot f_k)|, 10)$

—— $\arg(H_{10}(i \cdot 2\pi \cdot f_k)) \cdot \dfrac{180}{\pi}$
⋯⋯ $\arg(H_{20}(i \cdot 2\pi \cdot f_k)) \cdot \dfrac{180}{\pi}$
—— $\arg(H_{res}(i \cdot 2\pi \cdot f_k)) \cdot \dfrac{180}{\pi}$

图 5.46 利用 Mathcad 证明计算方法的有效性,并将每种传递函数表达式的动态响应进行对比——特性曲线完全匹配

$$\tau_1 = C_1(R_1 \parallel R_3) \tag{5.242}$$

由图 5.48(c)计算与电容 C_2 相关的时间常数,即第 2 时间常数。此时电容端口的电阻为 R_7、R_2 和 $R_1 \parallel R_3$ 串联,所以第 2 时间常数为:

$$\tau_2 = C_2(R_7 + R_2 + R_1 \parallel R_3) \tag{5.243}$$

如图 5.49(d)所示,通过添加测试信号源计算第 3 时间常数,此时节点 p 处的电压为电流 I_T 与电阻 R_4 的乘积,即:

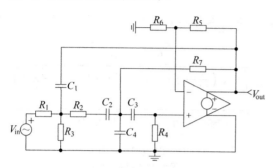

图 5.47　求解 4 阶有源滤波器电路的传递函数

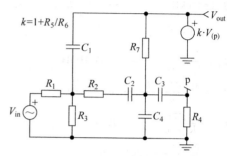

图 5.48　无运算放大器时电路更易于分析

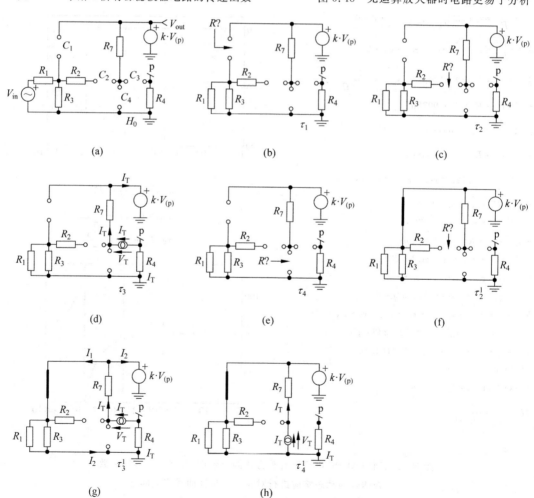

图 5.49　激励源设置为 0 时计算电路固有时间常数

$$V_{(p)} = -I_T R_4 \tag{5.244}$$

该电压按比例 k 进行放大后出现在电阻 R_7 的上端。于是整理得电压 V_T 的表达式为：

$$V_T = I_T R_7 + k \cdot V_{(p)} + R_4 I_T \tag{5.245}$$

将式(5.244)代入式(5.245)并分解因式 I_T 得：

$$V_T = I_T [R_7 + R_4(1-k)] \tag{5.246}$$

于是求得电容 C_3 的时间常数为：

$$\tau_3 = C_3 [R_7 + R_4(1-k)] \tag{5.247}$$

由图 5.49(e)可轻易求得第 4 时间常数：R_7 为 C_4 两端的唯一电阻，所以第 4 时间常数为：

$$\tau_4 = C_4 R_7 \tag{5.248}$$

将上述时间常数相加整理得第一项 b_1 为：

$$b_1 = \tau_1 + \tau_2 + \tau_3 + \tau_4 = C_1(R_1 \parallel R_3) + C_2(R_7 + R_2 + R_1 \parallel R_3) +$$
$$C_3 [R_7 + R_4(1-k)] + C_4 R_7 \tag{5.249}$$

接下来将各种储能元件状态进行组合计算相应时间常数。首先由图 5.49(f)计算时间常数 τ_2^1。因为 $V_{(p)} = 0$，所以电阻 R_7 上端接地，于是电阻简化为 R_7 和 R_2 串联，即时间常数为：

$$\tau_2^1 = C_2(R_2 + R_7) \tag{5.250}$$

下个时间常数由图 5.49(g)进行计算，初看该电路相当复杂。实际上，由于 $k \cdot V_{(p)}$ 对 R_7 上端进行偏置，由 R_1 和 R_3 构成的电阻网络对 C_3 端口电阻无影响，所以与图 5.49(d)中的时间常数 τ_3 计算公式相似：

$$\tau_3^1 = C_3 [R_7 + R_4(1-k)] \tag{5.251}$$

在图 5.49(h)中，即使电容 C_1 短路，时间常数与图 5.49(e)中已经求得的时间常数也相似，即：

$$\tau_4^1 = C_4 R_7 \tag{5.252}$$

接下来由图 5.50 计算 b_2。利用图 5.50(a)计算时间常数 τ_3^2，此时激励电流 I_T 分解为 I_1 和 I_2。为简化计算，将电路图重新绘制为更熟悉形式，具体如图 5.51 所示。

流经电阻 R_7 的电流等于该电阻两端电压与其电阻值之商。应用 KVL 可得：

$$I_1 = \frac{R_{eq}I_2 - k \cdot V_{(p)}}{R_7} \tag{5.253}$$

节点 p 的电压值为 I_T 与 R_4 之积，将其带入式(5.253)可得：

$$I_1 = \frac{R_{eq}I_2 + k \cdot I_T R_4}{R_7} \tag{5.254}$$

电流 I_2 为：

$$I_2 = \frac{V_T - I_T R_4}{R_{eq}} \tag{5.255}$$

将式(5.254)代入式(5.255)整理得：

$$I_1 = \frac{V_T - I_T R_4 + I_T R_4 \cdot k}{R_7} \tag{5.256}$$

因为测试电流 I_T 为 I_1 和 I_2 之和，因此：

$$I_T = \frac{V_T - I_T R_4 + I_T R_4 \cdot k}{R_7} + \frac{V_T - I_T R_4}{R_{eq}} \tag{5.257}$$

对式(5.257)进行重新整理，分解因式 I_T 和 V_T 并将其相除可得 C_3 两端电阻为：

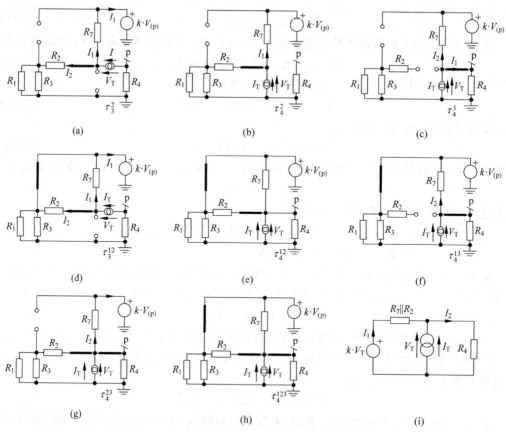

图 5.50　将激励源依旧设置为 0 以确定剩余时间常数

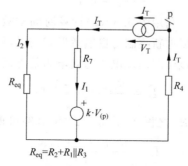

图 5.51　重整电路图以便更容易求得电阻值

$$R = \frac{R_4 R_7 + (R_2 + R_3 \parallel R_1)(R_4 + R_7 - k \cdot R_4)}{R_7 + R_2 + R_3 \parallel R_1}$$

$$= \frac{R_7 - k \cdot R_4}{R_7 + R_2 + R_3 \parallel R_1}(R_2 + R_3 \parallel R_1) + R_4 \qquad (5.258)$$

所求时间常数为：

$$\tau_3^2 = C_3 \left[\frac{R_7 - k \cdot R_4}{R_7 + R_2 + R_3 \parallel R_1}(R_2 + R_3 \parallel R_1) + R_4 \right] \qquad (5.259)$$

由图 5.50(b)计算时间常数 τ_4^2。尽管存在测试信号源，但是通过观察可直接求得电阻值。当 R_4 断开时，节点 p 和 R_7 上端均接地，因此 R_7 与 C_4 并联；又因为 R_2 与 $R_1 \parallel R_3$ 串

联,然后该串联电阻再与 R_7 并联,所以时间常数为:

$$\tau_4^2 = C_4[R_7 \parallel (R_2 + R_3 \parallel R_1)] \tag{5.260}$$

图 5.50(c)中测试电流 I_T 分解为 I_1 和 I_2,两电流具体计算公式如下所示:

$$I_1 = \frac{V_T}{R_4} \tag{5.261}$$

$$I_2 = \frac{V_T - I_1 R_4 \cdot k}{R_7} \tag{5.262}$$

将式(5.262)代入式(5.261)可得:

$$I_2 = \frac{V_T(1-k)}{R_7} \tag{5.263}$$

最终整理得:

$$I_T = I_1 + I_2 = \frac{V_T}{R_4} + \frac{V_T(1-k)}{R_7} = V_T \left(\frac{1}{R_4} + \frac{1-k}{R_7} \right) \tag{5.264}$$

对式(5.264)进行因式分解并且按照 V_T/I_T 格式进行重新整理,求得时间常数为:

$$\tau_4^3 = C_4 \left[\frac{R_4 R_7}{R_4(1-k) + R_7} \right] \tag{5.265}$$

根据上述计算结果将系数 b_2 定义如下:

$$b_2 = \tau_1 \tau_2^1 + \tau_1 \tau_3^1 + \tau_1 \tau_4^1 + \tau_2 \tau_3^2 + \tau_2 \tau_4^2 + \tau_3 \tau_4^3$$

$$= C_1(R_1 \parallel R_3)C_2(R_2 + R_7) + C_1(R_1 \parallel R_3)C_3[R_7 + R_4(1-k)] + C_1(R_1 \parallel R_3)C_4 R_7 +$$

$$C_2(R_7 + R_2 + R_1 \parallel R_3)C_3 \left[\frac{R_7 - k \cdot R_4}{R_7 + R_2 + R_3 \parallel R_1}(R_2 + R_3 \parallel R_1) + R_4 \right] +$$

$$C_2(R_7 + R_2 + R_1 \parallel R_3)C_4[R_7 \parallel (R_2 + R_3 \parallel R_1)] +$$

$$C_3[R_7 + R_4(1-k)]C_4 \left(\frac{R_4 R_7}{R_4(1-k) + R_7} \right) \tag{5.266}$$

在图 5.50(d)中,因为 C_1 短路,所以电阻 R_2 与 R_7 并联。因为电阻 R_1 和 R_3 上端偏置电压固定为 $k \cdot V_{(p)}$,所以两电阻对时间常数不起作用。图 5.50(d)的简化电路如图 5.52 所示,由图可得:

$$-k \cdot R_4 I_T + I_T(R_2 \parallel R_7) + R_4 I_T = V_T \tag{5.267}$$

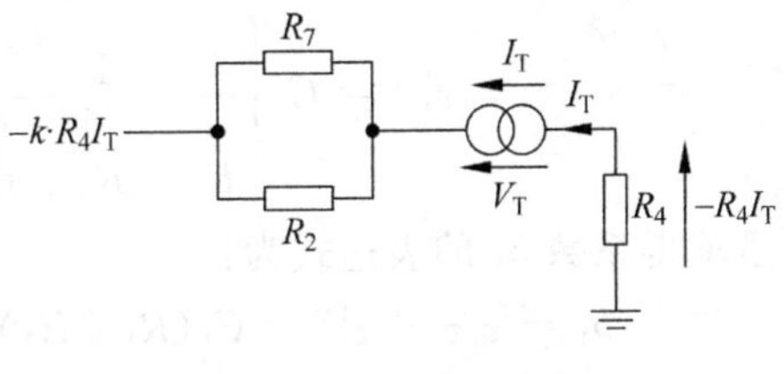

图 5.52 利用简化电路图可以
更简单地求得电阻值

分解因式 I_T 和 V_T 并将其相除可得电容驱动电阻值,从而求得时间常数为:

$$\tau_3^{12} = C_3[R_2 \parallel R_7 + R_4(1-k)] \tag{5.268}$$

由图 5.50(e)中电路可轻易求得时间常数 τ_4^{12}。此时节点 p 的电压为 0V,即电阻 R_7 上端接地;电阻 R_1 和 R_3 短路,可直接从电路中去除。所以电容 C_4 两端的阻抗仅由 R_7 与 R_2 并联构成,从而求得时间常数为:

$$\tau_4^{12} = C_4(R_2 \parallel R_7) \tag{5.269}$$

在图 5.50(f)中,尽管 C_1 短路,但 C_2 工作于直流状态并且将电阻 R_1、R_2 和 R_3 与 C_4 断开。其余电路与图 5.50(c)相似,所以时间常数计算公式与式(5.265)一致,即:

$$\tau_4^{13} = C_4 \left[\frac{R_4 R_7}{R_4(1-k) + R_7} \right] \tag{5.270}$$

当 C_2 和 C_3 短路时电路如图 5.50(g)所示,此时该电路与图 5.50(c)相同,R_1 与 R_3 并联再与 R_2 串联,最后该串并联电阻与电容两端相连接。因此求得时间常数为:

$$\tau_4^{23} = C_4 \left[(R_2 + R_1 \parallel R_3) \parallel \left(\frac{R_4 R_7}{R_4(1-k) + R_7} \right) \right] \tag{5.271}$$

于是第 3 项系数 b_3 的计算公式为:

$$\begin{aligned}
b_3 &= \tau_1 \tau_2^1 \tau_3^{12} + \tau_1 \tau_2^1 \tau_4^{12} + \tau_1 \tau_3^1 \tau_4^{13} + \tau_2 \tau_3^2 \tau_4^{23} \\
&= C_1 (R_1 \parallel R_3) C_2 (R_2 + R_7) C_3 [R_2 \parallel R_7 + R_4(1-k)] + \\
&\quad C_1 (R_1 \parallel R_3) C_2 (R_2 + R_7) C_4 (R_2 \parallel R_7) + \\
&\quad C_1 (R_1 \parallel R_3) C_3 [R_7 + R_4(1-k)] C_4 \left(\frac{R_4 R_7}{R_4(1-k) + R_7} \right) + \\
&\quad C_2 (R_7 + R_2 + R_1 \parallel R_3) C_3 \left[\frac{R_7 - k \cdot R_4}{R_7 + R_2 + R_3 \parallel R_1} (R_2 + R_3 \parallel R_1) + R_4 \right] \cdot \\
&\quad C_4 \left[(R_2 + R_1 \parallel R_3) \parallel \left(\frac{R_4 R_7}{R_4(1-k) + R_7} \right) \right]
\end{aligned} \tag{5.272}$$

由图 5.50(h)计算最后时间常数 τ_4^{123}。为简化计算过程,特将图 5.50(h)简化为图 5.50(i)。因为电阻 R_1 和 R_3 两端电压为 $k \cdot V_{(p)}$,所以再次将其从电路中移除。由图 5.50(i)可得:

$$I_2 = \frac{V_T}{R_4} \tag{5.273}$$

$$I_1 = \frac{k \cdot V_T - V_T}{R_7 \parallel R_2} = \frac{V_T(k-1)}{R_7 \parallel R_2} \tag{5.274}$$

因为 $I_T = I_2 - I_1$,所以:

$$I_T = \frac{V_T}{R_4} - \frac{V_T(k-1)}{R_7 \parallel R_2} = V_T \left(\frac{1}{R_4} + \frac{1-k}{R_7 \parallel R_2} \right) \tag{5.275}$$

因此时间常数为:

$$\tau_4^{123} = C_4 \left(\frac{1}{\dfrac{1}{R_4} + \dfrac{1-k}{R_7 \parallel R_2}} \right) = C_4 \left[\frac{R_4(R_2 \parallel R_7)}{R_4(1-k) + R_2 \parallel R_7} \right] \tag{5.276}$$

于是求得系数 b_4 的表达式为:

$$\begin{aligned}
b_4 &= \tau_1 \tau_2^1 \tau_3^{12} \tau_4^{123} = C_1 (R_1 \parallel R_3) C_2 (R_2 + R_7) C_3 [R_2 \parallel R_7 + R_4(1-k)] \cdot \\
&\quad C_4 \left[\frac{R_4(R_2 \parallel R_7)}{R_4(1-k) + R_2 \parallel R_7} \right]
\end{aligned} \tag{5.277}$$

将上述所得系数进行组合,求得分母表达式为:

$$D(s) = 1 + b_1 s + b_2 s^2 + b_3 s^3 + b_4 s^4 \tag{5.278}$$

之前已经利用 KCL/KVL 原理计算电路的驱动点阻抗。为确保万无一失,通常利用简单 SPICE 直流点分析对计算结果进行验证。首先绘制原始电路图,并根据所求时间常数将相应元件设置为短路或开路。当由 1A 电流源激励电路时,电流源两端电压即为所求电阻值。图 5.53 为第一时间常数计算实例。

既然已经求得分母表达式,接下来专注于计算分子表达式。此时激励信号源复位,并且将储能元件设置为高频或直流状态时测试输出信号。接下来对图 5.54 中电路进行分析。由式(5.241)可得增益 H_0 为零,与图 5.54(a)所示电路计算一致。

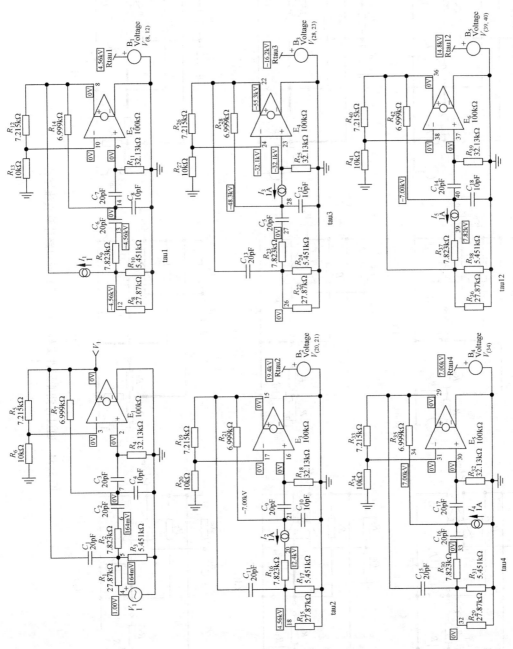

图 5.53 利用简单 SPICE 仿真检验观察法或 KVL/KCL 分析方法计算所得电阻值的正确性

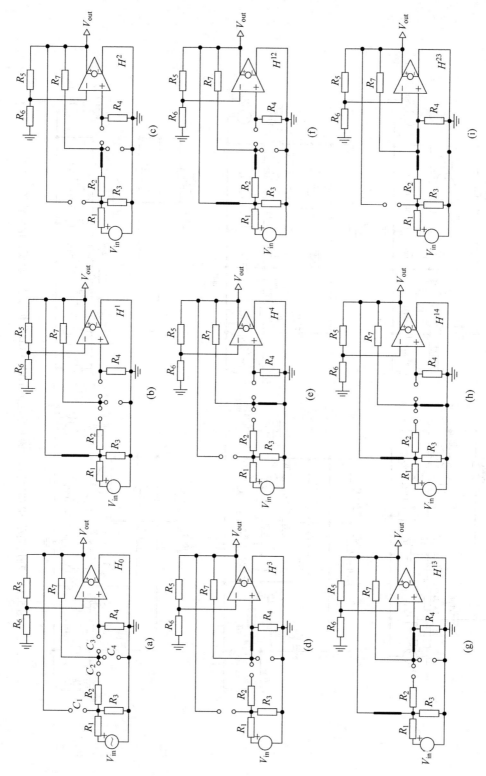

图 5.54 通过将储能元件交替设置为开路或短路计算直流增益

在图 5.54(b)中,运放同相引脚通过电阻 R_4 接地,所以其输出电压为 0V。在图 5.54(c)中,同相引脚仍然无偏置电压,所以输出依然为 0V。同样在图 5.54(d)、(e)和(h)中电阻 R_4 将运放'+'端接地,所以运放输出均为 0V。根据上述计算分析可得:

$$H_0 = H^1 = H^2 = H^3 = H^4 = H^{12} = H^{13} = H^{14} = 0 \tag{5.279}$$

在图 5.54(i)中运算放大器的输出不为零,利用戴维南变换电路将其电阻减少为 3 支,此时电路简化为图 5.55(a)电路,利用该简化电路能够求得其直流传递函数。

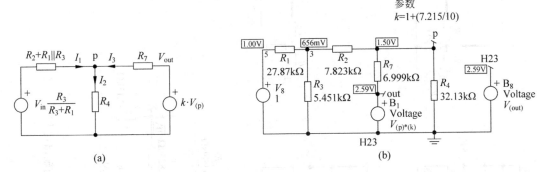

图 5.55　利用图 5.54(i)所示简化电路有助于计算该配置下的电路增益

在节点 p 应用 KCL 可得:

$$I_2 = I_1 + I_3 \tag{5.280}$$

每个电流定义式为:

$$I_1 = \frac{V_{in} \dfrac{R_3}{R_3 + R_1} - V_{(p)}}{R_2 + R_3 \parallel R_1} \tag{5.281}$$

$$I_2 = \frac{V_{(p)}}{R_4} \tag{5.282}$$

$$I_3 = \frac{k \cdot V_{(p)} - V_{(p)}}{R_7} \tag{5.283}$$

将式(5.281)~(5.283)代入输出电压 V_{out} 表达式,然后提取因式 $V_{(p)}$ 和 $k \cdot V_{(p)}$ 得:

$$\frac{V_{out}}{V_{in}} = H^{23} = \frac{k \cdot R_3}{(R_1 + R_3)(R_2 + R_1 \parallel R_3)\left(\dfrac{1}{R_4} + \dfrac{1}{R_2 + R_1 \parallel R_3} - \dfrac{k-1}{R_7}\right)} \tag{5.284}$$

直流传递函数第二部分电路如图 5.56 所示。

当运放同相引脚电压由电阻 R_4 单独连接至地时输出电压为 0V,图 5.56(a)、(b)和(d)所示。通过分析可将电路图 5.56(c)整理为图 5.56(h)所示的更简单形式。电路中节点 p处的电位等于节点 1 处的电位除以系数 k。如果 R_4 和 R_2 的分压比不等于 $1/k$,那么只有当 $V_{out} = 0$V 时电路中各节点电压才能正常。此时电路中各节点电压均为 0,所以增益为:

$$H^{24} = H^{34} = H^{123} = H^{124} = H^{134} = H^{234} = H^{1234} = 0 \tag{5.285}$$

上述增益值可由图 5.57 中的偏置点电压进行计算。

除系数 a_2 之外分子表达式中其余系数均为 0,因此:

$$a_1 = \tau_1 H^1 + \tau_2 H^2 + \tau_3 H^3 + \tau_4 H^4 = 0 \tag{5.286}$$

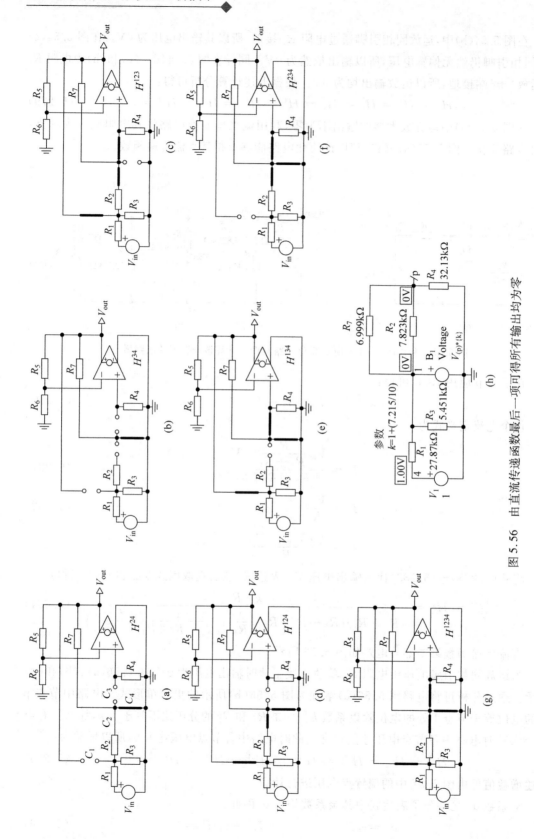

图 5.56 由直流传递函数最后一项可得所有输出均为零

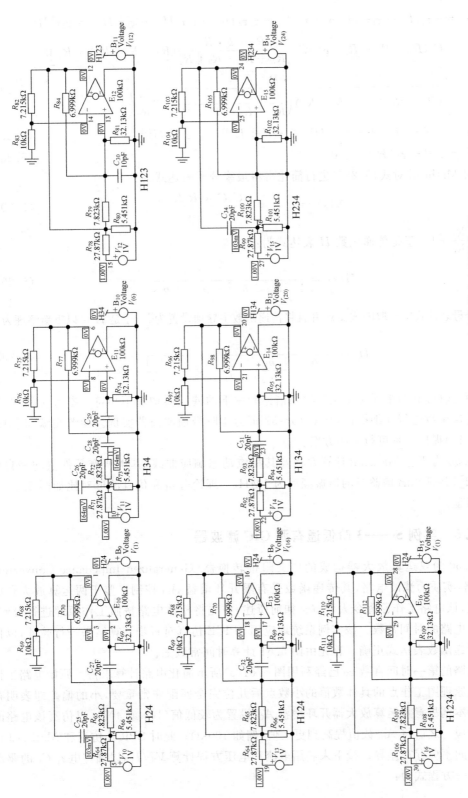

图 5.57　通过简单直流工作点计算确定图 5.56 中所有输出电压均为 0V

$$a_2 = \tau_1\tau_2^1 H^{12} + \tau_1\tau_3^1 H^{13} + \tau_1\tau_4^1 H^{14} + \tau_2\tau_3^2 H^{23} + \tau_2\tau_4^2 H^{24} + \tau_3\tau_4^3 H^{34} = \tau_2\tau_3^2 H^{23}$$

$$= C_2(R_7 + R_2 + R_1 \parallel R_3)C_3\left[\frac{R_7 - k \cdot R_4}{R_7 + R_2 + R_3 \parallel R_1}(R_2 + R_3 \parallel R_1) + R_4\right]\times$$

$$\frac{k \cdot R_3}{(R_1 + R_3)(R_2 + R_1 \parallel R_3)\left(\dfrac{1}{R_4} + \dfrac{1}{R_2 + R_1 \parallel R_3} - \dfrac{k-1}{R_7}\right)} \tag{5.287}$$

$$a_3 = \tau_1\tau_2^1\tau_3^{12} H^{123} + \tau_1\tau_2^1\tau_4^{12} H^{124} + \tau_1\tau_3^1\tau_4^{13} H^{134} + \tau_2\tau_3^2\tau_4^{23} H^{234} = 0 \tag{5.288}$$

$$a_4 = \tau_1\tau_2^1\tau_3^{12}\tau_4^{123} H^{1234} = 0 \tag{5.289}$$

利用 Mathcad 对式(5.287)进行简化可得最终分子表达式为：

$$N(s) = a_2 s^2 = k\frac{C_2 C_3 R_3 R_4 R_7}{R_1 + R_3}s^2 \tag{5.290}$$

其中 $k = \dfrac{R_5}{R_6} + 1$。于是传递函数 H 表达式为：

$$H(s) = \frac{a_2 s^2}{1 + b_1 s + b_2 s^2 + b_3 s^3 + b_4 s^4} \tag{5.291}$$

在分母表达式中提取因式 $a_2 s^2$ 并且将传递函数主导项设置为 $\dfrac{a_2}{b_2}$，于是 H 可以重新整理为：

$$H(s) = \frac{a_2}{b_2}\frac{1}{1 + \dfrac{b_1}{b_2 s} + s\dfrac{b_3}{b_2} + s^2\dfrac{b_4}{b_2} + \dfrac{1}{b_2 s^2}} \tag{5.292}$$

然而，式(5.292)中无量纲主导项与谐振频率下的滤波器增益不相符。参考文献[3]对滤波器传递函数进行详细探讨，其中 16～32 页为 4 阶带通滤波器实例。参考文献[3]中的等式(16-12)提出一种可行解决方案。

图 5.58 为所有 Mathcad 计算方程及其相应动态响应曲线，其中所有元件值均来自参考文献[2]，并且 0dB 增益时的谐振频率为 1MHz。理论分析和仿真波形对比如图 5.59 所示完美匹配。

5.2.5   实例 5——3 阶低通有源 GIC 滤波器

图 5.60 为双运算放大器构成的广义阻抗转换器(Generalized Impedance Converter，GIC)电路，实质为滤波电路，其传递函数受有限开环增益 A_{OL} 控制。鉴于两运算放大器的特殊配置，该电路工作原理令人费解。如前所述，首先将整体电路按照工作原理进行分解，计算每个电路的时间常数。该实例系统地应用 SPICE 仿真对每步计算结果进行验证，以保证最终传递函数表达式正确。首先由图 5.61 计算时间常数 τ_1。

该电路的第一时间常数 τ_1 已经利用图 5.61(a)所示简化电路计算求得。原始电路工作点和等效原理图工作点的具体数值的小数点后几位完全匹配非常重要，小的偏差即表明存在错误。本例故意将运算放大器开环增益 A_{OL} 设置为较低值(100 或 403)，以仿真该电路的低增益效应。之后将 A_{OL} 数值提高到更大值(例如 100kΩ)，此时 SPICE 仿真和 Mathcad 计算结果之间不应存在差异。接下来利用电流和电压方程计算 V_T/I_T，以确定电容 C_1 的驱动电阻。第一方程式为：

$R_1 := 27.87\text{k}\Omega \quad R_2 := 7.823\text{k}\Omega \quad R_3 := 5.451\text{k}\Omega \quad R_4 := 32.13\text{k}\Omega \qquad \| (x,y) := \dfrac{x \cdot y}{x+y}$

$R_5 := 7.215\text{k}\Omega \quad R_6 := 10\text{k}\Omega \qquad R_7 := 6.999\text{k}\Omega \quad C_1 := 20\text{pF}$

$C_2 := 20\text{pF} \qquad C_3 := 20\text{pF} \qquad C_4 := 20\text{pF} \qquad m := \dfrac{R_5}{R_6}+1 = 1.7215$

$\tau_1 := C_1 \cdot (R_3 \| R_1) = 0.091185\mu s$

$\tau_2 := C_2 \cdot (R_1 \| R_3 + R_2 + R_7) = 0.387625\mu s$

$\tau_3 := C_3 \cdot [R_7 \| R_4 \cdot (1-m)] = -323.6559\text{ns}$

$\tau_4 := C_4 R_7 \cdot R_7 = 69.99\text{ns}$

$\tau_{12} := C_2 \cdot (R_2 + R_7) = 296.44\text{ns}$

$\tau_{13} := C_3 \cdot [R_7 + R_4 \cdot (1-m)] = -323.6559\text{ns}$

$\tau_{14} := C_4 \cdot R_7 = 69.99\text{ns}$

$\tau_{23} := C_3 \cdot \left[\dfrac{R_7 - R_4 \cdot m}{R_7 + (R_2 + R_3 \| R_1)} \cdot (R_2 + R_3 \| R_1) + R_4 \right] = 25.28025\text{ns}$

$\tau_{24} := C_4 \cdot [(R_2 + R_3 \| R_1) \| R_7] = 44.715079\text{ns}$

$\tau_{34} := C_4 \cdot \dfrac{R_4 \cdot R_7}{R_4 + R_7 - R_4 \cdot m} = -0.138961\mu s$

$\tau_{123} := C_3 \cdot [R_2 \| R_7 + R_4 \cdot (1-m)] = -389.754943\text{ns}$

$\tau_{124} := C_4 \cdot (R_2 \| R_7) = 36.940478\text{ns}$

$\tau_{134} := C_4 \cdot \dfrac{R_4 \cdot R_7}{R_4 + R_7 - R_4 \cdot m} = -0.138961\mu s$

$\tau_{234} := C_4 \cdot \left[(R_2 + R_3 \| R_1) \| \left(\dfrac{R_4 \cdot R_7}{R_4 + R_7 - R_4 \cdot m}\right)\right] = 1.136615\mu s$

$\tau_{1234} := C_4 \cdot \left(\dfrac{1}{\dfrac{1-m}{R_2 \| R_7} + \dfrac{1}{R_4}}\right) = -60.904812\text{ns}$

$b_1 := \tau_1 + \tau_2 + \tau_3 + \tau_4 = 0.225145\mu s$

$b_2 := \tau_1 \cdot \tau_{12} + \tau_1 \cdot \tau_{13} + \tau_1 \cdot \tau_{14} + \tau_2 \cdot \tau_{23} + \tau_2 \cdot \tau_{24} + \tau_3 \cdot$
$\tau_{34} = 0.076008\mu s^2$

$b_3 := \tau_1 \cdot \tau_{12} \cdot \tau_{123} + \tau_1 \cdot \tau_{12} \cdot \tau_{124} + \tau_1 \cdot \tau_{13} \cdot \tau_{134} + \tau_2 \cdot \tau_{23} \cdot \tau_{234}$
$= 5.702183 \times 10^{-3}\mu s^3$

$b_4 := \tau_1 \cdot \tau_{12} \cdot \tau_{123} \cdot \tau_{1234} = 6.416603 \times 10^{-4}\mu s^4$

$H_0 := 0 \quad H_1 := 0 \quad H_2 := 0 \quad H_3 := 0 \quad H_4 := 0$

$H_{12} := 0 \quad H_{13} := 0 \quad H_{14} := 0$

$H_{23} := \dfrac{R_3 \cdot m}{(R_1 + R_3) \cdot (R_2 + R_3 \| R_1) \cdot \left(\dfrac{1}{R_4} + \dfrac{1}{R_2 + R_3 \| R_1} - \dfrac{m-1}{R_7}\right)}$

$= 2.585106 \quad H_{24} := 0 \quad H_{34} := 0 \quad H_{124} := 0$

$H_{134} := 0 \quad H_{234} := 0 \quad H_{1234} := 0 \quad H_{123} := 0$

$a_1 := \tau_1 \cdot H_1 + \tau_2 \cdot H_2 + \tau_3 \cdot H_3 + \tau_4 \cdot H_4 = 0\mu s$

$a_2 := \tau_1 \cdot \tau_{12} \cdot H_{12} + \tau_1 \cdot \tau_{13} \cdot H_{13} + \tau_1 \cdot \tau_{14} \cdot H_{14} + \tau_2 \cdot \tau_{23} \cdot$
$\quad H_{23} + \tau_2 \cdot \tau_{24} \cdot H_{24} + \tau_3 \cdot \tau_{34} \cdot H_{34} = 0.025332\mu s^2$

$\dfrac{C_2 \cdot C_3 \cdot R_3 \cdot R_4 \cdot R_7 \cdot m}{R_1 + R_3} = 0.025332\mu s^2$

$a_3 := \tau_1 \cdot \tau_{12} \cdot \tau_{123} \cdot H_{123} + \tau_1 \cdot \tau_{12} \cdot \tau_{124} \cdot H_{124} + \tau_1 \cdot \tau_{13} \cdot$
$\quad \tau_{134} \cdot H_{134} + \tau_2 \cdot \tau_{23} \cdot \tau_{234} \cdot H_{234} = 0\mu s^3$

$a_4 := \tau_1 \cdot \tau_{12} \cdot \tau_{123} \cdot \tau_{1234} H_{1234} = 0\mu s^4$

$D_1(s) := 1 + s \cdot b_1 + s^2 \cdot b_2 + s^3 \cdot b_3 + s^4 \cdot b_4$

$N_1(s) := H_0 + s \cdot a_1 + s^2 \cdot a_2 + s^3 \cdot a_3 + s^4 \cdot a_4$

$H_{10}(s) := \dfrac{N_1(s)}{D_1(s)}$

$H_{30}(s) := \dfrac{a_2}{b_2} \cdot \dfrac{1}{1 + \dfrac{b_1}{b_2 \cdot s} + \dfrac{s \cdot b_3}{b_2} + \dfrac{s^2 \cdot b_4}{b_2} + \dfrac{1}{b_2 \cdot s^2}}$

$f_0 := \sqrt{\dfrac{(R_1 + R_3)}{(C_2 \cdot C_3 \cdot R_3 \cdot R_4 \cdot R_7 \cdot m)}} \cdot \dfrac{1}{2\pi} = 999.963586\text{kHz}$

$— \quad 20 \cdot \log(|H_{10}(i \cdot 2\pi \cdot f_k)|, 10)$
$\cdots \quad 20 \cdot \log(|H_{30}(i \cdot 2\pi \cdot f_k)|, 10)$

$— \quad \arg(H_{10}(i \cdot 2\pi \cdot f_k)) \cdot \dfrac{180}{\pi}$
$\cdots \quad \arg(H_{30}(i \cdot 2\pi \cdot f_k)) \cdot \dfrac{180}{\pi}$

图 5.58 利用 Mathcad 计算各种时间常数

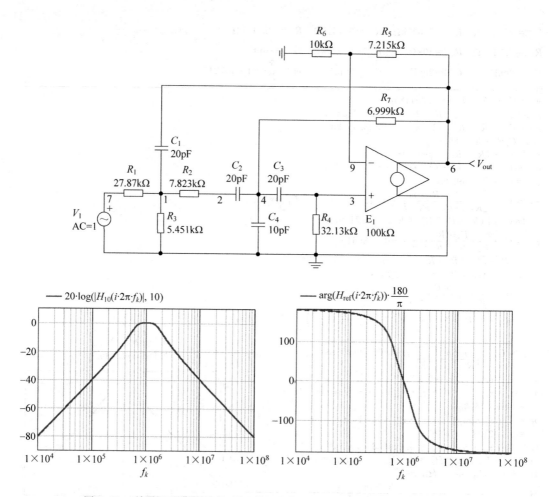

图 5.59 利用 SPICE 电路仿真证明理论分析所得动态响应与仿真结果完美
匹配。所用元件值均取自 1MHz 带通滤波器电路

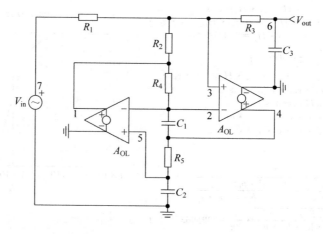

图 5.60 通用阻抗转换滤波器利用双运算放大器和三支电容构成 3 阶电路网络

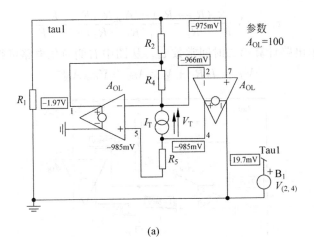

(a)

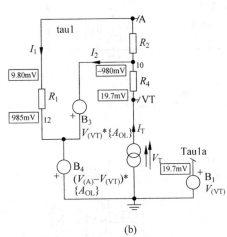

(b)

图 5.61　利用简化电路求解类似 GIC 滤波器等复杂电路的
时间常数,此处利用右侧简化电路计算时间常数

$$V_T = I_T R_4 + I_1(R_1 + R_2) - (V_{(A)} - V_T)A_{OL} \qquad (5.293)$$

电流 I_1 的定义式为:

$$I_1 = \frac{V_T A_{OL}}{R_1 + R_2} \qquad (5.294)$$

所以节点 A 的电压计算公式为:

$$V_{(A)} = I_1 R_1 - V_{(A)} A_{OL} + V_T A_{OL} \qquad (5.295)$$

从上式中提取 $V_{(A)}$ 得:

$$V_{(A)} = \frac{R_1 I_1 + V_T A_{OL}}{1 + A_{OL}} \qquad (5.296)$$

将式(5.294)和式(5.296)一同带入式(5.296),重新整理求得 V_T/I_T 表达式为:

$$\frac{V_T}{I_T} = \frac{R_4(R_1 + R_2) + A_{OL} R_4(R_1 + R_2)}{R_1 + R_2 + A_{OL}(R_1 + R_2) + A_{OL}^2 R_2} \qquad (5.297)$$

当 A_{OL} 接近无穷大时,式(5.297)的计算结果为 0。因此与 A_{OL} 相关的第一时间常数定义
式为:

$$\tau_1 = C_1 \frac{R_4(R_1+R_2)+A_{OL}R_4(R_1+R_2)}{R_1+R_2+A_{OL}(R_1+R_2)+A_{OL}^2 R_2} \qquad (5.298)$$

由图 5.62 所示电路计算第二时间常数 τ_2。从图中右侧简化电路可得：

$$V_T = I_T R_5 + V_{(A)}A_{OL} - V_{(op)}A_{OL} \qquad (5.299)$$

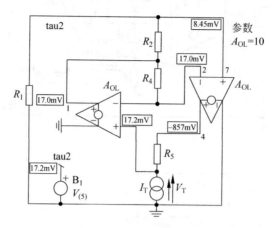

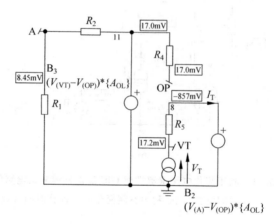

图 5.62　利用简化电路计算时间常数 τ_2

节点 A 处电压表示如下：

$$V_{(A)} = (V_T A_{OL} - V_{op}A_{OL})\frac{R}{R_1+R_2} \qquad (5.300)$$

求得节点 op 处的电压为：

$$V_{(op)} = V_T A_{OL} - V_{(op)}A_{OL} \qquad (5.301)$$

对式(5.301)提取因式 $V_{(op)}$ 整理得：

$$V_{(op)} = \frac{V_T A_{OL}}{1+A_{OL}} \qquad (5.302)$$

现在将式(5.302)代入式(5.300)和式(5.299)重新整理得：

$$\frac{V_T}{I_T} = \frac{R_5(R_1+R_2)+A_{OL}R_5(R_1+R_2)}{R_1+R_2+A_{OL}(R_1+R_2)+A_{OL}^2 R_2} \qquad (5.303)$$

当 A_{OL} 较大时,式(5.303)的计算结果为 0。所以第 2 时间常数定义式为：

$$\tau_2 = C_2 \frac{R_5(R_1 + R_2) + A_{OL}R_5(R_1 + R_2)}{R_1 + R_2 + A_{OL}(R_1 + R_2) + A_{OL}^2 R_2} \quad (5.304)$$

由图 5.63 计算第 3 时间常数。通过对该电路原理进行分析可得如下等式：

$$V_{(B)} = (V_{(A)} - V_{(op)})A_{OL} \quad (5.305)$$

$$V_{(C)} = (V_{(B)} - V_{(op)})A_{OL} \quad (5.306)$$

由于电阻 R_4 中无电流流过，所以：

$$V_{(C)} = V_{(op)} \quad (5.307)$$

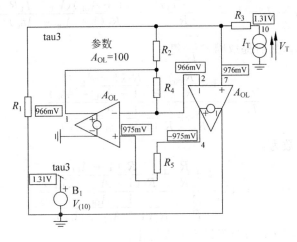

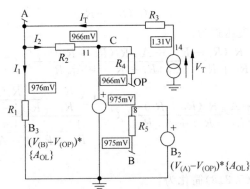

图 5.63 同样利用简化电路计算第 3 时间常数

利用上述等式求得节点电压 $V_{(C)}$ 为：

$$V_{(C)} = \frac{A_{OL}^2 V_{(A)}}{A_{OL}^2 + A_{OL} + 1} \quad (5.308)$$

根据电阻 R_2 两端电压计算电流 I_2：

$$I_2 = \frac{V_{(A)} - V_{(C)}}{R_2} = \frac{V_{(A)} - \dfrac{A_{OL}^2 V_{(A)}}{1 + A_{OL} + A_{OL}^2}}{R_2} = \frac{(1 + A_{OL})(V_T - I_T R_3)}{R_2(1 + A_{OL} + A_{OL}^2)} \quad (5.309)$$

当电流 I_1 流经电阻 R_1 时节点 A 处电压为：

$$V_{(A)} = R_1 I_1 \quad (5.310)$$

同时

$$V_T = V_{(A)} + I_T R_3 \tag{5.311}$$

整理得：

$$V_{(A)} = V_T - I_T R_3 \tag{5.312}$$

当式(5.310)和式(5.312)相等时可得：

$$I_1 = \frac{V_T - I_T R_3}{R_1} \tag{5.313}$$

因为电流 I_T 为 I_1 和 I_2 之和，所以：

$$I_T = I_1 + I_2 = \frac{V_T - I_T R_3}{R_1} + \frac{(1 + A_{OL})(V_T - I_T R_3)}{R_2(1 + A_{OL} + A_{OL}^2)} \tag{5.314}$$

对式(5.314)重新整理，然后提取因式 $\dfrac{V_T}{I_T}$ 得：

$$\frac{V_T}{I_T} = \frac{1 + \dfrac{R_3}{R_1} + \dfrac{R_3(1 + A_{OL})}{R_2(1 + A_{OL} + A_{OL}^2)}}{\dfrac{1}{R_1} + \dfrac{1 + A_{OL}}{R_2(1 + A_{OL} + A_{OL}^2)}} \tag{5.315}$$

于是求得第 3 时间常数为：

$$\tau_3 = C_3 \frac{1 + \dfrac{R_3}{R_1} + \dfrac{R_3(1 + A_{OL})}{R_2(1 + A_{OL} + A_{OL}^2)}}{\dfrac{1}{R_1} + \dfrac{1 + A_{OL}}{R_2(1 + A_{OL} + A_{OL}^2)}} \tag{5.316}$$

当 A_{OL} 接近无穷大时，式(5.316)可得到大大简化：

$$\tau_3 = C_3(R_1 + R_3) \tag{5.317}$$

于是求得第一系数 b_1 的表达式为：

$$b_1 = \tau_1 + \tau_2 + \tau_3 = C_1 \frac{R_4(R_1 + R_2) + A_{OL} R_4(R_1 + R_2)}{R_1 + R_2 + A_{OL}(R_1 + R_2) + A_{OL}^2 R_2} +$$

$$C_2 \frac{R_5(R_1 + R_2) + A_{OL} R_5(R_1 + R_2)}{R_1 + R_2 + A_{OL}(R_1 + R_2) + A_{OL}^2 R_2} + C_3 \frac{1 + \dfrac{R_3}{R_1} + \dfrac{R_3(1 + A_{OL})}{R_2(1 + A_{OL} + A_{OL}^2)}}{\dfrac{1}{R_1} + \dfrac{1 + A_{OL}}{R_2(1 + A_{OL} + A_{OL}^2)}}$$

$$\tag{5.318}$$

当 A_{OL} 接近无穷大时，式(5.318)简化为：

$$b_1 = C_3(R_1 + R_3) \tag{5.319}$$

图 5.64 中的电容 C_1 短路，通过计算电容 C_2 的端口电阻求得时间常数 τ_2^1（直流状态时将电容 C_3 从电路中移除）。

对第一网格分析可得如下等式：

$$V_T = R_5 I_T + (V_{(A)} - V_{(op)})A_{OL} \tag{5.320}$$

节点 A 处电压由电阻 R_1 和 R_2 构成的简单分压器决定，即：

$$V_{(A)} = (V_T A_{OL} - V_{(op)} A_{OL}) \frac{R_1}{R_1 + R_2} \tag{5.321}$$

节点 op 处电压由如下等式确定：

$$V_{op} = V_T - R_5 I_T \tag{5.322}$$

等价于：

$$V_{op} = V_{(A)} A_{OL} - V_{(op)} A_{OL} \tag{5.323}$$

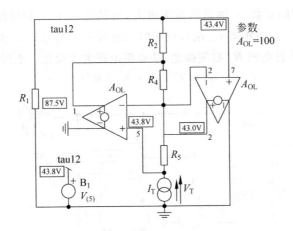

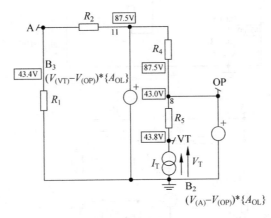

图 5.64 当电容 C_1 短路、C_3 从电路移除时 C_2 两端由电流源 I_T 进行偏置

整理得：

$$V_{(op)} = \frac{V_{(A)} A_{OL}}{1 + A_{OL}} \tag{5.324}$$

由式(5.322)和式(5.324)联立求解 $V_{(A)}$ 得：

$$V_{(A)} = \frac{(V_T - I_T R_5)(1 + A_{OL})}{A_{OL}} \tag{5.325}$$

令式(5.325)与式(5.321)相等，求得 $V_{(op)}$ 表达式为：

$$V_{(op)} = \frac{\left(\dfrac{(A_{OL} + 1)(V_T - I_T R_5)}{A_{OL}} - \dfrac{A_{OL} R_1 V_T}{R_1 + R_2}\right)(R_1 + R_2)}{A_{OL} R_1} \tag{5.326}$$

因为式(5.322)与式(5.326)相同，所以将其重新整理得：

$$\frac{V_T}{I_T} = \frac{R_5(R_1 + R_2 + A_{OL}(R_1 + R_2) + A_{OL}^2 R_1)}{(1 + A_{OL})(R_1 + R_2)} = \frac{R_5\left(1 + A_{OL} + A_{OL}^2 \dfrac{R_1}{R_1 + R_2}\right)}{1 + A_{OL}} \tag{5.327}$$

求得时间常数如下所示：

$$\tau_2^1 = C_2 R_5 \left(1 + \frac{A_{OL}^2}{1 + A_{OL}} \frac{R_1}{R_1 + R_2}\right) \tag{5.328}$$

随着 A_{OL} 增加时间常数 τ_2^1 逐渐接近无穷大,当其与 τ_1 相乘时可能产生不确定性。如图 5.65 所示,短路 C_1,通过电容 C_3 端口确定时间常数 τ_3^1。因为 $V_{(OP)}$ 和 $V_{(B)}$ 处于相同电位,所以 B_3 输出为 0V 并且电阻 R_2 右端接地,从而将电路大大简化。求得时间常数为:

$$\tau_3^1 = C_3(R_3 + R_1 \parallel R_2) \tag{5.329}$$

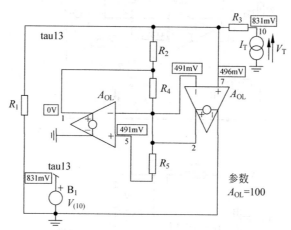

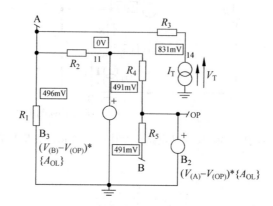

图 5.65 通过观察法可直接求得 C_3 端口电阻值

时间常数 τ_3^2 计算电路图 5.66 与图 5.65 没有差别,所以两电路的时间常数相似,同为:

$$\tau_3^2 = C_3(R_3 + R_1 \parallel R_2) \tag{5.330}$$

通过上述计算求得 b_2 表达式为:

$$
\begin{aligned}
b_2 = \tau_1\tau_2^1 + \tau_1\tau_3^1 + \tau_2\tau_3^2 = {} & C_1 \frac{R_4(R_1+R_2) + A_{OL}R_4(R_1+R_2)}{R_1+R_2+A_{OL}(R_1+R_2)+A_{OL}^2R_2} \cdot \\
& C_2R_5\left(1 + \frac{A_{OL}^2}{1+A_{OL}}\frac{R_1}{R_1+R_2}\right) + \\
& C_1 \frac{R_4(R_1+R_2) + A_{OL}R_4(R_1+R_2)}{R_1+R_2+A_{OL}(R_1+R_2)+A_{OL}^2R_2} \cdot \\
& C_3(R_3 + R_1 \parallel R_2) + C_2 \frac{R_5(R_1+R_2) + A_{OL}R_5(R_1+R_2)}{R_1+R_2+A_{OL}(R_1+R_2)+A_{OL}^2R_2} \cdot \\
& C_3(R_3 + R_1 \parallel R_2)
\end{aligned}
\tag{5.331}
$$

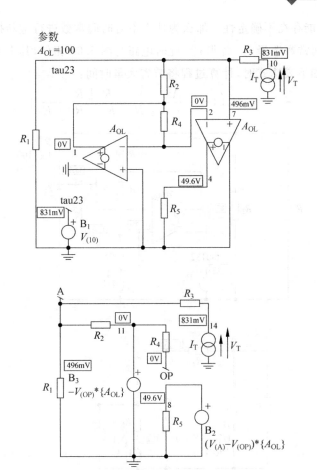

图 5.66 该电路与图 5.65 没有差别,所以 C_3 端口的电阻值相似

那么,当 A_{OL} 接近无穷大时 b_2 表达式的特性如何呢? 此时 $\tau_1\tau_3^1$ 和 $\tau_2\tau_3^2$ 均变为零,然而 $\tau_1\tau_2^1$ 必须进行重新计算才能确定,将其表达式展开得:

$$\tau_1\tau_2^1 = \frac{R_4R_5(R_1+R_2+A_{OL}(R_1+R_2)+A_{OL}^2R_1)}{R_1+R_2+A_{OL}(R_1+R_2)+A_{OL}^2R_2}C_1C_2 \tag{5.332}$$

将式(5.332)分解因式 A_{OL}^2 得:

$$\tau_1\tau_2^1 = \frac{R_4R_5\left(\dfrac{R_1+R_2}{A_{OL}^2}+\dfrac{R_1+R_2}{A_{OL}}+R_1\right)A_{OL}^2}{\left(\dfrac{R_1+R_2}{A_{OL}^2}+\dfrac{R_1+R_2}{A_{OL}}+R_2\right)A_{OL}^2}C_1C_2 \tag{5.333}$$

鉴于 A_{OL} 的数值非常大,所以表达式(5.333)简化为:

$$\tau_1\tau_2^1 \approx \frac{R_4R_5R_1}{R_2}C_1C_2 \tag{5.334}$$

当 A_{OL} 接近无穷大时,系数 b_2 的表达式重新整理为:

$$b_2 \approx \frac{R_4R_5R_1}{R_2}C_1C_2 \tag{5.335}$$

将时间常数 τ_3^{12} 与 τ_1 和 τ_2^1 相结合确定系数 b_3。但是,当 A_{OL} 接近无穷大时时间常数 τ_1

变为 0,所以电路可能存在不确定性。那么为什么不对时间常数进行重新排列呢？如图 5.67 所示,如果计算时间常数选择 τ_2^{13} 而非 τ_3^{12},此时电路与图 5.64 相似,其中 R_3 与 R_1 并联。将式(5.328)更新为如下表达式时,计算过程将节省大量时间:

$$\tau_2^{13} = C_2 R_5 \left(1 + \frac{A_{OL}^2}{1 + A_{OL}} \frac{R_1 \parallel R_3}{R_1 \parallel R_3 + R_2 + R_2} \right) \tag{5.336}$$

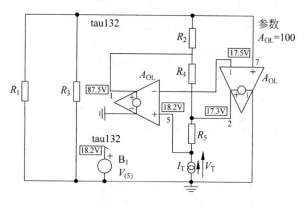

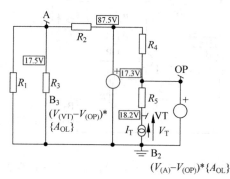

图 5.67　以图 5.64 为参考,通过将 R_3 与 R_1 并联实现电路简化

为了测试 A_{OL} 接近无穷大时,系数 b_3 如何变化,特构建时间常数 $\tau_1 \tau_3^1 \tau_2^{13}$ 并对其进行简化:

$$\tau_1 \tau_3^1 \tau_2^{13} = \frac{C_1 C_2 C_3 R_4 R_5 (R_1 R_2 + R_1 R_3 + R_2 R_3 + A_{OL}^2 R_1 R_3 + A_{OL} R_1 R_2 + A_{OL} R_1 R_3 + A_{OL} R_2 R_3)}{R_1 + R_2 + A_{OL}(R_1 + R_2) + A_{OL}^2 R_2} \tag{5.337}$$

分解因式 A_{OL}^2 可得:

$$\tau_1 \tau_3^1 \tau_2^{13} = \frac{C_1 C_2 C_3 R_4 R_5 \left(\frac{R_1 R_2 + R_1 R_3 + R_2 R_3}{A_{OL}^2} + R_1 R_3 + \frac{A_{OL} R_1 R_2}{A_{OL}^2} + \frac{A_{OL} R_1 R_3}{A_{OL}^2} + \frac{A_{OL} R_2 R_3}{A_{OL}^2} \right) A_{OL}^2}{\left(\frac{R_1 + R_2}{A_{OL}^2} + \frac{A_{OL}(R_1 + R_2)}{A_{OL}^2} + R_2 \right) A_{OL}^2} \tag{5.338}$$

当 A_{OL} 接近无穷大时上述表达式简化为:

$$\tau_1 \tau_3^1 \tau_2^{13} \approx \frac{C_1 C_2 C_3 R_4 R_5 R_1 R_3}{R_2} \tag{5.339}$$

现在将上述时间常数计算结果进行组合,形成包含运算放大器开环增益效应的系数 b_3 的表达式为:

$$b_3 = \tau_1 \tau_3^1 \tau_2^{13} = C_1 \frac{R_4(R_1+R_2)+A_{OL}R_4(R_1+R_2)}{R_1+R_2+A_{OL}(R_1+R_2)+A_{OL}^2 R_2}$$

$$C_3(R_3+R_1 \parallel R_2)C_2 R_5 \left(1+\frac{A_{OL}^2}{1+A_{OL}}\frac{R_1 \parallel R_3}{R_1 \parallel R_3+R_2}\right) \tag{5.340}$$

当 A_{OL} 接近无穷大时,系数 b_3 简化为:

$$b_3 \approx \frac{C_1 C_2 C_3 R_4 R_5 R_1 R_3}{R_2} \tag{5.341}$$

将所有系数 b 组合整理得完整分母 $D(s)$ 表达式为:

$$D(s) = 1 + s(\tau_1+\tau_2+\tau_3) + s^2(\tau_1 \tau_2^1 + \tau_1 \tau_3^1 + \tau_2 \tau_3^2) + s^3 \tau_1 \tau_3^1 \tau_2^{13}$$

$$= 1 + s \left\{ \begin{array}{l} C_1 \dfrac{R_4(R_1+R_2)+A_{OL}R_4(R_1+R_2)}{R_1+R_2+A_{OL}(R_1+R_2)+A_{OL}^2 R_2} + \\[4mm] C_2 \dfrac{R_5(R_1+R_2)+A_{OL}R_5(R_1+R_2)}{R_1+R_2+A_{OL}(R_1+R_2)+A_{OL}^2 R_2} + C_3 \dfrac{1+\dfrac{R_3}{R_1}+\dfrac{R_3(1+A_{OL})}{R_2(1+A_{OL}+A_{OL}^2)}}{\dfrac{1}{R_1}+\dfrac{1+A_{OL}}{R_2(1+A_{OL}+A_{OL}^2)}} \end{array} \right\} +$$

$$s^2 \left\{ \begin{array}{l} C_1 \dfrac{R_4(R_1+R_2)+A_{OL}R_4(R_1+R_2)}{R_1+R_2+A_{OL}(R_1+R_2)+A_{OL}^2 R_2} \cdot \\[3mm] C_2 R_5 \left(1+\dfrac{A_{OL}^2}{1+A_{OL}}\dfrac{R_1}{R_1+R_2}\right) + C_1 \dfrac{R_4(R_1+R_2)+A_{OL}R_4(R_1+R_2)}{R_1+R_2+A_{OL}(R_1+R_2)+A_{OL}^2 R_2} \cdot \\[3mm] C_3(R_3+R_1 \parallel R_2) + C_2 \dfrac{R_5(R_1+R_2)+A_{OL}R_5(R_1+R_2)}{R_1+R_2+A_{OL}(R_1+R_2)+A_{OL}^2 R_2} \cdot \\[3mm] C_3(R_3+R_1 \parallel R_2) \end{array} \right\} +$$

$$s^3 \left\{ \begin{array}{l} C_1 \dfrac{R_4(R_1+R_2)+A_{OL}R_4(R_1+R_2)}{R_1+R_2+A_{OL}(R_1+R_2)+A_{OL}^2 R_2} \cdot \\[3mm] C_3(R_3+R_1 \parallel R_2)C_2 R_5 \left(1+\dfrac{A_{OL}^2}{1+A_{OL}}\dfrac{R_1 \parallel R_3}{R_1 \parallel R_3+R_2}\right) \end{array} \right\}$$

$$\tag{5.342}$$

当开环增益 A_{OL} 非常大时,分母表达式简化为:

$$D(s) \approx 1 + C_3(R_1+R_3)s + \frac{R_4 R_5 R_1}{R_2}C_1 C_2 s^2 + \frac{C_1 C_3^2 R_4 R_5 R_1 R_3}{R_2}s^3 \tag{5.343}$$

接下来求解分子表达式,首先由图 5.68 计算准静态增益 H_0。

由图 5.68 求得电流 I_1 为:

$$I_1 = \frac{V_{in}-V_{out}}{R_1} \tag{5.344}$$

因为电阻 R_4 中无电流流过,所以式(5.344)等价于:

$$I_1 = \frac{V_{out}-A_{OL}(V_{(op)}-V_{(A)})}{R_2} \tag{5.345}$$

节点 op 处的电压定义式为:

$$V_{(op)} = V_{out}A_{OL}-V_{(A)}A_{OL} \tag{5.346}$$

节点 A 处电压为输出电压 V_{out} 与电阻 R_2 两端电压之差。利用式(5.344)计算 I_1,整理得节点 A 处电压为:

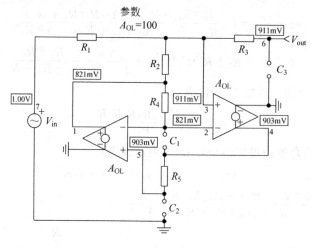

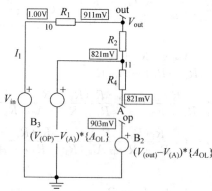

图 5.68 所有电容全部开路时计算增益 H_0。

$$V_{(A)} = V_{out} - R_2 I_1 = V_{out} - R_2 \frac{V_{in} - V_{out}}{R_1} \tag{5.347}$$

将式(5.347)代入式(5.346)求得节点 op 电压定义式为：

$$V_{(op)} = \frac{A_{OL} R_2 (V_{in} - V_{out})}{R_1} \tag{5.348}$$

当节点 op 处电压由式(5.348)替代，并且令式(5.344)和式(5.345)相等时可得：

$$\frac{V_{in} - V_{out}}{R_1} = \frac{R_1 V_{out} - A_{OL}^2 R_2 V_{in} + A_{OL}^2 R_2 V_{out} + A_{OL} R_1 V_{(A)}}{R_1 R_2} \tag{5.349}$$

由式(5.347)替代式(5.349)中的 $V_{(A)}$，并且分解因式得：

$$H_0 = \frac{R_2 (1 + A_{OL} + A_{OL}^2)}{R_1 + R_2 + A_{OL}(R_1 + R_2) + A_{OL}^2 R_2} \tag{5.350}$$

分解因式 A_{OL}^2 可得：

$$H_0 = \frac{A_{OL}^2 R_2 \left(\dfrac{1}{A_{OL}^2} + \dfrac{1}{A_{OL}} + 1 \right)}{A_{OL}^2 \left(\dfrac{R_1 + R_2}{A_{OL}^2} + \dfrac{R_1 + R_2}{A_{OL}} + R_2 \right)} \tag{5.351}$$

当 A_{OL} 非常大时，简化为：

$$H_0 \approx 1 \tag{5.352}$$

如图 5.69 所示,通过短路 C_1 求得第一增益 H^1。由于左侧运算放大器的两输入端均处于相同电位,因此输出电压为 0V,并将电阻 R_2 低端接地。R_2 和 R_1 构成简单电阻分压器,从而增益为:

$$H^1 = \frac{R_2}{R_1 + R_2} \tag{5.353}$$

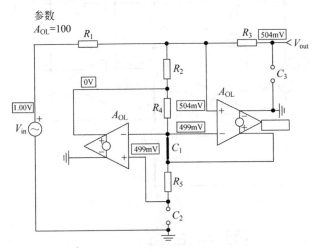

图 5.69　电容 C_1 短路时左侧运算放大器的两输入端
处于相同电位,此时计算增益 H^1

如图 5.70 所示,由于 C_2 短路,所以左侧运放同相输入端接地,使得 R_2 低端电位为 0V,从而增益 H^2 表达式与 H^1 相同,即:

$$H^2 = \frac{R_2}{R_1 + R_2} \tag{5.354}$$

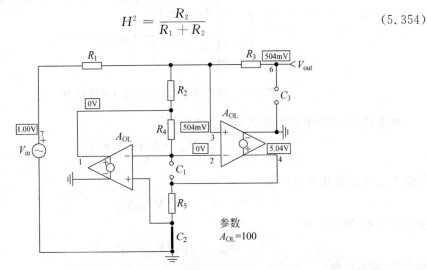

图 5.70　电容 C_2 短路时计算增益 H^2

当 C_3 短路时增益 H^3 以及与其相关的增益全部为零,因此:

$$H^3 = H^{13} = H^{23} = H^{123} = 0 \tag{5.355}$$

利用图 5.71 所示电路计算时间常数 H^{12}。根据电路方程求解通过电阻 R_1 和 R_2 的电

流 I_1 为:

$$I_1 = \frac{V_{in} - V_{out}}{R_1} = \frac{V_{out} - V_{(A)}}{R_2} \tag{5.356}$$

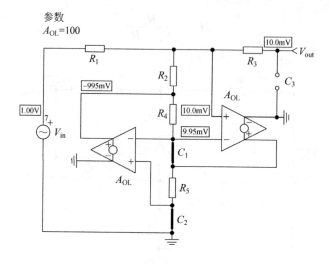

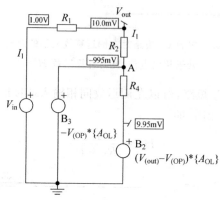

图 5.71　利用特定简化电路图计算增益 H^{12}

根据式(5.356)求得节点 A 处电压为:

$$V_{(A)} = \frac{R_1 V_{out} - R_2 V_{in} + R_2 V_{out}}{R_1} \tag{5.357}$$

同时节点 A 处电压也可定义为:

$$V_{(A)} = - V_{(op)} A_{OL} \tag{5.358}$$

其中节点 op 处电位为:

$$V_{(op)} = A_{OL}(V_{out} - V_{(op)}) \tag{5.359}$$

由式(5.359)可得:

$$V_{(op)} = \frac{A_{OL} V_{out}}{1 + A_{OL}} \tag{5.360}$$

将式(5.360)代入式(5.358)整理得:

$$V_{(A)} = - \frac{A_{OL}^2 V_{out}}{1 + A_{OL}} \tag{5.361}$$

令式(5.361)与式(5.357)相等,重新整理求得增益 H^{12} 表达式为:

$$H^{12} = \frac{R_2}{R_1\left(\dfrac{R_1+R_2}{R_1} + \dfrac{A_{OL}^2}{1+A_{OL}}\right)} \tag{5.362}$$

当运算放大器开环增益增加时,H^{12} 将变为0。计算增益 H^{123} 时令电容 C_3 短路,求得增益为:

$$H^{123} = 0 \tag{5.363}$$

将上述计算进行组合,整理得分子 $N(s)$ 表达式为:

$$N(s) = H_0 + s(\tau_1 H^1 + \tau_2 H^2 + \tau_3 H^3) +$$
$$s^2(\tau_1\tau_2^1 H^{12} + \tau_1\tau_3^1 H^{13} + \tau_2\tau_3^2 H^{23}) + s^3(\tau_1\tau_3^1\tau_2^{13} H^{123}) \tag{5.364}$$

式(5.364)中包含各种时间常数的所有原始定义。通过表达式可以得到运放增益 A_{OL} 对动态响应的影响。鉴于多项增益为零,所以式(5.364)最终简化为:

$$N(s) = H_0 + s(\tau_1 H^1 + \tau_2 H^2) + s^2\tau_1\tau_2^1 H^{12} \tag{5.365}$$

如果增益 A_{OL} 非常大,则分子表达式 $N(s)$ 简化为1。现在拥有两个传递函数,一个是包括运算放大器开环增益效应的综合函数,另一个为 A_{OL} 无限大时的简化函数:

$$H(s) = H_0 \frac{Hs\left(\dfrac{\tau_1 H^1 + \tau_2 H^2}{H_0}\right) + s^2 \dfrac{\tau_1\tau_2^1 H^{12}}{H_0}}{1 + s(\tau_1+\tau_2+\tau_3) + s^2(\tau_1\tau_2^1 + \tau_1\tau_3^1 + \tau_2\tau_3^2) + s^3\tau_1\tau_3^1\tau_2^{13}} \tag{5.366}$$

当 A_{OL} 无限大时,简化为:

$$H(s) \approx \frac{1}{1 + C_3(R_1+R_3)s + \dfrac{R_4 R_5 R_1}{R_2}C_1 C_2 s^2 + \dfrac{C_1 C_2 C_3 R_4 R_5 R_1 R_3}{R_2}s^3} \tag{5.367}$$

如第2章所述,当3阶分母表达式为主导低频极点与两重合极点相乘的形式时可以进行重新组合。利用最终曲线能够检验简化表达式与原始表达式(5.366)的具体差别。根据第2章定义可得:

$$\omega_p = \frac{1}{b_1} = \frac{1}{C_3(R_1+R_3)} \tag{5.368}$$

$$\omega_0 = \sqrt{\frac{b_1}{b_3}} = \sqrt{\frac{R_2(R_1+R_3)}{C_1 C_3 R_1 R_3 R_4 R_5}} \tag{5.369}$$

$$Q = \frac{b_1 b_3 \sqrt{\dfrac{b_1}{b_3}}}{b_1 b_2 - b_3} = \frac{C_2 C_3 R_1 R_3 R_4 R_5 (R_1+R_3)\sqrt{\dfrac{R_2(R_1+R_3)}{C_1 C_3 R_1 R_3 R_4 R_5}}}{C_2 R_1^2 R_4 R_5 + R_1 R_3 R_4 R_5 (C_2 - C_3)} \tag{5.370}$$

因此简化传递函数为:

$$H(s) \approx \frac{1}{\left(1 + \dfrac{s}{\omega_p}\right)\left(1 + \dfrac{s}{\omega_0 Q} + \left(\dfrac{s}{\omega_0}\right)^2\right)} \tag{5.371}$$

图 5.72 为电路的全部 Mathcad 计算程序,图 5.73 为其频率特性曲线——开环增益为 100k 或 100dB。完整表达式 H_{10} 及其简化表达式 H_{20} 均预测出该电路为未峰化的低通滤波器,并且含有高频陷波电路。当 $N(s)$ 假定为1并且无陷波器时 H_{30} 的频率响应曲线与实际测试非常一致。最后,如果按照 H_{40} 绘制表达式(5.371)的特性曲线,则截止频率处存在微小增益偏差和不匹配。

最后利用 SPICE 仿真对 GIC 滤波器电路进行验证,具体电路如图 5.74 所示,该图包括仿真和理论分析结果,两者完美匹配——验证计算正确。

$R_1 := 0.9852\,\Omega \quad R_2 := 1\,\Omega \quad R_3 := 0.335\,\Omega \quad R_4 := 1\,\Omega \quad R_5 := 0.8476\,\Omega \quad A_{OL} := 10^5$

$C_1 := 3.98\,\mu F \quad C_2 := 3.98\,\mu F \quad C_3 := 3.98\,\mu F \quad \parallel(x,y) := \dfrac{x \cdot y}{x + y}$

$\tau_1 := C_1 \cdot \dfrac{R_1 \cdot R_4 + R_2 \cdot R_4 + A_{OL} \cdot R_4 \cdot (R_1 + R_2)}{R_1 + R_2 + A_{OL} \cdot (R_1 + R_2) + A_{OL}^2 \cdot R_2} = 7.90102 \times 10^{-5}\,\mu s$

$\tau_2 := \dfrac{R_5 \cdot (R_1 + R_2) + A_{OL} \cdot R_5 \cdot (R_1 + R_2)}{R_1 + R_2 + A_{OL} \cdot (R_1 + R_2) + A_{OL}^2 \cdot R_2} \cdot C_2 = 6.91023 \times 10^{-5}\,\mu s$

$\tau_3 := C_3 \cdot \left[\dfrac{1 + \dfrac{R_3}{R_1} + \dfrac{R_3 \cdot (A_{OL} + 1)}{R_2 \cdot (A_{OL}^2 + A_{OL} + 1)}}{\dfrac{1}{R_1} + \dfrac{A_{OL} + 1}{R_2 \cdot (A_{OL}^2 + A_{OL} + 1)}} \right] = 5.25436\,\mu s$

$\tau_{12} := C_2 \left[R_5 \cdot \left(1 + \dfrac{A_{OL}^2}{1 + A_{OL}} \cdot \dfrac{R_1}{R_1 + R_2} \right) \right] = 1.7275 \times 10^5\,\mu s$

$\tau_{13} := [R_3 + (R_1 \parallel R_2)] \cdot C_3 = 3.30846\,\mu s$

$\tau_{23} := [R_3 + (R_1 \parallel R_2)] \cdot C_3 = 3.30846\,\mu s$

$\tau_{132} := \left[R_5 \cdot \left(1 + \dfrac{A_{OL}^2}{1 + A_{OL}} \cdot \dfrac{R_1 \parallel R_3}{R_1 \parallel R_3 \parallel R_2} \right) \right] \cdot C_2 = 6.96196 \times 10^4\,\mu s$

$b_1 := \tau_1 + \tau_2 + \tau_3 = 5.25451 \cdot \mu s \quad b_{11} := C_3 \cdot (R_16 + R_3) = 5.2544\,\mu s$

$b_2 := \tau_1 \cdot \tau_{12} + \tau_1 \cdot \tau_{13} + \tau_2 \cdot \tau_{23} = 13.64947 \cdot \mu s^2 \quad b_{22} := \dfrac{R_4 \cdot R_5 \cdot R_1}{R_2} \cdot C_1 \cdot C_2 = 13.64897\,\mu s^2$

$b_3 := \tau_1 \cdot \tau_{13} \cdot \tau_{132} = 18.19873 \cdot \mu s^3 \quad b_{33} := \dfrac{C_1 \cdot C_2 \cdot C_3 \cdot R_4 \cdot R_5 \cdot R_1 \cdot R_3}{R_2} = 18.19818\,\mu s^3$

$D_1(s) := 1 + b_1 \cdot s + b_2 \cdot s^2 + b_3 \cdot s^3 \quad D_2(s) := 1 + b_{11} \cdot s + b_{22} \cdot s^2 + b_{33} \cdot s^3$

$H_0 := \dfrac{R_2 \cdot (A_{OL}^2 + A_{OL} + 1)}{R_1 + R_2 + A_{OL} \cdot R_1 + A_{OL} \cdot R_2 + A_{OL}^2 \cdot R_2} = 0.99999$

$H_1 := \dfrac{R_2}{R_1 + R_2} = 0.50373 \quad H_2 := \dfrac{R_2}{R_1 + R_2} = 0.50373 \quad H_3 := 0$

$H_{12} := \dfrac{R_2}{R_1 \cdot \left(\dfrac{R_1 + R_2}{R_1} + \dfrac{A_{OL}^2}{A_{OL} + 1} \right)} = 1.01501 \times 10^{-5} \quad H_{13} := 0 \quad H_{23} := 0 \quad H_{123} := 0$

$a_1 := \tau_1 \cdot H_1 + \tau_2 \cdot H_2 + \tau_3 \cdot H_3 = 0.07461\,ns$

$a_2 := \tau_1 \cdot \tau_{12} \cdot H_{12} + \tau_1 \cdot \tau_{13} H_{13} + \tau_2 \cdot \tau_{23} \cdot H_{23} = 1.38539 \times 10^{-4}\,\mu s^2$

$a_3 := \tau_1 \cdot \tau_{13} \cdot \tau_{132} \cdot H_{123} = 0$

$N_1(s) := H_0 + a_1 \cdot s + a_2 \cdot s^2 + a_3 \cdot s^3 \quad N_2(s) := H_0 + s(\tau_1 \cdot H_1 + \tau_2 \cdot H_2) + s^2 \cdot \tau_1 \cdot \tau_{12} \cdot H_{12} + s^3 \cdot \tau_1 \cdot \tau_{13} \cdot \tau_{132} \cdot H_{123}$

$H_{10}(s) := \dfrac{N_1(s)}{D_1(s)} \quad H_{20}(s) := \dfrac{N_2(s)}{D_2(s)} \quad H_{30}(s) := \dfrac{1}{D_2(s)}$

$\omega_p := \dfrac{1}{b_{11}} \quad f_p := \dfrac{\omega_p}{2\pi} = 30.28986\,kHz \quad Q := \dfrac{b_{11} \cdot b_{33} \cdot \sqrt{\dfrac{b_{11}}{b_{33}}}}{b_{11} \cdot b_{22} - b_{33}} = 0.96004 \quad \omega_0 := \sqrt{\dfrac{b_{11}}{b_{33}}}$

$f_0 := \dfrac{\omega_0}{2\pi} = 85.51998\,kHz$

$\dfrac{C_2 \cdot C_3 \cdot R_1 \cdot R_3 \cdot R_4 \cdot R_5 \cdot (R_1 + R_3) \cdot \sqrt{\dfrac{R_2 \cdot (R_1 + R_3)}{C_1 \cdot C_3 \cdot R_1 \cdot R_3 \cdot R_4 \cdot R_5}}}{C_2 \cdot R_1^2 \cdot R_4 \cdot R_5 + (R_1 \cdot R_3 \cdot R_4 \cdot R_5) \cdot (C_2 - C_3)} = 0.96004$

$\sqrt{\dfrac{R_2 \cdot (R_1 + R_3)}{C_1 \cdot C_3 \cdot R_1 \cdot R_3 \cdot R_4 \cdot R_5}} \cdot \dfrac{1}{2\pi} = 85.51998\,kHz$

$D_3(s) := \left(1 + \dfrac{s}{\omega_p} \right) \cdot \left[1 + \dfrac{s}{\omega_0 \cdot Q} + \left(\dfrac{s}{\omega_0} \right)^2 \right]$

$H_{40}(s) := \dfrac{1}{D_3(s)}$

图 5.72 利用 Mathcad 计算全部时间常数并对简化表达式进行检验

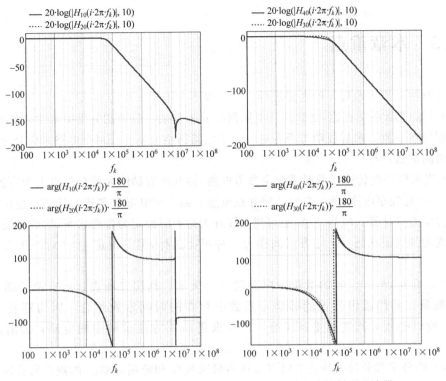

图 5.73　完整表达式频率特性曲线：受高频开关影响的低通滤波器

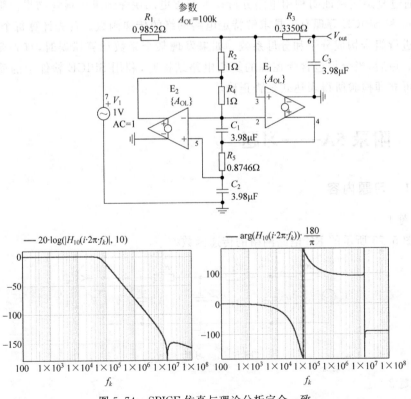

图 5.74　SPICE 仿真与理论分析完全一致

5.3 本章重点

第 5 章更加深入地对 n 阶电路进行探讨。以下为本章所学内容总结：

（1）与前几章所学相比，处理高阶电路网络并不复杂。分子和分母中所含项数更多，但计算过程仍然一致。求解成功与否主要取决于电路网络分割——每个电路对应分母和分子的相应时间常数计算。

（2）当求解高阶传递函数时需设定参考电路，将其所有储能元件全部设定为直流状态：首先在 $s=0$ 时观察电路，此时电容开路并且电感短路。SPICE 软件进行任何类型仿真之前首先进行偏差点计算。应当注意，也可将 s 接近无穷大时设定为参考状态，然后将储能元件交替设置为其直流状态。上述方式同样为一种可能选择，但是设定 $s=0$ 对于工程师更加直观。

（3）系数 b_1、b_2、$\cdots$、b_n 的数量由电路阶数 n 决定。利用二项表达式有助于确定系数的具体数量。利用通用公式能够确定系数中存在的时间常数组合。因为存在时间常数冗余，所以必须对其进行重新组合：①寻求更简单方法求解中间电路；②消除不确定性。

（4）n 阶分子和分母表达式有时可以按质量因数 Q 和谐振频率 ω_0 的规范形式进行重新排列。当忽略某些元件时可以采用近似表达式，但是最终动态响应精度往往受到影响。

（5）通过复杂实例证明利用电路分析技术能够更加快速地求得最终结果。强烈建议利用 Mathcad 和 SPICE 等现有工具求解特定电路网络的传递函数。首先计算每个时间常数，然后将其进行组合构成分子和分母系数。如果发现某个系数计算错误时，首先要确定问题时间常数。最后，当分析包含受控源的复杂电路结构时，利用 SPICE 软件中的简单直流工作点分析可立即检验所得表达式是否正确。

5.4 附录 5A——习题

5.4.1 习题内容

1. 习题 1

求解图 5.75 所示的 RC 电路网络的传递函数。

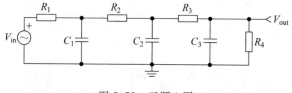

图 5.75 习题 1 图

2. 习题 2

求解图 5.76 所示的 RL 电路网络的传递函数。

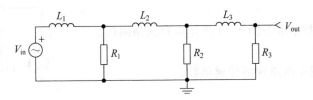

图 5.76 习题 2 图

3. 习题 3

求解图 5.77 所示的扬声器滤波电路的传递函数。

4. 习题 4

求解图 5.78 所示的滤波器的输出阻抗。

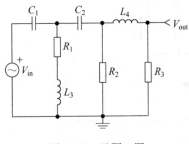

图 5.77 习题 3 图

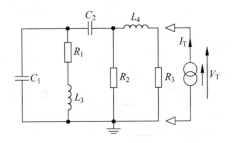

图 5.78 习题 4 图

5. 习题 5

求解图 5.79 所示电路网络的传递函数。

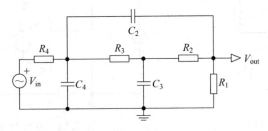

图 5.79 习题 5 图

6. 习题 6

求解图 5.80 所示电路的输出电压与输入电流关系式。

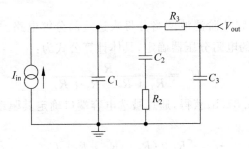

图 5.80 习题 6 图

7. 习题 7

利用快速分析技术求解图 5.81 所示电路网络阻抗。

8. 习题 8

求解图 5.82 所示电路网络传递函数。

9. 习题 9

求解图 5.83 所示扬声器模型阻抗。

10. 习题 10

求解图 5.84 所示电路传递函数。

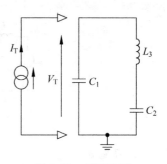

图 5.81　习题 7 图

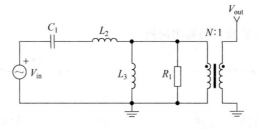

图 5.82　习题 8 图

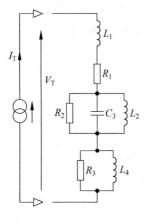

图 5.83　习题 9 图

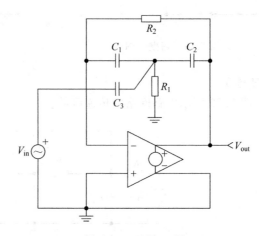

图 5.84　习题 10 图

5.4.2　习题答案

1. 习题 1

图 5.85 详细列出求解 3 阶滤波网络分母表达式的分解电路。准静态增益 H_0 由电阻 R_4 与其他串联电阻构成的电阻分压器确定,具体计算公式为:

$$H_0 = \frac{R}{R_1 + R_2 + R_3 + R_4} \tag{5.372}$$

第一时间常数由图 5.85(b)获得,通过被选电容端口确定其驱动电阻。由图 5.85 可求得如下时间常数:

$$\tau_1 = [R_1 \parallel (R_2 + R_3 + R_4)]C_1 \tag{5.373}$$

$$\tau_2 = [(R_1 + R_2) \parallel (R_3 + R_4)]C_2 \tag{5.374}$$

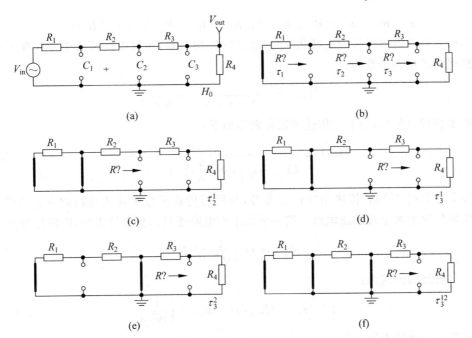

图 5.85 将电路网络分解为独立电路，以求解各种时间常数

$$\tau_3 = [R_4 \parallel (R_1 + R_2 + R_3)]C_3 \tag{5.375}$$

于是 b_1 为：

$$b_1 = \tau_1 + \tau_2 + \tau_3 = [R_1 \parallel (R_2 + R_3 + R_4)]C_1 + [(R_1 + R_2) \parallel (R_3 + R_4)]C_2 +$$
$$[R_4 \parallel (R_1 + R_2 + R_3)]C_3 \tag{5.376}$$

由图 5.85(c)～图 5.85(e) 求得高阶时间常数为：

$$\tau_2^1 = [R_2 \parallel (R_3 + R_4)]C_2 \tag{5.377}$$

$$\tau_3^1 = [R_4 \parallel (R_2 + R_3)]C_3 \tag{5.378}$$

$$\tau_3^2 = (R_4 \parallel R_3)C_3 \tag{5.379}$$

则系数 b_2 为：

$$b_2 = \tau_1 \tau_2^1 + \tau_1 \tau_3^1 + \tau_2 \tau_3^2$$
$$= [R_1 \parallel (R_2 + R_3 + R_4)]C_1[R_2 \parallel (R_3 + R_4)]C_2 +$$
$$[R_1 \parallel (R_1 + R_3 + R_4)]C_1[R_4 \parallel (R_2 + R_3)]C_3 +$$
$$[(R_1 + R_2) \parallel (R_3 + R_4)]C_2(R_4 \parallel R_3)C_3 \tag{5.380}$$

最后由图 5.85(f) 求得最后一个时间常数为：

$$\tau_3^{12} = (R_3 \parallel R_4)C_3 \tag{5.381}$$

分母中最后项 b_3 为：

$$b_3 = \tau_1 \tau_2^1 \tau_3^{12} = [R_1 \parallel (R_2 + R_3 + R_4)]C_1[R_2 \parallel (R_3 + R_4)]C_2(R_3 \parallel R_4)C_3 \tag{5.382}$$

根据上述计算求得分母 $D(s)$ 表达式为：

$$D(s) = 1 + b_1 s + b_2 s^2 + b_3 s^3$$
$$= 1 + s[R_1 \parallel (R_2 + R_3 + R_4)]C_1 + [(R_1 + R_2) \parallel (R_3 + R_4)]C_2 +$$
$$[R_4 \parallel (R_1 + R_2 + R_3)]C_3 +$$
$$s^2 \begin{bmatrix} [R_1 \parallel (R_2 + R_3 + R_4)]C_1[R_2 \parallel (R_3 + R_4)]C_2 + \\ [R_1 \parallel (R_2 + R_3 + R_4)]C_1[R_4 \parallel (R_2 + R_3)]C_3 + \\ [(R_1 + R_2) \parallel (R_3 + R_4)]C_2(R_4 \parallel R_3)C_3 + \end{bmatrix}$$

$$s^3\left(\left[R_1 \parallel (R_2 + R_3 + R_4)\right]C_1\left[R_2 \parallel (R_3 + R_4)\right]C_2(R_3 \parallel R_4)C_3\right) \tag{5.383}$$

当任何一个电容设置为高频状态时,输出响应均为零,所以电路网络中不存在零点,即该电路网络的传递函数为:

$$H(s) = \frac{1}{1 + b_1 s + b_2 s^2 + b_3 s^3} \tag{5.384}$$

如果将极点分离,则上述传递函数可表达如下:

$$H(s) \approx \frac{1}{(1 + b_1 s)\left(1 + s\dfrac{b_2}{b_1}\right)\left(1 + s\dfrac{b_3}{b_2}\right)} \tag{5.385}$$

接下来利用"原始"传递函数作为参考,对所得传递函数表达式进行测试。将图 5.75 电路网络分解为两个戴维南电路。第一个戴维南电路受其输出阻抗影响,阻抗计算公式为:

$$R_{th1}(s) = \left(\frac{1}{sC_1}\right) \parallel R_1 \tag{5.386}$$

而第二个电路的阻抗为:

$$R_{th2}(s) = (R_{th1}(s) + R_2) \parallel \left(\frac{1}{sC_2}\right) \tag{5.387}$$

所得完整传递函数表达式为:

$$H_{ref}(s) = \frac{\dfrac{1}{sC_1}}{\dfrac{1}{sC_1} + R_1} \cdot \frac{\dfrac{1}{sC_2}}{R_{th1}(s) + R_2 + \dfrac{1}{sC_2}} \cdot \frac{\left(\dfrac{1}{sC_3}\right) \parallel R_4}{\left(\dfrac{1}{sC_3}\right) \parallel R_4 + R_{th2}(s) + R_3} \tag{5.388}$$

Mathcad 计算结果如图 5.86 所示,通过频率特性曲线证明式(5.384)和式(5.388)非常一致。

为了将两传递函数的幅频和相频曲线进行更精确对比,可将其差值分别绘制输出。如果两曲线完全相同则其误差将会非常小,具体如图 5.87 所示。

2. 习题 2

利用图 5.88 中各分离电路计算 3 阶滤波器网络的分母表达式。因为电路进行直流分析时所有电感均短路,所以可直接求得电路的准静态增益值。由图 5.88(a)得:

$$H_0 = 1 \tag{5.389}$$

由图 5.88(b)～(d)分别计算电路的 3 个第一时间常数,具体计算公式为:

$$\tau_1 = \frac{L_1}{R_1 \parallel R_2 \parallel R_3} \tag{5.390}$$

$$\tau_2 = \frac{L_2}{R_2 \parallel R_3} \tag{5.391}$$

$$\tau_3 = \frac{L_3}{R_3} \tag{5.392}$$

系数 b_1 由式(5.390)、式(5.391)和式(5.392)相加组成,即:

$$b_1 = \tau_1 + \tau_2 + \tau_3 = \frac{L_1}{R_1 \parallel R_2 \parallel R_3} + \frac{L_2}{R_2 \parallel R_3} + \frac{L_3}{R_3} \tag{5.393}$$

利用时间常数 τ_2^1、τ_3^1 和 τ_3^2 计算系数 b_2,上述时间常数分别通过电路图 5.88(e)、(f)、(g) 进行计算:

$R_1 := 1\text{k}\Omega \quad R_2 := 2.2\text{k}\Omega \quad R_3 := 3.3\text{k}\Omega \quad R_4 := 1\text{k}\Omega$

$\| (x, y) := \dfrac{x \cdot y}{x + y} \quad C_1 := 2.2\text{nF} \quad C_2 := 1\text{nF} \quad C_3 := 10\text{nF}$

$H_0 := \dfrac{R_4}{R_1 + R_2 + R_3 + R_4} = 0.133 \quad R_{\text{th1}}(s) := \left(\dfrac{1}{s \cdot C_1}\right) \| R_1 \quad R_{\text{th2}}(s) = (R_{\text{th1}}(s) + R_2) \| \left(\dfrac{1}{s \cdot C_2}\right)$

$\tau_1 := [R_1 \| (R_2 + R_3 + R_4)] \cdot C_1 = 1.907\mu\text{s}$

$H_{\text{ref}}(s) := \dfrac{\dfrac{1}{s \cdot C_1}}{\dfrac{1}{s \cdot C_1} + R_1} \cdot \dfrac{\dfrac{1}{s \cdot C_2}}{R_{\text{th1}}(s) + R_2 + \dfrac{1}{s \cdot C_2}} \cdot \dfrac{\left(\dfrac{1}{s \cdot C_3}\right) \| R_4}{\left(\dfrac{1}{s \cdot C_3}\right) \| R_4 + R_{\text{th2}}(s) + R_3}$

$\tau_2 := [(R_1 + R_2) \| (R_3 + R_4)] \cdot C_2 = 1.835\mu\text{s}$

$\tau_3 := [R_4 \| (R_1 + R_2 + R_3)] \cdot C_3 = 8.667\mu\text{s}$

$b_1 := \tau_1 + \tau_2 + \tau_3 = 12.408\mu\text{s}$

$\tau_{12} := [R_2 \| (R_3 + R_4)] \cdot C_2 = 1.455\mu\text{s}$

$\tau_{13} := [R_4 \| (R_2 + R_3)] \cdot C_3 = 8.462\mu\text{s}$

$\tau_{23} := (R_4 \| R_3) \cdot C_3 = 7.674\mu\text{s}$

$b_2 := \tau_1 \cdot \tau_{12} + \tau_1 \cdot \tau_{13} + \tau_2 \cdot \tau_{23} = 32.988\mu\text{s}^2$

$\tau_{123} := (R_3 \| R_4) \cdot C_3 = 7.674\mu\text{s}$

$b_3 := \tau_1 \cdot \tau_{12} \cdot \tau_{123} = 21.296\mu\text{s}^3$

$H_1(s) := H_0 \cdot \dfrac{1}{1 + b_1 \cdot s + b_2 \cdot s^2 + b_3 \cdot s^3} \qquad H_2(s) := H_0 \cdot \dfrac{1}{(1 + b_1 \cdot s) \cdot \left(1 + s \cdot \dfrac{b_2}{b_1}\right) \cdot \left(1 + s \cdot \dfrac{b_3}{b_2}\right)}$

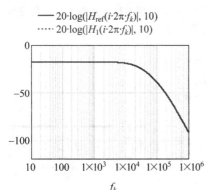
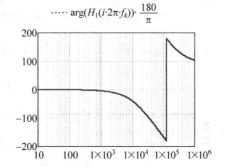

$$— \quad 20 \cdot \log(|H_{\text{ref}}(i \cdot 2\pi \cdot f_k)|, 10)$$
$$\cdots \quad 20 \cdot \log(|H_1(i \cdot 2\pi \cdot f_k)|, 10)$$

$$— \quad \arg(H_{\text{ref}}(i \cdot 2\pi \cdot f_k)) \cdot \dfrac{180}{\pi}$$
$$\cdots \quad \arg(H_1(i \cdot 2\pi \cdot f_k)) \cdot \dfrac{180}{\pi}$$

图 5.86 利用 Mathcad 验证原始传递函数与表达式(5.384)的频率特性非常一致

$$\tau_2^1 = \dfrac{L_2}{R_1 + R_2 \| R_3} \tag{5.394}$$

$$\tau_3^1 = \dfrac{L_3}{R_3 + R_2 \| R_1} \tag{5.395}$$

$$\tau_3^2 = \dfrac{L_3}{R_3 + R_2} \tag{5.396}$$

系数 b_2 的计算公式为：

$$b_2 = \tau_1 \tau_2^1 + \tau_1 \tau_3^1 + \tau_2 \tau_3^2$$
$$= \dfrac{L_1}{R_1 \| R_2 \| R_3} \dfrac{L_2}{R_1 + R_2 \| R_3} + \dfrac{L_1}{R_1 \| R_2 \| R_3} \dfrac{L_3}{R_3 + R_2 \| R_1} +$$
$$\dfrac{L_2}{R_2 \| R_3} \dfrac{L_3}{R_3 + R_2} \tag{5.397}$$

通过电感 L_3 两端点计算最后一个时间常数,此时电感 L_1 和 L_2 设置为高频状态(开

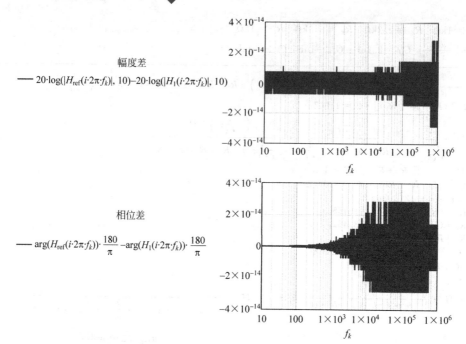

幅度差

—— $20 \cdot \log(|H_{ref}(i \cdot 2\pi \cdot f_k)|, 10) - 20 \cdot \log(|H_1(i \cdot 2\pi \cdot f_k)|, 10)$

相位差

—— $\arg(H_{ref}(i \cdot 2\pi \cdot f_k)) \cdot \dfrac{180}{\pi} - \arg(H_1(i \cdot 2\pi \cdot f_k)) \cdot \dfrac{180}{\pi}$

图 5.87 利用幅频和相频曲线差值对两传递函数进行更精确对比。由图可得两传递函数
　　　　之间的误差在噪声范围内,所以两者非常一致

路),具体电路如图 5.88(h)所示,求得时间常数为:

$$\tau_3^{12} = \frac{L_3}{R_3 + R_2} \tag{5.398}$$

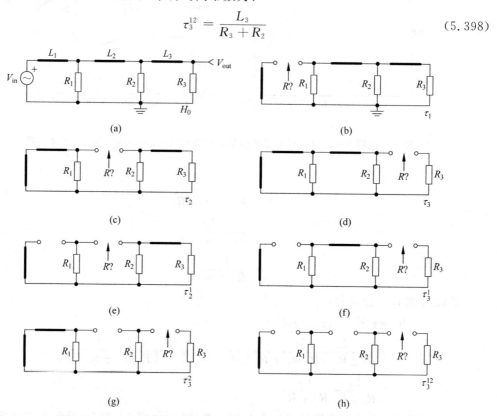

图 5.88　将电路网络分解成独立电路图,以便于计算各种时间常数

根据上述计算求得系数 b_3 的表达式为：

$$b_3 = \tau_1 \tau_2^1 \tau_3^{12} = \frac{L_1}{R_1 \parallel R_2 \parallel R_3} \frac{L_2}{R_1 + R_2 \parallel R_3} \frac{L_3}{R_3 + R_2} \tag{5.399}$$

从而求得最终分母表达式为：

$$D(s) = 1 + b_1 s + b_2 s^2 + b_3 s^3$$

$$= 1 + s \left(\frac{L_1}{R_1 \parallel R_2 \parallel R_3} + \frac{L_2}{R_2 \parallel R_3} + \frac{L_3}{R_3} \right) +$$

$$s^2 \left(\frac{L_1}{R_1 \parallel R_2 \parallel R_3} \frac{L_2}{R_1 + R_2 \parallel R_3} + \frac{L_1}{R_1 \parallel R_2 \parallel R_3} \frac{L_3}{R_3 + R_2 \parallel R_1} + \frac{L_2}{R_2 \parallel R_3} \frac{L_3}{R_3 + R_2} \right) +$$

$$s^3 \left(\frac{L_1}{R_1 \parallel R_2 \parallel R_3} \frac{L_2}{R_1 + R_2 \parallel R_3} + \frac{L_3}{R_3 + R_2} \right) \tag{5.400}$$

由于电路中无零点存在，所以立即求得传递函数表达式为：

$$H(s) = \frac{1}{D(s)} \tag{5.401}$$

与式(5.400)相类似的表达式看上去非常复杂，但是如果将并联电阻简化能够使得电路分析更加简单。例如，假设电阻 R_3 变成无穷大，即电路网络空载，则电感 L_3 对电路无作用，并且与 R_3 并联的所有项均得到简化。如果对表达式(5.400)直接分析，则很难得出上述结论。

现在已经求得电路传递函数，接下来通过原始表达式对动态响应进行测试。所用求解方法与习题 1 相同：定义戴维南信号源，然后应用阻抗分压器公式。计算结果如下：

$$R_{th1}(s) = sL_1 \parallel R_1 \tag{5.402}$$

$$R_{th2}(s) = (R_{th1}(s) + sL_2) \parallel R_2 \tag{5.403}$$

整理得全部"原始"传递函数表达式为：

$$H_{ref}(s) = \frac{R_1}{sL_1 + R_1} \cdot \frac{R_2}{R_{th1}(s) + R_2 + sL_2} \cdot \frac{R_3}{R_3 + R_{th2}(s) + sL_3} \tag{5.404}$$

图 5.89 为 Mathcad 计算结果，通过频率特性曲线确认两传递函数动态响应非常一致。

3. 习题 3

高音扬声器滤波电路能够截断较低频率。该滤波器具有 4 个独立状态变量的储能元件，所以为 4 阶系统。与前面章节分析方式一致，首先将原始电路分解为图 5.90 和图 5.91 中的系列草图。由图 5.90 可得两电容与输入信号串联，因此：

$$H_0 = 0 \tag{5.405}$$

由图 5.90(b)～(e)分别求得 4 个时间常数，具体计算公式如下：

$$\tau_1 = R_1 C_1 \tag{5.406}$$

$$\tau_2 = (R_1 + R_2 \parallel R_3) C_2 \tag{5.407}$$

$$\tau_3 = \frac{L_3}{\infty} = 0 \tag{5.408}$$

$$\tau_4 = \frac{L_4}{R_2 + R_3} \tag{5.409}$$

根据上述时间常数整理得分母系数 b_1 为：

$R_1 := 1\text{k}\Omega \quad R_2 := 2.2\text{k}\Omega \quad R_3 := 4.7\text{k}\Omega \quad \| (x, y) = \dfrac{x \cdot y}{x + y}$

$L_1 := 10\mu\text{H} \quad L_2 := 20\mu\text{H} \quad L_3 := 30\mu\text{H}$

$H_0 := 1 \quad R_{\text{th1}}(s) := (s \cdot L_1) \| R_1 \quad R_{\text{th2}}(s) := (R_{\text{th1}}(s) + s \cdot L_2) \| (R_2)$

$\tau_1 := \dfrac{L_1}{R_1 \| R_2 \| R_3} = 0.017\mu\text{s} \quad H_{\text{ref}}(s) := \dfrac{R_1}{s \cdot L_1 + R_1} \cdot \dfrac{R_2}{R_{\text{th1}}(s) + R_2 + s \cdot L_2} \cdot \dfrac{R_3}{R_3 + R_{\text{th2}}(s) + s \cdot L_3}$

$\tau_2 := \dfrac{L_2}{R_2 \| R_3} = 0.013\mu\text{s}$

$\tau_3 := \dfrac{L_3}{R_3} = 6.383 \times 10^{-3}\mu\text{s}$

$b_1 := \tau_1 + \tau_2 + \tau_2 = 0.036\mu\text{s}$

$\tau_{12} := \dfrac{L_2}{R_1 + R_2 \| R_3} = 8.005 \times 10^{-3}\mu\text{s}$

$\tau_{13} := \dfrac{L_3}{R_3 + R_2 \| R_1} = 5.568 \times 10^{-3}\mu\text{s}$

$\tau_{23} := \dfrac{L_3}{R_3 + R_2} = 4.348 \times 10^{-3}\mu\text{s}$

$b_2 := \tau_1 \cdot \tau_{12} + \tau_1 \cdot \tau_{13} + \tau_2 \cdot \tau_{23} = 2.843 \times 10^{-4}\mu\text{s}$

$\tau_{123} := \dfrac{L_3}{R_3 + R_2} = 4.348 \times 10^{-3}\mu\text{s}$

$b_3 := \tau_1 \cdot \tau_{12} \cdot \tau_{123} = 5.803 \times 10^{-7}\mu\text{s}^3$

$H_1(s) := H_0 \cdot \dfrac{1}{1 + b_1 \cdot s + b_2 \cdot s^2 + b_3 \cdot s^3} \quad H_2(s) := H_0 \cdot \dfrac{1}{(1 + b_1 \cdot s)\left(1 + s \cdot \dfrac{b_2}{b_1}\right)\left(1 + s \cdot \dfrac{b_3}{b_2}\right)}$

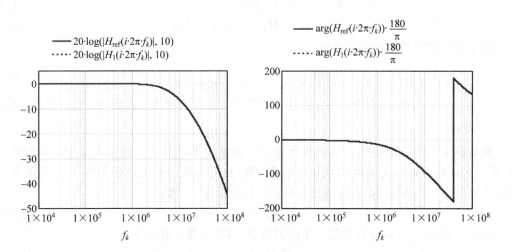

图 5.89　Mathcad 输出曲线完全匹配——证明两传递函数动态响应一致

$$b_1 = \tau_1 + \tau_2 + \tau_3 + \tau_4$$

$$= R_1 C_1 + (R_1 + R_2 \| R_3)C_2 + \dfrac{L_4}{R_2 + R_3} \tag{5.410}$$

接下来将储能元件分别设置于不同状态，求得此时电路中各元件端口的时间常数为：

$$\tau_2^1 = (R_2 \| R_3)C_2 \tag{5.411}$$

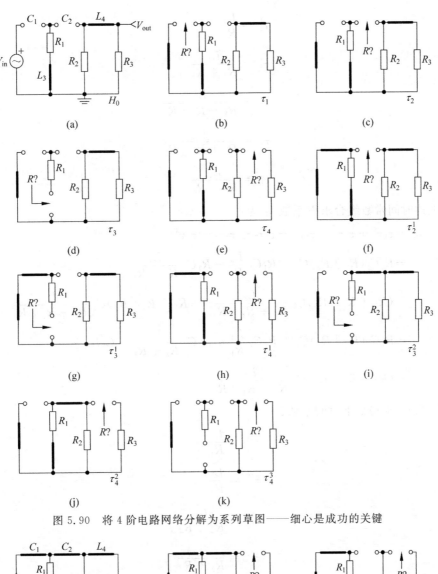

图 5.90 将 4 阶电路网络分解为系列草图——细心是成功的关键

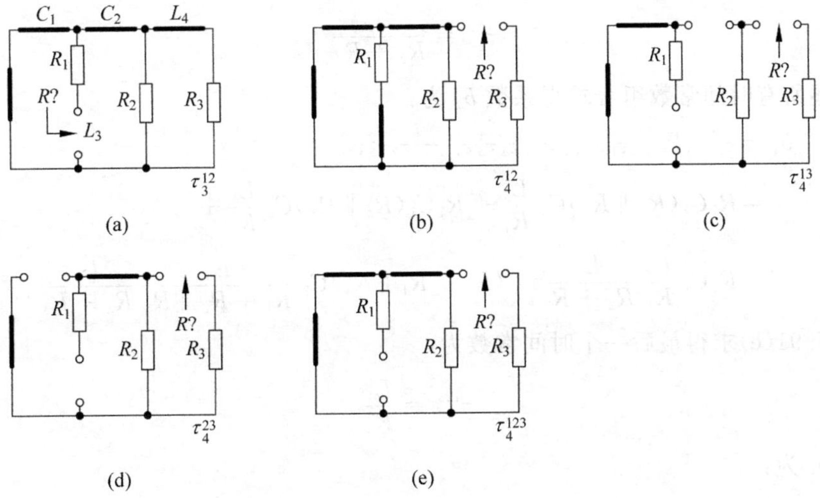

图 5.91 高阶系数分解草图

$$\tau_3^1 = \frac{L_3}{R_1} \tag{5.412}$$

$$\tau_4^1 = \frac{L_4}{R_2 + R_3} \tag{5.413}$$

$$\tau_3^2 = \frac{L_3}{R_1 + R_2 \parallel R_3} \tag{5.414}$$

$$\tau_4^2 = \frac{L_4}{R_3 + R_1 \parallel R_2} \tag{5.415}$$

$$\tau_4^3 = \frac{L_4}{R_2 + R_3} \tag{5.416}$$

将上述时间常数组合求得系数 b_2 为:

$$b_2 = \tau_1 \tau_2^1 + \tau_1 \tau_3^1 + \tau_1 \tau_4^1 + \tau_2 \tau_3^2 + \tau_2 \tau_4^2 + \tau_3 \tau_4^3$$

$$= R_1 C_1 (R_2 \parallel R_3) C_2 + R_1 C_1 \frac{L_3}{R_1} + R_1 C_1 \frac{L_4}{R_2 + R_3} +$$

$$(R_1 + R_2 \parallel R_3) C_2 \frac{L_3}{R_1 + R_2 \parallel R_3} + (R_1 + R_2 \parallel R_3) C_2 \frac{L_4}{R_3 + R_1 \parallel R_2}$$

$$= R_1 C_1 (R_2 \parallel R_3) C_2 + R_1 C_1 \frac{L_3}{R_1} + R_1 C_1 \frac{L_4}{R_2 + R_3} + C_3 L_3 +$$

$$(R_1 + R_2 \parallel R_3) C_2 \frac{L_4}{R_3 + R_1 \parallel R_2} \tag{5.417}$$

由图 5.91 求得如下时间常数:

$$\tau_3^{12} = \frac{L_3}{R_1} \tag{5.418}$$

$$\tau_4^{12} = \frac{L_4}{R_3} \tag{5.419}$$

$$\tau_4^{13} = \frac{L_4}{R_2 + R_3} \tag{5.420}$$

$$\tau_4^{23} = \frac{L_4}{R_2 + R_3} \tag{5.421}$$

将上述所有时间常数组合求得系数 b_3 为:

$$b_3 = \tau_1 \tau_2^1 \tau_3^{12} + \tau_1 \tau_2^1 \tau_4^{12} + \tau_1 \tau_3^1 \tau_4^{13} + \tau_2 \tau_3^2 \tau_4^{23}$$

$$= R_1 C_1 (R_2 \parallel R_3) C_2 \frac{L_3}{R_1} + R_1 C_1 (R_2 \parallel R_3) C_2 \frac{L_4}{R_3} +$$

$$R_1 C_1 \frac{L_3}{R_1} \frac{L_4}{R_2 + R_3} + (R_1 + R_1 \parallel R_3) C_2 \frac{L_3}{R_1 + R_2 \parallel R_3} \frac{L_4}{R_2 + R_3} \tag{5.422}$$

由图 5.91(e) 求得最后一个时间常数为:

$$\tau_4^{123} = \frac{L_4}{R_3} \tag{5.423}$$

所以系数 b_4 为:

$$b_4 = \tau_1 \tau_2^1 \tau_3^{12} \tau_4^{123} = R_1 C_1 (R_2 \parallel R_3) C_2 \frac{L_3}{R_1} \frac{L_4}{R_3} = C_1 \frac{R_2}{R_2 + R_3} C_2 L_3 L_4 \tag{5.424}$$

将式(5.410)、式(5.417)、式(5.422)和式(5.424)进行组合,所得分母 $D(s)$ 表达式为:

$$D(s) = 1 + b_1 s + b_2 s^2 + b_3 s^3 + b_4 s^4$$

$$= 1 + \left[R_1 C_1 + (R_1 + R_2 \parallel R_3) C_2 + \frac{L_4}{R_2 + R_3} \right] s +$$

$$\left[R_1 C_1 (R_2 \parallel R_3) C_2 + R_1 C_1 \frac{L_3}{R_1} + R_1 C_1 \frac{L_4}{R_2 + R_3} + \right.$$

$$\left. C_2 L_3 + (R_1 + R_2 \parallel R_3) C_2 \frac{L_4}{R_3 + R_1 \parallel R_2} \right] s^2 +$$

$$\left[R_1 C_1 (R_2 \parallel R_3) C_2 \frac{L_3}{R_1} + R_1 C_1 (R_2 \parallel R_3) C_2 \frac{L_4}{R_3} + R_1 C_1 \frac{L_3}{R_1} \frac{L_4}{R_2 + R_3} + \right.$$

$$\left. (R_1 + R_2 \parallel R_3) C_2 \frac{L_3}{R_1 + R_2 \parallel R_3} \frac{L_4}{R_2 + R_3} \right] s^3 +$$

$$C_1 \frac{R_2}{R_2 + R_3} C_2 L_3 L_4 s^4 \tag{5.425}$$

因为电路包含 4 个储能元件,所以分子表达式采用如下通用格式进行定义:

$$N(s) = H_0 + s(\tau_1 H^1 + \tau_2 H^2 + \tau_3 H^3 + \tau_4 H^4) +$$

$$s^2 (\tau_1 \tau_2^1 H^{12} + \tau_1 \tau_3^1 H^{13} + \tau_1 \tau_4^1 H^{14} + \tau_2 \tau_3^2 H^{23} + \tau_2 \tau_4^2 H^{24} + \tau_3 \tau_4^3 H^{34}) +$$

$$s^3 (\tau_1 \tau_2 \tau_3^{12} H^{123} + \tau_1 \tau_2 \tau_4^{12} H^{124} + \tau_1 \tau_3 \tau_4^{13} H^{134} + \tau_2 \tau_3 \tau_4^{23} H^{234}) +$$

$$s^4 (\tau_1 \tau_2 \tau_3^{12} \tau_4^{123} H^{1234}) \tag{5.426}$$

因为电路含有两个串联电容,使得许多直流传递函数 $H = 0$,所以式(5.426)得到大大简化。当储能元件分别设置于高频状态时计算非零传递函数,而无须计算全部储能元件的所有状态。当电路工作于直流状态时电容 C_1 和 C_2 必须设置为高频状态(短路),而电感 L_3 和 L_4 保持直流状态(短路)。此时传递函数为:

$$H^{12} = 1 \tag{5.427}$$

第二种可能工作状态如下:电容 C_1、C_2 和电感 L_3 处于高频状态。此时电感 L_4 依旧保持在直流状态,求得传递函数为:

$$H^{123} = 1 \tag{5.428}$$

因为其他所有传递函数均为零 0,所以表达式(5.426)可大大简化,求得最终分子表达式为:

$$N(s) = \tau_1 \tau_2^1 H^{12} s^2 + \tau_1 \tau_2 \tau_3^{12} H^{123} s^3 = a_2 s^2 + a_3 s^3 \tag{5.429}$$

对式(5.429)提取因式 $a_2 s^2$ 得:

$$N(s) = a_2 s^2 \left(1 + \frac{a_3}{a_2} s \right) = a_2 s^2 \left(1 + \frac{C_1 L_3 (R_2 \parallel R_3) C_2}{R_1 C_1 (R_2 \parallel R_3) C_2} \right) = a_2 s^2 \left(1 + \frac{L_3}{R_1} s \right) \tag{5.430}$$

将分母同样提取因式 $a_2 s^2$,并将 a_2 / b_2 作为传递函数主导项,整理得:

$$H(s) = \frac{a^2}{b_2} \frac{1 + \dfrac{L_3}{R_1} s}{1 + \dfrac{b_1}{b_2 s} + \dfrac{b_3 s}{b_2} + \dfrac{1}{b_2 s^2} + \dfrac{b_4 s^2}{b_2}} \tag{5.431}$$

对所得传递函数进行继续分析之前,首先利用原始传递函数对其进行检验。两次应用戴维南定理对图 5.77 进行计算,并将所得输出阻抗按照如下形式进行描述:

$$R_{\text{th1}}(s) = (sL_3 + R_1) \parallel \left(\frac{1}{sC_1} \right) \tag{5.432}$$

$$R_{\text{th2}}(s) = \left(R_{\text{th1}}(s) + \frac{1}{sC_2} \right) \parallel R_2 \tag{5.433}$$

整理得参考传递函数为:

$$H_{ref}(s) = \frac{R_1 + sL_3}{sL_3 + R_1 + \dfrac{1}{sC_1}} \cdot \frac{R_2}{R_{th1}(s) + R_2 + \dfrac{1}{sC_2}} \cdot \frac{R_3}{R_3 + R_{th2}(s) + sL_4} \qquad (5.434)$$

将上述所得传递函数输入 Mathcad 工作表中,绘制其动态特性曲线并进行对比,结果如图 5.92 所示,证明所得传递函数正确。

$R_1 := 0.5\Omega \quad R_2 := 20\Omega \quad R_3 := 8\Omega \quad \|(x,y) := \dfrac{x \cdot y}{x+y}$

$C_1 := 24\mu F \quad C_2 := 10\mu F \quad L_3 := 50\mu H \quad L_4 := 50\mu H$

$\tau_1 := R_1 \cdot C_1 = 12\mu s \quad \tau_2 := (R_1 + R_2 \| R_3) \cdot C_2 = 62.143\mu s \quad \tau_3 := \dfrac{L_3}{\infty \cdot \Omega} = 0\mu s \quad \tau_4 := \dfrac{L_4}{R_2 + R_3} = 1.786\mu s$

$b_1 := \tau_1 + \tau_2 + \tau_3 + \tau_4 = 75.929\mu s$

$\tau_{12} := (R_2 \| R_3) \cdot C_2 = 57.143\mu s \quad \tau_{13} := \dfrac{L_3}{R_1} = 100\mu s \quad \tau_{14} := \dfrac{L_4}{R_2 + R_3} = 1.786\mu s \quad \tau_{23} := \dfrac{L_3}{R_1 + R_2 \| R_3} = 8.046\mu s$

$\tau_{24} := \dfrac{L_4}{R_3 + R_1 \| R_2} = 5.891\mu s \quad \tau_{34} := \dfrac{L_4}{R_2 + R_3} = 1.786\mu s$

$b_2 := \tau_1 \cdot \tau_{12} + \tau_1 \cdot \tau_{13} + \tau_1 \cdot \tau_{14} + \tau_2 \cdot \tau_{23} + \tau_2 \cdot \tau_{24} + \tau_3 \cdot \tau_{34} = 2.773 \times 10^3 \mu s^2$

$\tau_{123} := \dfrac{L_3}{R_1} = 100\mu s \quad \tau_{124} := \dfrac{L_4}{R_3} = 6.25\mu s \quad \tau_{134} := \dfrac{L_4}{R_2 + R_3} = 1.786\mu s \quad \tau_{234} := \dfrac{L_4}{R_2 + R_3} = 1.786\mu s$

$b_3 := \tau_1 \cdot \tau_{12} \cdot \tau_{123} + \tau_1 \cdot \tau_{12} \cdot \tau_{124} + \tau_1 \cdot \tau_{13} \cdot \tau_{134} + \tau_2 \cdot \tau_{23} \cdot \tau_{234} = 7.589 \times 10^4 \mu s^3 \quad \tau_{1234} := \dfrac{L_4}{R_3} = 6.25\mu s$

$b_4 := \tau_1 \cdot \tau_{12} \cdot \tau_{123} \cdot \tau_{1234} = 4.286 \times 10^5 \mu s^4$

$H_0 := 0 \quad H_1 := 0 \quad H_2 := 0 \quad H_3 := 0 \quad H_4 := 0 \quad H_{12} := 1 \quad H_{13} := 0 \quad H_{14} := 0 \quad H_{23} := 0 \quad H_{24} := 0 \quad H_{34} := 0$

$H_{123} := 1 \quad H_{124} := 0 \quad H_{134} := 0 \quad H_{234} := 0 \quad H_{1234} := 0$

$a_1 := \tau_1 \cdot H_1 + \tau_2 \cdot H_2 + \tau_3 \cdot H_3 + \tau_4 \cdot H_4 = 0\mu s$

$a_2 := \tau_1 \cdot \tau_{12} \cdot H_{12} + \tau_1 \cdot \tau_{13} \cdot H_{13} + \tau_1 \cdot \tau_{14} \cdot H_{14} + \tau_2 \cdot \tau_{23} \cdot H_{23} + \tau_2 \cdot \tau_{24} \cdot H_{24} + \tau_3 \cdot \tau_{34} \cdot H_{34} = 685.714\mu s^2$

$\tau_1 \cdot \tau_{12} \cdot H_{12} = 685.714 \ \mu s^2 \quad R_1 \cdot C_1 \cdot [(R_2 \| R_3) \cdot C_2] = 685.714\mu s^2$

$a_3 := \tau_1 \cdot \tau_{12} \cdot \tau_{123} \cdot H_{123} + \tau_1 \cdot \tau_{12} \cdot \tau_{124} \cdot H_{124} + \tau_1 \cdot \tau_{13} \cdot \tau_{134} \cdot H_{134} + \tau_2 \cdot \tau_{23} \cdot \tau_{234} \cdot H_{234} = 6.857 \times 10^4 \mu s^3$

$\tau_1 \cdot \tau_{12} \cdot \tau_{123} \cdot H_{123} = 6.857 \times 10^{-14} s^3 \quad C_1 \cdot L_3 \cdot [(R_2 \| R_3) \cdot C_2] = 6.857 \times 10^{-4} s^3$

$a_4 := \tau_1 \cdot \tau_{12} \cdot \tau_{123} \cdot \tau_{1234} \cdot H_{1234} = 0\mu s^4$

$D_1(s) := 1 + s \cdot b_1 + s^2 \cdot b_2 + s^3 \cdot b_3 + s^4 \cdot b_4$

$N_1(s) := H_0 + s \cdot a_1 + s^2 \cdot a_2 + s^3 \cdot a_3 + s^4 \cdot a_4$

$N_2(s) := R_1 \cdot C_1 \cdot [(R_2 \| R_3) \cdot C_2] \cdot s^2 + C_1 \cdot L_3 \cdot [(R_2 \| R_3) \cdot C_2] \cdot s^3$

$H_{10}(s) := \dfrac{N_1(s)}{D_1(s)} \quad H_{22}(s) := \dfrac{a_2}{b_2} \cdot \dfrac{1 + \dfrac{L_3}{R_1} \cdot s}{1 + \dfrac{b_1}{b_2} \cdot s + \dfrac{b_3 \cdot s}{b_2} + \dfrac{1}{s^2 \cdot b_2} + \dfrac{b_4 \cdot s^2}{b_2}}$

$R_{th1}(s) := (s \cdot L_3 + R_1) \| \left(\dfrac{1}{s \cdot C_1}\right) \quad R_{th2}(s) := \left(R_{th1}(s) + \dfrac{1}{s \cdot C_2}\right) \| (R_2)$

$H_{ref}(s) := \dfrac{s \cdot L_3 + R_1}{s \cdot L_3 + R_1 + \dfrac{1}{s \cdot C_1}} \cdot \dfrac{R_2}{R_{th1}(s) + R_2 + \dfrac{1}{s \cdot C_2}} \cdot \dfrac{R_3}{R_3 + R_{th2}(s) + s \cdot L_4}$

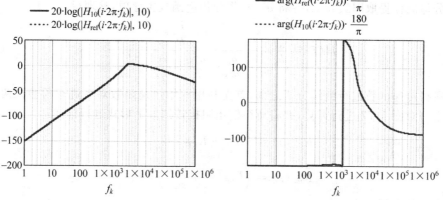

图 5.92 由 Mathcad 输出波形表明分析步骤不同但结果相似

4．习题 4

除了求解图 5.77 所示电路的输入输出传递函数之外，接下来计算滤波器的输出阻抗。第 1 章主要对网络分析法进行详细讲解，其中构成分母 $D(s)$ 的固有时间常数主要由电路结构决定：无论输出电压取自电阻 R_3 还是 R_2、输入由 R_3 两端电流源或者与 L_3 或 C_1 串联的电压源提供，所得时间常数不变，所以分母 $D(s)$ 表达式保持恒定。因为前面章节已经对图 5.77 所示电路的输出阻抗进行计算，此处不再赘述：$H(s)$ 与 $Z_{out}(s)$ 的传递函数具有相同的分母表达式 $D(s)$。另外，由于激励信号的注入位置以及测试点的不同也会使得电路零点发生变化。根据电路阶数，利用传统方法计算阻抗 Z 的分子表达式如下，

$$N(s) = R_0 + s(\tau_1 Z^1 + \tau_2 Z^2 + \tau_3 Z^3 + \tau_4 Z^4) +$$

$$s^2(\tau_1\tau_2^1 Z^{12} + \tau_1\tau_3^1 Z^{13} + \tau_1\tau_4^1 Z^{14} + \tau_2\tau_3^2 Z^{23} + \tau_2\tau_4^2 Z^{24} + \tau_3\tau_4^3 Z^{34}) +$$

$$s^3(\tau_1\tau_2^1\tau_3^{12} z^{123} + \tau_1\tau_2^1\tau_4^{12} z^{124} + \tau_1\tau_3^1\tau_4^{13} z^{134} + \tau_2\tau_3^2\tau_4^{23} z^{234}) +$$

$$s^4(\tau_1\tau_2^1\tau_3^{12}\tau_4^{123} Z^{1234}) \tag{5.435}$$

图 5.93 所示独立电路与电容和电感工作于直流或者高频状态分别一一对应。首先由图 5.93(a) 可得：

$$R_0 = R_3 \parallel R_2 \tag{5.436}$$

$$Z^1 = R_3 \parallel R_2 \tag{5.437}$$

$$Z^2 = R_1 \parallel R_2 \parallel R_3 \tag{5.438}$$

$$Z^3 = R_3 \parallel R_2 \tag{5.439}$$

$$Z^4 = R_3 \tag{5.440}$$

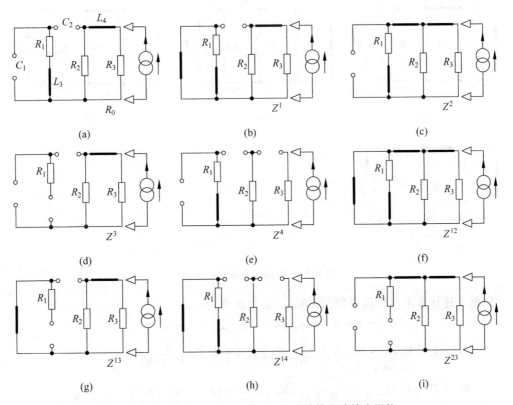

图 5.93　当电容/电感开路或短路时计算电路输出阻抗

由式(5.437)～式(5.440)求得固有时间常数的系数 a_1 的表达式为:

$$a_1 = R_1 C_1 (R_3 \parallel R_2) + (R_1 + R_2 \parallel R_3) C_2 (R_1 \parallel R_2 \parallel R_3) + 0 \cdot (R_3 \parallel R_2) + \frac{L_4}{R_2 + R_3} R_3$$

$$= R_1 C_1 (R_3 \parallel R_2) + (R_1 + R_2 \parallel R_3) C_2 (R_1 \parallel R_2 \parallel R_3) + \frac{L_4}{R_2 + R_3} R_3 \qquad (5.441)$$

由图 5.93(f)～图 5.93(i)可得:

$$Z^{12} = 0 \qquad (5.442)$$

$$Z^{13} = R_3 \parallel R_2 \qquad (5.443)$$

$$Z^{14} = R_3 \qquad (5.444)$$

$$Z^{23} = R_2 \parallel R_3 \qquad (5.445)$$

由图 5.94(a)和图 5.94(b)可得

$$Z^{24} = R_3 \qquad (5.446)$$

$$Z^{34} = R_3 \qquad (5.447)$$

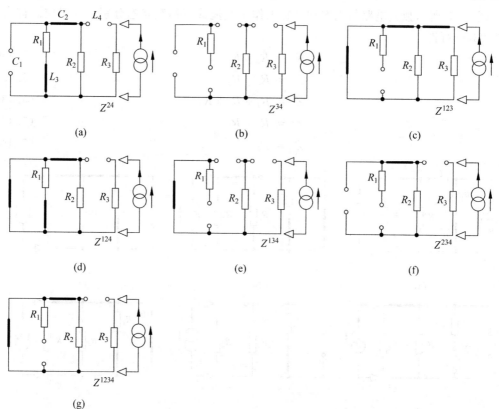

图 5.94 直流增益分解电路图

根据上述计算求得传递函数的系数 a_2 表达式为:

$$a_2 = \tau_1 \tau_2^1 Z^{12} + \tau_1 \tau_3^1 Z^{13} + \tau_1 \tau_4^1 Z^{14} + \tau_2 \tau_3^2 Z^{23} + \tau_2 \tau_4^2 Z^{24} + \tau_3 \tau_4^3 Z^{34}$$

$$= R_1 C_1 (R_2 \parallel R_3) C_2 \cdot 0 + R_1 C_1 \frac{L_3}{R_1} (R_3 \parallel R_2) + R_1 C_1 \frac{L_4}{R_2 + R_3} R_3 +$$

$$(R_1 + R_2 \parallel R_3) C_2 \frac{L_3}{R_1 + R_2 \parallel R_3} (R_3 \parallel R_2) + (R_1 + R_2 \parallel R_3) C_2 \frac{L_4}{R_3 + R_1 \parallel R_2} R_3 +$$

$$\frac{L_3}{\infty} \cdot \frac{L_4}{R_2 + R_3} R_3$$

$$= R_1 C_1 \frac{L_3}{R_1}(R_3 \parallel R_2) + R_1 C_1 \frac{L_4}{R_2 + R_3} R_3 + C_2 L_3 (R_3 \parallel R_2) +$$

$$(R_1 + R_2 \parallel R_3) C_2 \frac{L_4}{R_3 + R_1 \parallel R_2} R_3 \tag{5.448}$$

由图 5.94 计算系数 a_3。通过分析计算图 5.94(c)~(f)的分解电路图可求得如下阻抗关系式：

$$Z^{123} = 0 \tag{5.449}$$

$$Z^{124} = R_3 \tag{5.450}$$

$$Z^{134} = R_3 \tag{5.451}$$

$$Z^{234} = R_3 \tag{5.452}$$

通过上述计算可得系数 a_3 表达式为：

$$a_3 = \tau_1 \tau_2^1 \tau_3^{12} Z^{123} + \tau_1 \tau_2^1 \tau_4^{12} Z^{124} + \tau_1 \tau_3^1 \tau_4^{13} Z^{134} + \tau_2 \tau_3^2 \tau_4^{23} Z^{234}$$

$$= R_1 C_1 (R_2 \parallel R_3) C_2 \frac{L_3}{R_1} \cdot 0 + R_1 C_1 (R_2 \parallel R_3) C_2 \frac{L_4}{R_3} R_3 + R_1 C_1 \frac{L_3}{R_1} \frac{L_4}{R_2 + R_3} R_3 +$$

$$(R_1 + R_2 \parallel R_3) C_2 \frac{L_3}{R_1 + R_2 \parallel R_3} \frac{L_4}{R_2 + R_3} R_3$$

$$= R_1 C_1 (R_2 \parallel R_3) C_2 L_4 + R_1 C_1 \frac{L_3}{R_1} \frac{L_4}{R_2 + R_3} R_3 + C_2 L_3 \frac{L_4}{R_2 + R_3} R_3 \tag{5.453}$$

最后，当所有储能元件均工作于高频状态时计算最后一项 H^{1234}。由图 5.94(g)可得，当 L_4 处于高频状态(开路)时，将电阻 R_3 与其余电路隔离，因此：

$$Z^{1234} = R_3 \tag{5.454}$$

整理得：

$$a_4 = C_1 (R_2 \parallel R_3) C_2 L_3 \frac{L_4}{R_3} \tag{5.455}$$

将 R_0 约分，所得分子表达式为：

$$N(s) = 1 + \left(\frac{R_1 C_1 (R_3 \parallel R_2) + (R_1 + R_2 \parallel R_3) C_2 (R_1 \parallel R_2 \parallel R_3) + \dfrac{L_4}{R_2 + R_3} R_3}{R_3 \parallel R_2} \right) s +$$

$$\left(R_1 C_1 \frac{L_3}{R_1}(R_3 \parallel R_2) + R_1 C_1 \frac{L_4}{R_2 + R_3} R_3 + C_2 L_3 (R_3 \parallel R_2) + \right.$$

$$\left. (R_1 + R_2 \parallel R_3) C_2 \frac{L_4}{R_3 + R_1 \parallel R_2} R_3 \right) \frac{1}{R_3 \parallel R_2} s^2 +$$

$$\left(R_1 C_1 (R_2 \parallel R_3) C_2 L_4 + R_1 C_1 \frac{L_3}{R_1} \frac{L_4}{R_2 + R_3} R_3 + C_2 L_3 \frac{L_4}{R_2 + R_3} R_3 \right) \frac{1}{R_3 \parallel R_2} s^3 +$$

$$\left(C_1 (R_2 \parallel R_3) C_2 L_3 \frac{L_4}{R_3} \right) \frac{1}{R_3 \parallel R_2} s^4 \tag{5.456}$$

接下来将式(5.436)、式(5.425)和式(5.456)组合求得传递函数。首先求得输出阻抗表达式如下所示，其单位为欧姆：

$$Z_{out}(s) = (R_3 \parallel R_2) \frac{N(s)}{D(s)} \tag{5.457}$$

为对计算结果进行检验，必须求得电路的原始传递函数表达式。如图 5.78 所示，首先求得阻抗表达式：

$$Z_a(s) = \left(\frac{1}{sC_1}\right) \parallel (R_1 + sL_3) + \frac{1}{sC_2} \tag{5.458}$$

$$Z_b(s) = sL_4 + R_2 \parallel Z_a(s) \tag{5.459}$$

整理得：

$$Z_{ref}(s) = R_3 \parallel Z_b(s) \tag{5.460}$$

在图 5.95 中，利用 Mathcad 程序对全部时间常数和增益进行计算输出。如图 5.95 所示，相位和幅度频率特性曲线都有很大扭曲，但两表达式均能完美匹配。

$R_1 := 0.5\Omega \quad R_2 := 20\Omega \quad R_3 := 8\Omega \qquad \parallel (x,y) := \dfrac{x \cdot y}{x + y}$

$C_1 := 24\mu F \quad C_2 := 10\mu F \quad L_3 := 50\mu H \quad L_4 := 50\mu H$

$\tau_1 := R_1 \cdot C_1 = 12\mu s \quad \tau_2 := (R_1 + R_2 \parallel R_3) \cdot C_2 = 62.143\mu s \quad \tau_3 := \dfrac{L_3}{\infty \cdot \Omega} = 0\mu s \quad \tau_4 := \dfrac{L_4}{R_2 + R_3} = 1.786\mu s$

$b_1 := \tau_1 + \tau_2 + \tau_3 + \tau_4 = 75.929\mu s$

$\tau_{12} := (R_2 \parallel R_3) \cdot C_2 = 57.143\mu s \quad \tau_{13} := \dfrac{L_3}{R_1} = 100\mu s \quad \tau_{14} := \dfrac{L_4}{R_2 + R_3} = 1.786\mu s \quad \tau_{23} := \dfrac{L_3}{R_1 + R_2 \parallel R_3} = 8.046\mu s$

$\tau_{24} := \dfrac{L_4}{R_3 + R_1 \parallel R_2} = 5.891\mu s \quad \tau_{34} := \dfrac{L_4}{R_2 + R_3} = 1.786\mu s$

$b_2 := \tau_1 \cdot \tau_{12} + \tau_1 \cdot \tau_{13} + \tau_1 \cdot \tau_{14} + \tau_2 \cdot \tau_{23} + \tau_2 \cdot \tau_{24} + \tau_3 \cdot \tau_{34} = 2.773 \times 10^3 \mu s^2 \quad \tau_{123} := \dfrac{L_3}{R_1} = 100\mu s$

$\tau_{124} := \dfrac{L_4}{R_3} = 6.25\mu s \quad \tau_{134} := \dfrac{L_4}{R_2 + R_3} = 1.786\mu s \quad \tau_{234} := \dfrac{L_4}{R_2 + R_3} = 1.786\mu s$

$b_3 := \tau_1 \cdot \tau_{12} \cdot \tau_{123} + \tau_1 \cdot \tau_{12} \cdot \tau_{124} + \tau_1 \cdot \tau_{13} \cdot \tau_{134} + \tau_2 \cdot \tau_{23} \cdot \tau_{234} = 7.589 \times 10^4 \mu s^3 \quad \tau_{1234} := \dfrac{L_4}{R_3} = 6.25\mu s$

$b_4 := \tau_1 \cdot \tau_{12} \cdot \tau_{123} \cdot \tau_{1234} = 4.286 \times 10^5 \mu s^4$

$Z_0 := R_3 \parallel R_2 \quad Z_1 := R_3 \parallel R_2 \quad Z_2 := R_1 \parallel R_2 \parallel R_3 \quad Z_3 := R_3 \parallel R_2 \quad Z_4 := R_3 \quad Z_{12} := 0 \quad Z_{13} := R_3 \parallel R_2$

$Z_{14} := R_3 \quad Z_{23} := R_3 \parallel R_2 \quad Z_{24} := R_3 \quad Z_{34} := R_3 \quad Z_{123} := 0 \quad Z_{124} := R_3 \quad Z_{134} := R_3 \quad Z_{234} := R_3 \quad Z_{1234} := R_3$

$a_1 := \tau_1 \cdot Z_1 + \tau_2 \cdot Z_2 + \tau_3 \cdot Z_3 + \tau_4 \cdot Z_4 = 111.429\Omega \cdot \mu s$

$a_2 := \tau_1 \cdot \tau_{12} \cdot Z_{12} + \tau_1 \cdot \tau_{13} \cdot Z_{13} + \tau_1 \cdot \tau_{14} \cdot Z_{14} + \tau_2 \cdot \tau_{23} \cdot Z_{23} + \tau_2 \cdot \tau_{24} \cdot Z_{24} + \tau_3 \cdot \tau_{34} \cdot Z_{34} = 1.281 \times 10^4 \Omega \cdot \mu s^2$

$a_3 := \tau_1 \cdot \tau_{12} \cdot \tau_{123} \cdot Z_{123} + \tau_1 \cdot \tau_{12} \cdot \tau_{124} \cdot Z_{124} + \tau_1 \cdot \tau_{13} \cdot \tau_{134} \cdot Z_{134} + \tau_2 \cdot \tau_{23} \cdot \tau_{234} \cdot Z_{234} = 5.857 \times 10^4 \Omega \cdot \mu s^3$

$a_4 := \tau_1 \cdot \tau_{12} \cdot \tau_{123} \cdot \tau_{1234} \cdot Z_{1234} = 3.429 \times 10^6 \Omega \cdot \mu s^4$

$D_1(s) := 1 + s \cdot b_1 + s^2 \cdot b_2 + s^3 \cdot b_3 + s^4 \cdot b_4$

$N_1(s) := Z_0 + s \cdot a_1 + s^2 \cdot a_2 + s^3 \cdot a_3 + s^4 \cdot a_4$

$Z_{10}(s) := \dfrac{N_1(s)}{D_1(s)} \quad Z_a(s) := \left(\dfrac{1}{s \cdot C_1}\right) \parallel (R_1 + s \cdot L_3) + \dfrac{1}{s \cdot C_2} \quad Z_b(s) := s \cdot L_4 + R_2 \parallel Z_a(s) \quad Z_{ref}(s) := R_3 \parallel Z_b(s)$

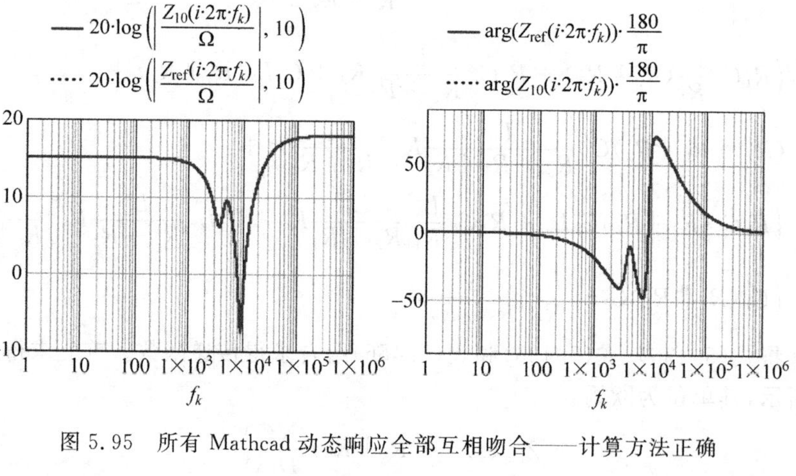

$\quad\quad - \; 20 \cdot \log\left(\left|\dfrac{Z_{10}(i \cdot 2\pi \cdot f_k)}{\Omega}\right|, 10\right) \quad\quad\quad\quad - \; \arg(Z_{ref}(i \cdot 2\pi \cdot f_k)) \cdot \dfrac{180}{\pi}$

$\quad\quad \cdots\; 20 \cdot \log\left(\left|\dfrac{Z_{ref}(i \cdot 2\pi \cdot f_k)}{\Omega}\right|, 10\right) \quad\quad\quad\quad \cdots\; \arg(Z_{10}(i \cdot 2\pi \cdot f_k)) \cdot \dfrac{180}{\pi}$

图 5.95　所有 Mathcad 动态响应全部互相吻合——计算方法正确

5. 习题5

该电路主要描述功率变换器研发过程中印刷电路板产生的寄生元件效应。电路输入为高压信号,然后通过电阻进行降压。附加电容为电路板寄生元件,影响输入信号与电阻 R_1 之间的信号传播。由于寄生电容的存在,使得该电路成为 3 阶电路网络。接下来利用传统分解电路方式确定传递函数的分母系数,具体电路如图 5.96 所示。首先从图 5.96 左上角电路——图 5.96(a)开始分析,当输入信号源频率为 0 Hz 时可直接求得电路增益为:

$$H_0 = \frac{R_1}{R_1 + R_2 + R_3 + R_4} \tag{5.461}$$

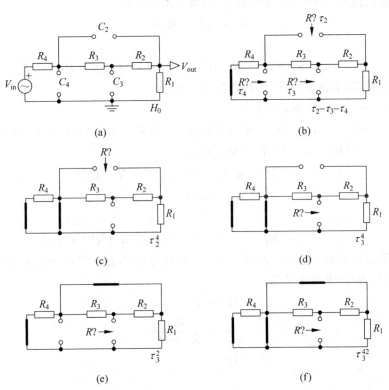

图 5.96 为确定分母系数,将原始电路分解为多个简单电路

由图 5.96(b)确定与电容 C_2、C_3 和 C_4 相关的 3 个时间常数。通过观察各电容端口可得:

$$\tau_4 = [R_4 \parallel (R_1 + R_2 + R_3)]C_4 \tag{5.462}$$

$$\tau_2 = [(R_1 + R_4) \parallel (R_3 + R_2)]C_2 \tag{5.463}$$

$$\tau_3 = [(R_1 + R_2) \parallel (R_3 + R_4)]C_3 \tag{5.464}$$

将上述时间常数组合构成分母表达式的系数 b_1 为:

$$
\begin{aligned}
b_1 &= \tau_4 + \tau_2 + \tau_3 \\
&= [R_4 \parallel (R_1 + R_2 + R_3)]C_4 + [(R_1 + R_4) \parallel (R_3 + R_2)]C_2 + \\
&\quad [(R_1 + R_2) \parallel (R_3 + R_4)]C_3
\end{aligned}
\tag{5.465}
$$

图 5.96(c)、图 5.96(d)和图 5.96(e)分别将储能元件进行组合以构成其他时间常数:

$$\tau_2^4 = [R_1 \parallel (R_2 + R_3)]C_2 \tag{5.466}$$

$$\tau_3^4 = [R_3 \parallel (R_1 + R_2)]C_3 \qquad (5.467)$$

$$\tau_3^2 = [R_1 \parallel R_4 + R_3 \parallel R_2]C_3 \qquad (5.468)$$

由上述时间常数表达式求得第 2 个分母系数 b_2 为：

$$\begin{aligned}
b_2 &= \tau_4\tau_2^4 + \tau_4\tau_3^4 + \tau_2\tau_3^2 \\
&= [R_4 \parallel (R_1 + R_2 + R_3)]C_4[R_1 \parallel (R_2 + R_3)]C_2 + \\
&\quad [R_4 \parallel (R_1 + R_2 + R_3)]C_4[R_3 \parallel (R_1 + R_2)]C_3 + \\
&\quad [(R_1 + R_4) \parallel (R_3 + R_2)]C_2[R_1 \parallel R_4 + R_3 \parallel R_2]C_3 \qquad (5.469)
\end{aligned}$$

最后通过电路图 5.96(f) 计算组成 b_3 的另一系数，即：

$$\tau_3^{42} = (R_2 \parallel R_3)C_3 \qquad (5.470)$$

整理得：

$$b_3 = [R_4 \parallel (R_1 + R_2 + R_3)]C_4[R_1 \parallel (R_2 + R_3)]C_2(R_2 \parallel R_3)C_3 \qquad (5.471)$$

通过上述计算，求得最终分母 $D(s)$ 表达式为：

$$\begin{aligned}
D(s) &= 1 + b_1 s + b_2 s^2 + b_3 s^3 \\
&= 1 + \{[R_4 \parallel (R_1 + R_2 + R_3)]C_4 + [(R_1 + R_4) \parallel (R_3 + R_2)]C_2 + \\
&\quad [(R_1 + R_2) \parallel (R_3 + R_4)]C_3\}s + \\
&\quad \left\{ \begin{array}{l} [R_4 \parallel (R_1 + R_2 + R_3)]C_4[R_1 \parallel (R_2 + R_3)]C_2 + \\ [R_4 \parallel (R_1 + R_2 + R_3)]C_4[R_3 \parallel (R_1 + R_2)]C_3 + \\ [(R_1 + R_4) \parallel (R_3 + R_2)]C_2[R_1 \parallel R_4 + R_3 \parallel R_2]C_3 \end{array} \right\} s^2 + \\
&\quad \{[R_4 \parallel (R_1 + R_2 + R_3)]C_4[R_1 \parallel (R_2 + R_3)]C_2(R_2 \parallel R_3)C_3\}s^3 \qquad (5.472)
\end{aligned}$$

求解分子表达式时，通过电路图 5.97 计算各种增益值。当单个电容独立短路时由图 5.97(a)、(b) 和(c)求得增益为：

$$H^4 = 0 \qquad (5.473)$$

$$H^3 = \frac{R_1}{R_1 + R_4} \qquad (5.474)$$

$$H^3 = 0 \qquad (5.475)$$

所以系数 a_1 为：

$$a_1 = \tau_4 H^4 + \tau_2 H^2 + \tau_3 H^3 = [(R_1 + R_4) \parallel (R_3 + R_2)]C_2 \frac{R_1}{R_1 + R_4} \qquad (5.476)$$

通过图 5.97(d)、(e)、(f)求解系数 a_2。由电路分析可得：

$$H^{42} = 0 \qquad (5.477)$$

$$H^{43} = 0 \qquad (5.478)$$

$$H^{23} = \frac{R_1 \parallel R_2 \parallel R_3}{R_1 \parallel R_2 \parallel R_3 + R_4} \qquad (5.479)$$

当前两项增益为 0 时可快速求得系数 a_2 为：

$$\begin{aligned}
a_2 &= \tau_4\tau_3^4 H^{43} + \tau_4\tau_2^4 H^{42} + \tau_2\tau_3^2 H^{23} \\
&= [(R_1 + R_4) \parallel (R_3 + R_2)]C_2[R_1 \parallel R_4 + R_3 \parallel R_2] \cdot \\
&\quad C_3 \frac{R_1 \parallel R_2 \parallel R_3}{R_1 \parallel R_2 \parallel R_3 + R_4} \qquad (5.480)
\end{aligned}$$

如图 5.97(g)所示，当所有电容均由短路线代替时求得最后增益为：

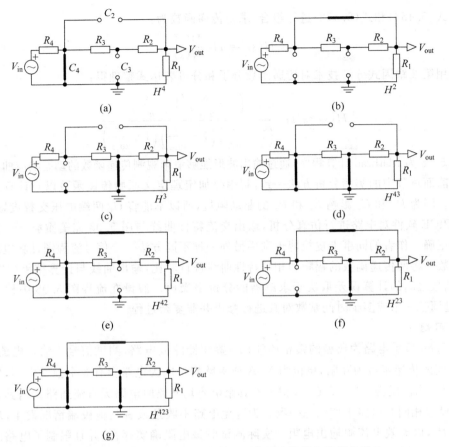

图 5.97 分析方法相同,但输入源复原以计算各种增益值

$$H^{423} = 0 \tag{5.481}$$

因此最后一项系数 $a_3 = 0$。根据上述计算可得分子 $N(s)$ 表达式为:

$$
\begin{aligned}
N(s) &= H_0 + s\tau_2 H^2 + s^2 \tau_2^2 \tau_3^2 H^{23} \\
&= \frac{R_1}{R_4 + R_2 + R_3 + R_1} + s\left([(R_1 + R_4) \parallel (R_3 + R_2)] C_2 \frac{R_1}{R_1 + R_4} \right) + \\
&\quad s^2 \Big([(R_1 + R_4) \parallel (R_3 + R_2)] C_2 [R_1 \parallel R_4 + R_3 \parallel R_2] \cdot \\
&\quad C_3 \frac{R_1 \parallel R_2 \parallel R_3}{R_1 \parallel R_2 \parallel R_3 + R_4} \Big)
\end{aligned}
\tag{5.482}
$$

将式(5.482)分解因式 H_0 可得:

$$
\begin{aligned}
N(s) &= H_0 \left(1 + s\tau_2 \frac{H^2}{H_0} + s^2 \tau_2^2 \tau_3^2 \frac{H^{23}}{H_0} \right) \\
&= H_0 \left\{
\begin{aligned}
&1 + s\left\{ [(R_1 + R_4) \parallel (R_3 + R_2)] C_2 \frac{R_1}{R_1 + R_4} \frac{R_4 + R_2 + R_3 + R_1}{R_1} \right\} + \\
&s^2 \left\{ [(R_1 + R_4) \parallel (R_3 + R_2)] C_2 [R_1 \parallel R_4 + R_3 \parallel R_2] \cdot \right. \\
&\left. C_3 \frac{R_1 \parallel R_2 \parallel R_3}{R_1 \parallel R_2 \parallel R_3 + R_4} \frac{R_4 + R_2 + R_3 + R_1}{R_1} \right\}
\end{aligned}
\right\}
\end{aligned}
\tag{5.483}
$$

将式(5.483)和式(5.472)进行组合,求得传递函数为:

$$H(s) = H_0 \frac{D(s)}{N(s)} \tag{5.484}$$

利用第 2 章因式分解技术对传递函数分子和分母表达式整理得:

$$H(s) \approx H_0 \frac{\left(1 + \dfrac{s}{\omega_{z1}}\right)\left(1 + \dfrac{s}{\omega_{z2}}\right)}{\left(1 + \dfrac{s}{\omega_{p1}}\right)\left(1 + \dfrac{s}{\omega_{p2}}\right)\left(1 + \dfrac{s}{\omega_{p3}}\right)} \tag{5.485}$$

图 5.98 为 Mathcad 计算程序,通过输出波形能够清晰观测传递函数的动态响应曲线。

与前面章节中的实例分析方法一致,利用叠加定理定义原始传递函数以对计算结果进行检验。因为 R_4 和 C_4 影响 C_2 和 R_3 的驱动阻抗,所以不能将 C_4 两端电压交替设置为零。利用 SPICE 软件对电路进行仿真分析,输出交流特性曲线与图 5.98 完美重叠——数学推导计算正确。作者的同事卡皮拉博士利用另外一种不同方法——信号流程图计算电路网络传递函数。将两传递函数的幅频和相频特性曲线进行对比,输出曲线与计算结果如图 5.99所示,函数之间的计算误差取决于求解器的分辨率噪声。假设在流程图 5.98 中检测到错误,通过调整一个或多个时间常数对其进行修正并非复杂过程。

6. 习题 6

图 5.80 所示电路为典型的锁相环(PLL)鉴相器滤波电路,测试信号为输入电流。V_{out}与 I_{in} 之间的传递函数为互阻,单位为 V/A 或者欧姆。因为电路含有 3 个独立电容,所以为3 阶电路。当激励源关闭、除 C_1 保留之外其余电容均开路时电路无直流通路。当其他电容与上述设置相同时电路工作状态一致。为避免电路不收敛或者其他极端情况发生,增加额外电阻 R_1,以等效电流源输出电阻。实际测试时该电阻确实存在,并且限制了电路的最大直流增益。通过分析最终确定该电阻相当大,对传递函数增益产生很大抑制。首先对图 5.100中分解电路进行分析。直流互阻 R_0 定义为:

$$R_0 = R_1 \tag{5.486}$$

由图 5.100(b)求得 3 个时间常数分别为:

$$\tau_1 = C_1 R_1 \tag{5.487}$$

$$\tau_2 = C_2(R_1 + R_2) \tag{5.488}$$

$$\tau_3 = C_3(R_1 + R_3) \tag{5.489}$$

所以系数 b_1 为:

$$b_1 = \tau_1 + \tau_2 + \tau_3 = C_1 R_1 + C_2(R_1 + R_2) + C_3(R_1 + R_3) \tag{5.490}$$

由图 5.100(c)、图 5.100(d)和图 5.100(e)求得系数 b_2 所需时间常数为:

$$\tau_2^1 = C_2 R_2 \tag{5.491}$$

$$\tau_3^1 = C_3 R_3 \tag{5.492}$$

$$\tau_3^2 = C_3(R_2 \parallel R_1 + R_3) \tag{5.493}$$

整理得 b_2 最终表达式为:

$$\begin{aligned} b_2 &= \tau_1 \tau_2^1 + \tau_1 \tau_3^1 + \tau_2 \tau_3^2 = C_1 C_2 R_1 R_2 + C_1 R_1 C_3 R_3 + \\ &\quad C_2(R_1 + R_2) C_3(R_2 \parallel R_1 + R_3) \end{aligned} \tag{5.494}$$

由图 5.100(f)计算最后一个时间常数为:

$$\tau_3^{12} = C_3 R_3 \tag{5.495}$$

$C_4:=2\text{pF}$　$C_3:=1.5\text{pF}$　$C_2:=10\text{pF}$

$R_1:=39\text{k}\Omega$　$R_2:=240\text{k}\Omega$　$R_3:=240\text{k}\Omega$　$R_4:=5\text{M}\Omega$　$\|(x,y):=\dfrac{x\cdot y}{x+y}$

$\tau_4:=\big[(R_4)\parallel(R_1+R_2+R_3)\big]\cdot C_4=0.94\mu s$　$\tau_2:=\big[(R_1+R_4)\parallel(R_3+R_2)\big]\cdot C_2=4.383\mu s$

$\tau_3:=\big[(R_1+R_2)\parallel(R_3+R_4)\big]\cdot C_3=0.397\mu s$　$\tau_{42}:=\big[(R_2+R_3)\parallel(R_1)\big]\cdot C_2=0.361\mu s$

$\tau_{13}:=\big[(R_3)\parallel(R_1+R_2)\big]\cdot C_3=0.194\mu s$　$\tau_{23}:=\big[(R_1)\parallel(R_4)+(R_3)\parallel(R_2)\big]\cdot C_3=0.238\mu s$

$\tau_{423}:=\big[(R_2)\parallel(R_3)\big]\cdot C_3=0.18\mu s$

$b_1:=\tau_4+\tau_2+\tau_3=5.72\mu s$　$b_2:=\tau_4\cdot\tau_{42}+\tau_4\cdot\tau_{43}+\tau_2\cdot\tau_{23}=1.564\mu s^2$　$b_3:=\tau_4\cdot\tau_{42}\cdot\tau_{423}=0.061\mu s^3$

$D_1(s):=1+s\cdot b_1+s^2\cdot b_2+s^3\cdot b_3$

$Q_D:=\dfrac{b_1\cdot\sqrt{\dfrac{b_3}{b_1}}}{b_2}=0.378$　$\omega_{\text{p1}}:=\dfrac{1}{b_1}$　$\omega_{\text{p2}}:=\dfrac{b_1}{b_2}$　$\omega_{\text{p3}}:=\dfrac{b_2}{b_3}$

$f_{\text{p1}}:=\dfrac{\omega_{\text{p1}}}{2\pi}=27.823\text{kHz}$　$f_{\text{p2}}:=\dfrac{\omega_{\text{p2}}}{2\pi}=0.582\text{MHz}$　$f_{\text{p3}}:=\dfrac{\omega_{\text{p3}}}{2\pi}=4.078\text{MHz}$

$H_0:=\dfrac{R_1}{R_1+R_2+R_3+R_4}=7.066\times10^{-3}$　$H_4:=0$

$H_2:=\dfrac{R_1}{R_1+R_4}$　$H_3:=0$　$H_{43}:=0$　$H_{42}:=0$

$H_{23}:=\dfrac{R_1\parallel(R_2\parallel R_3)}{[R_1\parallel(R_2\parallel R_3)]+R_4}=5.852\times10^{-3}$

$H_{423}:=0$

$a_1:=\tau_4\cdot H_4+\tau_2\cdot H_2+\tau_3\cdot H_3=0.034\mu s$

$a_2:=(\tau_4\cdot\tau_{42}\cdot H_{42}+\tau_4\cdot\tau_{43}\cdot H_{43}+\tau_2\cdot\tau_{23}\cdot H_{23})$

$\quad=6.105\times10^{-3}\mu s^2$

$a_3:=\tau_4\cdot\tau_{42}\cdot\tau_{423}\cdot H_{423}=0$

$N_1(s)=1+s\cdot\dfrac{(\tau_4\cdot H_4+\tau_2\cdot H_2+\tau_3\cdot H_3)}{H_0}+s^2\cdot\left(\dfrac{\tau_4\cdot\tau_{42}\cdot H_{42}+\tau_4\cdot\tau_{43}\cdot H_{43}+\tau_2\cdot\tau_{23}\cdot H_{23}}{H_0}\right)$

$Q_N:=\dfrac{\sqrt{b_2}}{b_1}=0.219$　$\omega_N:=\dfrac{1}{\sqrt{b_2}}$　$H_{10}(s):=H_0\cdot\dfrac{N_1(s)}{D_1(s)}$

$\omega_{z1}:=\dfrac{H_0}{a_1}$　$f_{z1}:=\dfrac{\omega_{z1}}{2\pi}=33.157\text{kHz}$　$\dfrac{1}{2\cdot\pi[C_2\cdot(R_2+R_3)]}=33.157\text{kHz}$

$\omega_{z2}:=\dfrac{a_1}{a_2}$　$f_{z2}:=\dfrac{\omega_{z2}}{2\pi}=884.194\text{kHz}$　$\dfrac{1}{2\pi\cdot C_3(R_2\parallel R_3)}=884.194\text{kHz}$

$H_{20}(s):=H_0\cdot\dfrac{\left(1+\dfrac{s}{\omega_{z1}}\right)\cdot\left(1+\dfrac{s}{\omega_{z2}}\right)}{1+b_1\cdot s+b_2\cdot s^2+b_3\cdot s^3}$

$H_{30}(s):=H_0\cdot\dfrac{\left(1+\dfrac{s}{\omega_{z1}}\right)\cdot\left(1+\dfrac{s}{\omega_{z2}}\right)}{\left(1+\dfrac{s}{\omega_{\text{p1}}}\right)\cdot\left(1+\dfrac{s}{\omega_{\text{p2}}}\right)\cdot\left(1+\dfrac{s}{\omega_{\text{p3}}}\right)}$

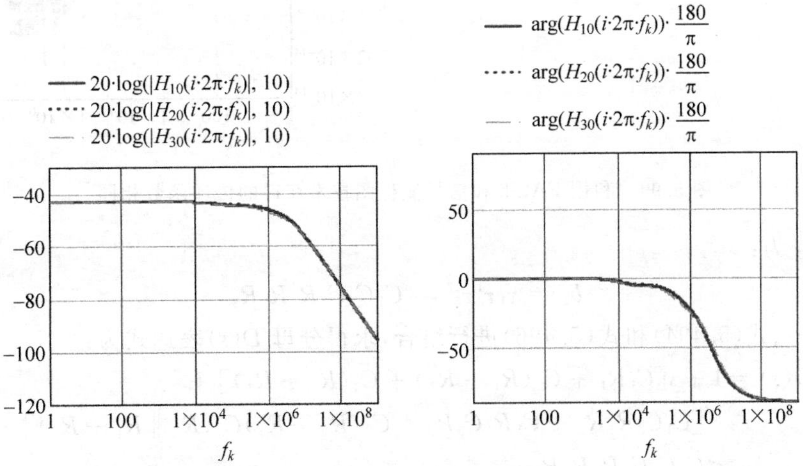

図5.98　传递函数各异但特性曲线完美匹配

$$R1 := R_1 \quad R2 :- R_2 \quad R3 := R_3 \quad R4 :- R_4 \quad C4 := C_4 \quad C3 := C_3 \quad C2 := C_2$$

$$H_{00} := \frac{R1}{R1+R2+R3+R4}$$

$$\omega_{11} := \frac{\dfrac{C2 \cdot R2}{2}+\dfrac{C2 \cdot R3}{2}+\dfrac{\sqrt{C2 \cdot (C2 \cdot R2^2+C2 \cdot R3^2+2 \cdot C2 \cdot R2 \cdot R3-4 \cdot C3 \cdot R2 \cdot R3)}}{2}}{C2 \cdot C3 \cdot R2 \cdot R3}$$

$$\omega_{22} := \frac{\left[\dfrac{C2 \cdot R2}{2}+\dfrac{C2 \cdot R3}{2}-\dfrac{\sqrt{C2 \cdot (C2 \cdot R2^2+C2 \cdot R3^2+2 \cdot C2 \cdot R2 \cdot R3-4 \cdot C3 \cdot R2 \cdot R3)}}{2}\right]}{(C2 \cdot C3 \cdot R2 \cdot R3)}$$

$$b_{11} := \frac{(C2 \cdot R1 \cdot R2+C2 \cdot R1 \cdot R3+C3 \cdot R1 \cdot R3+C2 \cdot R2 \cdot R4+C3 \cdot R1 \cdot R4+C3 \cdot R2 \cdot R3+}{} \longrightarrow$$
$$\longrightarrow \frac{C2 \cdot R3 \cdot R4+C3 \cdot R2 \cdot R4+C4 \cdot R1 \cdot R4+C4 \cdot R2 \cdot R4+C4 \cdot R3 \cdot R4)}{R3+R4} = 5.72\mu s$$

$$b_{22} := \frac{(C2 \cdot C3 \cdot R1 \cdot R2 \cdot R3+C2 \cdot C3 \cdot R1 \cdot R2 \cdot R4+C2 \cdot C3 \cdot R1 \cdot R3 \cdot R4+C2 \cdot C4 \cdot R1 \cdot R2 \cdot R4+}{(R1+R2+} \longrightarrow$$
$$\longrightarrow \frac{C2 \cdot C3 \cdot R2 \cdot R3 \cdot R4+C2 \cdot C4 \cdot R1 \cdot R3 \cdot R4+C3 \cdot C4 \cdot R1 \cdot R3 \cdot R4+C3 \cdot C4 \cdot R2 \cdot R3 \cdot R4)}{R3+R4} = 1.564\mu s^2$$

$$b_{33} := \left(\frac{C2 \cdot C3 \cdot C4 \cdot R1 \cdot R2 \cdot R3 \cdot R4}{R1+R2+R3+R4}\right) = 0.061\mu s^3$$

$$T_{jose(s)} := \frac{R1}{R1+R2+R3+R4} \cdot \frac{\left(1+\dfrac{s}{\omega_{11}}\right) \cdot \left(1+\dfrac{s}{\omega_{22}}\right)}{b_{33} \cdot s^3+b_{22} \cdot s^2+b_{11} \cdot s+1}$$

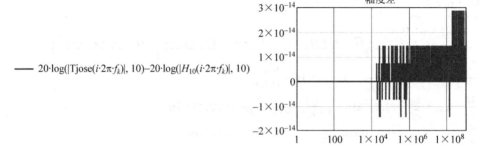

—— $20 \cdot \log(|\text{Tjose}(i \cdot 2\pi \cdot f_k)|, 10)-20 \cdot \log(|H_{10}(i \cdot 2\pi \cdot f_k)|, 10)$

—— $\arg(\text{Tjose}(i \cdot 2\pi \cdot f_k)) \cdot \dfrac{180}{\pi} - \arg(H_{10}(i \cdot 2\pi \cdot f_k)) \cdot \dfrac{180}{\pi}$

图 5.99 利用 FACT 和信号流程图技术获得的传递函数相同

所以系数 b_3 为：

$$b_3 = \tau_1 \tau_2^1 \tau_3^{12} = C_1 C_2 C_3 R_1 R_2 R_3 \tag{5.496}$$

将式(5.490)、式(5.494)和式(5.496)进行组合,求得分母 $D(s)$ 表达式为：

$$D(s) = 1+s[C_1 R_1+C_2(R_1+R_2)+C_3(R_1+R_3)]+$$
$$s^2[C_1 C_2 R_1 R_2+C_1 R_1 C_3 R_3+C_2(R_1+R_2)C_3(R_2 \parallel R_1+R_3)]+$$
$$s^3 C_1 C_2 C_3 R_1 R_2 R_3 \tag{5.497}$$

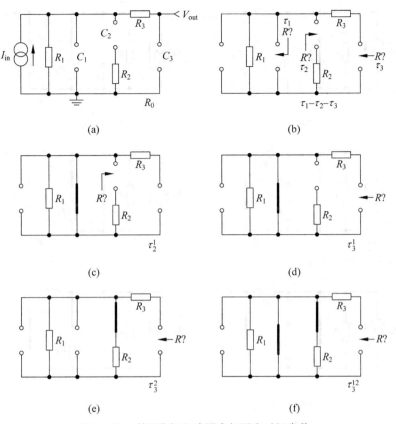

图 5.100 利用分解电路图求解固有时间常数

将式(5.497)提取因数 R_1 可得：

$$D(s) = R_1 \left\{ \begin{array}{l} \dfrac{1}{R_1} + s\left(C_1 + C_2 \dfrac{R_1 + R_2}{R_1} + C_3 \dfrac{R_1 + R_3}{R_1}\right) + \\[2mm] s^2\left[C_1 C_2 R_2 + C_1 C_3 R_3 + C_2\left(\dfrac{R_1 + R_2}{R_1}\right)C_3\left(R_2 \parallel R_1 + R_3\right)\right] + s^3 C_1 C_2 C_3 R_2 R_3 \end{array} \right\}$$

(5.498)

如果 R_1 的值非常大，则分母 $D(s)$ 简化为：

$$D(s) \approx R_1 \{s[C_1 + C_2 + C_3] + s^2[C_1(C_2 R_2 + C_3 R_3) + $$
$$C_2 C_3(R_2 + R_3)] + s^3 C_1 C_2 C_3 R_2 R_3\}$$

(5.499)

现在对图 5.101 进行分析，每次当 C_1 或 C_3 设置为高频状态(短路)时输出响应和阻抗 Z 均为零。实际上图 5.101(b)的增益不为零，其阻抗计算式为：

$$Z^2 = R_1 \parallel R_2$$

(5.500)

通过分析可知分母 $N(s)$ 表达式非常简单：

$$N(s) = R_0 + s\tau_2 Z^2 = R_0\left(1 + s\tau_2 \dfrac{Z^2}{R_0}\right) = R_1(1 + sR_2 C_2)$$

(5.501)

阻抗传递函数为式(5.501)与式(5.499)之商，即：

$$Z(s) = \frac{R_1(1 + sR_2 C_2)}{R_1\{s(C_1 + C_2 + C_3) + s^2[C_1(C_2 R_2 + C_3 R_3) + C_2 C_3(R_2 + R_3)] + s^3 C_1 C_2 C_3 R_2 R_3\}}$$

(5.502)

通过因式 R_1 对传递函数表达式进行简化，并且利用 $sR_2 C_2$ 形成倒相零点。此时传递

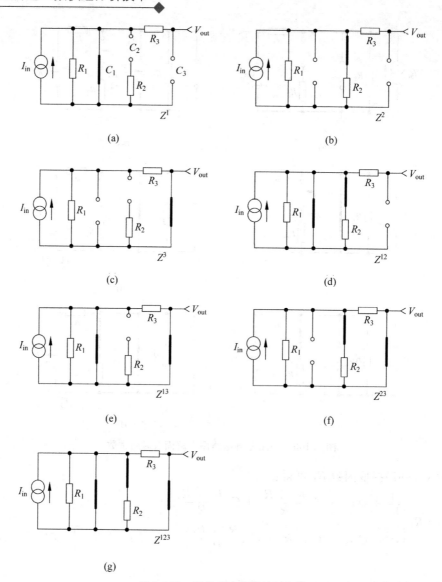

图 5.101　增益定义分解电路图

函数变为：

$$Z(s) = \frac{R_2 C_2}{C_1 + C_2 + C_3} \frac{1 + \dfrac{1}{sR_2 C_2}}{1 + s\dfrac{C_1(C_2 R_2 + R_3 C_3) + C_2 C_3 (R_2 + R_3)}{C_1 + C_2 + C_3} + s^2 \dfrac{C_1 C_2 C_3 R_2 R_3}{C_1 + C_2 + C_3}}$$

(5.503)

如果品质因数非常低，可将 2 阶形式转换为极点级联形式，此时表达式等效为：

$$Z(s) \approx \frac{R_2 C_2}{C_1 + C_2 + C_3} \frac{1 + \dfrac{1}{sR_2 C_2}}{\left[1 + s\dfrac{C_1(C_2 R_2 + R_3 C_3) + C_2 C_3 (R_2 + R_3)}{C_1 + C_2 + C_3}\right]\left(1 + s\dfrac{C_1 C_2 C_3 R_2 R_3}{C_1 C_2 R_2 + C_1 C_3 R_3 + C_2 C_3 R_2 + C_2 C_3 R_3}\right)}$$

(5.504)

首先 R_2—C_2 和 R_3—C_3 构成并联阻抗，之后再由 C_3 和 R_3 构成的分压器进行分压，所得参考传递函数为：

$$Z_{ref}(s) = \left[R_1 \parallel Z_1(s) \parallel \left(\frac{1}{sC_1} \right) \parallel Z_2(s) \right] \frac{1}{1 + sR_3C_3} \tag{5.505}$$

其中

$$Z_1(s) = R_2 + \frac{1}{sC_2} \tag{5.506}$$

$$Z_2(s) = R_3 + \frac{1}{sC_3} \tag{5.507}$$

图 5.102 证明上述计算正确：式(5.504)中的重新排列传递函数与参考传递函数非常吻合。

7. 习题 7

图 5.81 所示电路代表石英晶体的某种可能模型。在该电路配置中，由于缺少损耗电阻，所以很难轻易形成时间常数。采用之前方法，在晶体两端并联额外电阻 R_{inf} 以得到固有时间常数。由图 5.103(a)求得第 1 个传递函数为准静态增益 R_0：

$$R_0 = R_{inf} \tag{5.508}$$

然后由图 5.103(b)和图 5.103(c)求得时间常数为：

$$\tau_1 = R_{inf}C_1 \tag{5.509}$$

$$\tau_2 = R_{inf}C_2 \tag{5.510}$$

$$\tau_3 = \frac{L_3}{\infty} = 0 \tag{5.511}$$

将所有时间常数相加求得系数 b_1 为：

$$b_1 = \tau_1 + \tau_2 + \tau_3 = R_{inf}(C_1 + C_2) \tag{5.512}$$

由图 5.103(d)、图 5.103(e)和图 5.103(f)确定如下时间常数：

$$\tau_2^1 = C_2 \cdot 0 \tag{5.513}$$

$$\tau_3^1 = \frac{L_3}{\infty} \tag{5.514}$$

$$\tau_3^2 = \frac{L_3}{R_{inf}} \tag{5.515}$$

将上述时间常数与式(5.509)、式(5.510)和式(5.511)相结合，求得系数 b_2 为：

$$b_2 = \tau_1\tau_2^1 + \tau_1\tau_3^1 + \tau_2\tau_3^2$$

$$= R_{inf}C_1 \cdot 0 \cdot C_2 + R_{inf}C_1\frac{L_3}{\infty} + R_{inf}C_2\frac{L_3}{R_{inf}} = C_2L_3 \tag{5.516}$$

常见错误如下：将式(5.511)、式(5.513)和式(5.514)假定为 0，然后当计算系数 b_2 时将其忽略。实际计算时必须将其与时间常数相乘，以确保消除因数中不确定性。当电路中去除电阻 R_{inf}，并由无穷大电阻替换时将产生许多不确定性。由于式(5.516)计算过程无任何问题，因此可将其进行简化。

由图 5.103(g)计算最后一项，其中电容 C_1 和 C_2 均设置为高频状态。此时电感 L_3 两端短路，求得时间常数为：

$$\tau_3^{12} = \frac{L_3}{0} \tag{5.517}$$

式(5.517)使得电路产生难以预测的不确定性。那么该如何将其消除呢？通常利用时间常数重新组合的方式解决上述问题。此处具有两种选择：τ_1^{23} 或 τ_1^{32}。当对电容 C_1 端口进行测试时，C_2 和 L_3 均设置为高频状态，所以两时间常数表达式相似。然而，第一种情况下

$C_1 := 2.2\text{nF}$　$C_2 := 15\text{nF}$　$C_3 := 22\text{nF}$　$R_1 := 10^{10}\,\Omega$　$R_2 := 150\Omega$　$R_3 := 10\text{k}\Omega$　$\|(x, y) := \dfrac{x \cdot y}{x + y}$

$\tau_1 := C_1 \cdot R_1 = 2.2 \times 10^4\,\text{ms}$　$\tau_2 := C_2 \cdot (R_1 + R_2) = 1.5 \times 10^5\,\text{ms}$　$\tau_3 := C_3 \cdot (R_3 + R_1) = 2.200002 \times 10^8\,\mu\text{s}$

$\tau_{12} := C_2 \cdot R_2 = 2.25\,\mu\text{s}$　$\tau_{13} := C_3 \cdot R_3 = 220\,\mu\text{s}$　$\tau_{23} := C_3 \cdot (R_2 \| R_1 + R_3) = 0.2233\,\text{ms}$

$\tau_{123} := C_3 \cdot R_3 = 0.22\,\text{ms}$

$b_1 := \tau_1 + \tau_2 + \tau_3 = 3.920002 \times 10^5\,\text{ms}$　$b_2 := \tau_1 \cdot \tau_{12} + \tau_1 \cdot \tau_{13} + \tau_2 \cdot \tau_{23} = 0.038385\,\text{s}^2$　$b_3 := \tau_1 \cdot \tau_{12} \cdot \tau_{123} = 1.089 \times 10^{-8}\,\text{s}^3$

$R_0 := R_1$　$Z_1 := 0$　$Z_2 := R_1 \| R_2$　$Z_3 := 0$　$Z_{12} := 0$　$Z_{13} := 0$　$Z_{23} := 0$　$Z_{123} := 0$

$D_1(s) := 1 + s \cdot b_1 + s^2 \cdot b_2 + s^3 \cdot b_3$

$D_2(s) := 1 + s[C_1 \cdot R_1 + C_2 \cdot (R_1 + R_2) + C_3 \cdot (R_3 + R_1)] + s^2 \cdot [C_1 \cdot R_1 \cdot (C_2 \cdot R_2) + C_1 \cdot R_1 \cdot (C_3 \cdot R_3) + C_2 \cdot (R_1 + R_2) \cdot [C_3 \cdot (R_2 \| R_1 + R_3)]] + s^3 \cdot [C_1 \cdot R_1 \cdot (C_2 \cdot R_2) \cdot (C_3 \cdot R_3)]$

$D_3(s) := R_1 \cdot \left\{ \dfrac{1}{R_1} + s \cdot \left[C_1 + C_2 \cdot \left(\dfrac{R_1 + R_2}{R_1} \right) + C_3 \cdot \left(\dfrac{R_3 + R_1}{R_1} \right) \right] + \right.$

$\left. s^2 \cdot \left[C_1 \cdot (C_2 \cdot R_2) + C_1 \cdot (C_3 \cdot R_3) + C_2 \cdot \left(\dfrac{R_1 + R_2}{R_1} \right) \cdot [C_3 \cdot (R_2 \| R_1 + R_3)] \right] + s^3 \cdot [C_1 \cdot (C_2 \cdot R_2) \cdot (C_3 \cdot R_3)] \right\}$

$D_4(s) := R_1 \cdot \left\{ s \cdot (C_1 + C_2 + C_3) + s^2 \cdot [C_1 \cdot (C_2 \cdot R_2 + R_3 \cdot C_3) + C_2 \cdot C_3 \cdot (R_2 + R_3)] + s^3 \cdot (C_1 \cdot C_2 \cdot C_3 \cdot R_2 \cdot R_3) \right\}$

$a_1 := \tau_1 \cdot Z_1 + \tau_2 \cdot Z_2 + \tau_3 \cdot Z_3 = 2.25 \times 10^7\,\Omega \cdot \text{ms}$　$Z_2 \cdot \tau_2 = 2.25 \times 10^7\,\Omega \cdot \text{ms}$

$a_2 := \tau_1 \cdot \tau_{12} \cdot Z_{12} + \tau_1 \cdot \tau_{13} \cdot Z_{13} + \tau_2 \cdot \tau_{23} \cdot Z_{23} = 0$　$a_3 := \tau_1 \cdot \tau_{12} \cdot \tau_{123} \cdot Z_{123} = 0$

$N_1(s) := R_0 + a_1 \cdot s + a_2 \cdot s^2 + a_3 \cdot s^3$　$N_2(s) := R_1 \cdot (1 + R_2 \cdot C_2 \cdot s)$　$Z_{10}(s) := \dfrac{N_1(s)}{D_4(s)}$

$Z_{20}(s) := \dfrac{1 + s \cdot R_2 \cdot C_2}{\{s \cdot (C_1 + C_2 + C_3) + s^2 \cdot [C_1 \cdot (C_2 \cdot R_2 + R_3 \cdot C_3) + C_2 \cdot C_3 (R_2 + R_3)] + s^3 \cdot (C_1 \cdot C_2 \cdot C_3 \cdot R_2 \cdot R_3)\}}$

$Z_{30}(s) := \dfrac{B_2 \cdot C_2}{C_1 + C_2 + C_3} \cdot \dfrac{\left(1 + \dfrac{1}{s \cdot R_2 \cdot C_2} \right)}{\left\{ 1 + \left[s \cdot \dfrac{C_1 \cdot (C_2 \cdot R_2 + R_3 \cdot C_3) + C_2 \cdot C_3 \cdot (R_2 + R_3)}{C_1 + C_2 + C_3} + s^2 \cdot \dfrac{C_1 \cdot C_2 \cdot C_3 \cdot R_2 \cdot R_3}{C_1 + C_2 + C_3} \right] \right\}}$

$Z_{40}(s) := \dfrac{R_2 \cdot C_2}{C_1 + C_2 + C_3} \cdot$

$$\dfrac{\left(1 + \dfrac{1}{s \cdot R_2 \cdot C_2} \right)}{\left\{ \left[1 + s \cdot \dfrac{C_1 \cdot (C_2 \cdot R_2 + R_3 \cdot C_3) + C_2 \cdot C_3 \cdot (R_2 + R_3)}{C_1 + C_2 + C_3} \right] \cdot \left(1 + s \cdot \dfrac{C_1 \cdot C_2 \cdot C_3 \cdot R_2 \cdot R_3}{C_1 \cdot C_2 \cdot R_2 + C_1 \cdot C_3 \cdot R_3 + C_2 \cdot C_3 \cdot R_2 + C_2 \cdot C_3 \cdot R_3} \right) \right\}}$$

$Z_1(s) := R_2 + \dfrac{1}{s \cdot C_2}$　$Z_2(s) := R_3 + \dfrac{1}{s \cdot C_3}$　$Z_{\text{ref}}(s) := \left\{ R_1 \| Z_1(s) \| \left[\left(\dfrac{1}{s \cdot C_1} \right) \| Z_2(s) \right] \right\} \cdot \dfrac{1}{C_3 \cdot R_3 \cdot s + 1}$

—— $20 \cdot \log \left(\left| \dfrac{Z_{40}(i \cdot 2\pi \cdot f_k)}{\Omega} \right|, 10 \right)$　　　　—— $\arg(Z_{40}(i \cdot 2\pi \cdot f_k)) \cdot \dfrac{180}{\pi}$

‥‥ $20 \cdot \log \left(\left| \dfrac{Z_{\text{ref}}(i \cdot 2\pi \cdot f_k)}{\Omega} \right|, 10 \right)$　　　‥‥ $\arg(Z_{\text{ref}}(i \cdot 2\pi \cdot f_k)) \cdot \dfrac{180}{\pi}$

图 5.102　Mathcad 程序证明计算结果正确——包括参考互阻在内的动态响应一致

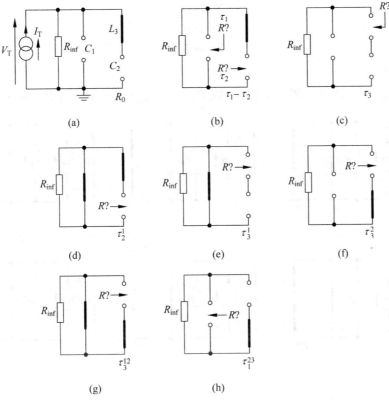

图 5.103　利用分解电路图有助于计算时间常数,但可能产生不确定性

引导因子为 $\tau_2\tau_3^2$;第二种情况下引导因子却为 $\tau_3\tau_2^3$。当电感移除时电容 C_2 两端阻抗无穷大,此时电路将会产生另外一种不确定性。另外,由式(5.515)已经求得时间常数 τ_3^2,根据图 5.103 可求得如下时间常数:

$$\tau_1^{23} = C_1 R_{inf} \tag{5.518}$$

联合式(5.518)、式(5.515)和式(5.510)可得:

$$b_3 = \tau_2 \tau_3^2 \tau_1^{23} = R_{inf} C_2 \frac{L_3}{R_{inf}} C_1 R_{inf} = R_{inf} C_1 C_2 L_3 \tag{5.519}$$

如果重新整理之后不确定性仍然存在该如何解决呢? 此时增加电阻与电感 L_3 并联,为式(5.517)提供一条直流通路。但是通过增加额外电阻已经将电路结构改变(即使将其参数值设置为无限大),并且由于额外元件的引入,先前的时间常数必须重新计算。

利用所得时间常数求得分母表达式为:

$$D(s) = 1 + R_{inf}(C_1 + C_2)s + C_2 L_3 s^2 + R_{inf} C_2 C_1 L_3 s^3 \tag{5.520}$$

分解因式 R_{inf} 可得:

$$D(s) = R_{inf}\left[\frac{1}{R_{inf}} + s(C_1 + C_2) + s^2 \frac{C_2 L_3}{R_{inf}} + s^3 C_1 C_2 L_3\right] \tag{5.521}$$

因为 R_{inf} 为高阻值电阻,所以上述表达式简化为:

$$D(s) \approx R_{inf}\left[s(C_1 + C_2) + s^3 C_2 C_1 L_3\right] \tag{5.522}$$

通过上述计算已经得到分母表达式,接下来利用不同增益值计算电路零点,具体如图 5.104 所示。当电容 C_1 短路时输出响应为 0。该状态与电容 C_2 工作于高频并且其串联电感 L_3 设置于直流状态一致,此时配置电阻为 R_{inf}。计算结果如下:

$$Z^1 = 0 \tag{5.523}$$

$$Z^2 = 0 \tag{5.524}$$

$$Z^3 = R_{\text{inf}} \tag{5.525}$$

则系数 a_1 为：

$$a_1 = \tau_1 Z^1 + \tau_2 Z^2 + \tau_3 Z^3 = R_{\text{inf}} C_1 \cdot 0 + R_{\text{inf}} C_2 \cdot 0 + \frac{L_3}{\infty} \cdot R_{\text{inf}} = 0 \tag{5.526}$$

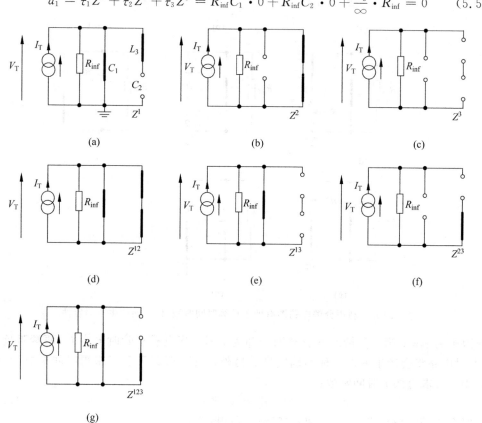

图 5.104　通过不同工作状态的增益值计算电路零点

由图 5.104(d)、图 5.104(e) 和图 5.104(f) 可得：

$$Z^{12} = 0 \tag{5.527}$$

$$Z^{13} = 0 \tag{5.528}$$

$$Z^{23} = R_{\text{inf}} \tag{5.529}$$

于是求得系数 a_2 的定义式为：

$$
\begin{aligned}
a_2 &= \tau_1 \tau_2^1 Z^{12} + \tau_1 \tau_3^1 Z^{13} + \tau_2 \tau_3^2 z^{23} \\
&= R_{\text{inf}} C_1 \cdot 0 \cdot C_2 \cdot 0 + R_{\text{inf}} C_1 \frac{L_3}{\infty} \cdot 0 + R_{\text{inf}} C_2 \frac{L_3}{R_{\text{inf}}} R_{\text{inf}} \\
&= R_{\text{inf}} C_2 L_3
\end{aligned} \tag{5.530}
$$

在图 5.104(g) 中输出响应同样为 0，所以：

$$Z^{123} = 0 \tag{5.531}$$

同理可得：

$$a_3 = \tau_2 \tau_3^2 \tau_1^{32} Z^{123} = R_{\text{inf}} C_2 \frac{L_3}{R_{\text{inf}}} C_1 R_{\text{inf}} \cdot 0 = 0 \tag{5.532}$$

将式(5.526)、式(5.530)和式(5.532)进行组合,求得分子表达式为:

$$N(s) = R_0 + a_1 s + a_2 s^2 + a_3 s^3 = R_{inf}(1 + L_3 C_2 s^2) \tag{5.533}$$

由式(5.522)和式(5.533)整理得最终传递函数表达式为:

$$Z(s) = \frac{R_{inf}(1 + s^2 L_3 C_2)}{R_{inf}[s(C_1 + C_2) + s^3 C_2 C_1 L_3]} = \frac{1 + s^2 L_3 C_2}{s(C_1 + C_2) + s^3 C_2 C_1 L_3} \tag{5.534}$$

原始传递函数表达式非常简单,具体如下所示:

$$Z_{ref}(s) = \left(\frac{1}{sC_1}\right) \parallel \left(sL_3 + \frac{1}{sC_2}\right) \tag{5.535}$$

图 5.105 中的所有曲线全部一致,证明上述计算过程正确无误。现在利用人工计算或者 Mathcad 软件对式(5.535)进行简化,整理得:

$$Z = \frac{\dfrac{1}{s \cdot C_{.1}} \cdot \left(s \cdot L_{.3} + \dfrac{1}{s \cdot C_{.2}}\right)}{\dfrac{1}{s \cdot C_{.1}} \cdot \left(s \cdot L_{.3} + \dfrac{1}{s \cdot C_{.2}}\right)}$$

$R_{inf} := 10^{10}\,\Omega \quad C_1 := 10\text{nF} \quad C_2 := 2.2\text{nF} \quad L_3 := 22\,\mu\text{H} \quad \parallel(x, y) := \dfrac{x \cdot y}{x+y}$

$\tau_1 := R_{inf} \cdot C_1 = 100\text{s} \quad \tau_2 := R_{inf} \cdot C_2 = 22\text{s} \quad \tau_3 := \dfrac{L_3}{\infty \cdot \Omega} = 0\,\mu\text{s} \quad Z_{ref}(s) := \left(\dfrac{1}{s \cdot C_1}\right) \parallel \left(s \cdot L_3 + \dfrac{1}{s \cdot C_2}\right)$

$\tau_{12} := 0 \cdot C_2 = 0\,\mu\text{s} \quad \tau_{13} := \dfrac{L_3}{\infty \cdot \Omega} = 0\,\mu\text{s} \quad \tau_{23} := \dfrac{L_3}{R_{inf}} = 2.2 \times 10^{-9}\,\mu\text{s}$

$\tau_{123} := \dfrac{L_3}{0} = \blacksquare\,\mu\text{s} \quad \tau_{321} := C_1 \cdot R_{inf}$

$b_1 := \tau_1 + \tau_2 + \tau_3 = 1.22 \times 10^8\,\mu\text{s}$

$b_2 := \tau_1 \cdot \tau_{12} + \tau_1 \cdot \tau_{13} + \tau_2 \cdot \tau_{23} = 0.048\,\mu\text{s}^2$

$b_3 := \tau_2 \cdot \tau_{23} \cdot \tau_{321} = 4.84 \times 10^6\,\mu\text{s}^3$

$Z_0 := R_{inf} \quad Z_1 := 0 \quad Z_2 := 0 \quad Z_3 := R_{inf}$

$Z_{12} := 0 \quad Z_{13} := 0 \quad Z_{23} := R_{inf}$

$Z_{123} := 0$

$a_1 := \tau_1 \cdot Z_1 + \tau_2 \cdot Z_2 + \tau_3 Z_3 = 0\Omega \cdot \mu\text{s}$

$a_2 := \tau_1 \cdot \tau_{12} \cdot Z_{12} + \tau_1 \cdot \tau_{13} \cdot Z_{13} + \tau_2 \cdot \tau_{23} \cdot Z_{23} = 4.84 \times 10^8\,\Omega \cdot \mu\text{s}^2$

$a_3 := \tau_2 \cdot \tau_{23} \cdot \tau_{321} \cdot Z_{123} = 0\,\mu\text{s}^3$

$D_1(s) := 1 + s \cdot b_1 + s^2 \cdot b_2 + s^3 \cdot b_3$

$N_1(s) := Z_0 + s \cdot a_1 + s^2 \cdot a_2 + s^3 \cdot a_3$

$Z_{10}(s) := \dfrac{N_1(s)}{D_1(s)} \quad Z_{20}(s) := \dfrac{1 + C_2 \cdot L_3 \cdot s^2}{(C_1 + C_2) \cdot s + s^3 \cdot C_1 \cdot C_2 \cdot L_3}$

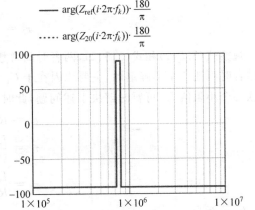

图 5.105　Mathcad 计算结果证明所有方程全部正确

进行约分整理立即求得：

$$Z = \frac{C_{.2} \cdot L_{.3} \cdot s^2 + 1}{C_{.1} \cdot s + C_{.2} \cdot s + C_{.1} \cdot C_{.2} \cdot L_{.3} \cdot s^2}$$

上述分析方法比快速分析法还要快得多。因此，对于复杂电路网络，正确选择与其相关的求解工具非常重要：不要选择铁锤拍死苍蝇。尽管如此，希望读者通过求解石英电路阻抗懂得如何通过重新调整时间常数有效地消除电路不确定性。

8. 习题 8

LLC 谐振开关变换器的电路结构由文献[1]和[2]进行简单描述。其中电阻 R_1 通常标记为 R_{ac}，代表通过二极管整流桥反射到变比为 $N = N_P / N_s$ 的变压器原边的负载电阻值。L_3 为变压器磁化电感，L_2 等效其漏感。两者通常由固定变比(例如 $L_3 = 2L_2$)确定其特定性能。首先可以忽略变压器变比 N，最后再将其带入。该电路为 3 阶网络，根据储能元件的各种状态组合分别绘制其对应电路，具体如图 5.106 所示。由图 5.106(a)可直接求得直流增益 H_0 为：

$$H_0 = 0 \tag{5.536}$$

由图 5.106(b)和图 5.106(c)求得 3 个时间常数分别为：

$$\tau_1 = 0 \cdot C_1 \tag{5.537}$$

$$\tau_2 = \frac{L_2}{\infty} \tag{5.538}$$

$$\tau_3 = \frac{L_3}{R_1} \tag{5.539}$$

将式(5.537)、式(5.538)和式(5.539)相加求得系数 b_1 为：

$$b_1 = \tau_1 + \tau_2 + \tau_3 = \frac{L_3}{R_1} \tag{5.540}$$

继续对图 5.106(d)、图 5.106(e)和图 5.106(f)进行分析可得如下时间常数：

$$\tau_2^1 = \frac{L_2}{0} \tag{5.541}$$

$$\tau_3^1 = \frac{L_3}{0} \tag{5.542}$$

和

$$\tau_3^2 = \frac{L_3}{R_1} \tag{5.543}$$

观察式(5.541)和式(5.542)，两者时间常数值均为无穷大，所以将两者与之前时间常数相结合时可能产生不确定性，主要原因在于 C_1 和 L_2 缺少电阻路径。通过在 C_1 和 L_2 之间串联一个小阻值 R_d 可暂时解决上述问题，此时先前时间常数方程更新如下：

$$\tau_1 = R_d C_1 \tag{5.544}$$

$$\tau_2 = \frac{L_2}{\infty} \tag{5.545}$$

$$\tau_3 = \frac{L_3}{R_1} \tag{5.546}$$

b_1 更新为：

$$b_1 = \tau_1 + \tau_2 + \tau_3 = R_d C_1 + \frac{L_3}{R_1} \tag{5.547}$$

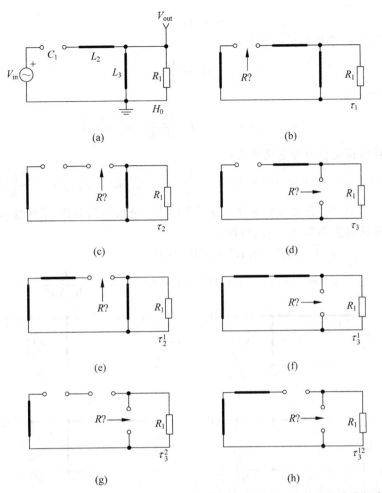

图 5.106 LLC 电路具有 3 个储能元件,其固有时间常数分别由分解电路进行确定

当 $R_d \to 0$ 时式(5.547)简化为:

$$b_1 = \frac{L_3}{R_1} \tag{5.548}$$

以及

$$\tau_2^1 = \frac{L_2}{R_d} \tag{5.549}$$

$$\tau_3^1 = \frac{L_3}{R_d \parallel R_1} \tag{5.550}$$

$$\tau_3^2 = \frac{L_3}{R_1} \tag{5.551}$$

现在系数 b_2 为:

$$\begin{aligned}
b_2 &= \tau_1 \tau_2^1 + \tau_1 \tau_3^1 + \tau_2 \tau_3^2 \\
&= R_d C_1 \frac{L_2}{R_d} + R_d C_1 \frac{L_3}{R_d \parallel R_1} + \frac{L_2}{\infty} \frac{L_3}{R_1} \\
&= C_1 L_2 + C_1 L_3 \left(\frac{R_1 + R_d}{R_1} \right)
\end{aligned} \tag{5.552}$$

当 $R_d \to 0$ 时式(5.552)简化为:

$$b_2 = C_1(L_2 + L_3) \tag{5.553}$$

由图 5.106(h)求得最后一项为：

$$\tau_3^{12} = \frac{L_3}{R_1} \tag{5.554}$$

此时系数 b_3 定义为：

$$b_3 = \tau_1 \tau_2^1 \tau_3^{12} = R_d C_1 \frac{L_2}{R_d} \frac{L_3}{R_1} = \frac{C_1 L_2 L_3}{R_1} \tag{5.555}$$

通过上述计算可得完整分母定义式为：

$$D(s) = 1 + b_1 s + b_2 s^2 + b_3 s^3 = 1 + s \frac{L_3}{R_1} + s^2 [C_1(L_2 + L_3)] + s^3 \frac{C_1 L_2 L_3}{R_1} \tag{5.556}$$

由图 5.107 中的所有增益电路计算分子表达式。通过电路分析，可快速求得除 $H^{13} = 1$ 之外其他传递函数值均为 0。因此可得：

$$a_1 = \tau_1 H^1 + \tau_2 H^2 + \tau_3 H^3 = 0 \tag{5.557}$$

$$a_2 = \tau_1 \tau_2^1 H^{12} + \tau_1 \tau_3^1 H^{13} + \tau_2 \tau_3^2 H^{23} = R_d C_1 \frac{L_3}{R_d \parallel R_1} \tag{5.558}$$

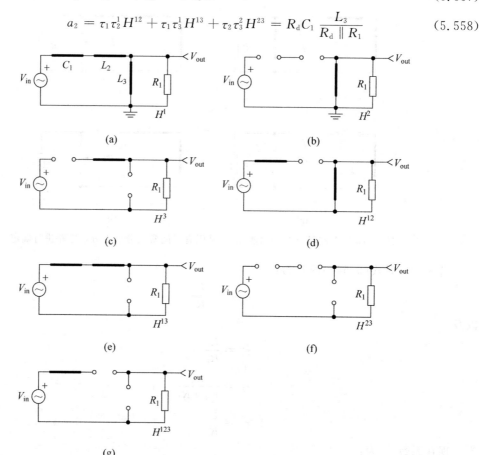

(a)　　　　　　　　　　　　(b)

(c)　　　　　　　　　　　　(d)

(e)　　　　　　　　　　　　(f)

(g)

图 5.107　除 H^{13} 外其余所有传递函数值均为 0，所以在零定义时自然地将 C_1 和 L_3 相关联

当 $R_d \rightarrow 0$ 时式(5.558)简化为：

$$a_2 = C_1 L_3 \tag{5.559}$$

最后一项同样为 0，即：

$$a_3 = \tau_1 \tau_2^1 \tau_3^{12} H^{123} = 0 \tag{5.560}$$

分子 $N(s)$ 表达式中只含有一个单项,即:

$$N(s) = H_0 + a_1 s + a_2 s^2 + a_3 s^3 = s^2 C_1 L_3 \tag{5.561}$$

将式(5.561)除以(5.556),并且将图 5.82 中的 V_{out} 与 N 相除,此时求得最终传递函数为:

$$H(s) = \frac{1}{n} \frac{s^2 C_1 L_3}{1 + s\dfrac{L_3}{R_1} + s^2[C_1(L_2 + L_3)] + s^3 \dfrac{C_1 L_2 L_3}{R_1}} \tag{5.562}$$

重新观察图 5.82 可得 R_1 与 L_3 并联。当输出电流非常大时,电阻 R_1 阻值非常小,将电感 L_3 短路。与 L_2 和 C_1 相关联的谐振频率定义式为:

$$\omega_s = \frac{1}{\sqrt{L_2 C_1}} \tag{5.563}$$

当输出电流减小或变换器轻载时,L_3 又重新与 L_2 相串联以形成第 2 个谐振频率,计算公式为:

$$\omega_m = \frac{1}{\sqrt{C_1(L_2 + L_3)}} \tag{5.564}$$

如果品质因数 Q 值为:

$$Q = R_1 \sqrt{\frac{C_1}{L_2}} \tag{5.565}$$

则经过几次运算之后式(5.562)可重新改写为:

$$H(s) = \frac{1}{N} \frac{\dfrac{L_3}{L_2}\left(\dfrac{s}{\omega_s}\right)^2}{1 + s\dfrac{L_3}{R_1} + \left(\dfrac{s}{\omega_m}\right)^2 + s^3 \dfrac{L_3}{L_2}\dfrac{1}{Q\omega_s^3}} \tag{5.566}$$

分析与本习题无关的 LLC 变换器时,可直接应用式(5.566)的直流变换器传递函数表达式。但不要与其小信号响应相混淆,因为很难通过分析直接求得小信号响应,并且此时 R_1(文献[1]中同样标记为 R_{ac})必须替换为:

$$R_1 = \frac{8}{\pi^2} N^2 R_L \tag{5.567}$$

如需理解式(5.567)的计算过程请参阅文献[1]。

此时 Q 值计算公式更新为:

$$Q = N^2 R_L \sqrt{\frac{C_1}{L_2}} \tag{5.568}$$

其中,R_L 为 LLC 变换电路的负载电阻。更新之后的传递函数表达式变为:

$$H(s) = \frac{1}{N} \frac{\dfrac{L_3}{L_2}\left(\dfrac{s}{\omega_s}\right)^2}{1 + s\dfrac{\pi^2 L_3}{8 \cdot N^2 R_L} + \left(\dfrac{s}{\omega_m}\right)^2 + s^3 \dfrac{L_3}{L_2}\dfrac{\pi^2}{8 \cdot Q\omega_s^3}} \tag{5.569}$$

于是可直接求得参考传递函表达式为:

$$H_{ref}(s) = \frac{1}{N} \frac{sL_3 \parallel R_1}{sL_3 \parallel R_1 + sL_2 + \dfrac{1}{sC_1}} \tag{5.570}$$

图 5.108 中的所有曲线证明上述方法正确。式(5.566)由公式 H_{m1} 进行绘图;而 H_{m1} 为相同绘图公式,但取决于 LLC 负载 R_L——与式(5.567)和式(5.568)相关。

$$R_L := 100\Omega \quad C_1 := 38\text{nF} \quad L_2 := 110\mu\text{H} \quad N_{ps} := 2 \quad \| (x, y) := \frac{x \cdot y}{x + y}$$

$$R_d := 10^{-6}\Omega \quad m := 2 \quad L_3 := m \cdot L_2 \quad R_1 := \frac{s}{\pi^2} \cdot N_{ps}^2 \cdot R_L = 324.227788\Omega$$

$$\tau_1 := R_d \cdot C_1 = 3.8 \times 10^{-8}\mu\text{s} \quad H_{ref}(s) := \frac{1}{N_{ps}} \cdot \frac{(s \cdot L_3) \| (R_1)}{(s \cdot L_3) \| (R_1) + s \cdot L_2 + \dfrac{1}{s \cdot C_1}}$$

$$\tau_2 := \frac{L_2}{\infty \cdot \Omega} = 0\text{ms} \quad \tau_3 := \frac{L_3}{R_1} = 0.678535\mu\text{s} \quad \tau_{12} := \frac{L_2}{R_d} = 1.1 \times 10^8 \mu\text{s} \quad \tau_{13} := \frac{L_3}{R_d \| R_1} = 2.2 \times 10^8 \mu\text{s}$$

$$\tau_{23} := \frac{L_3}{R_1} = 0.678535\mu\text{s} \quad \tau_{123} := \frac{L_3}{R_1} = 0.678535\mu\text{s}$$

$$b_1 := \tau_1 + \tau_2 + \tau_3 = 0.0678535\mu\text{s} \quad b_2 := \tau_1 \cdot \tau_{12} + \tau_1 \cdot \tau_{13} + \tau_2 + \tau_{23} = 12.54\mu\text{s}^2$$

$$b_3 := \tau_1 \cdot \tau_{12} \cdot \tau_{123} = 2.836278\mu\text{s}^3$$

$$H_0 := 0 \quad H_1 := 0 \quad H_2 := 0 \quad H_3 := 0 \quad H_{12} := 0 \quad H_{13} := 1 \quad H_{23} := 0 \quad H_{123} := 0$$

$$D_1(s) := 1 + s \cdot b_1 + s^2 \cdot b_2 + s^3 \cdot b_3 \quad D_2(s) := 1 + s \cdot \frac{L_3}{R_1} + s^2 \cdot [C_1 \cdot (L_2 + L_3)] + s^3 \cdot \frac{C_1 \cdot L_2 \cdot L_3}{R_1}$$

$$a_1 := \tau_1 \cdot H_1 + \tau_2 \cdot H_2 + \tau_3 \cdot H_3 = 0\text{ms}$$

$$a_2 := \tau_1 \cdot \tau_{12} \cdot H_{12} + \tau_1 \cdot \tau_{13} \cdot H_{13} + \tau_2 \cdot \tau_{23} \cdot H_{23} = 8.36\mu\text{s}^2$$

$$a_3 := \tau_1 \cdot \tau_{12} \cdot \tau_{123} \cdot H_{123} = 0$$

$$N_1(s) := H_0 + a_1 \cdot s + a_2 \cdot s^2 + a_3 \cdot s^3 \quad N_2(s) := s^2 \cdot C_1 \cdot L_3$$

$$H_{10}(s) := \frac{N_2(s)}{D_1(s)} \quad H_{40}(s) := \frac{1}{N_{ps}} \cdot \frac{s^2 \cdot C_1 \cdot L_3}{1 + s \cdot \dfrac{L_3}{R_1} + s^2 \cdot [C_1 \cdot (L_2 + L_3)] + s^3 \cdot \dfrac{C_1 \cdot L_2 \cdot L_3}{R_1}}$$

$$\omega_s := \frac{1}{\sqrt{L_2 \cdot C_1}} \quad \omega_m := \frac{1}{\sqrt{C_1 \cdot (L_2 + L_3)}} \quad Q_1 := R_1 \cdot \sqrt{\frac{C_1}{L_2}} \quad Q_2 := \frac{N_{ps}^2 \cdot R_L}{Z_0} \quad Z_0 := \sqrt{\frac{L_2}{C_1}}$$

$$H_{m1}(s) := \frac{1}{N_{ps}} \cdot \frac{\dfrac{L_3}{L_2} \cdot \left(\dfrac{s}{\omega_s}\right)^2}{1 + s \cdot \dfrac{L_3}{R_1} + \left(\dfrac{s}{\omega_m}\right)^2 + s^3 \cdot \dfrac{L_3}{L_2 \cdot Q_1 \cdot \omega_s^3}}$$

$$H_{m2}(s) := \frac{1}{N_{ps}} \cdot \frac{\dfrac{L_3}{L_2} \cdot \left(\dfrac{s}{\omega_s}\right)^2}{1 + s \cdot \dfrac{\pi^2 \cdot L_3}{8 \cdot N_{ps}^2 \cdot R_L} + \left(\dfrac{s}{\omega_m}\right)^2 + s^3 \cdot \dfrac{\pi^2 \cdot L_3}{8 \cdot L_2 \cdot Q_2 \cdot \omega_s^3}}$$

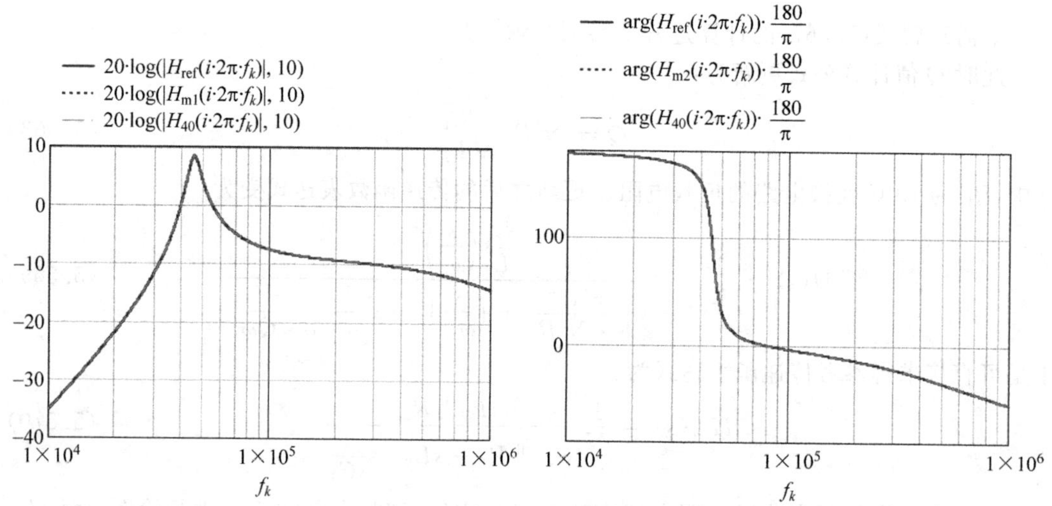

图 5.108　Mathcad 输出曲线表明所有传递函数的交流动态响应相同

9. 习题 9

图 5.83 所示电路为扬声器模型,文献[3]对其进行了详细描述。当驱动变量为电流源、输出响应为电路网络两端电压时计算端口阻抗。当激励源设置为 0A 时,电路中电感 L_1 上端悬空,从而产生 0 值时间常数,使得分母无穷大。此时电路可能产生不确定性,通过在电路网络中增加电阻或者将某些时间常数重新组合以消除不确定性。首先从图 5.109(a)开始分析,求得电路网络的直流电阻 R_0 为:

$$R_0 = R_1 \tag{5.571}$$

由图 5.109(b)~(e)求得其他 4 个时间常数分别为:

$$\tau_1 = \frac{L_1}{\infty} \tag{5.572}$$

$$\tau_2 = \frac{L_2}{R_2} \tag{5.573}$$

$$\tau_3 = C_3 \cdot 0 \tag{5.574}$$

$$\tau_4 = \frac{L_4}{R_3} \tag{5.575}$$

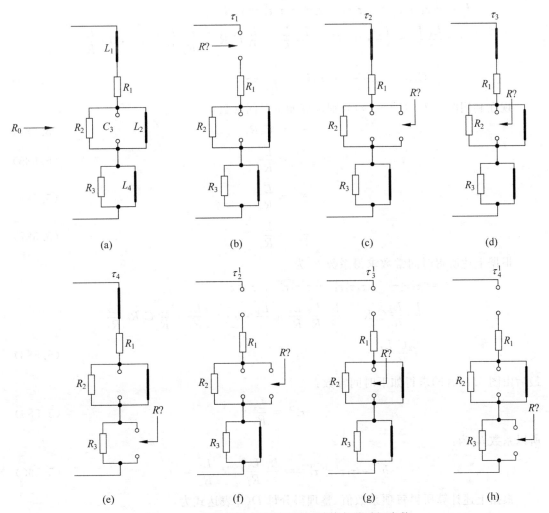

图 5.109 利用分解电路图有助于计算各种时间常数

整理得系数 b_1 为:

$$b_1 = \tau_1 + \tau_2 + \tau_3 + \tau_4 = \frac{L_2}{R_2} + \frac{L_4}{R_3} \tag{5.576}$$

由图 5.109(f)~(h)和图 5.110(a)~(c)分别计算如下时间常数:

$$\tau_2^1 = \frac{L_2}{R_2} \tag{5.577}$$

$$\tau_3^1 = C_3 \cdot 0 \tag{5.578}$$

$$\tau_4^1 = \frac{L_4}{R_3} \tag{5.579}$$

$$\tau_3^2 = C_3 R_2 \tag{5.580}$$

$$\tau_4^2 = \frac{L_4}{R_3} \tag{5.581}$$

$$\tau_4^3 = \frac{L_4}{R_3} \tag{5.582}$$

整理得系数 b_2 为:

$$\begin{aligned}
b_2 &= \tau_1 \tau_2^1 + \tau_1 \tau_3^1 + \tau_1 \tau_4^1 + \tau_2 \tau_3^2 + \tau_2 \tau_4^2 + \tau_3 \tau_4^3 \\
&= \frac{L_1}{\infty} \frac{L_2}{R_2} + \frac{L_1}{\infty} \cdot 0 \cdot C_3 + \frac{L_1}{\infty} \frac{L_4}{R_3} + \frac{L_2}{R_2} C_3 R_2 + \frac{L_2}{R_2} \frac{L_4}{R_3} + C_3 \cdot 0 \cdot \frac{L_4}{R_3} \\
&= \frac{L_2}{R_2} C_3 R_2 + \frac{L_2}{R_2} \frac{L_4}{R_3} = L_2 C_3 + \frac{L_2}{R_2} \frac{L_4}{R_3}
\end{aligned} \tag{5.583}$$

现在利用图 5.110(d)~(g)分别计算如下时间常数:

$$\tau_3^{12} = C_3 R_2 \tag{5.584}$$

$$\tau_4^{12} = \frac{L_4}{R_3} \tag{5.585}$$

$$\tau_4^{13} = \frac{L_4}{R_3} \tag{5.586}$$

$$\tau_4^{23} = \frac{L_4}{R_3} \tag{5.587}$$

根据上述所得时间常数求得系数 b_3 为:

$$\begin{aligned}
b_3 &= \tau_1 \tau_2^1 \tau_3^{12} + \tau_1 \tau_2^1 \tau_4^{12} + \tau_1 \tau_3^1 \tau_4^{13} + \tau_2 \tau_3^2 \tau_4^{23} \\
&= \frac{L_1}{\infty} \frac{L_2}{R_2} C_3 R_2 + \frac{L_1}{\infty} \frac{L_2}{R_2} \frac{L_4}{R_3} + \frac{L_1}{\infty} \cdot 0 \cdot C_3 \frac{L_4}{R_3} + \frac{L_2}{R_2} C_3 R_2 \frac{L_4}{R_3} \\
&= \frac{L_2 C_3 L_4}{R_3}
\end{aligned} \tag{5.588}$$

最后由图 5.110(h)求得如下时间常数:

$$\tau_4^{123} = \frac{L_4}{R_3} \tag{5.589}$$

所以系数 b_4 为:

$$b_4 = \tau_1 \tau_2^1 \tau_3^{12} \tau_4^{123} = \frac{L_1}{\infty} \frac{L_2}{R_2} C_2 R_2 \frac{L_4}{R_3} = 0 \tag{5.590}$$

根据上述计算所得每项系数值,整理得分母 $D(s)$ 表达式为:

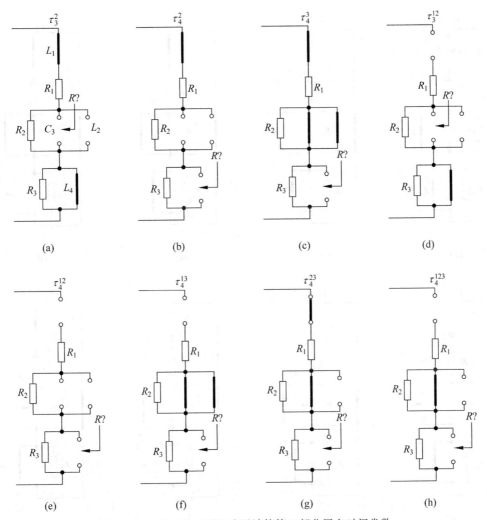

图 5.110 利用该系列电路图计算第二部分固有时间常数

$$D(s) = 1 + b_1 s + b_2 s^2 + b_3 s^3 + b_4 s^4$$

$$= 1 + s\left(\frac{L_2}{R_2} + \frac{L_4}{R_3}\right) + s^2\left(L_2 C_3 + \frac{L_2}{R_2}\frac{L_4}{R_3}\right) + s^3\frac{L_2 C_3 L_4}{R_3} \tag{5.591}$$

根据上述计算已经求得分母表达式，接下来计算分子表达式。通常情况下利用 NDI 比通用公式更复杂，但计算电路网络阻抗除外。因为将图 5.83 中的输出响应置零时激励电流源由短路线代替，所以电路得到简化。将 NDI 技术应用于该电路网络使得分析非常简单，具体如图 5.111 和图 5.112 所示。首先从图 5.111(a)～(d)开始分析，求得如下时间常数：

$$\tau_{1N} = \frac{L_1}{R_1} \tag{5.592}$$

$$\tau_{2N} = \frac{L_2}{R_1 \parallel R_2} \tag{5.593}$$

$$\tau_{3N} = C_3 \cdot 0 \tag{5.594}$$

$$\tau_{4N} = \frac{L_4}{R_1 \parallel R_3} \tag{5.595}$$

第一项分子系数 a_1 为：

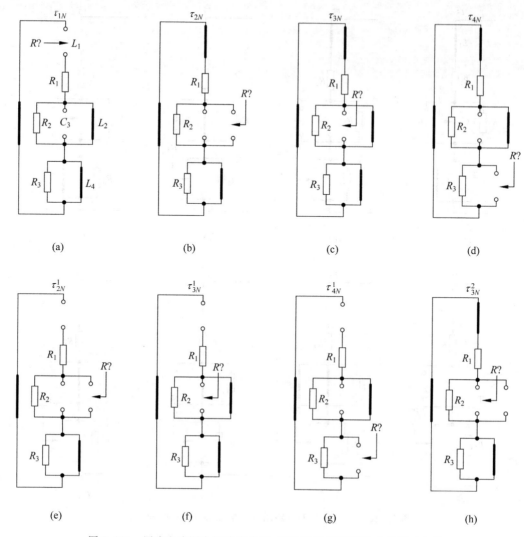

图 5.111　因为电流源由短路线代替，所以利用 NDI 可快速求得零点值

$$a_1 = \tau_{1N} + \tau_{2N} + \tau_{3N} + \tau_{4N} = \frac{L_1}{R_1} + \frac{L_2}{R_1 \parallel R_2} + C_3 \cdot 0 + \frac{L_4}{R_1 \parallel R_3}$$

$$= \frac{L_1}{R_1} + \frac{L_2}{R_1 \parallel R_2} + \frac{L_4}{R_1 \parallel R_3} \tag{5.596}$$

由图 5.111(e)～(b)求得如下时间常数：

$$\tau_{2N}^1 = \frac{L_2}{R_2} \tag{5.597}$$

$$\tau_{3N}^1 = C_3 \cdot 0 \tag{5.598}$$

$$\tau_{4N}^1 = \frac{L_4}{R_3} \tag{5.599}$$

$$\tau_{3N}^2 = C_3 (R_2 \parallel R_1) \tag{5.600}$$

$$\tau_{4N}^2 = \frac{L_4}{R_3 \parallel (R_1 + R_2)} \tag{5.601}$$

$$\tau_{4N}^3 = \frac{L_4}{R_3 \parallel R_1} \tag{5.602}$$

整理得 a_2 表达式为:

$$a_2 = \tau_{1N}\tau_{2N}^1 + \tau_{1N}\tau_{3N}^1 + \tau_{1N}\tau_{4N}^1 + \tau_{2N}\tau_{3N}^2 + \tau_{2N}\tau_{4N}^2 + \tau_{3N}\tau_{4N}^3$$

$$= \frac{L_1}{R_1}\frac{L_2}{R_2} + \frac{L_1}{R_1}C_3 \cdot 0 + \frac{L_1}{R_1}\frac{L_4}{R_3} + \frac{L_2}{R_1 \parallel R_2}C_3(R_2 \parallel R_1) +$$

$$\frac{L_2}{R_1 \parallel R_2}\frac{L_4}{R_3 \parallel (R_1 + R_2)} + C_3 \cdot 0 \frac{L_4}{R_3 \parallel R_1}$$

$$= \frac{L_1}{R_1}\frac{L_2}{R_2} + \frac{L_1}{R_1}\frac{L_4}{R_3} + L_2C_3 + \frac{L_2}{R_1 \parallel R_2}\frac{L_4}{R_3 \parallel (R_1 + R_2)} \tag{5.603}$$

由图 5.112(c)～(f)计算与 a_3 相关的时间常数为:

$$\tau_{3N}^{12} = C_3 R_2 \tag{5.604}$$

$$\tau_{4N}^{12} = \frac{L_4}{R_3} \tag{5.605}$$

$$\tau_{4N}^{13} = \frac{L_4}{R_3} \tag{5.606}$$

$$\tau_{4N}^{23} = \frac{L_4}{R_3 \parallel R_1} \tag{5.607}$$

于是 a_3 表达式为:

$$a_3 = \tau_{1N}\tau_{2N}^1\tau_{3N}^{12} + \tau_{1N}\tau_{2N}^1\tau_{4N}^{12} + \tau_{1N}\tau_{3N}^1\tau_{4N}^{13} + \tau_{2N}\tau_{3N}^2\tau_{4N}^{23}$$

$$= \frac{L_1}{R_1}\frac{L_2}{R_2}C_3R_2 + \frac{L_1}{R_1}\frac{L_2}{R_2}\frac{L_4}{R_3} + \frac{L_1}{R_1}C_3 \cdot 0 \frac{L_4}{R_3} + \frac{L_2}{R_1 \parallel R_2}C_3(R_2 \parallel R_1)\frac{L_4}{R_3 \parallel R_1}$$

$$= \frac{L_1 L_2}{R_1}C_3 + \frac{L_1}{R_1}\frac{L_2}{R_2}\frac{R_3}{L_4} + L_2C_3\frac{L_4}{R_3 \parallel R_1} \tag{5.608}$$

由图 5.112(g)计算最后一项时间常数:

$$\tau_{4N}^{123} = \frac{L_4}{R_3} \tag{5.609}$$

求得 a_4 表达式为:

$$a_4 = \tau_{1N}\tau_{2N}^1\tau_{3N}^{12}\tau_{4N}^{123} = \frac{L_1}{R_1}\frac{L_2}{R_2}C_3R_2\frac{L_4}{R_3} = \frac{L_1 L_2 L_4 C_3}{R_1 R_3} \tag{5.610}$$

根据上述计算,整理得分子 $N(s)$ 的完整表达式为:

$$N(s) = 1 + sa_1 + s^2 a_2 + s^3 a_3 + s^4 a_4$$

$$= 1 + s\left(\frac{L_1}{R_1} + \frac{L_2}{R_1 \parallel R_2} + \frac{L_4}{R_1 \parallel R_3}\right) + s^2\left[\frac{L_1}{R_1}\frac{L_2}{R_2} + \frac{L_1}{R_1}\frac{L_4}{R_3} + L_2C_3 + \frac{L_2}{R_1 \parallel R_2}\frac{L_4}{R_3 \parallel (R_1 + R_2)}\right] +$$

$$s^3\left(\frac{L_1 L_2}{R_1}C_3 + \frac{L_1}{R_1}\frac{L_2}{R_2}\frac{L_4}{R_3} + L_2C_3\frac{L_4}{R_3 \parallel R_1}\right) + s^4\frac{L_1 L_2 L_4 L_3}{R_1 R_3} \tag{5.611}$$

于是传递函数表达式为:

$$Z(s) = R_0\frac{N(s)}{D(s)} = R_1 \cdot \frac{N(s)}{1 + s\left(\frac{L_2}{R_2} + \frac{L_4}{R_3}\right) + s^2\left(L_2C_3 + \frac{L_2}{R_2}\frac{L_4}{R_3}\right) + s^3\frac{L_2 C_3 L_4}{R_3}} \tag{5.612}$$

原始传递函数为一系列阻抗的串联连接:

$$Z_{\text{ref}}(s) = sL_1 + R_1 + Z_1(s) + Z_2(s) \tag{5.613}$$

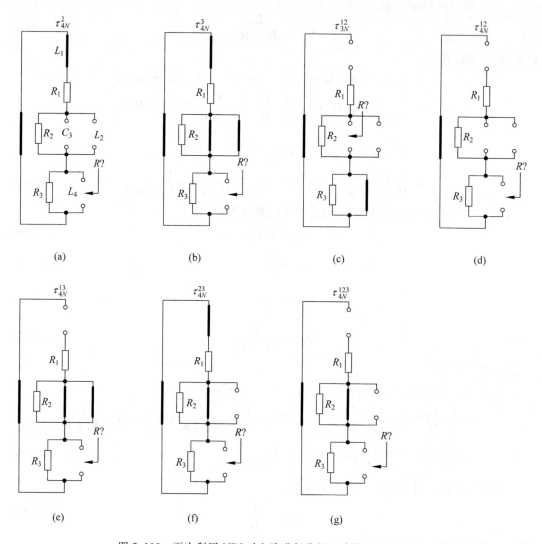

图 5.112 再次利用 NDI 对电路进行分析以计算分子表达式

其中

$$Z_1(S) = R_2 \parallel \left(\frac{1}{sC_3}\right) \parallel sL_2 \tag{5.614}$$

$$Z_2(s) = R_3 \parallel sL_4 \tag{5.615}$$

如图 5.113 所示,将所有计算公式全部输入 Mathcad 软件,所有动态响应均完全一致。

10. 习题 10

图 5.84 所示电路为反相 2 阶滤波器,文献[4]对其工作原理进行详细介绍。接下来利用经典电路图分析方法求解电路传递函数,包括电路固有时间常数以及传递函数增益。由图 5.114(a)可得直流增益值,即:

$$H_0 = 0 \tag{5.616}$$

$R_1 := 7.67\Omega \quad R_2 := 15.5\Omega \quad R_3 := 31.9\Omega \quad \parallel (x, y) := \dfrac{x \cdot y}{x + y}$

$C_3 := 394\mu\mathrm{F} \quad L_1 := 34.6\mu\mathrm{H} \quad L_2 := 2.9\mathrm{mH} \quad L_4 := 112\mu\mathrm{H}$

$\tau_1 := \dfrac{L_1}{\infty \cdot \Omega} = 0\mu\mathrm{s} \quad \tau_2 := \dfrac{L_2}{R_2} = 187.097\mu\mathrm{s}$

$\tau_3 := C_3 \cdot 0 = 0\mu\mathrm{s} \quad \tau_4 := \dfrac{L_4}{R_3} = 3.511\mu\mathrm{s}$

$b_1 := \tau_1 + \tau_2 + \tau_3 + \tau_4 = 190.608\mu\mathrm{s}$

$\tau_{12} := \dfrac{L_2}{R_2} = 187.097\mu\mathrm{s} \quad \tau_{13} := C_3 \cdot 0 = 0\mu\mathrm{s}$

$\tau_{14} := \dfrac{L_4}{R_3} = 3.511\mu\mathrm{s} \quad \tau_{23} := C_3 \cdot R_2 = 6.107\mathrm{ms}$

$\tau_{24} := \dfrac{L_4}{R_3} = 3.511\mu\mathrm{s} \quad \tau_{34} := \dfrac{L_4}{R_3} = 3.511\mu\mathrm{s}$

$b_2 := \tau_1 \cdot \tau_{12} + \tau_1 \cdot \tau_{13} + \tau_1 \cdot \tau_{14} + \tau_2 \cdot \tau_{23} +$
$\quad \tau_2 \cdot \tau_{24} + \tau_3 \cdot \tau_{34} = 1.143 \times 10^{-6}\,\mathrm{s}^2$

$\tau_{123} := C_3 \cdot R_2 = 6.107\mathrm{ms} \quad \tau_{124} := \dfrac{L_4}{R_3} = 3.511\mu\mathrm{s}$

$\tau_{134} := \dfrac{L_4}{R_3} = 3.511\mu\mathrm{s} \quad \tau_{234} := \dfrac{L_4}{R_3} = 3.511\mu\mathrm{s}$

$b_3 := \tau_1 \cdot \tau_{12} \cdot \tau_{123} + \tau_1 \cdot \tau_{12} \cdot \tau_{124} + \tau_1 \cdot \tau_{13} \cdot \tau_{134} +$
$\quad \tau_2 \cdot \tau_{23} \cdot \tau_{234} = 4.012 \times 10^6\,\mu\mathrm{s}^3$

$\tau_{1234} := \dfrac{L_4}{R_3} = 3.511\mu\mathrm{s} \quad b_4 := \tau_1 \cdot \tau_{12} \cdot \tau_{123} \cdot \tau_{1234} = 0\mu\mathrm{s}^4$

$R_0 := R_1 \quad \tau_{1N} := \dfrac{L_1}{R_1} = 4.511\mu\mathrm{s} \quad \tau_{2N} := \dfrac{L_2}{R_1 \parallel R_2} = 565.193\mu\mathrm{s}$

$\tau_{3N} := C_3 \cdot 0 = 0\mu\mathrm{s} \quad \tau_{4N} := \dfrac{L_4}{R_1 \parallel R_3} = 18.113\mu\mathrm{s}$

$a_1 := \tau_{1N} + \tau_{2N} + \tau_{3N} + \tau_{4N} = 587.818\mu\mathrm{s}$

$\tau_{12N} := \dfrac{L_2}{R_2} = 187.097\mu\mathrm{s} \quad \tau_{13N} := C_3 \cdot 0 = 0\mu\mathrm{s}$

$\tau_{14N} := \dfrac{L_4}{R_3} = 3.511\mu\mathrm{s} \quad \tau_{23N} := C_3 \cdot (R_2 \parallel R_1) = 2.022\mathrm{ms}$

$\tau_{24N} := \dfrac{L_4}{R_3 \parallel (R_1 + R_2)} = 8.345\mu\mathrm{s} \quad \tau_{34N} := \dfrac{L_4}{R_3 \parallel R_1} = 18.113\mu\mathrm{s}$

$a_2 := \tau_{1N} \cdot \tau_{12N} + \tau_{1N} \cdot \tau_{13N} + \tau_{1N} \cdot \tau_{14N} + \tau_{2N} \cdot \tau_{23N} +$
$\quad \tau_{2N} \cdot \tau_{24N} + \tau_{3N} \cdot \tau_{34N} = 1.148 \times 10^{-6}\,\mathrm{s}^2$

$\tau_{123N} := C_3 \cdot R_2 = 6.107\mathrm{ms} \quad \tau_{124N} := \dfrac{L_4}{R_3} = 3.511\mu\mathrm{s}$

$\tau_{134N} := \dfrac{L_4}{R_3} = 3.511\mu\mathrm{s} \quad \tau_{234N} := \dfrac{L_4}{R_3 \parallel R_1} = 18.113\mu\mathrm{s}$

$a_3 := \tau_{1N} \cdot \tau_{12N} \cdot \tau_{123N} + \tau_{1N} \cdot \tau_{12N} \cdot \tau_{124N} + \tau_{1N} \cdot \tau_{13N} \cdot \tau_{134N} +$
$\quad \tau_{2N} \cdot \tau_{23N} \cdot \tau_{234N} = 2.585 \times 10^7\,\mu\mathrm{s}^3$

$\tau_{1234N} := \dfrac{L_4}{R_3} = 3.511\mu\mathrm{s} \quad a_4 := \tau_{1N} \cdot \tau_{12N} \cdot \tau_{123N} \cdot \tau_{1234N} = 1.81 \times 10^7\,\mu\mathrm{s}^4$

$D_1(s) := 1 + s \cdot b_1 + s^2 \cdot b_2 + s^3 \cdot b_3 + s^4 \cdot b_4$

$D_2(s) := 1 + s \cdot \left(\dfrac{L_2}{R_2} + \dfrac{L_4}{R_3} \right) + s^2 \cdot \left(L_2 \cdot C_3 + \dfrac{L_2 \cdot L_4}{R_2 \cdot R_3} \right) + s^3 \dfrac{L_2 \cdot L_4 \cdot C_3}{R_3}$

$N_1(s) := 1 + s \cdot a_1 + s^2 \cdot a_2 + s^3 \cdot a_3 + s^4 \cdot a_4 \quad Z_{10}(s) := R_0 \cdot \dfrac{N_1(s)}{D_2(s)}$

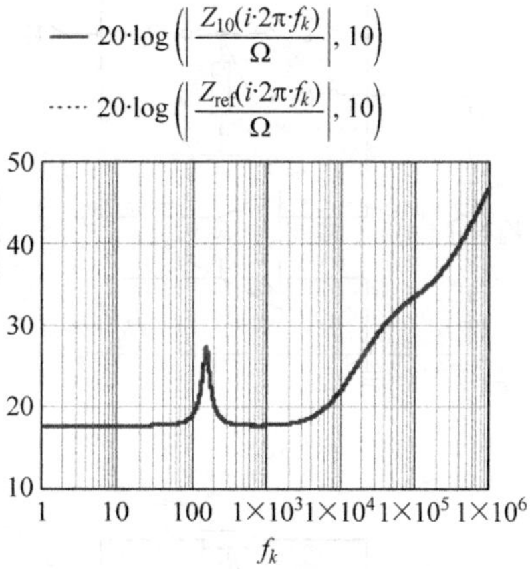

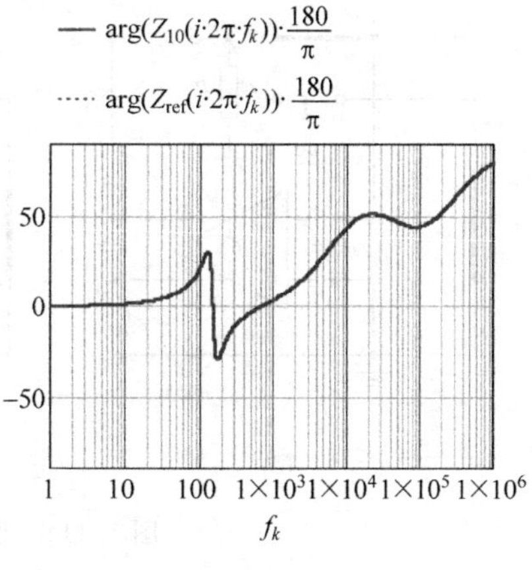

$Z_1(s) := \left(\dfrac{1}{s \cdot C_3} \right) \parallel R_2 \parallel (s \cdot L_2)$

$Z_2(s) := R_3 \parallel (s \cdot L_4)$

$Z_{\mathrm{ref}}(s) := s \cdot L_1 + R_1 + Z_1(s) + Z_2(s)$

$-\!\!\!-\ 20 \cdot \log\left(\left| \dfrac{Z_{10}(i \cdot 2\pi \cdot f_k)}{\Omega} \right|, 10 \right)$

$\cdots\ 20 \cdot \log\left(\left| \dfrac{Z_{\mathrm{ref}}(i \cdot 2\pi \cdot f_k)}{\Omega} \right|, 10 \right)$

$-\!\!\!-\ \arg(Z_{10}(i \cdot 2\pi \cdot f_k)) \cdot \dfrac{180}{\pi}$

$\cdots\ \arg(Z_{\mathrm{ref}}(i \cdot 2\pi \cdot f_k)) \cdot \dfrac{180}{\pi}$

图 5.113 利用 Mathcad 程序验证计算方法正确

然后由图 5.114(b)确定如下 3 个时间常数：

$$\tau_1 = C_1 R_1 \tag{5.617}$$

$$\tau_2 = C_2 R_1 \tag{5.618}$$

$$\tau_3 = C_3 R_1 \tag{5.619}$$

于是可将分母系数 b_1 简化为：

$$b_1 = \tau_1 + \tau_2 + \tau_3 = R_1(C_1 + C_2 + C_3) \tag{5.620}$$

接下来继续分析图 5.114(c)～(e)。在图 5.114(c) 中输出电压为 0V、无驱动信号，运放输出负端接 0 并且电阻 R_1 接地。因此时间常数为：

$$\tau_2^1 = C_2 R_2 \tag{5.621}$$

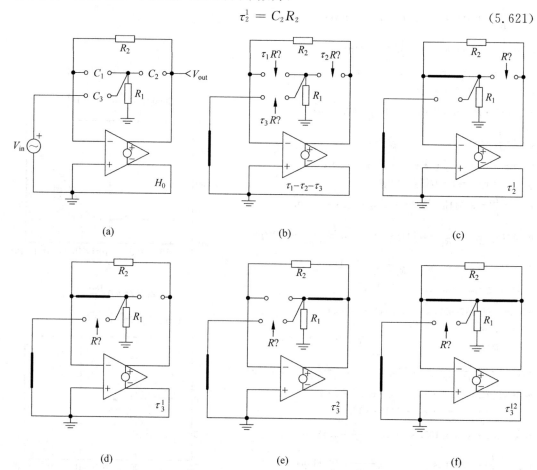

图 5.114 根据分解电路图确定分母表达式 D

在图 5.114(d)中，利用图 5.115 中间电路进行计算非常必要。测试电流 I_{T} 为 I_1 和 I_2 之和，即：

$$I_{\mathrm{T}} = I_1 + I_2 \tag{5.622}$$

第一电流 I_1 由电阻 R_1 与输入负端决定。输入负端为 V_{out} 与运算放大器开环增益 A_{OL} 之商。所以电流 I_1 为：

$$I_1 = -\frac{V_{\mathrm{out}}}{A_{\mathrm{OL}} R_1} \tag{5.623}$$

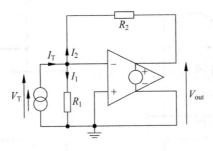

图 5.115　τ_3^1 计算电路图

第二电流 I_2 等于反相引脚电压和输出电压之差再与电阻 R_2 之商,计算公式如下:

$$I_2 = \frac{V_{(-)} - V_{\text{out}}}{R_2} = \frac{-\dfrac{V_{\text{out}}}{A_{\text{OL}}} - V_{\text{out}}}{R_2} = -\frac{\left(\dfrac{1}{A_{\text{OL}}} + 1\right)}{R_2} V_{\text{out}} \tag{5.624}$$

V_T 为输入负引脚电压,即:

$$V_T = -\frac{V_{\text{out}}}{A_{\text{OL}}} \tag{5.625}$$

所以电容 C_3 两端阻抗为:

$$\frac{V_T}{I_T} = \frac{-\dfrac{V_{\text{out}}}{A_{\text{OL}}}}{-\dfrac{\left(\dfrac{1}{A_{\text{OL}}} + 1\right)}{R_2} V_{\text{out}} - \dfrac{V_{\text{out}}}{A_{\text{OL}} R_1}} = \frac{R_1 R_2}{R_1 + R_2 + A_{\text{OL}} R_1} \tag{5.626}$$

此时与 C_3 相关联的时间常数为:

$$\tau_3^1 = C_3 \frac{R_1 R_2}{R_1 + R_2 + A_{\text{OL}} R_1} \tag{5.627}$$

由图 5.114(e)求的时间常数为:

$$\tau_3^2 = C_3 \cdot 0 \tag{5.628}$$

所以系数 b_2 为:

$$\begin{aligned}
b_2 &= \tau_1 \tau_2^1 + \tau_1 \tau_3^1 + \tau_2 \tau_3^2 \\
&= C_1 R_1 C_2 R_2 + C_1 R_1 C_3 \frac{R_1 R_2}{R_1 + R_2 + A_{\text{OL}} R_1} + C_2 R_1 \cdot 0 \cdot C_3 \\
&= C_1 R_1 C_2 R_2 + C_1 R_1 C_3 \frac{R_1 R_2}{R_1 + R_2 + A_{\text{OL}} R_1}
\end{aligned} \tag{5.629}$$

当开环增益 A_{OL} 接近无穷大时式(5.629)简化为:

$$b_2 = C_1 C_2 R_1 R_2 \tag{5.630}$$

由图 5.114(f)求得时间常数 τ_3^{12} 为:

$$\tau_3^{12} = C_3 \cdot 0 \tag{5.631}$$

所以 3 阶系数 b_3 的定义式为:

$$b_3 = \tau_1 \tau_2^1 \tau_3^{12} = C_1 R_1 C_2 R_2 \cdot 0 \cdot C_3 = 0 \tag{5.632}$$

根据上述计算整理得分母 $D(s)$ 表达式为:

$$D(s) = 1 + b_1 s + b_2 s^2 + b_3 s^3 = 1 + s R_1 (C_1 + C_2 + C_3) + s^2 C_1 C_2 R_1 R_2 \tag{5.633}$$

如图 5.116 所示,通过计算电路增益求得分子表达式。

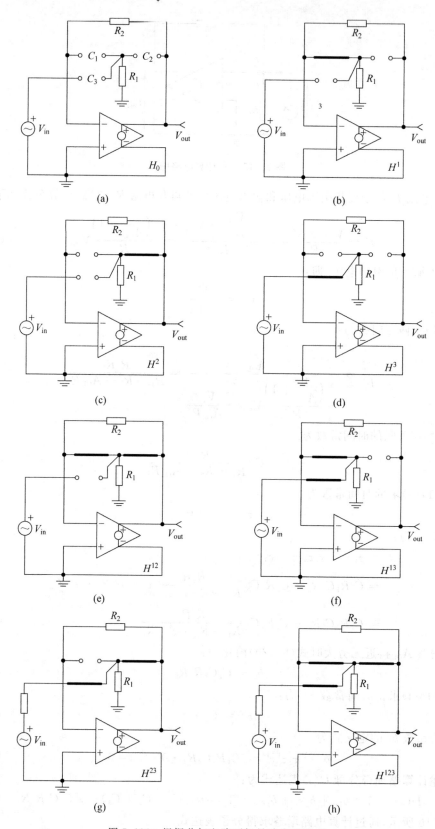

图 5.116 根据分解电路可轻易确定增益值

通过对每个电路图分析可得,除图 5.116(f)中的 $H^{13} = -A_{OL}$ 之外,其余所有增益均为 0,即:

$$H_0 = H^1 = H^2 = H^3 = H^{12} = H^{23} = H^{123} = 0 \tag{5.634}$$

$$H^{13} = -A_{OL} \tag{5.635}$$

根据上述所得增益值,只有 $\tau_1 \tau_3^1 H^{13}$ 非零,所以分子系数为:

$$a_1 = \tau_1 H^1 + \tau_2 H^2 + \tau_3 H^3 = C_1 R_1 \cdot 0 + C_2 R_1 \cdot 0 + C_3 R_1 \cdot 0 = 0 \tag{5.636}$$

$$a_2 = \tau_1 \tau_2 H^{12} + \tau_1 \tau_3^1 H^{13} + \tau_2 \tau_3^2 H^{23}$$

$$= C_1 R_1 C_2 R_2 \cdot 0 - C_1 R_1 C_3 \left(\frac{R_1 R_2}{R_1 + R_2 + A_{OL} R_1} \right) A_{OL} + C_2 R_1 C_3 \cdot 0 \cdot 0$$

$$= -C_1 R_1 C_3 \left(\frac{R_1 R_2}{R_1 + R_2 + A_{OL} R_1} \right) A_{OL} \tag{5.637}$$

$$a_3 = \tau_1 \tau_2^1 \tau_3^{12} H^{123} = R_1 C_1 R_2 C_2 \cdot 0 \cdot C_3 \cdot 0 = 0 \tag{5.638}$$

当 A_{OL} 接近无穷大时 a_2 表达式简化为:

$$a_2 = \lim_{A_{OL} \to \infty} -C_1 R_1 C_3 \left[\frac{R_1 R_2}{\dfrac{R_1}{A_{OL}} + \dfrac{R_2}{A_{OL}} + R_1} \right] = -C_1 C_3 R_1 R_2 \tag{5.639}$$

所以分子表达式 $N(s)$ 可由如下一项进行定义:

$$N(s) = -s^2 C_1 C_3 R_1 R_2 = -\left(\frac{s}{\omega_0} \right)^2 \tag{5.640}$$

其中

$$\omega_0 = \frac{1}{\sqrt{C_1 C_3 R_1 R_2}} \tag{5.641}$$

如果所有电容均为 C,则式(5.641)简化为:

$$\omega_0 = \frac{1}{C \sqrt{R_1 R_2}} \tag{5.642}$$

现在通过式(5.640)与式(5.633)之商得到最终传递函数为:

$$H(s) = -\frac{s^2 C_1 C_3 R_1 R_2}{1 + s R_1 (C_1 + C_2 + C_3) + s^2 C_1 C_2 R_1 R_2} \tag{5.643}$$

根据第 2 章定义,利用品质因数和谐振频率对传递函数进行重新整理。其中品质因数计算公式为:

$$Q = \frac{\sqrt{b_2}}{b_1} = \frac{\sqrt{C_1 C_2 R_1 R_2}}{(C_1 + C_2 + C_3) R_1} = \frac{1}{C_1 + C_2 + C_3} \sqrt{\frac{C_1 C_2 R_2}{R_1}} \tag{5.644}$$

如果所有电容均为 C,则式(5.644)简化为:

$$Q = \frac{1}{3} \sqrt{\frac{R_2}{R_1}} \tag{5.645}$$

谐振角频率通过如下公式计算:

$$\omega_0 = \frac{1}{\sqrt{b_2}} = \frac{1}{\sqrt{C_1 C_3 R_1 R_2}} \tag{5.646}$$

如果所有电容均为 C,则式(5.646)简化为:

$$\omega_0 = \frac{1}{C\sqrt{R_1 R_2}} \tag{5.647}$$

利用上述计算结果将传递函数表达式(5.643)重新整理为:

$$H(s) = -\frac{\left(\dfrac{s}{\omega_0}\right)^2}{1 + \dfrac{s}{\omega_0 Q} + \left(\dfrac{s}{\omega_0}\right)^2} \tag{5.648}$$

可以按照第 2 章指导原则以更紧凑的形式重新整理式(5.648):

$$H(s) = -H_\infty \frac{1}{1 + \dfrac{\omega_0}{sQ} + \left(\dfrac{\omega_0}{s}\right)^2} \tag{5.649}$$

其中 H_∞ 为 s 接近无穷大时的增益值——1 或 0dB。

图 5.117 中的所有曲线证明上述方法正确。

$C_1 := 337.6\text{pF} \quad C_2 := 337.6\text{pF} \quad C_3 := 337.6\text{pF} \quad R_1 := 2.222\text{k}\Omega \quad R_2 := 10\text{k}\Omega \quad A_{OL} := 10^5 \quad \|(x,y) := \dfrac{x \cdot y}{x + y}$

$\tau_1 := C_1 \cdot R_1 = 0.750147\mu s$

$\tau_2 := C_2 \cdot R_1 = 0.750147\mu s$

$\tau_3 := C_3 \cdot R_1 = 0.750147\mu s$

$\tau_{12} := C_2 \cdot R_2 = 3.376\mu s$

$\tau_{13} := C_3 \cdot \left(\dfrac{R_1 \cdot R_2}{R_1 + R_2 + A_{OL} \cdot R_1}\right) = 0.033758\text{ns}$

$\tau_{23} := C_3 \cdot 0 = 0\text{ms}$

$\tau_{123} := C_3 \cdot 0 = 0\text{ms}$

$b_1 := \tau_1 + \tau_2 + \tau_3 = 2.250442 \times 10^{-3}\text{ms}$

$b_2 := \tau_1 \cdot \tau_{12} + \tau_1 \cdot \tau_{13} + \tau_2 \cdot \tau_{23} = 2.532522\mu s^2$

$b_3 := \tau_1 \cdot \tau_{12} \cdot \tau_{123} = 0$

$D_3(s) := 1 + s \cdot R_1 \cdot (C_1 + C_2 + C_3) + s^2 \cdot (C_1 \cdot C_2 \cdot R_1 \cdot R_2)$

$H_0 := 0 \quad H_1 := 0 \quad H_2 := 0 \quad H_3 := 0$

$H_{12} := 0 \quad H_{13} := -A_{OL} \quad H_{23} := 0 \quad H_{123} := 0$

$D_1(s) := 1 + s \cdot b_1 + s^2 \cdot b_2 + s^3 \cdot b_3$

$a_1 := \tau_1 \cdot H_1 + \tau_2 \cdot H_2 + \tau_3 \cdot H_3 = 0\text{ms}$

$a_2 := \tau_1 \cdot \tau_{12} \cdot H_{12} + \tau_1 \cdot \tau_{13} \cdot H_{13} +$
$\qquad \tau_2 \cdot \tau_{23} \cdot H_{23} = -2.532358\mu s^2$

$a_3 := \tau_1 \cdot \tau_{12} \cdot \tau_{123} \cdot H_{123} = 0$

$N_1(s) = H_0 + a_1 \cdot s + a_2 \cdot s^2 + a_3 \cdot s^3$

$Q := \dfrac{\sqrt{b_2}}{b_1} = 0.707146 \quad \omega_0 := \dfrac{1}{\sqrt{b_2}}$

$f_0 := \dfrac{\omega_0}{2\pi} = 100.010016\text{kHz}$

$H_{10}(s) := \dfrac{N_1(s)}{D_1(s)} \quad H_{20}(s) := -\dfrac{C_1 \cdot C_3 \cdot R_1 \cdot R_2 \cdot s^2}{D_3(s)}$

$H_{30}(s) := -\dfrac{1}{1 + \dfrac{\omega_0}{s \cdot Q} + \left(\dfrac{\omega_0}{s}\right)^2}$

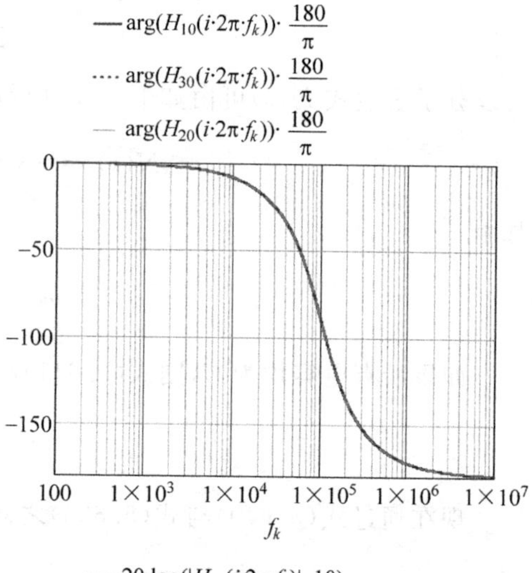

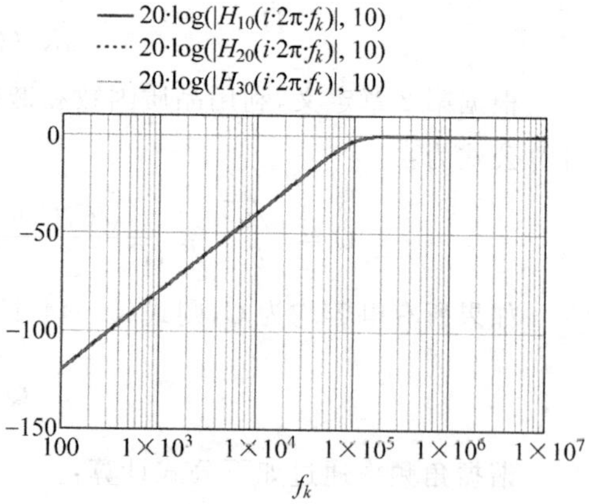

$\begin{aligned} &\text{—} \arg(H_{10}(i \cdot 2\pi \cdot f_k)) \cdot \dfrac{180}{\pi}\\ &\cdots \arg(H_{30}(i \cdot 2\pi \cdot f_k)) \cdot \dfrac{180}{\pi}\\ &\text{—} \arg(H_{20}(i \cdot 2\pi \cdot f_k)) \cdot \dfrac{180}{\pi} \end{aligned}$

$\begin{aligned} &\text{—} 20 \cdot \log(|H_{10}(i \cdot 2\pi \cdot f_k)|, 10)\\ &\cdots 20 \cdot \log(|H_{20}(i \cdot 2\pi \cdot f_k)|, 10)\\ &\text{—} 20 \cdot \log(|H_{30}(i \cdot 2\pi \cdot f_k)|, 10) \end{aligned}$

图 5.117 所有传递函数动态响应一致

参考文献

1. Basso C. Understanding the LLC Structure in Resonant Application. ON Semiconductor application note AND8311，http：//www. onsemi. com/pub_link/Collateral/AND8311-D. PDF（last accessed 12/12/2015）.

2. Basso C. A Simple Dc SPICE Model for the LLC Converter. ON Semiconductor application note AND8255，http：//www. onsemi. com/pub_link/Collateral/AND8255-D. PDF（last accessed 12/12/2015）.

3. https://gasstationwithoutpumps. wordpress. com/2013/02/15/seventeenth-day-of-circuits-class-inductors-and-gnuplottutorial/（last accessed 12/12/2015）.

4. http：//www. filter-solutions. com/active. html（last accessed 12/12/2015）.

专 业 术 语

交流：交变电流。双极性或变化电流的缩写。因为交流最初用于定义电流，所以交流增益或交流电压现在看起来有些古怪。本书将术语交流响应扩展为波特图，并且该术语可与动态或频率响应互换。应当注意，除非 ac 位于句首，否则不能大写。

偏置点：偏置点又称直流或静态工作点，用于描述电路激励为零时所有电流和电压值。利用 SPICE 对电路进行任何仿真之前，系统首先进行静态工作点（. OP）计算；然后以工作点为基础对非线性电路进行线性化处理，最后进行电路仿真分析。

波特图：也称为频率响应曲线，波特图（以 Hendrik Bode 命名）为复数传递函数的图形表示。其中纵轴为相位或角度（以度为单位）和幅度（以 dB 为单位）；横轴为频率，按照对数形式分布。

巴特沃斯：巴特沃斯滤波器通常称为最大平坦度响应。巴特沃斯滤波器的分母可由归一化形式表示，以确保不同阶次的最大平坦度响应。

补偿器：补偿器为控制系统中使用的有源（例如运算放大器）或无源电路。通过设定穿越频率确保电路具有足够的相位和增益余量，以保证闭环系统精确、稳定工作。

穿越频率：当控制系统开环工作时（反馈回路断开），穿越频率 f_c 为输出变量与控制变量相关联的传递函数幅度等于 1dB 或 0dB 时的频率值。

直流：直流电流。最初为恒定电流或单极性电流的缩写，通常用于标定其他变量，例如增益或电压。但是当回想原始定义时，直流电压或直流增益听起来似乎矛盾。定义准静态增益为 0Hz 频率处电路放大或衰减倍数似乎更合理。应当注意，除非 dc 位于句首，否则不能大写。

DPI：驱动点阻抗。激励与响应在同一端口测量。例如，使用 1A 交流电流源对端口进行偏置，通过测量端口电压计算该端口阻抗。阻抗为 6 种可定义传递函数中的一种。

EET：额外元件定理由 R. D. Middlebrook 创立。根据 EET 理论可得，当线性电路中某元件设置为额外元件（该元件存在时通常使得电路分析变复杂）所得电路传递函数（该元件短路或开路）通过与修正因子相组合构成电路完整传递函数。EET 理论为 FACT 铺平道路。

激励：应用于所研究电路的驱动波形。既可应用于电路输入端，也可作为独立源对电抗端口进行驱动。通常情况下电流源与电路元件相并联,电压源与电路元件相串联。

熵:在热力学中,熵表征系统的无序程度。通过类比,高熵传递函数意味着输出结果混乱,并且不能预测动态响应如何变化。相反,低熵传递函数能够通过极点、零点和增益对其输出响应进行明确预测。

FACT:电路快速分析技术。利用该技术可在两种情况下(关闭激励源和输出响应为零)确定电路时间常数,以最有效方式求得传递函数。

增益裕度:在开环条件下补偿控制系统的频率响应波特图中,增益裕度(GM)定义为环路相位为 0° 的频率处幅度曲线与 0dB 线的距离。

GIC:通用阻抗转换器。基于运算放大器的特定结构,用于要求元件值变化具有鲁棒性的滤波应用电路中。

检验:在某种情况下,不必利用 KVL 或 KCL 推导传递函数,也不用书写代码,通过观察或检验电气图以判断传递函数的正确性。在许多应用实例中,通常用于零点检验。通过检验能够使得递函数形式尽量简化。

KCL:基尔霍夫电流定律。电路中各节点之间的电流关系:流入节点的电流之和等于流出该节点的电流之和。

KVL:基尔霍夫电压定律。环路电压的代数和总为零。

Mathcad:数学计算软件,用于方程式输入、方程组求解、绘制传递函数曲线及其他多种计算。本书中计算实例以 15 版本为基础,并且书中大部分实例可通过个人网页进行下载:http://cbasso. pagesperso-orange. fr/Spice. htm。

NDI:空双注入。由名称可得,双注入涉及第二激励源——通常为电流源 I_T——以使得输出响应为零。通常利用 NDI 计算传递函数的零点。通过书中 SPICE 实例,利用电压控制电流源仿真给定电路的零响应。

陷波滤波器:陷波滤波器为带阻滤波器的一种——又称抑制器——受高频品质因素影响。

空:响应为空表示特定条件使得激励源不能传播到输出端,即输出响应为零(见前面章节中 NDI 定义)。输出变量为空即输出电压为 0V 或输出电流为 0A,但不同于第 2 章输出短路。

阶数:电路阶数由多项式的分母次数决定。次数取决于电路中储能元件的数量。更确切地说,次数取决于独立状态变量的数量。当电路中包含电容回路或纯电感节点时电路发生降阶。有关更多详情,请参阅第 2 章。

相位裕度:在开环条件下补偿控制系统的频率响应波特图中,相位裕度(PM)定义为当频率为 f_c 时相位曲线与 −360° 或 0° 的差值。相位裕度影响瞬态响应,通常大于 45°。

端口:端口由一对连接端点组成,并且通过每个端点的电流相同。通过连接端口,可对所研究电路进行激励或对响应信号进行测试。输入/输出端口为常用术语。当电抗(电容或电感)暂时从电路中移除时,通过其开路端子创建新的观察窗口时可动态创建测试端口。

准静态:准静态增益表示频率 f 接近 0Hz 时的电路增益。然而并非表示静态工作点的输出电压 V_{out} 与输入电压 V_{in} 之比,而是 ΔV_{out} 和 ΔV_{in} 之比。实际上,当输入分别为 V_{in2} 和 V_{in1} 时对应的输出电压分别为 V_{out2} 和 V_{out1},而 $\Delta V_{out} = V_{out2} - V_{out1}$、$\Delta V_{in} = V_{in2} - V_{in1}$。当分析电路时,准静态增益比直流增益更加重要,因为直流表示直接读取的连续电流,在某些场合应用直流增益分析电路并不适合。

电抗：电抗为阻抗的虚部。电感的电抗为正值；电容的电抗为负值，电阻的电抗值为0。根据本书扩展，电抗表示储能元件，即电容（容抗）或电感（感抗）。

响应：对电路进行激励时的观测波形。观测点可以在电路输出端，也可在电路的任何其他节点。当电路中的观测点改变时，传递函数的零点位置（如果有）将发生变化，从而使得分子 N 随之改变，但固有时间常数不会改变；分母 D 不变。

小信号：小信号或增量模型用于描述给定工作点上非线性元件的线性化行为。通过线性化处理，将元件的近似线性行为通过线性表达式进行描述。物理学上的小信号激励即驱动信号振幅足够小，当研究其激励响应时电路能够维持在线性模式。当输出响应不失真时表明电路工作在线性区。

SPICE：集成电路仿真程序。利用该计算机程序能够完成静态工作点计算、谐波分析和瞬态分析。目前有多种免费演示版软件包可供下载，例如（OrCAD PSpice、Intusoft IsSpice、Design Soft Tina）；同时也有完全版软件可供免费下载，例如 Linear Technology 公司开发的 LTSpice。

状态变量：$t=0$ 时电路的状态值。如果需要计算电容或电感电路通电后（$t>0$）各节点的电压值，首先必须确定 $t=0$ 时刻各元件的储能状态。电容或电感的初始条件（SPICE 中标记为 IC）即电路的状态变量。通常将电容电压标记为 x_2，而将电感电流标记为 x_1。

储能：电容和电感为储能元件。电容 C 的储能计算公式为 $\frac{1}{2}CV^2$，其中 V 为电容两端电压。电感 L 的储能计算公式为 $\frac{1}{2}LI^2$，其中 I 为流入电感的电流。

开关变换器：电流和电压随时间断续的功率变换器，与线性变换器相对应，后者的电流和电压随时间连续变化。开关变换器或直流—直流变换器比线性变换器结构更加紧凑、更加高效。但是开关变换器的电磁干扰非常强烈。利用 FACT 计算开关变换器的传递函数时，必须首先对其进行线性化处理。

时间常数：由电阻 R 和电容 C 构成的时间常数 τ 的定义式为 $\tau=RC$。当储能元件为电感 L 时，时间常数的定义式为 $\tau=L/R$。时间常数的单位为秒［s］。当激励源关闭时计算电路的固有时间常数。将固有时间常数进行组合，构成电路传递函数的分母表达式。

传递函数：输入激励与输出响应之间的数学关系式。第 1 章详细介绍了 6 种类型的传递函数：电压或电流增益、阻抗或跨阻、导纳或跨导。

结 束 语

　　全书以第 5 章电路快速分析技术为结尾。本来不应该涉及 3 阶和 4 阶电路网络的 10 道习题，但最终未能避免。当完成本书写作的时候，真心希望读者能够喜欢本书。当表达式计算完成，并且仿真结果与传递函数动态响应完美匹配时，我的心情无比愉悦。如果按照本书编写流程，首先求解简单习题，然后利用所学技术分析更复杂电路，则成功就在眼前。实际上，在 Mathcad 和 SPICE 仿真软件的帮助下，我们已经拥有了验证零激励和零响应计算结果的全部工具。使读者能够以最简单的方式利用仿真器完成对电路的计算，是本人对电路分析技术的贡献。当遇到计算错误时，通过建立仿真程序对计算结果进行校正，很快就能找到问题所在。由于传递函数表达式形式各样并且非常繁琐，为将其简化，必须从头开始推导。如果希望将自己的研究领域扩展到微电子学和控制领域，那么每章结尾提供的参考资料均值得仔细研读。Vorpérian 博士的书籍和 Middlebrook 博士的论文及培训文件为必读文献，因为其中包含了本书不曾涉及的实例及证明，但是本书可以作为通往更高知识殿堂的踏脚石。

　　衷心希望本书能够对快速分析技术的广泛应用做出微薄贡献。本书对所涉及的软件工具以及如何运用均进行详细讲解，希望能够帮助学生和工程师顺利完成日常工作——无论是家庭作业还是新产品设计。衷心希望得到读者的反馈意见、更正指南和修改建议。读者可通过如下网址 http://cbasso. pagesperso-orange. fr/Spice. htm 进行全书所有 Mathcad 文件下载。

克里斯托夫·巴索

2015 年 5 月